Springer

[美] 罗伯特 · B. 格罗斯曼 / 著
许　毓 / 译

有机反应机理的书写艺术

中国科学技术大学出版社

安徽省版权局著作权合同登记号：第 12222111 号

图书在版编目(CIP)数据

有机反应机理的书写艺术/(美)罗伯特·B. 格罗斯曼(Robert B. Grossman)著；许毓译. —合肥：中国科学技术大学出版社，2023. 10(2025. 3 重印)
ISBN 978-7-312-05750-2

Ⅰ. 有… Ⅱ. ① 罗… ② 许… Ⅲ. 有机化学—反应机理—研究 Ⅳ. O621. 25

中国国家版本馆 CIP 数据核字(2023)第 160771 号

有机反应机理的书写艺术
YOUJI FANYING JILI DE SHUXIE YISHU

出版 中国科学技术大学出版社
安徽省合肥市金寨路 96 号，230026
http://press. ustc. edu. cn
https://zgkxjsdxcbs. tmall. com
印刷 安徽省瑞隆印务有限公司
发行 中国科学技术大学出版社
开本 787 mm×1092 mm 1/16
印张 22. 5
字数 529 千
版次 2023 年 10 月第 1 版
印次 2025 年 3 月第 3 次印刷
定价 78. 00 元

内 容 简 介

本书简单回顾了有机物的结构和稳定性、勃朗斯特酸碱理论、反应的动力学与热力学以及机理分类等基础知识，讨论了酸碱条件下的极性反应机理、周环反应机理和自由基反应机理，探讨了金属有机反应机理，并简要介绍了混合机理。本书通过总结常见有机反应机理类型，给出实用的机理书写技巧，旨在帮助读者学习怎样合理推断有机反应机理和理解有机反应本质。

序 1

致学生

本书的目的是帮助你学会如何书写合理的有机反应机理。机理就是讲述在特定反应条件下化合物A如何转化为化合物B的故事。想象一下,如果要你叙述你是如何从纽约到洛杉矶旅行(整体反应)的,你可能会告诉我们你是如何穿越新泽西到达宾夕法尼亚,跨越圣路易斯到达丹佛,然后经过西南到达西海岸(反应机理),可能包括你使用的交通方式(反应条件)、你停留了几天的城市(中间体)、走的弯路(副反应)以及沿途的速度(速率)。进一步类比,从纽约到洛杉矶有多条路,并非每个从纽约到洛杉矶旅行的故事都是可信的。同理,同一反应可以写出多个反应机理,本书的目的之一就是教你如何从中分辨出合理的反应机理。

学习如何书写合理的有机反应机理非常重要,因为反应机理是理解有机化学的根本。已知的众多有机反应可以归纳为几种基本的机理类型,所以理解并记忆它们完全可能。发现和优化新反应也要求我们具有阐明反应机理的能力。

本书能让你熟悉已知反应机理的类型,并给你提供方法学习如何书写以前从未见过的反应机理。每章的主体讨论常见的机理类型,提出书写反应机理的实用技巧。每种机理的讨论都包含做过的和未做过的习题,要求读者自己完成未解决的习题。“常见错误提醒”分散在内容中,提醒困扰学生的常见陷阱和误解,注意这些提醒,忽视它们将会导致考试大量丢分。

偶尔,你会看到正文中出现特殊字体的排版,这些段落的信息通常是附加信息,它表示次要的、一般规则的例外情况,或者超越本书范围的内容。

每章最后有大量习题,你学会书写反应机理的唯一方法就是解题!如果不解题,你就学不会。这些习题的难度各不相同,从容易到很难。习题中的许多反应都是经典的有机反应，包括许多“命名反应”。所有例题都取自文献，部分习题在其他教材中也能发现。

详细的答案在单独的PDF文件中提供，可以从Springer网站免费下载(http://www.uky.edu/~rbgros1/textbook.html)。对你来说，不看答案会解题非常重要，理解名著《傲慢与偏见》与自己会写名著不同，反应机理也是一样，如果你发现必须看答案才能解题，一定要在几天后再解一次。记住，你必须像在考试中解题一样，如果在家里无法做到不看答案解题，你怎么能期望在像考试这样没有答案的时候解题呢？

如果你已经学习了两个学期的“基础有机化学”，你应该熟悉杂化、立体化学和有机结构的表示方法。你不需要记住“基础有机化学”中的具体反应，但记住它们肯定会有帮助。如果你发现自己对“基础有机化学”的某些内容比较薄弱或者忘记了一些重要的概念，应该去复习那些内容，偶尔需要刷新一下记忆也没什么丢人的。《有机化学中的电子流动》(第2版)(Scudder，Wiley，2013)为本书讨论的主题提供了基本的信息补充。

本书不会尝试教你具体的合成工艺、反应或策略，偶尔会要求你预测某个特定反应的产物。本书也不会尝试教你物理有机化学(例如，如何在实验室证明反应机理是正确的还是错误的)。在学习如何通过实验确定反应机理之前，你必须首先学会判断什么样的反应机理是合理的。同位素效应、Hammett假说、动力学分析和类似知识请从其他教材中学习。

毫无例外，任何教材偶尔都会出现错误。我已经在本书的网站上发布了勘误表(http://www.uky.edu/~rbgros1/textbook.html)。如果你发现未在勘误表中列出的错误，请联系我(rbgros1@uky.edu)。作为答谢，你的名字会出现在“提醒读者”和“关键读者”名单中。

有机化学、生物化学和药物化学专业的研究生和高年级本科生会发现，从本书学到的知识对他们攻读研究生(尤其是考试)和进行研究工作很有帮助。在企业工作的具有学士或硕士学位的化学家也会发现这本书很有用。

罗伯特·B.格罗斯曼

2019年3月

于美国肯塔基州莱克星顿

序　2

致教师

中级有机化学教材一般分为两类：一类教材涵盖范围广泛，包括有机合成、书写反应机理、物理有机化学和文献等内容；另一类教材涵盖详细的物理有机化学或者有机合成的内容。很多优秀教材都属于这两类。但据我所知，只有很少的教材教授学生如何书写合理的有机反应机理。《高等有机化学 A》(第 5 版)(Carey, Sundberg, Springer, 2007)、《有机化学机理和理论》(第 3 版)(Lowry, Richardson, Addison Wesley, 1987)、《有机化学结构和机理》(第 2 版)(Carroll, Wiley, 2014)这几本都是物理有机化学教材，它们教授学生阐明反应机理的实验基础，并非将如何书写合理的反应机理放在首位。《高等有机化学》(第 7 版)(Smith, March, Wiley, 2013)提供了大量的机理信息，但它强调合成，更像是一本参考书，而不是一本教材。《有机化学中的电子流动》(第 2 版)(Scudder, Wiley, 2013)是一本优秀的机理教材，但它更适合于基础有机化学而不适合于中级课程。《书写有机反应机理：实用指南》(第 2 版)(Edenborough, CRC Press, 1998)是一本很好的自学用书，但不是用美式英语写的。《书写有机化学反应机理》(第 3 版)(Savin, Elsevier, 2014)在目的和方法方面与本书最相似，本书提供了一个替代 Savin 与 Edenborough 教材的选择。

现有的教材通常没有说明：常见的反应机理步骤与看似不同的反应之间的相关性，或者看上去相似的转化为什么常常有完全不同的反应机理。例如，羰基的取代反应和芳香亲核取代反应，其反应机理本质是相同的，但在其他教材中通常都放在不同的章节进行讨论。相反，本书是按照机理类型而不是反应的整体转化来组织内容的。这种组织结构借鉴于 Savin，与传统结构相比，它可以更好地教授学生如何书写合理的反应机理，可能是因为与反应的整体转变相比，所有机理重要的第一步通常与反应条件密切相关。本书第1章介绍了Lewis结构、共振结构、芳香性、杂化和酸性等基本概念，还介绍了如何识别亲核试剂、亲电试剂和离去基团，并提供了实用技巧来辨别反应的机理类型和解释某种化学转化。接下来的五章讨论了碱性条件下的极性反应、酸性条件下的极性反应、周环反应、自由基反应、过渡金属参与和催化的反应，为每种类型的反应提供典型实例和机理的一般模式，并给出解决反应机理中问题的实用建议。

本书不是物理有机化学教材！本书的唯一目的是教授学生如何书写他们以前从未见过的反应的合理机理。正如大多数化学家所知，对于某一特定反应，通常可能写出多个合理的机理，例如，许多取代反应可以写出S_N2和单电子转移反应机理，[2+2]光照环加成反应可以写出一步协同或两步自由基反应机理。因此我的原则是：学生在学习详细修饰的机理之前，应该先掌握一种简单有效的书写反应机理的方法。我尽力教授学生如何自己书写合理的反应机理，而不是教授他们各种反应的"正确"机理。

本书和其他教材的另一个重要区别是包含过渡金属参与和催化的反应机理。在过去的几十年里，金属有机化学已渗入有机化学中，对于有机化学家而言，像金属催化氢化、Suzuki偶联和烯烃复分解等反应机理的知识是不可缺少的。许多金属有机化学教材讨论这些反应机理，但是一般有机化学专业的学生在学习过程中，很晚才会学习到"金属有机化学"课程。本书是最先讨论这些重要问题的有机反应机理教材。

在所有章节中，我尽量避免"只见树木，不见森林"，并展示一些如何归纳不同反应的理念。这种理念会导致一些不常见的教学策略，例如，在"酸性条件下的极性反应"一章中，质子化的羰基化合物写成碳正离子，以显示它们与其他碳正离子一样，如何进行相同的三种基本反应（亲核加成、裂解和重排）。这种理念也导致一些不常见的组织策略，$S_{RN}1$反应和卡宾反应放在"碱性条件下的极性反应"一章中，多数关于机理的书都是将$S_{RN}1$反应和其他自由基反应同时讨论，卡宾通常和碳正离子同时讨论，因为它们有相似之处。我决定把这些反应放在"碱性条件下的极性反应"一章里，因为本书的重点是教授书写反应机理的实用方法。我们不能期待学生看到一个反应，立即知道机理包含缺电子中间体，相反，机理应从原料和反应条件开始自然向后进行。$S_{RN}1$ 反应与包含卡宾的大多数反应一样，通常在强碱条件下进行，所以这些反应放在“碱性条件下的极性反应”一章中讨论。尽管 Favorskii 重排发生在碱性条件下，但还是放在“周环反应”这一章，这么做是为了强调关键的缩环步骤中的周环本质。

除了 Woodward-Hoffmann 规则的内容，本书没有详细讨论立体化学，分子轨道理论也只是简单介绍。我发现在学生考虑其他因素（如立体化学和分子轨道理论）之前，他们必须要掌握书写机理的基本原则。个别教师可能希望更多强调立体电子效应和相关内容来体现他们的“口味”和对学生能力的要求。

把基础知识放在第 1 章，我思索良久，最后决定简单复习几个基础有机化学中的重要主题，保留常见错误的详细讨论，假定你们已经熟悉 Lewis 结构式和推电子。我采用 Weeks 的优秀练习册《推电子》（第 4 版）（Daniel P. Weeks，Cengage，2014）来巩固学生的推电子能力，如果 Weeks 的书没能让学生跟上进度，可以参考“基础有机化学”教材。

我采用非正式方式书写本书，大量使用第二人称，偶尔也使用第一人称，原子和分子经常被拟人化。本书的风格部分源自上课笔记，但我也强烈感受到，拟人化和对学生讲话的形式可以促进学生自我思考。我清楚地记得我的物理有机化学的研究生导师问我，“如果你是一个电子，你会怎么做？”当他问过这个问题以后，解释机理变得非常容易。第三人称和被动语态当然在科技论文写作中占有它们的地位，但是如果我们想要鼓励学生自己掌握知识，那么也许我们应该停止讨论我们的理论和解释，不应该把它们当作只是发生在“那里”的现象，而应该把它们当作“是什么”来讨论。我们尽最大努力使自然界呈现给我们的一系列令人困惑的现象合理化。

本书没有列出参考文献有几个原因。首先文献中都是反应，很少写机理，即使有机理，也是简略的，省略了关键细节。此外，如前所述，本书的目的不在于教给学生“正确”的机理，而是教他们如何运用自己的知识、基本原则和机理类型来书写合理的机理。在我看来，本书的参考文献对教学帮助很少或压根没什么帮助。但是，在书尾处还是提供了一些寻找机理信息的指导。本书除了“过渡金属参与和催化的反应”章节之外，其他章节可以一学期学完。

本书的第 3 版比第 2 版有所改进，例如，在涉及电子转移的反应中，我不再画两中心三电子键作为中间产物。(当物理有机化学家得知我保留了“C±”来表示单线态卡宾时,他们会很难过。)我已经把所有的电子流动箭头涂成蓝色,并在其他地方明智地添加了颜色(翻译的教材依然采用黑色),我相信这些改变会使绘图更容易阅读。我还对一些常见生物反应的机理进行更多的讨论,并在“过渡金属参与和催化的反应”一章中增加了 C—H 活化反应的内容。

我要感谢所有读者,他们提醒我本书第 2 版中有错误,并对在第 3 版中添加什么提出建议。我还要感谢肯塔基大学的同事和学生,感谢全国各地和世界各地的公司和大学,感谢他们热情地接受了这本书以前的版本,他们反响之强烈出人意料,我希望他们觉得第 3 版同样令人满意。

罗伯特・B. 格罗斯曼

2019 年 3 月

于美国肯塔基州莱克星顿

目　录

第1章　基础知识

1.1　有机物的结构和稳定性

如果科学是用来描述宇宙的语言，那么 Lewis 结构式（用来表示有机物的线、点和字母）就是有机化学的“单词”，反应机理就是用这种“单词”讲述的故事。与使用任何一种语言一样，要用这种语言交流思想，就必须学会如何正确使用有机化学词汇。有机化学语言的规则有时似乎是任性或随意的，例如，你可能很难理解为什么 RCO_2Ph 是具有一个端基氧原子结构的简写，但 RSO_2Ph 却是具有两个端基氧原子结构的简写，或者为什么用“⟷”表示共振，而不用“⇌”表示共振。但有机化学在这方面和其他语言（例如，英语、法语或汉语）也没有什么不同，都有它们自己独特的规则。（你曾经想过在英语中为什么“我”“你”“我们”“他们”后面直接用动词原型，但是“他”或“她”后面的动词要加“s”吗？）此外，正如你在英语、法语或者汉语中做的一样，当你讲述有机反应故事时（书写反应机理），如果希望别人理解，那么无论有机化学语法和句法是多么乏味或任意，你都必须学会正确地使用它们。这一介绍性章节的第一部分让你重新熟悉一些有机化学规则和约定，这些内容中的大多数你在以前的有机化学课程中已经熟悉，但值得复习一遍。

1.1.1　书写结构的惯例：Grossman 规则

当书写有机结构时，通常省略与碳相连的氢原子（但与杂原子相连的氢原子总是写出来）。不要忘记氢原子一直在那里，这很重要！

常见错误提醒：不要忘记未写出的氢原子。如图 1.1 所示，异丁烷、叔丁基自由基和叔丁基碳正离子之间区别很大，但是如果忘记氢原子，你可能会混淆它们。因此，我制定了 Grossman 规则：总是写出反应中心所有的键和氢原子。书写氢原子需要少量时间，但会显著提升你书写反应机理的能力。

易混淆这些结构……

……但很难混淆这些结构！

H_3C　H　CH_3　H_3C

H_3C　CH_3　H_3C

图 1.1

缩写常用于有机化合物中常见的单价基团。一些常见有机结构的缩写请见表 1.1。Ar—可以是苯基、取代苯基或芳杂基(例如,呋喃基、吡啶基、吡咯基)。Ts—是对甲苯磺酰基的缩写,Ms—是甲磺酰基的缩写,Tf—是三氟甲磺酰基的缩写。

表 1.1　常见有机结构的缩写

缩写	名称	结构式	缩写	名称	结构式
Me—	甲基	CH_3—	Ph—	苯基	C_6H_5—
Et—	乙基	CH_3CH_2—	Ar—	芳基	
Pr—	丙基	$CH_3CH_2CH_2$—	Ac—	乙酰基	$CH_3C(=O)$—
i-Pr—	异丙基	Me_2CH—	Bz—	苯甲酰基	PhC(=O)—
Bu,*n*-Bu—	丁基	$CH_3CH_2CH_2CH_2$—	Bn—	苄基	$PhCH_2$—
i-Bu—	异丁基	Me_2CHCH_2—	Ts—	对甲苯磺酰基	4-Me$(C_6H_4)SO_2$—
s-Bu—	仲丁基	(Et)(Me)CH—	Ms—	甲磺酰基	CH_3SO_2—
t-Bu—	叔丁基	Me_3C—	Tf—	三氟甲磺酰基	CF_3SO_2—

常见错误提醒:不要混淆 Ac—(一个氧原子)与 AcO—(两个氧原子),Ts—(两个氧原子)与 TsO—(三个氧原子)(图 1.2),不要混淆 Bz—(苯甲酰基)和 Bn—(苄基)(我们甚至在文献中常常看到混淆 Bz—和 Bn—)。

图 1.2

有时写在文中的分子式容易让学生混淆,比较重要的表达式如图 1.3 所示。

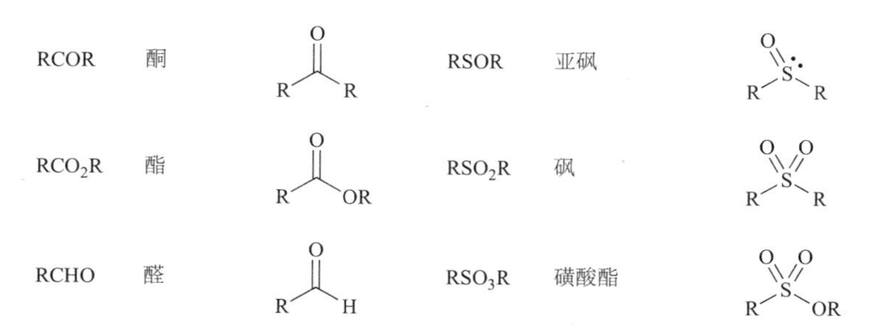

图 1.3

常见错误提醒:特别容易误认为砜(RSO_2R)与酯(RCO_2R)的结构相似。

立体化学的习惯表达也要注意,如图 1.4 所示,黑体键表示取代基指向你,即指向纸平面前方。切割键表示取代基远离你,即指向纸平面后方。有时候虚线和切割键一样使用,但常规情况下虚线表示半个键(如在过渡态中),不表示立体化学。波浪线表示手性中心两种构型的混合物，即样品中一部分取代基指向你，另一部分取代基远离你。直线表示立体化学未知或不确定。

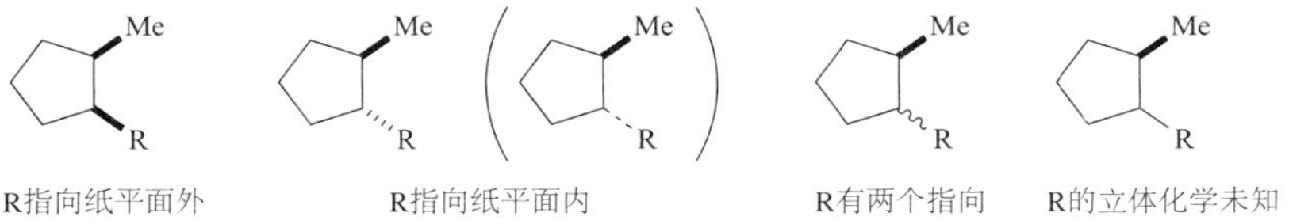

R指向纸平面外　R指向纸平面内　R有两个指向　R的立体化学未知

图 1.4

黑体线和切割线可以用楔形或非楔形表示。如图 1.5 所示，通常楔形表示绝对构型，非楔形表示相对构型。欧洲一些国家和美国的化学家对于楔形键的粗端或细端与取代基相连的表达有所不同。这些立体化学的表达习惯并没有得到普遍遵守，就像有些作者会使用不同于普通话的方言。

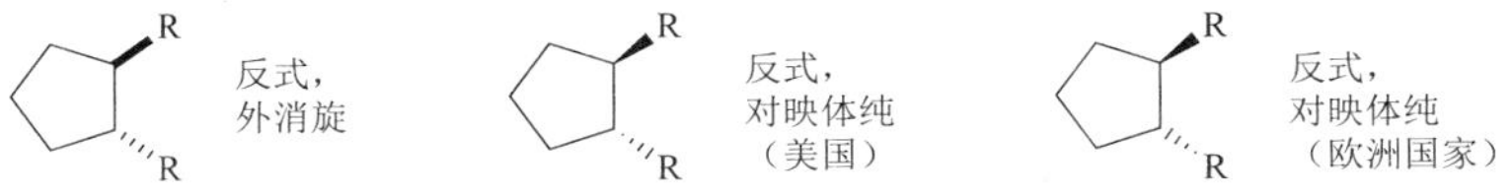

反式，外消旋　反式，对映体纯（美国）　反式，对映体纯（欧洲国家）

图 1.5

1.1.2 Lewis 结构式和共振结构式

Lewis 结构式的定义和准则以前学过，这里没必要赘述。但 Lewis 结构形式电荷的正确分布通常会出错，原子的形式电荷可以根据下式计算：

$$\text{形式电荷} = \text{原子的价电子数目} - \pi\text{ 键和 }\sigma\text{ 键数目} - \text{未共用价电子数目}$$

这种计算方法虽然有效，但有点麻烦。实际上，正确的形式电荷通常可以一目了然，碳原子“正常”有四个键，氮有三个键，氧有两个键，卤素有一个键，具有“正常”键数目的原子不带形式电荷。当你看到一个原子具有“异常”数目的键时，你可以立即给它分配一个形式电荷。例如，具有两个键的氮原子可以立即给它分配形式电荷“-1”。常用原子的形式电荷请见表 1.2 和表 1.3。除了硫元素偶尔具有$+2$ 的形式电荷，非金属很少带上± 2 或更大的形式电荷。

表 1.2　偶电子原子的形式电荷

原子	一个键	两个键	三个键	四个键
C		0*	+1(无 lp)‡ −1(一对 lp)	0
N,P	0**	−1	0	+1
O,S	−1	0	+1	0 或+2†
卤素	0	+1		
B,Al			0‡	−1

* 卡宾；** 氮烯；† 硫的讨论请见下文；‡ 有一个空轨道，lp 表示孤对电子。

表 1.3　奇电子原子的形式电荷

原子	不含键	一个键	两个键	三个键
C				0
N,P			0	+1
O,S		0	+1	
卤素	0	+1		

四键硫的形式电荷易混淆，具有两个单键和一个双键的硫原子（如 DMSO，$Me_2S=O$）有一对孤对电子，不带形式电荷；但是具有四个单键的硫原子没有孤对电子，形式电荷是 +2；具有六个键的硫原子没有形式电荷和孤对电子，就像五个键的磷原子一样，下一部分会有硫和磷 Lewis 结构更完整的讨论。

形式电荷被称为“形式”是有原因的，它们只是用来描述有机物的语言，并不能反映化学性质。（思考这一事实：电负性大的原子通常具有形式正电荷，如 $\overset{+}{N}H_4$、H_3O^+ 和 $Me\overset{+}{O}=CH_2$）形式电荷用于体现在反应过程中没有获得或失去电子，但它们并不能反映化学性质，例如，$\overset{+}{N}H_4$ 和 $\overset{+}{C}H_3$ 的中心原子虽然都有形式电荷，但它们的反应性质完全不同。

要理解化学性质，需要抛开形式电荷，关注有机物原子的其他性质，例如，电正性、缺电子性和亲电性。

- 电正性（或电负性）是元素的属性，与元素的成键形式几乎无关。
- 如果原子的价层不满足八电子（或者氢原子价层不满足两电子）结构，那么它就是缺电子的。
- 亲电的原子具有相对低能的空轨道。（亲电性在本章后面将详细讨论）

常见错误提醒： 电正性、缺电子性、亲电性和形式正电荷是互不相关的，不要混淆！$CH_3{}^+$ 和 $NH_4{}^+$ 中的碳原子和氮原子都有形式正电荷，但碳是缺电子的，而氮不缺电子。$\cdot CH_3$ 和 BF_3 中的碳和硼都缺电子，但都没有形式电荷。硼是电正性的，而氮是电负性的。$BH_4{}^-$ 和 $NH_4{}^+$ 都是稳定的离子，因为中心原子都不缺电子。${}^+CH_3$、CH_3I 和 $H_2C=O$ 中的碳原子都是亲电的，但只有 ${}^+CH_3$ 中的碳是缺电子的，$Me\overset{+}{O}=CH_2$ 中的氧原子有一个形式正电荷，但亲电的是碳原子，不是氧原子。

对于每种结构式，π 电子和非键电子经常有几种分布方式，这些不同的方式称为共振结构式。共振结构式是用几种结构式来描述一个化合物。每个共振结构式对化合物的真实结构都有一定的贡献，但任何一个共振结构式都不是真实的结构。字母、线条和点是用来描述分子语言的“单词”，就像在语言中，有时候一个单词是不够的，必须用几个不同的单词来描述分子完整的结构。事实上，共振结构式是用来描述化合物的“人造语言”。

如图 1.6 所示，化合物真实的结构（共振杂化体）是不同的共振结构式进行加权平均的结果。每种共振结构式的权重依据它对杂化体的重要性决定，重要的共振结构式权重最大，两种共振结构式之间用双向箭头（“⟷”）分隔。

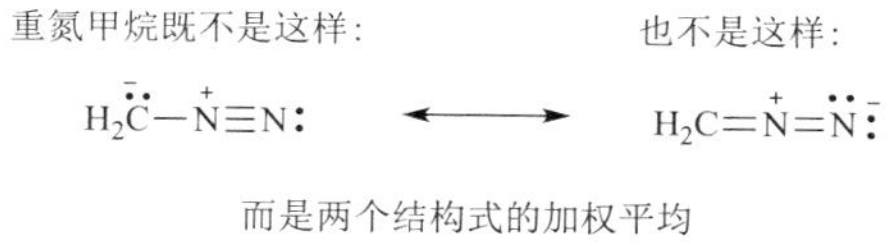

重氮甲烷既不是这样： 也不是这样：

$H_2\ddot{C}^{-}-\overset{+}{N}\equiv N:$ ⟷ $H_2C=\overset{+}{N}=\ddot{N}:^{-}$

而是两个结构式的加权平均

图 1.6

常见错误提醒：双向箭头只用于表示共振结构式，一定不要与表示两种或多种物质之间化学平衡的符号（"⇌"）相混淆。共振结构式是对单个化合物的另一种描述，共振结构式之间没有像平衡一样的"前进后退"，千万不要那样想！

低能的共振结构式比高能的共振结构式可以更好地描述化合物的电子特征，衡量共振结构式稳定性的标准和衡量其他 Lewis 结构式一样。

(1) 第二周期原子(B、C、N、O)的价层不超过八个电子。(重的主族元素，例如 P 和 S，不遵循八电子规则，过渡金属也不遵循。)

所有原子都满足八电子的共振结构式比具有一个或多个缺电子原子的共振结构式能量低。如果有缺电子原子，它们应该是电正性的(C、B)，不是电负性的(N、O、卤素)。

(2) 有电荷分离的共振结构式通常比电荷为中性的共振结构式能量更高。

(3) 如果有电荷分离，则电负性原子获得形式负电荷，电正性原子获得形式正电荷。

这些规则按重要性顺序列出，例如，$Me\ddot{O}-\overset{+}{C}H_2 \longleftrightarrow Me\overset{+}{O}=CH_2$，第二个共振结构式对该化合物基态的描述更重要，因为该结构式中所有原子都满足八电子(规则(2))，比电正性元素碳(不是氧)具有形式正电荷贡献更大。另一个例子，$Me_2C=O \longleftrightarrow Me_2\overset{+}{C}-\overset{-}{O} \longleftrightarrow Me_2\overset{-}{C}-\overset{+}{O}$，第三个共振结构式不重要，因为电负性原子缺电子，第一个结构式比第二个结构式重要，因为第二个结构式有电荷分离(规则(3))，具有缺电子原子(规则(2))，但第二个结构式对丙酮基态电子结构式的总体描述也有一定贡献。

有机化学家定义共振结构式只能是 π 键和孤对电子的位置不同，其 σ 键位置不变。如果两个结构的 σ 键不同，则是异构体，不是共振结构式。

如何从一个特定的 Lewis 结构式书写共振结构式呢？

· 在具有孤对电子的原子邻位寻找缺电子原子，如图 1.7 所示，孤对电子可以与缺电子原子共享，形成一个新 π 键。注意电子对共享时形式电荷的变化！还要注意接受新键的原子必须是缺电子的。

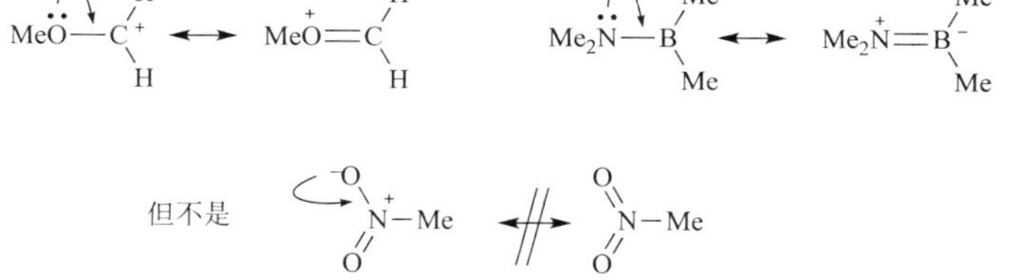

$Me\ddot{O}-\overset{+}{C}H_2 \longleftrightarrow Me\overset{+}{O}=CH_2$　　$Me_2\ddot{N}-BMe_2 \longleftrightarrow Me_2\overset{+}{N}=\overset{-}{B}Me_2$

但不是 $^{-}O-\overset{+}{N}(=O)-Me$ ⟷(×) $O=N(=O)-Me$

图 1.7

常见错误提醒:形式正电荷与原子是否可以接受新键无关。

一般弯箭头用来表示一个共振结构式的电子如何移动产生一个新的共振结构式。弯箭头就是一种形式,实际上电子并没有从一个位置移动到另一个位置,因为真实的化合物是不同共振结构式加权平均的结果,并非不同共振结构平衡的混合物。当你书写不同的共振结构式时,弯箭头帮助你不要丢失或获得电子。

· 在 π 键邻位寻找缺电子原子,如图 1.8 所示,π 电子可以移到缺电子原子上形成一个新 π 键。旧 π 键远端的原子变成缺电子的,注意形式电荷的变化!

图 1.8

· 在 π 键邻位寻找自由基,如图 1.9 所示,π 键上的一个电子和单电子可用于形成新 π 键。π 键上的另一个电子在远端原子上形成新自由基,形式电荷没有变化。

图 1.9

其中,半箭头(鱼钩箭头)表示单电子转移。

· 在 π 键邻位寻找孤对电子,如图 1.10 所示,推动孤对电子向 π 键转移,推动 π 键上的电子向远端原子转移,形成新的孤对电子。具有孤对电子的原子有或没有形式负电荷。

图 1.10

当结构式中省略了杂原子上的孤对电子时,杂原子上的形式负电荷可以视为一对孤对电子,弯箭头通常从形式负电荷开始画,而不是从孤对电子开始画。

· 如图 1.11 所示,在芳香族化合物中,π 键常常可以移动形成新的共振结构式,键、孤对电子、未成对电子、缺电子原子或形式电荷的总数不变,但这些结构式是不同的。

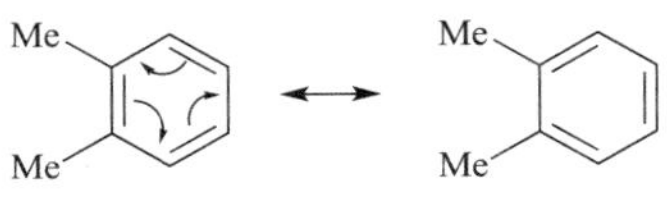

图 1.11

· 如图 1.12 所示,π 键的两个电子可以均匀或不均匀地分给成键的两个原子,如:$A{=}B \longleftrightarrow \overset{+}{A}{-}\overset{-}{B} \longleftrightarrow \overset{-}{A}{-}\overset{+}{B} \longleftrightarrow \dot{A}{-}\dot{B}$。这个过程通常产生高能的结构。在两个不同原子间形成的 π 键上,推动 π 键的电子对向电负性大的原子移动。

图 1.12①

在书写共振结构式时,要记住另外两条重要规则:

• 孤对电子或空轨道不能与和它正交(垂直)的 π 键作用。如图 1.13 所示,这种共振结构式通常张力非常大。

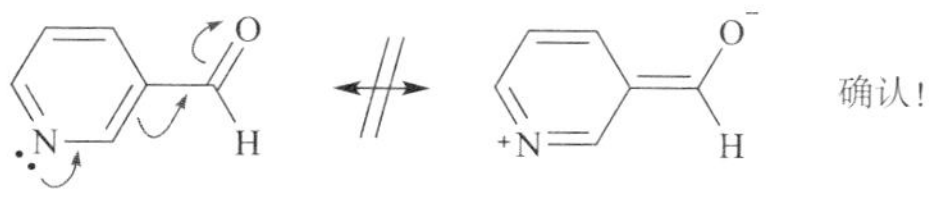

图 1.13

• 两个共振结构式必须具有相同电子数(和原子数)。两种结构式中的形式电荷之和相等。

常见错误提醒:四价的碳或氮原子(如季铵盐)没有孤对电子或 π 键,所以它们不参与共振。

• 如图 1.14 所示,像氧、氮这样的电负性原子必须具有八电子,它们是否有形式正电荷没关系,电负性大的原子愿意共享它们的电子,但它们不会允许带走电子。

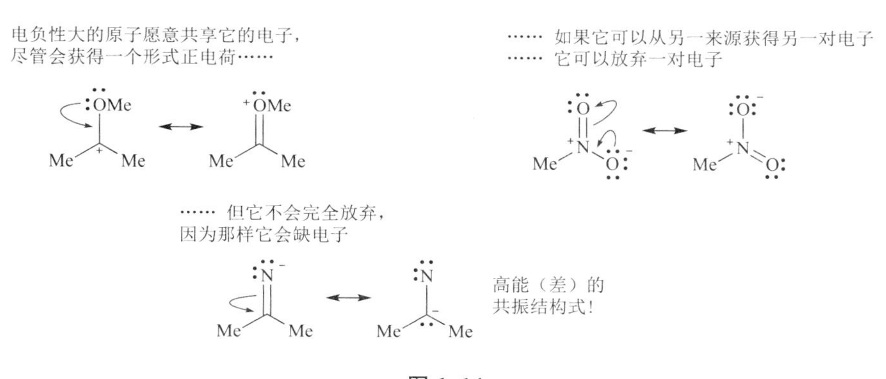

图 1.14

• 如果贡献一个或两个电子给一个已经拥有八电子的原子,那么无论它是否有形式正电荷,该原子的另一个键必须断开。例如,硝酮($PhCH{=}\overset{+}{N}R{-}\overset{-}{O}$)的氮原子有八电子。如果 C=N 的 π 键电子远离氮给了碳,氧的孤对电子会形成一个新的 N=O π 键,即 $PhCH{=}\overset{+}{N}R{-}\overset{-}{O} \longleftrightarrow Ph\overset{-}{C}H{-}\overset{+}{N}R{=}O$,第二个共振结构式中,氮保留八电子和形式正电荷。

• 桥环双环化合物中,桥头原子和邻位原子由于环张力无法形成 π 键,除非双环化合物中一个环超过八或九个原子(Bredt 规则),写出含这种 π 键的共振结构式是非常糟糕的。

习题 1.1 如图 1.15 所示,下面两个共振结构式中哪个可以更好地描述下列化合物的基态?

① 译注:右式结构高能,通常不写。

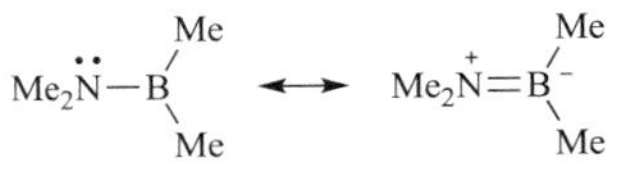

图 1.15

习题 1.2 尽可能多地写出图 1.16 中化合物合理的共振结构式。

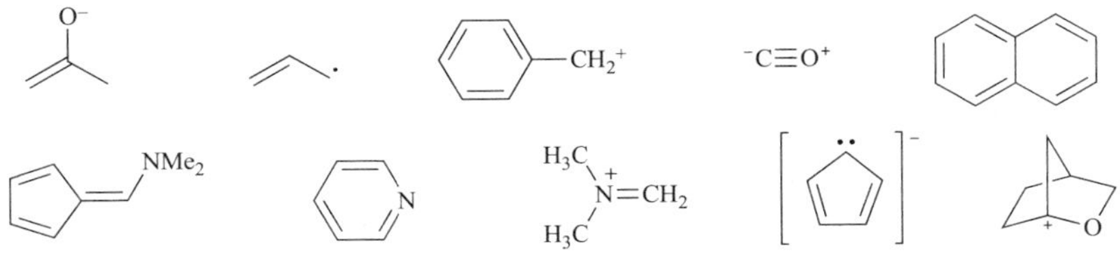

图 1.16

第二稳定的共振结构式常常对理解化合物的化学性质提供关键信息。例如，丙酮第二稳定的共振结构式告诉你，羰基碳缺电子，容易受到富电子试剂进攻。这一点稍后再讨论。

总之，化合物的低能共振结构式越多，其能量越低。

在书写有机反应机理时，观察结构书写共振结构式的能力是非常重要的。如果有需求，教材《推电子》（第 4 版）（Daniel P. Weeks, Cengage, 2014）的第 1 章到第 3 章可以帮助你获得必要的练习。

在有机化学中，末端氧与硫或磷相连的化合物很常见，硫和磷扩展了它们价层的容量（使用相对低能的 3d 轨道），可以写出容纳超过八电子的共振结构式。书写扩展层可能比较混乱，例如，DMSO（图 1.17）似乎和丙酮相似，但 DMSO 中的硫有一对孤对电子，而丙酮中的碳缺电子。偶极共振结构式能更好地描述这些化合物的基态，但有机化学家们旧习难改。在任何情况下，当你看到 S＝O 或 P＝O“π”键时，要知道价层可能已经超过八电子，你看到的不是传统的 π 键。

图 1.17

1.1.3 分子形状和杂化

分子是三维的，它们具有形状。在书写反应机理时，你必须始终想着有机物的三维形状。如图 1.18 所示，通常在平面中似乎是合理的反应，放在三维空间下可能完全不合理，反之亦然。

有机化学家使用原子杂化的概念来合理地理解分子形状。杂化概念本身是 Lewis 理论和分子轨道（MO）理论的奇怪混杂，在现实中存在严重的基础问题。但是有机化学家使用杂化概念几乎让所有的结构和反应合理化，因为它很容易理解和应用。

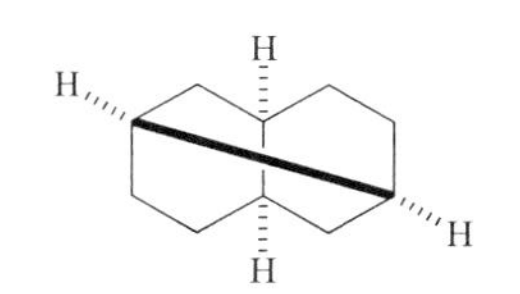

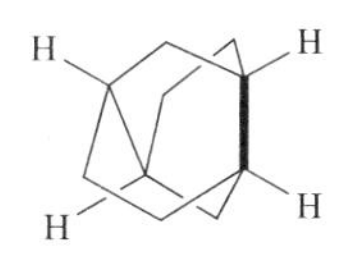

图 1.18

在讨论杂化之前，简要回顾一下 MO 理论的基本原理。下面的讨论是快速、定性地概括，不是综合讨论。

正如早期的原子核理论所提出的那样，电子不像行星那样围绕恒星运转，一个更好的类比是原子核周围的电子就像夏天绕着脑袋嗡嗡作响的蚊虫云。进一步进行类比，人们不可能精确地定位一只蚊虫并确定其位置；相反，人们只能描述在距离嘴或鼻孔特定距离处发现一只蚊虫的可能性。同样我们无法定义特定电子的位置；相反，轨道的波函数描述了在空间的特定区域中找到某一能量电子的概率，实际概率是由空间中某一点轨道值的平方给出的。

有机化学家最关注的原子(C，N，O)有四个价原子轨道(AOs)，一个 s 轨道和三个 p 轨道，每个轨道填充零个、一个或两个电子，原子价层 s 轨道的电子比 p 轨道的电子能量低。如图 1.19 所示，s 轨道是球形的，p 轨道是哑铃形的，相互垂直(正交；即它们不重叠)。p 轨道有两个波瓣，在定义这些轨道的数学函数中，一瓣的值小于零(负)，另一瓣的值大于零(正)。(这些算术值不要与电荷混淆。)

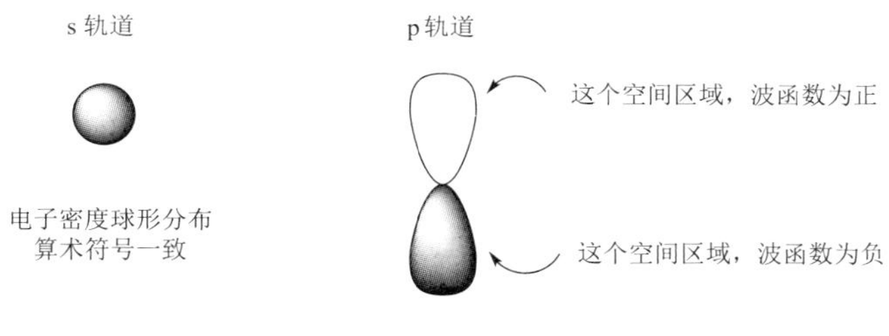

图 1.19

如图 1.20 所示，每一个 p 轨道描述了以 x、y 或 z 轴为中心的电子分布，三个 p 轨道相互垂直，但是这三个 p 轨道平方再相加，就得到电子的球形分布。

图 1.20

较重的元素也可能有价层 d 轨道和 f 轨道，你可以不必关注它们。

当两个原子在空间上靠近时，每个原子的电子能量和概率分布随另一个原子核的存在而变化。描述电子的概率分布和能量的原子轨道是简单的数学函数，所以两个空间相近的原子轨道的相互作用可以用算术加减原子轨道函数来表达，形成两个新函数，称为分子轨道

(MOs)，如图 1.21 所示。相加的原子轨道(同相)称为成键轨道，比原子轨道的能量低，相减(反相)的原子轨道称为反键轨道，比原子轨道能量高。事实上，反键分子轨道的去稳定性比成键分子轨道的稳定性强(注：这是因为反键效应)。

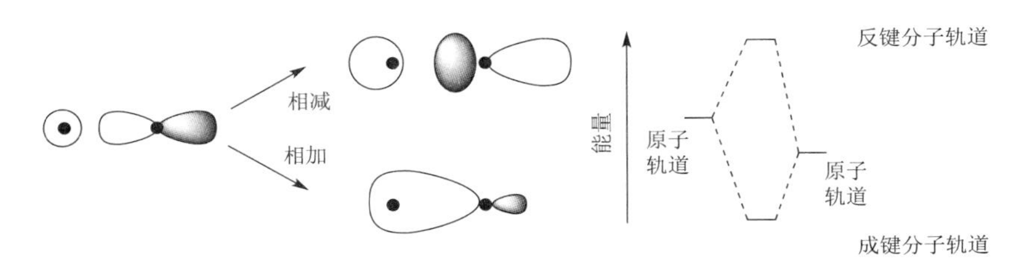

图 1.21

为什么两个原子轨道以相加和相减的方式相互作用呢？物理事实是两个原子轨道描述四个电子在空间中的分布。当两个原子轨道相互作用时，得到的方程仍然需要描述空间中四个电子的分布。因此，两个原子轨道相互作用得到两个分子轨道，三个原子轨道相互作用得到三个分子轨道，等等。

如图 1.22 所示，当两个原子轨道相互作用时，如果每个原子轨道上有一个电子，那么两个电子都进入成键分子轨道，此时电子的总能量比它排布在两个原子轨道中低，就形成新的化学键。相反，如果每个原子轨道是充满的，那么两个电子进入成键分子轨道，两个电子进入反键分子轨道；电子的总能量增加，原子互相排斥，没有新键形成。

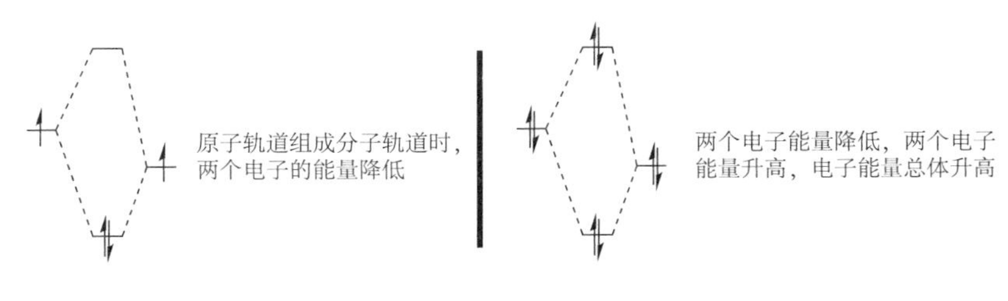

图 1.22

主族原子的价电子排布在四个价层原子轨道上。例如，碳原子有四个价电子，一个电子可以进入一个价层轨道，四个半填满的原子轨道与其他原子的四个原子轨道相互作用形成四个键。而氧有六个价电子，它只有两个半填满的轨道，所以只能形成两个键。

不过这个简单的图示不完整，例如甲烷，如果碳用一个 s 轨道和三个 p 轨道与氢形成四个键，那么一个 C—H 键与其他三个键会不一样，但这与事实不符，对甲烷分子形状的多数测量显示四个键是完全相同的。这是为什么呢？因为甲烷中四个成键轨道是相同的，碳的四个原子轨道是简单的数学函数，有机化学家假定四个原子轨道通过“平均”或杂化，形成四个新的相同的原子轨道，称为 sp^3 杂化轨道(因为每个轨道都包括一份 s 轨道和三份 p 轨道)，如图 1.23 所示。四个原子轨道共同描述电子的球形分布，所以当这个球被分为四个相同的 sp^3 杂化轨道时，就形成了四个轨道的四面体排列。

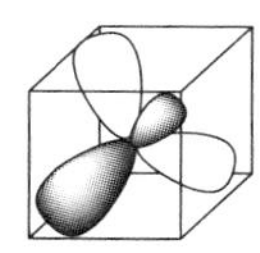

图 1.23

原子轨道也可以采用其他方式杂化，一个 s 轨道和两个 p 轨道可以杂化形成三个新的杂化轨道，留下一个不变的 p 轨道，称为 sp^2 杂化。此外，一个 s 轨道和一个 p 轨道可以杂化形成两个新的杂化轨道，留下两个不变的 p 轨道，称为 sp 杂化。总之，三种杂化的特点如下(图 1.24)：

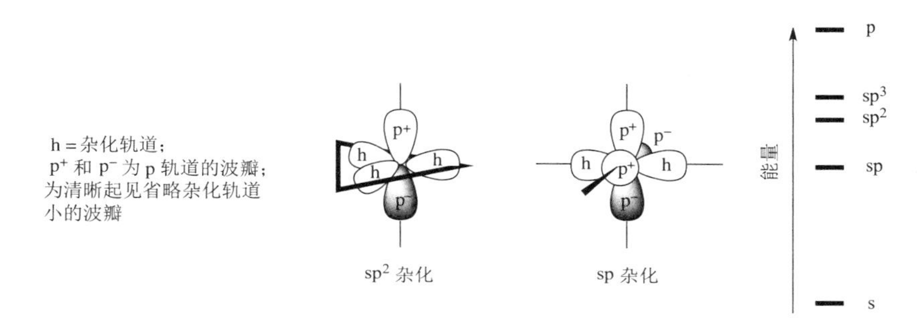

图 1.24

图示的杂化轨道是简化的，sp^3、sp^2 和 sp 轨道实际上形状并不相同，这些轨道实际形状更好的图像可以参阅《有机化学机理和理论》(第 3 版)(Lowry 和 Richardson, Addison Wesley, 1987)。

- sp^3 杂化：一个 s 轨道和三个 p 轨道杂化形成四个能量相等的 sp^3 杂化轨道。四个轨道指向四面体的四个顶点，每个轨道之间夹角为 109°。每个 sp^3 杂化轨道的能量是从 s 原子轨道到 p 原子轨道能量的 3/4 处。

- sp^2 杂化：一个 s 轨道和两个 p 轨道杂化形成三个能量相等的 sp^2 轨道，留下一个不变的 p 轨道。三个杂化轨道指向等边三角形的三个顶点，三个轨道共面，每个轨道之间的夹角是 120°；未杂化的 p 轨道垂直于杂化轨道的平面。每个 sp^2 杂化轨道的能量是从 s 原子轨道到 p 原子轨道能量的 2/3 处，如图 1.24 所示。

- sp 杂化：一个 s 轨道和一个 p 轨道杂化形成两个能量相等的 sp 轨道，留下两个不变的 p 轨道。两个杂化轨道之间的夹角为 180°；两个未杂化的 p 轨道相互垂直，也垂直于 sp 杂化轨道组成的直线。每个 sp 杂化轨道的能量是从 s 原子轨道到 p 原子轨道能量的 1/2 处。

确定原子杂化的方式如下：杂化轨道用于形成 σ 键和容纳未参与共振的孤对电子；p 轨道用于形成 π 键和容纳参与共振的孤对电子，可用作空轨道。要确定原子杂化状态，需要加上未参与共振的孤对电子数目和 σ 键的数目(如：与它相连的原子数目)。如果总和是 4，那么原子是 sp^3 杂化；如果总和是 3，那么原子是 sp^2 杂化；如果总和是 2，那么原子是 sp 杂化。

习题 1.3 确定图 1.25 中化合物中碳、氮和氧原子的杂化方式(最后一个结构中心的黑点表示一个碳原子。)

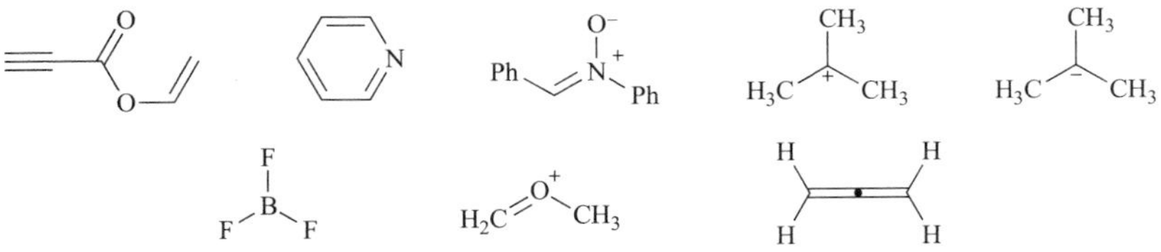

图 1.25

当你考虑原子杂化时,记住:考虑 p 轨道和杂化轨道非常重要,原子杂化会影响它的性质和反应性。这一点会在将来多次说明。

1.1.4 芳香性

环状化合物能量减少或增加与具有连续重叠 p 轨道的环状排列有关。这种化合物可能具有交替的单键和多重键组成的环,或含有交替的 π 键和具有孤对电子或空轨道的一个或多个原子组成的环。如果在轨道的环状排列中有奇数对电子,则该化合物能量特别低(与增加两个 H 原子的非环体系相比),是芳香的。如果有偶数对电子,则化合物能量特别高,是反芳香的。如果没有连续重叠 p 轨道的环状排列,则芳香性不适用,是非芳香的。

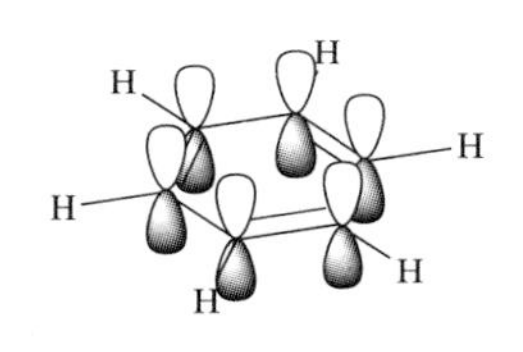

图 1.26

最简单的芳香化合物是苯,如图 1.26 所示,苯的每个碳原子是 sp^2 杂化,每个碳原子都有一个 p 轨道垂直于环的平面。六个 p 轨道组成环形,每个碳原子的 p 轨道提供一个电子,所以环体系中共有三对电子。因为三是奇数,所以苯是芳香的。事实上,苯比 1,3,5-己三烯(非环类似物)的能量低 30 kcal/mol①。

除苯外还有许多芳香烃,许多是由稠合苯环组成的,它们轨道的环状排列中都有奇数对电子,如图 1.27 所示。

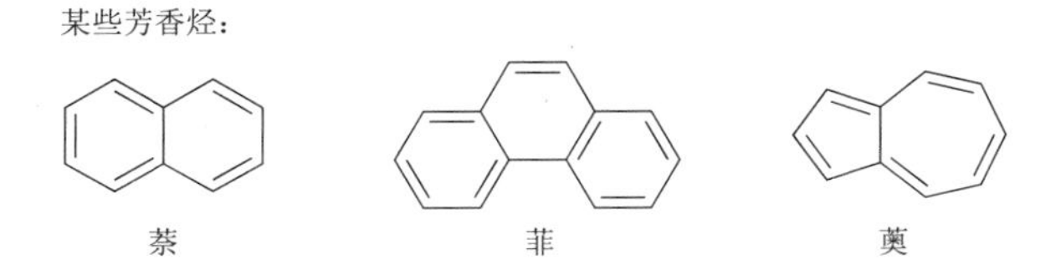

图 1.27

呋喃、噻吩、吡咯和吡啶都是芳香杂环化合物(杂芳香化合物),如图 1.28 所示。这些化合物(呋喃、噻吩、吡咯)中的杂原子为芳香体系提供一对孤对电子,而在其他化合物(吡啶)中不提供孤对电子。你可以通过检查孤对电子贡献对杂原子杂化的影响来决定杂原子给芳香体系提供多少对孤对电子。例如,如果吡啶的氮原子用孤对电子参与共振,它一定是 sp 杂化(N=C π 键需要一个 p 轨道,用于共振的孤对电子需要一个 p 轨道),但 sp 杂化需要

① 注:1 kcal=4.18 kJ。

180°键角，在该化合物中是不可能的。因此，氮原子一定是 sp^2 杂化，氮的孤对电子处于杂化轨道上，垂直于 p 轨道组成的环。相反，在吡咯中，如果氮原子的孤对电子参与共振，氮原子一定是 sp^2 杂化，这是合理的。因此，吡咯 p 轨道的环状体系有六个电子(每个 C=C π 键提供两个，氮的孤对电子提供两个)，吡咯具有芳香性。

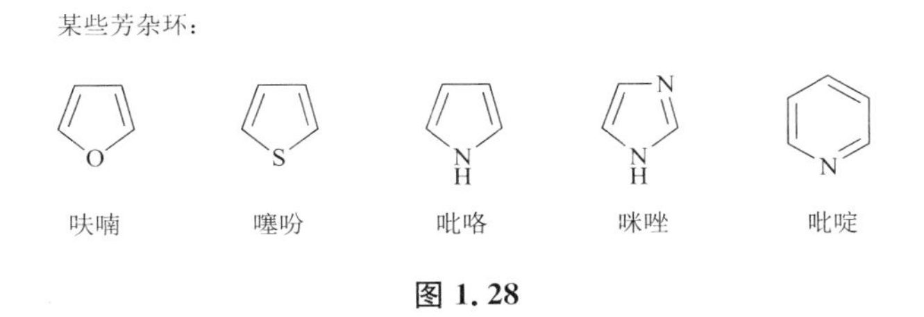

图 1.28

习题 1.4 呋喃中的氧原子是什么杂化？孤对电子占据哪个轨道？共振中用了多少对孤对电子？

与芳香烃一样，芳香杂环化合物通常与其他芳香烃或杂环化合物稠合形成更大的芳香化合物，如图 1.29 所示。这些化合物在生物学、合成化学和材料化学中有重要作用。

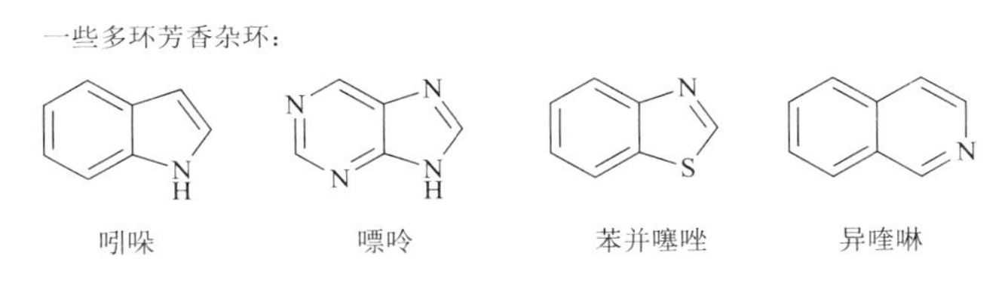

图 1.29

某些带电化合物也是芳香的，如图 1.30 所示，草鎓离子和环丙烯正离子中缺电子的碳原子是 sp^2 杂化，有一个空的 p 轨道。草鎓离子具有环状排列的七个 p 轨道，填充三对电子，环丙烯正离子具有环状排列的三个 p 轨道，填充一对电子；因此，这两种离子都是芳香的。(注意环丙烯本身是非芳香的，因为它没有环状排列的 p 轨道！)同样，环戊二烯负离子中具有孤对电子的碳原子是 sp^2 杂化，孤对电子可参与共振，因此，环戊二烯负离子具有环状排列的五个 p 轨道，填充三对电子，它也具有芳香性。

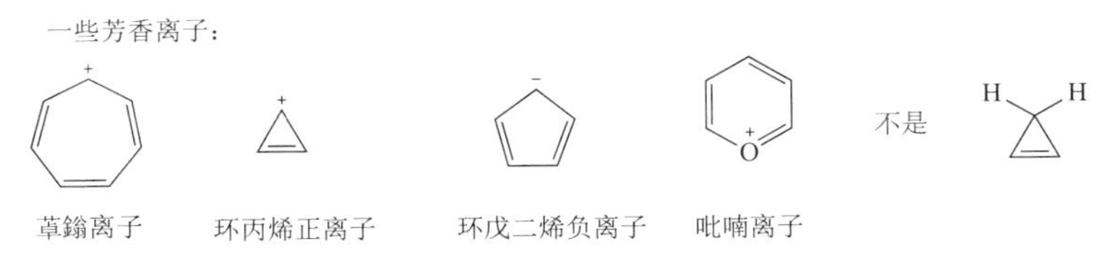

图 1.30

反芳香性化合物与它们的非环类似物相比，能量特别高。如图 1.31 所示，环丁二烯只有在惰性基质、极低温度下才能分离得到。在 1,4-二氢吡嗪中，两个氮上的孤对电子和两个 C=C π 键的电子组成八电子体系，能量特别高。环戊二烯正离子能量也特别高，因为在五个 p 轨道的环状体系中只填充了两对电子(包括缺电子的碳原子空的 p 轨道)。环辛四烯乍一看似乎是反芳香性的,它弯曲成浴盆状,p 轨道不能连续重叠,避免了反芳香性。

某些反芳香性化合物:

不是

图 1.31

有些化合物具有部分芳香性或反芳香性,这是由于少量的芳香或反芳香共振结构的存在。如图 1.32 所示,环庚三烯酮比人们预计的高度不饱和酮的能量低得多,因为它的 $\overset{+}{C}—\overset{-}{O}$ 共振结构式是芳香的。相反,环戊二烯酮的能量特别高,因为它的 $\overset{+}{C}—\overset{-}{O}$ 共振结构式是反芳香性的。

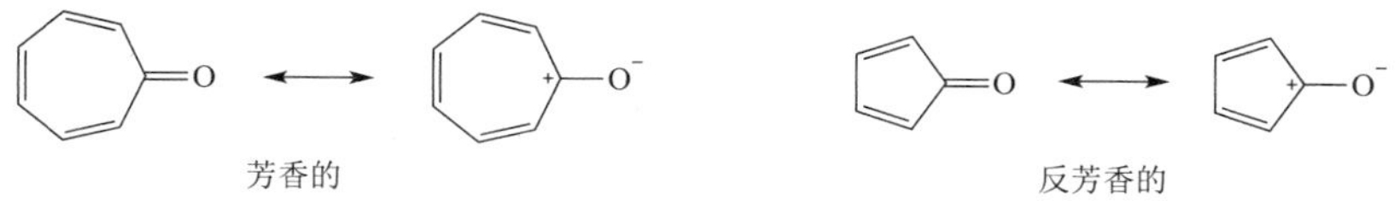

芳香的

反芳香的

图 1.32

为了让你了解芳香性的能量降低效果有多强,比较一下 1,3-戊二烯和 1,3-环戊二烯,两个化合物都是非芳香性的。1,3-戊二烯失去质子得到非芳香化合物,1,3-环戊二烯失去质子得到芳香化合物。环戊二烯的酸性($pK_a=15$)比 1,3-戊二烯的酸性强 20 个数量级,和水的酸性相同。一个新芳香环的建立为许多有机反应提供了重要的驱动力。

当电子对数较少时,芳香性的能量降低作用最大,萘(十电子芳香体系)的能量降低程度不如苯(六电子芳香体系)。同时全碳体系比含杂原子(如 N、O 或 S)体系在能量上降低得更多。

1.2 Brønsted 酸性和碱性

酸碱反应包括质子从 Brønsted 酸向 Brønsted 碱的转移,部分酸碱反应的实例如下方程式所示:

$$CH_3CO_2H + CH_3NH_2 \rightleftharpoons CH_3CO_2^- + CH_3NH_3^+$$

$$CH_3COCH_3 + t\text{-}BuO^- \rightleftharpoons CH_3COCH_2^- + t\text{-}BuOH$$

$$H^+ + t\text{-}BuOH \rightleftharpoons t\text{-}BuOH_2^+$$

注意几点:① 碱可以是负离子或中性的,酸可以是中性的或正离子。② 酸碱反应是一个平衡,平衡可能倾向于一边或另一边,但它仍然是一个平衡。③ 平衡的两边都有酸和碱。④ 平衡不要与共振混淆。⑤ 质子转移反应通常很快,特别当质子从一个杂原子转移到另一个杂原子时。

常见错误提醒：不要把质子(H^+)与氢原子(H)、自由基(H·)或氢负离子(H^-)混淆。

1.2.1 pK_a 值

酸性可以用 pK_a 值量化。酸(HX)的 pK_a 定义为

$$pK_a = -\lg\left(\frac{[H^+][X^-]}{[HX]}\right)$$

pK_a 值越大，酸性越弱。了解不同种类化合物的 pK_a 值以及结构变化对 pK_a 的影响非常重要，为了获得相对酸性和碱性的感觉，尤其重要的是，需要记住表1.4中加“*”的数字。

表1.4 某些有机酸在水中的近似 pK_a 值

有机酸	pK_a 值	有机酸	pK_a 值
$CCl_3CO_2\underline{H}$	0	$EtO\underline{H}$	*17
$CH_3CO_2\underline{H}$	*4.7	$CH_3CON\underline{H}_2$	17
$pyr\underline{H}^+$	*5	t-$BuO\underline{H}$	19
$PhN\underline{H}_3^+$	5	$C\underline{H}_3COCH_3$	*20
$\underline{H}C{\equiv}N$	9	$C\underline{H}_3SO_2CH_3$	23
$N{\equiv}CC\underline{H}_2CO_2Et$	9	$HC{\equiv}C\underline{H}$	*25
$Et_3N\underline{H}^+$	*10	$C\underline{H}_3CO_2Et$	*25
$PhO\underline{H}$	10	$C\underline{H}_3CN$	26
$C\underline{H}_3NO_2$	10	$C\underline{H}_3SOCH_3$	31
$EtS\underline{H}$	11	$N\underline{H}_3$	*35
$MeCOC\underline{H}_2CO_2Et$	11	$C_6\underline{H}_6$，$H_2C{=}C\underline{H}_2$	*37
$EtO_2CC\underline{H}_2CO_2Et$	*14	$C\underline{H}_3CH{=}CH_2$	37
$HO\underline{H}$	*15	烷烃	*40～44
环戊二烯	*15		

注：pyr表示吡啶。

有时你会看到对有些化合物引用别的 pK_a 值，尤其是烷烃。化合物的 pK_a 值会随着溶剂的不同发生急剧变化，这也取决于温度和测量方法。当书写有机反应机理时，会有酸性之间的近似差异，这里给出的数值只满足本文的需要。如需要更详细的酸性讨论，请参阅物理有机化学教材。

当比较相似化合物(或同一化合物的两部分)中两种不同原子的酸性时，使用以下变化趋势，它们按重要性降序排列。

· 其他条件相同，周期表从上往下，原子半径增加，酸性增强(如 $Et\underline{OH}$ 和 $Et\underline{SH}$)。电负性的变化趋势是相反的。这种趋势是因为氢s轨道小，它与相连原子增大的价层轨道之间的重叠变弱。**常见错误提醒：**只有当酸性质子直接和杂原子相连时，重叠效应才发挥作

用。否则，诱导影响占主导地位。

· 其他条件相同，元素周期表从左往右，随着电负性增加，酸性增强（如 $H_3\underline{CH}$、$H_2\underline{NH}$、$H\underline{OH}$）。

当比较两个相似化合物（或同一化合物的两部分）中相同原子的酸性时，使用下列变化趋势，它们按重要性降序排列。

· 其他条件相同，对于特定原子，通常具有形式正电荷的比中性的酸性更强（如 NH_4^+ 和 NH_3），但是并非所有带正电荷的酸与中性的酸相比，酸性都更强（如 R_3NH^+ 和 CH_3CO_2H）。相反，带有形式负电荷的碱比中性的碱碱性更强。

· 如果非芳香 HA 的共轭碱是芳香的，非芳香 HB 的共轭碱是非芳香的，则 HA 比 HB 的酸性强得多（如 1,3-环戊二烯和丙烯）。相反，如果质子化导致失去芳香性（如吡咯），则该物质是非常弱的碱。这种情况影响程度很大。

· 当 HA 共轭碱的孤对电子参与共振时，HA 的酸性更大（如 PhOH 和 EtOH，$PhNH_3^+$ 和 Et_3NH^+，$CH_3CH{=}CH_2$ 和烷烃）。当孤对电子可以离域到羰基上时，HA 呈酸性；当它可以离域到两个羰基上时，HA 酸性更强（如烷烃、CH_3COCH_3 和 $EtO_2CCH_2CO_2Et$）。常见的稳定负离子基团是 C=O 基团，但硝基（$-NO_2$）和磺酰基（$-SO_2R$）也可以很好地稳定负离子（如：CH_3NO_2、CH_3COCH_3 和 $CH_3SO_2CH_3$）。由于硝基具有更强的诱导效应，硝基比羰基可以更好地稳定负离子。

· 对于特定原子 A，随着 A—H 键中 s 成分的增加而酸性增加，即 A(sp)—H 比 A(sp^2)—H酸性强，A(sp^2)—H 比 A(sp^3)—H 酸性强（如吡啶盐和 R_3NH^+，乙炔、苯和烷烃）。sp 杂化原子共轭碱的孤对电子比 sp^3 杂化原子共轭碱的孤对电子处于更低能量的轨道中。

· 当诱导吸电子基团与 A 相连时，HA 酸性增强，当诱导给电子基团与 A 相连时，HA 酸性减弱（如 CCl_3CO_2H 和 CH_3CO_2H，HOH 和 EtOH）。

· 对于不带电荷的酸，空间位阻增加，酸性降低（如 EtOH 和 *t*-BuOH）。随着共轭碱空间位阻增大，碱周围的溶剂通过偶极或氢键作用，部分中和电荷的能力变得越来越弱，因此，共轭碱的能量增高，酸性减弱。

诱导效应常常用来解释为什么 *t*-BuOH 比 EtOH 酸性弱。事实上，气相时没有溶剂化作用，*t*-BuOH 比 EtOH 酸性强。对液相中（多数化学家们采用的反应条件）的酸性，溶剂化效应起关键作用，但是因为它们很难量化，经常被忽视。

常见错误提醒：质子从酸向碱转移的速度不会受到空间位阻影响而明显减慢，受空间位阻影响的酸性减弱是基态热力学效应。

你可以利用这些原则和列表中的酸性数据，对未见过化合物的 pK_a 值进行合理猜测，要知道 pK_a 值非常重要，因为有机反应第一步通常是质子转移，你需要知道化合物中哪个质子最易转移。

羰基化合物可能是最重要的酸性有机化合物，所以需要了解影响它们酸性的因素。羰基化合物的能量在很大程度上取决于它的共振结构式 $R_2\overset{+}{C}—\overset{-}{O}$ 的能量。基团 R 通过提供孤对电子、超共轭效应或诱导效应稳定共振结构的能力越强，羰基化合物的能量就越低。然而

$\overset{+}{\text{C}}$—$\overset{-}{\text{O}}$ 共振结构在相应烯醇式中不太重要，所以大多数烯醇盐具有大致相同的能量，因为化合物的酸性是由其质子化和去质子化能量的差异决定的，结果表明羰基化合物的酸性与能量之间有很好的相关性，羰基化合物能量越低，酸性越弱。(这种相关性并非对所有化合物都是正确的。)因此，酸性增加的顺序是：羧酸盐＜酰胺＜酯＜酮＜醛＜酸酐＜酰氯。

常见错误提醒：α，β-不饱和羰基化合物的 α-C 酸性不强。如图 1.33 所示，C=O π 键易与 C=C π 键共轭，共平面，所以 C—H σ 轨道无法与 C=O π 轨道重叠。在 α-C 失去质子之前，需要将构象变成非优势构象，注意 α，β-不饱和羰基化合物的 α-H 酸性比饱和的羰基化合物 α-H 的酸性弱，这点不同于 C(sp^2)—H 的酸性比 C(sp^3)—H 强的一般规则，其他情况相同。

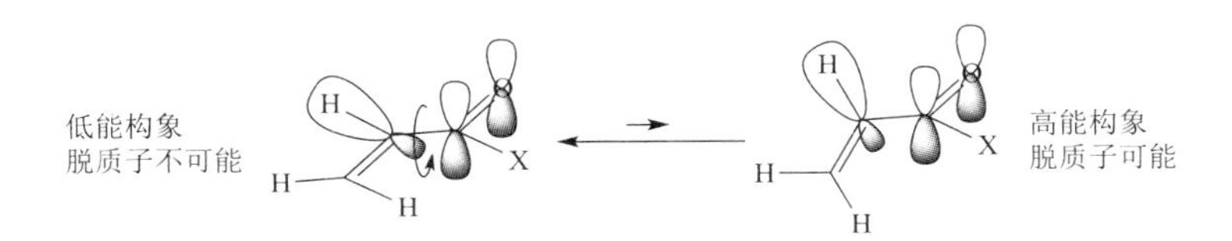

图 1.33

通常讨论碱性比酸性更方便，在本书中，碱的 pK_b 定义为其共轭酸[①]的 pK_a。例如，根据本书定义，NH_3 的 pK_b 为 10(因为 NH_4^+ 的 pK_a 为 10)，pK_a 为 35。强碱对应弱共轭酸。增加酸性的因素会降低碱性，降低酸性的因素会增加碱性。例如，EtS^- 比 EtO^- 碱性弱，EtSH 比 EtOH 酸性强。

1.2.2　互变异构

如图 1.34 所示，碱脱去丙酮(CH_3COCH_3)的质子，得到碳上有一对孤对电子，有一个形式负电荷的结构式，也可以写出孤对电子和形式负电荷在氧上的共振结构式。当然负离子真实的结构是这两个共振结构式的杂化体。如果这个负离子与 H^+ 反应，氢可以与氧或碳结合，如果氢与碳结合，再次得到丙酮；如果氢与氧结合，得到烯醇，烯醇与丙酮仅仅氢的连接位置和 π 键位置不同。丙酮和烯醇是互变异构体。

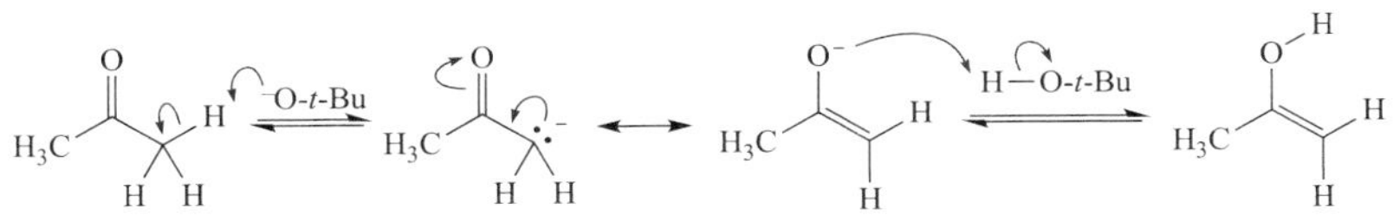

图 1.34

互变异构是异构体，它们有不同的 σ 键，这明显与共振结构式不同。互变异构中最重要的是酮式—烯醇式互变，如上例所示。互变异构在酸性或碱性条件下快速发生化学平衡，不要与共振混淆，共振根本不是平衡。

① 这个定义与 $pK_b=14-pK_a$(共轭酸)的标准定义不同(14 是 H_2O 的解离常数)。标准定义没有此定义方便，因为它要求你对本质上相同的属性学习两个不同的计数体系，但是，注意不要在其他地方使用本书的定义，可能引起歧义。

1.3 动力学和热力学

能量和速率是反应机理的重要方面。反应可以描述为有利的或不利的、快速或慢速、可逆的或不可逆的。这些术语的含义是什么呢？

如图 1.35 所示，一个有利的反应就是自由能（ΔG）[①]小于零（产物的自由能低于原料的自由能）。当 $\Delta G>0$ 时，反应是不利的。反应的自由能与反应的焓（ΔH）和熵（ΔS）相关，由公式 $\Delta G=\Delta H-T\Delta S$ 表达。实际上，焓（不是自由能）通常决定反应是有利的还是不利的，因为 ΔH 更容易测量，在常温下（<100 ℃）大多数反应的 $T\Delta S$ 与 ΔH 相比较小。$\Delta H<0$ 的反应是放热的；$\Delta H>0$ 的反应是吸热的。

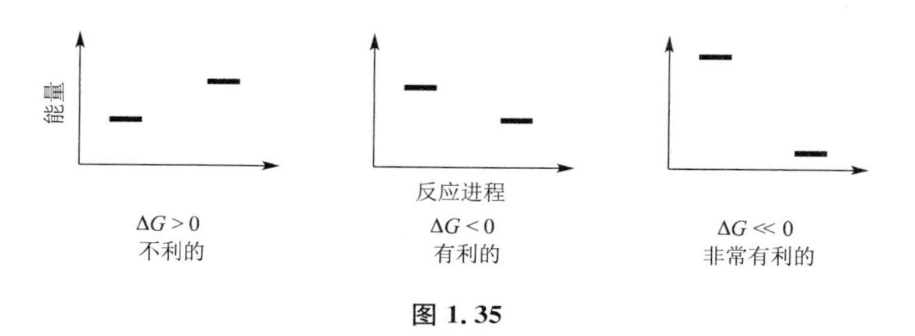

图 1.35

当然，原料需要翻越能垒才能生成产物；没有能垒的反应根本不存在！原料达到能量最高点所需的能量称为活化能（E_a）。在能量最高点反应物的排列称为过渡态（TS），过渡态向后回到原料或向前生成产物。反应速率取决于活化能的大小，而不是原料和产物之间的能量差。如果活化能低，反应速率快；如果活化能高，反应速率慢。

常见的错误提醒：反应速率（取决于 E_a）和反应的总能量（取决于 ΔG）是相互独立的。可能有快而不利的反应，如水和丙酮 π 键加成得到水合物；或者慢而有利的反应，如室温下汽油与氧气反应得到二氧化碳和水。产物的能量不一定影响反应的活化能，如图 1.36 所示。

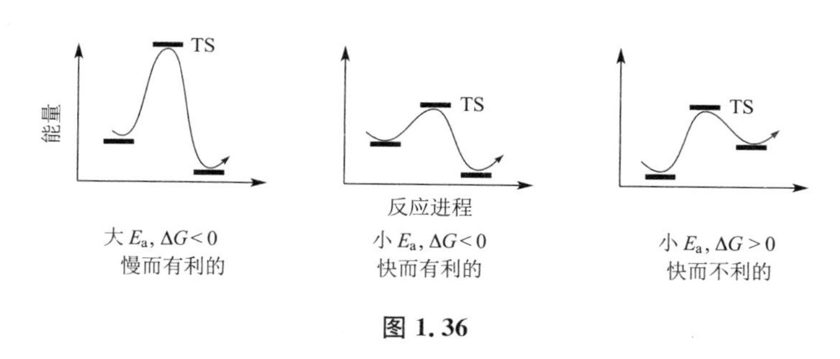

图 1.36

① 译注：原文“ΔG°”表示自由能，用“ΔG”表示；“$\Delta G^\ddagger$”表示活化能，用“E_a”表示。

当正反应速率等于逆反应速率时，反应处于平衡状态，这样的反应是可逆的。原则上所有反应都是可逆的，但事实上，有些反应平衡停留在产物一边，平衡中检测不到原料。根据经验，如果平衡常数 $K \geqslant 10^3$，则反应不可逆。反应也可以通过从反应混合物中去除气体、不溶物或可蒸馏产物（LeChâtelier 原则）朝一个方向不可逆进行。当原料和产物或两种不同的产物处于平衡时，它们的比例取决于它们之间自由能的差异。但是，如果平衡没有建立，它们的比例可能与自由能有关也可能与自由能无关。

常见错误提醒：如果反应生成两种产物，最快得到的产物（动力学产物）不一定是能量最低的产物（热力学产物）。如图 1.37 所示，马来酸酐和呋喃反应得到一种三环产物。监测该反应进程，发现刚开始得到空间上比较拥挤、能量较高的内型产物，但随着时间推移，产物转变为空间位阻小、低能的外型产物。动力学产物随时间消失的原因是它与原料和热力学产物处于平衡状态，平衡一旦建立，就有利于低能产物。但也有许多情况，动力学产物和热力学产物没有处于平衡状态，没有观察到热力学产物。在其他情况下，热力学产物也有可能最快获得。有机化学的乐趣之一是设计条件，在此条件下只能获得动力学产物或热力学产物。

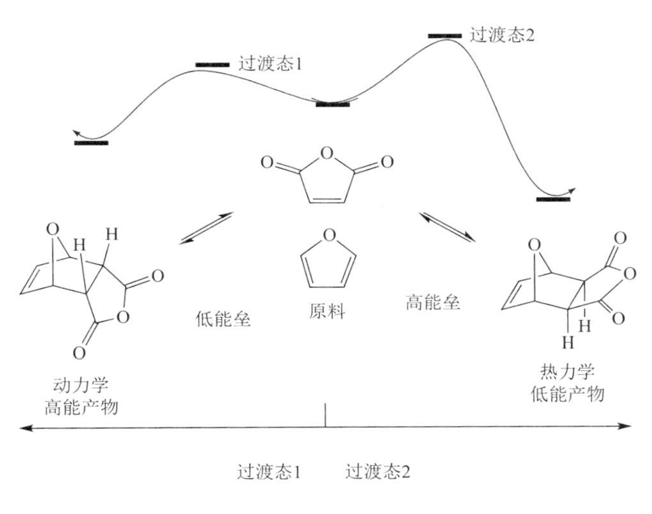

图 1.37

在前面的例子中，最初得到等量的动力学和热力学产物，但是如果体系能量足够高，动力学产物可以和原料建立平衡，最终就可以完全转化为热力学产物。

许多反应通过不稳定、寿命短、高能的反应中间体（如碳正离子）进行。中间体是反应势能图中的山谷，不要和过渡态（TS）混淆，TS 是反应势能图中的山峰。过渡态的存在时间比分子振动时间短，所以无法分离，而中间体的存在时间可能从五倍分子振动时间到毫秒到分钟。一些反应不通过中间体进行，而另一些反应则通过多个中间体进行。

因为过渡态的存在时间少于 10^{-14} s，所以很难得到它们的信息，但是在讨论相对反应速率和相关问题时，过渡态的信息非常重要。Hammond 假说提出，过渡态的结构和与其相邻的两个基态物质（原料、中间体或产物）中能量较高的那个比较相似。如图 1.38 所示，异丁烯与 HCl 的反应通过高能中间体碳正离子进行，决速步骤是碳正离子的形成。Hammond

假说认为，生成碳正离子的过渡态能量与碳正离子的能量相关，因此，反应速率与碳正离子能量相关。

常见错误提醒：处于过渡态前后的两个基态物质，Hammond 假说将能量较高的物质的结构和能量与过渡态的结构和能量联系起来。因此，放热反应的过渡态不易与产物比较，因为放热反应的产物能量比原料能量低。

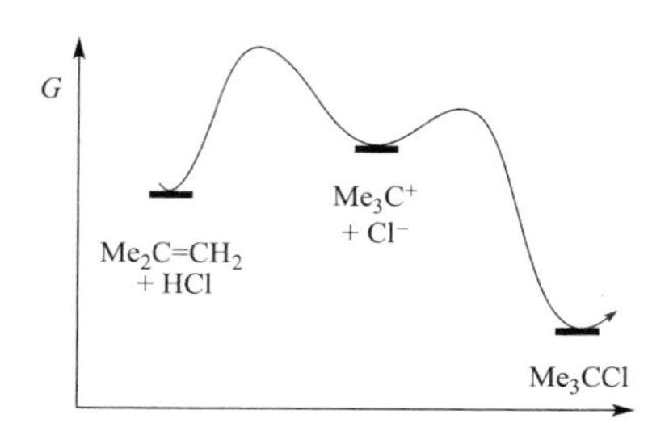

图 1.38

“稳定”在有机化学用语中是模糊的。当一个化合物被称为“稳定”的时，有时意味着它具有较低的能量（ΔG），即热力学稳定；有时意味着它转变成其他物质的能垒较高（E_a），即动力学稳定。例如，苯和四叔丁基四面体烷非常稳定，前者热力学和动力学都稳定，后者动力学稳定而热力学不稳定。某些化合物（像半缩醛）动力学不稳定，而热力学稳定。总之，“稳定”通常意味着“动力学稳定”，但是你要保证自己知道它的意思，有疑问就要问。

1.4　开始书写反应机理

1.4.1　阅读和配平有机反应方程式

就像图 1.39 一样，书写有机反应方程式的三个特征有时让学生很难发现正在发生什

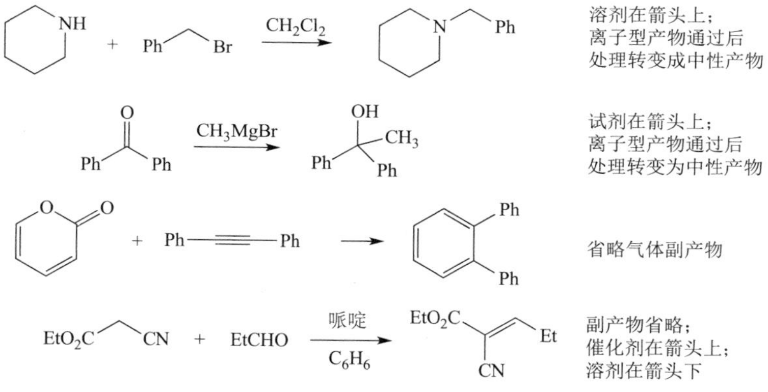

哌啶 + $PhCH_2Br$ $\xrightarrow{CH_2Cl_2}$ N-苄基哌啶　　溶剂在箭头上；离子型产物通过后处理转变成中性产物

$Ph_2C{=}O$ $\xrightarrow{CH_3MgBr}$ $Ph_2C(OH)CH_3$　　试剂在箭头上；离子型产物通过后处理转变为中性产物

2-吡喃酮 + Ph—≡—Ph ⟶ 1,2-二苯基苯　　省略气体副产物

$EtO_2C\text{—}CH_2\text{—}CN$ + EtCHO $\xrightarrow[C_6H_6]{\text{哌啶}}$ $EtO_2C(CN)C{=}CHEt$　　副产物省略；催化剂在箭头上；溶剂在箭头下

图 1.39

么反应。第一，写在箭头上方或下方的化合物有时是化学当量的试剂，有时是催化剂，有时只是溶剂。第二，有机反应经常不配平。像盐、水或气态产物等通常从反应式的右侧省略（通常左侧不省略）。配平一个不平衡的反应式往往会帮助你了解整个反应，这可能会缩小反应机理选择的范围。第三，写在反应式右侧的产物通常是经过后处理后得到的产物，后处理过程将离子型产物转换为中性产物，通常是质子化或去质子化，注意这些习惯。

如图1.40所示，当试剂被分号隔开时，意味着先加第一种试剂，进行反应，然后再加第二种试剂，进行反应，等等。当试剂按照顺序编号时，可能与分号的意思相同，或者可能意味着每步反应完成以后，处理反应混合物，分离得到产物。

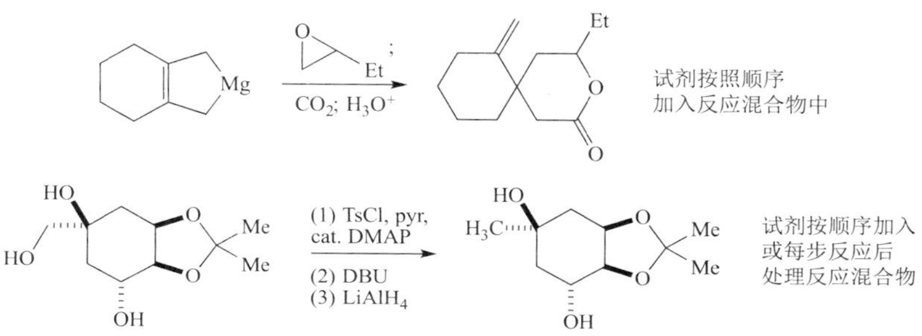

试剂按照顺序加入反应混合物中

试剂按顺序加入或每步反应后处理反应混合物

图 1.40

1.4.2 判断反应中的成键和断键

化学反应涉及成键方式的改变，因此，书写反应机理最重要的步骤可能是判断反应过程中哪些键会生成和哪些键会断开。你按照下面的方式可以很容易完成：尽可能将原料中除了氢以外的所有原子按顺序编号，然后确定产物中的相同原子，利用原子排序和成键方式，尽可能减少键变化的数值。记得对羰基氧原子和酯的两个氧原子编号，遵循 Grossman 规则！观察原料和产物中与碳原子相连的氢原子数目，可以帮助你给原子编号。有时配平反应式也可以提供重要的编号线索。

很多学生不愿意花时间给原子编号，但这件事的重要性怎么强调都不过分。如果你不给原子编号，你可能无法判断哪些键生成和哪些键断开，你就无法书写反应机理！你通过知道生成哪些键和断开哪些键所节省的时间将会超过你给原子编号所用的时间。

习题 1.5 配平图1.41中的反应方程式，给原料和产物中除氢以外的所有原子编号。

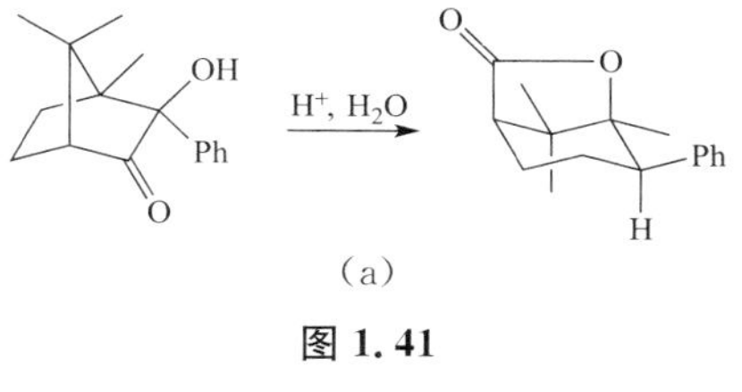

(a)

图 1.41

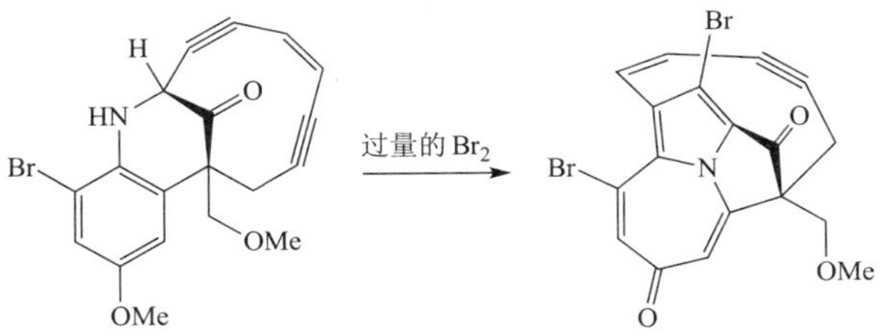

(b)

图 1.41(续)

给原子编号以后，列出需要生成和需要断开的非氢原子之间的 σ 键，无需列出与氢相连的成键或断键，也不用列出 π 键！这个过程会让你把注意力集中在重要的事情上，即从原料到产物成键方式发生的变化。不用担心原料和产物的不同，所有问题都是原子间键的变化。产物有时看起来与原料差别很大，实际上只有少数键发生变化。

习题 1.6 列出前面两个反应中除氢以外其他原子间生成和断开的所有 σ 键。

为什么在成键和断键的列表中不包括 π 键呢？因为 π 键的位置将自然遵循 σ 键生成和断开的位置。为了说明这一点，思考一下碱性条件下丙酮异构生成烯醇式的情况(图 1.42(a))。

你可能会说，从原料到产物最重要的变化是 π 键从 C=O 迁移到 C=C，π 键确实发生迁移，但这个事实无法告诉你需要书写的机理步骤。如果你只考虑 σ 键，会发现需要生成一个 O—H σ 键，断开一个 C—H σ 键。因为是碱性条件，第一步可能是碱夺取碳上的酸性质子生成烯醇负离子，即断开 C—H σ 键。然后碱性氧原子夺取乙醇中的质子，形成新的 O—H σ 键。一旦 σ 键已经生成或断开，π 键就会自然地迁移到合适的位置，如图 1.42(b)所示。

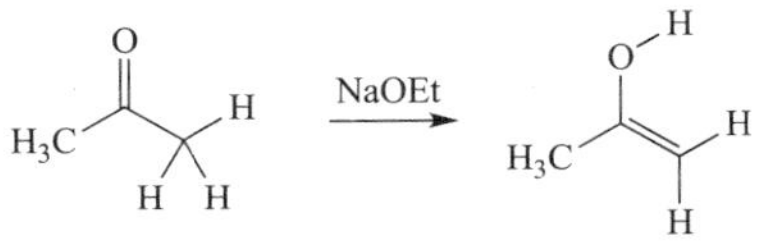

(a)

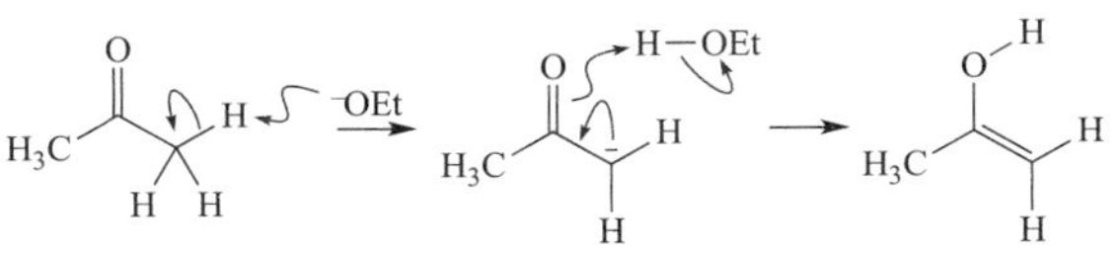

(b)

图 1.42

注意：遵守 Grossman 规则会使反应中哪个 σ 键生成和哪个 σ 键断开非常清晰。

为什么也无需列出原子与氢之间 σ 键的生成和断开呢？因为与其他 σ 键相比，生成和断开原子与氢的 σ 键要容易得多，尤其在极性条件下。在非氢原子间形成和断开 σ 键过程中，通常会自然生成和断开原子与氢之间的 σ 键。在生成或断开非氢原子间的 σ 键以后，如果你还没有得到产物，再看看涉及氢原子的 σ 键。

1.5 总体转化的分类

如果没有反应分类,有机化学就是一堆看似矛盾的信息的集合。反应分类的方法之一是根据原料和产物之间的关系分类,即总体转化。总体转化有四种基本反应类型:加成反应、消除反应、取代反应和重排反应。

· 在加成反应中,两种原料结合生成一种产物,通常一种原料的 π 键被两个新的 σ 键代替,如图 1.43 所示。

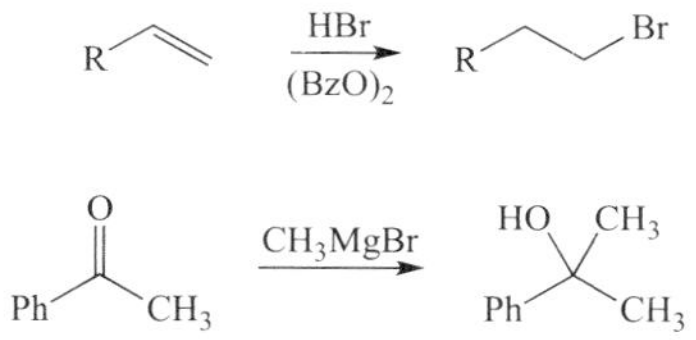

HBr, $(BzO)_2$

CH_3MgBr

图 1.43

· 在消除反应中,一种原料分成两种产物,通常原料中两个 σ 键被一个新的 π 键代替,如图 1.44 所示。

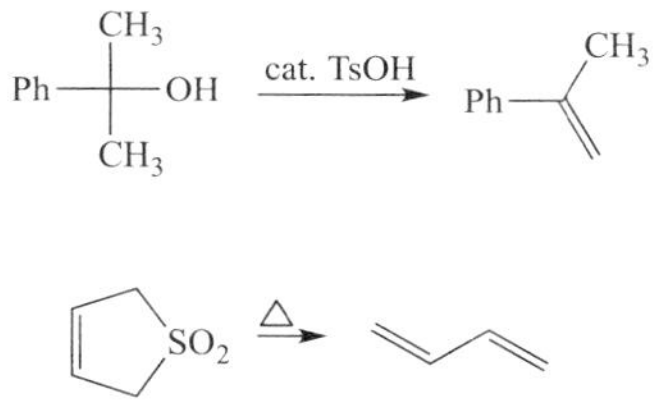

cat. TsOH

△

图 1.44

· 在取代反应中,原料中 σ 键相连的原子或基团被另一个 σ 键相连的原子或基团代替,如图 1.45 所示。

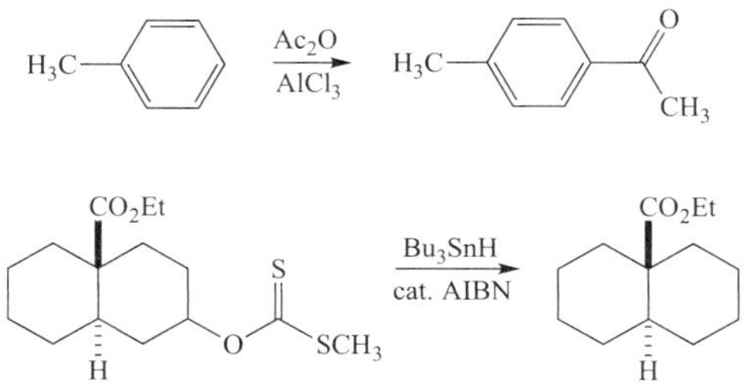

Ac_2O, $AlCl_3$

Bu_3SnH, cat. AIBN

图 1.45

· 在重排反应中，原料生成不同结构的产物，如图 1.46 所示。

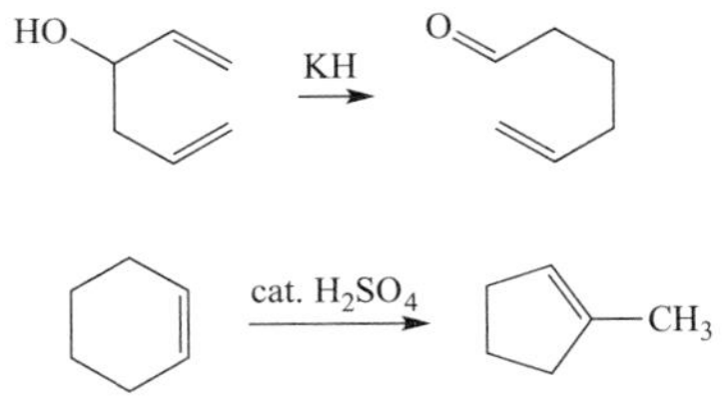

KH

cat. H_2SO_4

CH_3

图 1.46

有些转化包含多种反应类型。例如，酯与格氏试剂反应生成醇，包括取代反应和加成反应。要记住分类方案是由人创造的。化合物在进行反应之前，不会停下来担心一个特定的反应是否符合人们的分类方案。

1.6 反应机理的分类

第二种分类方法是根据反应机理类型进行分类，本书就是采用基于反应机理的分类方法来组织内容的。但重要的是不要“只见树木”（反应机理步骤），“不见森林”（反应总体转化）。两种分类方法都有优点，在两种方法之间自由选择很重要。

有机反应有四种基本类型：极性反应、自由基反应、周环反应和金属参与和催化反应。

· 极性反应是电子对从高电子密度区（亲核试剂）向低电子密度区（亲电试剂）转移，或从充满的轨道向空轨道转移。极性反应可进一步分为碱性条件下的反应和酸性条件下的反应。

· 自由基反应是单电子运动，新键通常由半充满轨道中的一个电子和充满轨道中的另一个电子形成。自由基反应可进一步分为涉及电子转移试剂的反应和不涉及电子转移试剂的反应；后者通常通过链机理进行。

· 周环反应的特点是电子在环内运动，周环反应的底物通常是单不饱和或多不饱和的，它们可能含有 1,3-偶极子。

· 金属参与和催化的反应需要过渡金属。但是某些过渡金属化合物（如 $TiCl_4$、$FeCl_3$）在有机反应中只充当 Lewis 酸，其他的过渡金属化合物（如 $TiCl_3$、SmI_2）作为单电子还原剂（如 Na 和 Li）；由这些化合物加速的反应可以分为极性酸性、周环和自由基类型。

反应机理分类与总体转化两种分类相互交叉。例如，取代反应可以通过极性酸性反应、极性碱性反应、自由基反应、周环反应以及金属催化反应的机理进行，极性碱性条件下可以发生加成反应、取代反应、消除反应和重排反应。这两种分类方法对于确定反应机理都很重要，因为知道机理类型和总体转化可以排除某些机理，建议其他机理。例如，酸性条件下，芳香取代反应通过亲电加成-消除进行；碱性条件下，通常通过三种机理之一进行反应：亲核加成-消除，消除-加成和 $S_{RN}1$。如果你知道总体转化的类型和机理类型，你的选择范围将大大缩小。

1.6.1 极性反应机理

在极性反应中，亲核试剂与亲电试剂反应，而且极性反应在酸性或碱性条件下进行。

术语“亲核试剂”与“亲电试剂”最好用于描述化合物中特定的原子。不幸的是，化学家有时用词草率地描述整个化合物。例如，化学家可以将 $H_2C=O$ 描述为亲电试剂，即使该化合物包含亲电原子(碳)和亲核原子(氧)。亲核性和亲电性的概念常用于理解极性反应机理，但它们也用于自由基反应和周环反应机理。

1. 亲核试剂

亲核试剂是一种具有高能电子对、可形成新键的化合物。亲核原子可以是中性的或带负电荷的。亲核试剂有三类：孤对电子亲核试剂、σ 键亲核试剂和 π 键亲核试剂。

亲核试剂分为三类完全是人为定义的。自然界在反应发生前不会停下来思考：亲核试剂是 π 键亲核试剂还是孤对电子亲核试剂。这么做只是为了训练你轻松地识别亲核原子和官能团。

· 孤对电子亲核试剂含有带孤对电子的原子。孤对电子可与亲电原子形成新键，醇(ROH)、醇盐(RO^-)、胺(R_3N)、金属胺盐(R_2N^-)、卤素负离子(X^-)、硫醇(RSH)、硫醚(R_2S)和膦(R_3P)都是孤对电子亲核试剂，羰基化合物($X_2C=O$)中的氧原子也是如此。当这些化合物作为亲核试剂时，亲核原子的形式电荷在产物中增加 1，如图 1.47 所示。

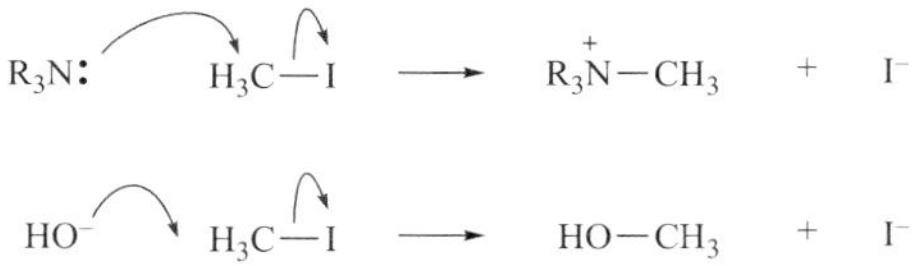

$$R_3N\!: \quad H_3C-I \longrightarrow R_3\overset{+}{N}-CH_3 \quad + \quad I^-$$

$$HO^- \quad H_3C-I \longrightarrow HO-CH_3 \quad + \quad I^-$$

图 1.47

电子转移的箭头用于显示电子从亲核试剂流向亲电试剂。箭头的尾部应该在用来形成新键的电子对上，如果亲核试剂带负电，则电荷可以代替孤对电子，箭头的头部指向亲电原子或形成新键的两个原子之间。

σ 键亲核试剂含有非金属和金属之间的键。元素-金属键的电子用于形成与亲电试剂之间的键，亲核原子的形式电荷不变，金属的形式电荷增加 1，如图 1.48 所示。亲核原子可以是杂原子(如 $NaNH_2$ 和 KOH)、碳(如格氏试剂 RMgBr、有机锂试剂 RLi 和 Gilman 试剂 R_2CuLi，它们分别具有 C—Mg、C—Li 和 C—Cu 键)和氢(如金属氢化物 $NaBH_4$ 和 $LiAlH_4$)。

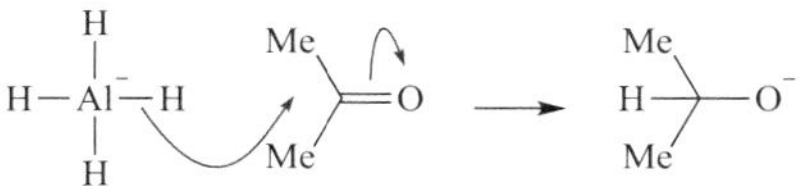

$$H-\overset{-}{Al}H_2-H \quad Me_2C=O \longrightarrow HMe_2C-O^-$$

图 1.48

金属和非金属之间的极性键(E—M)通常被视为离子键($E^-\ M^+$)，因此，PhC≡C—Li、H_3C—MgBr 和 $LiAlH_4$ 有时分别被写为 $PhC{\equiv}C^-$、H_3C^- 和 H^-。根据这个逻辑，σ 键亲核

试剂实际上是孤对电子亲核试剂。

- π 键亲核试剂用 π 键(通常为 C=C 键)的一对电子,在 π 键的一个原子和亲电原子之间形成 σ 键。π 键亲核原子的形式电荷和总电子数不变,但 π 键的另一个原子缺电子,它的形式电荷增加 1,如图 1.49 所示。简单的烯烃和芳烃的 π 键具有弱的亲核性,直接与杂原子相连的 π 键,如烯醇负离子($C=C-O^-$)、烯醇(C=C—OH)、烯醇醚(C=C—OR)和烯胺($C=C-NR_2$),都是很好的亲核试剂。

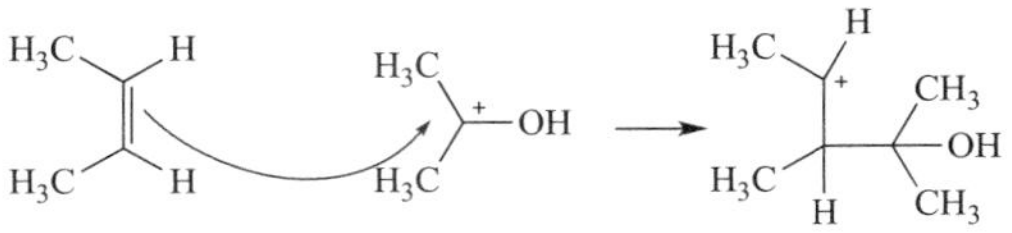

图 1.49

原则上,烯烃中的一个 $C(sp^2)$ 原子与亲电试剂形成一个新键。如果烯烃取代不同,通常这个原子比另一个更加亲核。**常见错误提醒:**亲核的烯烃总是和亲电试剂反应,使得富电子的碳形成新键。在含有孤对电子的杂原子直接取代的烯烃中(烯醇负离子、烯胺、烯醇、烯醚),β-C(不与杂原子相连)是亲核的,α-C(与杂原子相连)不是亲核的。当 π 键与亲电试剂反应时,对于只有烷基取代的烯烃,取代基少的碳更加亲核,取代基多的碳在 π 键与亲电试剂反应时变得缺电子,如图 1.50 所示。

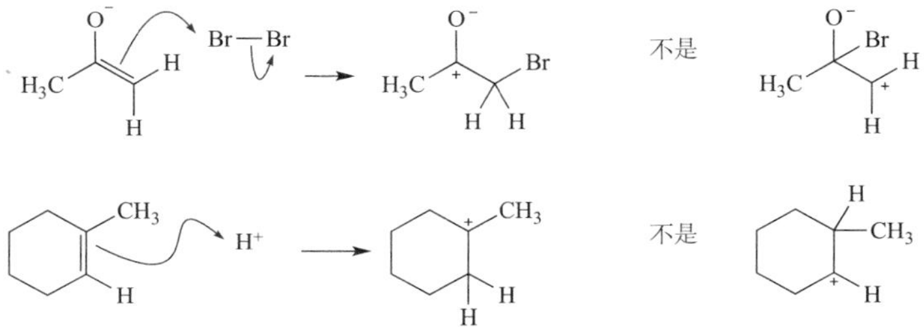

图 1.50

当书写一个从 π 键开始的电子转移箭头时,有时很难清楚地指出 π 键的哪个原子作亲核试剂。因此一些化学家更喜欢用"剑桥进攻"方式,如图 1.51 所示,即电子转移箭头从 π 键的中间开始,离开亲电试剂,然后回来穿过 π 键中作亲核试剂的原子。尽管这种方式更加

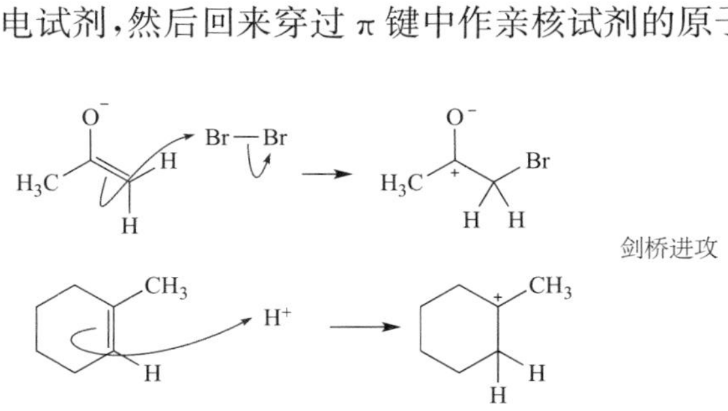

图 1.51

清晰，但“剑桥进攻”方式并没有被大量有机化学家采用。

不同化合物具有不同的亲核性。化合物的亲核性是通过测量该物质在 25 ℃水中或甲醇中与 CH_3Br 反应的活性来衡量的。亲核性和碱性（与 H^+ 的反应性）有一定的关系，但也有重要的区别。溴甲烷不带电荷，体积较大，具有较高能级的 LUMO 轨道（最低空分子轨道），能量高。另一方面，H^+ 带电，体积较小，LUMO 轨道能级低。此外，亲核性（与 CH_3Br 反应的速率）是动力学性质，而酸性（质子化和非质子化物质间的平衡常数）是热力学性质。因为这些差异，所以有些强碱是弱亲核试剂，反之亦然。一般碱性增加，亲核性会随之增加，但下列情况例外。

- 周期表从上往下，亲核性增加，碱性降低。I^- 是好的亲核试剂，Cl^- 是中等的亲核试剂；Et_2S 是好的亲核试剂，而乙醚是差的亲核试剂。对于负离子（如 I^- 与 Cl^-），这种趋势的原因是质子性溶剂如甲醇，（亲核性通常在该溶剂中测量）可以与较小的负离子形成强的氢键，使它们亲核性减弱。该结论的证据是，在非质子性溶剂和气相中，实际上 Cl^- 比 I^- 亲核性强（碱性强）。对于中性亲核试剂（如 Et_2S 与乙醚），重原子电负性越低，空间位阻越大（因为键长较长），亲核性越好。

- 亲核原子空间位阻增大，亲核性随之大大降低，而碱性略有增加。所以尽管 EtO^- 是强碱（$pK_b=17$）和好的亲核试剂，而 t-BuO^- 是一个更强的碱（$pK_b=19$），却是一个极差的亲核试剂。

- 孤对电子离域降低碱性和亲核性，但碱性降得多一些。如图 1.52 所示，EtO^-（$pK_b=17$）与 AcO^-（$pK_b=4.7$）相比，可以在更低温度下与 s-BuBr 反应，但 EtO^- 更倾向于作为碱，让 s-BuBr 发生 E2 消除得到 2-丁烯（第 2 章），而 AcO^- 更倾向于作为亲核试剂发生 S_N2 取代反应，得到 s-BuOAc。AcO^- 与 EtO^- 相比，是弱碱和弱亲核试剂，因此需要较高的温度进行反应，但是当它反应时，取代产物的比例更高，因为 AcO^- 与 EtO^- 相比，碱性要弱很多，而亲核性只稍微弱一点。同样酯的烯醇负离子（$pK_b=25$）与二级卤代烃（例如 i-PrBr）在低温主要发生消除反应，而丙二酸酯的负离子（$pK_b=14$）与 i-PrBr 反应需要较高温度，主要得到取代产物。

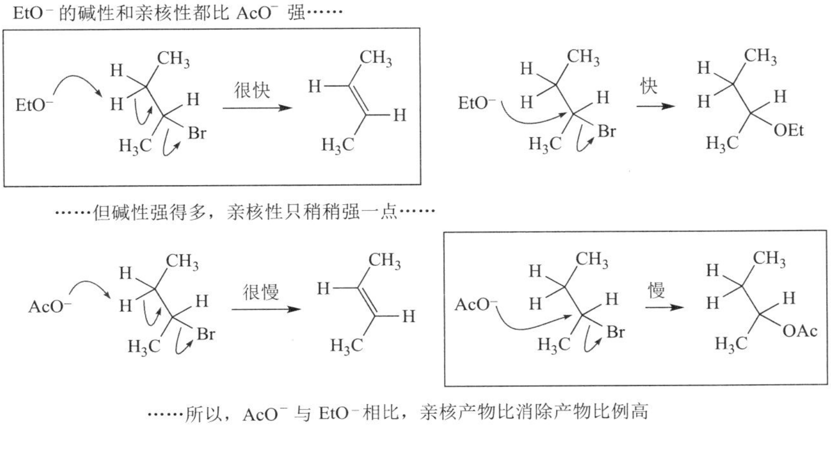

EtO^- 的碱性和亲核性都比 AcO^- 强……

（EtO^- + s-BuBr —很快→ 2-丁烯；EtO^- + s-BuBr —快→ s-BuOEt）

……但碱性强得多，亲核性只稍稍强一点……

（AcO^- + s-BuBr —很慢→ 2-丁烯；AcO^- + s-BuBr —慢→ s-BuOAc）

……所以，AcO^- 与 EtO^- 相比，亲核产物比消除产物比例高

图 1.52

· 极性非质子溶剂(特别是极性、液态、不含酸性质子的无黏性化合物)中没有氢键,使溶解在其中的负离子具有特别高的反应性,它们的碱性和亲核性都会增强,但亲核性增加得更多。例如,F^- 在水中极不活泼,因为有强的溶剂化作用,但在 DMSO 中它可以作为亲核试剂向卤代烃进攻。常见的极性非质子溶剂包括 DMSO、HMPA、DMF、DMA、NMP、DMPU 和吡啶,如图 1.53 所示,但乙醇和水不是极性非质子溶剂。

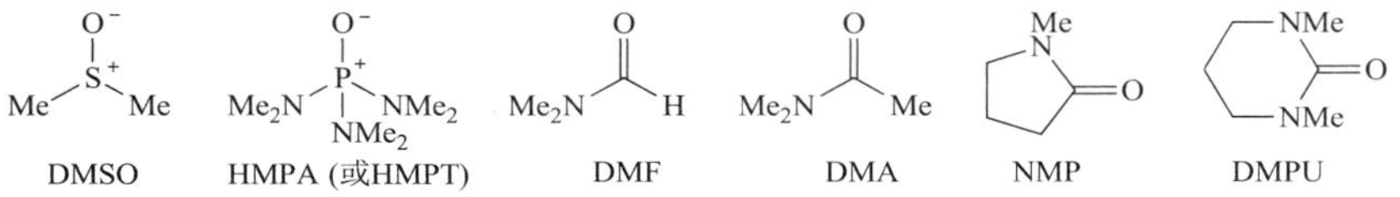

DMSO　HMPA (或HMPT)　DMF　DMA　NMP　DMPU

图 1.53

注意:为了书写机理,知道某个溶剂是极性非质子溶剂比知道它的结构更重要!

非亲核性碱在有机化学中发挥特殊作用,认识一些常用的碱很重要:*t*-BuOK、LiN(*i*-Pr)$_2$(LDA)、LiN($SiMe_3$)$_2$(LiHMDS)、KN($SiMe_3$)$_2$(KHMDS)、NaH 和 KH、EtN(*i*-Pr)$_2$(Hünig 碱)和 DBU(图 1.54)。除了 DBU(对一级卤代烃有一定的亲核性)和金属氢化物(由于动力学原因是非亲核的),这些碱中的大多数空间位阻较大。记住这些化合物的性质比记住它们的结构更重要。

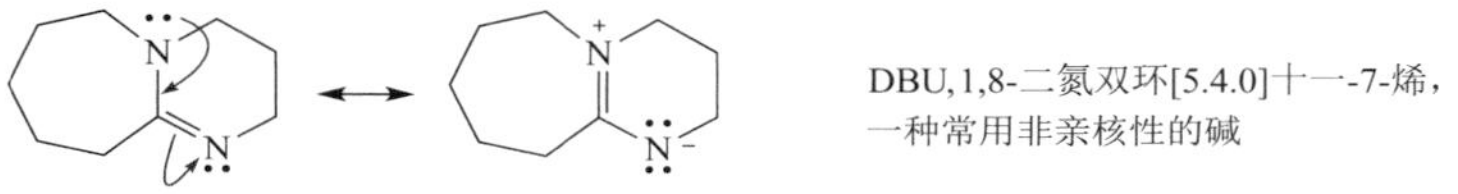

DBU,1,8-二氮双环[5.4.0]十一-7-烯,
一种常用非亲核性的碱

图 1.54

有时很难判断化合物的亲核位点。这种情况下,遵循 Meier 规则:**有疑问时,写出所有的孤对电子,写出共振结构式,直至弄清楚。**通常化合物第二稳定的共振结构会显示亲核位点。如图 1.55 所示,书写苯甲醚的共振结构,很容易明白为什么与亲电试剂的反应总是发生在邻位或对位,而不在间位。顺便说一句,Meier 规则同样适用于判断亲电位点。因此,当写出丙酮($Me_2C=O$)第二稳定的共振结构时,很容易明白碳是亲电的。

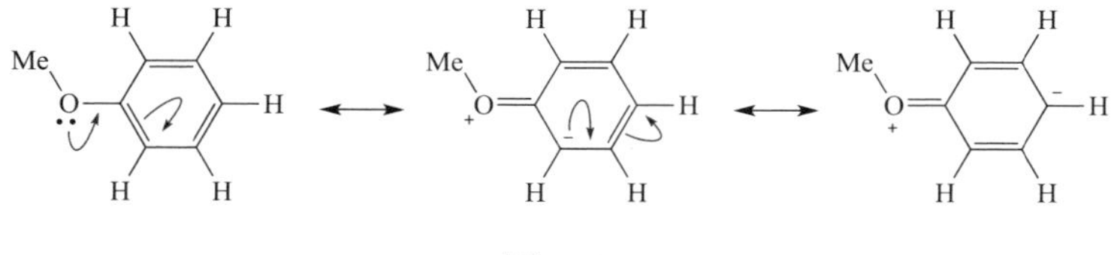

图 1.55

2. 亲电试剂和离去基团

亲电试剂是一种具有低能空轨道用于成键的化合物。亲电试剂可以是中性的或带正电荷的。亲电试剂有三类:Lewis 酸亲电试剂、π 键亲电试剂和 σ 键亲电试剂。

· Lewis 酸亲电试剂有一个原子 E,不满足八电子结构,具有低能非键轨道,通常是 p 轨道。亲核试剂的一对电子和 E 形成新键,满足八电子结构。E 的形式电荷减少 1。碳正离子、硼化合物和铝化合物(图 1.56)是常见的 Lewis 酸亲电试剂。

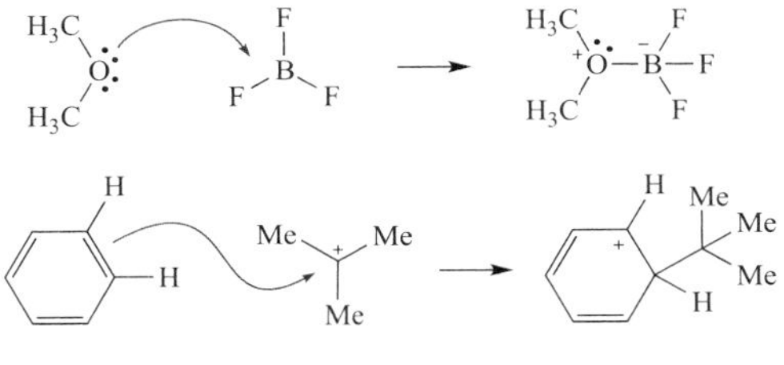

图 1.56

• 在 π 键亲电试剂中，亲电原子 E 有八电子，通过 π 键与可以接受一对电子的原子或基团相连。π 键亲电试剂通常含有 C=O、C=N 或 C≡N 键，其中电负性小的原子是亲电的，如图 1.57 所示。如果 C=C 和 C≡C 与亲电原子相连(图 1.57)，那么它们是亲电的。杂 π 键亲电试剂包括 SO_3 和 RN=O，某些正离子亲电试剂可分为 Lewis 酸型或 π 键型，取决于使用的共振结构是最稳定的还是第二稳定的(如 $R_2C=\overset{+}{O}H \longleftrightarrow R_2\overset{+}{C}—OH$；以及 $H_2C=\overset{+}{N}Me_2$，$RC\equiv\overset{+}{O}$，$O=\overset{+}{N}=O$，$N\equiv\overset{+}{O}$)。当亲核试剂进攻 π 键亲电试剂时，π 键断裂，电子移动到 π 键的另一原子上，其形式电荷减少 1。

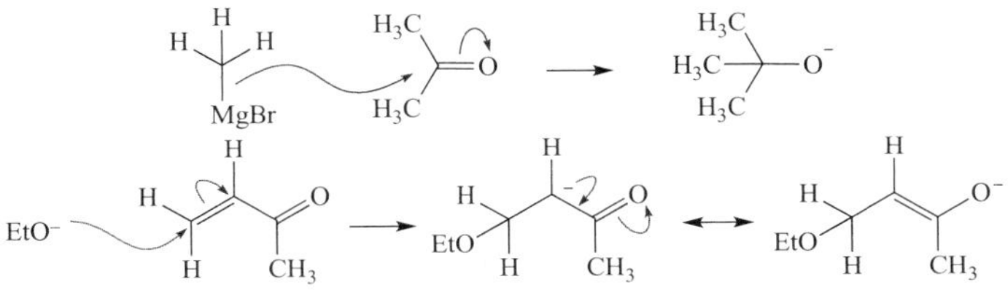

图 1.57

• σ 键亲电试剂具有 E—X 结构，亲电原子 E 具有八电子结构，通过 σ 键与离去基团 X 的原子或基团相连，离去基团想要离开 E，带走 E—X 键的电子，形成独立的离子。亲核试剂与 σ 键亲电试剂反应，利用电子对与亲电原子 E 成键，亲核试剂的形式电荷增加 1，同时 X 带着一对电子从 E—X 的 σ 键离开，形式电荷降低 1，E 的总电子数不变，如图 1.58 所示。

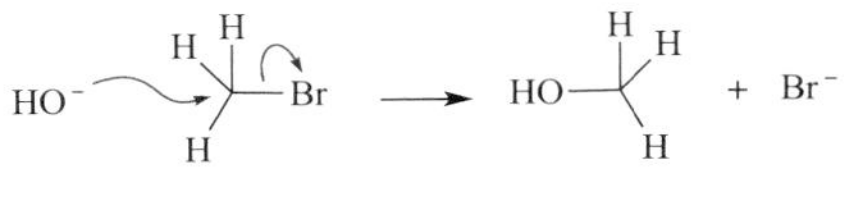

图 1.58

σ 键亲电试剂 E—X 可以进一步分为三种类型：E 是碳原子、杂原子和 Brønsted 酸(E 是氢原子)。第一类 σ 键亲电试剂包括卤代烃、磺酸酯和其他的类卤代物以及鉡盐(如 $Me_3\overset{+}{C}OH_2$)和锍盐(如 Me_3S^+)。第一类 σ 键亲电试剂也可以在无亲核试剂的情况下由 C—X 键自发裂解得到碳正离子，如图 1.59 所示。

图 1.59

第二类常见的 σ 键亲电试剂包括 Br_2 和其他卤素、过酸(RCO_3H;O—O 键末端的氧是亲电的)、RSX 和 RSeX(X 为 Br 或 Cl;S 或 Se 是亲电的)。第二类 σ 键亲电试剂不发生 E—X 键的自发裂解,因为 E 通常电负性太大,不易缺电子,如图 1.60 所示。

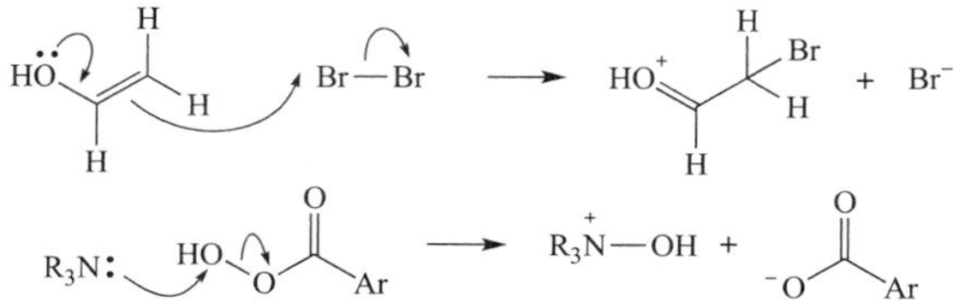

图 1.60

多卤代烃(如 CBr_4 和 Cl_3CCCl_3)的卤原子也是亲电的,不是碳原子,Br_3C—和 Cl_3CCl_2C—是好的离去基团(卤原子的吸电子能力使它们稳定),碳原子躲在大的卤素原子后面,亲核试剂很难进攻。

离去基团的离去能力是不同的,与基团的 pK_b 密切相关。离去基团的碱性越弱,其离去能力越好。一般来说,只有优秀的离去基团(如表 1.5 中定义的)在 S_N2 取代反应中才会以合理的速率离开,中等和差的离去基团可以被邻位负电荷驱逐,如羰基的加成-消除反应。

表 1.5 离去基团离去能力的大概顺序

优秀的离去基团	pK_b	中等到差的离去基团	pK_b
N_2	<−10	F^-	+3
$CF_3SO_3^-$(TfO^-)	<−10	RCO_2^-	+5
I^-	−10	−C≡N	+9
Br^-	−9	NR_3	+10
$ArSO_3^-$(如 TsO^-)	−7	RS^-	+11
Cl^-	−7	稳定的烯醇盐	+9~+14
RCO_2H	−6	HO^-	+15
EtOH	−2.5	EtO^-	+17
H_2O	−1.5	简单的烯醇盐	+20~+25
		R_2N^-	+35

常见错误提醒:H^-、O^{2-} 和不稳定的碳负离子是非常差的离去基团,几乎从不离开!

pK_b 值并非总能给出离去基团离去能力的正确顺序。例如，强碱性水溶液可以水解酰胺（$RCONR_2$），但不能水解炔酮（$RCOC \equiv CR$），尽管 $^-NR_2$ 的 pK_b 是 35，$RC \equiv C^-$ 的 pK_b 是 25。对于这种明显矛盾的解释：酰胺的氮在离开前可能质子化，所以离去基团不是 $^-NR_2$ 而是 HNR_2（$pK_b = 10$）。同理，^-CN 的离去能力比其 pK_b 显示的低（相对于杂原子离去基团）。亲电试剂结构、金属离子对的存在、反应介质的性质也是影响离去基团能力的关键因素。

缓解张力可以增加基团的离去能力。例如，碱性条件下，尽管 RO^- 正常情况下是很差的离去基团，但三元环醚（环氧化合物）很容易与亲核试剂 Nu^- 反应得到 $NuCH_2CHRO^-$。相比之下，五元或六元环醚与 Nu^- 在相同条件下根本不反应。

你可能已经注意到 C=C π 键可以是亲核试剂或亲电试剂。如何区分某个烯烃是亲核的还是亲电的呢？烯烃是有机化学中的“变色龙”：它们如何反应取决于它们与谁相连。如图 1.61 所示，与亲电基团（如—$\overset{+}{C}R_2$、—COR、—CO_2R、—C≡N、—NO_2 或—CH_2X（X 是离去基团））相连的烯烃或芳烃是亲电的，与亲核基团（如 $R\ddot{O}$—、$R_2\ddot{N}$—或—CH_2MgBr）相连的烯烃或芳烃是亲核的。简单烯烃和芳烃也是亲核的。

常见错误提醒：亲电基团取代的烯烃和芳烃的 β-C 是亲电的（即碳不与亲电取代基相连），而非 α-C，因为 π 键电子最后需要处于 α-C 上才能与亲电基团作用，这种模式与给电子基取代的烯烃相似，它们的 β-C 是亲核的。

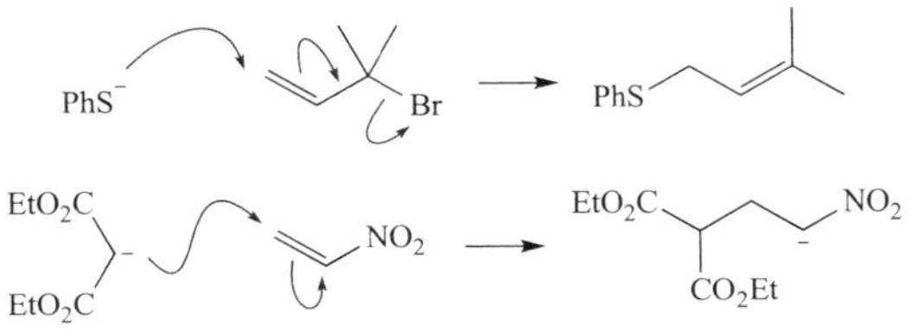

图 1.61

通常亲核的烯烃遇到足够强的亲核试剂可以作为亲电试剂反应；通常亲电的烯烃遇到足够强的亲电试剂可以作为亲核试剂反应。例如，烷基锂（RLi）与亲核的乙烯加成，亲电的烯烃 2-环己烯酮用 C=C π 键与 Br_2 加成，这些反应都是烯烃作为有机化学“变色龙”的额外证据。

常见错误提醒：不要混淆形式正电荷与亲电性。思考 $CH_2=\overset{+}{O}CH_3$，电负性原子氧具有形式正电荷，但它并不缺电子，所以没有理由认为它是亲电的。现在书写其共振结构式 $H_2\overset{+}{C}—O—CH_3$，氧是中性的，形式正电荷在碳上，碳缺电子。思考这两个共振结构式，碳或氧哪个原子更易受到亲核试剂进攻呢？同理思考 $Me_2\overset{+}{N}=CH_2I^-$、$Me_3\overset{+}{O}BF_4^-$ 和 $PhCH=\overset{+}{N}(\overset{-}{O})Ph$。总之，具有八电子结构且带有形式正电荷的杂原子不是亲电的；而与之相连更加电正性的原子是亲电的。学生容易记住的一个典型例子是 H_3O^+，它的氧上有形式正电荷，而氢是亲电的。

卡宾——一类短暂存在的有机物,形式上既亲核又亲电,尽管亲电性占主导。卡宾,二价,六电子含碳化合物(CR_2),有一对未共用电子对。你可以把它们看作$\pm CR_2$或$:CR_2$。(形式电荷不用"±"符号表示!)最常见的卡宾是CCl_2,由$CHCl_3$和强碱反应生成,用于从烯烃制备二氯环丙烷。一氧化碳($:\ddot{O}=C: \longleftrightarrow :\overset{+}{O}\equiv\overset{-}{C}:$)和异腈($R-\ddot{N}=C: \longleftrightarrow R-\overset{+}{N}\equiv\overset{-}{C}:$)可被视为特别稳定的卡宾。卡宾在第2章和第5章会有更详细的讨论。

3. 酸性和碱性反应条件以及 pK_a 规则

极性反应通常发生在酸性或碱性条件下,两种条件下发生反应的机理特点完全不同。学会分辨极性反应在酸性或碱性条件下进行非常重要,为了确定特定的反应条件,按照这些步骤的顺序进行操作:

(1) 如果存在酸,则反应条件为酸性。以下是你通常会遇到的酸:

- 质子酸,H^+。
- 无机酸,如 HCl 或 H_2SO_4。
- 羧酸(RCO_2H),如 HCO_2H、CH_3CO_2H(AcOH)或 CF_3CO_2H(TFA)。
- 磺酸(RSO_3H),如 MsOH、TsOH、CSA 或 CF_3SO_3H(TfOH)。
- 具有^+N-H键的铵盐,如 NH_4Cl 或吡啶对甲苯磺酸盐(PPTS)。
- Lewis 酸,如 BF_3、$AlCl_3$、$TiCl_4$、$ZnCl_2$、$SnCl_4$、$FeCl_3$,Ag(Ⅰ)盐,镧系盐,如 $Sc(OTf)_3$,或具有金属-碳键的某些化合物,其中金属不足八电子,如 Me_3Al、Et_2AlCl 和 Et_2Zn。

(2) 如果反应条件不是酸性的,则可能是碱性的,寻找下列碱性条件指标:

- 未指定正离子的负离子,如 HO^- 或 ^-CN。
- 碱金属盐,如 NaOH、KCN 或 LiCl。在这些情况下,金属-非金属键异裂,产生金属正离子和非金属负离子。
- 氢与电正性金属之间成键的化合物(如 NaH、$NaBH_4$ 和 $LiAlH_4$)。
- 碳与电正性金属之间成键的化合物(如 CH_3Li 和 PhMgBr),假设你还没有确定这种化合物是 Lewis 酸。
- 不带电的胺、酰胺和类似化合物。

(3) 如果上述指标均不存在,但反应的一个产物是强酸,如无机酸或磺酸,则反应条件为隐性酸性。(使用术语"隐性酸性",因为反应方程式通常省略酸性副产物。)例如,Me_3CCl 在 MeOH 中加热反应生成 $MeOCMe_3$,在极性非质子溶剂中加热反应生成 $H_2C=CMe_2$。这两种反应都是在隐性酸性条件下进行的,因为在这两种情况下反应都会生成 HCl 副产物。

(4) 如果仍然没有上述指标,那么寻找含有重原子的化合物,通常是不带电的和非质子的,如在 Me_2S 或 Ph_3P 中。如果反应混合物含有这样的化合物,那么你可以认为反应条件是碱性的。

常见错误提醒:水和醇本身并不表示酸性或碱性条件。在酸性或碱性条件下都可以存在。

有些亲核试剂是强碱,则在酸性条件下进行的反应它们是不能用的;在这些条件下,它们只会与酸或 H^+ 反应,变得不太亲核。相反,有些亲电试剂是强酸,则它们在碱性条件下进行的反应中是不能用的;在这些条件下,它们会与碱发生反应,变得不太有酸性。因此,在碱性和酸性条件下,通常可以看到不同种类的亲核试剂和亲电试剂。

• 只有在碱性条件下,强碱孤对电子亲核试剂(RO^-、$RC \equiv C^-$、RS^-、R_2N^-)才能存在,但弱碱孤对电子亲核试剂(卤代烃、$RCO_2{}^-$、$RSO_3{}^-$、R_2S、R_3P)在酸性或碱性条件下都能存在。水和醇在碱性或酸性条件下都能存在,但在碱性条件下,它们在与亲电试剂反应前会先脱质子,而在酸性条件下则不会。在酸性条件下,胺(R_3N)以铵盐的形式存在,没有孤对电子,所以它们必须在不利但快速的平衡过程中脱去质子,才能作为亲核试剂使用。

• 大多数 σ 键亲核试剂($PhMgBr$、CH_3Li、$LiAlH_4$、$NaBH_4$)都是碱性的,因此它们通常只在碱性条件下使用。只有少数 σ 键亲核试剂与酸性条件共存:Lewis 酸亲核试剂,如 $AlMe_3$、$ZnEt_2$ 和 i-Bu_2AlH,以及少数非 Lewis 酸 H^- 源,如 $NaBH(OAc)_3$ 和 $NaBH_3CN$。

• 多数 π 键亲核试剂(烯醇、烯醇醚、烯胺以及简单的烷基取代烯烃和芳烃)可在酸性或碱性条件下存在,但烯醇盐只在碱性条件下存在。在 π 键亲核试剂中,碱性条件下只有烯醇盐和烯胺具有足够的反应性,去进攻常见的亲电试剂。

• Lewis 酸亲电试剂是 Lewis 酸,因此它们只在酸性条件下存在。**常见错误提醒**:在碱性条件下的反应机理中,不应写出游离 H^+ 和碳正离子 R_3C^+。

• 多数 π 键亲电试剂可在酸性或碱性条件下存在。但在酸性条件下,π 键亲电试剂通常在与亲核试剂反应前先质子化或与 Lewis 酸配位。

• 多数 σ 键亲电试剂,包括 C-X 型(X 是离去基团)和杂原子-杂原子型,都可以在碱性和酸性条件下存在。不过,C-X 型亲电试剂通常与酸性条件下的亲核试剂不反应。在酸性条件下,它们通常在与亲核试剂反应前,先转化为碳正离子。

常见错误提醒:如果在酸性条件下反应,不存在强碱,任何带负电荷的物质一定是弱碱(例如 Cl^-)。同样,如果在碱性条件下反应,不存在强酸,任何带正电的物质一定是弱酸。

例如,图 1.62 中的酯交换反应可以发生在碱性或酸性条件下。

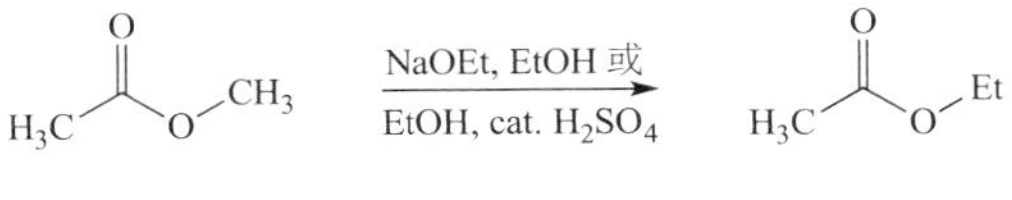

图 1.62

如图 1.63 所示,在碱性条件下,所有存在的物质都是弱酸。注意机理中不存在 $R_2\overset{+}{O}H$。

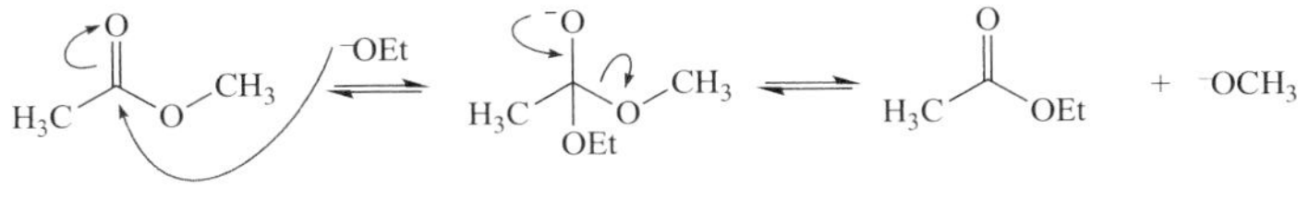

图 1.63

如图 1.64 所示,在酸性条件下,所有存在的物质都是弱碱。注意机理中不存在 RO^-。

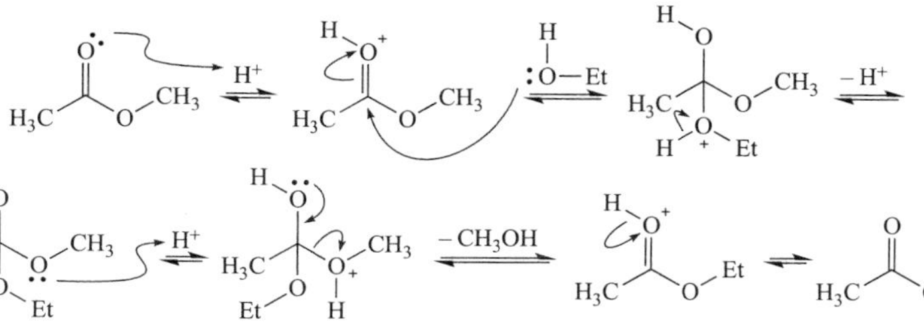

图 1.64

如图 1.65 所示，在两种条件下，乙醇直接进攻酯是不合理的，因为这种直接进攻的产物同时包含 RO^- 和 $R_2\overset{+}{O}H$，形成强酸和强碱。在单一物质中强酸和强碱共存是不合理的，就如同氢氧化钠和硫酸在反应混合物中共存不合理一样。

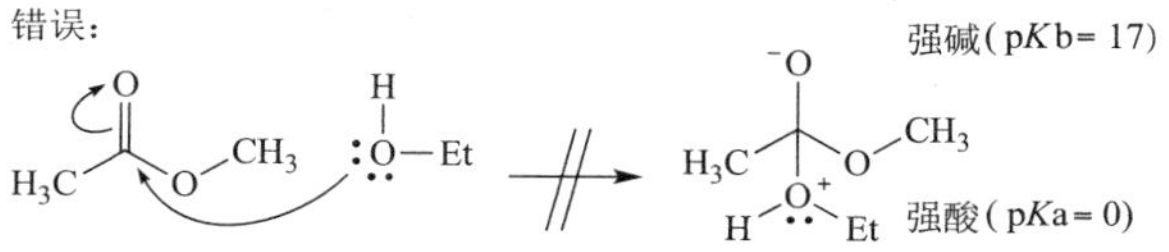

错误：

强碱（pKb = 17）

强酸（pKa = 0）

图 1.65

极性机理的反应通常第一步是质子化或去质子化，如果反应在碱性条件下进行，第一步寻找底物中的酸性质子并移走；如果反应在酸性条件下进行，第一步寻找质子化的碱性位点。

尽管去质子化在热力学上是不利的，但只要碱的 pK_b 比酸的 pK_a 低不超过 8，弱碱就可以快速可逆地使弱酸去质子化产生强碱。这种“pK_a 规则”是经验规则，可用于判断热力学不利的去质子化步骤是否可行。例如，图 1.66 中 ^-OH 让丙酮失去质子是允许的，因为 ^-OH 的 pK_b 比丙酮的 pK_a 只低了 5，但它不能让 BuC≡CH 失去质子，因为 ^-OH 的 pK_b 比 BuC≡CH 的 pK_a 低了 10。同样该规则也适用于质子化，虽然该规则对于酸性条件下的反应不太重要，因为这些反应通常用强酸。

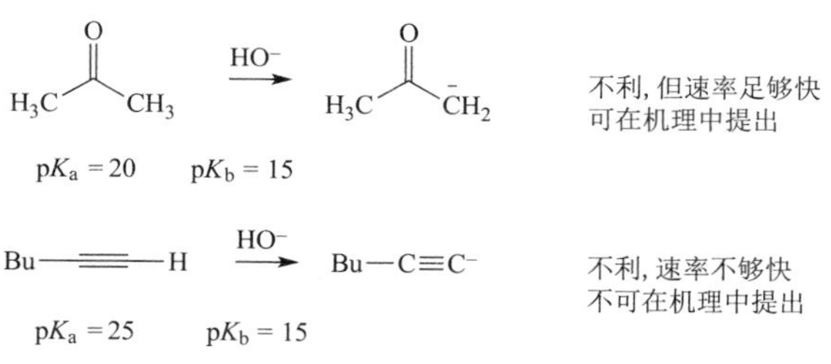

$pK_a = 20$　　$pK_b = 15$　　不利，但速率足够快可在机理中提出

Bu—C≡C—H $\xrightarrow{HO^-}$ Bu—C≡C$^-$

$pK_a = 25$　　$pK_b = 15$　　不利，速率不够快不可在机理中提出

图 1.66

习题 1.7　在质子性溶剂中 HO^- 可以让 PhC≡CH 去质子化，而不能让 BuC≡CH 去质子化。你可以获得 PhC≡CH 和 BuC≡CH 相对酸性的什么信息？

分子中往往存在多个碱性或酸性位点，记住，质子化和去质子化是快速可逆的反应，所以底物具有酸性或碱性的位点，但并不意味该位点的质子化或去质子化是书写反应机理的第一步。你需要找出哪个位点在反应中去质子化。

习题 1.8 图 1.67 中的化合物中酸性最强的位点在哪？进行反应需要哪个位点去质子化？

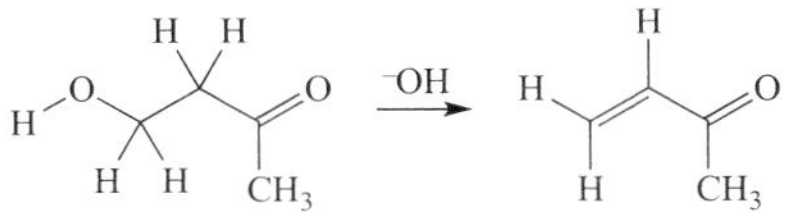

图 1.67

有时碱性条件是特定的，但没有任何酸性质子，你需要寻找距离离去基团三个键的质子，如 H—C—C—X。如果存在好的亲核试剂，那么你可能还需要寻找亲电原子。别忘了，具有八电子和形式电荷的杂原子不是亲电的！

4. 典型的极性反应机理

极性反应的典型例子是异丁烯(2-甲基丙烯)与 HCl 反应得到叔丁基氯，如图 1.68 所示。

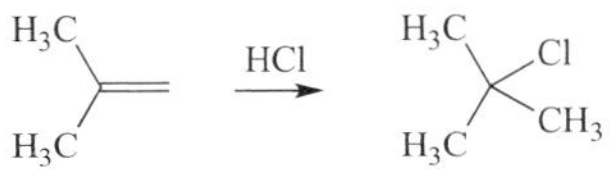

图 1.68

HCl 是一种酸，它离解成 H^+ 和 Cl^-，如图 1.69 所示。电子转移箭头显示电子从键向电负性更大的原子移动。

图 1.69

现在反应混合物中有三种物质。你如何描述它们的反应性呢？一种(H^+)是亲电试剂，两种(Cl^-、异丁烯)是亲核试剂。亲核试剂与亲电试剂反应。Cl^- 可以与 H^+ 结合，但该反应是第一个反应的逆反应。更有效的是异丁烯 π 键的一个碳原子用 π 键的电子与 H^+ 形成一个新键并产生碳正离子，如图 1.70 所示。

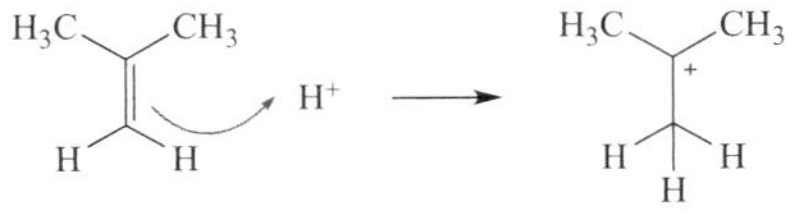

图 1.70

我们注意这一步反应的几个要点：首先，左边有一个正电荷，所以右边一定有一个正电荷；第二，从左到右，电子数不变，氢原子数目也没变；(记住 Grossman 规则！)第三，H^+ 可以与两个碳原子中的一个相连，但它更易与亲核的取代少的碳原子相连(记住 Markovnikov 规则！)；第四，反应中亲核碳原子的电子数目(在原料和产物中下边的碳)没变，但电子对从非亲核碳原子上离开，因此产物中该原子是缺电子的。

碳正离子是亲电试剂，反应混合物中仍然有一个亲核试剂(Cl^-)。在反应最后一步，Cl^-的孤对电子与碳正离子中亲电的碳形成 σ 键，产物是 *t*-BuCl，如图 1.71 所示。

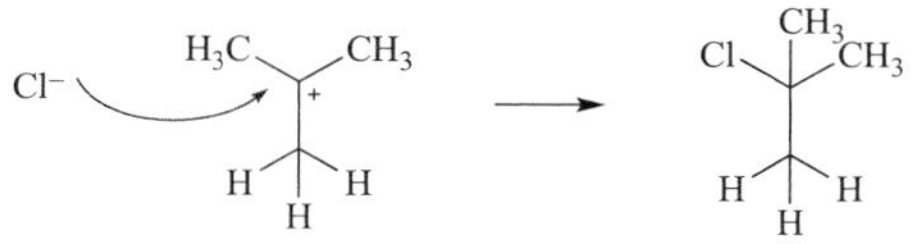

图 1.71

1.6.2 自由基反应机理

在自由基反应中，单电子物质比比皆是。并非所有自由基反应都是链反应，也并非所有链反应都包含自由基反应，但是自由基反应和链反应的重叠程度足以使这两个主题几乎总放在一起讨论。

图 1.72 中的反应就是链反应的例子。

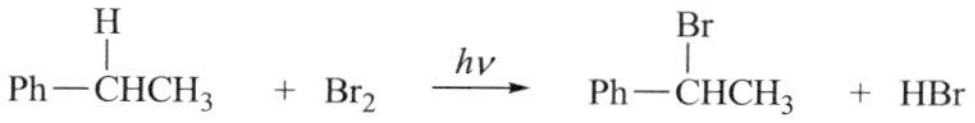

$$Ph-CH(H)CH_3 + Br_2 \xrightarrow{h\nu} Ph-CH(Br)CH_3 + HBr$$

图 1.72

链反应包括三部分：引发、增长和终止。在自由基链引发阶段，少量化学当量的原料(即需要平衡反应式的原料)在一步或多步反应中转化为自由基，如图 1.73 所示。有时引发剂加到反应混合物中促进自由基形成。在有些例子中，引发剂不是必须的，光足以将化学当量的原料 Br_2 通过 σ 键均裂转变为自由基。

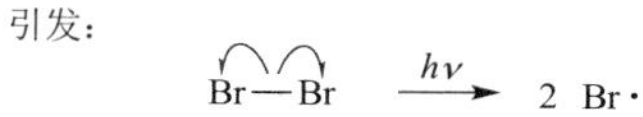

引发：

$$Br-Br \xrightarrow{h\nu} 2\ Br\cdot$$

图 1.73

在增长阶段，化学当量的原料在一步或多步反应中转变成产物，如图 1.74 所示。

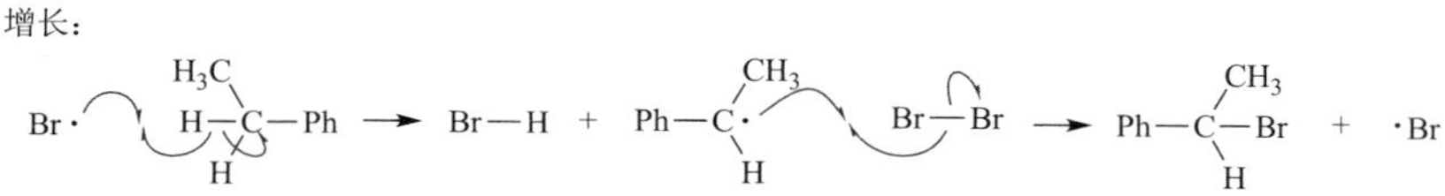

增长：

$$Br\cdot + H-C(H_3C)(H)-Ph \longrightarrow Br-H + Ph-\dot{C}(CH_3)(H) \qquad Br-Br \longrightarrow Ph-C(CH_3)(H)-Br + \cdot Br$$

图 1.74

在自由基反应机理的终止阶段，两个自由基通过自由基-自由基结合或歧化反应得到一种或两种闭壳物质，如图 1.75 所示。

链反应机理的增长阶段最好描述为催化循环，如图 1.76 所示。作为一种催化循环，自由基链反应机理的增长阶段具有以下特点：

· 机理增长阶段的每一步包含奇数电子。**常见错误提醒**：增长阶段不涉及两个奇电子化合物相互之间的反应。两个奇电子化合物只在链终止阶段相互反应，如图 1.77 所示。

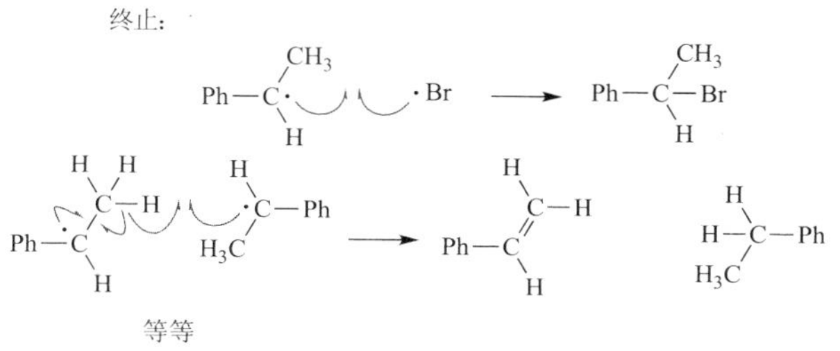

终止：

等等

图 1.75

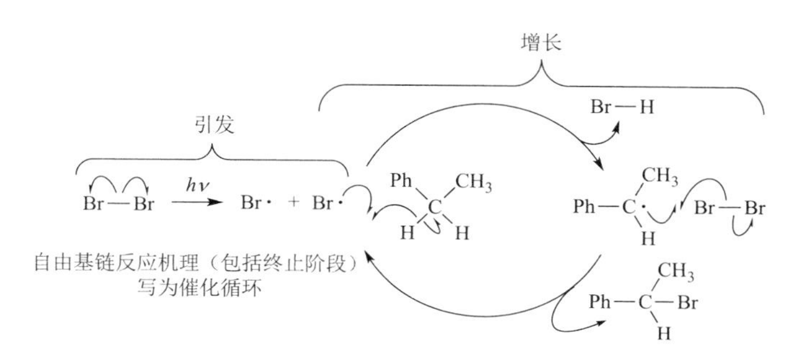

图 1.76

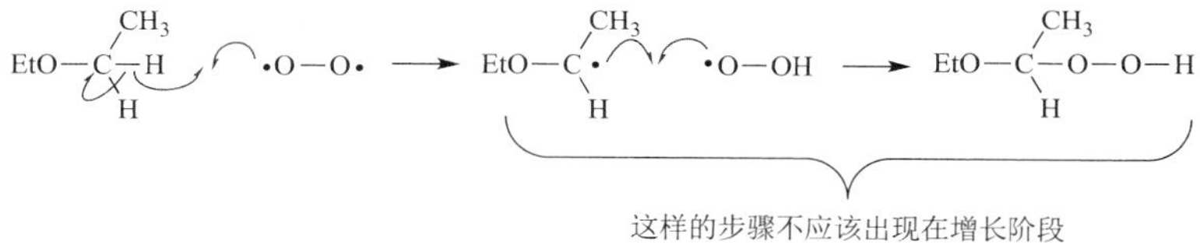

这样的步骤不应该出现在增长阶段

图 1.77

· 链反应机理引发阶段的目的是产生增长阶段出现的自由基，因此，增长阶段的一个自由基将由两个不同的反应步骤产生：一个在引发阶段产生，另一个在增长阶段产生。

· 反应的所有原料（不包括引发剂，如果有的话）必须出现在机理的增长阶段。这一点的推论是，至少一种（通常不会更多）化学计量原料必须在机理中出现两次：一次在引发阶段，一次在增长阶段。

· 反应的所有产物都需在机理的增长阶段产生。（但通常会省略书写一个或多个副产物。）

常见错误提醒：引发剂或碎片都不应该出现在机理的增长阶段。虽然原则上引发剂可以参与链反应的增长阶段，但写出这种反应机理是不好的。引发剂的浓度通常很低，自由基遇到它的概率要比自由基遇到化学计量原料的概率小得多。但是在涉及 O_2 的反应中，O_2 通常同时充当引发剂和化学计量原料，所以它可以在引发阶段和增长阶段出现。

· 链增长的每一步必须放热或几乎热中性。如果某个步骤是吸热的，自由基将在该点积聚，它们会互相反应，终止链反应。

你该如何判断自由基链反应机理是否可行呢？引发步骤通常提供线索，多数自由基很不稳定，所以当它们用于合成时，它们必须在引发剂、光照或加热条件下生成，产生自由基的方法是有限的。

· O_2，一种稳定的1，2-双自由基，可以从有机物中夺取H·生成自由基，也可以与Et_3B反应生成Et_2BOO·和Et·。记住空气中含有大约20%的氧气！

· 烷基和酰基过氧化物以及AIBN（第5章）是常见的引发剂。这些化合物很容易在光照或加热条件下发生均裂，生成自由基。**常见错误提醒**：过氧化氢（H_2O_2）、烷基和酰基过氧化物（ROOH和RCO_3H）不是自由基引发剂。·OH的能量太高，无法在常温下通过这些化合物的均裂产生。

· 可见光（$h\nu$）具有足够能量裂解弱σ键（如Br—Br键），或者从化合物（通常是π键）的最高占有轨道（HOMO）激发电子到LUMO，产生1，2-双自由基。如果底物的键很弱（如C—I），甚至环境光就足以引发自由基链反应。

· 弱σ键可以通过简单加热发生均裂，特别是杂原子-杂原子σ键（O—O、N—O等）和有张力的σ键。

有些周环反应需要光，所以不要以为需要光的反应一定通过自由基机理。另外，有些自由基链反应不需要添加引发剂。这些反应将在碰到时再讨论。

并非所有自由基反应都是链反应，那些不是链反应的不需要引发剂。最大的一类非链自由基机理是那些使用单电子还原剂（如Li、Na或SmI_2（通常在液氨中））或单电子氧化剂（如：$Ce(NH_3)_2(NO_3)_6$（CAN）或DDQ）的机理。羰基化合物的光促进重排也通过非链自由基机理进行。含有弱σ键的化合物（通常是杂原子-杂原子键或强张力键）在加热时可通过非链自由基机理进行分子内重排。第5章会进一步讨论区分链自由基和非链自由基机理的方法。

1.6.3 周环反应机理

周环反应的其中一个步骤是电子在环内移动。如图1.78所示，这个步骤包括至少一个π键的形成或断裂，涉及多个π键，并且原料或产物具有两个或多个共轭π键。

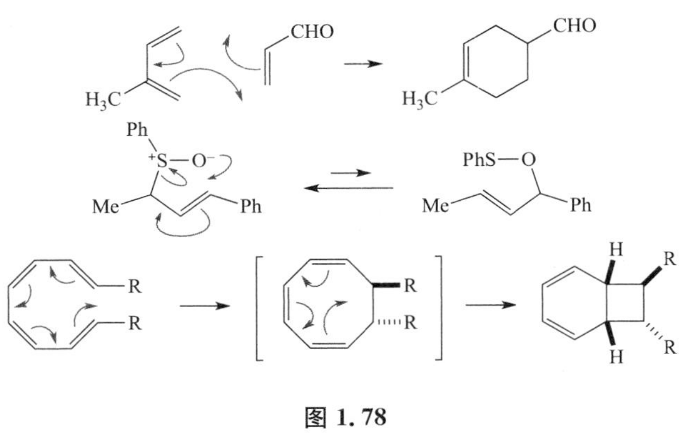

图1.78

识别周环反应可能很困难，它们可以在酸性、碱性或中性条件下进行，就像极性反应一样。事实上，由于周环反应通常涉及多个不饱和化合物，而且这些化合物通常不稳定，许多反应用几个极性步骤来生成经过周环步骤的不饱和中间体。此外，有时很难弄清楚原料和产物之间的关系，因为在周环反应中成键方式经常发生很大变化。

识别周环反应机理的一种方法是它们是立体专一的。如图 1.79 所示，如果你以反式双键为原料，会得到一种非对映体产物；如果你以顺式双键为原料，会得到另一种非对映体。

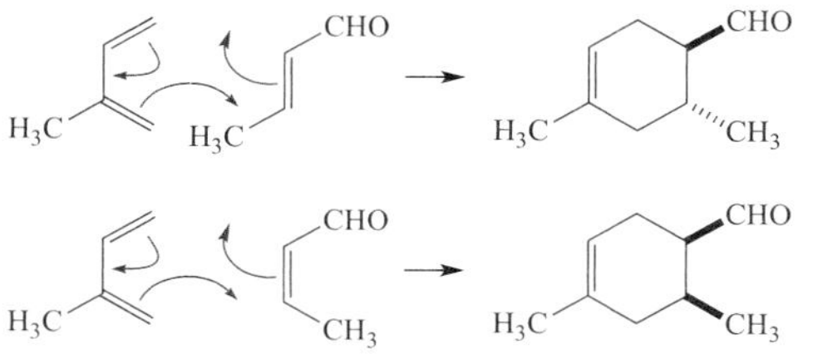

图 1.79

识别周环反应机理的另一种方法是通过它们所产生的产物。即使一个机理有多步极性反应步骤，通常是周环反应的最后一步，因此产物的结构通常看起来像是可以通过周环反应得到的化合物。例如，图 1.80 中，如果一个反应产生一个新的五元杂环化合物，这个新杂环包含 1,3-位两个新键，当你断开这两个键得到杂环的两原子组分和三原子组分时，三原子组分的中间原子是 N 或 O，那么可能该反应机理的最后一步是[3＋2]（1,3-偶极）环加成，形成两个新键。

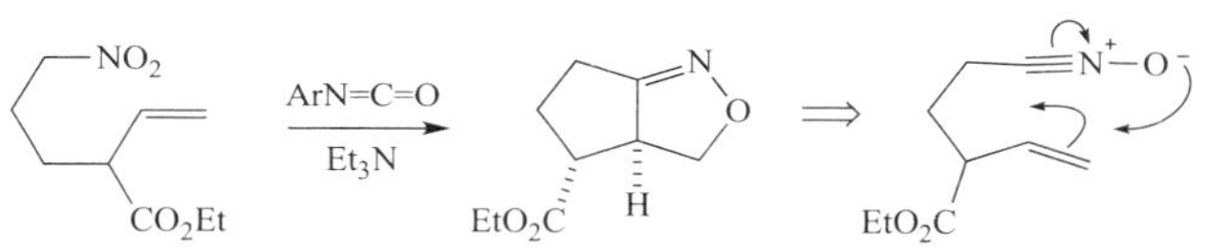

图 1.80

另一个例子如图 1.81 所示，含有两个 1,5-位新 π 键和一个连接原子 3 和 4 的新 σ 键的产物可能是由含有两个 1,5-位不同 π 键和连接原子 3 和 4 的旧 σ 键的化合物通过[3,3]σ 迁移得到的。第 4 章会详细讨论这些反应。

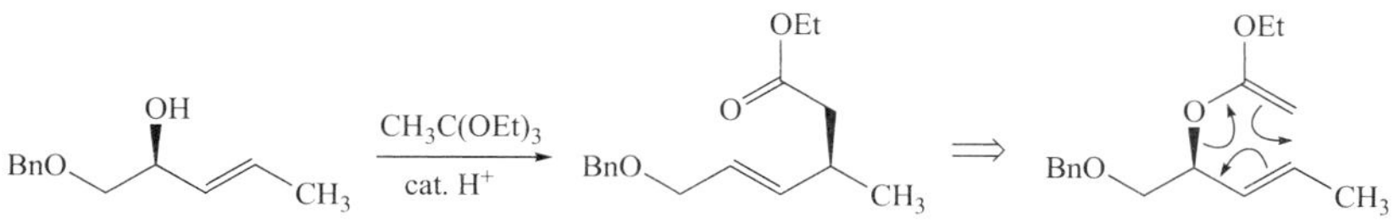

图 1.81

有时很难判断反应是否通过周环反应机理的另一原因是：通常可以为同一反应写出合理的自由基反应机理或极性反应机理。本书中，当同一反应可以写出周环反应机理和非周环反应机理时，除非有相反的证据，否则会认为周环反应机理是正确的。

有些周环反应需要光照或只在光照下得到特定的立体化学结果。因此，光的使用可以指示自由基或周环机理。如果键的变化可以通过环内电子转移表示，那么光催化的反应可以写出周环机理。

1.6.4 过渡金属催化和参与的反应机理

有些广泛应用的有机反应是过渡金属催化或参与的。例如，烯烃的催化氢化、烯烃的二羟基化和 Pauson-Khand 反应分别需要钯、锇和钴络合物。过渡金属的 d 轨道允许金属进行各种主族元素没有的反应。这并不是说过渡金属参与的反应机理很难理解。事实上，在某些方面，它们比传统的有机反应机理更容易理解。我们可以通过反应混合物中存在的过渡金属来识别过渡金属催化或参与的反应。

在有机反应中，有些过渡金属化合物用作 Lewis 酸，这些反应归为极性酸性反应，而不是过渡金属参与的反应。常见 Lewis 酸过渡金属化合物包括 $TiCl_4$、$FeCl_3$、AgOTf 和某些镧系盐，如 $CeCl_3$ 和 $Sc(OTf)_3$。少数过渡金属化合物用作单电子还原剂或氧化剂，包括 $FeCl_2$、$TiCl_3$、SmI_2 和 $(NH_4)_2Ce(NO_3)_6$（硝酸铈铵、CAN），使用这些化合物的反应通常最好归为自由基反应。

1.7 总　　结

起步通常是书写反应机理最难的部分。按照下列这些简单的步骤，你就可以写出合理的机理。

- 标记原料和产物中的重原子。
- 列出从原料到产物中非氢原子之间形成或断裂的 σ 键。不必列出 π 键或与氢相连的键，因为它们很容易形成或断裂。配平方程式。
- 通过查看原料和产物（包括副产物），对整体反应进行分类。反应是加成反应、消除反应、取代反应还是重排反应，有些反应可能包含两种或两种以上的类型。
- 通过观察反应条件对机理进行分类。它是碱性条件下的极性反应、酸性条件下的极性反应、自由基反应、周环反应或金属参与的反应吗？有些反应尤其是周环反应，可能包含两种或两种以上的类型。

一旦你对整体反应和机理进行了分类，你可能会有较窄的机理选择范围。例如，碱性条件下芳香环的取代反应常常通过三种机理进行。

- 如果反应机理是极性的，则首先确定形成或断裂 σ 键原子的亲核性、亲电性和酸性。在碱性条件下，第一步常常是酸性原子去质子化，使其具有亲核性。在酸性条件下，第一步可能是离去基团或 π 键质子化。

当面对反应机理问题时，学生经常会问，如何知道特定的亲核试剂进攻特定的亲电试剂得到特定的产物呢？这个问题的答案相对直接。机理就是告诉我们化合物 A 如何转变为化合物 B 的故事，为了讲述这个故事，你需要知道产物是什么！如果你不知道产物是什么，你的故事听起来有点像十五个孩子参与的故事接龙游戏，最后的版本将会天马行空。有时产物是少量的或意想不到的，但机理总会给出产物。有机化学家们需要学习如何预测反应产物，但本书不强调这个技能，本书的目的是帮助你学习如何书写反应机理，偶尔会要求你预测反应产物。

1.8 习 题

强烈推荐阅读《推电子》(第4版)(Daniel P. Weeks，Cengage，2014)的第1～3章，以巩固你书写Lewis结构式、共振结构式和在简单机理问题中使用电子转移箭头的能力。

1. 解释下列每个实验现象：

(a) 酰胺(R_2NCOR)的氧比氮亲核性强得多。

(b) 酯与酮相比，羰基碳的亲电性弱得多。

(c) 酰卤(RCOCl)比酯的酸性强得多。

(d) 化合物1与其异构体2相比，偶极矩大得多。

(e) 化合物3比4酸性强得多。

(f) 咪唑(5)比吡啶(6)碱性更强。

(g) 亚甲基环戊二烯(7)环外的碳原子是亲电的。

(h) 环己二烯酮(8)比大部分羰基化合物更容易异构化。(注：羰基化合物的异构化总是很快，所以这个问题是有关热力学性质，不是动力学性质。)

(i) 环戊二烯酮(9)非常不稳定。

(j) PhSH与EtSH pK_a 的差值比PhOH和EtOH pK_a 的差值小很多。

(k) 呋喃(10)仅在C2进攻亲电试剂，不在C3进攻亲电试剂。

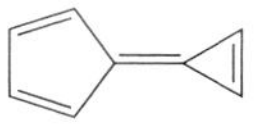

H_3C O O (1) 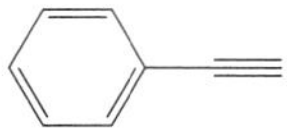 (2) 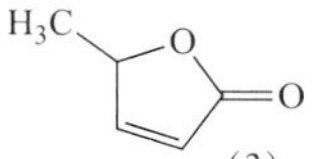 (3) H_3C O OCH_3 OAc (4)

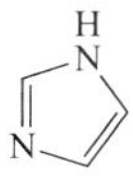

H N N (5) N (6) 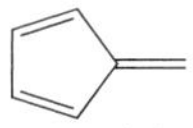 (7) 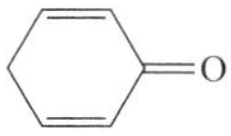 O (8) O (9) 3 2 O (10)

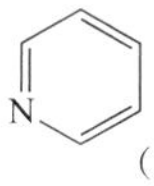

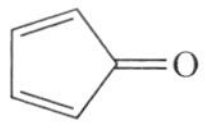

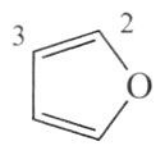

2. 指出下列每对化合物中，哪个酸性更强，为什么？

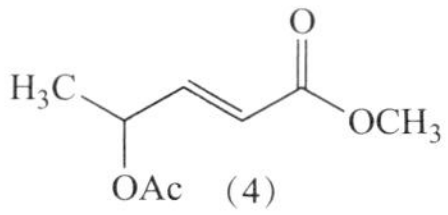

(a)

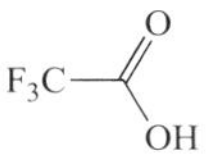

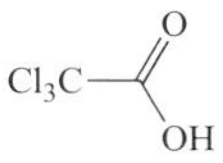

F_3C O OH Cl_3C O OH

(b)

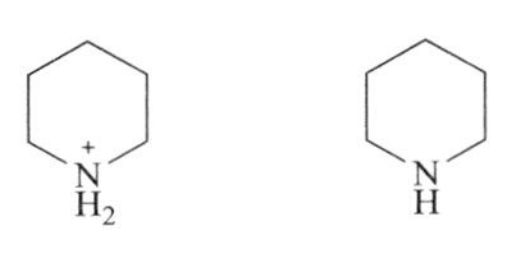

(c)

O O
EtO CH$_3$

O O
H_3C CH_3

(d)

(e)

$\overset{+}{N}H$

$\overset{+}{N}H_2$

(f)

PH_2

NH_2

(g)

CO_2Et

CO_2Et

(h)

EtO_2C CO_2Et

EtO_2C CO_2Et

(i)

OH
O_2N

O_2N OH

(j)

O
H_3C OH

O
H_3C NH_2

(k)

Ph—≡—CH_3　　Ph—≡—H

(l)

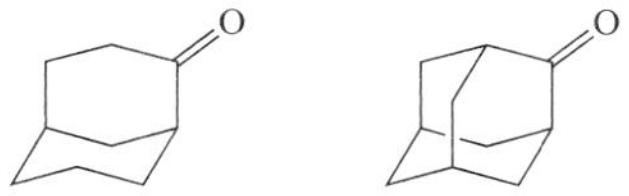

(m)

这个碳原子

这个碳原子

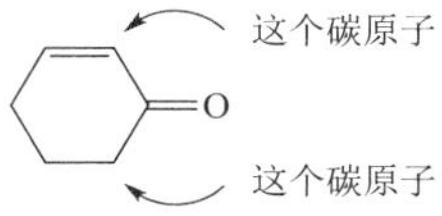

3. 将下列反应按照极性反应、自由基反应、周环反应和过渡金属催化或参加的反应进行分类。对于极性反应,判断反应条件是碱性的还是酸性的。

(a)

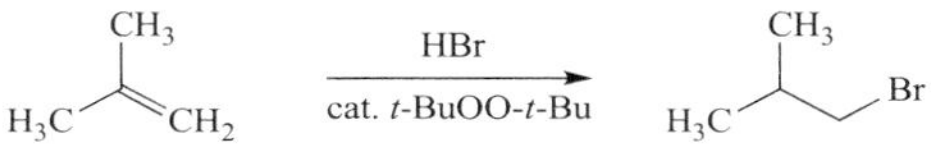

HBr, cat. t-BuOO-t-Bu

(b)

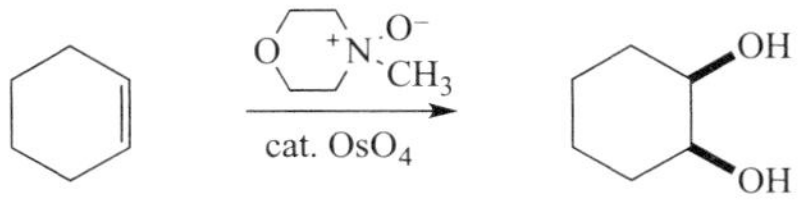

cat. OsO_4

(c)

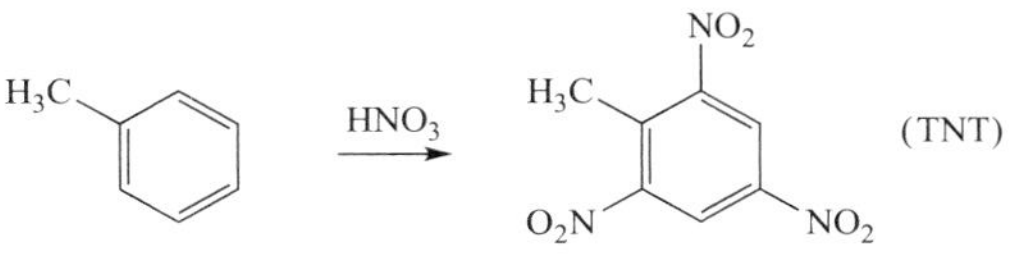

HNO_3　(TNT)

(d)

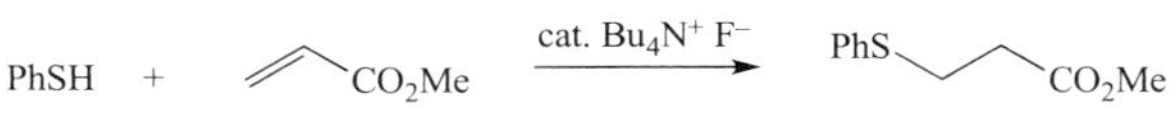

PhSH + CH_2=CHCO_2Me —cat. $Bu_4N^+F^-$→ PhS$CH_2CH_2CO_2Me$

(e)

PhSH + CH_2=CHCO_2Me —空气→ PhS$CH_2CH_2CO_2Me$

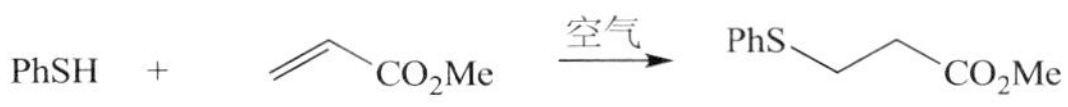

(f)

Ph, SiMe$_3$, O$^-$, Me$_3$SiO; -20 °C ~ *RT*; O, Ph, SiMe$_3$, Me$_3$SiO

(g)

O; LDA; CH_2=$CHCH_2Br$; O

(h)

H_3CO, Br, CO_2Me, CO_2Me, H_3C, OTBPS; Bu_3SnH, cat. AIBN; H_3CO, CO_2Me, CO_2Me, H_3C, OTBPS

(i)

H, H

(j)

Me_3Si; Cp_2ZrCl_2/ 2 BuLi; CO; Me_3Si, O

(k)

2 CHO; △; O, CHO

(l)

EtO_2C, CO_2Et, CH_3; O, Et; NaOEt; O, H_3C, CH_3, EtO_2C, O

(m)

4. 在下列反应中,原料的多数重原子已经编号。将每个反应按照极性酸性反应、极性碱性反应、周环反应以及自由基反应进行分类,然后对产物中的原子进行编号,并列出重原子之间形成和断裂的键。假设所有反应中都有后处理步骤。

(a)

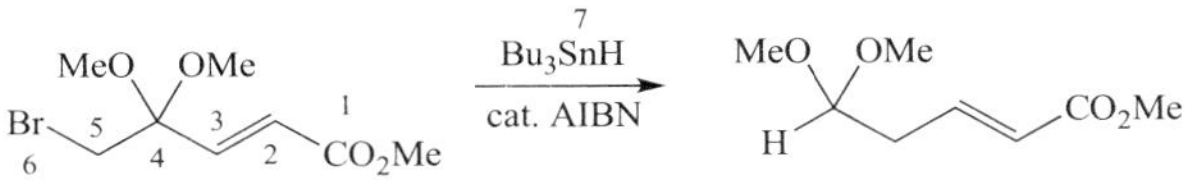

(b)

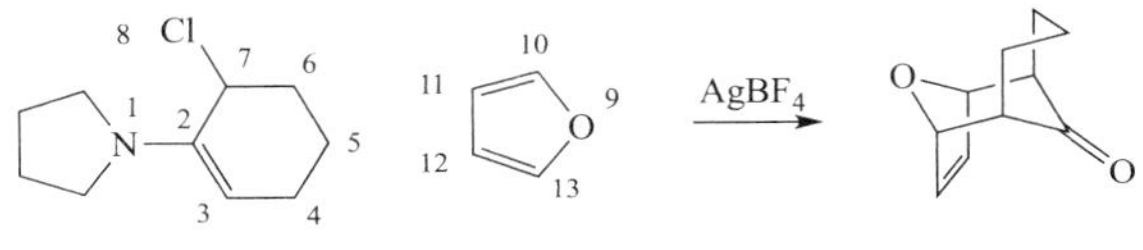

(c)

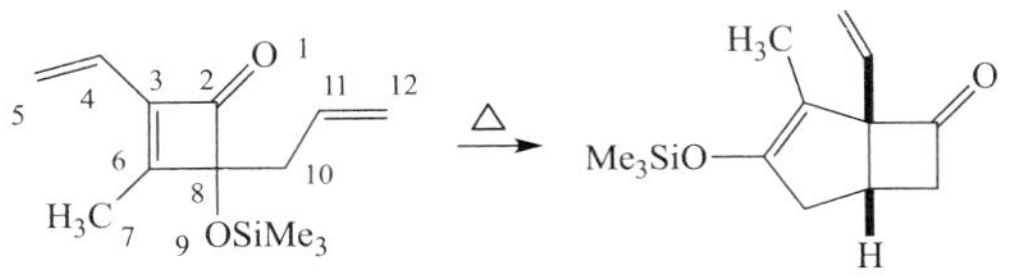

(d)

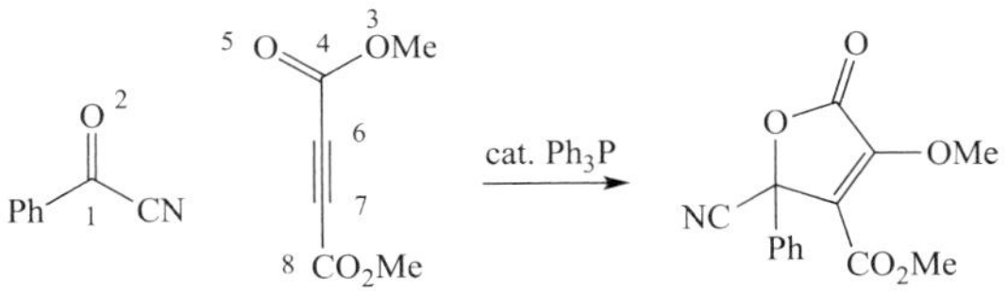

(e)

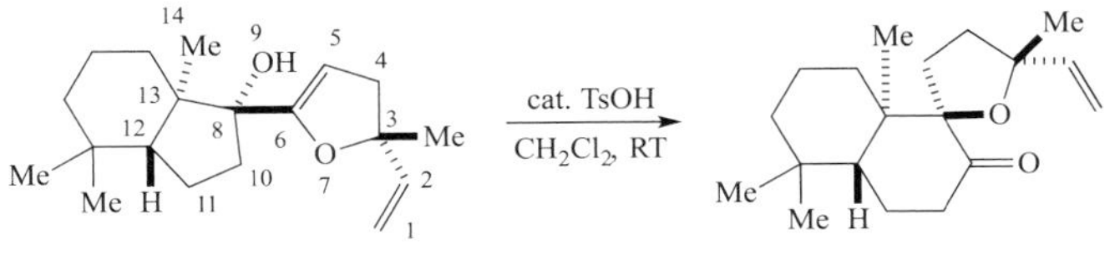

(f)

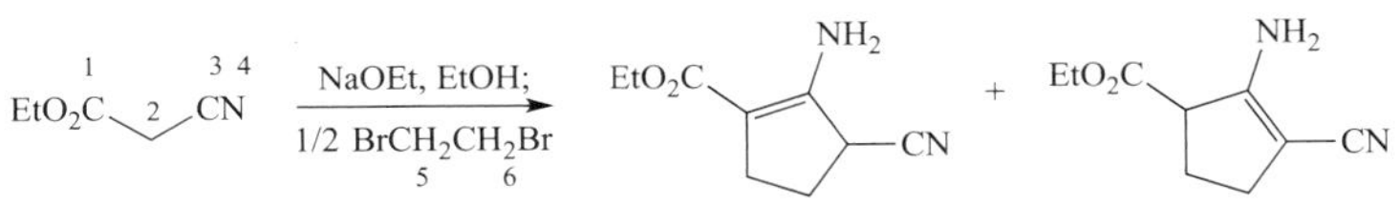

(g)

Me, 5, 6, 7, 8, 4, 3, 2, 1, Me, Me, Me, 9, 10, 11, 12, 13, Me, 14, 15, 16, $OPO_3PO_3^-$

$\xrightarrow[\text{酶}]{H^+}$

Me, Me, Me, Me, H, H, Me

香叶焦磷酸盐 紫杉烷

(h)

H_3C, 5, 4, 6, 7, 8, Me_3SiO, 9, 10, H, 3, 2, 1, 13, O, 12, 11

16 CH_3, 14, 15, Li ; 加热到室温; $NaHCO_3$ 溶液

CH_3, O, H, H, OH, CH_3

(i)

$Bn-\overset{+}{N}\equiv C^-$ 1 2 Ph—4(3 O)(5 OH) Me, 8, Me, 6 O, 7, H ⟶ Bn, N, H, O, O, Ph, O, Me, Me

(j)

1, 2, 3, 4, 5, 6, Br 7, 8, 9, 10, Ph $\xrightarrow[\text{cat. AIBN}]{Bu_3SnH}$ Ph

(k)

1, 2, 4, HO, 3, H_3C 5, 6, 7, 8, CH_3, CH_3 $\xrightarrow[]{9,\ 10,\ 11\ O_3}$ O, O, O, HO, H_3C, CH_3, CH_3

(l)

4, 3, O, O, 5, 1, 2, HO, O, 6, 11, CH_3, CH_3, 7, H_3C 8, 9, 10 $\xrightarrow{NaOH\text{ 溶液}}$ O, CH_3, CH_3 + HCO_2^-

(m)

H, 4, 5, O, 6, 3, 2, 1, H, 7 $\xrightarrow{Br_2}$ Br, O

5. 在下列化合物中,箭头指示特定原子。判断该原子是否是亲核的、亲电的或酸性的,有些原子可能没有这些属性或具有多个属性,为此“酸性”定义为 $pK_a \leqslant 25$。

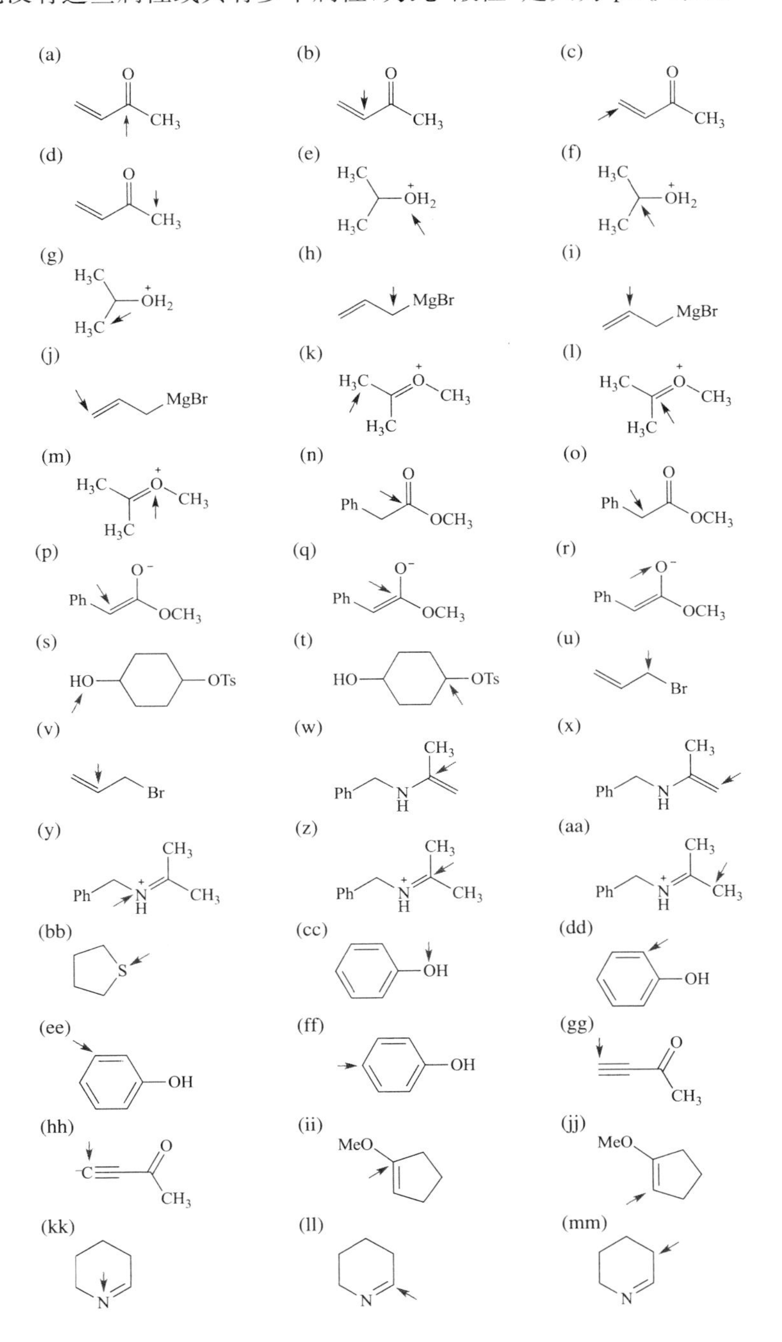

第 2 章　碱性条件下的极性反应

现在你已经学会如何判断特定反应的机理类型，那么你就已经准备好学习如何书写反应机理。本章专门讨论碱性条件下的极性反应机理，将介绍和讨论典型反应机理，以便你熟悉碱性条件下有机物的反应模式。

本章和后面章节将讨论许多“命名反应”，命名反应在本书用作实例，仅仅因为它们应用广泛，并不要求你记住反应名称才能书写反应机理。事实上，本书的目的之一就是告诉你，不管你以前是否见过该反应，你都可以写出它的反应机理。

2.1　取代反应和消除反应

亲电试剂含有与碳原子相连的离去基团(X)时，可以发生亲核取代或消除反应。在亲核取代反应中，亲核试剂-亲电试剂的 σ 键代替了亲电试剂-离去基团的 σ 键，如图 2.1 所示。

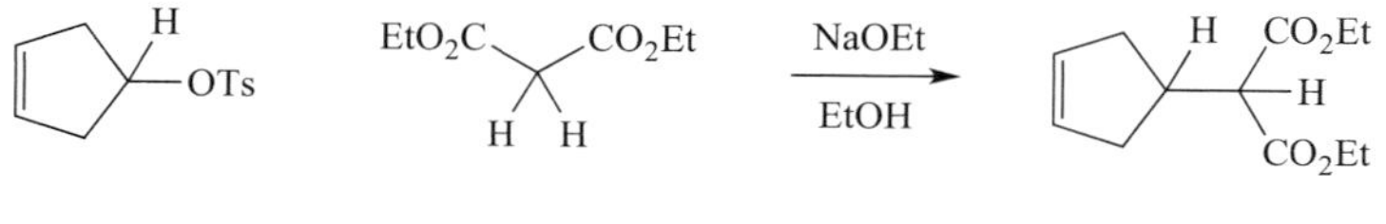

(a)

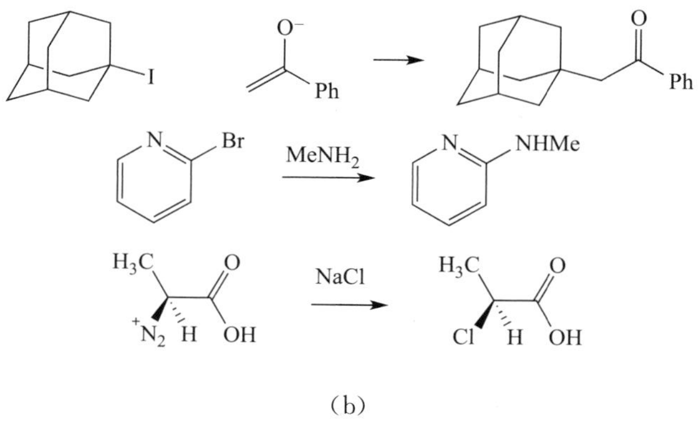

(b)

图 2.1

原则上，发生成键和断键有三种顺序：第一种顺序，亲核试剂进攻，得到中间体，然后离去基团离开；第二种顺序，亲核试剂进攻和离去基团离开同时发生；第三种顺序，离去基团离开，获得中间体，然后亲核试剂进攻。这三种顺序都可在碱性条件下观测到。本章的目的之一是教你如何在给定底物和反应条件下，确定最有可能的顺序。

在消除反应中，离去基团 X（带着电子对）从连有电正性基团 E（通常是 H）的化合物中离开，如图 2.2 所示。最常见的消除是 β-消除，其中 E 和 X 连在相邻原子上，产物中这两个相邻原子间会形成一个新的 π 键。

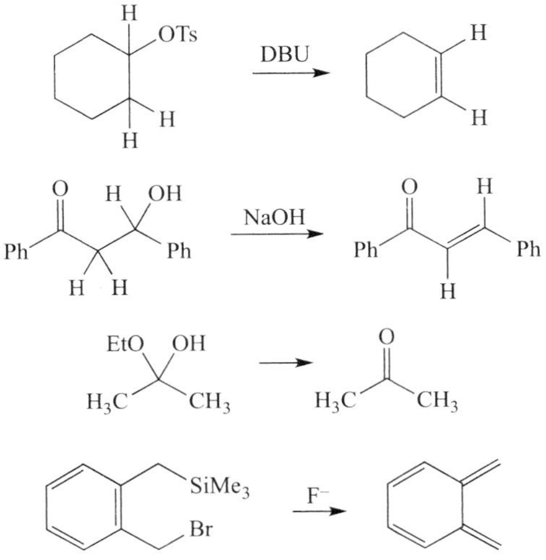

H, OTs, H, H, DBU, H, H
O, H, OH, Ph, Ph, H, H, NaOH, O, H, Ph, Ph, H
EtO, OH, H_3C, CH_3, O, H_3C, CH_3
$SiMe_3$, Br, F^-

图 2.2

消除反应通常包括断开 C—H 键和 C—X 键，这两个 C 原子相邻。原则上，断开两个键有三种顺序：第一种顺序，C—H 键首先断裂，得到负离子中间体，然后 C—X 键断裂；第二种顺序，两个键同时断裂；第三种顺序，C—X 键先断裂，得到正离子中间体，然后 C—H 键断裂。在碱性条件下，一般消除反应断裂两个键无法按照第三种顺序进行，因为该顺序需要形成正离子中间体。（碳正离子是强 Lewis 酸，所以它不能在碱性条件下自发形成。）碱性条件下，消除反应的断键可以按照第一种和第二种顺序进行。

2.1.1　S_N2 取代反应机理

碱性条件下，一级和二级 C(sp^3)（不是三级）常通过 S_N2 反应机理进行取代反应。如图 2.3 所示，在 S_N2 反应机理中，亲核试剂 Nu^- 从 X 的背面与 C—X 键成线型进攻亲电中心。Nu^- 的孤对电子用于形成 C—Nu 键，当 C—X 键断裂时，C—X 的一对电子在键断裂时伴随 X 离开。反应发生时，碳上的其他三个基团会从 Nu 向 X 移动，反应完成后，碳的构型反转。所带电荷不一定和图示一样：亲核试剂可以是负离子或中性，亲电试剂可以是中性或正离子。

Nu^-, C—X, Nu—C, ^-X

图 2.3

电子转移箭头表示电子对从亲核试剂向缺电子中心移动。亲核原子形式电荷增加1，离去基团形式电荷减少1。在图2.3中，因为Nu^-的孤对电子没有明确画出来，Nu^-的"—"表示形式电荷和一对电子。当亲核原子形式电荷为零时，常常明确写出孤对电子。

常见错误提醒：分子间S_N2取代反应只发生在一级和二级$C(sp^3)$上。碱性条件下，三级$C(sp^3)$上的分子内取代可以通过S_N2取代反应机理进行，但$C(sp^2)$不会发生S_N2取代反应。亲电$C(sp^2)$的取代或三级$C(sp^3)$的分子间取代不采用S_N2取代反应机理（见下文）。

常见错误提醒：碱性条件下的S_N2取代反应中，F^-、HO^-、RO^-（除了环氧化物）、H^-和碳负离子很少作为离去基团。

孤对电子亲核试剂是至今为止S_N2取代反应中应用最广泛的。σ键亲核试剂虽然也可参与S_N2取代反应，但没有孤对电子亲核试剂使用广泛。相比之下，π键亲核试剂通常没有足够高的能量与已经拥有八电子的原子反应。此规则主要的例外是烯胺（$R_2N-CR=CR_2 \longleftrightarrow R_2\overset{+}{N}=CR-\overset{-}{C}R_2$）和烯醇负离子（$\overset{-}{O}-CR=CR_2 \longleftrightarrow O=CR-\overset{-}{C}R_2$），烯胺$\beta$-位亲核活性高，可以进攻活性卤代烷（如碘甲烷、烯丙基溴和苄基溴），烯醇负离子可以与许多卤代烷反应，如图2.4所示。

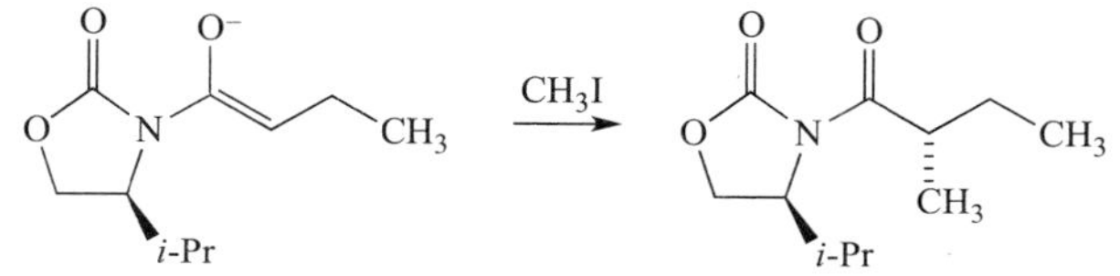

图2.4

烯丙基与离去基团相连的亲电试剂可以进行S_N2取代反应或S_N2'取代反应。如图2.5所示，在S_N2'取代反应中，Nu^-的孤对电子移动，与烯丙基的γ-C成键（α-碳是与离去基团相连的碳），β-C和γ-C之间的π键电子移动，在β-C和α-C之间形成新π键，离去基团随之离开。双键移位是判断S_N2'取代反应机理的关键。很难预测某一特定的烯丙基卤化物或类卤化物与某一特定的亲核试剂发生S_N2取代反应还是S_N2'取代反应。

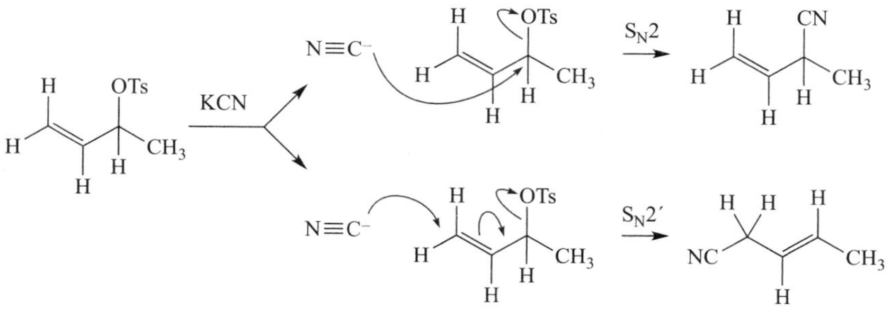

图2.5

S_N2取代反应也可以发生在非碳原子上，如图2.6中的手性硫原子取代会发生构型反转，表明这个过程是S_N2取代反应机理。

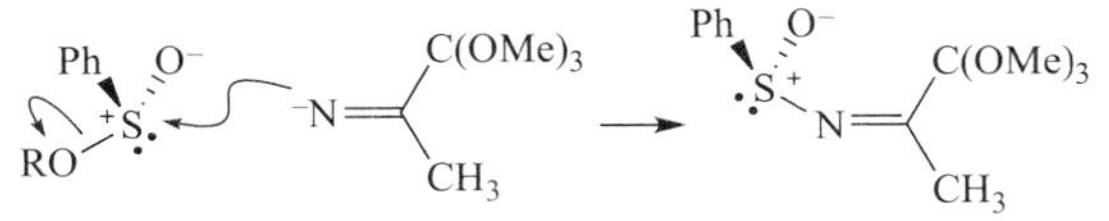

图 2.6

与第二周期主族元素相比，第三周期原子和重原子(如 P、S 和 Br)可以扩展它们的八电子，所以这些原子的取代可以通过 S_N2 反应机理或者两步加成-消除反应机理进行，如图 2.7 所示。第一步，亲核试剂与亲电重原子加成得到高价十电子中间体。第二步，离去基团离开得到取代产物。十电子中间体的寿命变化范围很大，所以 S_N2 和加成-消除反应机理对于 S、P 或更重的原子来说，通常都是合理的。

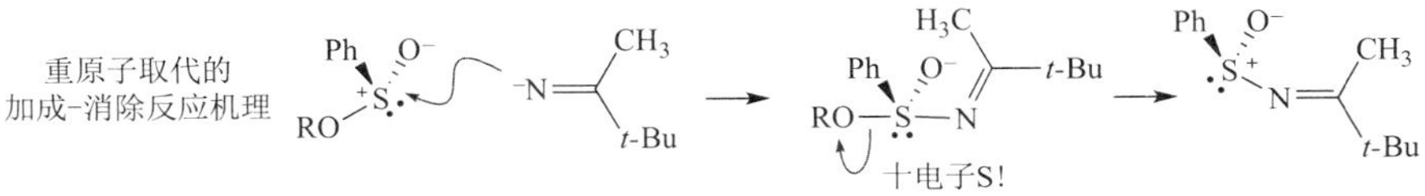

重原子取代的
加成-消除反应机理

十电子S!

图 2.7

并非所有碱性条件下的取代反应都伴随简单的构型反转。有时手性碳亲核取代会伴随构型保留。在这种反应中，通常发生两次连续的亲核取代。如图 2.8 中的 α-重氮羧酸与亲核试剂(如 Cl^-)反应，构型保留。在第一次 S_N2 取代反应中，羧酸盐的 O^- 作为亲核试剂，取代 N_2，构型反转得到三元环(α-内酯)；在第二次 S_N2 取代反应中，Cl^- 取代氧，构型反转得到总体构型保留的产物。

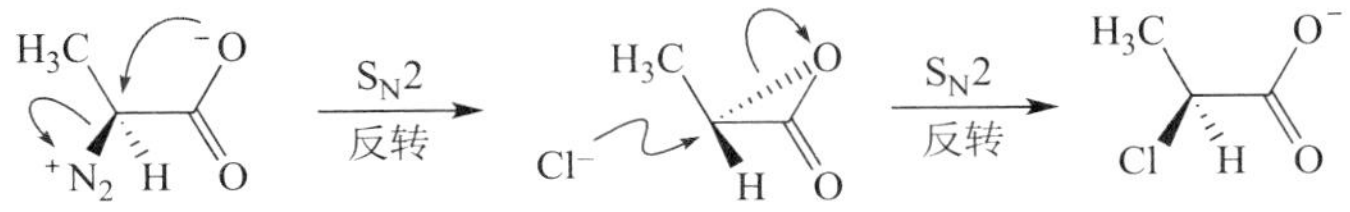

S_N2 反转　　S_N2 反转

图 2.8

有时手性碳发生亲核取代反应会失去对映体纯度，该反应可能通过四种方式进行合理的机理解释。

(1) 原料的手性中心在 S_N2 反应发生之前失去对映体纯度。例如，光学纯 2-溴环己酮可以通过酸性手性中心的去质子化和再次质子化失去其对映体纯度。

(2) 在 S_N2 反应发生之后，产物的手性中心失去对映体纯度。

(3) 亲核试剂也可以作为离去基团，反之亦然。这个问题对于 I^- 的反应尤其严重，I^- 既是一个好的亲核试剂，又是一个好的离去基团。因此，烷基碘化物(如光学纯 2-碘丁烷)的制备非常困难。

(4) 取代可以通过非 S_N2 反应机理进行，例如 $S_{RN}1$ 或消除-加成反应。这些取代机理会在本章稍后讨论。

2.1.2　β-消除的 E2 和 E1cb 反应机理

$C(sp^3)-X$ 亲电试剂可以发生 β-消除和取代反应。在碱性条件下 β-消除通过 E2 或

E1cb 反应机理进行，协同 E2 反应机理更常见，碱的孤对电子与亲电碳原子邻位碳上的氢成键，H—C 键的电子同时移动与亲电碳原子形成 π 键。因为该碳原子已经有八个电子，要形成一个新键，与离去基团相连的键必须断开，键中电子随着离去基团离开成为新的孤对电子，如图 2.9 所示。

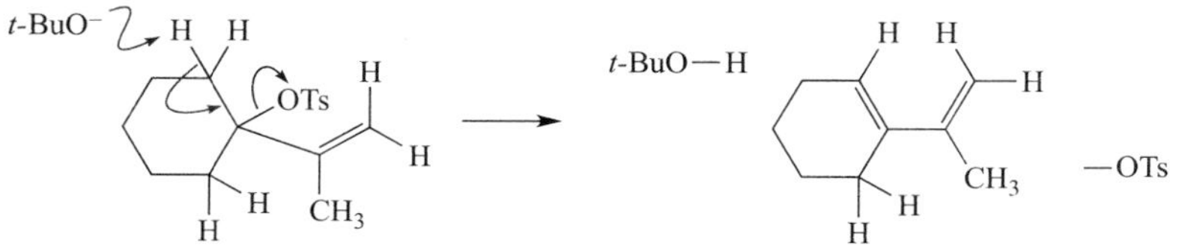

图 2.9

因为在 E2 反应机理中，H—C 键和 C—X 键同时断裂，在消除反应的过渡态，形成这两个键的轨道需要共平面（即相互平行）。非环状化合物可以有两种方式定位这两个键共平面：顺叠（重叠式，二面角为 0°）和反叠（交叉式，二面角为 180°），如图 2.10 所示。交叉式的能量比重叠式的能量低得多，所以反叠消除远比顺叠消除更常见。

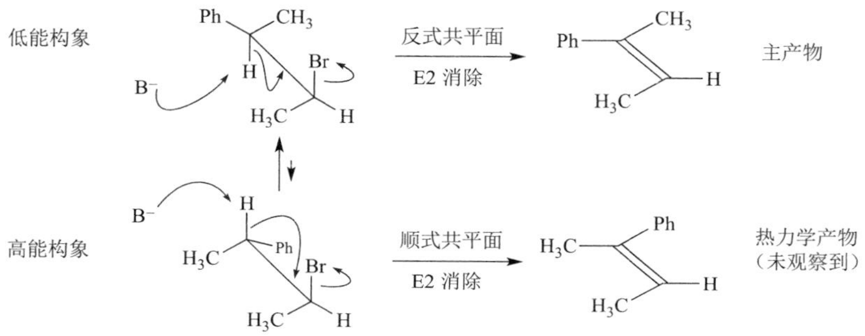

图 2.10

在环状化合物中，构象的灵活性有较大限制。在六元环中，当离去基团和邻位氢原子处于直立键时，易满足 E2 消除需要的反式共平面。满足这种构象的化合物与不满足该构象的化合物相比，E2 消除要容易得多。如图 2.11 所示，在氯代薄荷脑能量最低的构象中，C—Cl 键与相

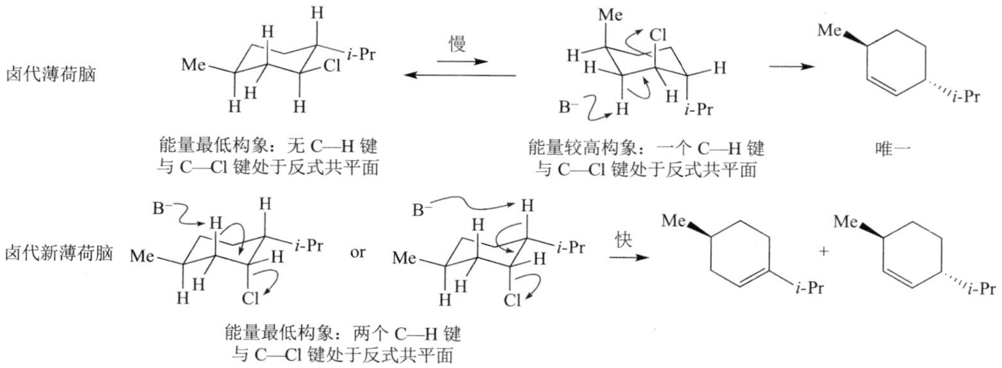

图 2.11

邻的 C—H 键不是反式共平面，E2 消除比其非对映体氯代新薄荷脑要慢得多，在氯代新薄荷脑最低能量的构象中，C—Cl 键与两个 C—H 键处于反式共平面。在氯代新薄荷脑的反应构象中，两个 C—H 键和 C—Cl 键处于反式共平面，所以经过 E2 消除得到两种产物，而在氯代薄荷脑的反应构象中只有一个 C—H 键与 C—Cl 键处于反式共平面，只得到一种产物。

碱性条件下，不仅 1°、2°和 3°C(sp^3)—X 可以通过 E2 机理进行 β-消除，C(sp^2)—X 也可以。烯卤也容易发生 β-消除，当烯卤的一侧有氢原子时，可以得到炔烃或丙二烯。甚至烯基醚（烯醇醚）也可以进行 β-消除得到炔烃，如图 2.12 所示。

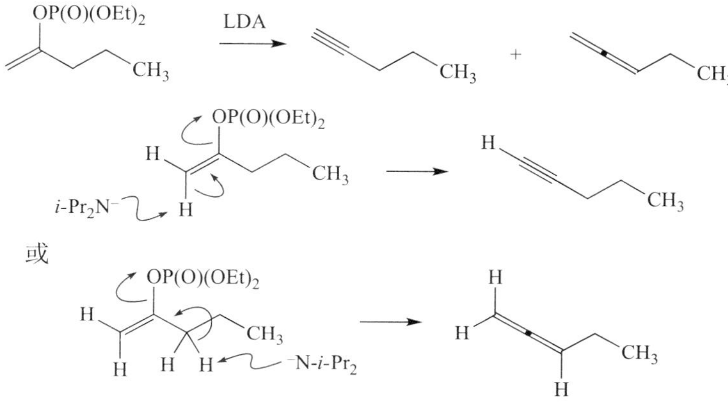

OP(O)(OEt)$_2$　CH$_3$　LDA　CH$_3$　+　CH$_3$

OP(O)(OEt)$_2$　H　CH$_3$　i-Pr$_2$N$^-$　H　→　H　CH$_3$

或

OP(O)(OEt)$_2$　H　CH$_3$　H　H　H　$^-$N-i-Pr$_2$　→　H　H　CH$_3$　H

图 2.12

习题 2.1　书写图 2.13 中的反应机理。

Cl　OMe　OMe　3 LDA; MeI　MeO—≡—Me

图 2.13

你也会见到 E2′消除，在断键的两个碳原子之间增加一个 π 键。在图 2.14 中，碱是 F$^-$，Me$_3$Si 替代了常见的氢。

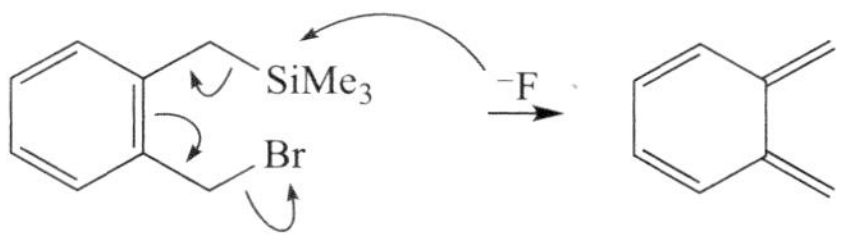

SiMe$_3$　Br　$^-$F

图 2.14

β-消除有时得到高能物质。如图 2.15(a)所示，在强碱条件下，卤苯进行 β-消除得到苯炔，苯炔张力大，活性高。酰氯在温和的碱性条件下发生 β-消除得到烯酮。这两种反应都会在后面再次讨论。

当氢有酸性（通常处于羰基邻位），离去基团较差时（尤其是$^-$OH 和$^-$OR），会按照两步机理 E1cb 进行反应。在该机理中，酸性质子先离开，形成一个稳定的碳负离子，然后碳上的孤对电子移动与邻位亲电的碳形成 π 键，离去基团离开。Aldol（β-羟基羰基化合物）脱水是一种最常见的 E1cb 消除反应,如图 2.15(b)所示。

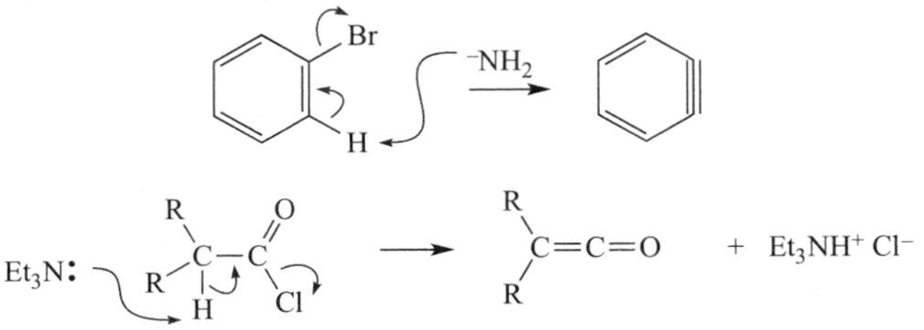

(a)

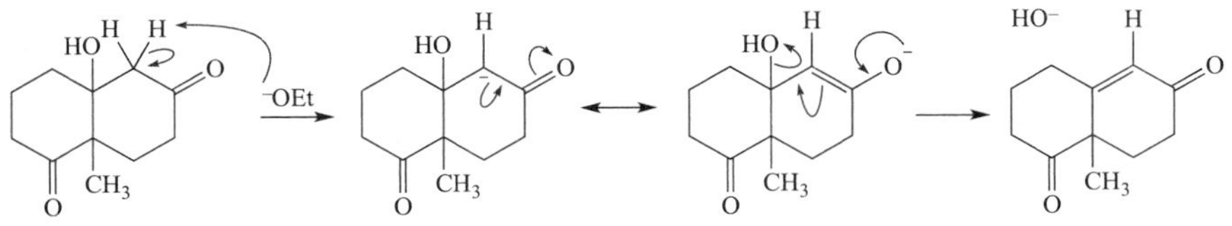

(b)

图 2.15

在碱性条件下,半缩醛转化为羰基化合物的常见反应机理是 E1cb 消除,如图 2.16 所示。

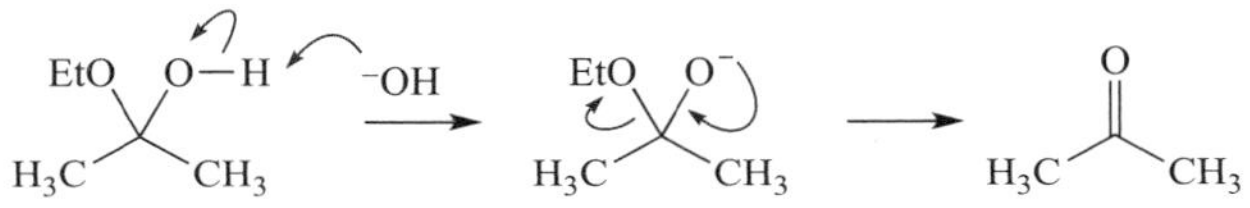

图 2.16

2.1.3 预测取代和消除

原则上有孤对电子的化合物可以作为向 C(sp^3)—X 进攻的碱或亲核试剂,发生 E2 消除或 S_N2 取代。预测取代或消除反应是否发生可以用中等精确度(表 2.1)判断。两个因素在很大程度上决定反应过程:① 孤对电子化合物的亲核性和碱性;② 底物结构:卤代甲烷或苄卤,1°、2°或 3°卤代烃。

常见错误提醒:发生取代反应还是消除反应是亲核试剂与亲电试剂之间"协商"的结果。无论是亲核试剂还是亲电试剂都不能单一地决定结果。

表 2.1 预测碱性条件下 C(sp^3)—X 取代反应和消除反应的竞争

R—	弱碱,强亲核试剂	强碱,强亲核试剂	强碱,弱亲核试剂
Me 或 Bn	S_N2	S_N2	S_N2 或 N. R.
1°	S_N2	S_N2	E2
2°	S_N2	S_N2<E2	E2
3°	E2,$S_{RN}1$,N. R.	E2	E2

决定取代反应或消除反应是否发生的第一要素是具有孤对电子化合物的亲核性和碱

性。影响亲核性和碱性的因素已经讨论过(见第 1 章)。与 C(sp^3)卤代烃反应时,亲核试剂与碱之间可以简单分为强亲核试剂-弱碱、强亲核试剂-强碱和弱亲核试剂-强碱。

• 第三周期,更重的原子是好的亲核试剂、弱碱。Cl^-、Br^-、I^-、R_2S、RS^-、R_3P 都属于这一类。

• 第二周期,无空阻的原子是好的亲核试剂和强碱。无空阻的 RO^-、R_2N^-、R_3N 都属于这一类,小的负离子如 F^-、^-CN 和 $^-N_3$ 也一样。含碳亲核试剂如烯胺、简单烯醇盐、炔基负离子($RC{\equiv}C^-$)和稳定烯醇盐如丙二酸负离子及其衍生物也属于这一类。

• 第二周期,有空阻的原子是弱的亲核试剂和强碱。t-BuO^-、i-Pr_2NLi(LDA)、$(Me_3Si)_2NK$(KHMDS)、i-Pr_2NEt(Hünig 碱)、脒和胍(如 DBN、DBU 和 TMG)属于这一类,如图 2.17 所示。许多有机金属化合物(如 C(sp^2)和 C(sp^3)格氏试剂、有机锂试剂)也一样。NaH 和 KH 也是这一类,它们似乎没有空阻,但它们不溶的聚合形式使它们受阻。

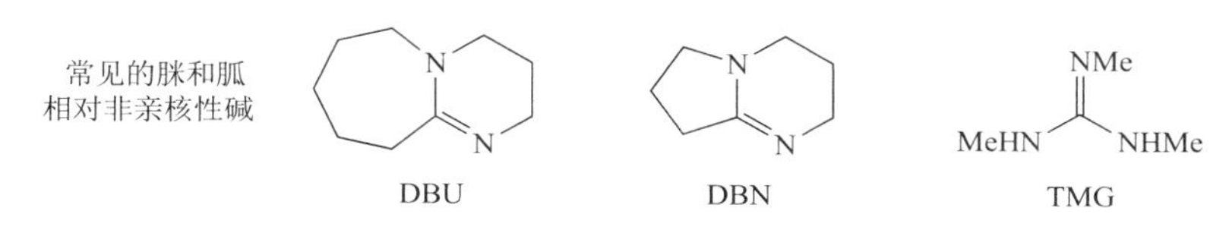

图 2.17

显然,将亲核试剂和碱分为“好”与“坏”太过简单。亲核性和碱性按“优秀”“好”“中等”“差”“很差”是连续变化的,上面给出的简单分类仅仅为预测反应提供指导。

常见错误提醒:别忘了“好的亲核试剂”是根据在 25 ℃的水或甲醇中与 CH_3Br 的反应活性来定义的。某些物质,如 CH_3MgBr,对 σ 键亲电试剂不是好的亲核试剂,对 π 键亲电试剂却是好的亲核试剂。对于亲电试剂的性质如何影响亲核试剂的亲核性(硬软酸碱理论)的讨论,请参阅《前线轨道与有机化学反应》(Fleming, Ian, New York: John Wiley & Sons, 1976)。

决定取代反应或消除反应是否发生的第二个因素是亲电试剂的结构。

• MeX 和 BnX 不会发生消除反应(无 β-H),它们是 S_N2 反应好的底物(无位阻;苄基可以稳定取代反应的过渡态),所以这些底物只发生取代反应。

• 一级卤代烃易发生 S_N2 反应(位阻较小),不易发生 E2 反应(未取代的烯烃产物能量较高)。如果亲核试剂很好,无论其碱性如何,它们都倾向于发生取代反应。如果亲核试剂较差,但是一个强碱,它们将倾向于发生消除反应。

• 三级卤代烃不易发生 S_N2 反应(位阻太大),易发生 E2 反应(多取代的烯烃产物能量低,缓解空间拥挤)。如果碱是一个强碱,不管它的亲核性如何,都倾向于发生消除反应。但是如果碱性较弱,却是一个很好的亲核试剂,它们会进行 $S_{RN}1$ 取代(见下文),或者可能不反应。

• 二级卤代烃处于分界点。总的来说,它们更倾向于发生消除反应还是取代反应,取决于碱/亲核试剂喜欢什么。

如果亲电试剂(2°卤代烃)或亲核试剂(强碱/强亲核试剂)对取代或消除没有明显倾向,就会出现互问对方的情况:“我不知道,你想做什么?”在这种情况下,消除倾向比取代大,但实际产物的比例变化很大,取决于底物结构、溶剂和其他因素。这些因素包括以下几点:

· 亲核试剂碱性越低，得到的 S_N2 产物越多。例如，当炔基负离子与溴代环己烷反应时，它几乎只得到 E2 产物，但是 ^-CN，一个弱得多的碱，主要得到 S_N2 产物。

· 烯丙基、苄基和炔丙基(C≡C—C—X)2°的卤化物，S_N2 产物比例大大增加。

· 增加 S_N2 产物的比例也可以通过在极性非质子溶剂(DMSO、DMF 等)中进行反应或降低亲核试剂的碱性。

· 与非环 2°卤化物相比，环状 2°卤化物更容易发生 E2 取代，但这种趋势在极性非质子溶剂中得到改善。

· 高烯丙基底物(C=C—C—C—X)和高炔丙基底物(C≡C—C—C—X)，因为烯丙位或炔丙位 C—H 键去质子化的活性，不论它们如何取代，都比其他底物更容易发生消除反应。

习题 2.2 解释图 2.18 中两个反应产率的差异，并提出提高第二个反应产率的办法。

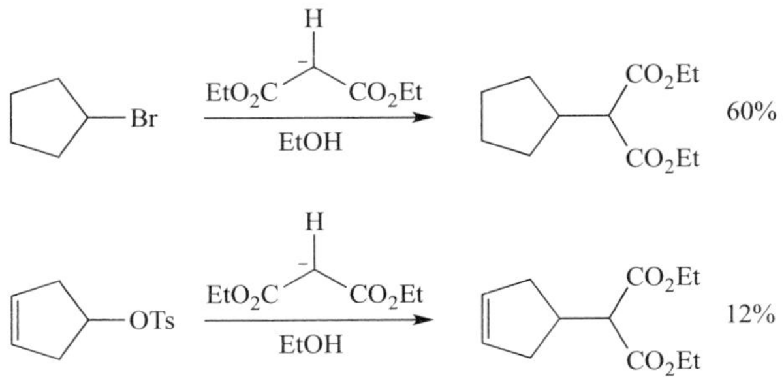

图 2.18

常见错误提醒：离去基团 X^- 的离去能力会影响 S_N2 和 E2 的整体反应速率。离去基团的离去能力越强，反应速率越快，但它对哪个反应途径占主导相对影响较小。要判断 S_N2 或 E2 谁占主导，你必须考虑上述因素。

2.2 亲核试剂对亲电 π 键的加成

2.2.1 羰基的加成

羰基化合物的 C=O 键有两个主要的共振结构：$R_2C=O \longleftrightarrow R_2\overset{+}{C}-\overset{-}{O}$，第二个共振结构中，碳是缺电子的，所以羰基化合物是好的亲电试剂。具有 α-H 的羰基化合物有酸性，因为失去氢生成的碳负离子可以通过与羰基共振具有较低能量：$O=CR-\overset{-}{C}R_2 \longleftrightarrow \overset{-}{O}-CR=CR_2$，羰基化合物的 α-C 和氧都是亲核的，因此，碱性条件下，羰基化合物的羰基碳亲电，α-C 亲核(如果有 α-H)。羰基化合物主要具有这两种性质。

羰基化合物的热力学能量与共振结构 $R_2\overset{+}{C}-\overset{-}{O}$ 的能量直接相关。常见羰基化合物的热力学能量顺序是：RCOCl(酰氯)＜RCO_2COR(酸酐)＜RCHO(醛)＜R_2CO(酮)＜RCO_2R

(酸、酯)<$RCONR_2$(酰胺)<$ROCO_2R$(碳酸酯)<$ROCONR_2$(氨基甲酸酯)<R_2NCONR_2(脲)≈RCO_2^-(羧酸盐)。亲核试剂对羰基化合物加成得到中间体,其具有相对较低的共振稳定性,所以这个过程消耗了羰基化合物的大部分共振稳定性。如图 2.19 所示,结果表明,羰基化合物的动力学稳定性顺序与热力学稳定性顺序是一致的。

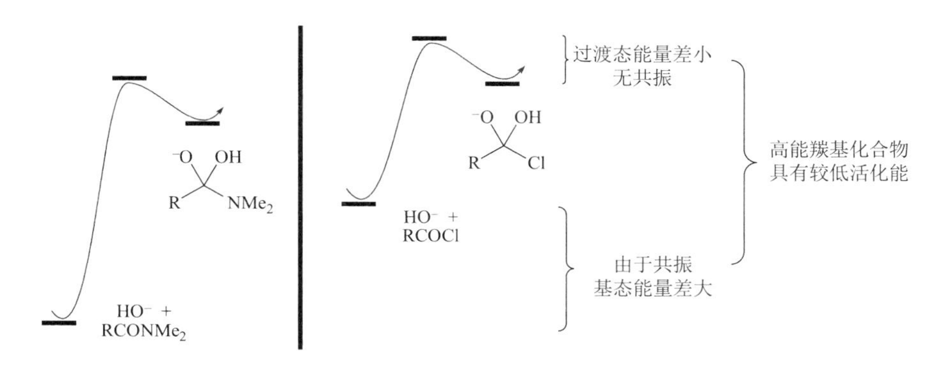

图 2.19

σ 键亲核试剂(如格氏试剂 RMgBr、有机锂化合物 RLi 和金属氢化物(如 $NaBH_4$ 和 $LiAlH_4$))与醛和酮加成得到醇。醛、酮的加成反应机理比较复杂,仍存在争议,但在这里用一个简单的图示足以说明其过程。如图 2.20 所示,C—M 或 H—M σ 键的电子移动离开金属,在亲核原子和亲电的羰基碳之间形成键,同时羰基 π 键电子移动到氧上成为孤对电子,经过后处理,得到醇。

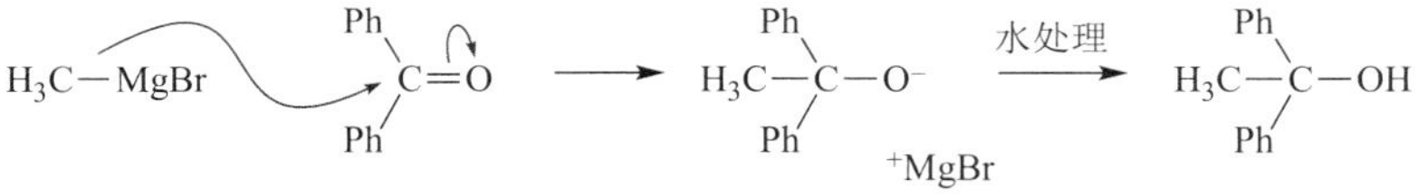

图 2.20

格氏试剂和有机锂化合物都是强碱,你可能会问:该如何预测它们什么时候作为碱进攻羰基化合物,什么时候作为亲核试剂进攻羰基化合物呢? 1,3-二羰基化合物酸性较强,它们总是被这些碱性化合物夺去质子,但对于简单的醛和酮,去质子化与加成的比例取决于底物。如图 2.21 所示,一般来说,空间位阻会增加去质子化的比例。试剂 $CeCl_3$ 会大大提高加成的比例,甚至高位阻的底物也会如此,原因仍不清楚。

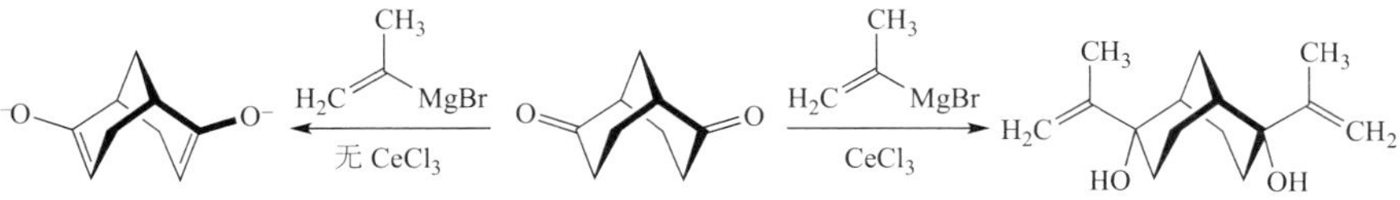

图 2.21

当醛或酮的 α-C 是手性中心时,有机金属亲核试剂与羰基加成产生一个新的手性中心,然后可以观察到一个非对映异构体会优于另一个异构体选择性形成。在许多情况下,所观察到的立体选择性与 Felkin-Anh 选择性一致。如图 2.22 所示,羰基 α-手性中心有一个大

的 R_L 基团、一个小的 R_S 基团和与之相连的氢。思考羰基碳和 α-碳之间的键旋转产生的不同异构体(理解这一点最好的方式是使用纽曼投影式)。亲核试剂 Nu^- 会从尽可能远离 R_L 的方向进攻羰基碳。如果 C—R_L 和 C=O 键之间的二面角为 90°,Nu^- 从 R_L 的背面进攻羰基,这种情况是最优的。两个构象异构体满足这个条件:一个是 R_S 与羰基取代基 R 几乎重叠,另一个是氢与羰基取代基 R 几乎重叠,对于后者,Nu^- 对羰基碳进攻时位阻最小。产物主要的非对映异构体就是 Nu 处于 R_L 对位,OH 处于 H 的对位。

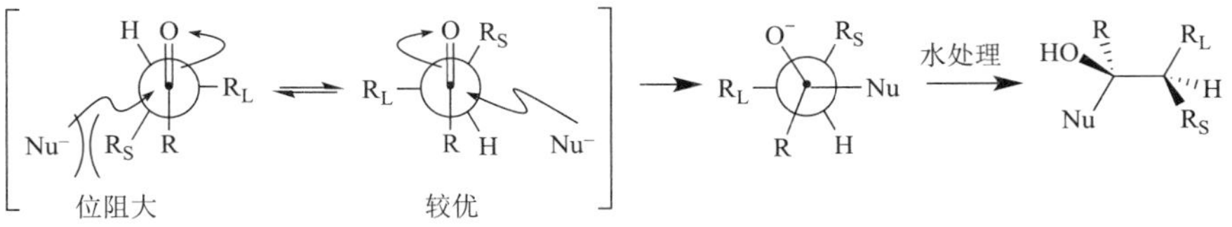

H O R_L Nu^- R_S R 位阻大 O R_S R_L R H Nu^- 较优 O^- R_S R_L Nu R H 水处理 HO R R_L H Nu R_S

图 2.22

有机金属化合物对醛和酮加成的非对映选择性往往较差(2∶1),而且在很多例子中观察到反 Felkin-Anh 选择性,但这个规则还是被广泛使用。

如图 2.23 所示,碱性条件下,水和醇对酮和醛可逆加成得到水合物或半缩醛(酮)。

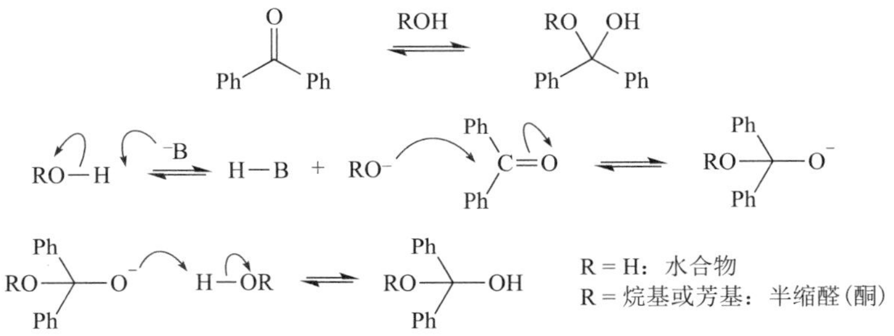

O Ph Ph ROH RO OH Ph Ph

RO—H $^-$B H—B + RO^- Ph C=O Ph RO Ph Ph O^-

Ph RO Ph O^- H—OR RO Ph Ph OH

R = H:水合物

R = 烷基或芳基:半缩醛(酮)

图 2.23

这种平衡通常对酮和醛有利而对水合物或半缩醛(酮)不利,但它对醛的有利程度不如酮。当形成五元环或六元环时,通过 α-C 上诱导吸电子基团推动平衡向生成半缩醛(酮)方向移动,如图 2.24 所示。这种情况常见于葡萄糖、果糖和其他碳水化合物中。

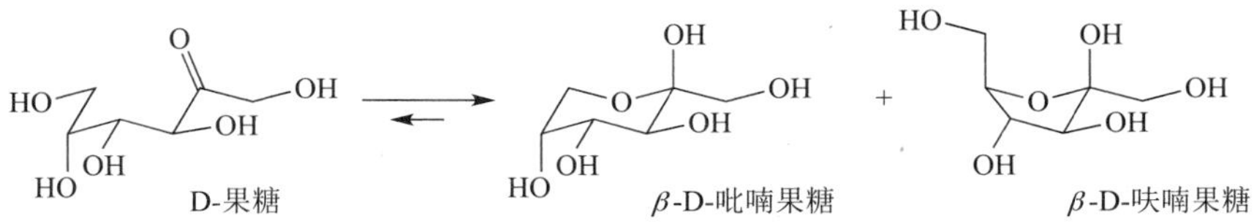

HO O OH OH HO OH D-果糖 OH O OH OH HO OH β-D-吡喃果糖 + HO OH O OH OH OH β-D-呋喃果糖

图 2.24

如图 2.25 所示,1°和 2°胺与醛和酮快速反应得到活性中间体亚胺离子,当原料是伯胺时,亚胺离子可以被副产物 HO^- 脱去质子得到亚胺(Schiff 碱)。原料醛或酮与产物亚胺的平衡位置取决于胺和羰基化合物的结构,用脂肪胺平衡有利于羰基化合物,但它可以通过失水促进亚胺的生成。用肼(R_2NNH_2)、羟基胺、烷氧基胺($RONH_2$)反应,平衡大大有利于腙、肟或肟醚的形成，逆向反应难以进行。

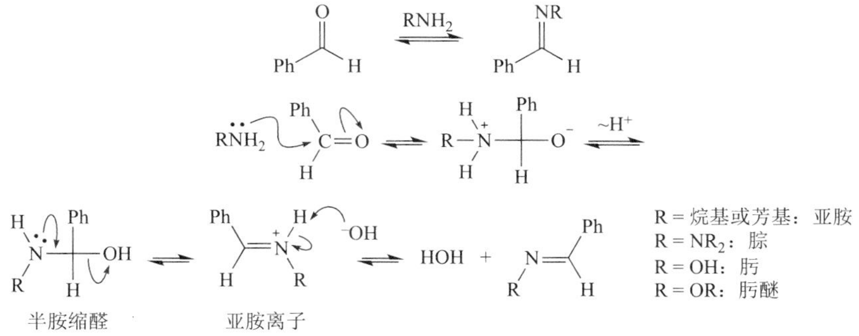

图 2.25

许多极性反应的机理都包括 H^+ 转移的步骤。化学家通常省略表示这一步的电子转移箭头，而通常选择在箭头上方写"$\sim H^+$"，如图 2.25 所示。请咨询你的指导老师，以确定他或她是否允许你使用此快捷方式。

如图 2.26 所示，由 2°胺（R_2NH）衍生的亚胺离子在氮上没有酸性氢原子，因此它不能形成亚胺。然而，如果从 1°或 2°胺衍生的亚胺离子含有 α-H，则 α-H 可被碱除去得到烯胺。对于 1,3-二羰基化合物，平衡有利于烯胺；对于其他化合物，可以通过脱水来驱动烯胺的形成。

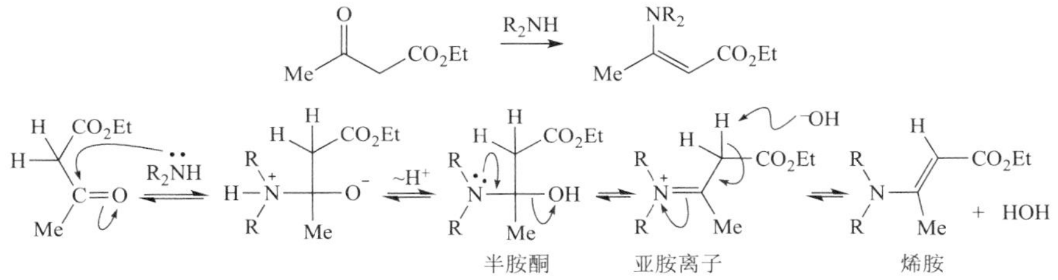

图 2.26

当反应条件是温和的碱性时，亚胺离子的形成速度非常快。在强碱条件下，失去 HO^- 产生亚胺离子的步骤会快速逆转回到半胺酮。

就像胺一样，氰化物（^-CN）会与酮或醛加成，产生（质子化后）氰醇，如图 2.27 所示，其平衡位置取决于羰基化合物的亲电性。

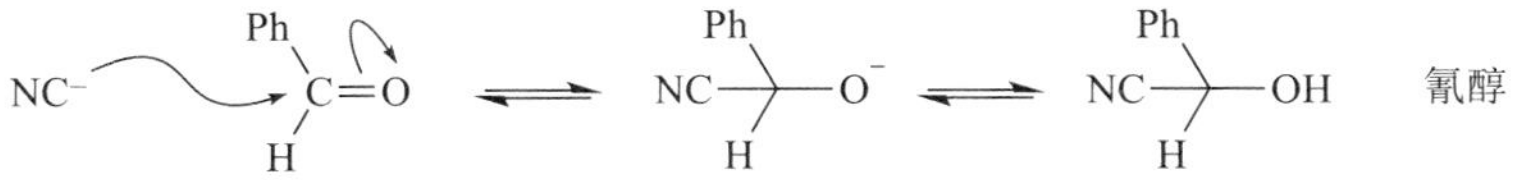

图 2.27

羰基化合物的共轭碱烯醇负离子，在羟醛缩合反应中与酮和醛反应。如图 2.28 所示，反应通常分两步进行：首先，生成烯醇负离子，通常在低温下用强碱（例如：LDA、KHMDS 或 LiHMDS）脱去羰基化合物的质子；然后，将亲电的羰基化合物加到反应混合物中，在这种情况下，反应通常停留在 β-羟基羰基化合物阶段。亲核试剂可以是任一种羰基化合物，甚至是

腈 R_2CHCN、磺酰基化合物 R_2CHSO_2R 或硝基化合物 R_2CHNO_2。(人们将腈看作羰基家族的收养成员,它们看起来不像羰基化合物,但它们的性质与羰基化合物相似。)

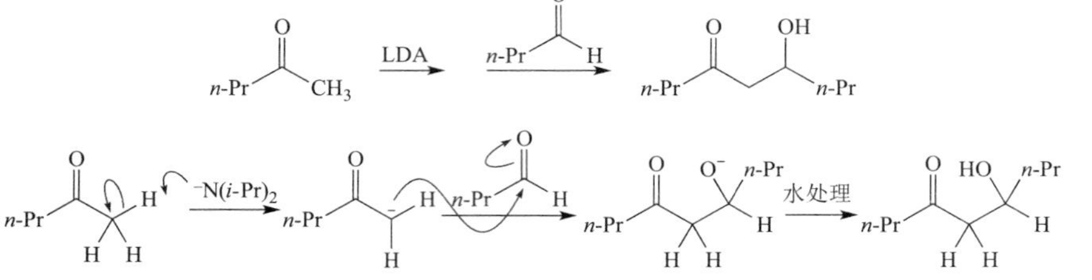

图 2.28

你写出烯醇负离子的 C^- 或 O^- 共振结构式都可以,这两个共振结构式表示同一物质。

习题 2.3 书写图 2.29 中羟醛缩合反应的机理。

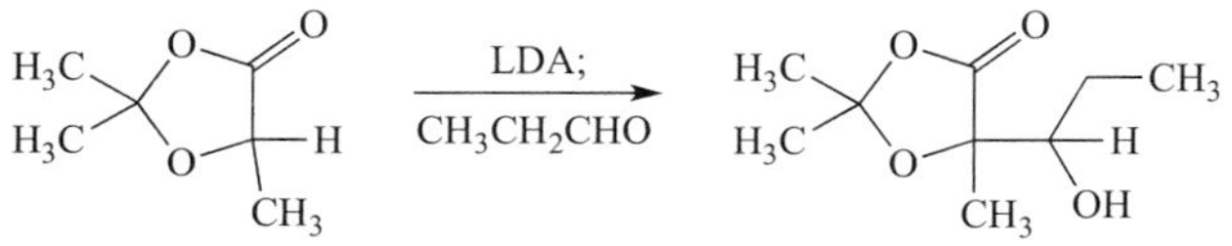

(a)

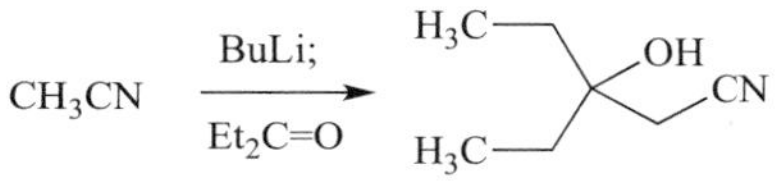

(b)

图 2.29

羟醛缩合反应所需的烯醇负离子也可以用其他方式产生,例如图 2.30 中,三甲基烯醇硅醚与 TBAF(四丁基氟化铵,$Bu_4N^+F^-$)反应得到相应的烯醇负离子。烯醇负离子也可以通过金属还原 α,β-不饱和酮来制备(见第 5 章)。

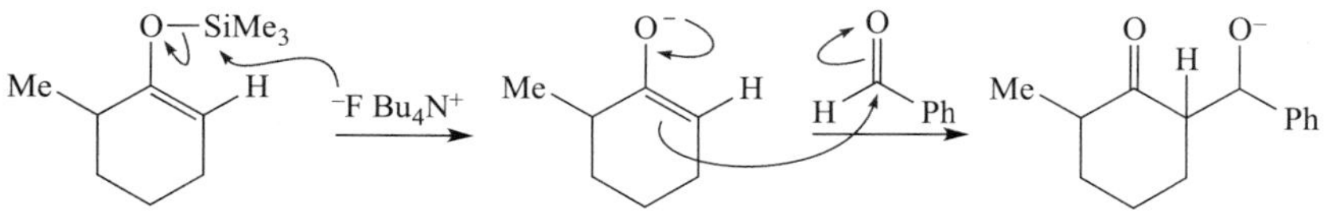

图 2.30

当含有两个 α-H 的羰基化合物(R^1CH_2COX)与醛(R^2CHO)进行羟醛缩合反应时,产生两个新的手性中心,形成两个非对映异构体。羟醛缩合反应的立体化学自 20 世纪 70 年代以来被广泛研究,现在已经可以很好地预测产物。如图 2.31 所示,当 LDA 夺去 R^1CH_2COX 的质子时,原则上可以形成 E-型或 Z-型的烯醇负离子 $R^1CH{=}C(OLi)X$,但因为 R^1 和 OLi 处于 Z-型的烯醇负离子(称为 Z-型烯醇负离子,不管 X 的性质如何)能量较低,所以通常它是主产物。Z-型烯醇负离子与醛通过含锂六元环的过渡态进行羟醛缩合反应。六元环处于椅式构象时,通常能量最低,羟醛缩合反应的过渡态也不例外。当烯醇负离子是Z-型时，R^1取代基处于假直立键上，因为它必须与烯醇负离子的氧保持顺式，但醛的取代基（R^2）可以置于假平伏键。C—C键形成，经过后处理，选择性得到syn-型羟醛缩合产物（羟醛缩合产物是syn-型或anit-型是由纸平面上“之”字型的主链（包括X和R^2）决定的；当R^1和羟基处于纸平面同侧时，就是syn-型；当它们处于纸平面异侧时，就是anti-型）。如果可以选择性生成E-型烯醇负离子，R^1和R^2都可以在过渡态中处于假平伏键，得到anti-型羟醛缩合产物。

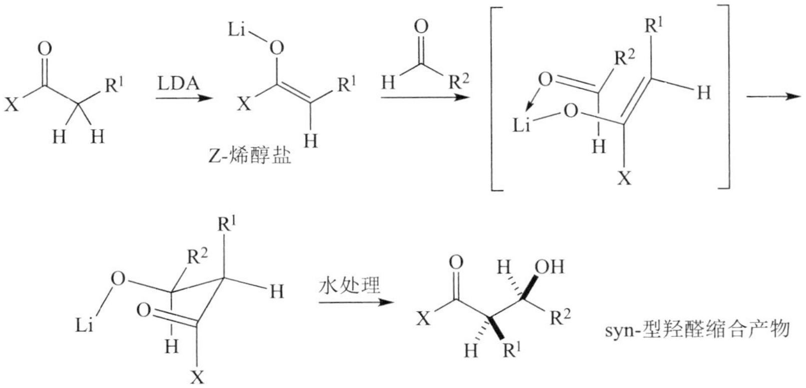

图2.31

当烯醇负离子的X基团也含有一个手性中心时，可以形成两个syn-型（或anti-型）非对映异构体羟醛缩合产物。根据X基团的性质，非对映选择性可能很高。当使用一个光学纯易取代的X基团用于诱导羟醛缩合反应时，高立体选择性产生两个新的手性中心，该试剂称为手性助剂。使用最广泛的手性助剂是噁唑烷酮，它可从光学纯α-氨基酸（如(S)-缬氨酸）制备。如图2.32所示，N-酰基噁唑烷酮烯醇负离子（通常是Z-型烯醇负离子）的羟醛缩合反应也通过椅式过渡态进行；可能有两种椅式过渡态，低能量过渡态噁唑烷酮的异丙基远离醛的位置。羟醛反应后，噁唑烷酮水解并被羟基取代，得到光学纯的羧酸。

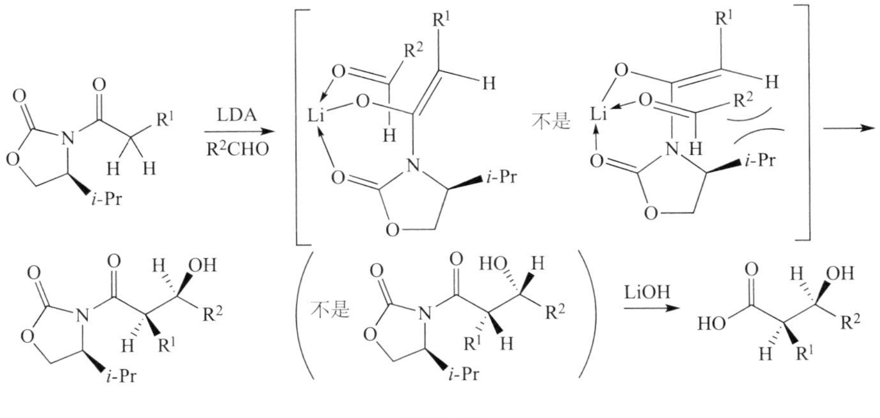

图2.32

羟醛缩合反应有很多变化，涉及除锂以外的其他金属（如 B、Ti、Sn）、各种手性助剂和其他 X 基团。几乎所有羟醛缩合反应都通过椅式过渡态，选择性形成 Z-型或 E-型烯醇负离子。

两种不同的可烯醇化羰基化合物的羟醛缩合反应通常不是通过简单混合再加碱来进行的，因为羰基化合物可以作为亲核试剂或亲电试剂，通常可得到四种产物的混合物。但是，如果其中一种羰基化合物不能烯醇化，比另一种更亲电（如一种化合物是酮，另一种是 ArCHO、*t*-BuCHO 或 EtO_2CCHO），那么两个组分混合可以在弱碱（如 NaOEt、KOH 或 *t*-BuOK）存在下进行羟醛缩合反应。如图 2.33 所示，只有一个化合物可以转化为亲核试剂，进攻另一组分（而不是另一当量的分子本身）只得到一种产物。在这种情况下，初始的羟醛缩合产物通常发生 E1cb 消除反应得到 α,β-不饱和羰基化合物。

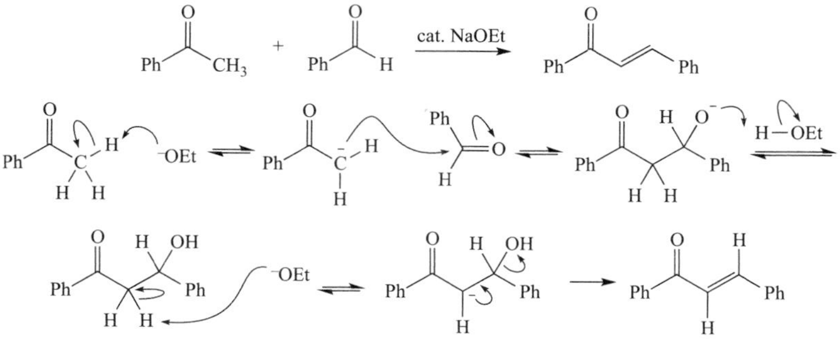

图 2.33

原则上，O^- 的质子化和后续碳的脱质子可以简化为分子内质子转移步骤，该步骤中氧夺去碳的质子，然而，这样的转移需要通过一个张力大的四元环过渡态，如图 2.34(a)所示。因此，当溶剂可以提供质子“转移”时，书写分子内质子转移反应机理是很糟糕的。

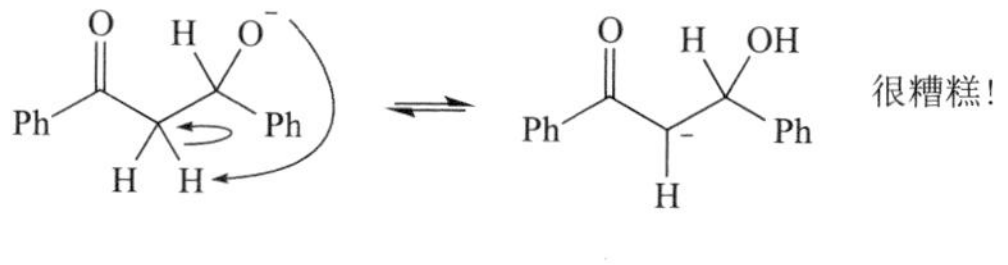

(a)

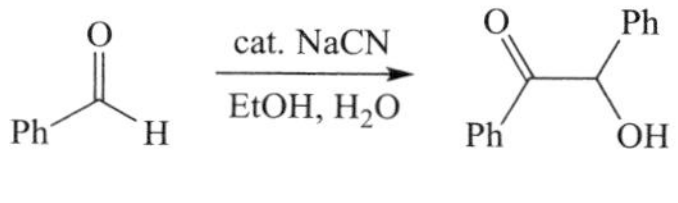

(b)

图 2.34

如图 2.34(b)所示，在安息香缩合反应中，^-CN 催化苯甲醛的二聚反应，生成具有新 C—C 键的安息香。使用 ^-CN 脱去一个醛的质子，产生的负离子进攻另一个醛，但是两个理由告诉你，这个反应机理肯定是错误的：第一，如果 ^-CN 只是作为碱，那么任何碱都可在这个反应中起作用，但事实并非如此。（当你可以使用更温和的碱时，为什么要使用非常危险的$^-$CN来催化反应呢?)第二,醛羰基碳上的氢无酸性。

如果$^-$CN 不是作为碱,它一定是作为亲核试剂。如图 2.35 所示,作为亲核试剂,它唯一能做的就是与醛加成,得到的烷氧负离子可以夺乙醇的氢,从而得到中性羟基腈。因为腈是羰基家族的领养成员,它们的 α-H 显酸性,恰好是之前醛羰基碳上的氢。因此,腈的 α-C 脱质子之后,所得的碳负离子与第二当量的 PhCHO 加成,得到醇盐。质子转移,消除$^-$CN,得到产物。

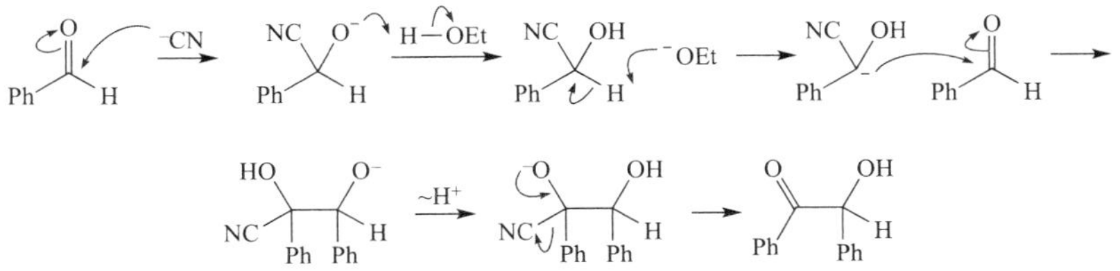

图 2.35

$^-$CN之所以能够在安息香缩合反应中作为催化剂,是因为它是亲核试剂,与亲电试剂成键后,是一个可以稳定负离子的基团。很久以前,大自然进化出一种催化剂,不是$^-$CN,却具有与$^-$CN 催化安息香缩合反应相同的性质,这种催化剂是硫胺素,又称维生素 B1。如图 2.36 所示,硫胺素含有一个噻唑环,由于 N^+ 的诱导作用和硫特殊稳定负离子的能力,在 C2 处显酸性,共轭碱具有 $\overset{+}{N}{=}\overset{-}{C}$ 两性离子和中性卡宾的共振结构。后一种共振结构导致部分人将硫胺素称为 N-杂环卡宾。

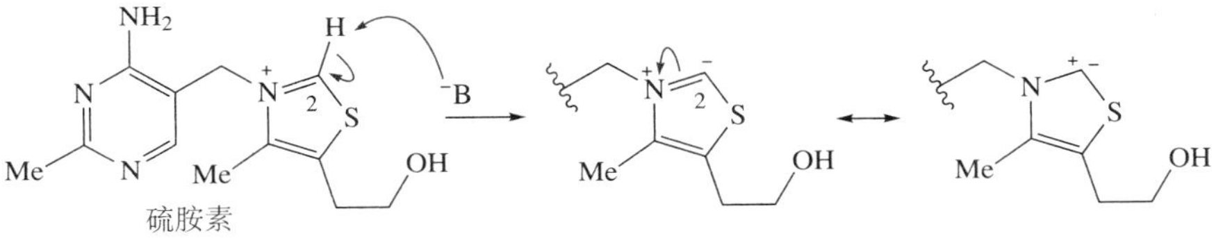

图 2.36

缬氨酸生物合成的一个步骤是硫胺素催化,类似于安息香缩合的反应。如图 2.37 所示,在这个反应中,2 当量的丙酮酸结合,脱去二氧化碳,形成具有新 C—C 键的乙酰乳酸。该反应机理起始于酶活性部位的碱脱去硫胺素的质子,产生的碳负离子与丙酮酸的酮羰基加成,捕获第一步的 H^+,得到 α-羟基羧酸盐。然后脱去二氧化碳,断裂 C—C 键的电子迁移,形成噻唑氮原子的孤对电子,产生烯胺。当然,烯胺的 β-C(以前是丙酮酸的羰基碳)是亲核的,所以这个碳原子与另一当量丙酮酸的酮羰基加成,类似羟醛缩合。然后质子转移,消除硫胺素碳负离子,得到乙酰乳酸并再生活性催化剂。总的来说,在这个反应中,一当量丙酮酸充当乙酰基负离子$^-$C(=O)CH_3的作用,碳负离子的电子来自脱羧步骤中 C—C 键断裂。如果没有硫胺素的参与,该反应不能发生。

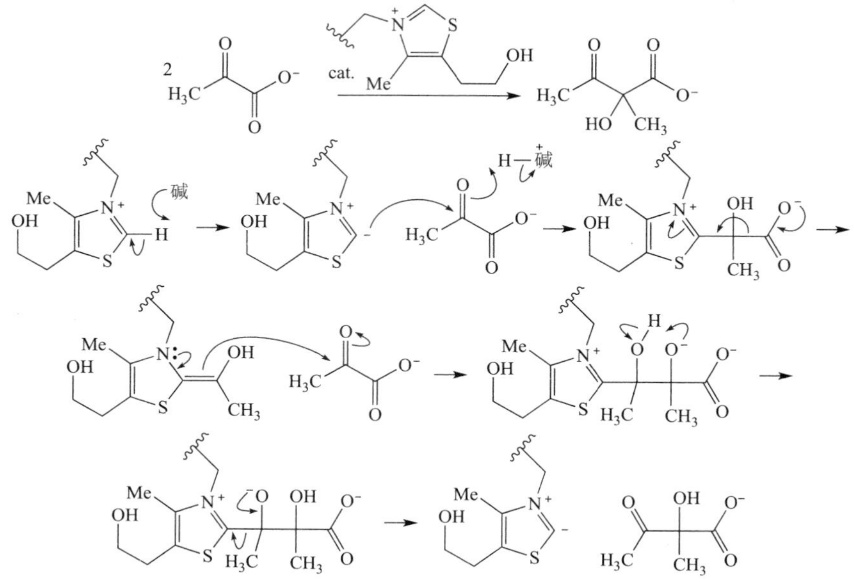

图 2.37

习题 2.4 书写图 2.38 中由 N-杂环卡宾催化的反应机理。(不用关注立体化学)

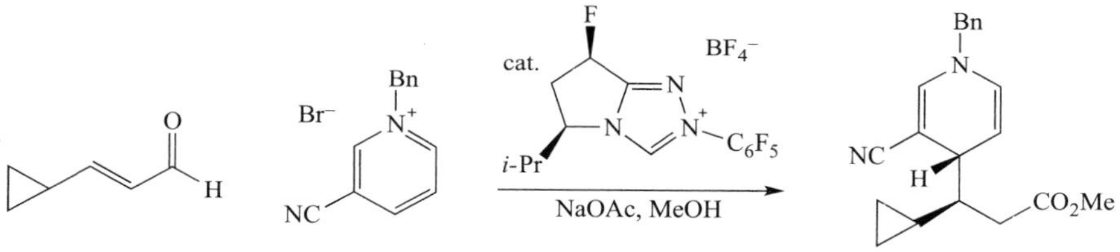

图 2.38

羟醛缩合反应是可逆的,你要能够识别逆反应(逆羟醛缩合反应)。因为在逆羟醛缩合反应中 C—C σ 键会断开,要完成反应,通常需要驱动力(如解除张力)。

例如:图 2.39 的反应。

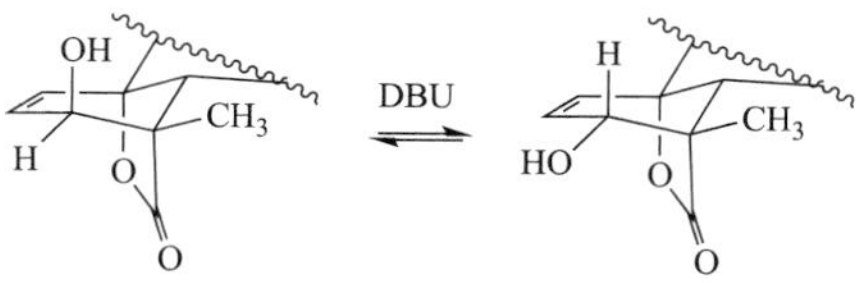

图 2.39

该反应机理不包括 S_N2 取代反应的构型转化,因为:① 不存在 HO^-;② 在 S_N2 反应中 HO^- 不是好的离去基团。非亲核性碱 DBU 可以脱去羟基的质子,得到醇氧负离子,再通过逆羟醛缩合反应得到醛和酯的烯醇负离子,然后醛的 C—C 单键旋转,提供另一面供烯醇负离子进攻,得到异构化的产物,如图 2.40 所示。

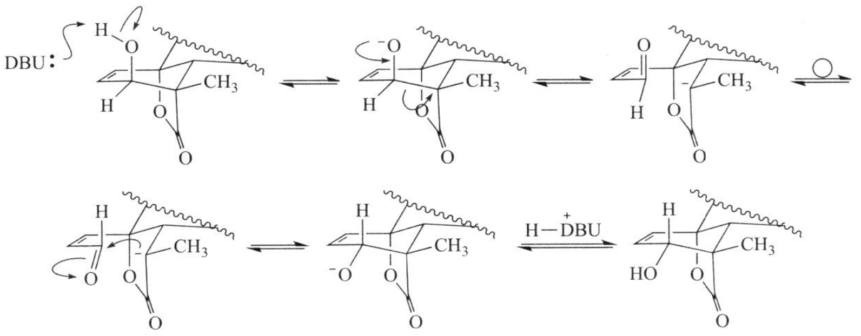

图 2.40

如图 2.41 所示的 Knoevenagel 反应，醛与 1，3-二羰基化合物在二级胺催化下缩合得到不饱和化合物。可以写出一个非常合理的反应机理：碱脱去 1，3-二羰基化合物的质子，与酮发生羟醛缩合反应，然后经过 E1cb 消除 H_2O。但是 Knoevenagel 反应用三级胺时几乎不反应，表明胺不仅仅作为碱使用。

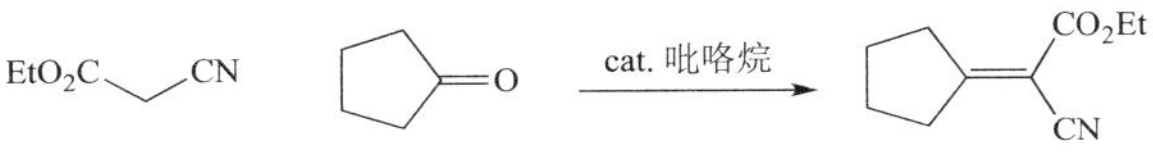

图 2.41

如果胺不作为碱，它一定作为亲核试剂。如图 2.42(a)所示，它与亲电的酮加成生成半氨缩酮以后，^-OH 离去，得到亚胺离子。亚胺离子是关键的中间体，无法从三级胺形成。由酮衍生得到的亚胺离子比酮更加亲电，它可以与失去质子的 1，3-二羰基化合物反应，如图 2.42(b)所示。

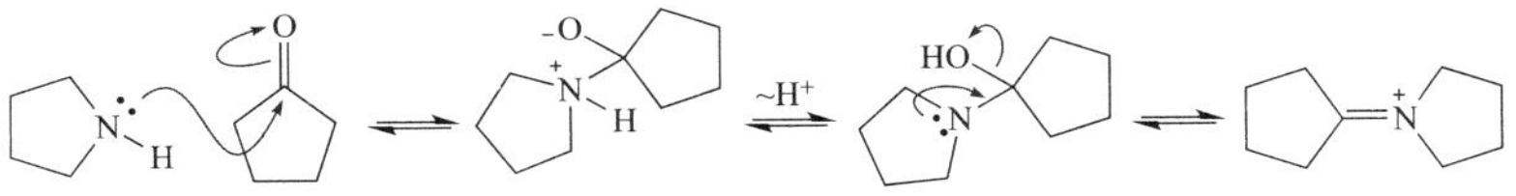

(a)

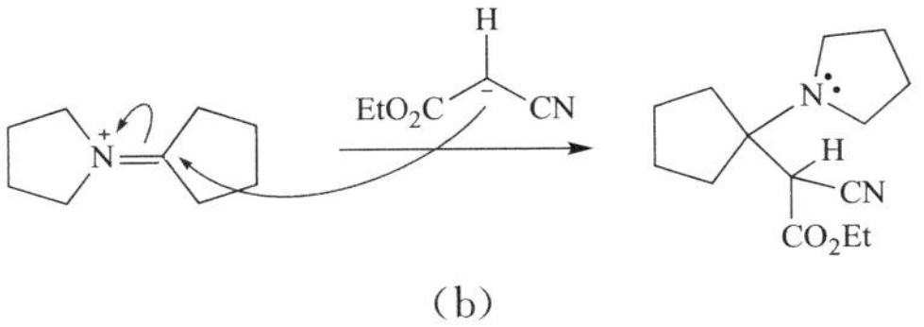

(b)

图 2.42

要得到产物，需要消除胺。胺质子化成为更好的离去基团以后，发生 E1cb 消除得到产物，催化剂再生，如图 2.43 所示。

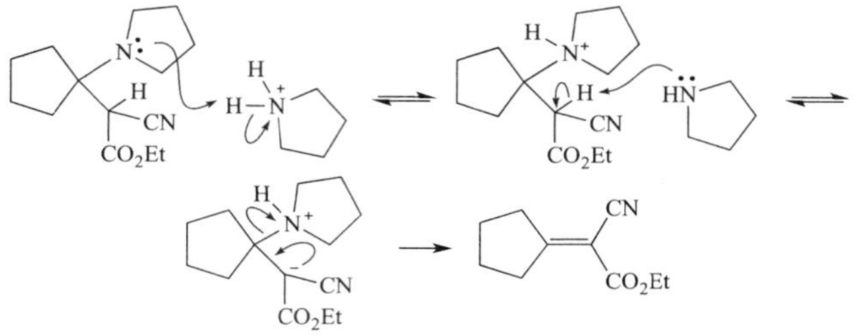

图 2.43

如图 2.44 所示，格氏试剂和有机锂试剂与腈加成得到亚胺，亚胺加水快速水解生成酮。只发生氰基 C≡N 三键的一次加成反应，因为第二次加成会产生非常高能的 RN^{2-} 。

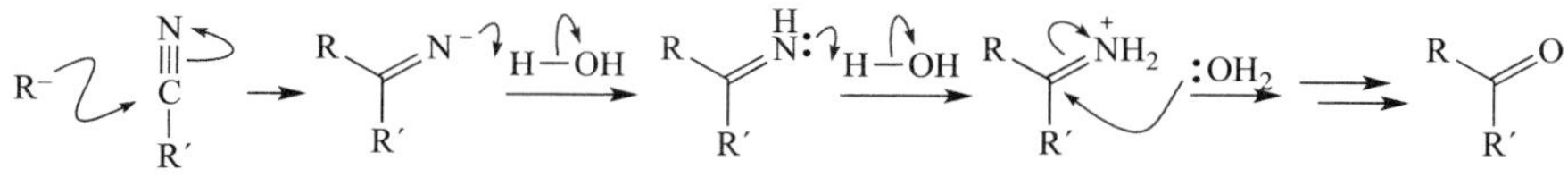

图 2.44

2.2.2 共轭加成反应和 Michael 反应

吸电子基(如羰基、硝基、磺酰基)取代的烯烃和炔烃是亲电的。许多亲核试剂与这些烯烃进行共轭加成反应或 1,4-加成反应得到加成产物。例如，醇、硫醇、胺和其他杂原子亲核试剂与亲电烯烃通过正常机理进行反应。如图 2.45 所示，亲核试剂与吸电子基 β-位的碳加成，π 键的电子移动到吸电子基团相邻的碳上得到碳负离子，碳负离子能量低，因为其孤对电子可以离域到吸电子基团上。

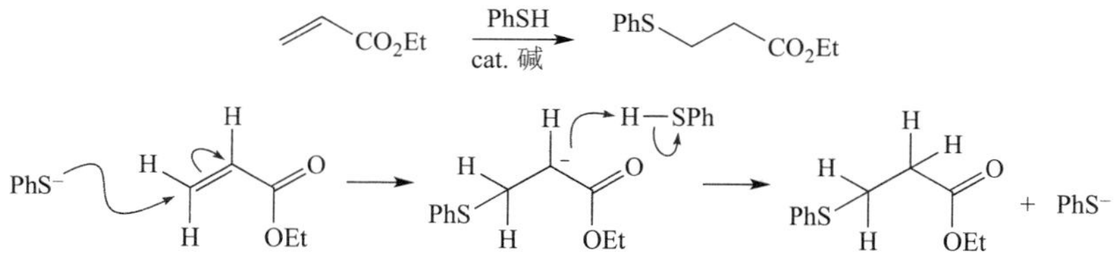

图 2.45

最重要的共轭加成反应是 Michael 加成反应，包括含碳亲核试剂对 C=C π 键的加成，如图 2.46 所示。亲核试剂通常是 1,3-二羰基化合物，如丙二酸酯、氰基乙酸乙酯、β-酮酸酯和 1,3-二酮，但也可以使用简单的羰基化合物，通常只需要催化量的碱。

通常发生 Michael 反应之后还会发生羟醛缩合反应、取代反应或另一个 Michael 反应。例如，Robinson 增环包括 Michael 反应、羟醛缩合反应和脱水(β-消除)反应，如图 2.47 所示。

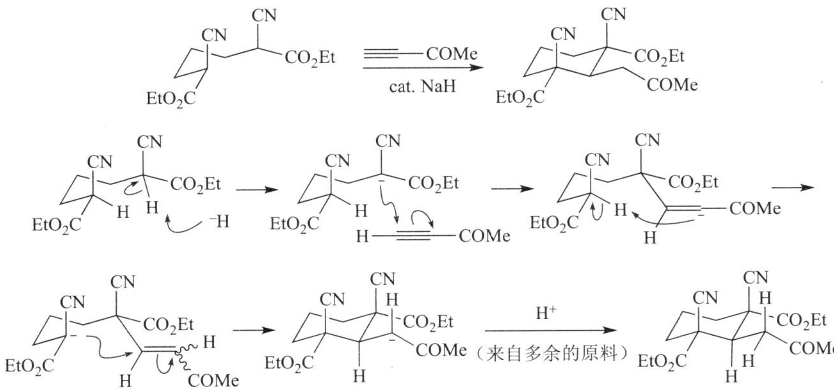

图 2.46

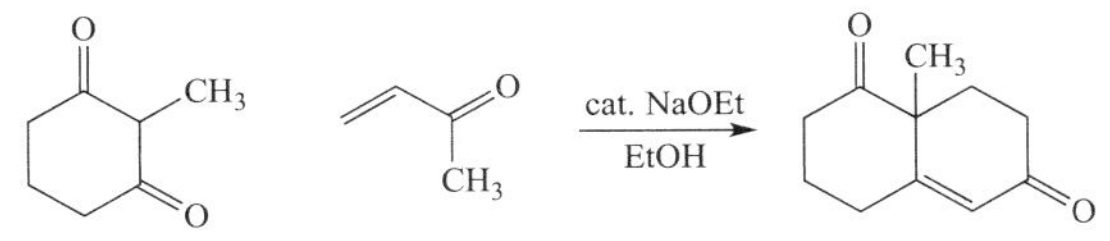

图 2.47

对原子进行编号表明，化学键在 C8—C9 和 C6—C13 处生成，在 C6—O7 处断裂，如图 2.48 所示。

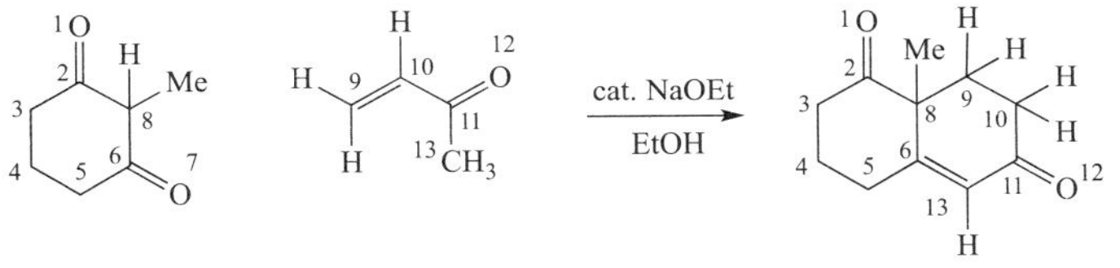

图 2.48

两个原料中酸性最强的部位是 C8，C8 失去质子转变为亲核试剂，可以与 C9 发生 Michael 加成反应得到 C10 负离子，C10 质子化，如图 2.49 所示。

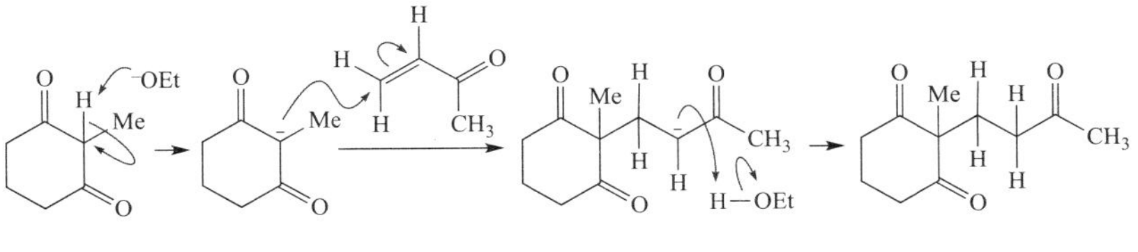

图 2.49

需要形成 C6—C13 键，C13 失去质子后具有亲核性，然后进攻 C6，烷氧负离子质子化得到羟醛产物，如图 2.50 所示。

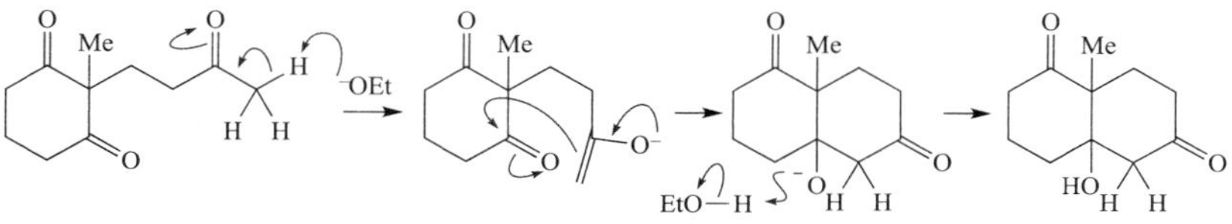

图 2.50

最后一步 C6—O7 键断裂，脱水，这种 β-消除反应通过 E1cb 反应机理进行，因为—OH 弱的离去能力和 α-H 的酸性，如图 2.51 所示。

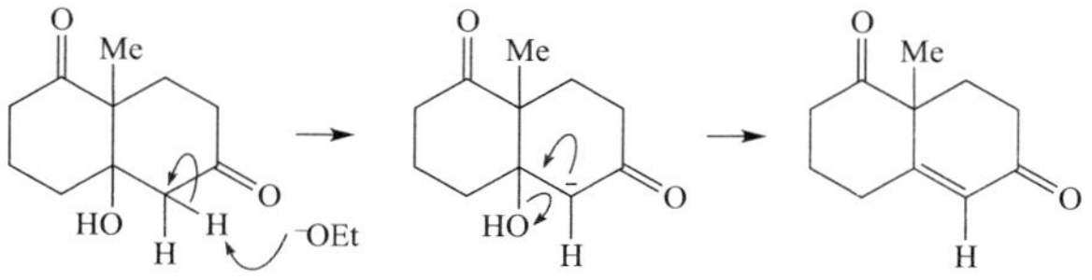

图 2.51

注意每次质子转移通过 EtOH 质子化，然后 EtO^- 夺去质子分两步进行，不是分子内质子转移的一步反应。

习题 2.5 图 2.52 中每个反应的第一步都是 Michael 反应，为每个反应书写合理的机理。

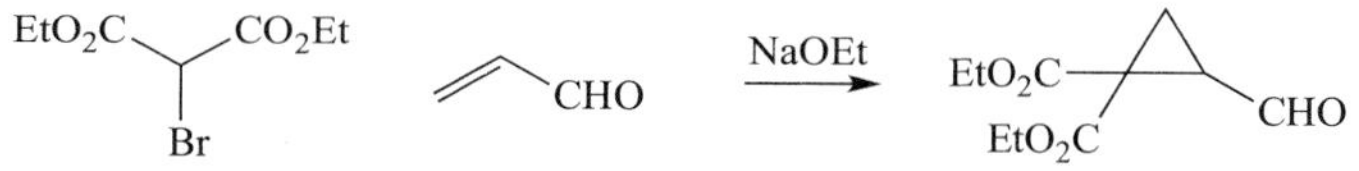

(a)

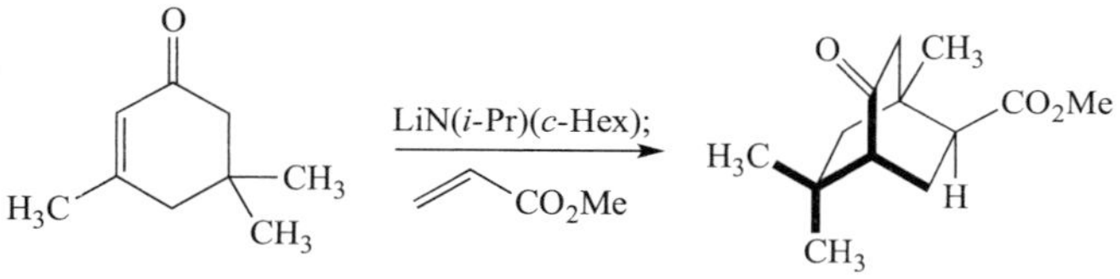

(b)

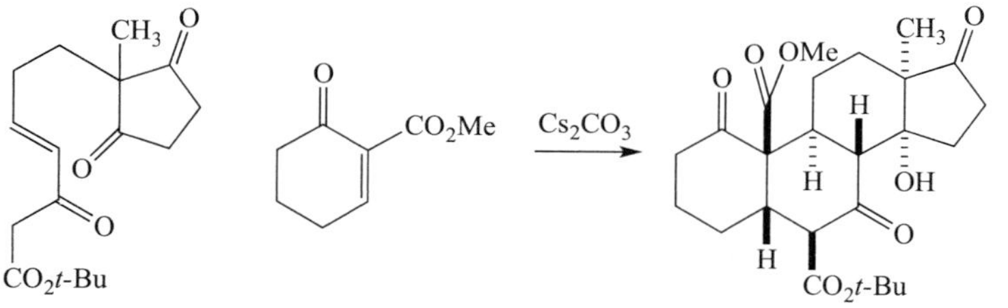

(c)

图 2.52

Michael 反应在合成中的重要性怎么强调都不为过，它是形成 C—C 键最温和、最通用、最有效的方法之一。

2.3　C(sp²)—X σ 键的取代

2.3.1　羰基碳的取代

许多羰基化合物(包括酯、酰氯、酸酐)的羰基碳上连有离去基团,许多反应通过亲核试剂取代离去基团来进行。羰基碳的取代常通过加成-消除反应机理进行。如图 2.53 所示,亲核试剂 Nu^- 与羰基亲电的碳加成形成四面体中间体,然后离去基团 X^- 离开形成新的羰基化合物。注意:X^- 或 Nu^- 都可能离开四面体中间体,哪一个离开取决于两个基团的性质和反应条件。Nu^- 离开回到原料,这样的反应无产物!

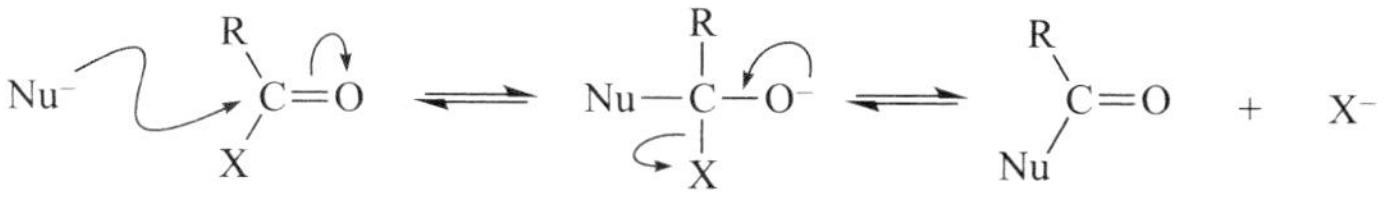

图 2.53

常见错误提醒: C(sp²)亲电试剂不会通过 S_N2 取代反应机理进行取代。羰基碳取代的两步机理比一步 S_N2 取代反应机理更合理,有几个原因:C=O π 键能级比 C(sp²)—X 键高,很容易断开。此外,Nu^- 对 C=O π 键的加成可以从羰基平面外进行,而 S_N2 取代反应必须发生在羰基拥挤的平面上。除了这些理论上的考虑,大量的实验证据也表明,两步反应的机理是有效的。(详见“物理有机化学”教材。)

伯胺与许多酯混合得到酰胺,胺具有足够的亲核性与酯羰基加成,在亲核的氮失去质子后,烷氧基是一个更好的离去基团,四面体中间体分解,脱去 ^-OR 得到产物酰胺,如图 2.54 所示。

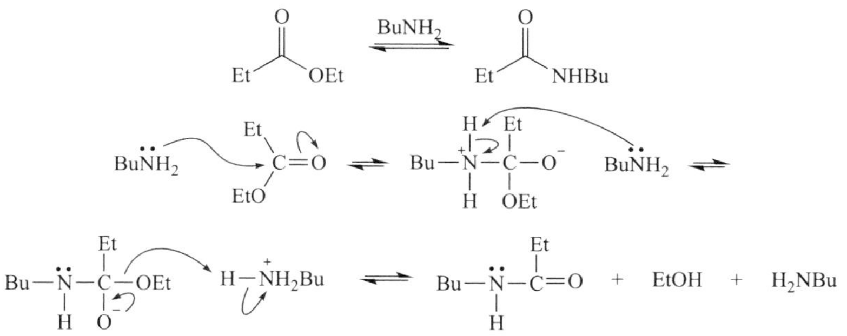

图 2.54

酯交换的机理很像酰胺的合成,但反应需要催化量的碱(通常是醇钠),亲核试剂是烷氧负离子,使用过量的原料醇可以驱动反应正向进行。

$$RCO_2Et + MeOH \xrightarrow{\text{cat. NaOMe}} RCO_2Me + EtOH$$

习题 2.6 为什么羧酸不能同样酯化呢?

$$RCO_2H + MeOH \xrightarrow{\text{cat. NaOMe}} \text{N. R.}$$

丝氨酸蛋白酶是在真核生物和原核生物中发现的一大类酶,它利用类似的碱催化反应促进肽和蛋白质的酰胺键水解。如图 2.55 所示,在反应的第一阶段,蛋白质活性位点中组氨酸残基的碱性咪唑基使丝氨酸残基的羟基脱质子,新生的烷氧基与活性位点中存在的肽或蛋白质酰胺的羰基碳加成,得到经典的四面体中间体;然后氧上的电子移动重建 C=O π 键,氮离开,同时脱去咪唑氮上的质子,得到中性胺和 O-酰基丝氨酸。在反应的第二阶段,H_2O 分子进入活性中心,当咪唑将其脱质子时,O 上的负电荷对 O-酰基丝氨酸的羰基加成,再次得到四面体中间体,然后氧上电子移动重建 C=O π 键,形成羧酸,并且丝氨酸的氧离去,同时脱去咪唑氮上的质子,使活性中心恢复到原来的状态。蛋白酶催化酰胺水解的总速率比没有酶的生理条件下要快得多。

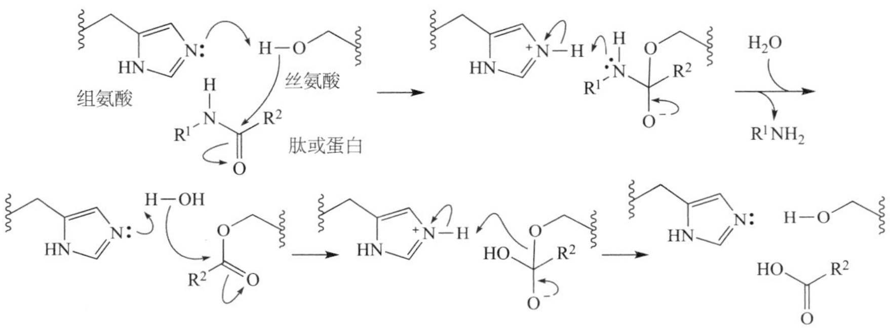

图 2.55

在非酶反应中,三个或三个以上的反应物在适当的位置和能量中彼此相遇而相互反应是很少见的,因此通常书写三个或三个以上的化合物参与一个机理步骤是不合理的。然而,在酶促反应中,由于活性位点可以以优势的空间排列将多个不同的反应物彼此靠近,因此通常书写三个或更多化合物彼此同时反应是合理的。例如,在 NaOH 催化(非酶)酰胺水解反应中,水进攻羰基碳的同时碱脱去水中的氢是不太合理的,但在丝氨酸蛋白酶催化水解酰胺的过程中,这样的步骤是合理的。

醇与烯醇化的酰氯或酸酐反应可以通过两种不同的反应机理进行。一种是前面讨论过的加成-消除反应机理,如图 2.56 所示。

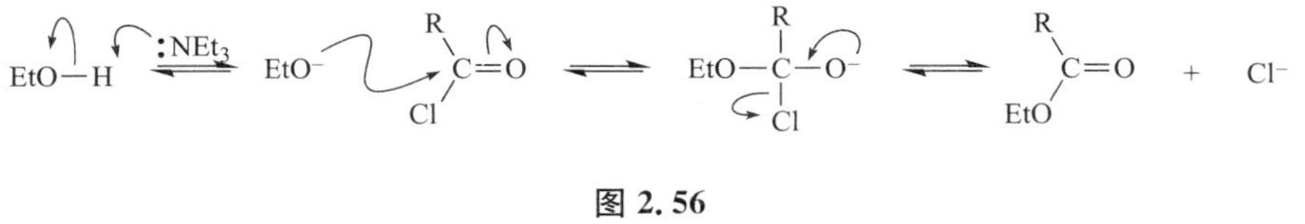

图 2.56

另一种是两步的消除-加成反应机理,如图 2.57 所示。在消除步骤中,通过 E2 反应机理发生 β-消除得到活泼化合物烯酮,通常不易分离;在加成步骤中,烷氧负离子对烯酮亲电的羰基碳加成得到酯的烯醇负离子。当然无 α-H 的酰氯(t-BuCOCl、ArCOCl)只能通过加成-消除反应机理进行反应。

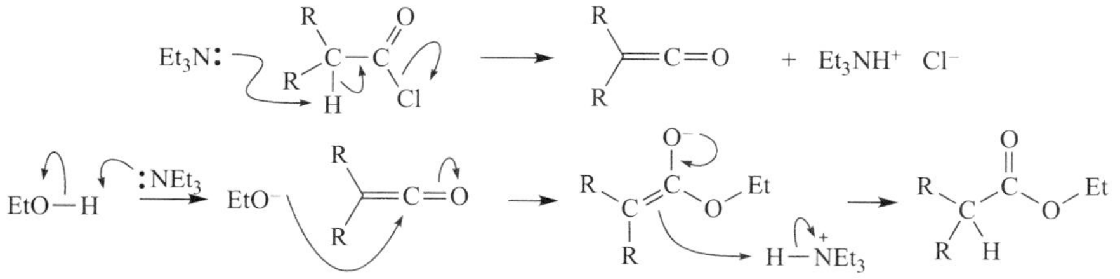

图 2.57

通常添加亲核的催化剂，如 DMAP(4-二甲氨基吡啶)可以加速醇与酰氯和酸酐的酰基化反应。如图 2.58 所示，DMAP 是一种比 RO^- 更好的亲核试剂，所以它与 RO^- 相比可以更迅速地与酰基通过加成-消除反应得到乙酰吡啶正离子。乙酰吡啶正离子比酰氯的活性更高，所以 RO^- 与其加成比与酰氯加成更快。含 DMAP 两步加成-消除比 RO^- 的单步反应更快。加入 I^-(另一个好的亲核试剂和好的离去基团)，也可以观察到速率变快。

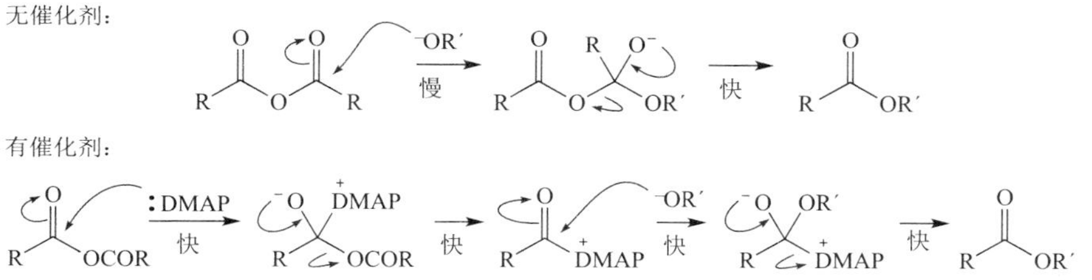

无催化剂：

有催化剂：

图 2.58

Claisen 和 Dieckmann 缩合是烯醇酯作为亲核试剂和酯的反应。Dieckmann 缩合是分子内的 Claisen 酯缩合。在这些反应中，酯的烷氧基部分被烯醇负离子取代得到 β-酮酸酯，如图 2.59 所示。该反应需要化学当量的碱，因为产物是强酸，它消耗了碱性催化剂。事实上，这种消耗可以推动整体反应的完成。当其中一个酯不能烯醇化时(如草酸二乙酯、甲酸乙酯或碳酸二乙酯)，Claisen 酯缩合反应非常有用。

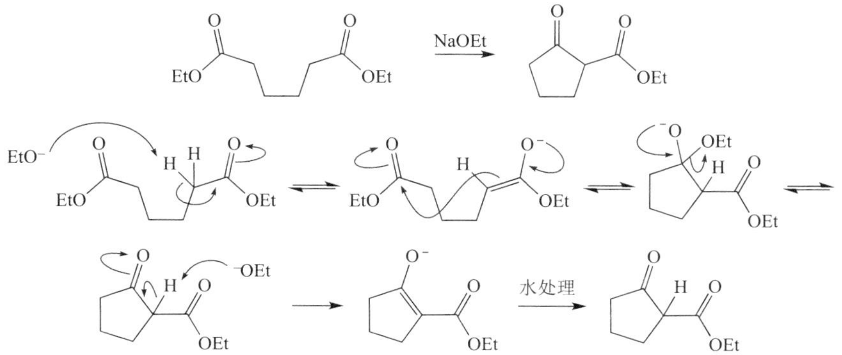

图 2.59

酮通过相似的方式与酯酰化，产物是 1,3-二酮。对于分子间的缩合反应，与非烯醇化酯（如碳酸二乙酯、草酸二乙酯和甲酸乙酯）的反应特别重要。反应可以通过产物强酸 1,3-二羰基化合物的去质子化驱动完成。

习题 2.7 书写图 2.60 中两个酰基化反应的机理。

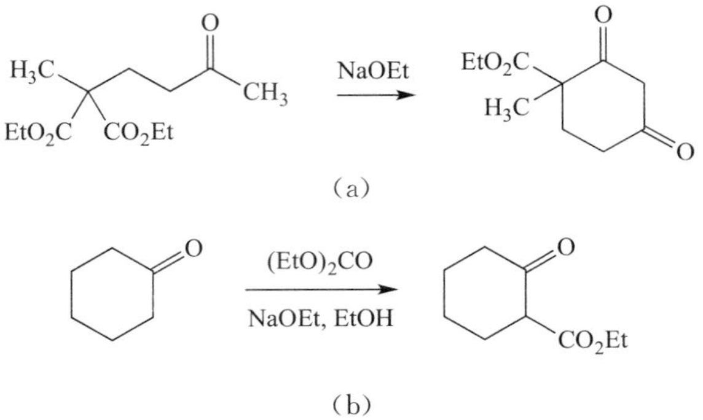

O
H_3C　CH_3　NaOEt　EtO_2C　O
EtO_2C　CO_2Et　H_3C　O

(a)

O　$(EtO)_2CO$　O
NaOEt, EtOH　CO_2Et

(b)

图 2.60

像羟醛缩合反应一样，烯醇负离子对酯的加成是可逆的，如图 2.61 所示，不能去质子化的1,3-二羰基化合物容易在碱性条件下分解得到双羰基化合物。分解通过加成-消除反应机理进行，烯醇负离子作为离去基团。

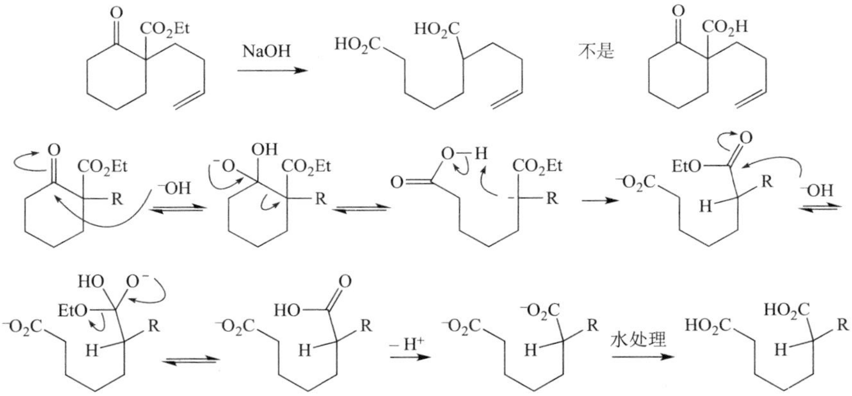

O　CO_2Et　NaOH　HO_2C　HO_2C　不是　O　CO_2H

O　CO_2Et　R　^-OH　OH　^-O　CO_2Et　R　O—H　CO_2Et　O　R　^-O_2C　EtO　O　H　R　^-OH

HO　O^-　EtO　^-O_2C　H　R　^-O_2C　HO　O　H　R　$-H^+$　^-O_2C　^-O_2C　H　R　水处理　HO_2C　HO_2C　H　R

图 2.61

格氏试剂、有机锂和金属氢化物与酯反应得到醇。如图 2.62 所示，亲核试剂先通过加成-消除反应得到一个短暂存在的酮或醛。醛或酮与亲核试剂反应的活性高于酯，所以另一当量的亲核试剂与其加成，经过后处理得到醇。

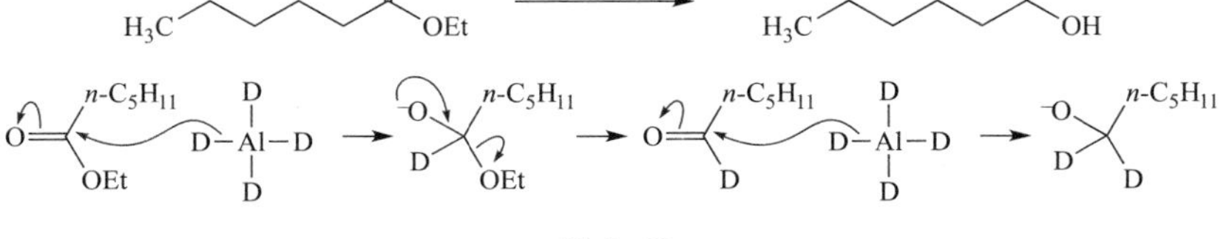

O　过量 $LiAlD_4$　D　D
H_3C　OEt　H_3C　OH

O　n-C_5H_{11}　OEt　D—Al—D (D, D)　→　^-O　n-C_5H_{11}　D　OEt　→　O　n-C_5H_{11}　D　D—Al—D (D, D)　→　^-O　n-C_5H_{11}　D　D

图 2.62

腈和酯处于相同氧化态，所以你可能会期望格氏试剂与腈加成得到伯胺，但是，如前所述，一次加成以后腈的加成会停止，因为没有离去基团离开，无法得到新的亲电中间体。

当格氏试剂、有机锂或金属氢化物与酰胺加成时，消除步骤在 −78 ℃缓慢进行，尤其当胺是 —N(Me)OMe(Weinreb 酰胺)时。当四面体中间体具有足够长的寿命时，在 −78 ℃用水淬灭反应混合物得到酮或醛，而不是醇，如图 2.63 所示。

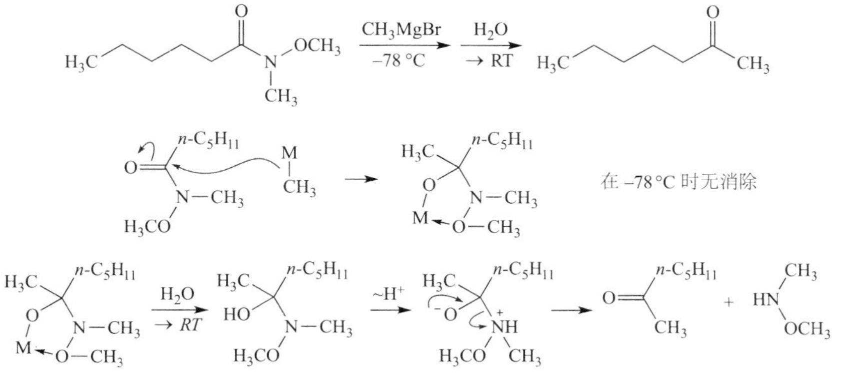

在 −78 °C 时无消除

图 2.63

亚砜的氧原子具有弱亲核性，可以与酸酐或酰氯反应。如图 2.64 所示，在 Pummerer 重排中，亚砜和酸酐转变成 O,S-缩醛，它可被水解为醛和硫醇。在加成-消除反应中，反应机理从亚砜氧原子进攻乙酸酐(或其他酸酐)开始，得到乙酰氧基锍离子。然后通过 E2 反应机理消除乙酸得到一个具有 $C=S^+$ π 键的新锍离子，接着醋酸根进攻亲电的碳原子得到 O,S-缩醛。O,S-缩醛的水解通过正常的加成-消除反应机理进行，后面我们将看到亚砜和酰氯通过相同方式反应。

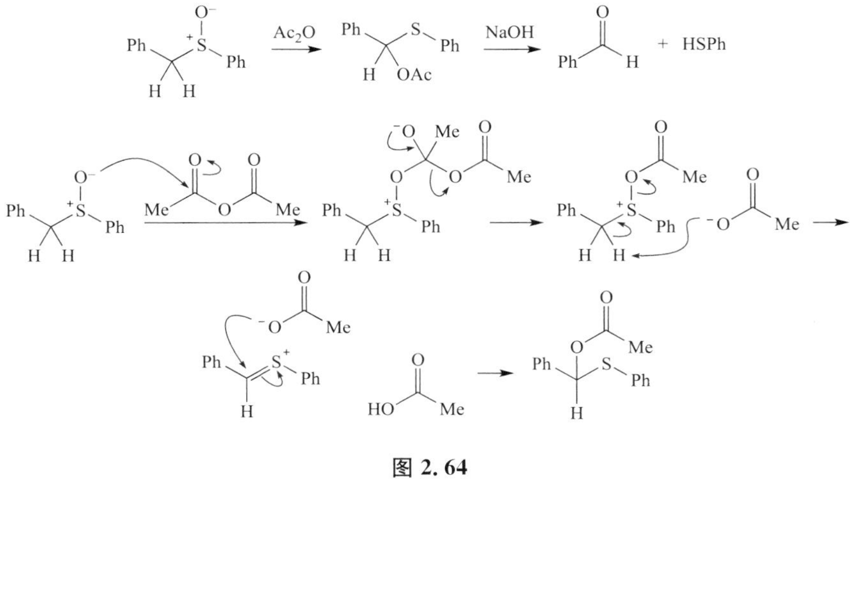

图 2.64

2.3.2 烯基和芳基碳的取代

β-位具有离去基团的 α,β-不饱和羰基化合物就像普通的羰基化合物一样容易发生加成-消除反应。官能团 X—C=C—C=O 经常被描述为 X—C=O 的插烯形式。例如图 2.65 中，3-氯-2-环己烯基-1-酮与 NaCN 反应，通过加成-消除反应机理得到 3-氰基-2-环己烯基-1-酮。亲电试剂是插烯酰氯，与氯相连碳的反应性与酰氯羰基碳的反应性相似。

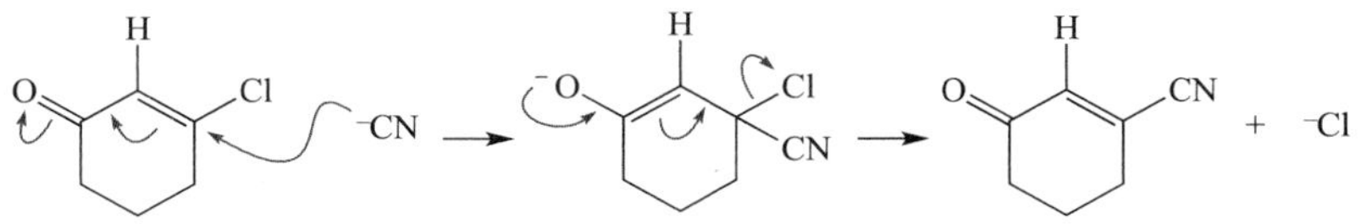

图 2.65

吸电子基(通常为硝基)取代的芳香化合物通过该机理发生芳香亲核取代反应，因为亲核试剂与环的加成会破坏环的芳香性，所以至少需要一个且最好是两个吸电子基团，以使芳环充分缺电子，从而以合适的速率发生加成反应。如图 2.66 所示，Sanger 试剂(2,4-二硝基氟苯)与胺通过这种方式反应。卤代吡啶采取非常类似的机理进行取代反应。芳环的加成-消除通常称为 S_NAr，负离子中间体称为 Meisenheimer 复合物。

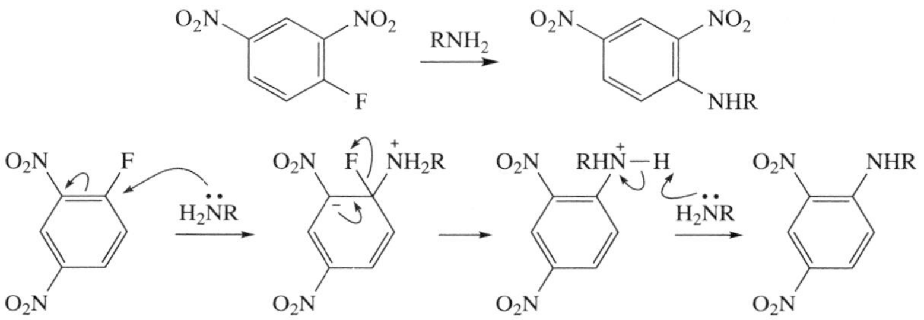

图 2.66

习题 2.8 书写图 2.67 中两个芳香取代反应的机理。(注意：如果你写出副产物，(b)会特别简单。)

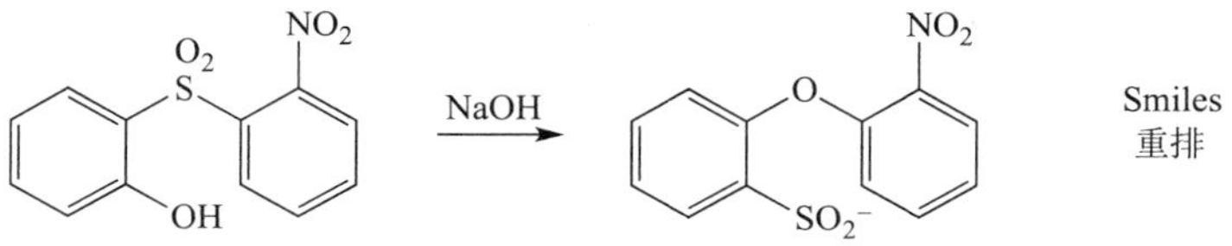

(a)

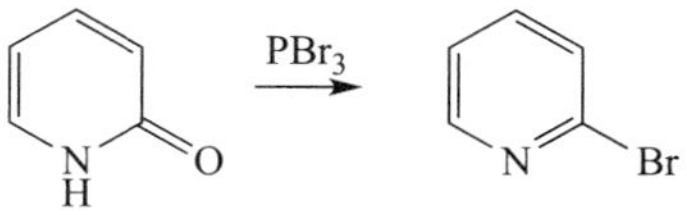

(b)

图 2.67

亲核取代反应也可以发生在无吸电子基取代的芳环上，尽管不太常见。可能有两种机理：$S_{RN}1$ 取代反应机理和消除-加成反应机理。$S_{RN}1$ 取代反应机理是自由基链反应机理（在 $S_{RN}1$ 中 R 代表自由基），有三个步骤：引发、增长和终止，思考下列反应（图 2.68）。

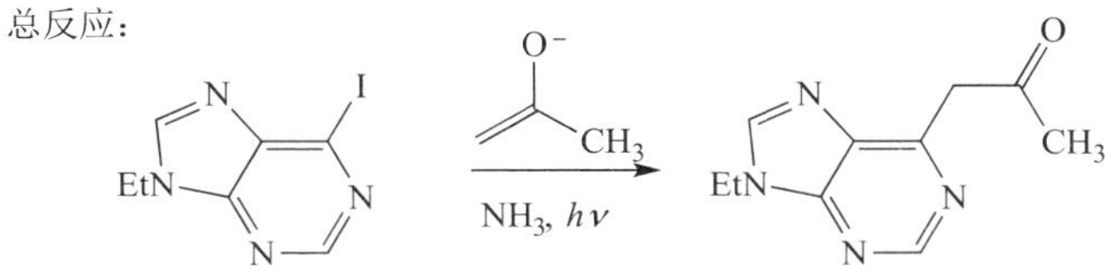

总反应：

图 2.68

如图 2.69 所示，亲核试剂（Nu^-）的 HOMO 电子转移到亲电试剂（R—X）的 LUMO 上，引发反应，生成两个自由基 Nu・和$[RX]^{\cdot-}$（自由基负离子）（更完整的讨论请参见第 5 章）。如果亲核试剂 HOMO 的能级和亲电试剂 LUMO 的能级接近，就可以自发转移。在这个例子中，光照用来激发烯醇负离子亲核试剂 HOMO 的一个电子跃迁到 LUMO，以便电子转移更容易发生。如果电子转移特别慢，可以添加催化量的单电子还原剂（如 $FeBr_2$），通过电子转移到亲电试剂来引发链反应。当亲电试剂是芳香化合物时，如本例所示，显示电子转移到芳环亲电的碳原子是很方便的，亲电碳的 π 键移动在相邻原子上形成形式负电荷。

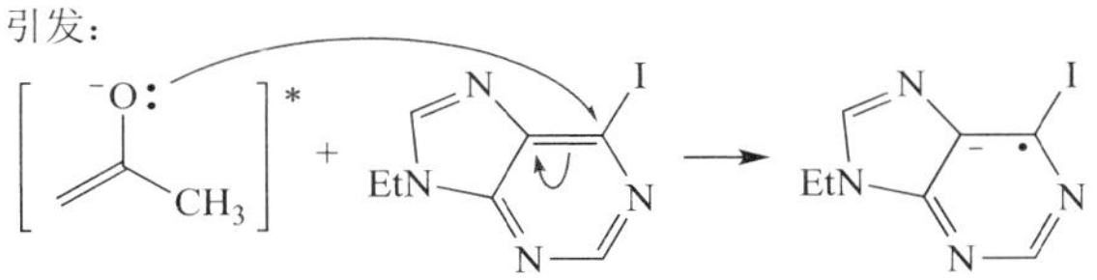

引发：

图 2.69

从一个原子直接指向另一个原子的单电子转移箭头用来表示单电子转移，尽管这个箭头经常省略。但是图 2.69 中双电子转移箭头并不表示双电子转移，该过程不可能发生；相反，它表示电子在两个原子之间形成键。

如图 2.70 所示，$S_{RN}1$ 取代反应机理的增长阶段有三步：第一步，在$[RX]^{\cdot-}$中与自由基相邻的孤对电子驱逐离去基团，重建先前断开的 π 键，得到 X^- 和 R・；第二步，R・与 Nu^- 结合，得到新的自由基负离子$[RNu]^{\cdot-}$，这一步正好是第一步的逆向反应（当然是用不同的亲

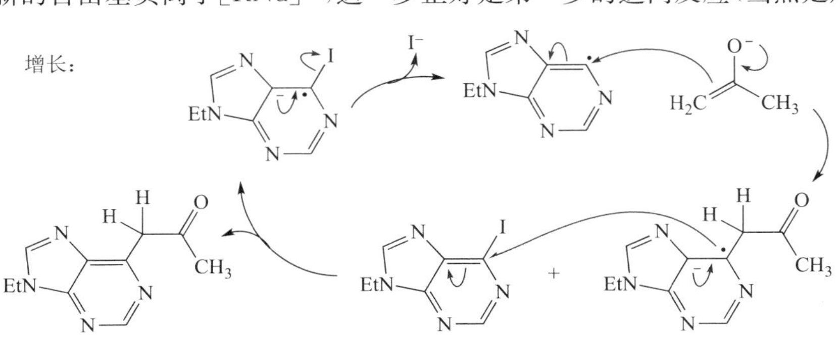

增长：

图 2.70

核试剂)，书写该步反应最方便的方法是将亲核试剂与亲电碳原子的 π 键加成，π 键的电子再次移动到相邻原子上，形成孤对电子；第三步，电子从$[RNu]^{\cdot-}$转移到原料 R—X 上，产生 R—Nu(取代产物)并再生$[RX]^{\cdot-}$，产生与引发时相同的自由基，完成链反应。

注意，增长阶段的前两步看起来与 S_N1 取代反应(见第 3 章)相似——离去基团离开，亲核试剂进入，只是形成的烷基自由基是短暂存在的中间体而非碳正离子。

$S_{RN}1$ 取代反应机理最好的亲核试剂可以在链引发阶段形成一个相对稳定的自由基，通过共振(烯醇负离子)或将自由基置于重原子上(第三周期主族元素或更重的亲核试剂)。最好的亲电试剂是芳香溴化物和碘化物。如果发生取代反应需要光，几乎可以肯定是 $S_{RN}1$ 取代反应机理。烯基 $C(sp^2)$—X 键的取代也可以通过 $S_{RN}1$ 取代反应机理发生。

芳香重氮离子 ArN_2^+ 具有最好的离去基团，通常由 $ArNH_2$ 在酸性条件下制备(见第 3 章)。它们与许多亲核试剂发生取代反应，而其他的 $C(sp^2)$亲电试剂对这些亲核试剂具有抗性。例如图 2.71 中，ArN_2^+ 与 H_3PO_2 反应用氢取代重氮基。该反应可能通过 $S_{RN}1$ 取代反应机理进行。该反应由电子从 H_3PO_2转移到 N_2^+ 基团的末端氮引发，得到 ArN=N·。然后，该机理的增长阶段开始于 ArN=N· 的 C—N 键均裂得到 Ar· 和 N_2。其次，与前面讨论的 $S_{RN}1$ 取代反应机理不同，Ar· 从 $H_2P^+(OH)O^-$ 中夺取 H· 得到产物 ArH 和新的自由基 $HP^{+\cdot}(OH)O^-$。最后，电子从 $HP^{+\cdot}(OH)O^-$ 转移到 ArN_2^+ 完成链反应并生成正离子 $HP^+(OH)=O$，它与 H_2O 反应生成 H_3PO_3，这是反应的最终副产物。

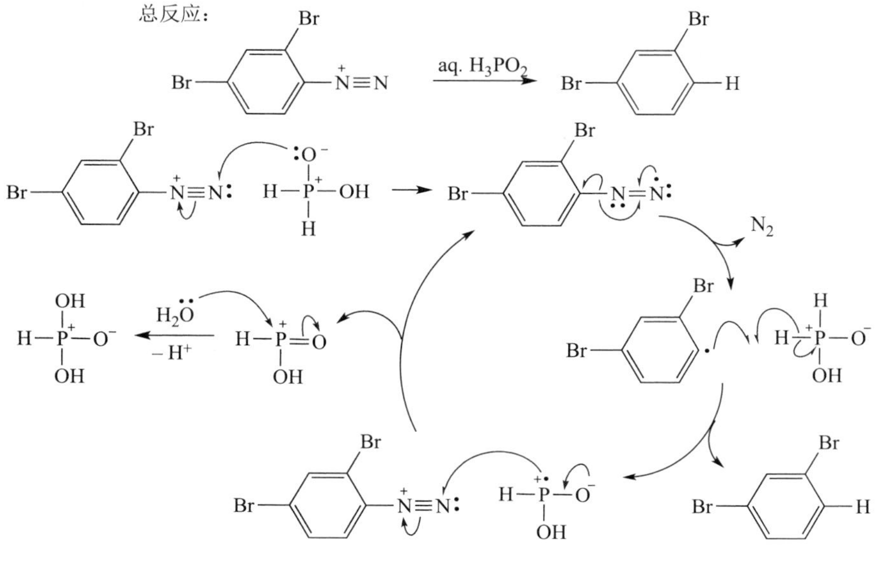

图 2.71

芳香重氮离子还与 KI 和多种铜盐 CuX 反应，用 I、Br、Cl、OH 或 CN 取代重氮基。与 KI 的反应通过传统的 $S_{RN}1$ 取代反应机理进行，但是其他反应涉及多个电子转移步骤以及更加复杂的机理，这里我们不讨论它们。

习题 2.9 书写 ArN_2^+ 与 KI 反应的 $S_{RN}1$ 取代反应机理。

简单的芳基卤化物用强碱(如$^-NH_2$)发生取代反应(图2.72)。无论加成-消除反应机理还是$S_{RN}1$取代反应机理,似乎都不适用于这种底物。

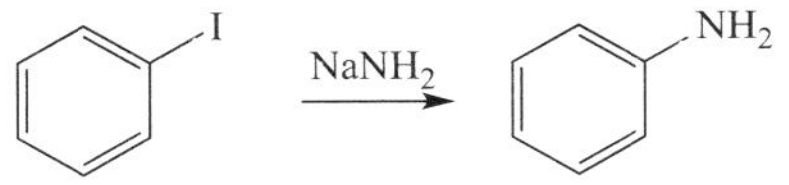

图 2.72

该反应普遍接受的机理是两步的消除-加成反应机理。如图2.73所示,在β-消除步骤中,NH_2^-加速了HI的β-消除得到苯炔。在加成步骤中,NH_2^-与具有高张力的三键加成得到芳基负离子,然后发生质子转移,后处理得到中性产物。

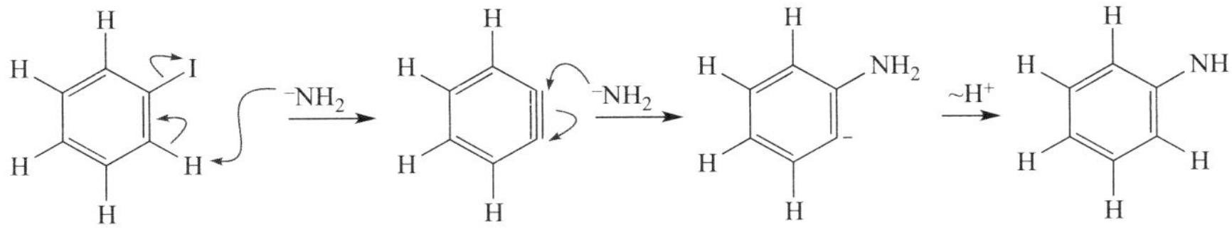

图 2.73

该机理的一个证据是:强碱与邻位取代和间位取代芳卤反应,得到离去基团相连碳上取代和其邻位取代的混合产物,如图2.74所示。加成-消除反应机理和$S_{RN}1$取代反应机理都不能解释这一现象。

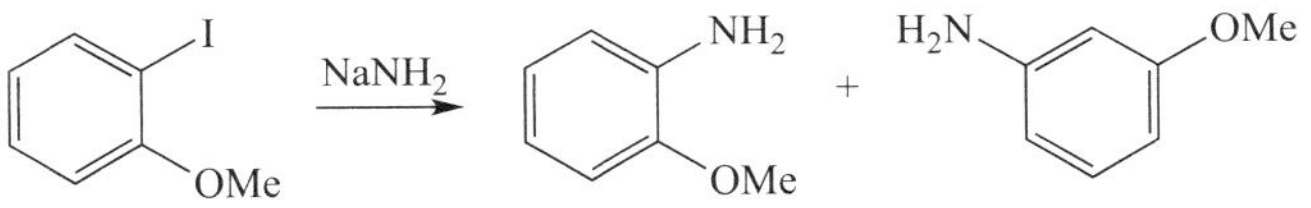

图 2.74

习题 2.10　书写反应机理,解释为什么邻碘苯甲醚和氨基钠反应得到两种产物。

习题 2.11　烯基卤化物(如$CH_3CBr{=}CHCH_3$)用强碱性亲核试剂(如$^-NH_2$)处理,不会发生取代反应。请问发生了什么反应?为什么不发生取代反应?

通过消除-加成反应机理进行的芳香取代反应在合成上应用并不广泛,因为需要强碱($pK_b \geqslant 35$)发生HX的β-消除,产生芳炔中间体。此外,不对称芳基卤化物的区域选择性也不确定,甚至苯炔更容易用其他几种方法制备。

总之,芳基卤化物在碱性条件下可以通过加成-消除反应机理、$S_{RN}1$取代反应机理或消除-加成反应机理进行取代反应。当芳烃缺电子时,加成-消除反应机理最合理;当芳烃不缺电子,亲核试剂是重原子或离域,需要光或催化量的单电子还原剂时,$S_{RN}1$取代反应机理最合理;当芳烃不缺电子,使用强碱($pK_b \geqslant 35$)时,消除-加成反应机理最合理。**常见错误提醒:**S_N2取代反应机理不适用于芳基卤化物。

习题 2.12　六氯苯(C_6Cl_6)与PhS^-发生六次取代反应得到$C_6(SPh)_6$。第一次取代和第六次取代最合理的反应机理是相同的还是不同的?书写这两次取代反应的机理。

2.3.3 金属插入与卤素-金属交换

芳基卤化物和烯基卤化物与金属（如 Zn、Mg 和 Li）反应，得到 C—X 键被碳-金属键取代的产物，如图 2.75 所示。最常见的金属插入反应是镁的格氏反应。锂化需要二当量的锂，因为每个锂只提供一个电子，但镁和锌的插入反应只需要一当量。插入速率主要取决于卤素（I>Br≫Cl），与 C—X 键的强度相对应。

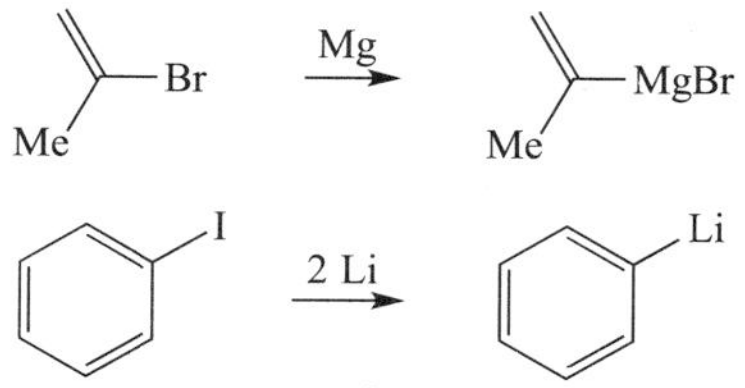

图 2.75

金属插入的反应机理可以理解为电子转移过程。如图 2.76 所示，单电子从锂转移到 PhI，得到自由基负离子，最好写成亲电碳原子拥有单电子，以及邻位碳原子拥有负电荷，像 $S_{RN}1$ 取代反应机理一样。I^- 离去得到 Ph·，它与另一当量的锂结合，得到碳负离子产物。

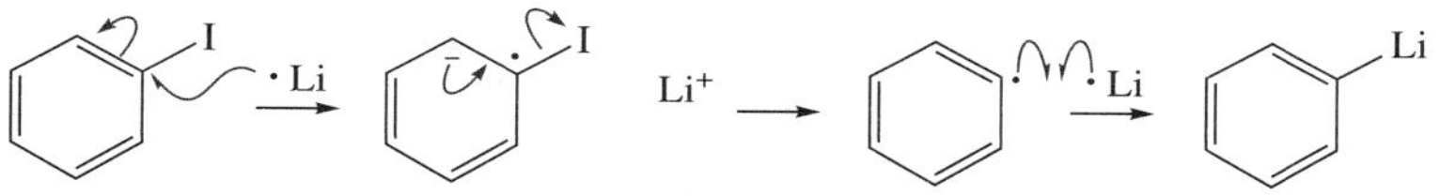

图 2.76

当芳基卤化物或烯基卤化物（RX）用烷基锂（R′Li）处理时，发生卤素-金属交换反应。锂和卤素交换位置得到 RLi 和 R′X。$C(sp^3)$—Li 键转变为弱碱性 $C(sp^2)$—Li 键，为卤素-金属交换提供了驱动力。该反应可以写出三种合理的反应机理：① 卤原子的 S_N2 取代反应机理，有机负离子 R^- 作为离去基团（图 2.77(a)）；② 含有十电子溴中间体的加成-消除反应机理（图 2.77(b)）；③ 电子转移反应机理（图 2.77(c)），但与 $S_{RN}1$ 取代反应机理相反，它不是链反应。电子转移反应机理的一个步骤涉及一种便于书写为九电子溴中间体的化合物。重原子可以违反八电子规则，而不需要消耗大量的能量。

卤素-金属交换的S_N2取代反应机理：

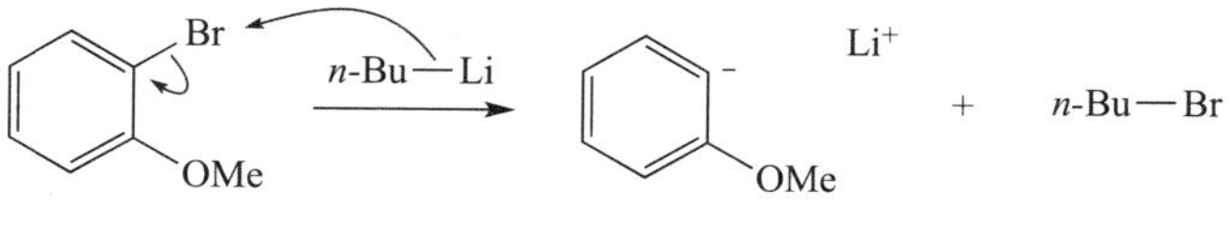

(a)

图 2.77

卤素-金属交换的加成-消除反应机理：

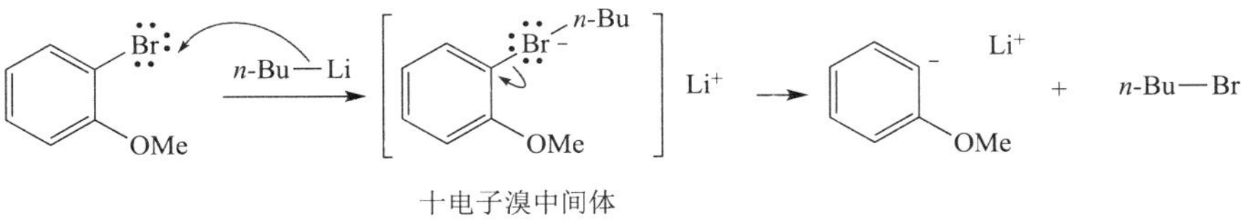

Br　*n*-Bu—Li　OMe　→　[Br　*n*-Bu　OMe] Li^+　→　OMe　Li^+　+　*n*-Bu—Br

十电子溴中间体

（b）

卤素-金属交换的电子转移反应机理：

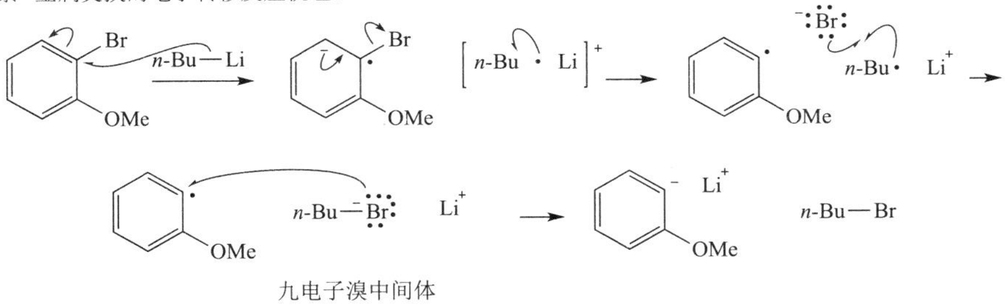

Br　*n*-Bu—Li　OMe　→　Br　OMe　[*n*-Bu · Li]$^+$　→　OMe　Br　*n*-Bu·　Li^+　→

OMe　*n*-Bu—Br　Li^+　→　OMe　Li^+　*n*-Bu—Br

九电子溴中间体

（c）

图 2.77（续）

卤素-金属交换反应很快，其速率比在 −78 ℃下混匀还要快！芳基和烯基溴化物、碘化物都是卤素-金属交换反应的底物，但是对甲苯磺酸酯和其他类卤化物不发生卤素-金属交换，氯化物的交换非常慢。有机锂化物可以是 CH_3Li、*n*-BuLi、*t*-BuLi 或 *s*-BuLi。如图2.78所示，当使用 *t*-BuLi 时，需要 2 当量驱动交换反应完成，对于副产物 *t*-BuX 来说，第 2 当量的 *t*-BuLi作为碱使用，通过 *β*-消除反应得到异丁烷、异丁烯和 LiX。

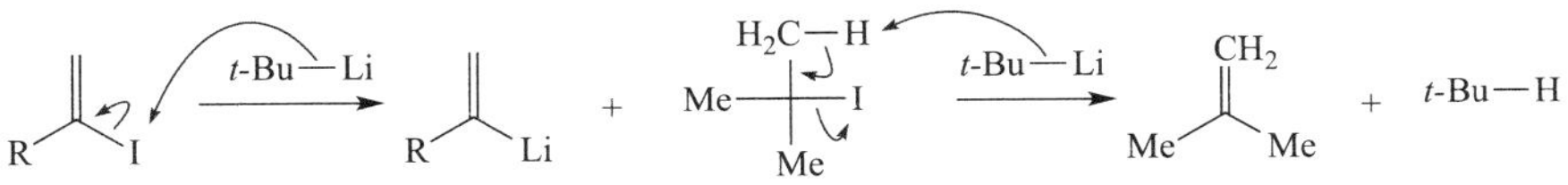

R　I　*t*-Bu—Li　→　R　Li　+　H_2C—H　Me　I　Me　*t*-Bu—Li　→　CH_2　Me　Me　+　*t*-Bu—H

图 2.78

当 CH_3Li 或 *n*-BuLi 用于卤素-金属交换反应时，可以得到相对亲电的副产物 MeX 或 *n*-BuX。这种卤代烷可以与作为亲核试剂的有机锂发生 S_N2 取代反应，得到看起来是由芳香亲核取代反应机理形成的产物。但有机锂与卤代烃的 S_N2 反应通常在进行卤素-金属交换的低温下进行，反应速度很慢，所以这种副反应通常不是问题。

通过卤素-金属交换反应得到的芳基或烯基锂化合物可以在后续反应中用作亲核试剂，通常与 π 键亲电试剂（如羰基化合物）反应。

2.4　C(sp³)−X σ 键的取代和消除

在 C(sp³)—X 上并非只能发生 S_N2 取代、E2 或 E1cb 的 *β*-消除反应。C(sp³)—X 的取

代反应也可以通过 $S_{RN}1$ 取代反应机理、消除-加成反应机理、单电子转移反应机理、金属插入和卤素-金属交换反应机理进行。卤代烃也可以发生 α-消除反应得到卡宾。

2.4.1 $S_{RN}1$ 取代反应机理

三级卤代烃通常在碱性条件下发生 E2 消除反应,但有时也会发生亲核取代反应。在这种情况下,不是 S_N2 取代反应机理(除非是分子内反应)。在碱性条件下,$S_{RN}1$ 取代反应机理可以在 C(sp^3)上进行。C(sp^3)—X 亲电试剂的 $S_{RN}1$ 取代反应机理与 C(sp^2)—X 亲电试剂的反应机理完全一样。如图 2.79 所示,链引发步骤,电子从亲核试剂向亲电试剂转移得到自由基负离子,有时用光来激发亲核试剂转移电子,有时加入单电子还原剂(见第 5 章)来引发反应。链增长步骤中,离去基团离去,产生中性自由基,亲核试剂对自由基加成得到新的自由基负离子,电子从自由基负离子转移到另一个亲电试剂原料。

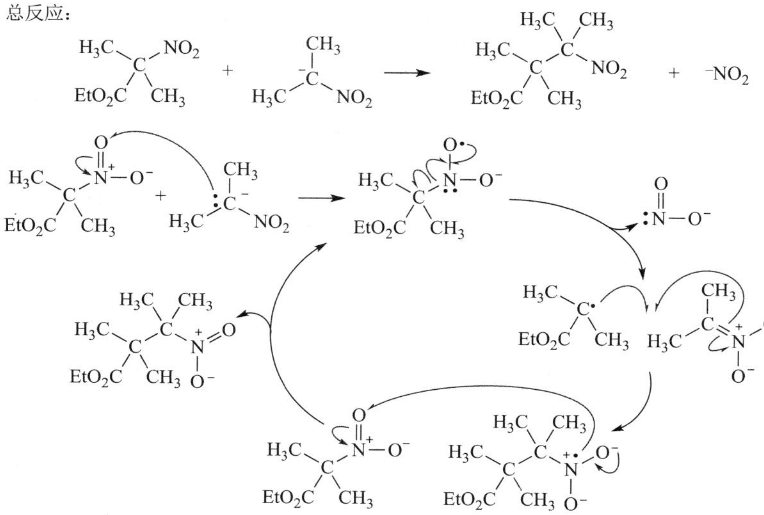

图 2.79

当 $S_{RN}1$ 取代反应机理中的亲电试剂为 C(sp^3)—X 时,不可能以与 C(sp^2)—X 亲电试剂相同的方式写出电子转移步骤和自由基负离子中间体。相反,通常最好将孤电子转移到 π 键或离去基团的重原子上。在这个特殊的例子中,电子转移到硝基的氧上,移动 π 键电子在氮上形成一对孤对电子,这样在随后的步骤中很容易写出 C—N 键的解离,从而得到碳自由基。如果离去基团是重原子,如溴或碘,可以将电子直接转移到重原子上,得到一个九电子的中间体。

$S_{RN}1$ 取代反应机理最好的亲核试剂通过共振(烯醇负离子)或自由基处于重原子上(第三周期或更重的亲核试剂),在引发阶段可以形成一个相对稳定的自由基。$S_{RN}1$ 取代反应机理最好的亲电试剂可以离域自由基负离子的奇电子(芳香离去基团、羰基化合物),形成稳定的自由基(3°卤代烃),并有一个弱的 R—X(Br,I)键。对甲苯磺酸酯和其他类卤化物是很差的 $S_{RN}1$ 亲电试剂,如果发生取代反应需要光照,几乎可以肯定是 $S_{RN}1$ 取代反应机理。

2.4.2　取代的消除-加成反应机理

在碱性条件下，偶尔可以看到 C(sp^3)—X 键取代反应的第三种机理：消除-加成反应机理。图 2.80 中取代反应的立体化学结果告诉我们，不会发生直接的 S_N2 取代反应。连续两次 S_N2 取代反应可以解释立体化学构型保留，但这种解释的问题在于溴的背面空间位阻非常大，MeO^- 从背面进攻完全不合理。同样也可以排除 $S_{RN}1$ 取代反应机理，因为第二周期定域亲核试剂 MeO^- 和 2°卤代烃不能作为此反应机理的底物。

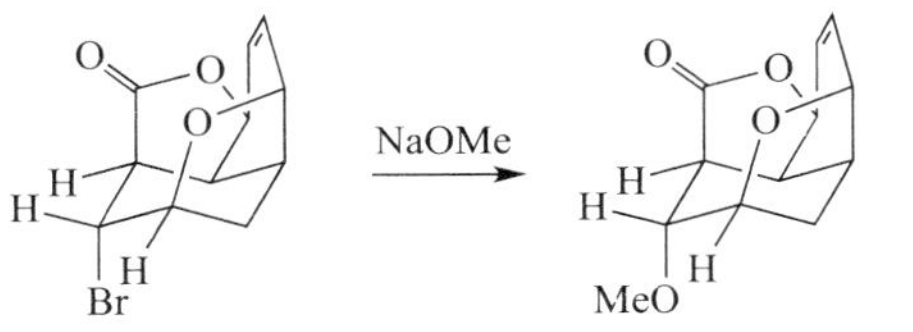

NaOMe

图 2.80

我们可以提出消除-加成反应机理，如图 2.81 所示，MeO^- 既是好的亲核试剂又是强碱，它可以诱导 HBr 进行 β-消除(可能通过 E1cb 反应机理，因为 C—H 键和 C—Br 键之间是非共面的)，得到一个化合物，该化合物的碳之前是 σ 亲电的，现在是 π 亲电的。另一当量的 MeO^- 对亲电的碳进行共轭加成，因为空间位阻的原因加成从底面进攻，然后质子转移，得到产物。

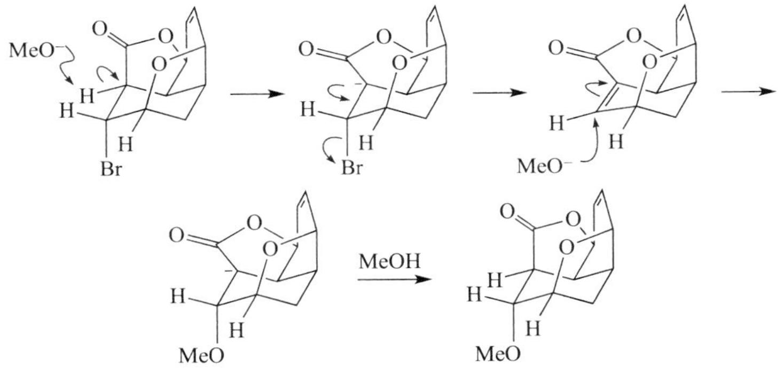

MeOH

图 2.81

有时候，S_N2 和消除-加成反应机理都是合理的。图 2.82 中 2°氯代烃发生的取代反应比我们预期的更快，表明消除-加成反应机理是可行的，但该反应的 S_N2 取代反应机理是不合理的，需要实验证据来判断实际的反应机理。

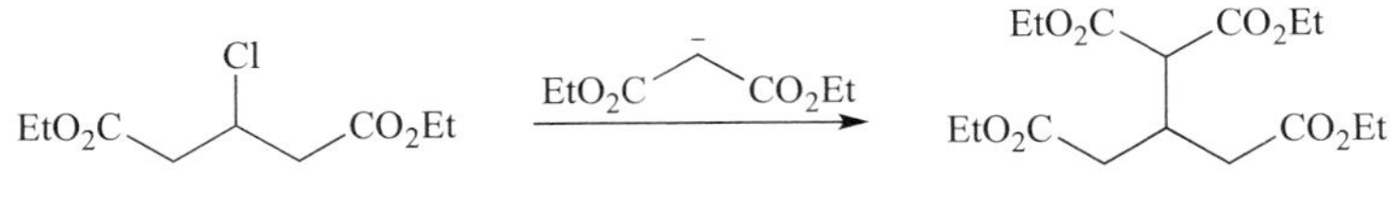

图 2.82

只有当消除得到烯烃，其离去基团相连的碳是 π 键亲电试剂时，取代的消除-加成反应机理才是合理的。大多数情况下,如前两个例子所示,离去基团处于羰基的 β-位,但并非总是如此。如果取代反应得到一个并非构型反转的立体化学结果或者涉及空间位阻非常大的底物,就可以排除简单的 S_N2 取代反应机理,应该考虑消除-加成反应机理(当然还有 $S_{RN}1$ 取代反应机理)。

习题 2.13 图 2.83 中的消除-加成反应机理是合理的吗?为每个反应书写最合理的机理。

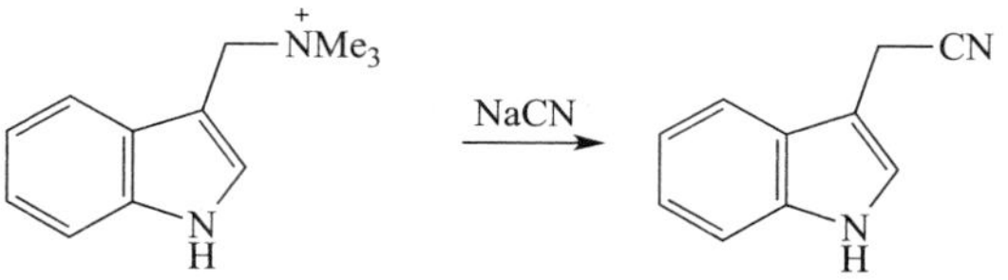

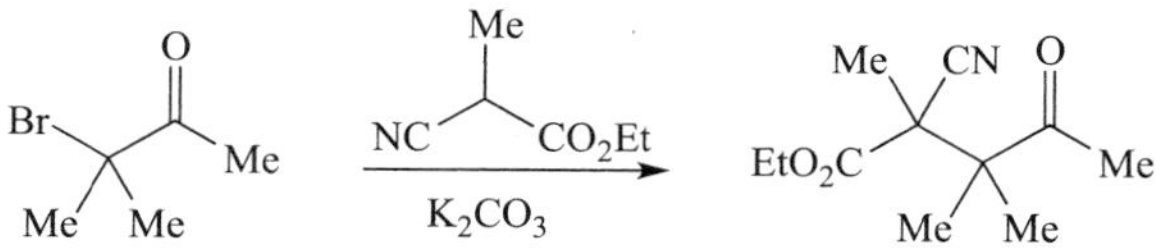

$\overset{+}{N}Me_3$ NaCN CN N H N H

(a)

O Br Me Me Me Me NC CO_2Et K_2CO_3 Me CN O EtO_2C Me Me Me

(b)

图 2.83

2.4.3 单电子转移取代反应机理

$C(sp^3)$—X 键还有一个取代反应机理应该被讨论:单电子转移反应机理。该机理和 $S_{RN}1$ 取代反应机理有关,但它不是链反应机理。相反,单电子从亲核试剂转移到亲电试剂得到自由基负离子(写为九电子卤原子),离去基团离开,自由基-自由基结合得到产物,如图 2.84 所示。

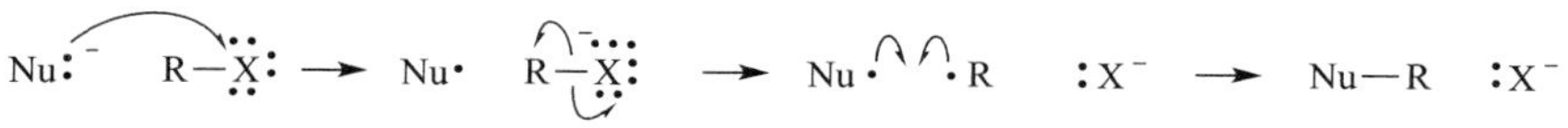

$Nu:^-$ R—X: → Nu· R—X: → Nu· ·R :X^- → Nu—R :X^-

图 2.84

2.4.4 金属插入和卤素-金属交换

我们无法通过简单观察反应条件和底物,将电子转移反应机理与 S_N2 或 $S_{RN}1$ 取代反应机理区分开,所以提出这种机理不合适。但是,你应该知道有些化学家认为所有取代反应都是由电子转移引发的。

如图 2.85 所示,氯代烃、溴代烃和碘代烃可以与 Li、Mg、Zn 发生金属插入反应,如芳基和烯基卤化物一样,越重的卤素反应越容易进行。

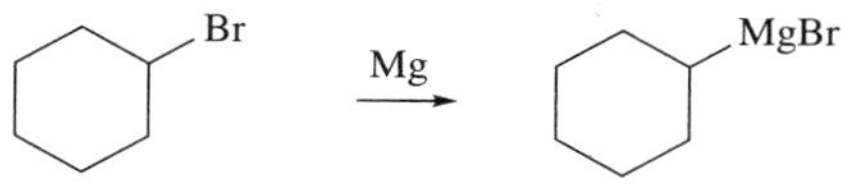

Br Mg MgBr

图 2.85

用锌处理 α-溴代羰基化合物制备烯醇盐的 Reformatsky 反应(图 2.86)长期以来是定量制备弱酸性羰基化合物烯醇盐的唯一方法。如今,它已被强的非亲核碱(如 LDA 和 KHMDS)替代。

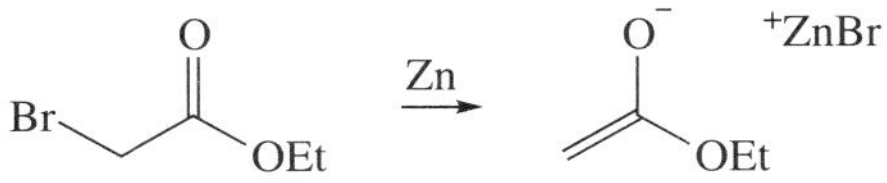

图 2.86

当在相邻原子上带有离去基团的卤代烃进行金属化反应时,可以迅速发生 β-消除反应得到烯烃,如图 2.87 所示,锌常用于此反应。相邻的离去基团是卤化物或类卤化物、羧酸酯甚至烷氧基。该反应完成了双键卤化或卤化的逆反应(见第 3 章)。二溴乙烷常用于引发格氏反应,因为它可以迅速与镁反应,得到无毒的副产物乙烯和 $MgBr_2$。

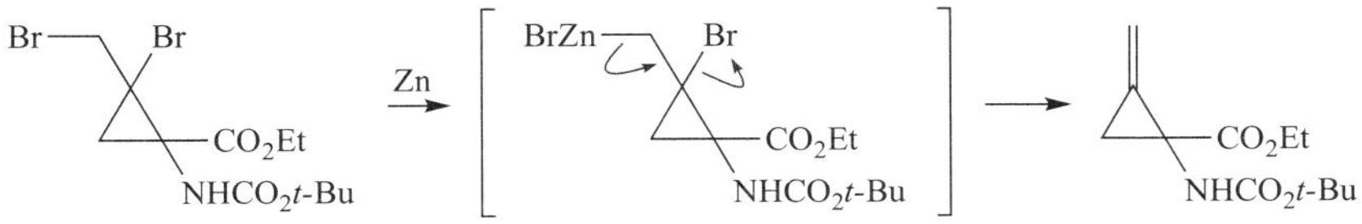

图 2.87

习题 2.14 书写图 2.88 中金属插入的反应机理。

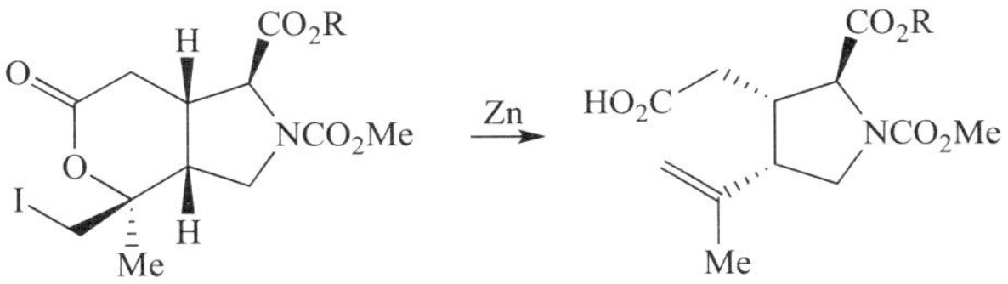

图 2.88

与 C(sp^2)卤代烃相比,卤素-金属交换反应对于 C(sp^3)卤代烃来说用处不大,这种交换是热力学驱动的,所以只有用 1°碘化物(RCH_2I)和 2 当量的 t-BuLi(不是 MeLi、n-BuLi 或 s-BuLi)时,才能以合适的速率进行反应(图 2.89)。

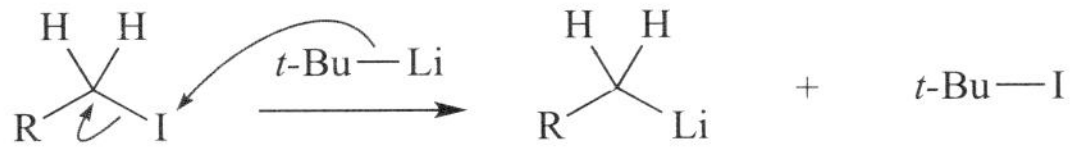

图 2.89

但是溴代环丙烷和二溴环丙烷可以以合适的速率进行卤素-金属交换。因为环丙烷的环外键具有很多 s 轨道的性质,所以环丙基负离子的能量远低于普通的 C(sp^3)负离子。活性比t-BuLi低的有机锂试剂(如 n-BuLi 和 MeLi)可以与环丙基卤化物进行卤素-金属交换反应。如图 2.90 所示,在此例子中,如果反应保持在足够低的温度下,二溴环丙烷可与亲电试剂反应,不发生 α-消除反应(见下文讨论)。

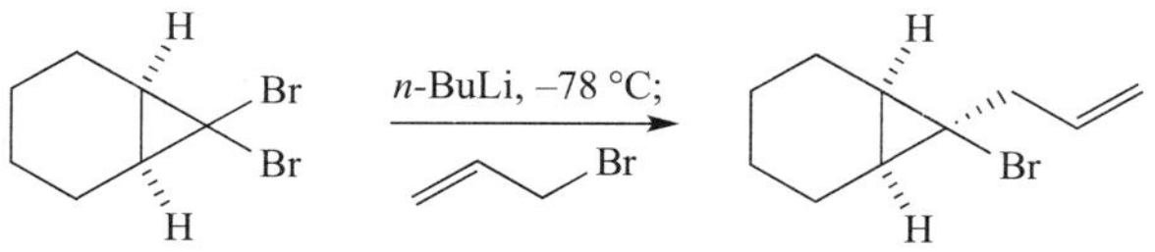

图 2.90

2.4.5 α-消除、卡宾的产生和反应

如图 2.91 所示,思考一种卤代烃(如氯仿),它没有 β-氢,不能进行 β-消除。氯原子的诱导吸电子效应增强了氢原子的酸性,可以被叔丁醇钾脱去。但是脱去氢原子以后,碳和氯的孤对电子互相排斥,电正性的碳原子带上负电荷,所以 Cl^- 离开得到单线态卡宾,卡宾是中性的,它的碳是二价的,带有孤对电子和一个空轨道;总反应称为 α-消除反应。我们很容易将单线态卡宾书写为带有形式正电荷与形式负电荷,强调它存在充满轨道和空轨道,尽管实际上碳原子根本没有形式电荷。

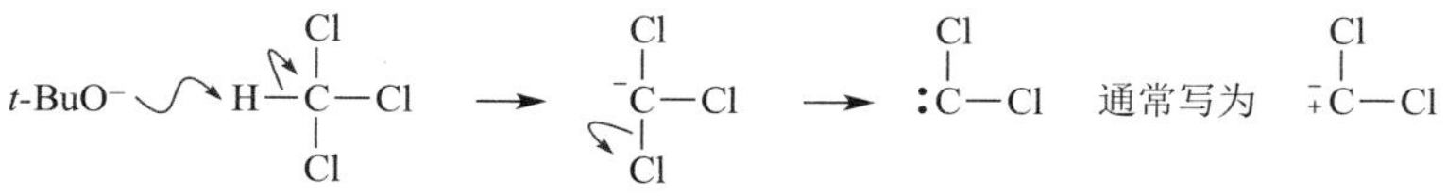

通常写为

图 2.91①

单线态卡宾有两个自旋相反的孤对电子,通过 α-消除产生的卡宾是单线态的,因为两个孤对电子来自同一分子轨道。三线态卡宾的两个自旋平行的电子常通过重氮化合物光解产生,三线态卡宾在第 5 章讨论。

α-消除反应最常用的底物是氯仿和溴仿,其他卤化物也可以发生 α-消除反应,例如,图 2.92(a)中氯丙烯用强碱处理发生 α-消除。二溴环丙烷发生卤素-金属交换反应之后,也可以发生 α-消除反应,如图 2.92(b)所示。

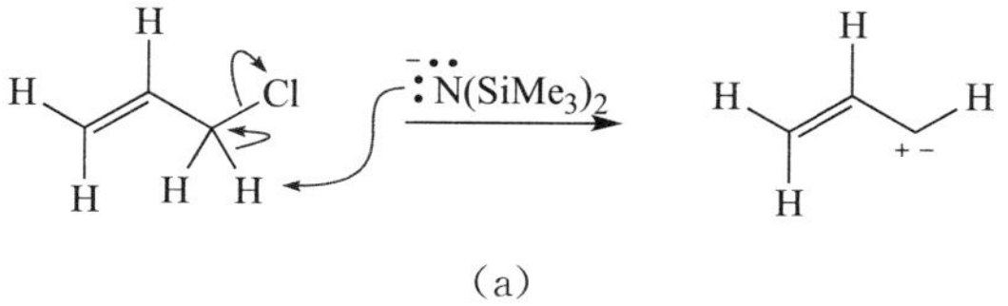

(a)

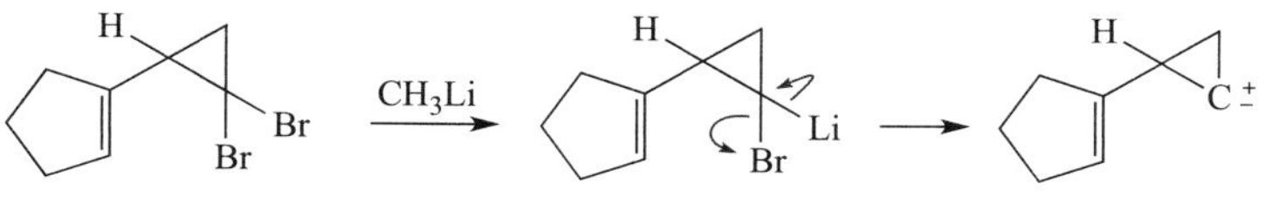

(b)

图 2.92

① 其他教材通常用"$:CCl_2$"表示。

α-消除反应甚至可以在氮上发生，例如，图 2.93 中 N-对甲苯磺酰腙通过对甲苯磺酸的 α-消除反应，转变为重氮烷。

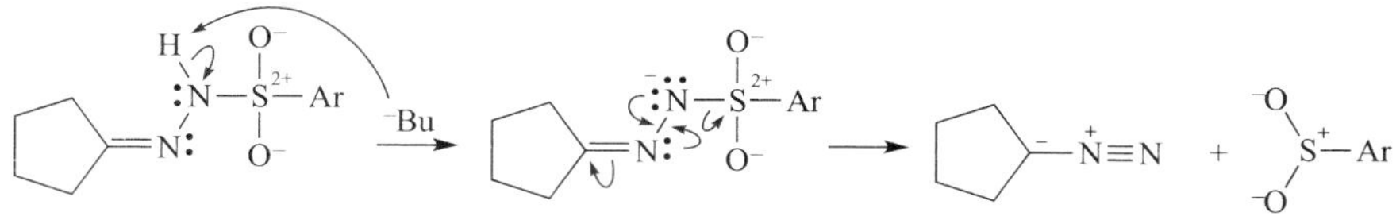

图 2.93

卡宾类似物是反应性质和卡宾类似的一类化合物，但非真正的二价碳物质。Simmons-Smith 试剂（ICH_2ZnI）是一种广泛使用的卡宾类似物。如图 2.94 所示，该试剂是由锌插入到 CH_2I_2 的 C—I 键中形成的（一般锌插入 C—I 键的速率很慢，因此使用锌-铜金属对或 Zn(Cu) 代替，锌表面少量的 Cu 可促进插入反应）。观察 C—I 键和 C—Zn 键的极性，你会明白 ICH_2ZnI 是想要通过 α-消除得到卡宾的，但事实上它并没有发生 α-H 消除反应，而是发生了典型的卡宾反应。

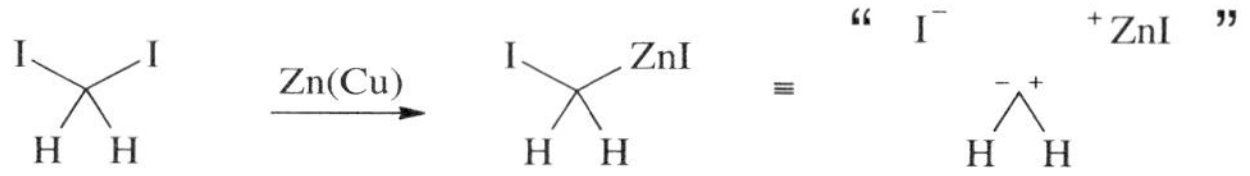

图 2.94

卡宾和卡宾类似物也可以通过几种非碱性的方法从重氮化合物中产生（$R_2C=N_2 \longleftrightarrow R_2C=\overset{+}{N}=\overset{-}{N} \longleftrightarrow R_2\overset{-}{C}-\overset{+}{N}\equiv N$）。放在这里讨论，是因为不管卡宾和卡宾类似物如何产生，它们的反应都是相同的。如图 2.95 所示，重氮化合物温和加热转变为单线态卡宾，用 Rh(Ⅱ) 或 Cu(Ⅱ) 盐（如：$Rh_2(OAc)_4$ 或 $CuCl_2$）处理转变为卡宾类似物。过渡金属衍生的卡宾类似物具有 M=C 双键，发生单线态卡宾的典型反应。在这一点上，你可以把它们视为自由的单线态卡宾，尽管它们不是。金属卡宾类似物将在第 6 章详细讨论。

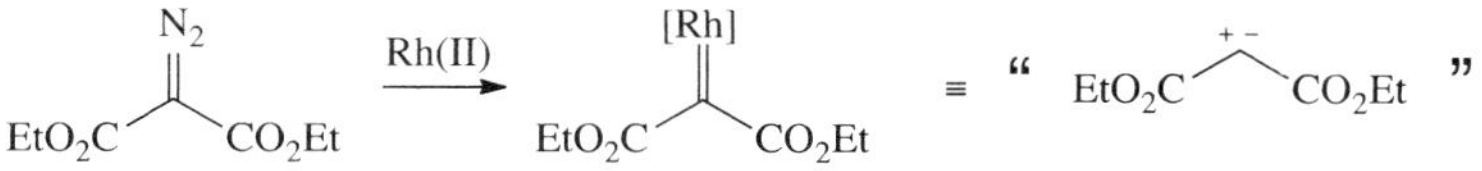

图 2.95

不管卡宾和卡宾类似物如何产生，它们都发生四种典型反应，最常用的反应是环丙烷化反应或 π 键加成反应，机理是协同[2+1]环加成反应（见第 4 章）。如图 2.96 所示，从氯仿和溴仿产生的卡宾可以将 CX_2 与 π 键加成得到二卤环丙烷，而 Simmons-Smith 试剂是 CH_2 加成。重氮烷烃与催化量的 Rh(Ⅱ) 或 Cu(Ⅱ) 产生的卡宾类似物也可以发生环丙烷化反应。

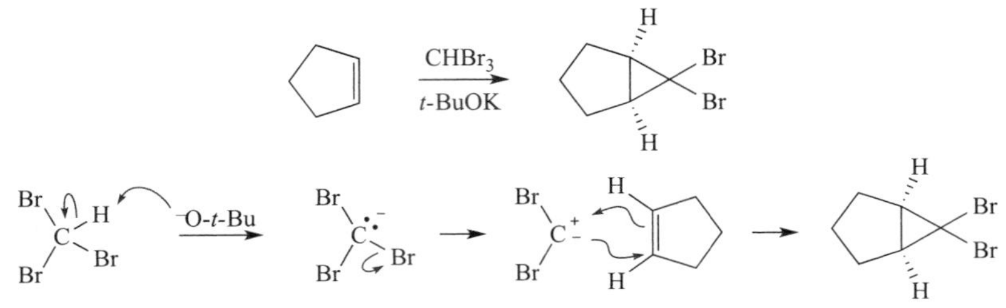

$CHBr_3$
t-BuOK
H
Br
Br
H

Br H Br Br $^{-}$O-t-Bu Br Br Br Br Br H H H Br Br H

图 2.96

习题 2.15 书写图 2.97 中两个环丙烷化反应的机理。

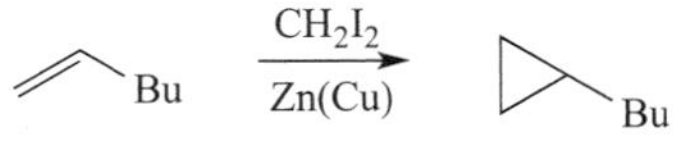

Bu CH_2I_2 Zn(Cu) Bu

(a)

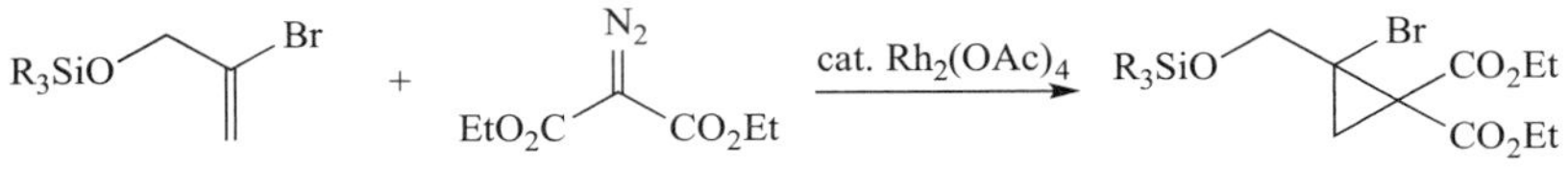

R_3SiO Br + N_2 EtO_2C CO_2Et cat. $Rh_2(OAc)_4$ R_3SiO Br CO_2Et CO_2Et

(b)

图 2.97

卡宾的第二种典型反应是 C—H 键插入反应。除了卡宾与 σ 键而并非 π 键反应之外，这个三中心的反应与环丙烷化反应相似。卡宾和卡宾类似物都可以发生这一反应。当它在分子内发生时最有用。如果 C—H 键的碳有手性，则会保留原有构型，如图 2.98 所示。

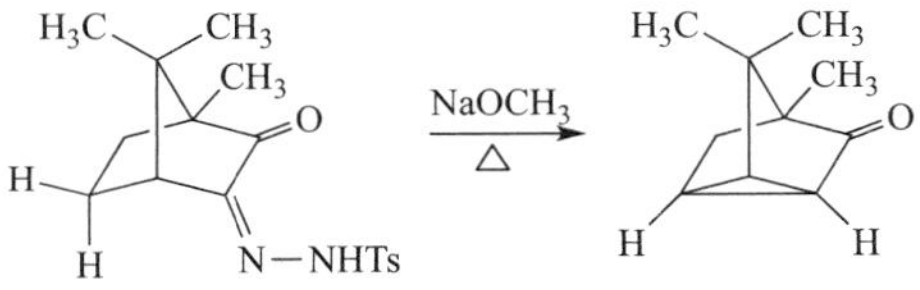

H_3C CH_3 CH_3 O H H N—NHTs $NaOCH_3$ △ H_3C CH_3 CH_3 O H H

图 2.98

如图 2.99 所示，碱促进腙发生 α-消除反应，除去对甲苯磺酸，得到重氮化合物。

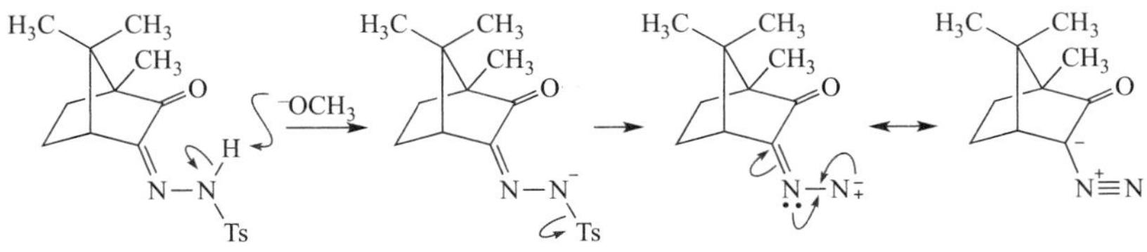

H_3C CH_3 CH_3 O H N—N Ts $^{-}OCH_3$ H_3C CH_3 CH_3 O N—N^{-} Ts H_3C CH_3 CH_3 O N—N^{-} H_3C CH_3 CH_3 O N^{+}≡N

图 2.99

如图 2.100 所示，在反应条件下，重氮化合物分解得到卡宾，卡宾发生 C—H 插入反应得到高张力的产物。

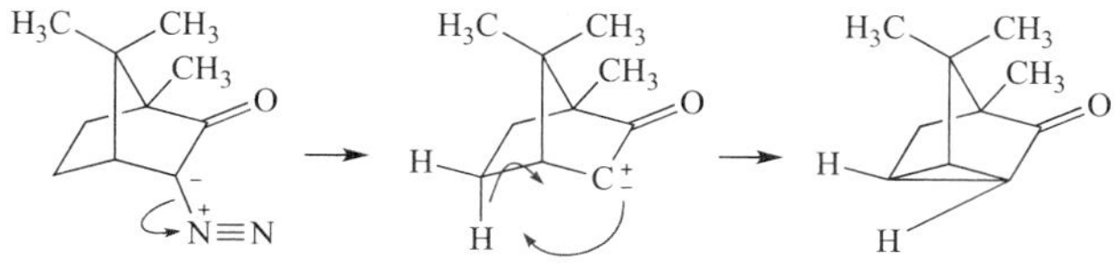

H_3C CH_3 CH_3 O $\overset{+}{N}{\equiv}N$ → H_3C CH_3 CH_3 O H H C^+ → H_3C CH_3 CH_3 O H H

图 2.100

习题 2.16　书写图 2.101 中 C—H 插入反应的机理。

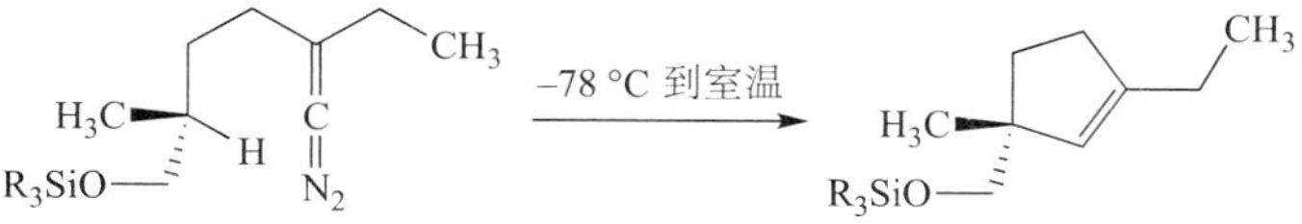

H_3C H R_3SiO C N_2 CH_3 —78 °C 到室温→ H_3C R_3SiO CH_3

图 2.101

卡宾的第三种典型反应是与亲核试剂结合。卡宾缺电子，所以它们与具有活性孤对电子的亲核试剂结合。如图 2.102 所示，羰基氧与卡宾加成得到羰基叶立德——一种活性化合物，用于通过 1,3-偶极环加成反应形成呋喃环（见第 4 章）。

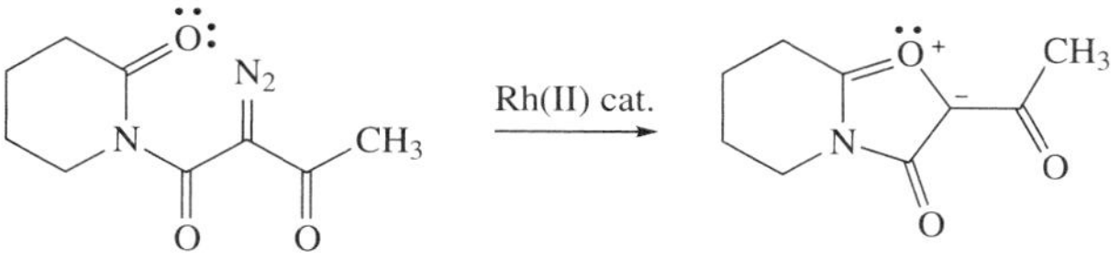

O N N_2 CH_3 O O —Rh(II) cat.→ O^+ N O CH_3 O

图 2.102

卡宾的第四种典型反应是 1,2-迁移反应。邻位碳上的基团带着一对电子迁移到卡宾碳上，生成烯烃。1,2-迁移严格限制许多取代卡宾的使用。例如，当环己烯与 Zn/Cu 和 CH_2I_2 反应时，得到高于 50%产率的环丙烷；若用 CH_3CHI_2 反应，产率只有 5%。大部分 $CH_3CH(I)ZnI$ 转变为 $CH_2{=}CH_2$，如图 2.103 所示。1,2-迁移可以更有用，如在 α-重氮酮的 Wolff 重排反应和酰基叠氮化合物的 Curtius 重排反应中（见下文），但这些反应一般在加热条件下不通过自由的卡宾或氮烯进行。

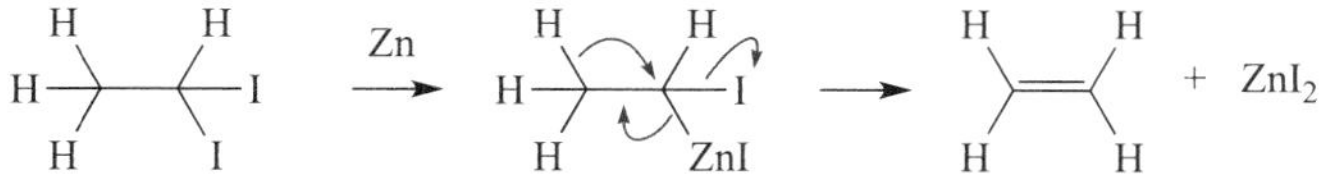

H H H I H I —Zn→ H H H I H ZnI → H H H H + ZnI_2

图 2.103

2.5　碱促进的重排反应

重排反应是只涉及单一底物反应过程中 C—C σ 键断裂和形成的反应。重排反应往往比其他反应更难书写合理的机理。当你书写重排反应机理时，特别重要的是准确地判断哪些键断裂、哪些键形成。要做到这一点，首先要将原料中的原子进行编号，识别产物中相同编号的原子，列出反应中成键和断键清单。

碱性条件下的重排反应通常包括亲核试剂对羰基的加成，然后 C—C σ 键断裂，该反应是简单的加成-消除反应，其中离去基团是烷基。当然，该反应和大多数羰基化合物加成-消除反应的差异是：R^- 是弱的离去基团（除非它以某种方式稳定存在，如烯醇负离子）。如图 2.104 所示，当羰基的 α-原子是亲电的或者亲核原子也是亲电的时，会发生重排反应。R^- 可以作为离去基团，因为它以 1，2-迁移的方式迁移到亲电原子上，并非完全离开该化合物。亲电原子既可以是 σ 键亲电试剂，也可以是 π 键亲电试剂，它可以是碳原子或杂原子。

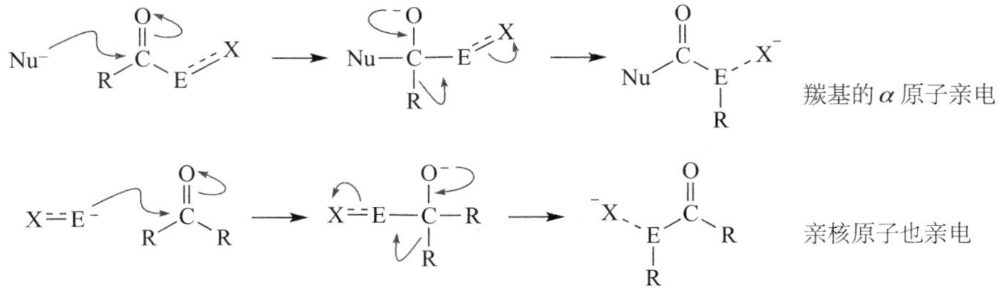

羰基的 α 原子亲电

亲核原子也亲电

图 2.104

2.5.1 从碳到碳的迁移

如图 2.105 所示，在 1，2-二酮的二苯乙醇酸重排反应中，HO^- 和一个羰基加成，四面体中间体解离，脱去 HO^-，回到原料；或者脱去 Ph^-，Ph^- 离开，迁移到邻位亲电的碳上，得到产物。

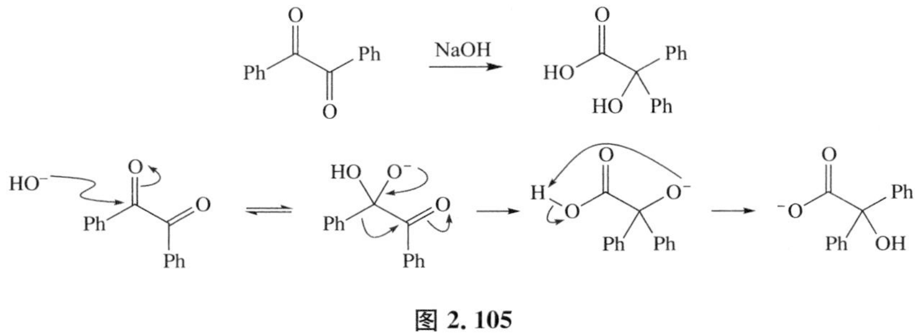

图 2.105

如图 2.106 所示，Favorskii 重排与二苯乙醇酸重排不同，因为 α-碳是 σ 键亲电试剂而不是 π 键亲电试剂。

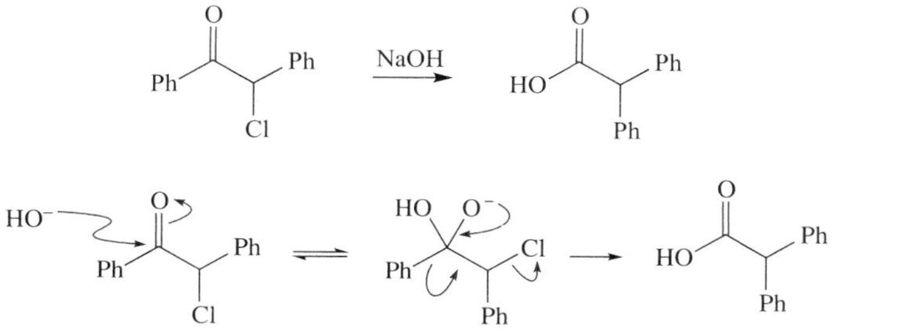

图 2.106

只有当酮无法在离去基团的另一边烯醇化时(如芳基酮),所示的反应机理(半二苯乙醇酸机理)才能进行。当酮可以烯醇化时,会按照不同机理进行反应。这一机理会在第 4 章讨论。

如图 2.107 所示,重氮甲烷(CH_2N_2)与酮($R_2C=O$)反应,在羰基和 α-碳原子之间插入 CH_2 结构单元。重氮化合物作为亲核试剂与亲电的羰基碳反应,伴随着好的离去基团 N_2 的离开,R 迁移到重氮碳上。原则上其他的重氮化合物也可以发生此反应,但实际上,很少使用其他重氮化合物,因为它们比重氮甲烷还要难以制备。如果迁移的 R 基是手性的,则构型保留。

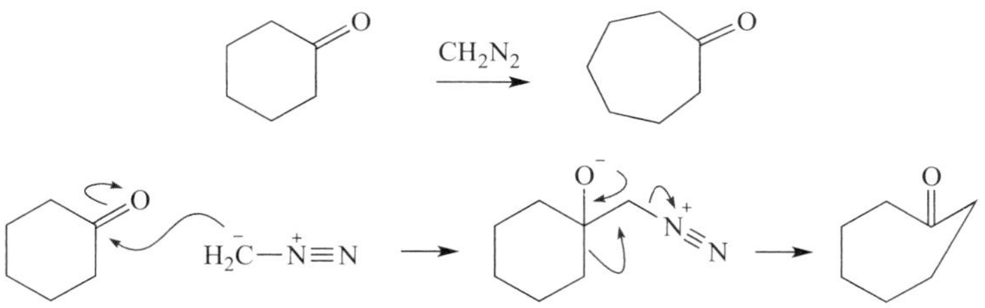

图 2.107

如图 2.108 所示,在 Wolff 重排反应中,α-重氮酮加热得到烯酮。Wolff 重排反应机理包括一步:羰基上的取代基迁移到重氮碳上,放出氮气。当反应在水或醇中进行时,烯酮与溶剂反应得到最终产物羧酸或酯(该反应机理已在前面讨论)。

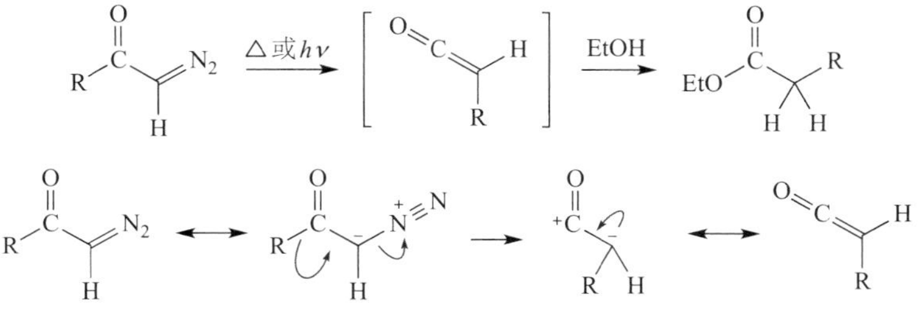

图 2.108

光也可以用来加速 Wolff 重排，在这种情况下，该反应称为光-Wolff 重排反应，该反应可能不是协同机理，首先 N_2离开得到自由的卡宾，然后发生 1,2-迁移得到烯酮。

α-重氮酮通常通过传统的加成-消除反应，用重氮甲烷对酰氯加成来制备。在这种情况下，酸→酰氯→重氮酮→烯酮→酸的整个过程被称为 Arndt-Eistert 同系化。更复杂的α-重氮羰基化合物可以通过未取代或单取代 1,3-二羰基化合物与磺酰叠氮反应制备，如果亲核的碳是单取代的，其中的一个羰基会失去。

习题 2.17 书写图 2.109 中重氮转移反应合理的机理，如果写出副产物，问题将更容易解决。

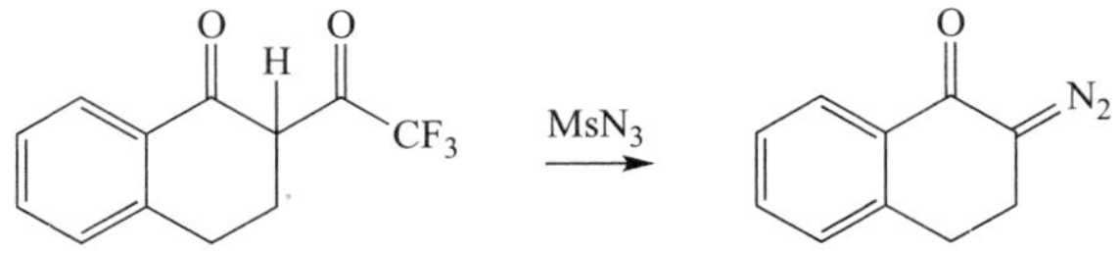

图 2.109

2.5.2 从碳到氧的迁移

在 Baeyer-Villiger 氧化反应中，过酸（RCO_3H）的末端氧与酮反应得到酯，通过类似于重氮甲烷与酮反应的机理进行。但是 Baeyer-Villiger 反应通常是在温和的酸性条件下进行的，因此其机理的讨论将在第 3 章进行。

2.5.3 从碳到氮的迁移

如图 2.110 所示，在 Curtius 重排反应中，酰基叠氮化物温和加热发生重排得到异氰酸酯。该机理与 Wolff 重排反应机理很相似。在碱性条件下，酰氯与 NaN_3 反应可以制备酰基叠氮，或在酸性条件下由酰基肼（$RCONHNH_2$）与亚硝酸（HNO_2）反应制备（后一反应在第 3 章讨论）。

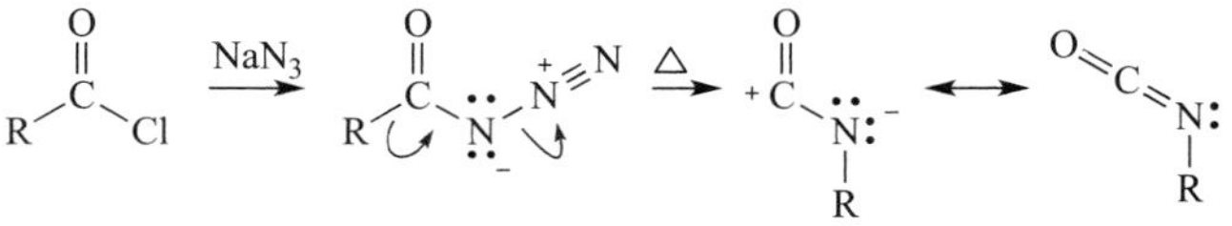

图 2.110

如图 2.111 所示，Hofmann 重排也可用于将羧酸衍生物转化为异氰酸酯。酰胺与 Br_2 和碱溶液反应得到异氰酸酯，它通常在反应条件下水解，得到比原料少一个碳原子的胺。反应通过酰胺去质子和 N-溴化开始，然后再次去质子化和重排。在溴化这一步，酰胺的氮比氧活性更高，因为在反应条件下，氮发生了去质子化。

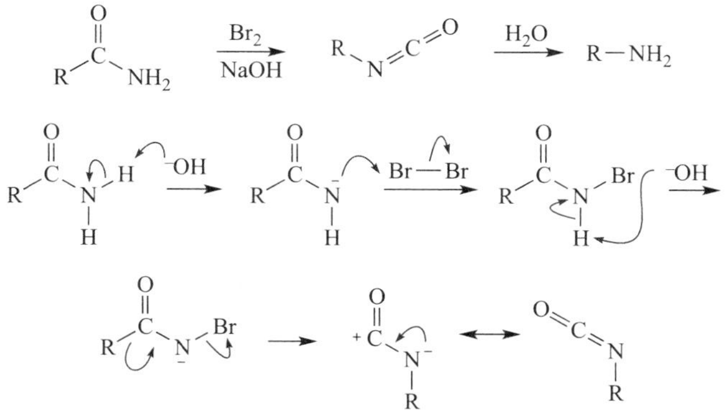

图 2.111

2.5.4　从硼到碳或氧的迁移

除非 R 与羰基碳相连，否则会发生 R 迁移到邻位原子的反应，三烷基硼烷也发生迁移反应。例如，图 2.112 中，碱性条件下三烷基硼(R_3B)与 H_2O_2 反应得到三烷基硼酸酯[$(RO)_3B$]，硼酸酯原位水解得到 ROH。在三烷基硼中，硼是缺电子的，所以它需要八电子。用碱性 H_2O_2 处理时，HOO^- 与硼加成，得到八电子络合物。但硼是电正性的，它不想要形式负电荷，所以它抛弃烷基，烷基迁移到邻位氧上，取代 HO^-。但现在硼再次缺电子，又需要八电子，所以这个过程不断重复，直到所有的 B—C 键被 C—O 键替代，最终获得的硼酸三烷基酯经过水解得到醇。

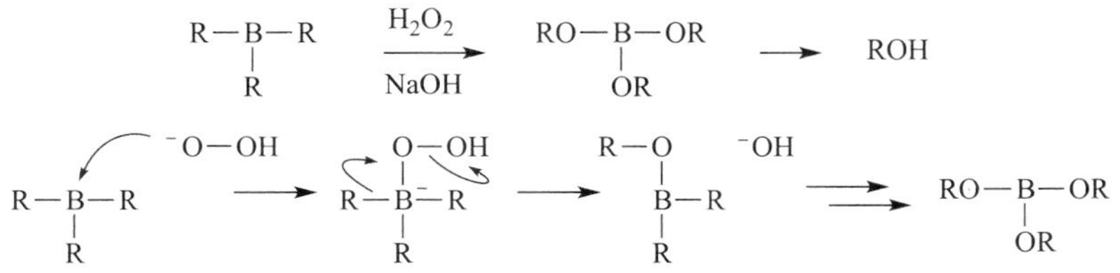

图 2.112

硼，元素周期表中最爱抱怨的元素，永不满足它的电子数，当它缺乏八电子时，它抱怨缺电子，但是当亲核试剂给它提供八电子时，它又抱怨形式负电荷。

硼烷中的烷基也可以迁移到碳上。例如图 2.113 中，卡宾等价物 $LiCHCl_2$(可以通过 CH_2Cl_2 与 LDA 在低温去质子得到)与硼酸酯加成，得到多一个碳的同类产物。其他卡宾等价物如重氮化合物和 CO 能发生类似的反应。

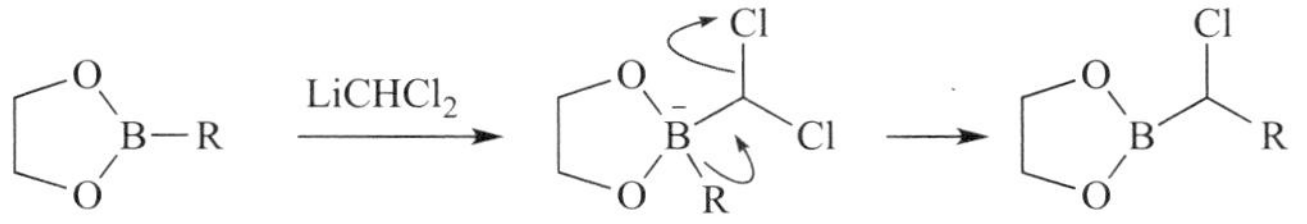

图 2.113

2.6 两个多步反应

有些常见和广泛使用的反应使用几种不同的试剂混合，通过初学者不易分辨的多步机理进行反应。这里讨论其中两个反应：Swern 氧化反应和 Mitsunobu 反应。你会发现老师喜欢让研究生书写这些独特的反应机理，所以你应该学好它们！

2.6.1 Swern 氧化反应

如图 2.114 所示，当醇与草酰氯、二甲亚砜和三乙胺的混合物反应时，它被氧化成醛或酮。加入的顺序很重要，首先草酰氯加入到二甲亚砜中，然后加入三乙胺和醇，反应混合物升至室温，副产物是二甲硫醚（很臭！）、二氧化碳、一氧化碳和三乙胺的盐酸盐。

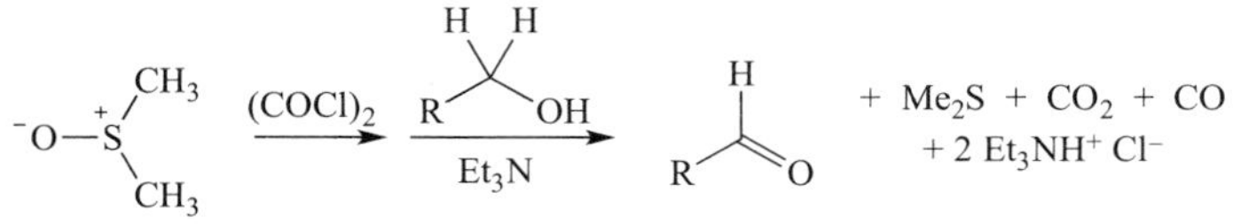

$$^{-}O-\overset{+}{S}(CH_3)_2 \xrightarrow{(COCl)_2} \xrightarrow[Et_3N]{RCH_2OH} RCHO + Me_2S + CO_2 + CO + 2\,Et_3NH^+\,Cl^-$$

图 2.114

对于醇来说，总体转化是脱 H_2。问题是：H^- 不是一个离去基团，在消除反应发生之前，醇的碳或氧上相连的氢必须被离去基团取代。在碱性条件下，醇的氧原子是亲核的，因此消除反应可能首先通过离去基团与醇的氧原子相连进行，然后再发生 E2 消除反应。那么二甲亚砜与草酰氯的作用就是产生一个亲电试剂，成为与醇的氧原子相连的离去基团。

如图 2.115 所示，二甲亚砜的氧是亲核的，通过加成-消除反应与亲电的草酰氯反应。

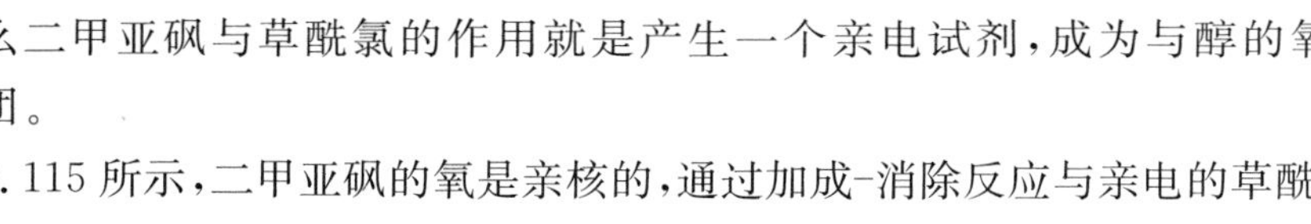

$$(H_3C)_2\overset{+}{S}-O^- + ClC(=O)C(=O)Cl \longrightarrow (H_3C)_2\overset{+}{S}-O-C(O^-)(Cl)-C(=O)Cl \longrightarrow (H_3C)_2\overset{+}{S}-O-C(=O)-C(=O)Cl$$

图 2.115

如图 2.116 所示，现在硫上连有一个好的离去基团，Cl^- 可以从背面进攻硫，取代草酸根，草酸根分解生成二氧化碳、一氧化碳和 Cl^-，S—O 键断裂。

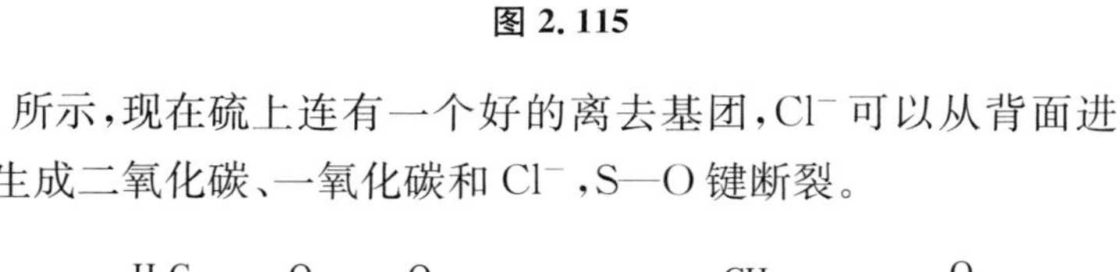

$$Cl^- + (H_3C)_2\overset{+}{S}-O-C(=O)-C(=O)Cl \longrightarrow Cl-\overset{+}{S}(CH_3)_2 + Cl^- + O=C=O + \overset{+}{O}\equiv C^-$$

图 2.116

如图2.117所示，此时硫是好的亲电试剂，现在加入醇和三乙胺，醇脱质子，进攻硫，取代 Cl^-。

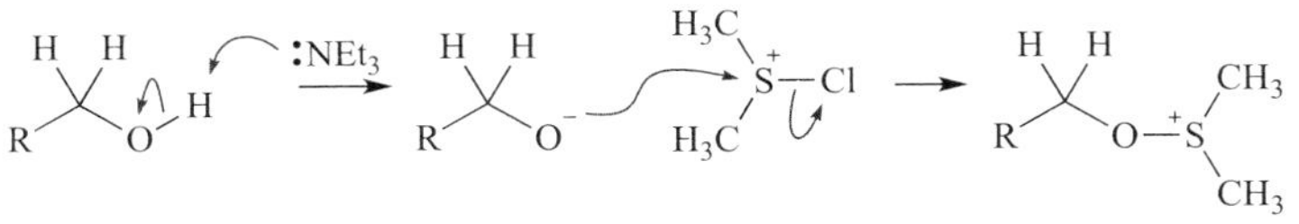

图2.117

书写烷氧负离子直接进攻硫是合理的，并不受 Cl^- 影响。

如图2.118所示，现在醇的氧上连有一个好的离去基团，发生E2消除反应，得到醛和二甲硫醚。

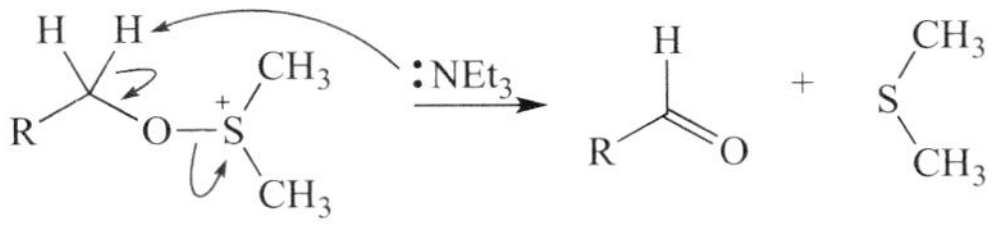

图2.118

尽管最后一步是合理的，但它并非消除反应实际发生的方式。在目前公认的机理中，甲基脱去质子得到硫叶立德，发生Retro-hetero-ene反应（逆-杂-烯反应），该反应将在第4章讨论。

Swern氧化存在许多变化，通常用另一活性试剂 $(CF_3CO)_2O$（三氟乙酸酐，TFAA）或DCC（N,N′-二环己基碳二亚胺，$C_6H_{11}N=C=NC_6H_{11}$）代替草酰氯，这些反应甚至有不同的名字。但是在所有反应中，二甲亚砜的氧转变成一个好的离去基团，醇的氧取代硫上的离去基团，然后 H^+ 与二甲硫醚消除得到醛（或酮）。

2.6.2　Mitsunobu反应

如图2.119所示，在Mitsunobu反应中，手性二级醇和羧酸反应生成酯，亲电的碳构型反转。反应需要三苯基膦和偶氮二甲酸二乙酯（DEAD，$EtO_2CN=NCO_2Et$），通常将DEAD缓慢加入到醇、三苯基膦和羧酸的混合物中，进行反应。

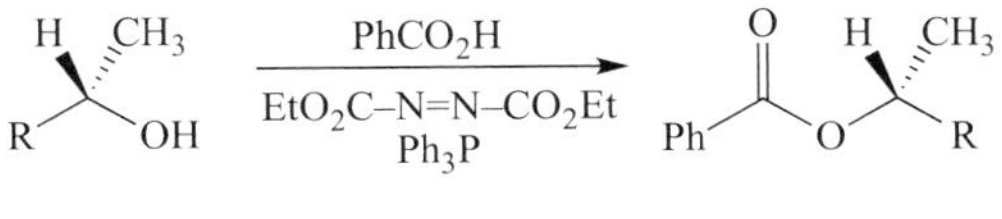

图2.119

反应显然不是简单的 $PhCO_2^-$ 取代 ^-OH 的 S_N2 反应，因为 HO^- 在 S_N2 反应中不是一个好的离去基团，在温和条件下不会离开，此外，反应需要 Ph_3P 和DEAD。显然 S_N2 取代反应必须在某个时刻发生，否则不会发生构型反转。

配平反应式表明反应失去水，当反应中使用 Ph_3P 时，它几乎总是转变为 Ph_3PO，其他副

产物是 $EtO_2CNHNHCO_2Et$，因为在醇的碳上发生一次 S_N2 取代，产物中的两个氧原子都来自苯甲酸，这意味着原料醇上的氧与三苯基膦相连，醇的氧原子和膦都是亲核的，所以 DEAD 的作用是将其中一个从亲核试剂转变为亲电试剂。DEAD 本身是一种潜在的亲电试剂，有两个亲电氮原子。

如图 2.120 所示，Mitsunobu 反应机理的第一步是：亲核试剂膦对 DEAD 中亲电的氮加成（醇也可以对 DEAD 加成，但是膦的亲核性更强），加成前羧酸先将 DEAD 质子化。

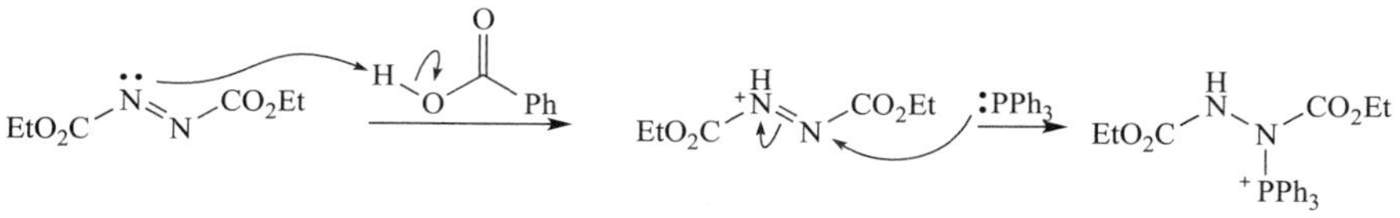

图 2.120

如图 2.121 所示，在机理的第二步，羧酸负离子以 S_N2 方式取代鏻上的氮，得到酰氧基鏻离子和氮负离子，氮负离子脱去醇的质子，生成烷氧负离子，烷氧负离子进攻鏻离子得到烷氧鏻离子，再生羧酸负离子。

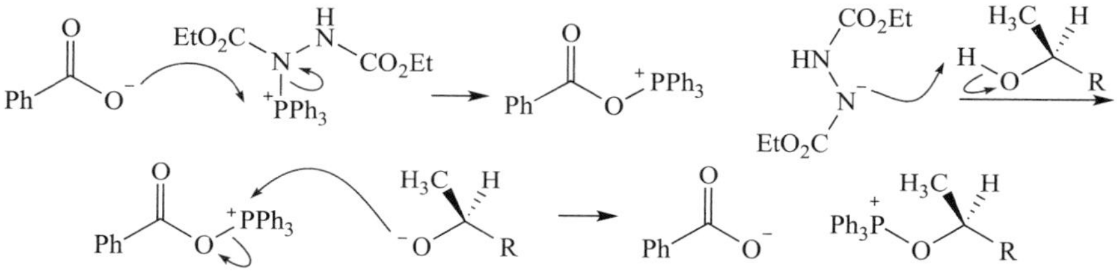

图 2.121

另一种机理包括羧酸负离子夺去醇的质子，然后醇氧负离子进攻鏻离子取代氮，虽然这个方法更直接，但它违反了 pK_a 规则（pK_a 醇≈17，pK_b 羧酸负离子≈5）。

如图 2.122 所示，新生成的烷氧基鏻离子是比醇更好的 σ 键亲电试剂，所以在反应机理的最后一步，羧酸负离子的氧按照 S_N2 取代反应机理进攻烷氧基鏻盐中亲电的碳，取代 Ph_3PO，得到产物。

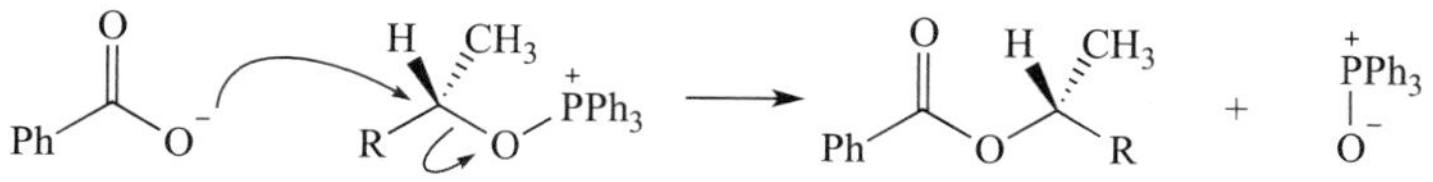

图 2.122

Mitsunobu 反应条件温和，它是醇的构型转化或 2°醇发生亲核取代反应的方法之一。通常情况下，2° C(sp^3)会发生 E2 消除反应与 S_N2 取代反应的竞争，但在 Mitsunobu 反应中很少或没有消除反应发生。

2.7 总　　结

饱和羰基化合物的羰基碳是亲电的，α-碳和羰基氧在脱质子形成烯醇负离子后是亲核的。

α,β-不饱和羰基化合物的 β-碳和羰基碳是亲电的，在亲核试剂与 β-碳加成形成烯醇负离子以后 α-碳是亲核的，α-碳上的氢无酸性。

sp^3 杂化的原子通过以下机理发生取代反应：

- S_N2（最常见：1°或 2°卤代烃，3°卤代烃只有在分子内才会发生 S_N2 取代反应）；
- $S_{RN}1$（3°卤代烃，离域或重原子亲核试剂，有时光照或单电子给体）；
- 消除-加成（当 β-消除使发生取代的碳成为 π-键亲电试剂时）；
- 金属插入（镁、锂、锌），（偶尔）卤素-金属交换（叔丁基锂）。

sp^2 杂化的原子通过以下机理发生取代反应：

- 加成-消除（最常见的：羰基化合物、亲电烯烃、有吸电子基的芳香化合物）；
- 消除-加成（酰氯；使用强碱时的芳香化合物）；
- $S_{RN}1$（离域或重原子亲核试剂，有时光照或单电子给体）；
- 金属插入（镁、锂、锌），卤素-金属交换（正丁基锂、叔丁基锂、甲基锂、仲丁基锂）。

单线态卡宾发生 4 种典型反应：

- π 键加成（环丙烷化）反应；
- C—H 键插入反应；
- 对孤对电子亲核试剂的加成反应；
- 1,2-迁移反应。

α-碳是亲电的羰基化合物，经常发生重排反应。亲核试剂对羰基化合物的加成常常促进重排反应。

本章首先介绍了亲核取代反应和消除反应。我们之前提到亲核取代的成键和断键的发生有三个模式，我们现在已经看到了这三个模式的示例（表 2.2）。加成-消除反应的步骤按照第一种模式进行；S_N2 的步骤按照第二种模式进行；消除-加成和 $S_{RN}1$ 的步骤按照第三种模式进行。所有这些机理的范围都有局限性。

表 2.2　碱性条件下的极性取代反应机理

模式	Nu^- 先加成	Nu^- 加成和 X^- 离去同时进行	X^- 先离去
反应机理	加成-消除	S_N2	消除-加成，$S_{RN}1$

- 加成-消除发生在碳上，只有当碳能暂时失去一对电子时，例如，当 C 与 O 以 π 键结合时。
- 因为亲电碳原子在 S_N2 取代反应机理的过渡态中是五配位的，所以通过该机理进行

的反应对亲电碳原子周围的空间体积非常敏感。

· 第三种模式 X^- 首先离开,似乎需要正离子中间体。因为碳正离子在碱性条件下不易存在,所以第三种模式只在特殊情况下才在碱性条件下出现:① 当一个电子转移到亲电试剂上时,X^- 离开,得到自由基,而不是碳正离子($S_{RN}1$);② 当邻位 C—H 键的一对电子用于满足发生取代碳原子的电子需求时(消除-加成)。(在酸性条件下,碳正离子可能存在,第三种模式的机理步骤很常见,称为 S_N1 取代反应机理。)

我们前面还讨论过消除的两个键断裂有三种模式(表 2.3)。第三种模式需要形成碳正离子中间体,碳正离子在碱性条件下不会自发形成,因此人们认为消除反应机理的断键步骤在碱性条件下不会按照第三种模式进行。(在酸性条件下,可能存在碳正离子,第三种模式的机理步骤很常见,称为 E1 反应机理。)相比之下,我们看到了由前两个模式进行的机理示例;我们分别称之为 E1cb 反应机理和 E2 反应机理。E1cb 反应机理形成一个负离子中间体;要使这个中间体具有合理的寿命(如果要将 E1cb 反应机理与 E2 反应机理区分开,它必须具有合理的寿命),它必须是稳定的,并且与它相邻的离去基团必须是差的。

表 2.3　碱性条件下的极性消除反应机理

模式	C—H 先断裂	C—H 断裂和 X^- 离去同时进行	X^- 先离去
反应机理	E1cb	E2	无

在碱性条件下反应的最后一步通常是产物共轭碱的质子化。有时所需质子来自水处理步骤,有时来自溶剂,有时来自碱性催化剂的共轭酸,有时来自多余的原料。你怎么知道质子从哪里来的呢?答案取决于碱的量和产物共轭碱的碱性。

· 当使用催化量的碱时,碱必须再生,它可以脱去多余原料的质子;因此,质子必须来自反应混合物,不是来自后处理。如果催化的碱相对较弱(如 EtO^-、Et_3N),质子可能来自它的共轭酸(在机理第一步,当碱脱去原料的质子时,产生共轭酸)。如果催化的碱很强(如 NaH、LDA),质子不能来自它的共轭酸,那么一定来自多余的原料。

· 当使用化学当量或过量的碱时,原料所有的酸性质子在反应开始时被消耗,在反应结束时不需要再生碱。最后中和一步的质子一定来自后处理。

如果碱的相对用量没有指定,你必须使用 pK_b 判断质子来自哪里。一方面,有些反应生成强酸性产物,这些产物必须去质子化,直到后处理完成(如酯水解为羧酸,Claisen 缩合得到 1,3-二羰基化合物);另一方面,有些反应生成中等酸性产物的共轭碱(如羟醛缩合反应)。如果共轭酸不太弱,这些碱可以从溶剂中获得质子,或从加入碱的共轭酸中获得质子。烷氧基碱常在相应的醇溶剂中使用(如乙醇中的 NaOEt),在这些反应中溶剂通常是质子源。

2.8　习　　题

1. 指出下列反应的产物并书写反应机理(在有些情况下,不发生反应)。务必在适当的地方注明产物的立体化学结构。

(a)

$$CH_3CH_2F \xrightarrow{H_2O}$$

(b)

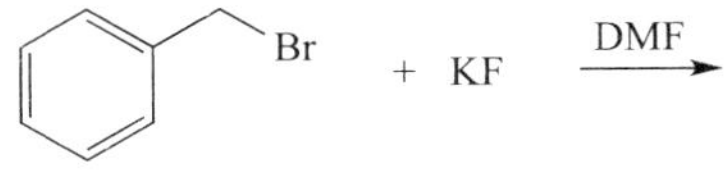

Br + KF $\xrightarrow{DMF}$

(c)

OH + NaI $\xrightarrow{DMF}$

(d)

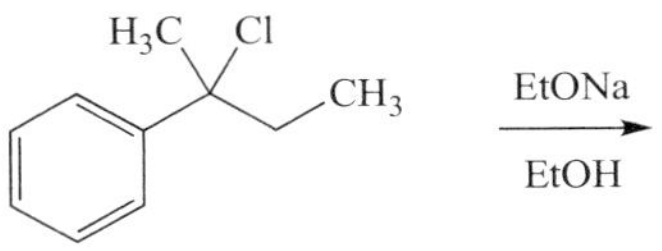

H_3C　Cl　CH_3 $\xrightarrow[EtOH]{EtONa}$

(e)

Br + SK $\xrightarrow{EtOH}$

(f)

H_3C—CH_3, Cl $\xrightarrow[THF]{LiN(i\text{-}Pr)_2}$

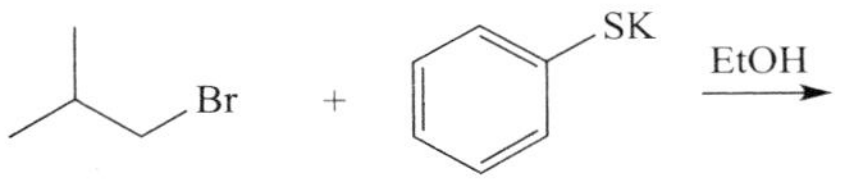

(g)

CH_3—Br + H_3C—$C(CH_3)_2$—OK $\xrightarrow{Me_3COH}$

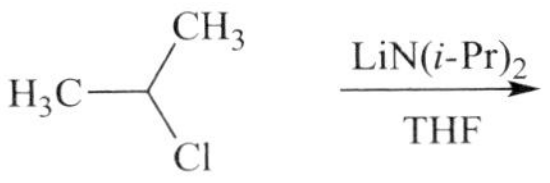

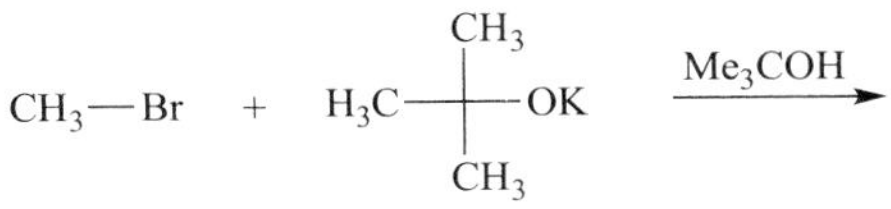

(h)

Br + $CH_3CO_2^-$ $\xrightarrow{DMF}$

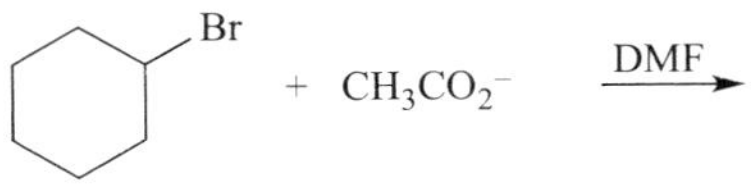

(i)

$$CH_3—S—CH_3 + CH_3I \xrightarrow{醚}$$

(j)

Br, Ph, H, CH_3O^-, H_3C, Ph, CH_3

(k)

H_3CH_2C, O, H, O—S—, CH_3, D, O, NaCN, EtOH

(l)

H_3C, ONa, H, D, +, H_3C, Cl, H, D, THF

2. 判断和书写下列每个取代反应最合理的机理(S_N2 取代反应机理、$S_{RN}1$ 取代反应机理、加成-消除反应机理或消除-加成反应机理)。有些反应可能通过多个合理的机理进行,在这种情况下,建议通过实验判断机理类型。

(a)

Me, Me, Cl, Br, Me, Me, PhS^-, $h\nu$, Me, Me, Cl, SPh, Me, Me

(b)

BuLi, 1/2, Cl, O, Cl, O

(c)

I, OK, Ph, cat. $FeCl_2$, O, Ph

(d)

NO_2, CN, NO_2, MeO^-, NO_2, CN, OMe

（e）

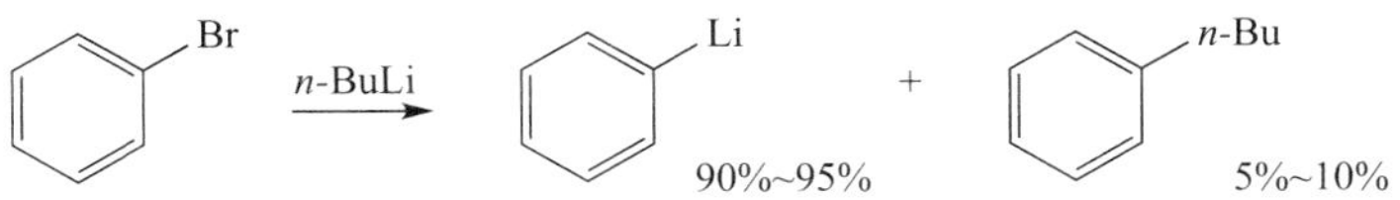

（f）

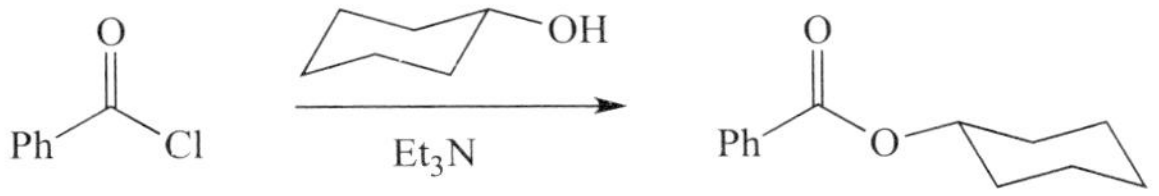

（g）

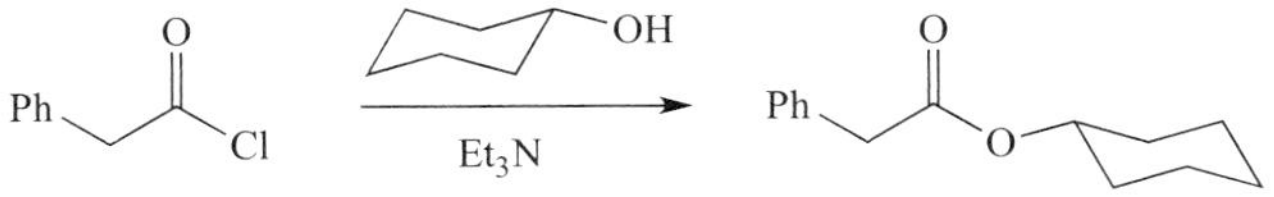

（h）产物是一种抗肿瘤药多卡霉素(潜在的 DNA 烷化试剂)的模型化合物。

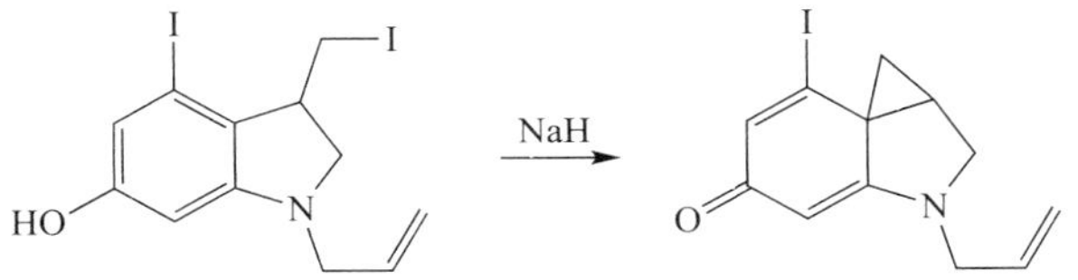

（i）

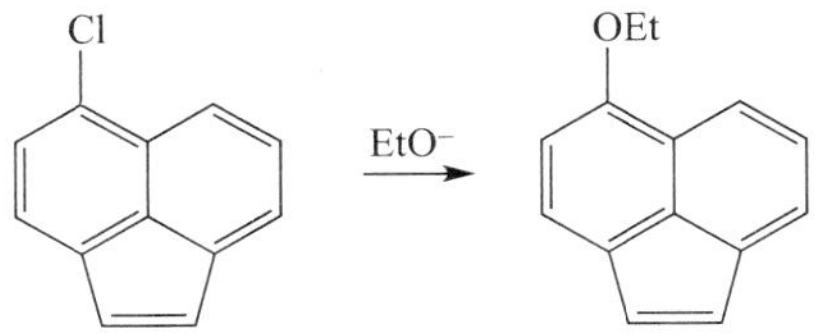

（j）

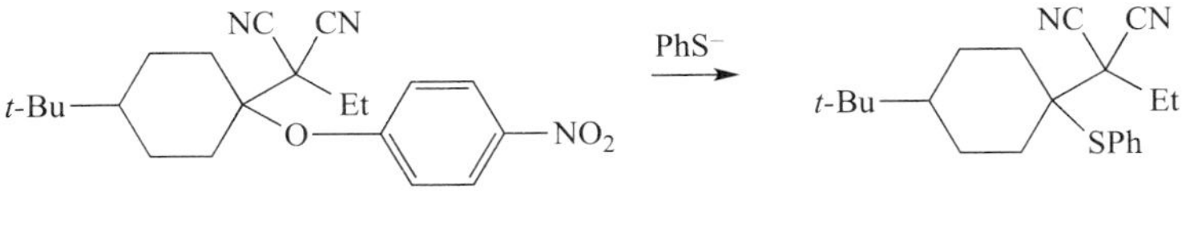

（k）

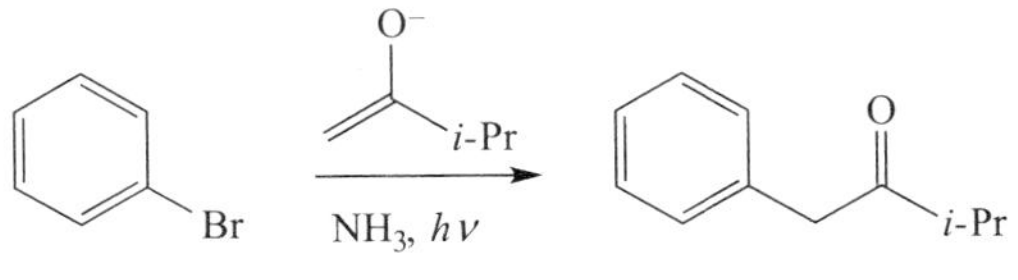

(l)

ONa, CO_2R + OTBS, H, H, H_3C, OAc, O, NH ⟶ OTBS, H, H, O, H_3C, NH, CO_2R, O

(注意立体化学结构。)

3. 书写下列反应机理。

(a)

EtO_2C, Br, CO_2Et, Br $\xrightarrow[EtOH]{KCN}$ CN, CO_2Et, CO_2Et, H

(b)

O, Cl $\xrightarrow[2)\ \triangle]{1)\ NaN_3}$ NCO

(c)

H_3C, O, CH_3 + $2EtO_2CCO_2Et$ $\xrightarrow{NaOEt}$ H_3C, O, CO_2Et, O, O, OH

(d)

O, CN $\xrightarrow[2)\ H_2O]{1)\ \text{MgCl}}$ O, NH_2

(e) Darzens 反应：

O, Ph, CH_3 Cl, CO_2Et $\xrightarrow{NaNH_2}$ H_3C, O, Ph, CO_2Et

(f)

O $\xrightarrow{CH_2N_2}$ O + O

(g)

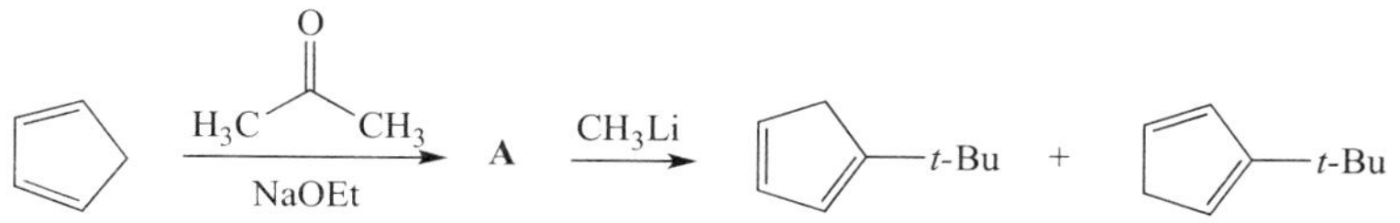

(h)

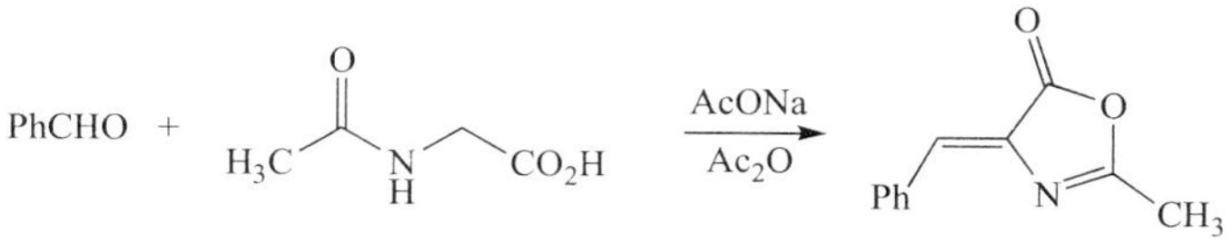

(i)

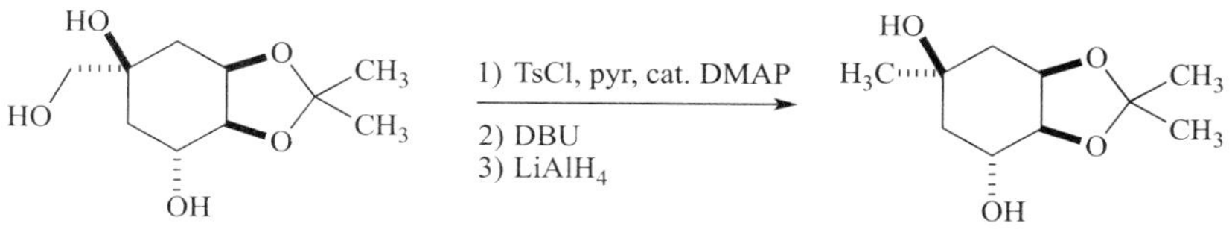

(j)

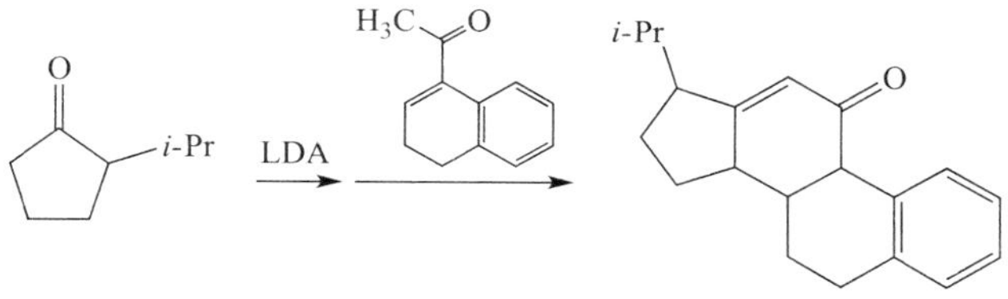

(k)

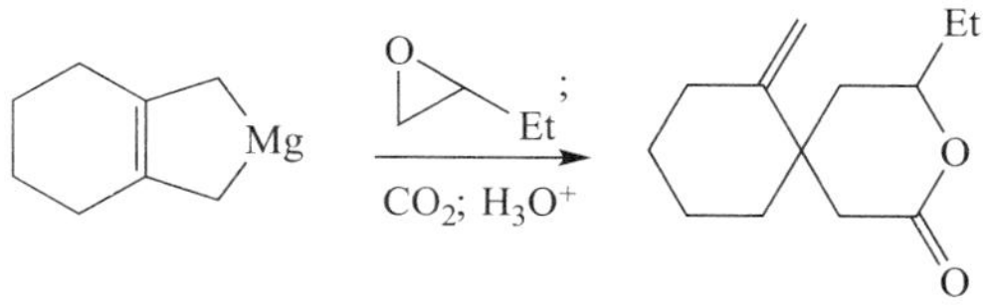

(l) Bayliss-Hillman 反应可以写出两个机理,请书写其中的一个机理。

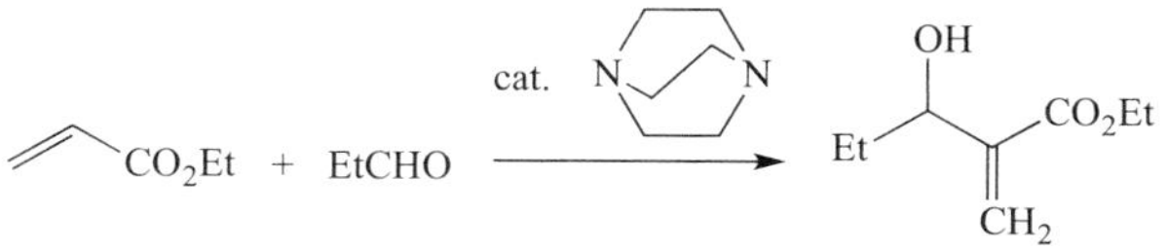

(m) 当叔胺催化剂的空间位阻增加时,Bayliss-Hillman 反应速率显著降低。你的机理与这些信息一致吗?如果不一致,请书写另一个机理。

(n) TMEDA＝$Me_2NCH_2CH_2NMe_2$;如果没有 TMEDA,反应采取不同机理,但对于该

机理来说，它不是必需的。

2.2 BuLi, TMEDA; 丙酮

(o)

NaOMe 165 °C

(p)

N_2=CHCO_2Et —LDA; *i*-BuCHO→ **A** —$Rh_2(OAc)_4$→ *i*-Bu–CO–CH_2–CO_2Et

(q)

NaH

(r) Arbuzov 反应：

Ph–CH_2–Cl + $P(OMe)_3$ → Ph–CH_2–P(=O)(OMe)(OMe)

(s) 产物中不含^{18}O：

$Na^{18}OMe$ DMSO

(t)

NaOH

(u)

$NaHCO_3$

（v）

Ts—CH_2—N^+≡C^- ＋ 环戊酮 $\xrightarrow[CH_2Cl_2]{t\text{-BuOK, EtOH}}$ 环戊基(H)—CN ＋ EtOCHO ＋ Ts^-

（提示：反应混合物中添加碱，对甲苯磺酰甲基异腈（TosMIC）与环戊酮才会反应。书写脱质子、第一个键形成的步骤，并对原子进行编号。）

（w）Potier-Polonovski 重排（pyr 为吡啶）：

Me, N^+, $^-$O, H, HN, O, O, H, O, OMe $\xrightarrow[\text{pyr, } CH_2Cl_2]{2\ F_3C(C=O)O(C=O)CF_3}$ Me, N, H, HN, O, O, O, OMe, H, O, CF_3

（x）

O, MeN, N, O, O, N, Me, N, NH, 3 $\xrightarrow[2\ K_2CO_3]{2\ \text{Br}CH_2CO_2t\text{-Bu}}$ O, CO_2t-Bu, MeN, N, O, O, N, Me, N, 3, N, CO_2t-Bu

（这是一道难题，但是如果你给所有的原子编号，然后集中精力在成键和断键上，你应该能够解决它，已经帮助你标记了一个氢原子序号。）

（y）

$N_3CH_2C(O)Ar^1$ ＋ $Ar^2CH=C(CN)_2$ $\xrightarrow[\text{EtOH}]{\text{cat. pip.}}$ Ar^2, CN, Ar^1, O, N, H, NH_2

（pip. 表示哌啶，一种含有“NH”基团的饱和六元环。）

（z）

Ar(Cl)C=C(CO_2CH_3)(CH_3) $\xrightarrow{i\text{-PrONa}}$ Ar—C≡C—CH_3

（aa）

Me, Me $\xrightarrow[t\text{-BuOK}]{CHBr_3}$ Me, Br, Br, Me $\xrightarrow{CH_3Li}$ Me, Me

(bb)

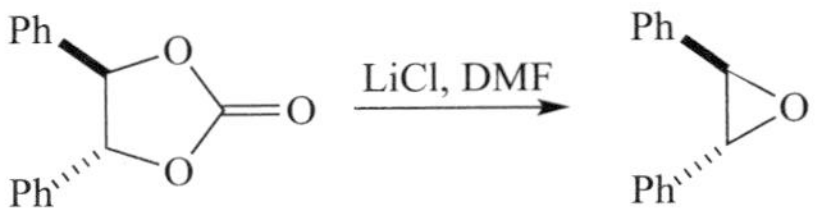

Ph O O O Ph — LiCl, DMF → Ph O Ph

(cc)

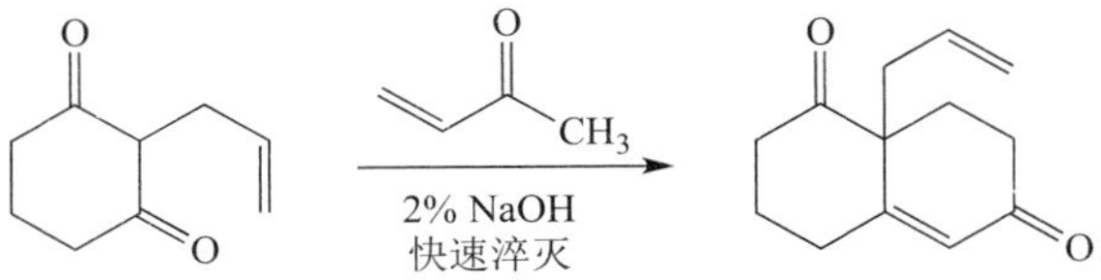

O O — (O, CH_3) 2% NaOH 快速淬灭 → O O

(dd)

O O — (O, CH_3) 5% NaOH → O O O CH_3

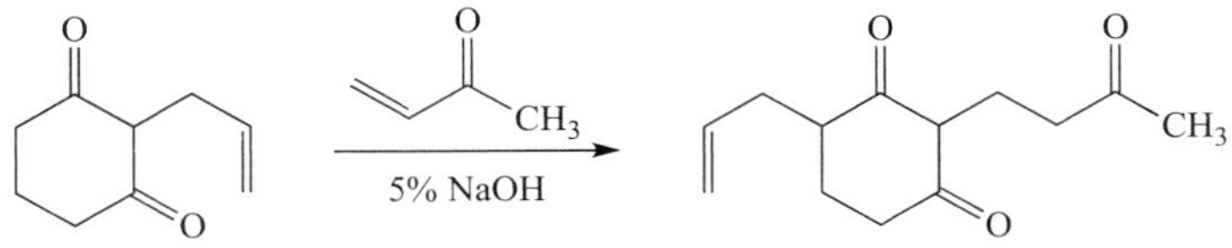

(提示:在类似情况下但使用更多的 NaOH,Robinson 增环产物不再是主产物。正确编号是解决这个问题的关键!)

(ee)

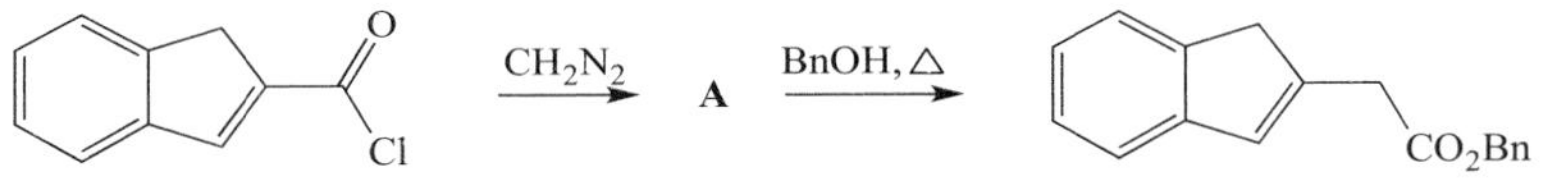

O Cl — CH_2N_2 → **A** — BnOH, △ → CO_2Bn

(ff)

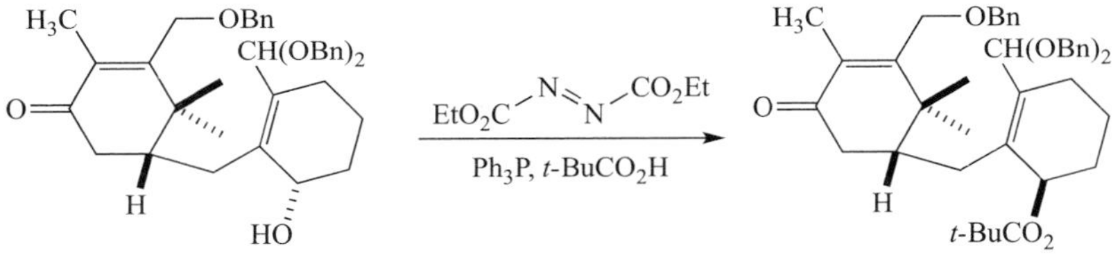

H_3C OBn $CH(OBn)_2$ O H HO — EtO_2C-N=N-CO_2Et, Ph_3P, t-$BuCO_2H$ → H_3C OBn $CH(OBn)_2$ O H t-$BuCO_2$

(gg)

O CO_2Me — (CH_3, CHO) DBU, MeOH → CO_2H MeO_2C CH_3

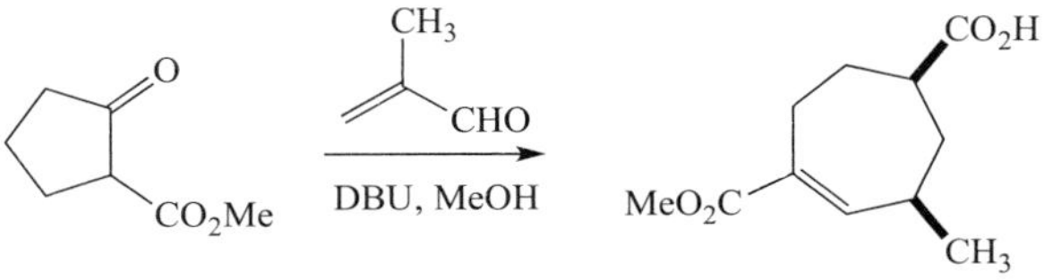

(提示:第一步是 Michael 反应,用这个信息对原子进行编号。)

(hh)

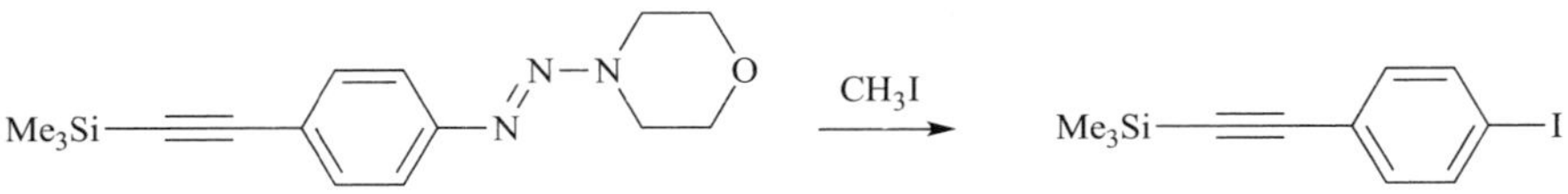

Me_3Si N N N O — CH_3I → Me_3Si I

4. 20 世纪 80 年代中期人们首次制备了催化的抗体。例如，一只兔子或老鼠用膦酸酯 A 免疫，从动物的脾细胞里分离得到纯抗 A 抗体。人们发现一些抗 A 抗体以明显快于背景的速度催化 B 的酯功能性水解。

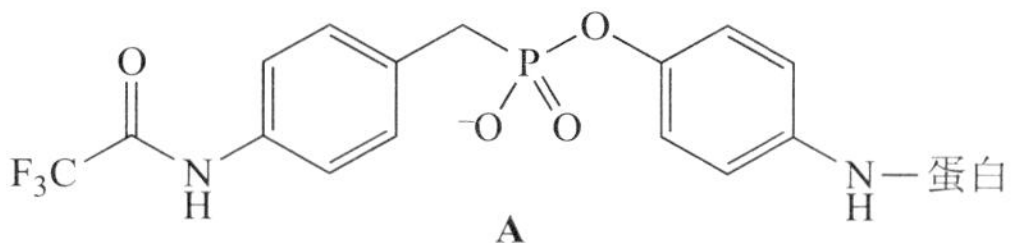

(a) 书写碱性条件下 B 的酯功能性水解反应机理，决速步骤是哪一步？

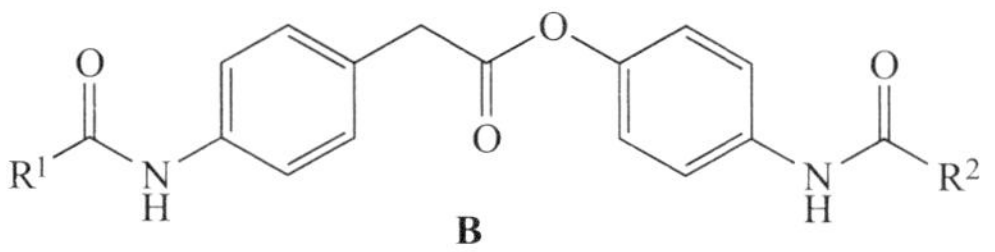

(b) 思考影响化学反应速率的参数，解释为什么抗 A 抗体能催化 B 的水解(增加速率)，用反应势能图来进行解释。

第 3 章　酸性条件下的极性反应

多数教材没有严格区分碱性条件下和酸性条件下的极性反应机理，但书写极性碱性反应机理和极性酸性反应机理时需要考虑的因素是完全不同的。典型试剂、反应中间体和质子转移步骤的顺序在酸性条件和碱性条件下不同，本章讨论酸性条件下的反应机理，我们将花费大量篇幅讨论碳正离子，它们是机理的核心。

3.1 碳 正 离 子

碳正离子是一种三价、含有六电子碳原子的中间体。如图 3.1 所示，碳原子是 sp^2 杂化，有一个空的 p 轨道垂直于三个 sp^2 轨道组成的平面。碳正离子是缺电子的，因此它们很容易受到亲核试剂的进攻。许多(但不是全部)酸性条件下的有机反应涉及碳正离子或可以写出碳正离子的共振结构式。

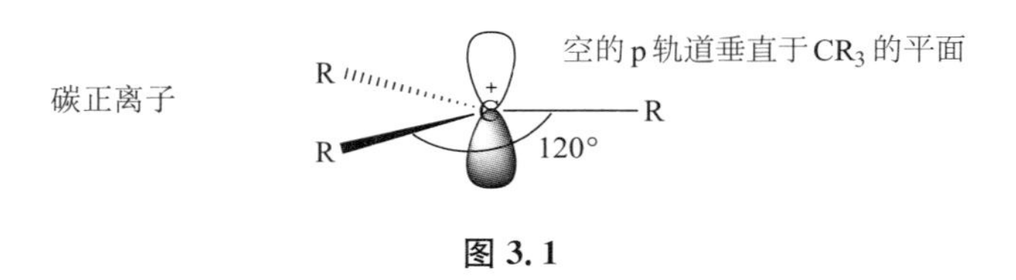

图 3.1

碳正离子最初被美国人称为“carbonium ions”，被欧洲人称为“carbenium ions”。后来，文献中完全混淆了这两个词，所以 IUPAC 介入并指定“carbonium ion”为五价带正电荷的碳，如 CH_5^+，“carbenium ion”为三价带正电荷的碳，如 CH_3^+。很不幸，此举进一步使混乱增加，部分美国人开始使用 IUPAC 定义，而其他人继续使用旧的名称。“carbocation”目前是 CR_3^+ 的首选，因为它明确提供了一个与“carbanion”(碳负离子)对应的词。

常见错误提醒： 当书写碳正离子反应机理时，遵循 Grossman 规则很重要。如果你不遵守 Grossman 规则，那么你一定会搞不清哪个原子连有三个基团、哪个原子连有四个基团。

3.1.1 碳正离子能量

大多数碳正离子高能，很不稳定，不可分离，除非在非常特定情况下。它们在反应势能图中只作为瞬态高能中间体存在。因为它们能量高，Hammond 假说(第 1 章)表明，碳正离子与生成它们的过渡态很相似。因此，以碳正离子作为中间体的反应速率一般与碳正离子自身能量相关。**常见错误提醒**：如果你写出包含高能碳正离子的反应机理，机理可能是不合理的；反之，经历低能碳正离子的反应机理可能是合理的。

每次书写碳正离子中间体时，问问自己：在该反应条件下，这是一个稳定的碳正离子吗？可以写出一个能量更低的碳正离子吗？

大多数碳正离子能量高，有些碳正离子比其他的能量更高。碳正离子可以通过四种方式降低能量：碳的空 p 轨道与非键孤对电子相互作用、与 π 键相互作用、与 σ 键相互作用（超共轭效应）、成为芳香体系的一部分。杂化也会影响碳正离子的能量。

常见的孤对电子、π 键和 σ 键降低能量的作用都是由于两个重叠轨道形成成键分子轨道和反键分子轨道，如图 3.2 所示，当一个充满的轨道例如非键轨道（n）、π 键或 σ 键与碳的空 p 轨道重叠时，形成一个新的成键分子轨道和一个新的反键分子轨道。充满轨道中的两个电子进入成键分子轨道，净能量降低。能量降低的顺序（n＞π＞σ）源自充满轨道和碳的空 p 轨道的能量接近时，相互作用最强。因为非键碳的 p 轨道能量比成键分子轨道（σ 或 π）或杂原子非键轨道的能量高，充满轨道的能量越高，能量降低作用越强。

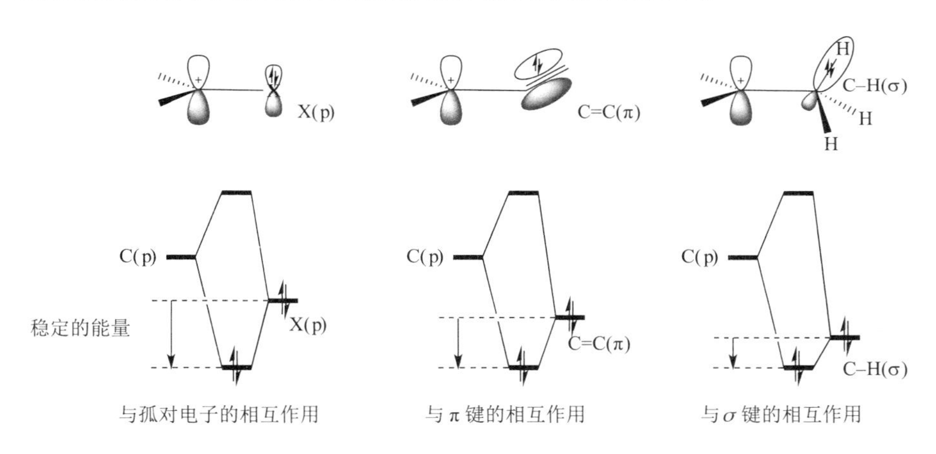

图 3.2

杂原子的非键孤对电子降低碳正离子能量超过其他的相互作用。如图 3.3 所示，我们可以写出其共振结构式，该共振结构式中带正电的杂原子和邻位碳之间有一个 π 键。为了降低能量，杂原子必须直接与缺电子的碳相连，如果不直接相连，会有能量升高的诱导效应。即使杂原子直接相连，如果几何因素阻止两个轨道之间的重叠，如图所示的双环碳正离子，能量也不会降低，它会有诱导效应。**常见错误提醒**：含孤对电子的杂原子通常也是电负性

图 3.3

的，但当去稳定的诱导效应和稳定的共振效应竞争时，共振效应总是占主导①。

沿周期表从上往下（如 O>S），从左往右（N>O>F），孤对电子的稳定化作用逐渐降低，所以氮是最好的共振给体，氧排第二。注意，这与电负性的变化趋势不一致。较重的原子（如 S 和 Cl）并非与轻原子一样擅长稳定碳正离子，因为它们的价轨道延伸，远离核，不能很好地与更紧凑的碳 p 轨道重叠。氟是一个非常好的共振给体，尽管它具有强的电负性。

常见错误提醒：当杂原子通过共享孤对电子降低碳正离子能量时，它仍然具有八电子，因此它不缺电子也不是亲电的！（记住，当电负性原子有一个形式正电荷和充满的八电子时，与其相邻的原子是亲电的。）电负性原子（如 N、O、F）能够通过共振降低碳正离子能量，因为当它们参与共振时并没有舍弃八电子。

· 与 C═C π 键的共振是降低碳正离子能量的另一种好方法。因为强的诱导效应，C═O 和 C═N π 键提高了碳正离子能量，尽管共振少量地减弱了这个效应。② 如图 3.4 所示，可以共振的 π 键越多，稳定化作用越好。芳香环可以很好地降低碳正离子能量。同样，妨碍重叠的几何因素也会妨碍降低能量。

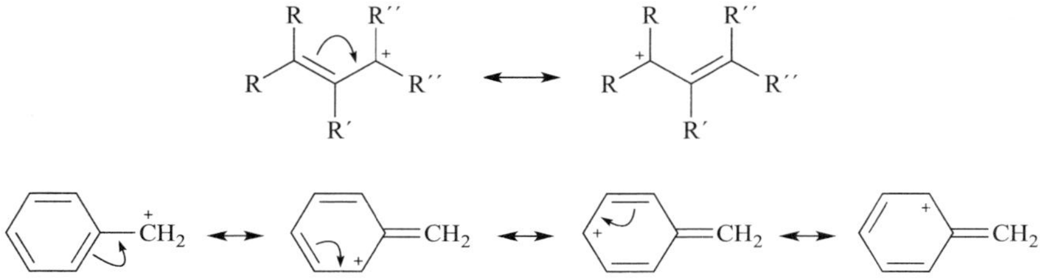

图 3.4

· 降低碳正离子能量的第三种方法是与相邻 σ 键重叠或超共轭效应（一个普遍现象的花哨名字）。σ 键越多，降低的能量越多。如图 3.5 所示，Me_3C^+ 中碳的空 p 轨道与九个 C—H 键重叠（三个完全重叠，六个部分重叠），Me_2CH^+ 中碳的空 p 轨道与六个 C—H 键重叠，$MeCH_2^+$ 中碳的空 p 轨道与三个 C—H 键重叠，故取代烷基碳正离子的稳定顺序为：3°>2°>1°。**常见错误提醒：**如果你的机理中有共振不稳定的 1°烷基碳正离子作为中间体，那么肯定是错误的。

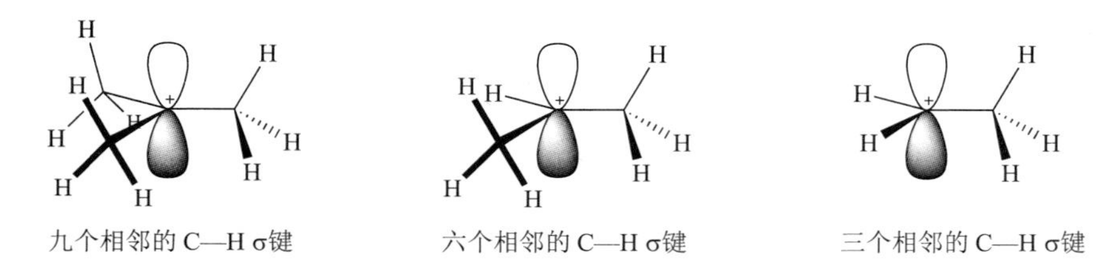

图 3.5

碳与比它自身更强的电正性原子之间形成的键要比 C—H 键和 C—C 键更稳定。因此，C—Si 和 C—Sn σ 键常用于降低碳正离子能量，而且这些键必须与碳正离子中心相邻，不是

① 译注：第二周期的杂原子（如 N 和 O）通常共振效应占主导。

② 译注：共振使杂原子 O 和 N 带上正电荷，不稳定。

直接相连，才能起到降低能量的作用。

常见错误提醒：直接与碳正离子中心相连的 σ 键不能降低碳正离子能量，这是因为它们不能与空的 C(p)轨道重叠。这些键必须处于碳正离子中心邻位才具有降低能量的作用。

当碳正离子的空 p 轨道是芳香体系的一部分时（见第 1 章），体系能量非常低，比我们预期的仅仅通过共振而降低的能量要多。如图 3.6 所示，最重要的芳香碳正离子是革鎓离子（环庚三烯正离子），能量非常低，人们可以从供应商那里购买它的盐。相反，那些碳正离子的空 C(p)轨道是反芳香体系（例如，环戊二烯正离子）的一部分时，能量大大提高。

图 3.6

烯基（乙烯基）、芳基和炔基碳正离子与烷基碳正离子相比能量更高。如图 3.7 所示，让我们比较异丙基正离子和异丙烯基正离子，后者的中心碳有两个 σ 键、一个 π 键和一个空轨道，因此它是 sp 杂化（线性）。两个离子都通过右边 CH_3—的 $C(sp^3)$—H σ 键降低能量。在异丙基正离子中，左边有 $C(sp^3)$—H σ 键额外的相互作用，而在异丙烯基正离子左边有一个 $C(sp^2)$—H σ 键额外的相互作用。因为 $C(sp^2)$轨道能量比 $C(sp^3)$低，$C(sp^2)$—H σ 键能量比 $C(sp^3)$—H σ 键低，所以 $C(sp^2)$—H σ 键不太擅长降低正离子中心的能量。事实上，2°烯基碳正离子（$R_2C{=}\overset{+}{C}R$）大约与 1°烷基碳正离子能量相当，1°烯基碳正离子（$R_2C{=}\overset{+}{C}H$）与 CH_3^+ 能量相当。

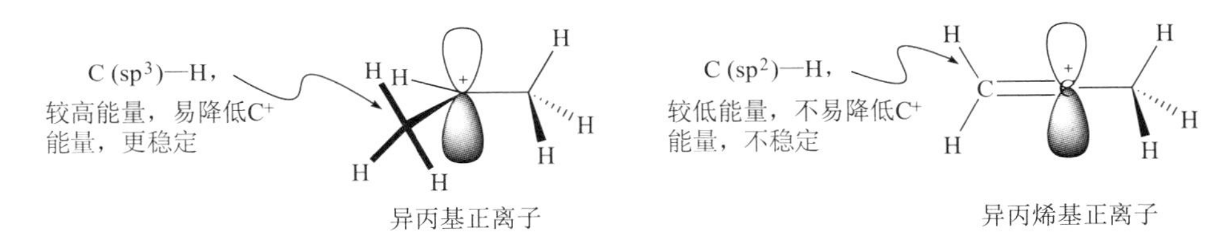

图 3.7

如图 3.8 所示，芳基和炔基碳正离子甚至比 1°乙烯基和甲基正离子能量更高，因为它们不能再次杂化形成空的 C(p)轨道。事实上，芳基和炔基碳正离子只能在非常特殊的情况下，含有最好的离去基团（如 N_2）时产生。**常见错误提醒**：如果你的机理中有烯基、炔基或芳基碳正离子作为中间体，那么肯定是错误的。

图 3.8

诱导吸电子原子和基团使碳正离子能量上升，羰基 α 位碳正离子（$R_2\overset{+}{C}C{=}O$），β-羟基碳正离子（$HOCR_2\overset{+}{C}R_2$）和 β-卤代碳正离子都特别不稳定。

碳正离子在缺电子的正离子中占据一个独特的位置。缺电子的氮(Nitrenium)和缺电子的氧(Oxenium)能量非常高,却很少或从未见过。缺电子的硼和铝化合物很常见,但它们不是正离子。硅离子(R_3Si^+)动力学极不稳定;但是将 R_3Si^+ 基团视为一个大的、动力学更稳定的 H^+ 很有用。

遵守 Meier 规则:有疑问时,书写共振结构式!通常,将碳正离子写成共振结构式的其中一种,有时甚至不是能量最低的形式。根据你看到不同的共振结构式,就能明白它们如何影响碳正离子的能量和反应性。

3.1.2 碳正离子的产生和质子化作用

产生碳正离子有三种方法:$C—X^+$ σ 键解离、C=X 键杂原子的孤对电子与 Lewis 酸反应、C=C π 键与 Lewis 酸(如 H^+ 或碳正离子)反应。

碳正离子也可以通过 C=C π 键的单电子氧化产生,通过此方法产生的碳正离子是自由基正离子,它们有奇数个电子,包含自由基正离子的反应将在第 5 章中详细讨论。

如图 3.9 所示,$R_3C—X^+$ 键可以自发解离得到 R_3C^+ 和 :X,解离的可能性取决于碳正离子 R_3C^+ 的能量、离去基团 X 和溶剂。$Me_3C—\overset{+}{O}H_2$ 脱水容易在室温下发生,但 $RCH_2—\overset{+}{O}H_2$ 的解离很难,因为会生成高能的碳正离子。注意 X 在解离之前通常有一个形式正电荷。负离子离去基团 X^- 自发离开不太常见,如果产物足够稳定,它可以在强极性溶剂中发生(尤其是质子性溶剂)。负离子离去基团 X^- 常常通过简单质子化转变为中性离去基团,有时只需要弱酸(如醋酸和吡啶对甲苯磺酸盐(PPTS)),有时需要强 Lewis 酸(如 BF_3、$AlCl_3$、$FeCl_3$、$ZnCl_2$、$SnCl_4$ 或 $TiCl_4$)加快解离。银(Ⅰ)盐($AgNO_3$、AgOTf、Ag_2O)可以加快相对稳定的碳卤键(如 C—Cl)的解离,驱动力是强 Ag—X 键的生成和 AgX 沉淀。

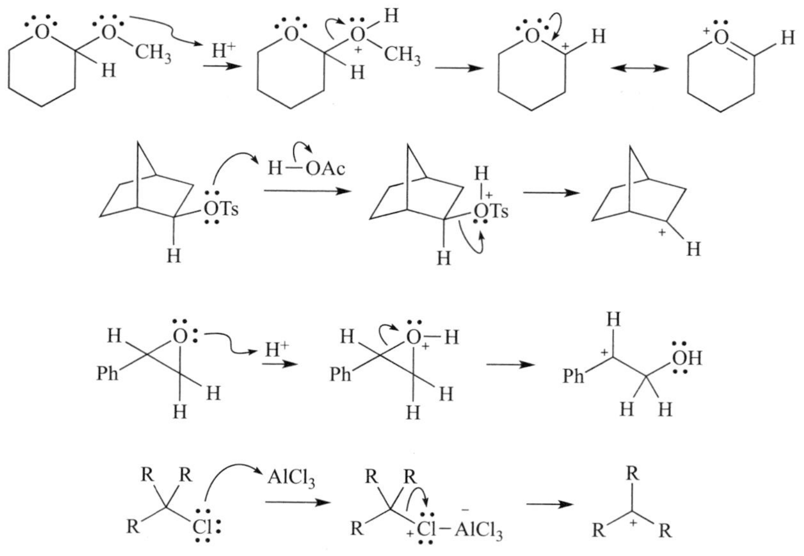

图 3.9

如图3.10所示，C＝X键中的杂原子可以用它的孤对电子与Lewis酸反应得到产物，可以书写产物的碳正离子共振结构式。羰基化合物的质子化属于这一类型，氧的一对孤对电子与H^+结合，得到的物质有两个主要共振结构式，其中一个是碳正离子。碳正离子共振结构式不是最稳定的结构式，但它可以告诉我们离子反应性的最多信息。如果羰基碳原子直接与杂原子（如酯、羧酸、酰胺）相连，可以书写更多的共振结构式。亚胺的反应（Schiff碱）经常从氮的质子化开始。**常见错误提醒**：酯、酰胺和羧酸与亲电试剂的反应发生在羰基氧上。羰基氧质子化与非羰基杂原子质子化相比，可以书写更多的共振结构式。

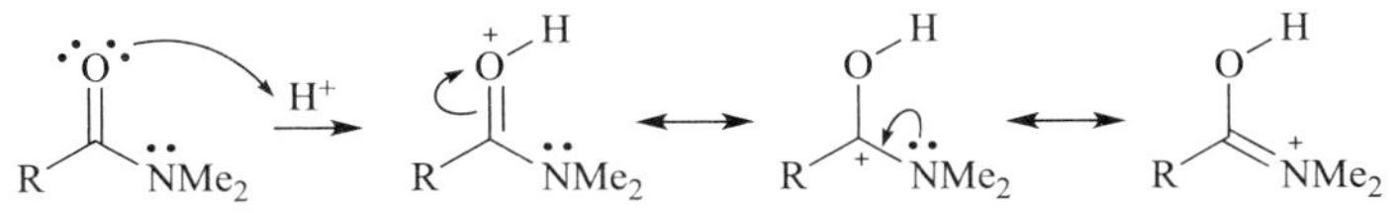

图3.10

如图3.11所示，C＝C键的π电子可以与Lewis酸亲电试剂反应得到碳正离子，最简单的例子是烯烃与H^+的反应。注意π键的一个碳原子用π电子与H^+形成σ键，而π键的另一个碳缺电子，有一个形式正电荷。其他的正离子亲电试剂（碳正离子、酰基离子）也可以与C=C π键反应。

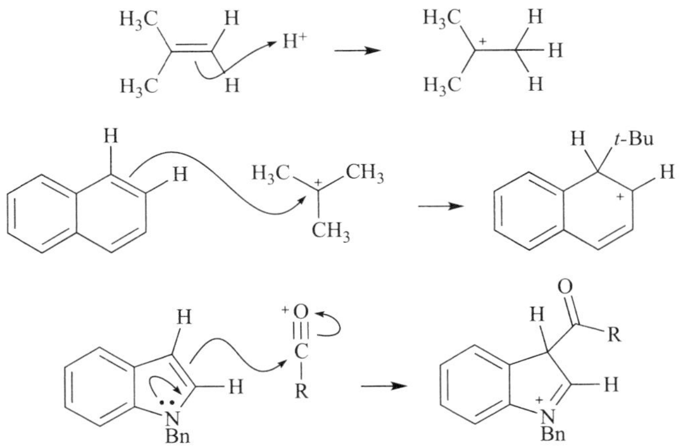

图3.11

产生碳正离子的第一种和第二种方法包括杂原子与H^+或其他Lewis酸的反应。杂原子质子化将π键亲电试剂转变为更有效的亲电试剂，或将一个中等的离去基团转变为一个好的离去基团。在第2章极性碱性反应机理中，我们发现底物去质子化并非总是在酸性最强的位点发生。同样，在极性酸性反应机理中，质子化也并非总是发生在碱性最强的位点。要判断底物在哪里质子化，首先需要确定哪些键形成，哪些键断裂，然后确定哪些原子是亲核的，哪些是亲电的；最后杂原子质子化将离去基团转变成更好的离去基团，或将亲电试剂转变为更强的亲电试剂。

3.1.3　碳正离子的典型反应——重排反应

不管碳正离子如何产生，它们总是发生三种反应：亲核试剂的加成反应、消除得到含π

键的化合物和稳定的正离子(常常是 H^+,但并非总是)反应或重排反应。这些反应相互竞争,通常结构或反应条件上稍稍差异会打破平衡,一种反应会优于另一种反应。例如,在 3°烷基碳正离子的反应中,当亲核试剂是质子性溶剂(乙醇、水或羧酸)时,加成有利;当 R_3Si^+ 可以解离或溶剂是非亲核时,消除有利。很难预测发生哪种反应,通常会要求你合理地解释产物的形成。

如图 3.12 所示,在加成反应中,亲核试剂贡献一对电子给碳正离子的空轨道形成一个新的 σ 键。**常见错误提醒:**带有质子的孤对电子亲核试剂(如 H_2O、ROH、RCO_2H、RNH_2 等)与碳正离子加成以后,会立即脱去质子。两步反应(先加成,然后脱质子)是酸性条件下碳-杂原子键解离的微观逆反应。当亲核试剂是羧酸时,形成新键的是羰基氧,而不是羟基氧。

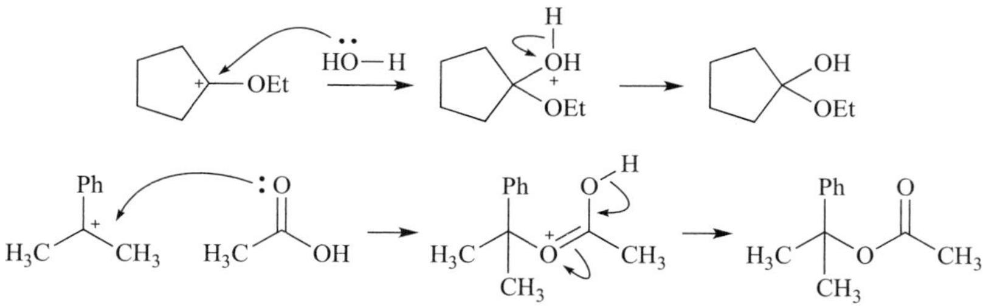

图 3.12

如图 3.13 所示,π 键和 σ 键亲核试剂也可以和碳正离子加成,在前者的反应中,形成一个新碳正离子。

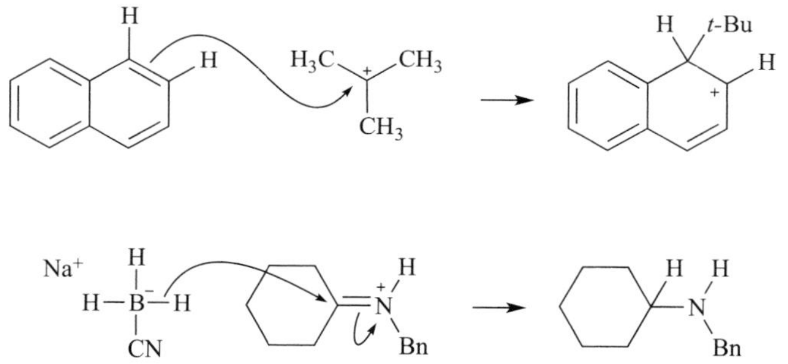

图 3.13

如图 3.14 所示,碳正离子解离得到一种新的缺电子正离子和一种含有 π 键的物质。解离时,在缺电子碳原子邻位(不是直接相连)键上的电子移动与缺电子中心($\overset{+}{C}-X-Y\rightarrow$

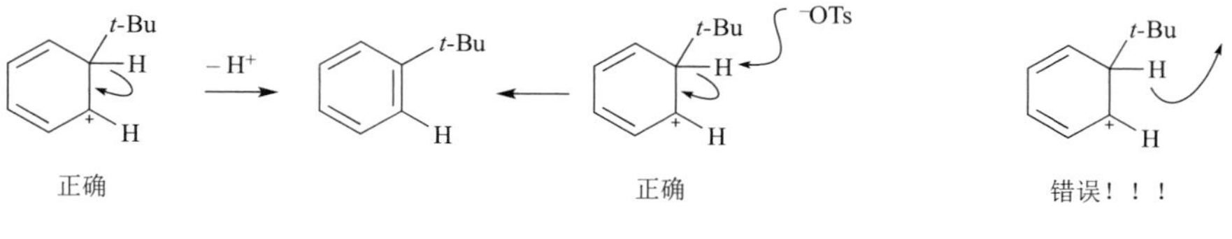

正确　　正确　　错误!!!

图 3.14

$C=X+\overset{+}{Y}$)形成 π 键,产生的缺电子物质(Y^+)可以是 H^+、碳正离子或者偶尔是 R_3Si^+ 或 R_3Sn^+。中心原子 X 可以是碳或其他原子如氮或氧。解离是 π 键亲核试剂与 Lewis 酸亲电试剂加成的逆反应。注意,描述 X—Y 键断裂的电子转移箭头表示 X—Y 键电子向正离子中心移动,基团 Y^+ 远离,断裂与 X 的键。**常见错误提醒**:不要使用箭头显示 Y^+ 远离!如果 Y^+ 远离使你困扰,在 X—Y 键断裂时,可以写一个弱碱与 Y^+ 形成新键。通常假定碱存在,但没有写出来。

碳正离子也可以发生重排,与碳负离子相比更易发生。碳正离子寿命越长(即反应条件酸性越强),重排倾向越大。通常碳正离子重排得到能量更低的碳正离子,但在高温下可以发生逆热力学重排。有时因为动力学原因,高能碳正离子与低能碳正离子在平衡状态下进行选择性生成。

碳正离子重排反应的主要机理是 1,2-氢迁移和 1,2-烷基迁移。两种迁移都发生在环己基正离子(2°碳正离子)到 1-甲基环戊基正离子(3°碳正离子)的重排中,如图 3.15 所示,环己基正离子的 C3—C2 键从 C2 迁移到 C1,发生 1,2-烷基迁移,得到环戊甲基正离子(1°碳正离子),反应能量上升。但是 C1—H 键从 C1 迁移到 C2,发生 1,2-氢迁移,得到更低能的产物。例如图 3.16 所示。

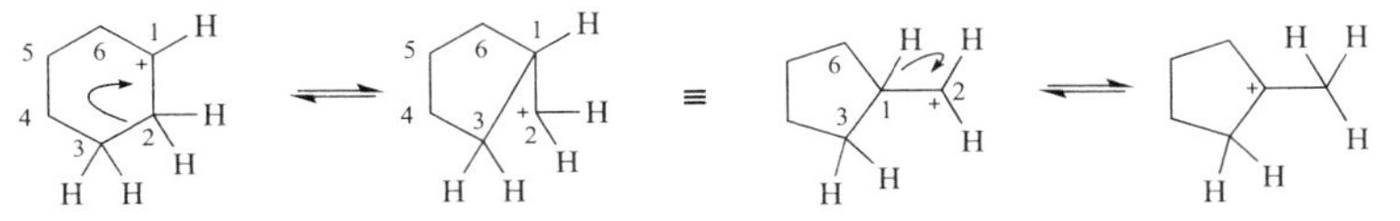

图 3.15

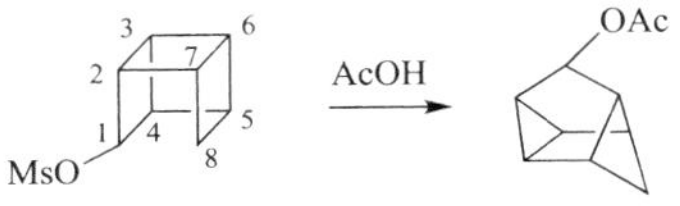

图 3.16

如图 3.17 所示,在原料和产物中都只有一个 CH_2,假定原料和产物中的 C5—C6—C7—C8 环不变。C6 仍然与 C3 相连,C3 与 C2 相连(或 C4,它们是相同的,没有区别),留下 C1 和 C4;假设 C4 仍然与 C5 相连得到最终编号的产物。成键:C1—C7,C2—C4,C3—OAc。断键:C1—OMs,C2—C7,C3—C4。

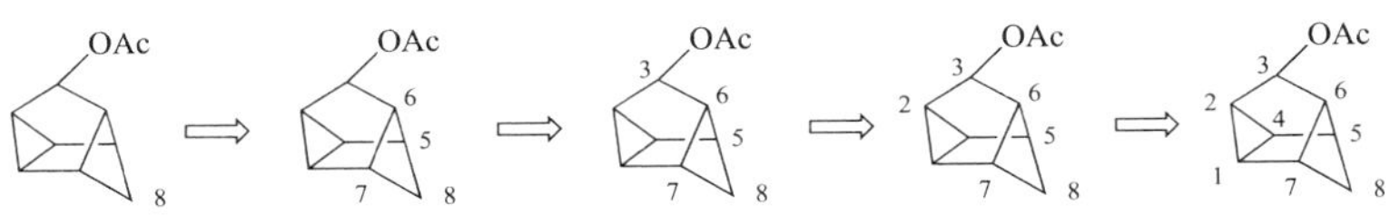

图 3.17

如图 3.18 所示,在 C1 上产生正离子,C7—C2 迁移形成 C7—C1,C4—C3 迁移形成 C4—C2,乙酸与 C3 碳正离子加成,失去 H^+ 得到产物。

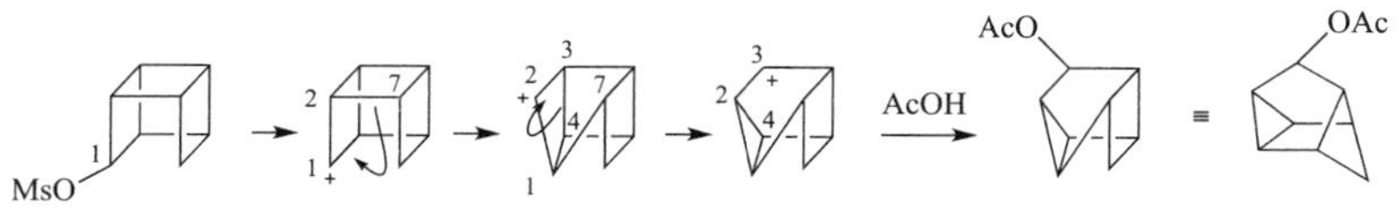

图 3.18

注意：当键移动时，原子如何保持其相对位置。特别是在重排反应中，要把所有的中间体按照原料一样准确书写。只有当形成和断裂了列表中的所有键时，你才应该尝试重新书写结构式。

如图 3.19 所示，跨环 1,5-氢迁移往往发生在中环(八、九和十元环)上。因为在这些环中，直接相互交叉的原子非常靠近，所以迁移很容易。不过，一般大多数正离子重排可以通过一系列 1,2-迁移来解释。

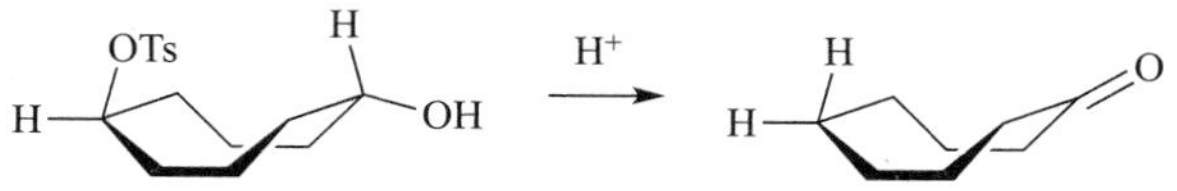

图 3.19

通常 1,2-迁移与离去基团的离去是协同的。例如，思考图 3.20 所示的重氮离子，两个非对映体失去 N_2 得到碳正离子中间体，该碳正离子可以通过 1,2-烷基迁移得到醛或 1,2-氢迁移得到酮。如果两个非对映体都通过碳正离子重排，那么每个非对映体应该得到相同比例的醛或酮。事实上，一个非对映体只得到醛，而另一个非对映体只得到酮。这一结果表明，没有碳正离子中间体，重排与离去基团离去是协同的。

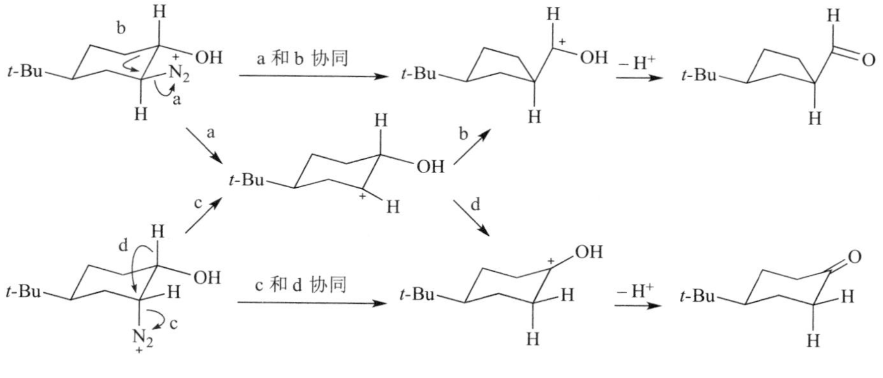

图 3.20

为什么平伏键 RN_2^+ 只得到醛，直立键 RN_2^+ 只得到酮呢？当 1,2-迁移与离去基团的离去协同时，迁移的键必须与离去基团的 C—X 键处于反式共平面(参见第 2 章中“E2 消除反应中要求顺式共平面和反式共平面”的讨论)。在本例的两个非对映体中，与 C—$\overset{+}{N}_2$ 键处于反式共平面的键选择性迁移。(如果你想象有困难，可以画一个纽曼投影式或者创建一个模型)。如图 3.21 所示，在 Beckmann 重排反应中可以观察到同样的现象，其中肟通过 1,2-烷基迁移和水加成转变成酰胺，处于羟基反式(即反式共平面)的基团选择性迁移。

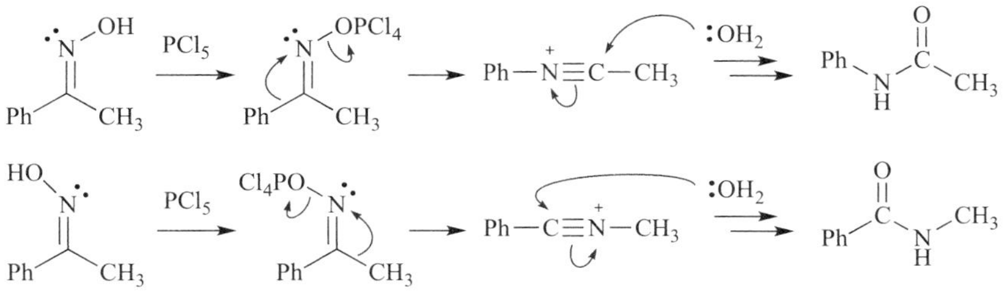

图 3.21

习题 3.1 在图 3.22 所示的重排反应中，1,2-迁移与离去基团的离去协同发生，书写该反应机理。$FeCl_3$ 是一种 Lewis 酸，如果迁移与离去基团的离去不是协同的，会得到什么副产物？

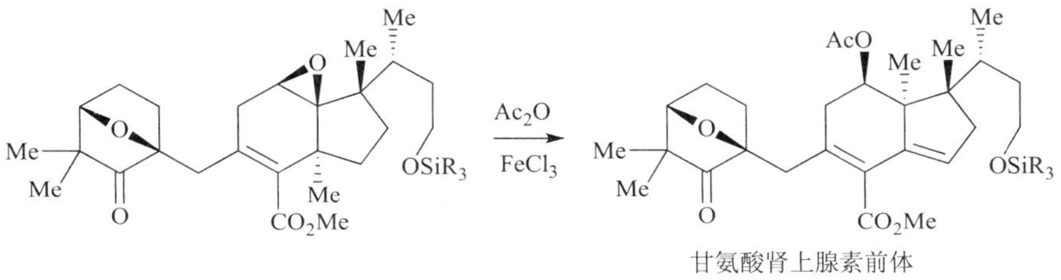

甘氨酸肾上腺素前体

图 3.22

如图 3.23 所示，频哪醇重排反应是酸性条件下羟基离去与迁移同步的另一个例子，可以书写碳正离子中间体的反应机理，但这个碳正离子受到邻位羟基的诱导效应影响而不稳定。

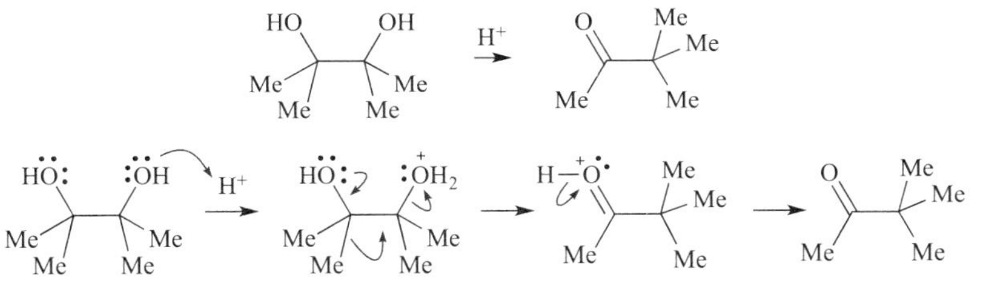

图 3.23

该如何判断离去基团的离去与 1,2-迁移是否协同？或者碳正离子是否在 1,2-迁移发生之前形成呢？强酸条件下，碳正离子寿命特别长，通常会书写非协同反应机理。相反，通常在下列情况书写协同反应机理：

- 离去基团离开后得到一个特别高能的碳正离子。
- 1,2-迁移后得到的碳正离子能量特别低。
- 与离去基团处于反式共平面的基团选择性迁移，而其他基团不迁移。

苯和其他不饱和基团也发生 1,2-迁移，但它们采用两步加成-裂解反应机理。如图 3.24 所示，苯基 π 键与碳正离子加成得到三元环中间体，称为苯鎓离子，三元环的一个键断裂得到原料或产物。

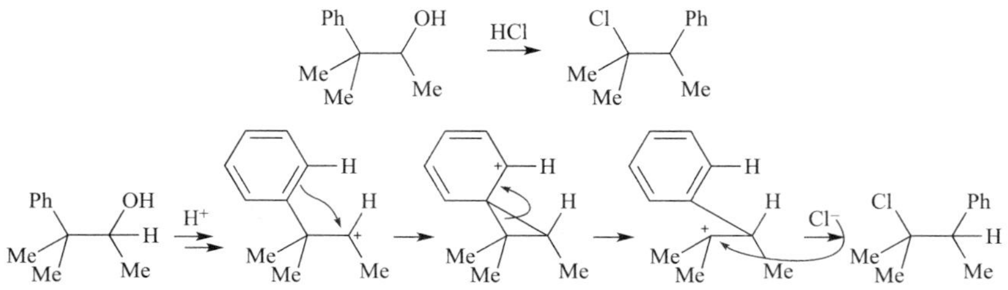

图 3.24

苯基的协同迁移比两步迁移的活化能高，因为迁移原子的 C(sp^2)轨道与参与过渡态的另外两个轨道相互作用没有 H(s)或 C(sp^3)轨道的作用强。苯基的 1,2-迁移往往比烷基 1,2-迁移速度更快，尽管它不是协同的，还包含一个三元环中间体。在这个例子中，甲基 1,2-迁移得到能量较低的碳正离子，但苯基迁移速度更快。

有时很难辨别包含烷基 1,2-迁移的反应机理，看看断键和成键的列表，如果一个基团从一个原子迁移到其邻位，可能有 1,2-迁移。

习题 3.2 书写图 3.25 中重排反应的机理，$SnCl_4$ 是一种 Lewis 酸，可以将 Me_3Si—看作一个大的质子。注意迁移基团保留其立体化学结构！迁移基团构型保留是 1,2-迁移的普遍特征。

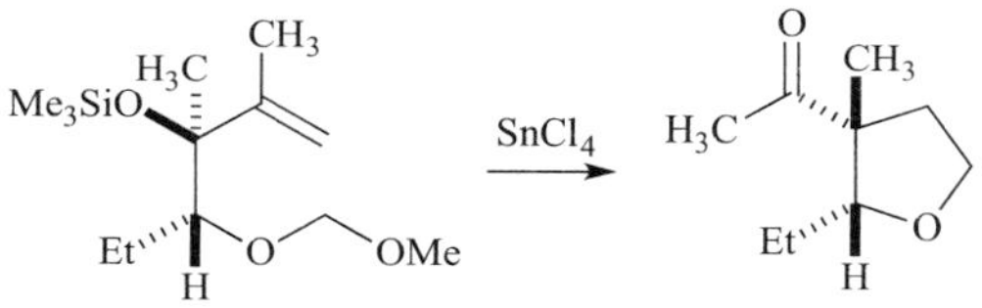

图 3.25

3.2 C(sp^3)—X 取代和 β-消除反应

3.2.1 S_N1 和 S_N2 取代反应机理

酸性条件下，C(sp^3)—X 的亲核取代常常通过 S_N1 取代反应机理进行。如图 3.26 所示，S_N1 取代反应机理不含质子化和去质子化两步。在决速步骤中，离去基团离开得到碳正离子。在随后的快速步骤中，亲核试剂与碳正离子(碳正离子三种典型反应之一)结合得到产物。亲核试剂可以是负离子(只要是弱碱，如 Br^- 或 I^-)或中性。除了这两个步骤，有时离去基团离开之前会质子化，有时候亲核原子结合之后会去质子化。一方面，离去基团的质子化使其变成一个更好的离去基团，尤其当它是—OH 或—OR 时。另一方面，中性、质子化的亲核试剂(如 H_2O、ROH、RCO_2H)在与碳正离子结合以后总是失去一个质子得到中性化合物。

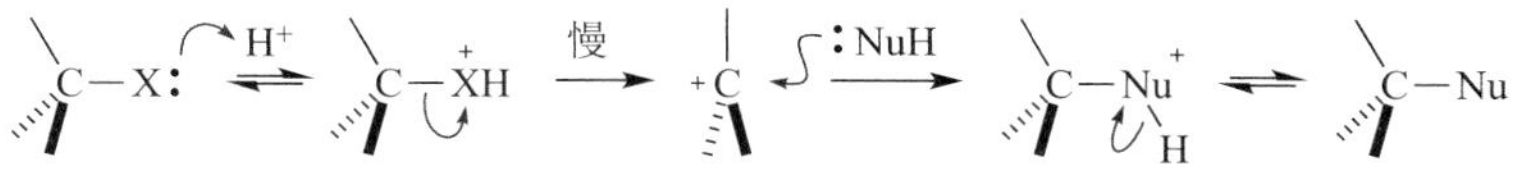

C—X: H⁺ ⇌ C—XH(+) →(慢) +C ∫:NuH → C—Nu(+)—H ⇌ C—Nu

图 3.26

形成碳正离子是 S_N1 取代反应的决速步骤，所以反应速率直接与形成碳正离子的能量相关。$C(sp^3)$—X 的 S_N1 取代反应很容易发生在 3°碳中心；偶尔发生在 2°碳中心（尤其当低能基团如杂原子或 π 键与其直接连接时）；只有当强的低能基团（如氧或氮）与其相连时，才会发生在 1°烷基中心。亲核试剂是 π 键的取代总是通过 S_N1 取代反应机理进行，因为 π 键对 σ 键亲电试剂而言是弱的亲核试剂，对碳正离子而言是非常好的亲核试剂，如图 3.27 所示。

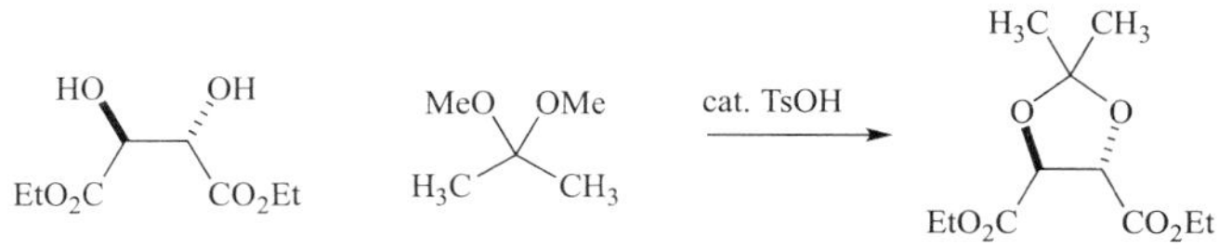

HO OH EtO2C CO2Et MeO OMe H3C CH3 —cat. TsOH→ H3C CH3 O O EtO2C CO2Et

图 3.27

产物中的环氧原子来自二醇还是缩酮，一眼看过去并不明显。写出副产物，你会发现得到 2 当量的甲醇，这个信息表明，缩醛的 Me—O 键没有断裂，所以产物中的环氧原子来自二醇。（第一种试剂中两个 C—O 键构型的保留也提供了线索，说明情况确实如此。）反应的开始两步一定是甲氧基质子化和脱去甲醇得到低能的碳正离子，如图 3.28 所示。

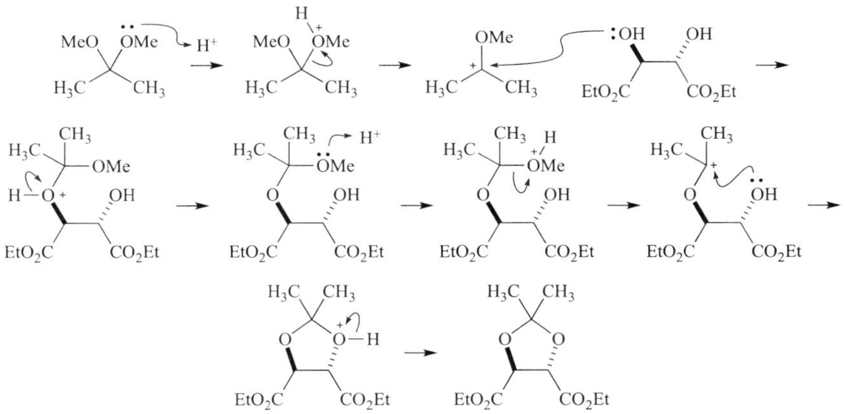

MeO OMe H⁺ H3C CH3 → MeO H OMe(+) H3C CH3 → OMe (+) H3C CH3 :OH OH EtO2C CO2Et →

H3C CH3 OMe H—O(+) OH EtO2C CO2Et → H3C CH3 OMe H⁺ O OH EtO2C CO2Et → H3C CH3 H OMe(+) O OH EtO2C CO2Et → H3C CH3 (+) O OH EtO2C CO2Et →

H3C CH3 O O(+)—H EtO2C CO2Et → H3C CH3 O O EtO2C CO2Et

图 3.28

习题 3.3 书写图 3.29 中取代反应的机理。记住，在每个例子中，离去基团与 Lewis 酸（如 H^+）的络合发生在离去基团离去之前。

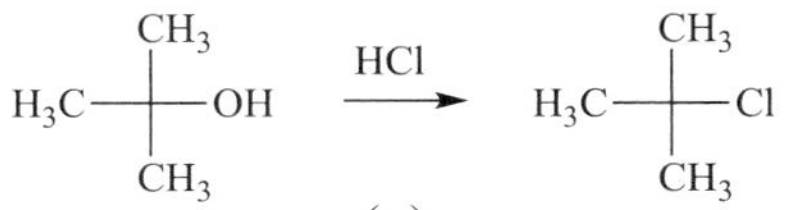

H_3C—C(CH_3)(CH_3)—OH —HCl→ H_3C—C(CH_3)(CH_3)—Cl

(a)

图 3.29

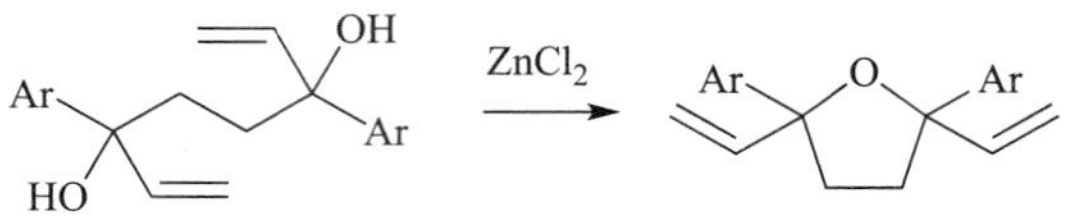

(b)

图 3.29(续)

习题 3.4 烯卤和芳卤在酸性条件下不发生取代反应,为什么?

在酸性条件下,亲电碳的取代反应只有在特定情况下才会按照 S_N2 取代反应的机理进行。亲电碳必须是 1° $C(sp^3)$—X 亲电试剂(或 CH_3—X),其碳正离子不稳定,亲核试剂要很强(如 Br^- 或 I^-),反应条件需要强酸(如 48%的氢溴酸溶液回流)。酸性条件下,S_N2 取代反应机理的一个例子是 1°醇用无机酸转变为卤代烃,如图 3.30 所示,需要强酸性条件将羟基转变为更好的离去基团,该离去基团可以长时间存在,进行 S_N2 取代反应。

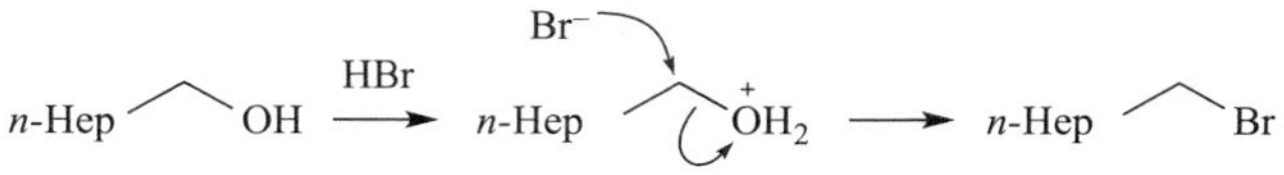

图 3.30

习题 3.5 为图 3.31 中的取代反应书写合理的机理。哪个氧先被质子化?

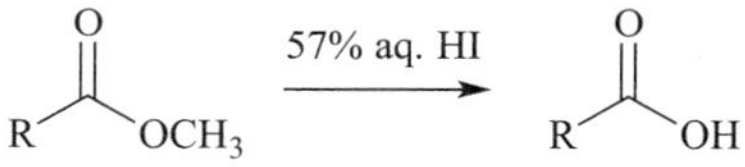

图 3.31

常见错误提醒:当反应条件是弱酸时,碳的取代几乎总是 S_N1 取代反应机理。如图 3.32 所示。

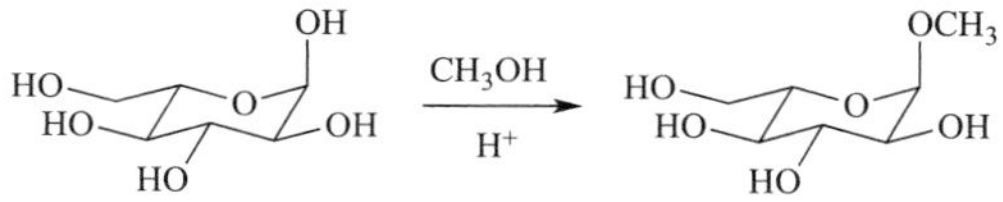

图 3.32

糖甘化反应的机理取决于产物中与甲基相连的氧来自甲醇还是糖。如果它来自糖,那么取代反应在甲醇的碳上发生。在这个碳上无法形成碳正离子,所以必须书写 S_N2 取代反应机理,如图 3.33 所示。

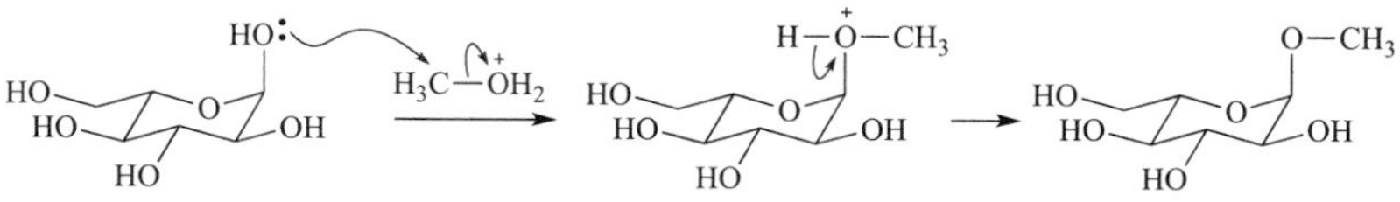

图 3.33

如果它来自甲醇，那么取代在糖的端基碳上发生。在这个碳上可以形成一个很好的碳正离子（被氧降低能量），所以可能是 S_N1 机理，如图 3.34 所示。

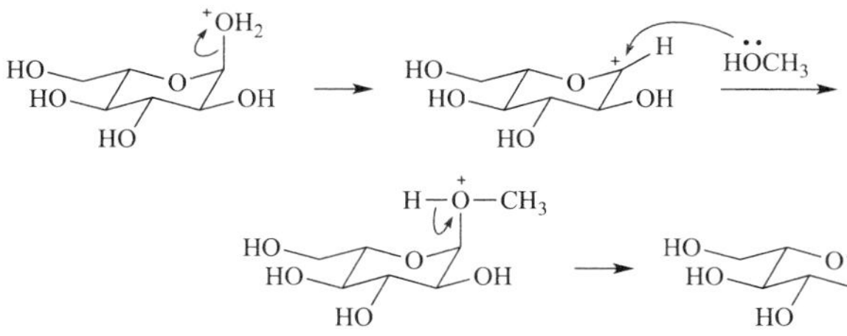

图 3.34

哪种机理更好呢？S_N2 取代反应机理需要苛刻的酸性条件和非常好的亲核试剂，如 Br^- 或 I^-，这里两个条件都不具备，所以 S_N1 取代反应机理比 S_N2 取代反应机理要好很多。

亲核性更强的原子（如磷和溴）的取代在酸性条件下按照 S_N2 取代反应机理进行。这些原子不能形成 S_N1 取代反应机理所需的稳定碳正离子。如图 3.35 所示。

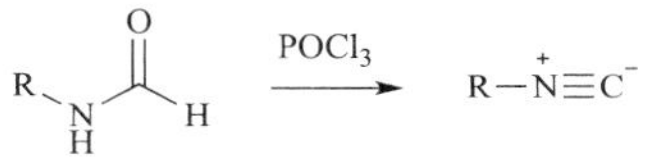

图 3.35

在 $POCl_3$ 帮助下，酰胺脱去水。如图 3.36 所示，酰胺的氧是亲核的，磷是亲电的，所以第一步可能是在磷上发生简单的 S_N2 取代反应，酰胺的氧作为亲核试剂；第二步亲核试剂脱去质子，然后氮的孤对电子辅助 C—O 键断裂，最后脱去质子得到异腈。

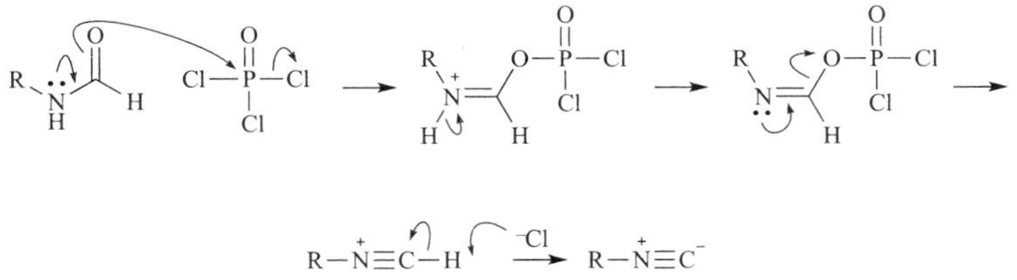

图 3.36

在酸性条件下，取代反应很少通过 $S_{RN}1$ 取代反应机理进行，因为自由基负离子通常是强碱。碱性条件下，取代反应不能通过 S_N1 取代反应机理进行，因为碳正离子中间体是强 Lewis 酸。

当手性中心发生 S_N1 取代反应时，通常观察到失去构型。因为碳正离子中间体是平面的，所以亲核试剂从一面或另一面进攻没有差别。有时只失去部分构型，这里你不需要关注原因，但有时候，明显的 S_N1 取代反应是立体专一性的，这通常是因为邻位 π 键或孤对电子参与的结果，如图 3.37 的例子所示，你可以把这些反应看作两步连续的 S_N2 取代反应。即使在这些反应中真的形成碳正离子中间体，它存在的时间也比 C—C σ 键旋转的时间短。

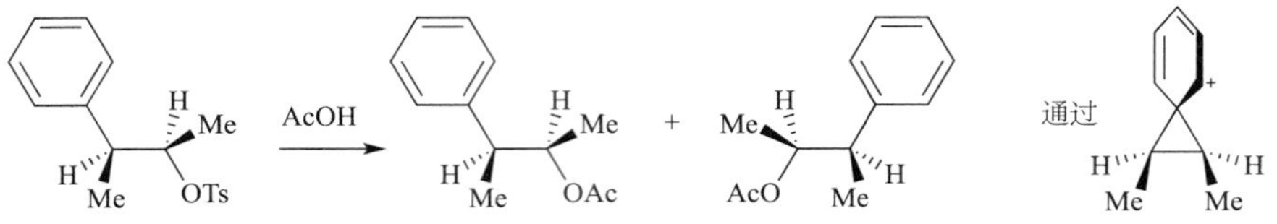

图 3.37

3.2.2 β-消除的 E1 反应机理

酸性条件下，C(sp^3)—X 中心也可以发生消除反应，称为 E1 反应机理。如图 3.38 所示，离去基团离开(有时在质子化以后离开)，得到碳正离子，然后碳正离子解离(碳正离子三个反应之一)得到一个含有 π 键的化合物和一个新的正离子(通常是 H^+)。解离总是发生在 β-C 键上，不是直接相连的键，这个键的电子迁移形成 π 键。有时在反应式中显示弱碱(溶剂或反应混合物中强酸的共轭碱)除去 H^+。除了 H^+ 之外的其他正离子基团通常是 R_3Si^+、R_3Sn^+ 或稳定的碳正离子，可以通过这种方式解离失去。事实上，如果在失去 H^+ 或 R_3Si^+ 之间做选择，碳正离子通常会选择失去后者。

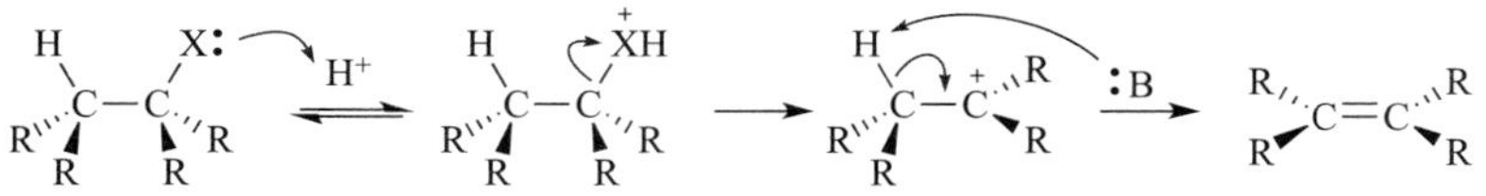

图 3.38

通常不显示脱去 H^+ 的弱碱，所以碳正离子似乎自发解离。**常见错误提醒**：如果不显示脱去 H^+ 的弱碱，请确保正确书写电子转移箭头。箭头显示 C—H 键电子转移形成 π 键，不应该写成 H^+ 飞走(图 3.39)。

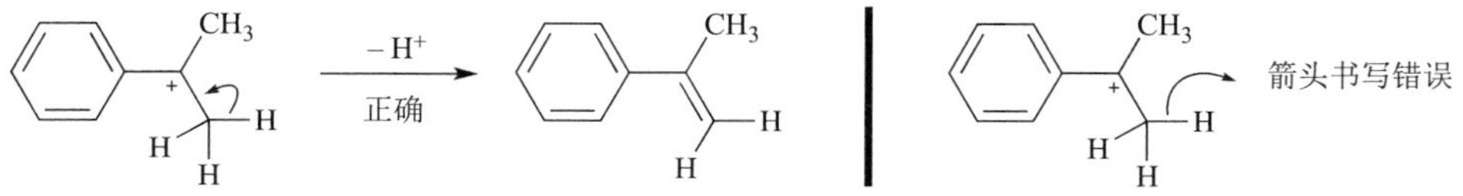

图 3.39

小分子(如水和 MeOH)的消除反应通常在酸性条件下完成，通过与苯或石油醚共沸蒸馏除水，驱动反应完成。如图 3.40 所示。

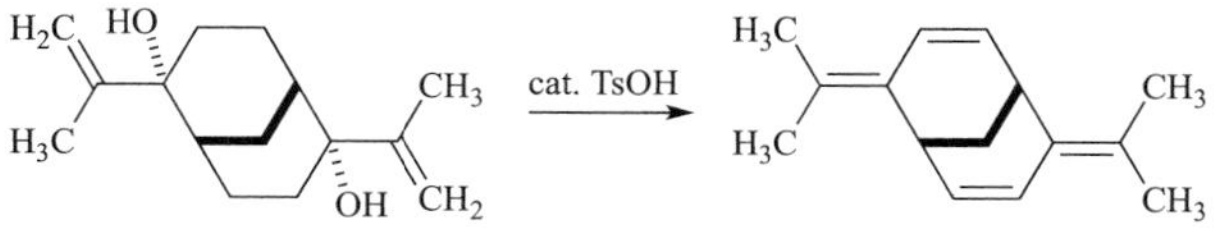

图 3.40

消除水的反应通常在酸性条件下按照 E1 反应机理进行。如图 3.41 所示，首先离去基团质子化，转变成一个更好的离去基团；然后离去基团离去得到碳正离子；之后 C—H 键断裂(碳正离子三种典型反应之一),得到二烯。

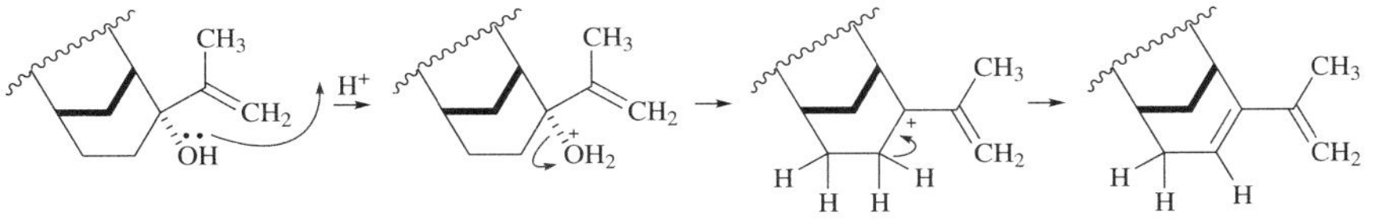

图 3.41

不幸的是,这个二烯不是期望的产物。比较二烯与期望的产物,它们之间哪个 σ 键不同?一个 C—H 键必须形成,另一个必须断裂。如图 3.42 所示,由于是酸性条件,C=C π 键先质子化,形成一个新的 C—H 键,π 键位移;然后碳正离子解离,得到期望的产物。

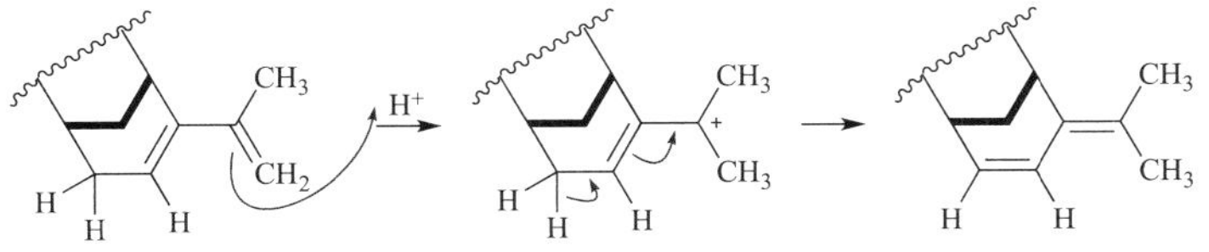

图 3.42

习题 3.6　书写图 3.43 中的转化合理的反应机理。

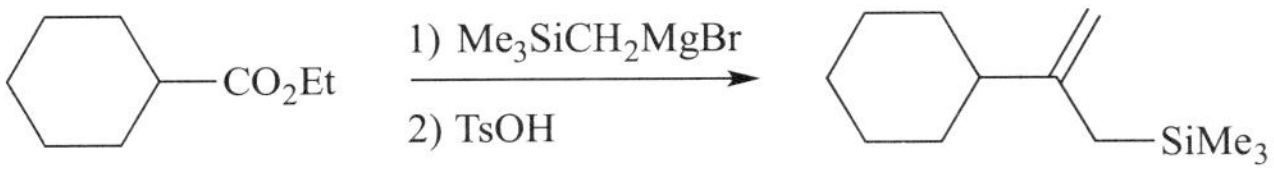

图 3.43

3.2.3　预测取代反应和消除反应

S_N1 取代反应机理和 E1 反应机理中都形成碳正离子中间体,碳正离子形成后,与亲核试剂结合,完成总的取代反应,或解离完成总的消除反应,因此两种反应模式之间存在竞争。预测取代反应或消除反应哪个占主导地位是可能的,就像预测碱性条件下 S_N2 取代反应或 E2 反应谁占主导一样。不过酸性条件下预测哪种途径占主导更容易。在质子性(即亲核)溶剂(RCO_2H、ROH、H_2O)中,当亲核试剂是溶剂时,取代反应占优势;而在非质子性溶剂中消除反应占优势。换而言之,当碳正离子中间体可以迅速被亲核试剂拦截时发生取代反应,不能拦截时,发生消除反应。

3.3　亲核 C=C π 键的亲电加成反应

对于 Brønsted 酸(H—X)和杂原子-杂原子 σ 键的亲电试剂(Br_2、NBS、PhSeCl、RCO_3H)而言,烷基或杂原子取代的烯烃是好的亲核试剂。如图 3.44 所示,在亲电加成反应中，π 键作为亲核试剂与亲电原子加成得到碳正离子，然后亲核试剂与碳正离子结合（碳正离子的三个反应之一）得到产物，产物包含了原料中所有的原子。

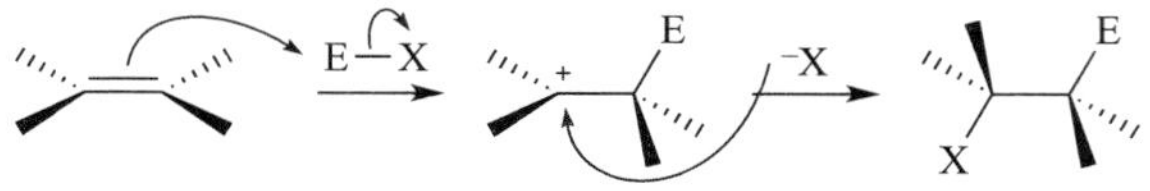

E—X　E　^-X　E　X

图 3.44

与含孤对电子的杂原子（尤其是 N 和 O）直接相连的烯烃与亲电试剂反应的活性特别高，如图 3.45 所示，我们可以写出 β-碳上带有形式负电荷的共振结构，中间体碳正离子能量特别低。相反，吸电子基取代的烯烃与亲电试剂反应的活性低。

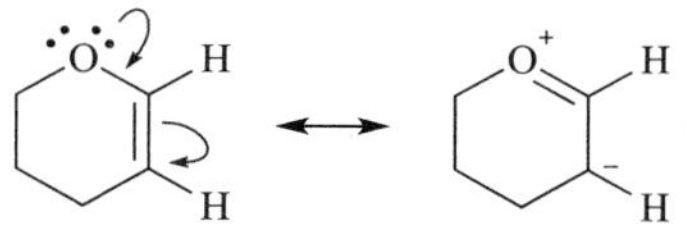

O　H　H　O^+　H　H

图 3.45

无机酸、羧酸、醇、水都可以与 π 键加成，因为醇和水的酸性不足以在第一步使烯烃质子化，所以用催化量的强酸来加速反应（图 3.46）。

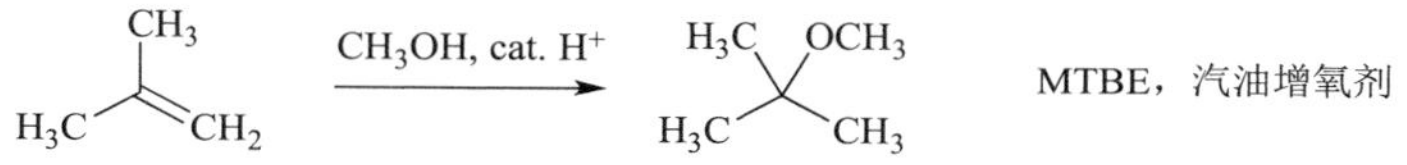

CH_3　H_3C　CH_2　CH_3OH, cat. H^+　H_3C　OCH_3　H_3C　CH_3　MTBE，汽油增氧剂

(a)

CH_3　H_3C　CH_2　H^+　CH_3　H_3C　CH_3　$HOCH_3$　H　H_3C　OCH_3　H_3C　CH_3　H_3C　OCH_3　H_3C　CH_3

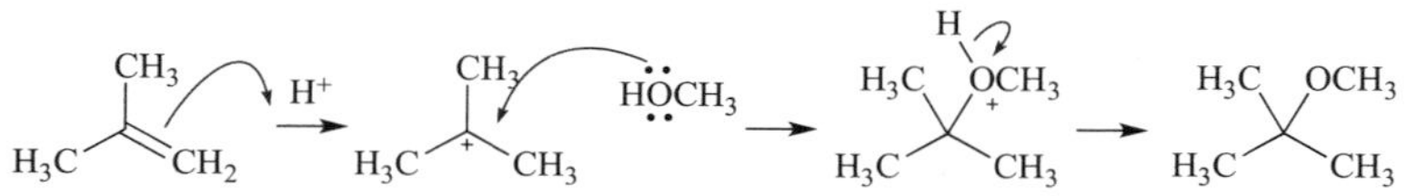

(b)

图 3.46

当亲电原子是 H^+ 且烯烃不对称时，H^+ 与烯烃加成，形成低能的碳正离子，总是得到多取代的碳正离子，然后亲核试剂与碳正离子结合得到产物。亲核试剂与双键上取代更多碳的加成反应遵循 Markovnikov 规则。Markovnikov 规则是 Hammond 假说的一个应用：更快的反应是能生成低能中间体的反应。

习题 3.7　如图 3.47 所示，二氢吡喃（DHP）在酸催化下与醇反应，得到四氢吡喃醚（THP）。用 MeOH 和催化量的酸处理四氢吡喃醚，可以再次释放出醇。因此，THP 常用作

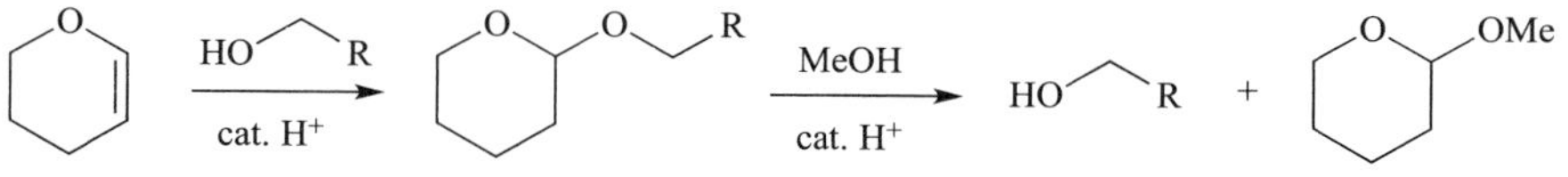

O　HO　R　cat. H^+　O　O　R　MeOH　cat. H^+　HO　R　+　O　OMe

图 3.47

醇的保护基。请书写 THP 形成和分解的反应机理。

当简单烯烃与亲电的带有孤对电子的杂原子反应时，不会形成碳正离子。相反，π 键的两个碳原子与亲电原子形成新键，得到含有三元环的产物，两个新的 σ 键所需的四个电子来自 π 键和杂原子的一对孤对电子，该反应具有顺式的立体专一性(即形成的两个新键在双键的同侧)。如图 3.48 所示，烯烃与过酸(RCO_3H，如 mCPBA)反应形成环氧化合物。反式烯烃得到反式环氧化物，顺式烯烃得到顺式环氧化物。

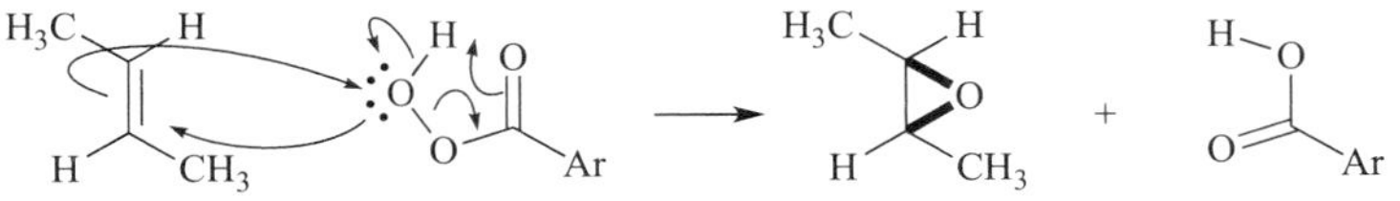

图 3.48

有些化学家省略从氧的孤对电子返回到烯烃一个碳原子的箭头。

如图 3.49 所示，烯烃也与亲电的卤素(如 Br_2、NBS 和 I_2)反应，得到卤鎓离子三元环。两个新 C—X 键所需的四个电子来自烯烃与卤素的一对孤对电子。卤鎓离子与开环的 β-卤代碳正离子处于平衡。对于溴和碘，平衡倾向于卤鎓离子，但对于氯，平衡倾向于 β-卤代碳正离子，因为氯具有更大的电负性(不愿意共享一对电子)和较短的 C—Cl 键。当存在强给电子基(如—OR 或—NR_2)稳定碳正离子时，β-卤代碳正离子也是有利的。

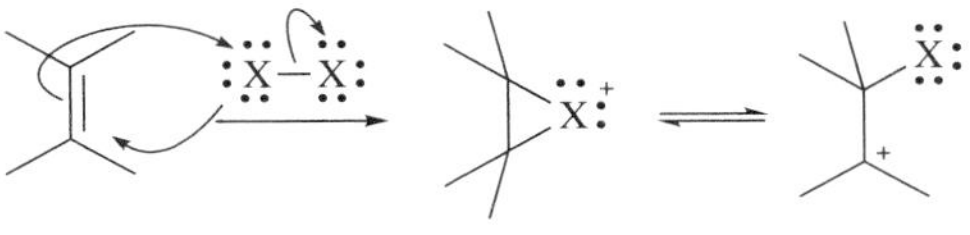

图 3.49

同样许多化学家省略从卤素返回到烯烃一个碳原子的箭头。

习题 3.8　书写图 3.50 中的反应机理，卤鎓离子或 β-卤代碳正离子是中间体吗?

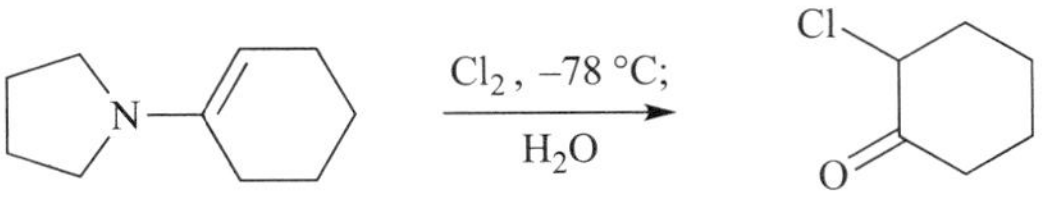

图 3.50

卤鎓离子的卤原子具有八电子和形式正电荷，所以与卤鎓离子相连的碳原子是亲电的，易发生 S_N2 取代反应。因为 S_N2 取代反应导致一个碳原子构型反转，所以亲电的卤素和亲核 π 键加成的总反应通常具有反式立体化学结构，如图 3.51 所示。

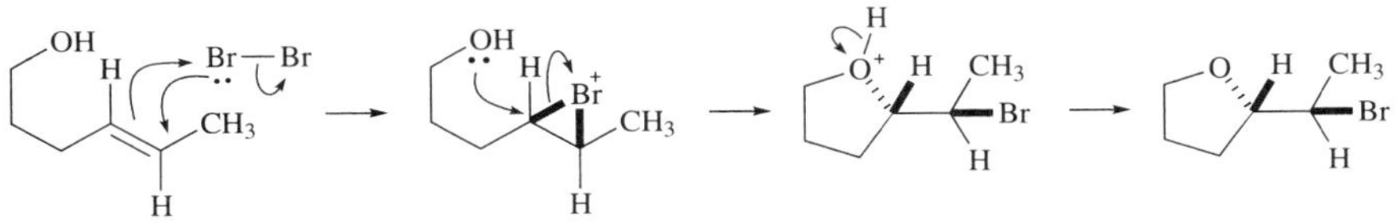

图 3.51

有时没有观察到反式加成反应，邻近基团的参与可以得到不常见的立体化学或区域化学结果。

习题 3.9 书写图 3.52 中的反应机理，解释每个产物的形成。（注：机理中的第一步是相同的。一定要考虑立体化学！）

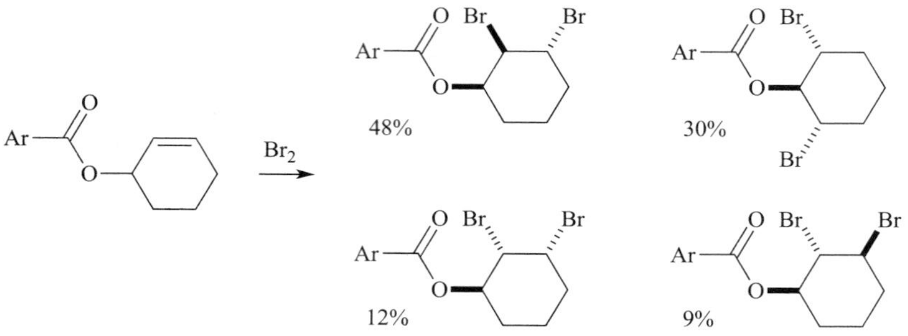

图 3.52

3.4 亲核 C═C π 键的取代反应

3.4.1 亲电芳香取代反应

芳香化合物的 π 键可以与亲电试剂反应，尽管活性没有烯烃高。芳环进攻亲电试剂得到碳正离子中间体，然后碳正离子在亲电试剂加成的同一碳上解离失去 H^+（有时是其他正离子），重新形成芳香体系，完成总的取代反应。总之，酸性条件下芳环取代的主要机理是亲电加成-消除反应机理，有时称为 S_EAr 反应机理，如甲苯和硝酸的反应（图 3.53）。

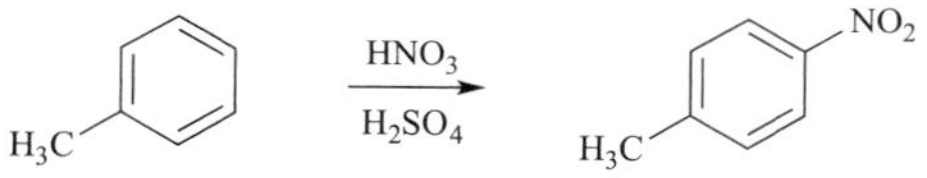

图 3.53

甲苯是亲核试剂，所以硝酸一定是亲电的。硝酸中的 N═O 键与碳酸（$HOCO_2H$）中的 C═O 键类似。最常见的机理是 HNO_3 在 H^+ 催化下失去羟基，得到亲电的 $^+NO_2$，它通过加成-消除反应机理与芳香化合物反应（图 3.54）。

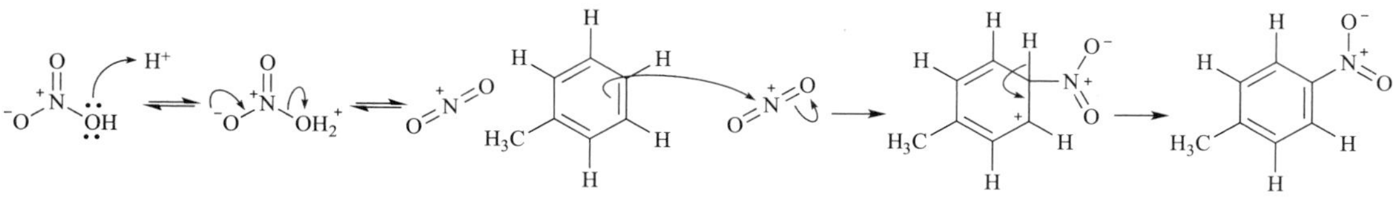

图 3.54

不幸的是，这一广泛书写的机理有严重的缺陷：硝酸的第一次质子化不太可能发生在羟基处，从而产生 1,2-双正离子，相反，它更有可能发生在带负电荷的氧原子上。不过，从那里很难写出生成 $^{+}NO_2$ 的反应机理。现在认为硝化反应是通过质子化的硝酸酐进行的，如图 3.55 所示。芳香族化合物通常经历芳香取代的加成-消除反应机理，但是现在与硝基氮相连的硝酸离去基团直到新的 C—N 键形成后才离开。

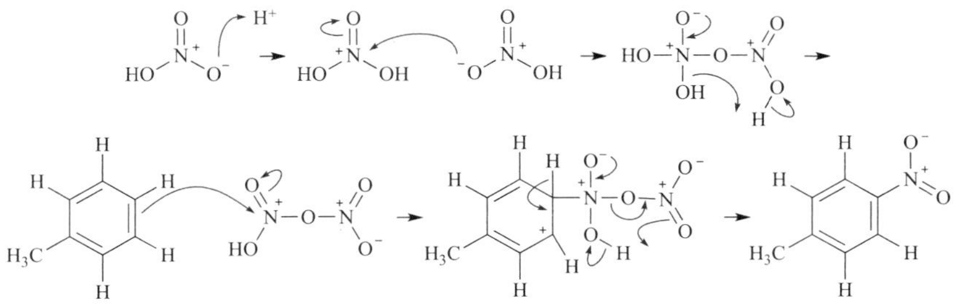

图 3.55

芳烃可以被诱导只与强亲电试剂反应。例如，Br_2 与烯烃立即反应，但对苯是惰性的。但是在 Lewis 酸 $FeBr_3$ 存在下，Br_2 可以与苯反应，Lewis 酸 $FeBr_3$ 与 Br_2 络合，形成更好的离去基团 Br^-（芳烃与 Br_2 反应的中间体是 β-卤代碳正离子，不是溴鎓离子）。芳环与 SO_3 和 H_2SO_4 发生磺化反应（$—SO_3H$ 取代），与硝酸发生硝化反应（$—NO_2$取代）。

芳烃新的 C—C 键可通过 Friedel-Crafts 反应形成。Friedel-Crafts 烷基化通常是芳烃与氯代烃和催化剂 $AlCl_3$ 反应，或与烯烃和强 Brønsted 酸或 Lewis 酸反应，关键的亲电试剂是碳正离子。在 Bischler-Napieralski 反应中，发生氰基正离子（$RC\equiv\overset{+}{N}R$）的分子内进攻。

习题 3.10　书写下列芳香亲电取代反应的机理。

(a) Friedel-Crafts 烷基化反应（图 3.56）。

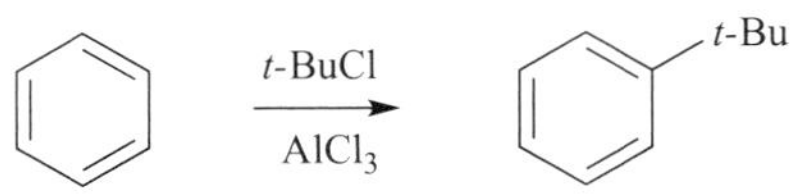

图 3.56

(b) Bischler-Napieralski 反应（图 3.57）。

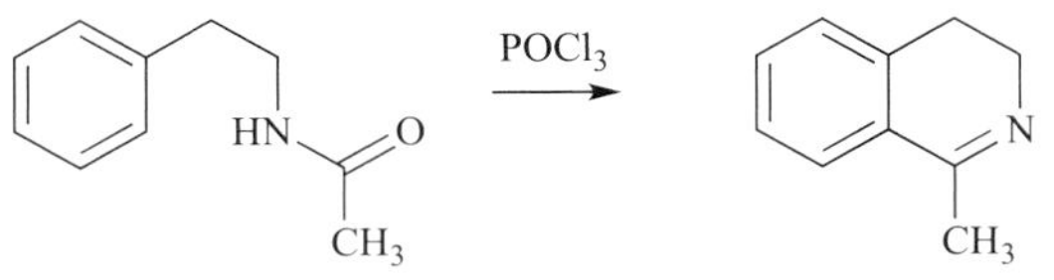

图 3.57

Friedel-Crafts 酰化通常用酰氯或酸酐和过量的 $AlCl_3$ 进行反应。不幸的是，大多数教材以一种令人迷惑的方式描述酰氯的 Friedel-Crafts 酰化反应机理。例如，图 3.58 中的反应。

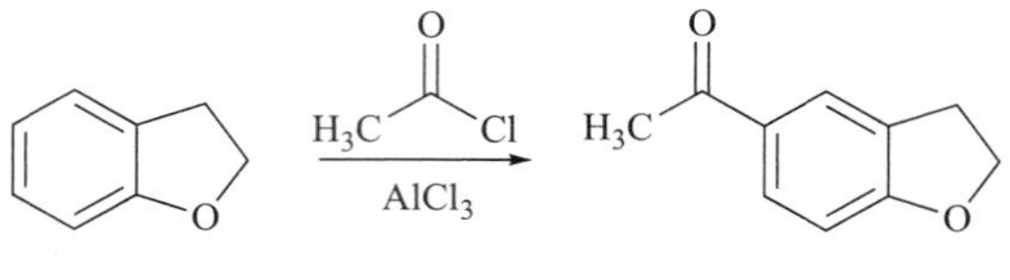

图 3.58

大多数教材通过 $AlCl_3$ 与酰氯的氯配位，然后 C—Cl 键断裂，得到酰基离子来开始这一反应的机理，如图 3.59 所示。

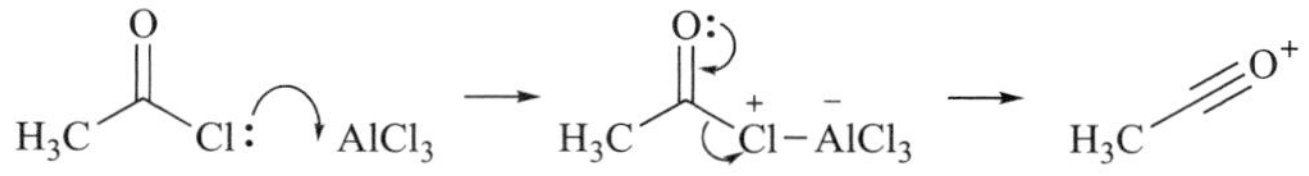

图 3.59

但是该机理有两个问题：首先，铝是非常亲氧的，不是亲氯的，所以它不太可能与氯配位（$AlCl_3$ 对氯的亲和力低是因为 $AlCl_3$ 是强 Lewis 酸）；其次，羧酸衍生物羰基氧的亲核性总是比羰基碳上 X 基团的亲核性强得多。思考羰基化合物 C^+—O^- 共振结构，很容易看出铝更愿意与羰基氧配位，而不是与酰氯的氯配位。

通过让 $AlCl_3$ 与酰氯的羰基氧成键，可以写出一个更好的酰氯 Friedel-Crafts 酰化反应机理，如图 3.60 所示。这一步骤使得羰基碳原子更亲电，因此芳香环现在可以进攻羰基碳，并通过加成-消除反应机理发生亲电试剂取代氢的反应。芳香性恢复后，C—Cl 键在氧的辅助下断裂，生成酮与 $AlCl_3$ 的络合物；后处理，Al—O 键断裂，释放游离酮。

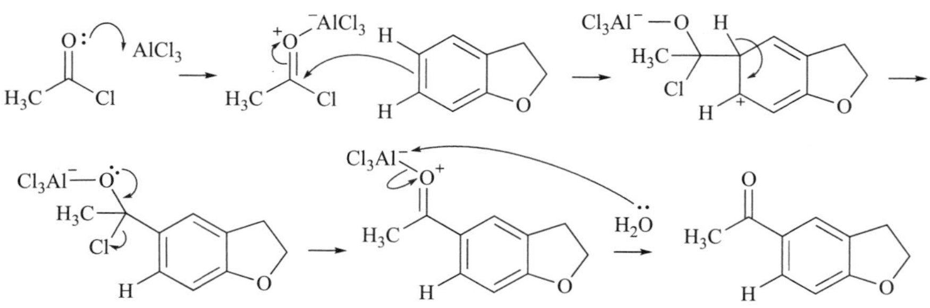

图 3.60

相比之下，酸酐的 Friedel-Crafts 酰化反应机理可以通过酰基正离子中间体进行，如图 3.61所示。酸酐的一个羰基氧原子与 $AlCl_3$ 络合后，未与 $AlCl_3$ 络合的另一羰基氧原子利用其孤对电子使酸酐的氧离去，生成酰基正离子；或者中间体酸酐-$AlCl_3$ 络合物与芳香化合物采用和酰基氯完全相同的方式反应，未与 $AlCl_3$ 络合的乙酰氧基充当氯的作用。

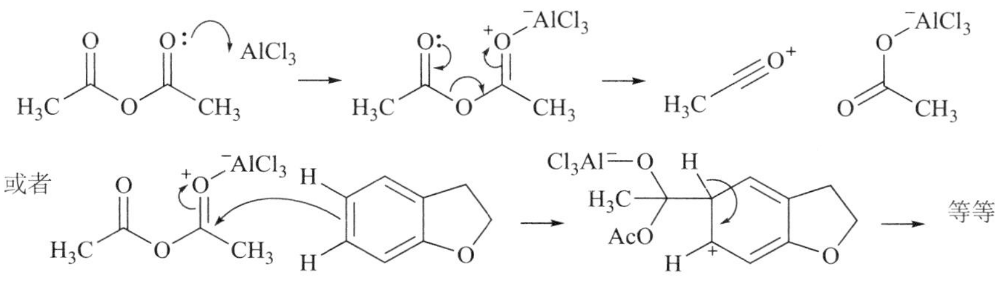

或者

等等

图 3.61

芳环取代基的电子效应对芳香亲电取代的区域选择性产生重要影响。亲电试剂优先进攻给电子取代基(如 RO—、R_2N—、RCONH—和卤素)的邻位或对位,再进攻吸电子取代基(如羰基、CN、NO_2 和 SO_3H)的间位。(氨基在特定的芳香亲电取代反应条件下会被质子化,所以它们根据反应条件可以是邻-对位定位基或间位定位基。)基团的定位能力与其在芳香亲电取代反应中稳定或去稳定碳正离子中间体的能力直接相关,如图 3.62 所示。

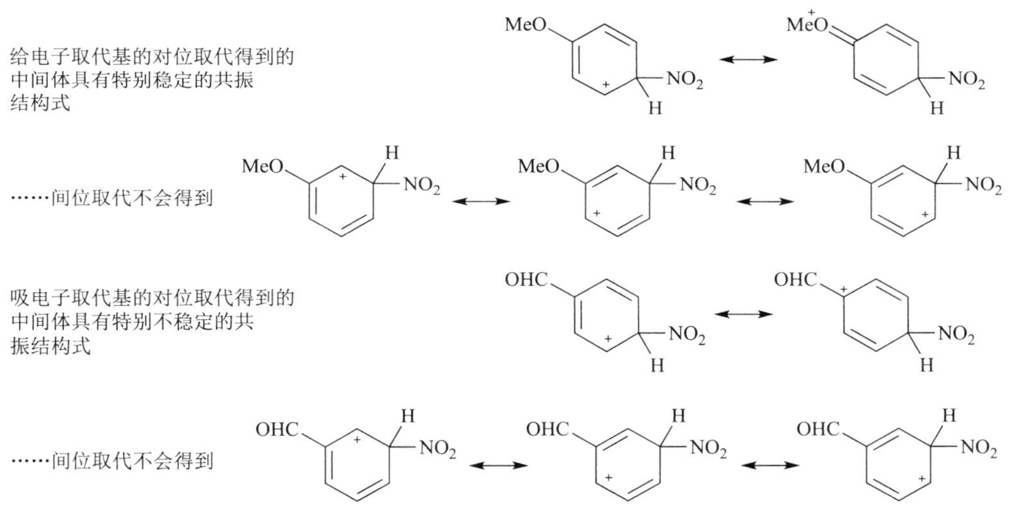

给电子取代基的对位取代得到的中间体具有特别稳定的共振结构式

……间位取代不会得到

吸电子取代基的对位取代得到的中间体具有特别不稳定的共振结构式

……间位取代不会得到

图 3.62

如图 3.63 所示,原料电荷分离的共振结构式表明,给电子取代基芳环的邻位和对位具有最强的亲核性,而吸电子取代基芳环的这些位置具有最弱的亲核性。

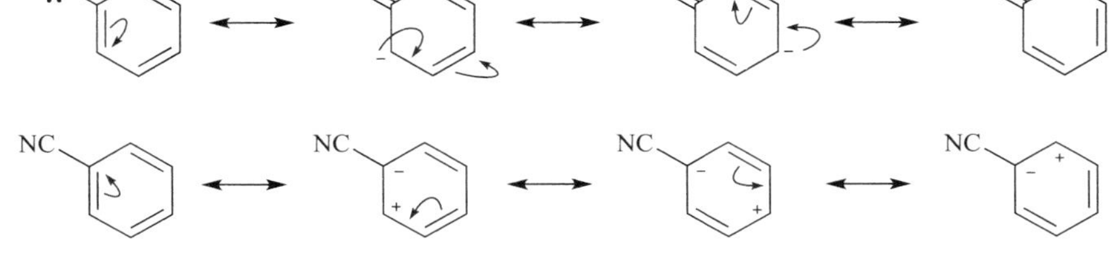

图 3.63

在大多数情况下，作为亲核试剂的芳烃碳和氢原子相连，所以在取代反应的断裂步骤得到 H^+，当然也可以失去其他基团。例如，图 3.64 中的 Me_3Si—是原位定位基，尽管有明显的空间位阻，但它仍引导亲电试剂与其相连的碳结合，然后 C—Si 键断裂恢复芳香性。选择性进攻原位碳的原因是进攻推动 C—Si 键处于环平面外，此处它可以稳定碳正离子；而对其他碳的进攻推动，C—H 键处于环平面外，C—Si 键比 C—H 键稳定碳正离子的能力更强。能够形成稳定碳正离子（*t*-Bu、*i*-Pr）的烷基也可以作为原位定位基。（注：β-Si 基效应常用来解释 TMS 的定位，TMS 稳定 β-C 正离子。）

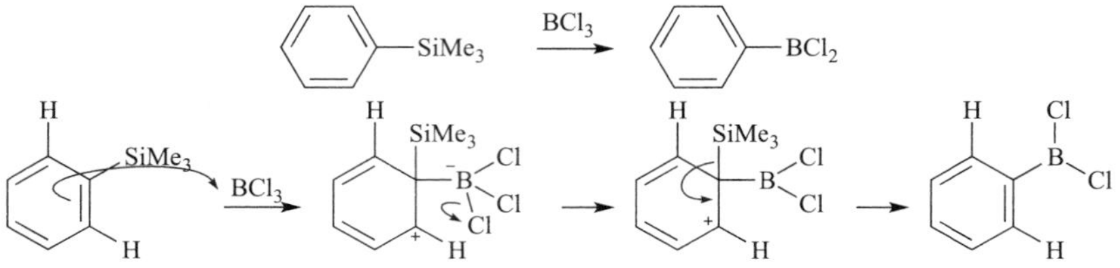

图 3.64

有时在芳香取代反应中非常规的（odd）重排反应可以用原位取代反应来解释，如图3.65所示。

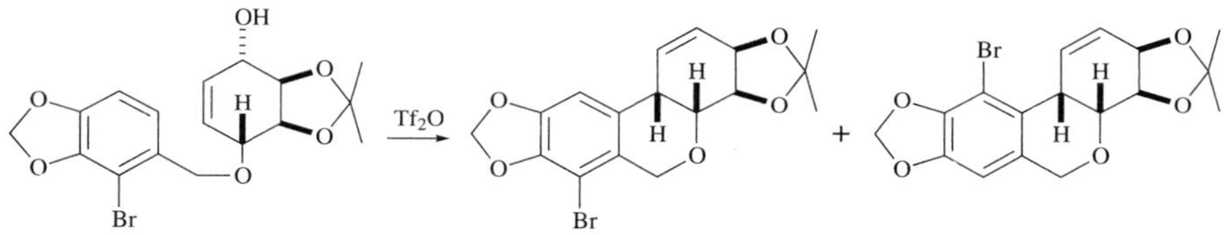

图 3.65

第一个产物来自简单的芳香取代反应，第二个产物比第一个有趣，因为它看起来好像溴原子从芳香环的底部迁移到顶部，但是 $C(sp^2)$—Br 键的 1,4-迁移不太可能发生，所以可能发生其他反应。假设 C—Br 键没有断裂，仔细给原子编号（图 3.66）发现：与 CH_2（C6）—相连的芳香碳发生了原位取代反应，芳基—CH_2 键发生了从 C6 到 C5 的 1,2-迁移反应。

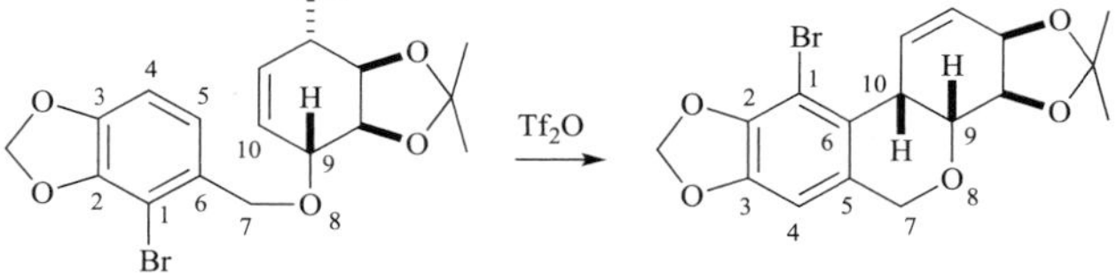

图 3.66

羟基进攻三氟乙酸酐，取代好的离去基团 TfO^-，将—OH 转变为 $RH\overset{+}{O}Tf$，然后失去 TfOH 得到烯丙基正离子，如图 3.67 所示。

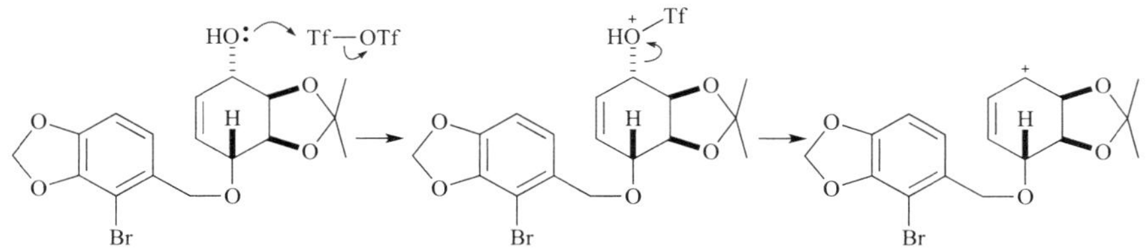

图 3.67

第一个产物的形成是通过 C5 进攻烯丙基正离子的 C10，然后 C5 失去 H^+ 重新形成芳环。第二个产物的形成是通过 C6 进攻烯丙基正离子的 C10，然后 C7 发生 1,2-迁移从 C6 迁移到 C5，C5 失去 H^+ 得到产物，如图 3.68 所示。在这个特定的反应中，不经历 1,2-迁移，第二步发生传统的芳香取代反应之后解离（得到稳定的 $^+CH_2OR$ 正离子），也是合理的。

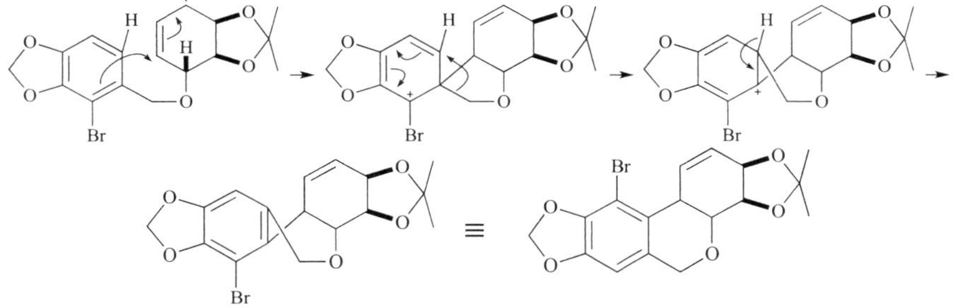

图 3.68

习题 3.11　书写图 3.69 中反应的机理，解释两个亲电芳香取代产物的形成过程。

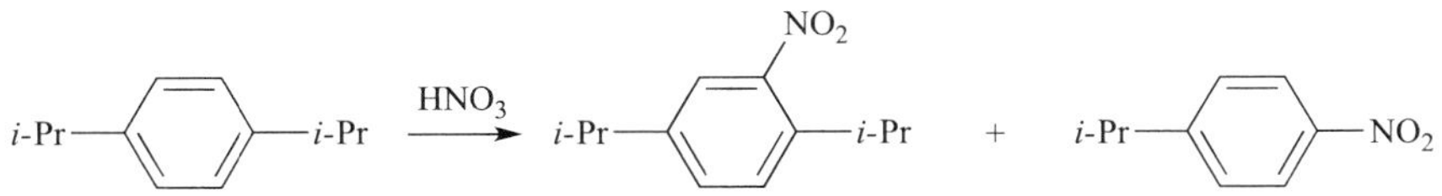

图 3.69

3.4.2　重氮离子

如图 3.70 所示，当胺（RNH_2）与亚硝酸钠（$NaNO_2$）和酸反应时，形成重氮离子（RN_2^+）。反应机理如图 3.71 所示，从亚硝酸形成的亲电试剂 $N{\equiv}O^+$ 开始，胺进攻 $N{\equiv}O^+$，然后脱水得到 RN_2^+。

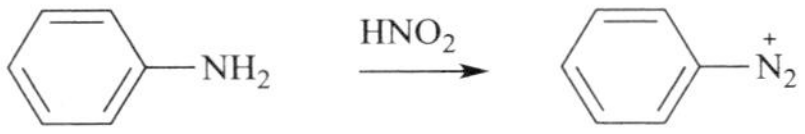

图 3.70

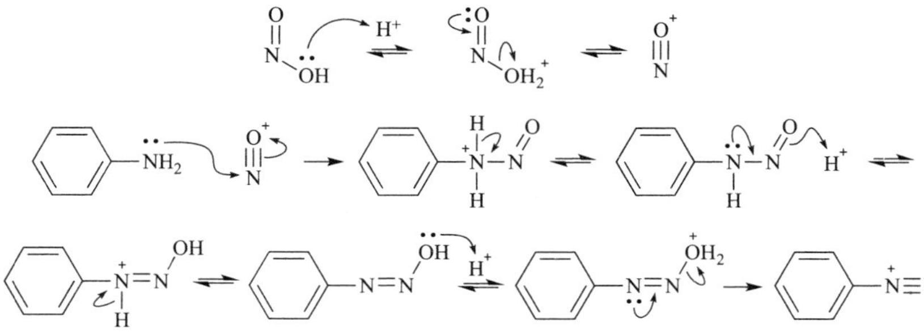

图 3.71

当反应使用芳香胺时，得到芳基重氮离子。在该化合物中，芳香碳原子上连有最好的离去基团之一(N_2)，但它不能离开，因为这将产生非常高能的 Ar^+。但是，芳香重氮离子确实与几种不同的亲核试剂发生了芳香取代反应，特别是那些可以进行电子转移反应的亲核试剂(见第 2 章)。芳香重氮离子的末端氮也是亲电的，富电子的芳香化合物(如酚类和苯胺类)，与亲电试剂 $ArN_2{}^+$ 的末端氮进行亲电芳香取代反应，得到偶氮化合物(ArN=NAr′)。

习题 3.12 书写下列反应合理的机理(图 3.72)。

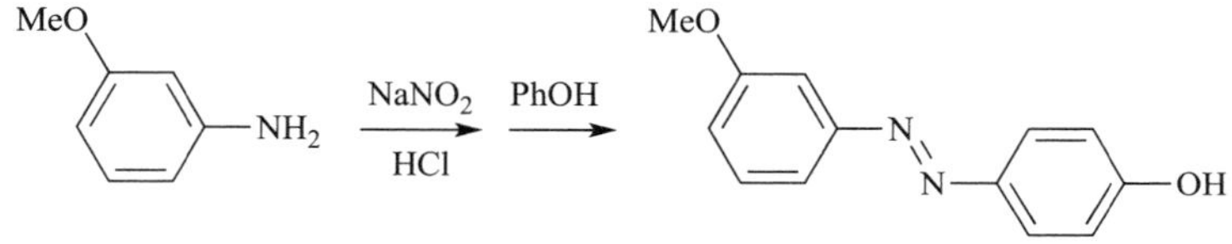

图 3.72

脂肪胺也和亚硝酸反应，在生成的烷基重氮离子中，N_2 离去能垒很低，因此它们通过标准 S_N1、S_N2 或重排快速反应。例如，图 3.73 中的 α-氨基酸在 HNO_2 存在下进行完全构型保留的取代反应(见第 2 章)。同样，酰肼与 HNO_2 反应生成酰基叠氮化物(图 3.63)，这是 Curtius 降解过程中的关键中间体。

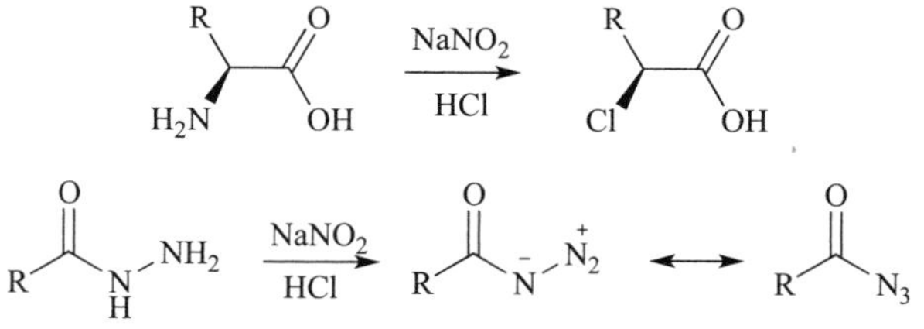

图 3.73

习题 3.13 如图 3.74 所示，在 Stiles 反应中，邻氨基苯甲酸与亚硝酸钠和盐酸反应得到高活性苯炔，书写此反应的机理。

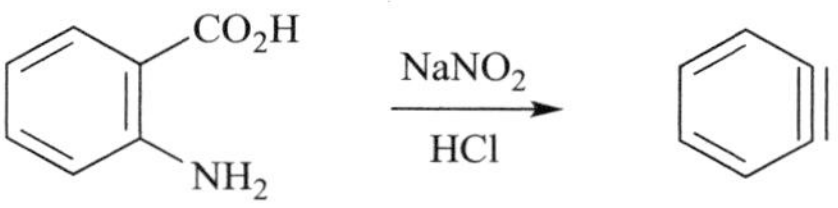

图 3.74

3.4.3　脂肪亲电取代反应

烯烃与芳烃一样按照加成-消除机理进行亲电取代反应。烯基硅烷和烯基锡烷是非常好的亲电取代反应底物，因为碳正离子中间体可以很好地被C—Si或C—Sn键稳定。此键断裂总是得到脱硅或脱锡的产物。当离去基团与加成基团与相同碳连接时，总反应称为α-取代反应。（芳烃亲电取代反应总是α-取代反应，因为碳正离子中间体形成以后，需要恢复芳香性。）

习题3.14　书写图3.75中亲电取代反应的机理。

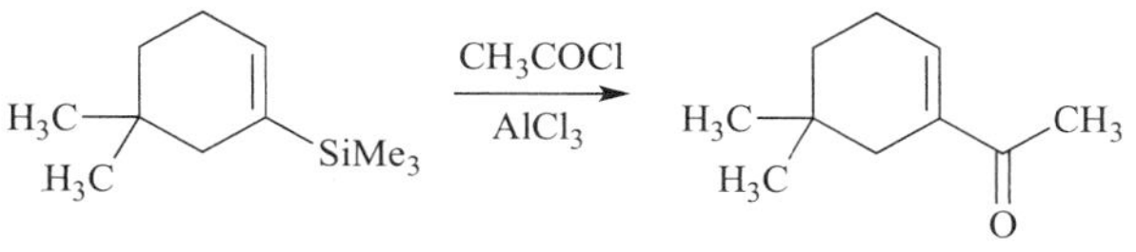

图3.75

烯烃发生亲电取代反应时，并非总是α-取代。有时，离去基团断裂的位置在形成新键碳的γ-位。在烯丙基硅烷和烯丙基锡烷反应中，γ-取代最常见，总过程仍然是烯丙基硅烷的取代，因为在消耗一个σ键时，形成一个新σ键，但新键没有在旧键相同的原子上形成，而是发生了烯丙基位移。例如：Sakurai反应，如图3.76所示。

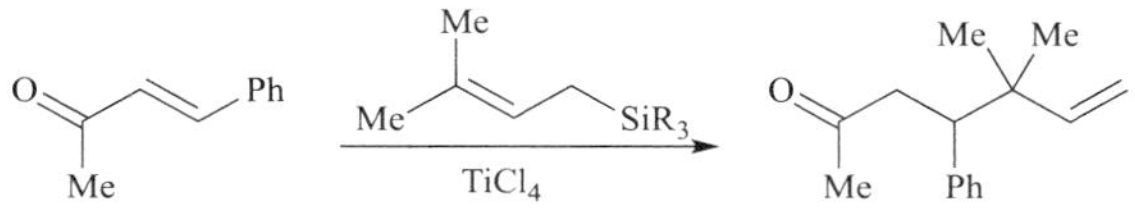

图3.76

机理如图3.77所示，$TiCl_4$是Lewis酸，与羰基氧络合，使羰基和β-碳带正电荷，烯烃进攻β-碳，在C—Si键邻位的碳上形成新的碳正离子，然后C—Si键断裂得到烯醇钛盐，后处理，烯醇盐质子化得到产物。

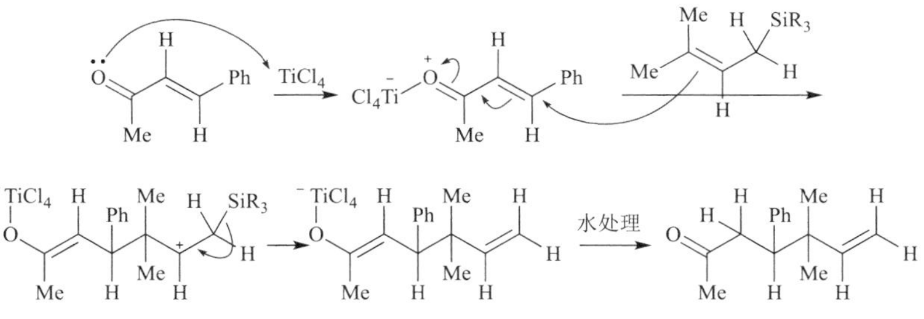

图3.77

3.5 亲电 π 键的亲核加成反应和取代反应

3.5.1 杂原子亲核试剂

羰基化合物质子化可以写出两个主要的共振结构式(如果羰基碳通过 σ 键与杂原子相连,可以写出更多),在第二稳定的共振结构中,氧是中性的,碳带有形式正电荷并且缺电子,所以羰基化合物在酸性条件下发生与碱性条件下相同类型的加成反应和取代反应。

羧酸、碳酸盐和它们的衍生物发生酸催化水解反应和醇解反应,其中通过 σ 键与羰基碳相连的羟基或烷氧基被另一个羟基或烷氧基取代。反应机理很简单,如图 3.78 所示,羰基氧质子化得到(共振稳定的)碳正离子,亲核试剂对碳正离子加成,得到四面体中间体,亲核试剂脱去质子,离去基团质子化,离去基团离开得到新的碳正离子,最后未取代的氧脱去质子,恢复羰基结构。所有步骤都是可逆的,所以可以通过在水或醇中来驱动反应向一个方向或另一个方向进行。

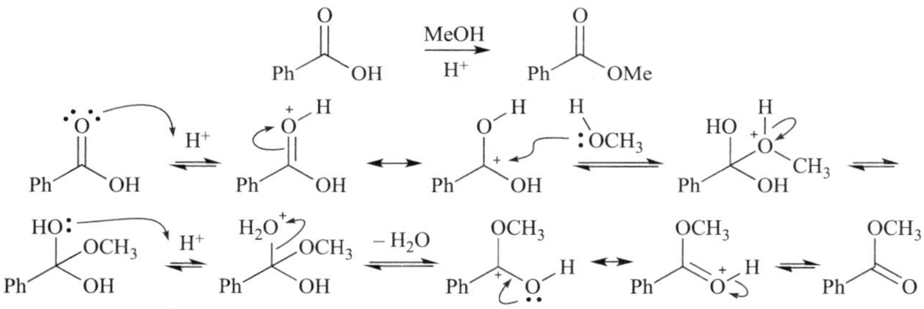

图 3.78

不要"只见树木,不见森林"! 酯或酸的羰基取代反应机理有没有太大差异,取决于条件是酸性还是碱性。机理总是包括亲核试剂对羰基碳的加成,然后消除离去基团。虽然酸性条件下有许多质子转移步骤,但在酸性和碱性条件下,其机理的本质没有什么不同。

酰胺、腈通过相似的反应机理水解得到羧酸,后者反应过程中经过酰胺,这些水解在酸性条件下是不可逆的,因为在反应条件下,副产物胺被质子化,没有亲核性。

习题 3.15 书写图 3.79 中羰基取代反应的机理。在图 3.79(b)中,仔细考虑产物中的氧原子来自何处。

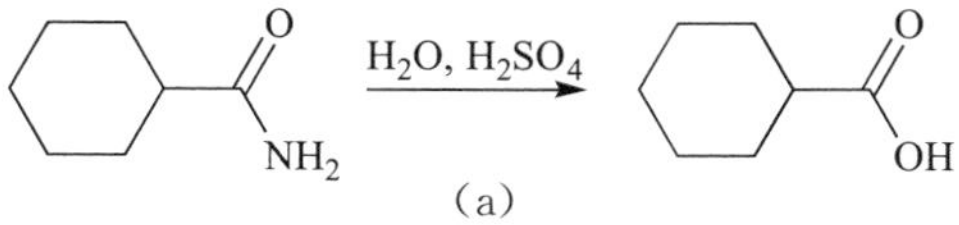

(a)

图 3.79

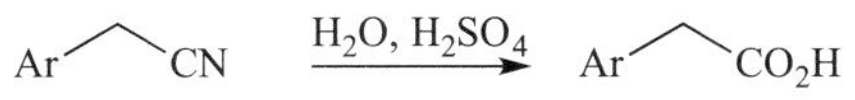

(b)

图 3.79(续)

如图3.80所示,醛、酮可以和缩醛(缩酮)相互转化。缩醛化(缩酮化)使热力学能量上升,所以反应通常通过共沸蒸馏或者加入脱水剂(如4 Å分子筛或者原甲酸三乙酯$HC(OEt)_3$)从反应混合物中除去水来完成。缩醛(缩酮)水解通常是将缩醛(缩酮)溶解在水和共溶剂(如四氢呋喃)中,并加入催化量的酸来实现。

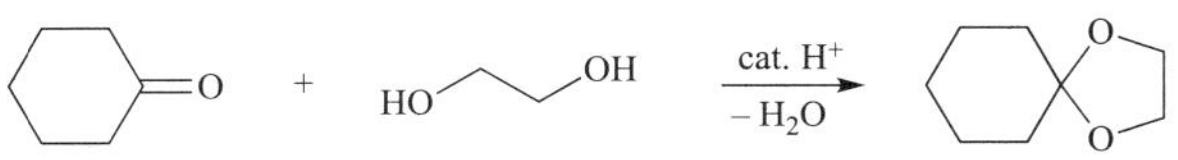

图 3.80

如图3.81所示,缩酮形成的第一步是羰基氧质子化得到碳正离子。乙二醇的羟基与碳正离子结合,失去H^+得到四面体中间体,称为半缩酮。羟基质子化,脱去水得到新的碳正离子,另一个羟基与碳正离子结合,脱去质子得到缩酮。

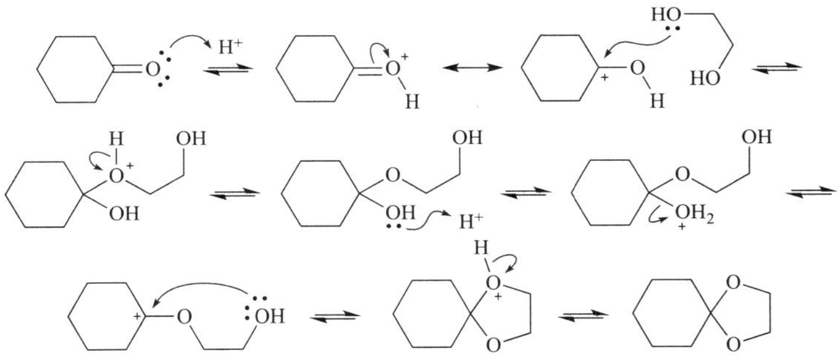

图 3.81

习题 3.16 书写图3.82中的反应机理。游离的水不是反应副产物,副产物是什么?

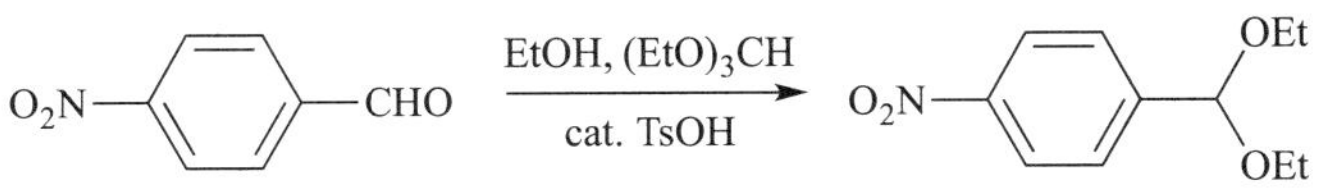

图 3.82

如果脱去水以后,碳正离子解离失去H^+得到烯烃,酮和醛也可以转化为烯醇醚。因为烯醇醚对H^+具有极高的活性,它们通常只有当双键与吸电子基共轭时才能分离,就像β-二酮转化为插烯酯一样。如图3.83所示。

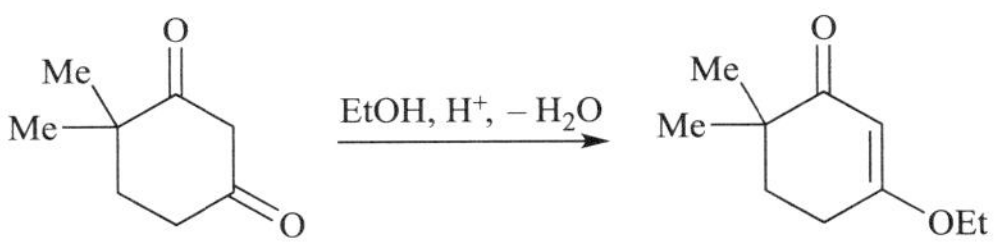

图 3.83

机理如图 3.84 所示，二酮首先异构化得到 β-羟基烯酮，酮羰基的氧质子化得到一个非常稳定的碳正离子，乙醇与其加成，亲核试剂脱去质子，离去基团羟基质子化，脱水得到新的碳正离子，碳正离子解离失去 H^+ 得到烯醇醚产物。

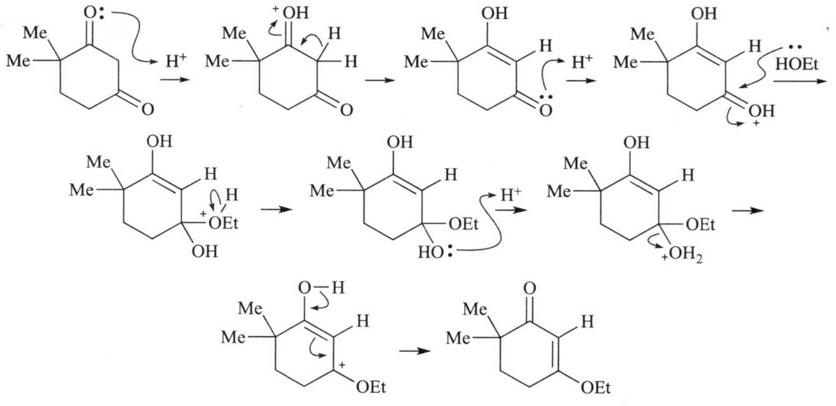

图 3.84

为什么在乙醇加成之前二酮一定要异构化成酮-烯醇呢？根据微观可逆性原理，烯醇醚的形成和烯醇醚的水解一定经历相同的步骤（只是方向相反）。水解的第一步烯醇醚质子化一定发生在羰基氧上，不是碳上，所以烯醇醚的形成一定经历相同的中间体。

醛（酮）、烯醇和半缩醛（酮）在酸性或碱性条件下均会迅速相互转变，但只有在酸性条件下，缩醛（酮）和烯醇醚才能与这些物质中的任意一种迅速相互转变（图 3.85）。重要的是，你也需要认识到这些物质中的任意一种在酸性条件下与其他物质功能相同，你也需要会书写它们相互转变的反应机理。

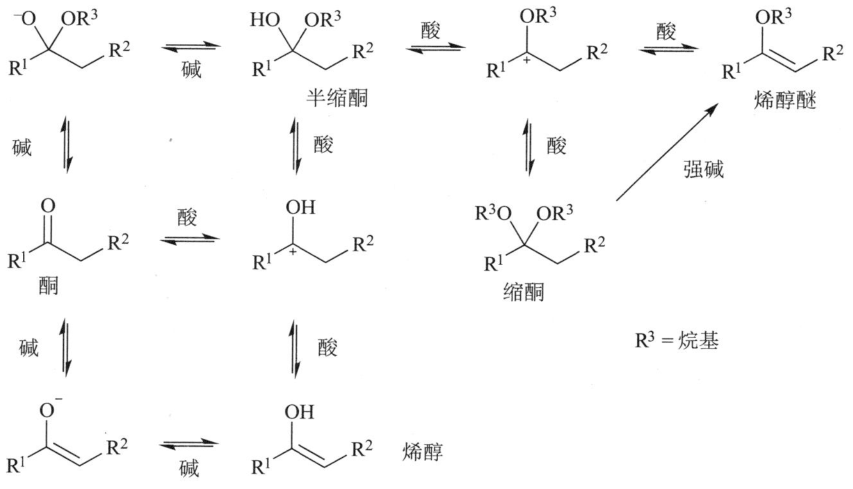

图 3.85

烯醇三甲基硅醚(烯醇醚，$R^3=Me_3Si$)用 CH_3Li 或 $Bu_4N^+F^-$ 处理，可以直接转变成烯醇负离子。相反，当烯醇负离子用某些特别亲氧的亲电试剂(如 Me_3SiCl，甚至某些酰氯)处理时，可以直接转变成烯醇醚。

像在碱性条件下一样，酮或醛与 1°或 2°胺在弱酸性条件下迅速反应生成亚胺离子，然后亚胺离子可以进行多种反应，如图 3.86 所示。酸性条件下的反应机理与碱性条件下的反应机理相似，只是质子化和脱质子化步骤的时间不同。当反应条件为弱酸性时，亚胺离子的生成速率非常快。在强酸性条件下，胺的大部分时间都是以铵离子的形式存在的，因此不具有亲核性。

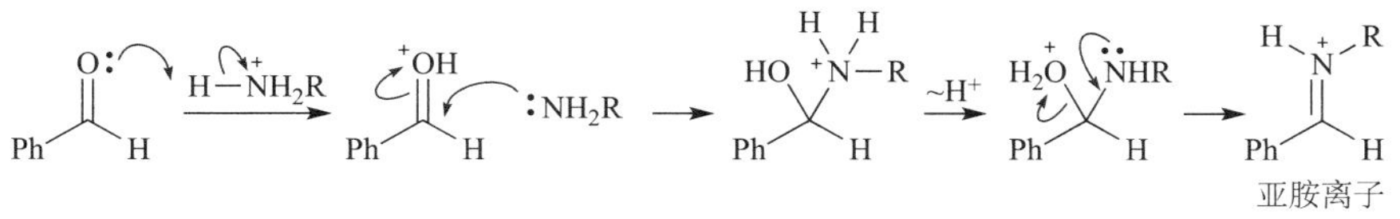

亚胺离子

图 3.86

亚胺离子比制备它的酮或醛更亲电，所以通常在亲核试剂存在下原位制备。例如，在还原烷基化或还原胺化反应(图 3.87)中，1°或 2°胺与酮或醛在酸稳定还原剂(如三乙酰氧基硼氢化钠 $NaBH(OAc)_3$)存在下反应，得到 2°或 3°胺，关键中间体是亚胺离子。硼氢化物的反应性是可调的，以便它能更迅速地与溶液中新生成的亚胺离子反应，而不是与原料的酮或醛反应。催化氢化也可以还原新生成的亚胺离子(见第 6 章)，这是一种亚胺离子优于酮和醛的选择性反应。亚胺离子还可以被其他亲核试剂捕获，尽管使用的亲核试剂必须是非碱性的，才能在亚胺离子形成的温和酸性条件下存在。

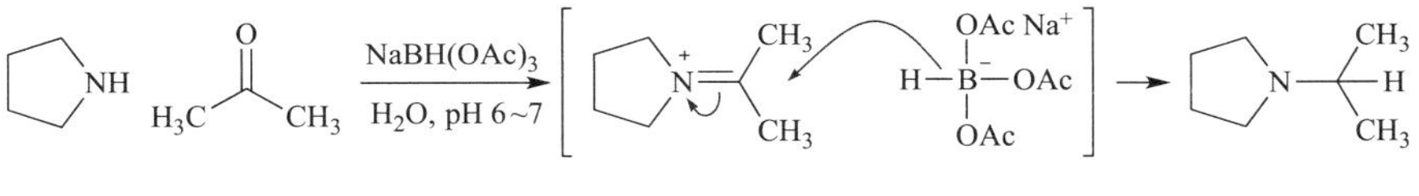

图 3.87

习题 3.17　书写下列 Stetter 反应的机理(图 3.88)。提示：它含有一个亚胺离子。为什么保持 Stetter 反应的 pH，酸性不能太强特别重要?

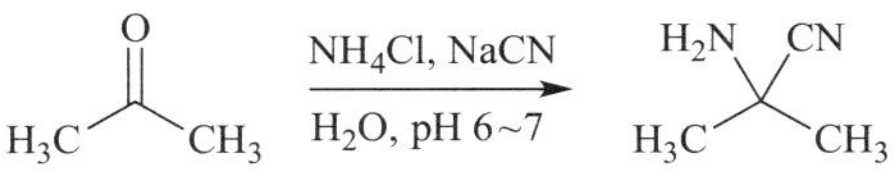

图 3.88

在第 2 章中，我们看到带有离去基团的某些亲核试剂(如 CH_2N_2)会与酮发生反应，得到一个先前与羰基碳原子相连的基团迁移到亲核原子并伴随离去基团离开的产物。如果亲核试剂足够非碱性，这种反应也可以在酸性条件下发生。例如，图 3.89 中酮与过氧酸(RCO_3H)的反应，在 Baeyer-Villiger 氧化反应中生成酯。过氧酸通常是间氯苯甲酸(mCPBA)，也常用过氧乙酸和过氧三氟乙酸。过氧酸的羰基碳上连有 O—OH 基团，它们的酸性只比醇类稍强，这是因为末端氧脱质子不能产生稳定的负离子，但它们通常被相当数量的相应酸污染。因此，Baeyer-Villiger 反应通常在弱酸性条件下进行。就像酸性条件下亲核试剂与羰基化合物的加成一样，羰基氧首先质子化，使得羰基碳比正常情况下更亲电，然后过氧酸的末端氧与羰基碳加成，质子从带正电的氧原子转移到相连的离去基团上。O—O 键很弱，所以与之前羰基碳相连的一个基团迁移到氧上，取代羧酸，羰基氧最终失去 H^+ 后得到产物酯。

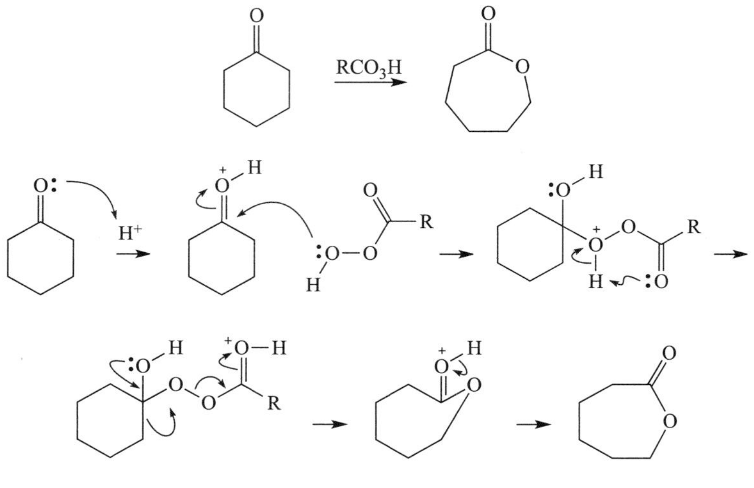

图 3.89

3.5.2 含碳亲核试剂

羰基化合物质子化形成的碳正离子可以在 α-碳上失去 H^+ 得到烯醇，烯醇是好的亲核试剂，因此在酸性条件下，羰基化合物的羰基碳是亲电的，α-碳和羰基氧是亲核的，就像它们在碱性条件下一样。共振稳定的羰基化合物（如酯和酰胺）与共振不稳定的羰基化合物（如酮、醛和酰氯）相比，不太容易烯醇化；因此酯和酰胺在酸性条件下很少在 α-碳上发生反应。

习题 3.18 书写下列 Hell-Vollhard-Zelinsky 反应的机理（图 3.90）。

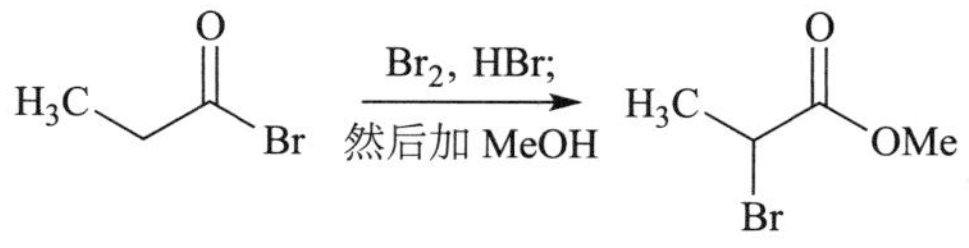

图 3.90

烯醇与羰基化合物和亲电烯烃（如 α,β-不饱和羰基化合物）的反应活性特别高。例如，图 3.91 中 Robinson 关环在酸性和碱性条件下进行。在酸性条件下，亲电的羰基化合物被烯醇进攻之前，羰基氧先质子化形成碳正离子。

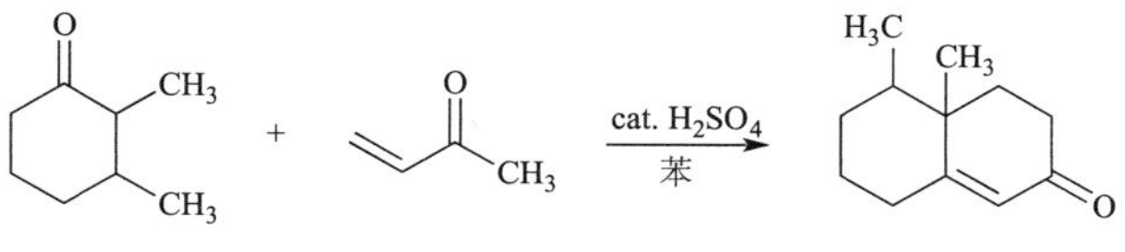

图 3.91

Robinson 关环包含 Michael 加成反应、羟醛缩合反应和脱水。在图 3.92 所示的 Michael 加成反应中，亲核的酮通过质子化和去质子化转变为烯醇，然后烯醇与质子化的 Michael 受体加成，带正电荷的氧脱质子，烯醇的碳质子化，最后氧脱质子得到最终的 Michael 加成产物。

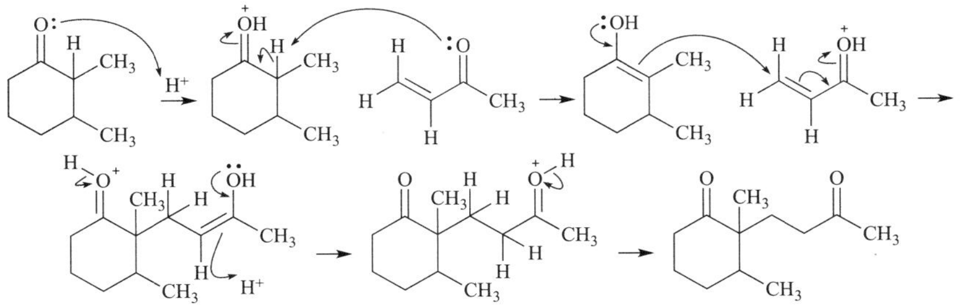

O: H CH_3 CH_3 H^+ → $\overset{+}{O}H$ H CH_3 CH_3 H :O H CH_3 H → :OH CH_3 CH_3 H $\overset{+}{O}H$ H CH_3 H →

H O^+ H CH_3 H $\ddot{O}H$ CH_3 H CH_3 H^+ → O H CH_3 H $\overset{+}{O}$ H CH_3 H CH_3 → O CH_3 O CH_3 CH_3

图 3.92

在图 3.93 所示的羟醛缩合反应中，酮首先通过质子化和去质子化转变成烯醇，然后烯醇与质子化的酮加成，发生羟醛缩合反应，最后带正电的氧脱去质子得到羟醛缩合产物。

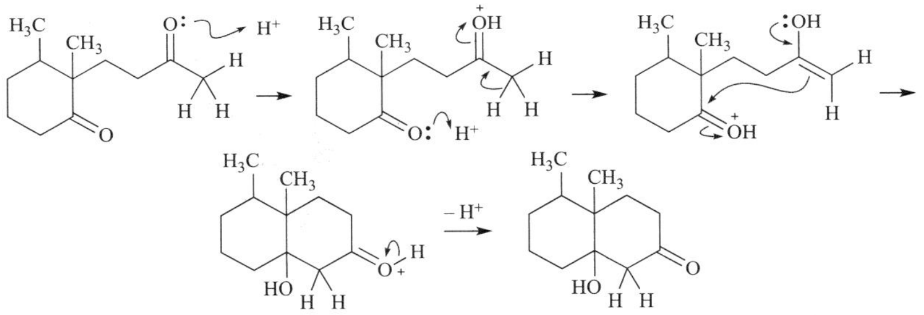

H_3C CH_3 O: H^+ H H H O → H_3C CH_3 $\overset{+}{O}H$ H H H O: H^+ → H_3C CH_3 :OH H H $\overset{+}{O}H$ →

H_3C CH_3 HO H H O^+ H $\xrightarrow{-H^+}$ H_3C CH_3 HO H H O

图 3.93

在图 3.94 所示的脱水步骤中，酮首先通过质子化和去质子化转变成烯醇，醇羟基质子化，然后发生 E1 消除（先失去水，再失去 H^+）得到产物。如前面讨论烯醇醚的形成一样，微观可逆性原理表明，在 E1 消除发生之前酮必须转化为烯醇。

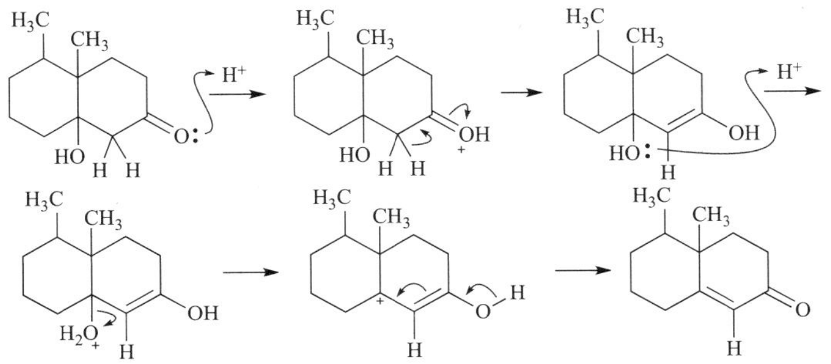

H_3C CH_3 HO H H O: H^+ → H_3C CH_3 HO H H $\overset{+}{O}H$ → H_3C CH_3 HO: H OH H^+ →

H_3C CH_3 $H_2\overset{+}{O}$ H OH → H_3C CH_3 + H O H → H_3C CH_3 H O

图 3.94

如图 3.95 所示，Mannich 反应是发生在温和酸性条件下的另一种羟醛缩合反应。反应有几个变化，但它们都包含亲核的酮、一级或二级铵离子($R\overset{+}{N}H_3$ 或 $R_2\overset{+}{N}H_2$)和醛(通常是甲醛)的反应。Mannich 反应通过亚胺离子($R\overset{+}{N}H{=}CH_2$ 或 $R_2\overset{+}{N}{=}CH_2$)进行，亚胺离子与酮的烯醇式反应得到 β-氨基酮。有时发生胺的 E1 消除(通过烯醇)得到 α,β-不饱和酮。

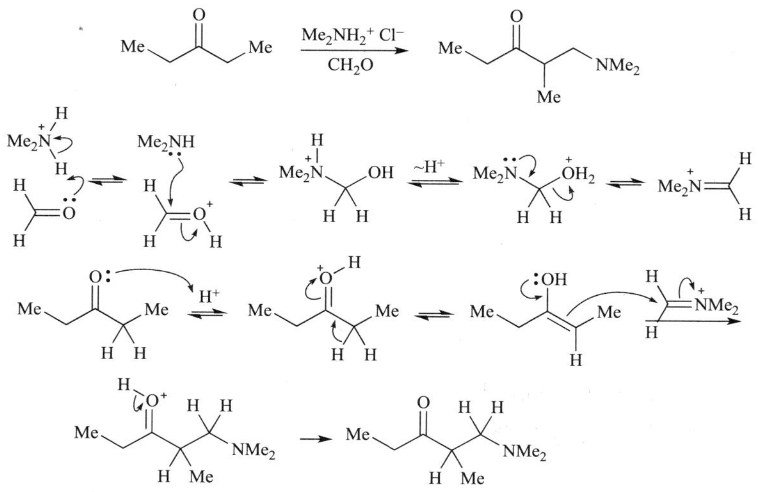

图 3.95

我们可以设想 Mannich 反应的几种替代机理。在如图 3.96 所示的第一种替代机理中，酮直接进攻醛发生羟醛缩合反应，羟醛缩合产物进行 E1 消除，脱去水(通过烯醇)，形成 α,β-不饱和酮，然后胺与烯酮发生 Michael 加成得到产物。否定这一机理的证据是：只有一个 α-H 的酮可以发生 Mannich 反应，但是这样的酮不能转变成 α,β-不饱和酮。

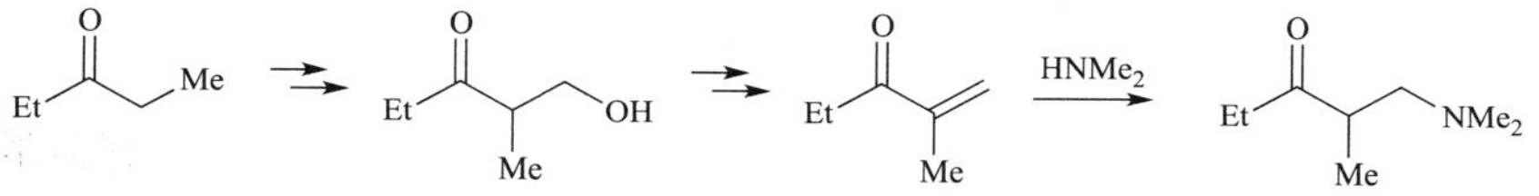

图 3.96

在如图 3.97 所示的另一种替代机理中，酮直接进攻醛发生羟醛缩合反应，然后羟醛缩合产物的 β-碳发生 S_N2 取代反应，胺作为亲核试剂。否定这一机理的证据是：S_N2 取代反应发生需要强酸性条件，但 Mannich 反应发生在弱酸性条件下。

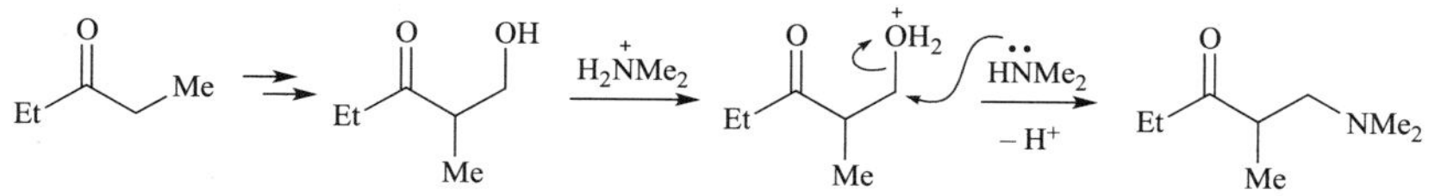

图 3.97

另一种替代机理如图 3.98 所示，胺与亲核酮(不仅仅是亲电酮)反应形成亚胺离子，亚胺离子可以在碳原子上失去 H^+ 得到烯胺。烯胺(而不是烯醇)，是进攻亚胺离子的亲核试剂。在 C—C 键形成后，形成一种新的亚胺离子，它与水反应得到酮产物。这种机理是完全合理的,事实上,相比用烯醇作为亲核试剂,它可能是更好的机理。

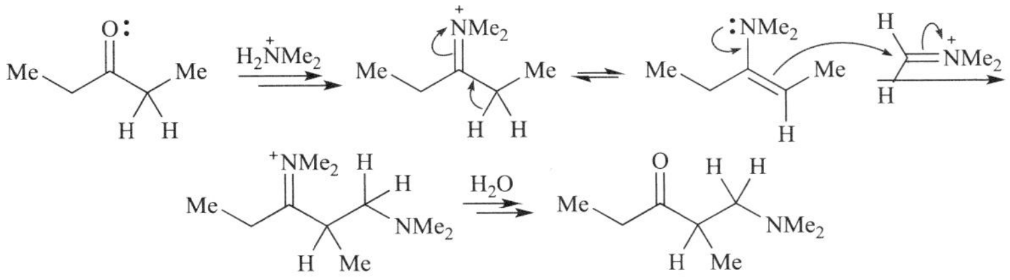

图 3.98

最后,上面的例子使用甲醛作为亲电试剂,但是甲醛可能没有足够的碱性($pK_a \approx -5$)被简单的铵盐($pK_a = 10$)质子化,如上面第一步所示。在没有少量游离酸的情况下,甲醛与铵盐反应生成亚胺离子可能是通过碱性反应机理(见第 2 章)进行的,溶剂最初起到脱质子的作用。

常见错误提醒:每当你看到一个反应涉及酮或醛和 1°或 2°胺,很可能亚胺离子是中间体。

与碱性条件相比,某些基于羰基的化合物(亚胺、羧酸)在酸性条件下是更好的亲电试剂,使用这些化合物作为亲电试剂的反应通常在酸性条件下进行。另一方面,烯醇负离子与烯醇相比,总是更好的亲核试剂;当羰基化合物需要与不太活泼的亲电试剂(如酯或烷基溴化物)反应时,通常是在碱性条件下进行的。因为能量特别低的羰基化合物(如酯、酰胺)与少量的烯醇处于平衡状态,所以在酸性条件下,它们不能作为亲核试剂。但是无论是在酸性还是碱性条件下,羰基化合物 α-碳总是亲核的,羰基碳总是亲电的。

烯醇三甲基硅醚通常采用烯醇负离子与 Me_3SiCl 反应制备,它们可以在 Lewis 酸催化的 Mukaiyama 羟醛缩合反应和 Michael 加成反应中作为烯醇的替代物。这两个反应机理很明确,如图 3.99 所示,亲核的 C═C π 键与亲电试剂(被 Lewis 酸活化)加成后,发生 O—$SiMe_3$ 键断裂,后处理得到羟醛产物或 Michael 加成产物,Me_3Si—可以看作一个大质子。Mukaiyama 羟醛缩合反应和 Michael 加成反应与传统反应相比,主要优点是在酸性条件下,Mukaiyama 羟醛缩合反应中的酯和酰胺可以作为亲核试剂。

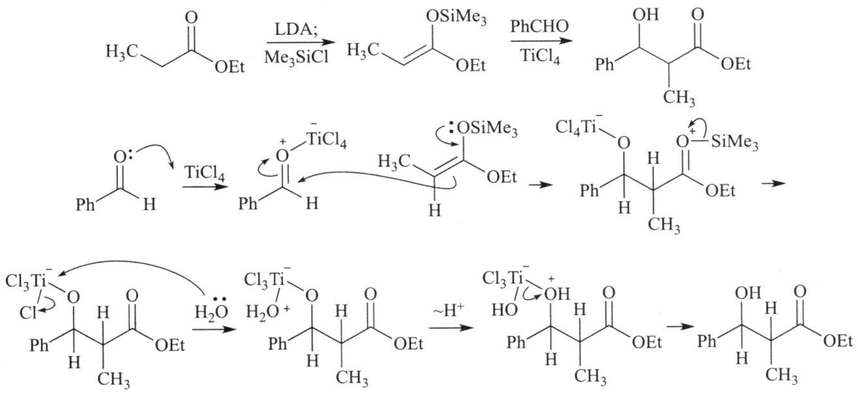

图 3.99

酸性条件下可以发生逆羟醛缩合反应和逆 Michael 加成反应，机理如你所想，经历羟醛缩合反应和 Michael 加成反应的微观逆反应，应用最广泛的酸催化“逆羟醛缩合反应”是β-酮酸、丙二酸和类似物的脱羧。羰基质子化得到碳正离子，碳正离子解离失去 CO_2 得到产物，如图 3.100 所示。碱性条件下不会发生脱羧反应，因为羧酸根负离子的能量远远低于产物烯醇负离子的能量。

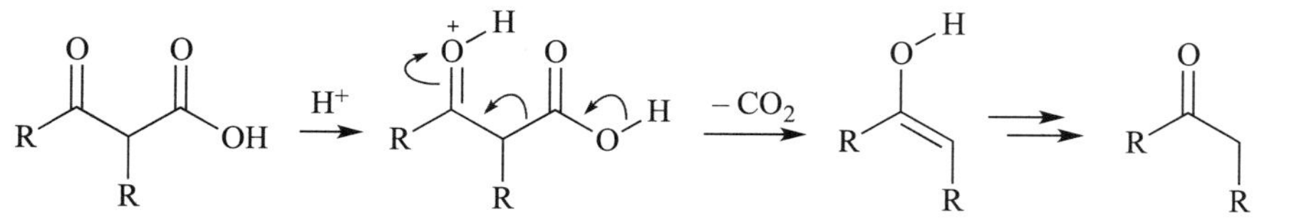

图 3.100

我们经常写出脱羧的环状过渡态反应机理，此机理可以描述为逆烯（见第 4 章）反应，如图 3.101所示。

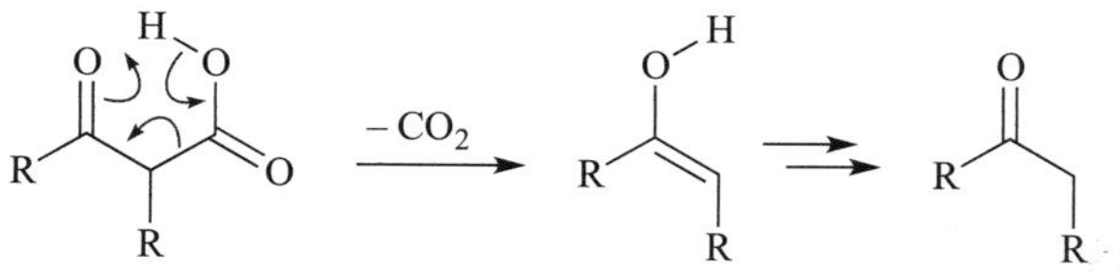

图 3.101

3.6 含亚胺离子的催化反应

我们已经讨论了酸催化和碱催化的分子内羟醛缩合反应的机理。伯胺和仲胺也催化分子内的羟醛缩合反应。例如，图 3.102 中脯氨酸催化不对称分子内羟醛缩合反应，脱水后生成 Hajos-Parrish 酮，它是一种用于合成类固醇的化合物。

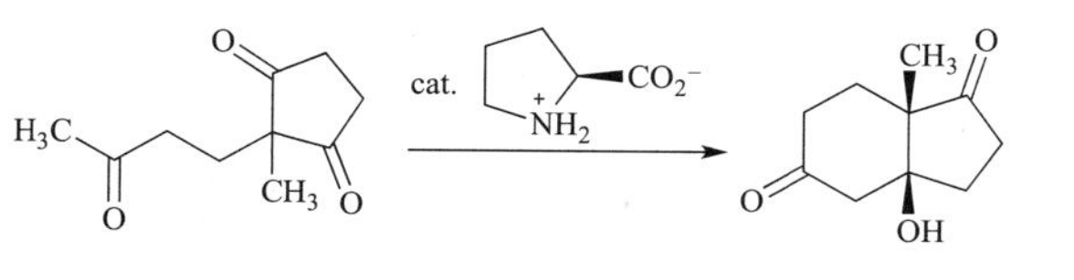

图 3.102

合理的机理是让胺作为碱，但这样的机理不符合事实，即 3°胺几乎不催化反应。如果 3°胺是差的催化剂，但 1°胺和 2°胺是好的催化剂，那么机理必然涉及 3°胺不能经历的步骤。因此，最好的机理如图 3.103 所示，在底物的非环酮上形成亚胺离子，然后其脱质子得到烯胺，烯胺是实际的亲核物质。在烯胺与剩下的两个酮羰基中的一个发生分子内羟醛缩合反应后，生成的亚胺离子与水反应，得到产物并再生催化剂。（反应是不对称的，因为烯胺优先与两个对映体酮羰基中的一个反应。)

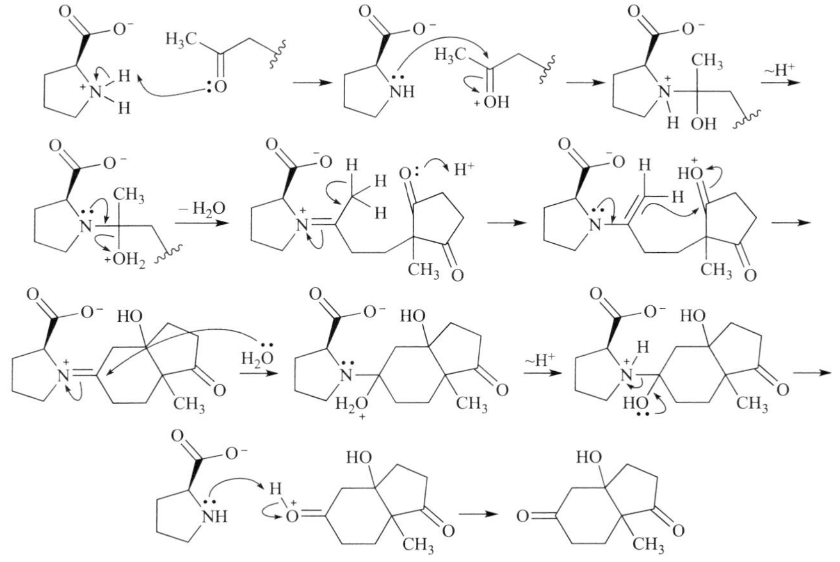

图 3.103

当 1°胺或 2°胺与 α,β-不饱和羰基化合物反应时,可得到比原始羰基化合物的 β-碳更亲电的 α,β-不饱和亚胺离子。如图 3.104 所示,如果亲核试剂与 β-碳加成,得到一个新的亚胺离子,那么它可以原位水解生成含羰基的产物和原始胺,而胺可以自由地与另一当量的底物结合。因此,反应中胺是催化剂。当使用适当的手性、对映体纯的胺时,该过程可呈现不对称性。

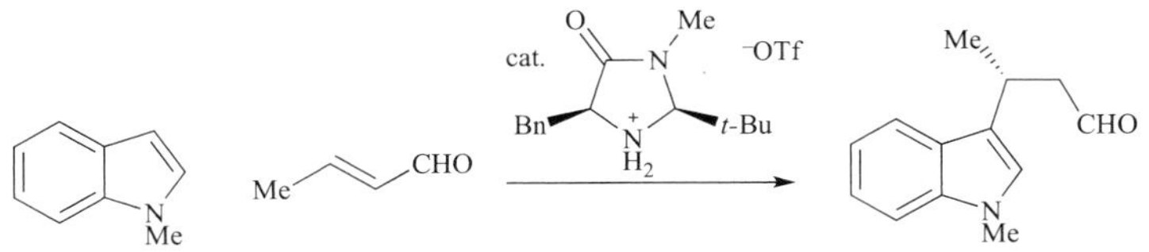

图 3.104

因为胺是以盐的形式提供的,所以反应条件是弱酸性。机理如图 3.105 所示,首先,2° 胺和 α,β-不饱和醛反应形成 α,β-不饱和亚胺离子,通过酸性条件下普遍存在的机理发生;其次,吲哚亲核试剂与 α,β-不饱和亚氨离子的 β-碳加成,将亚氨离子转化为烯胺;然后,解离重建吲哚的芳香性,烯胺与质子反应再次生成亚胺离子;最后,亚胺离子水解回到原来的胺,得到 Friedel-Crafts 产物,再生 2°胺。

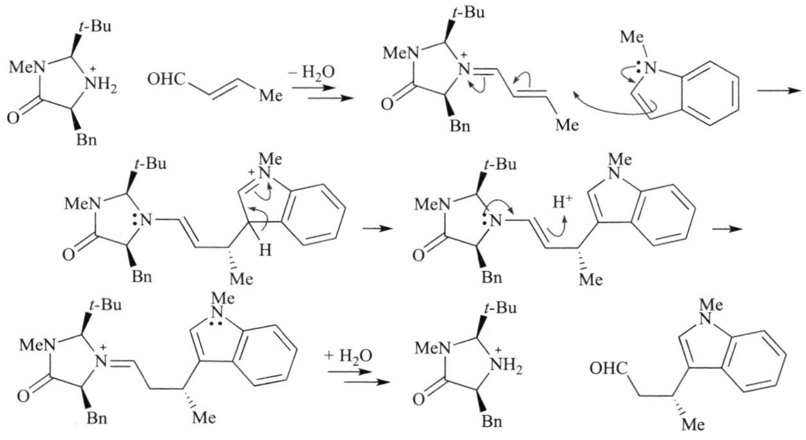

图 3.105

将亲核试剂的 C—H 键断裂和烯胺与 H^+ 的反应结合成一个步骤是可以接受的，甚至可以在这个步骤中省略电子转移箭头，而写为“$\sim H^+$”。然而，不能让烯胺与断裂 C—H 键的 H^+ 形成键，因为这个步骤需要四元环过渡态，这无疑是相当高能的。

亚胺离子在生物学中发挥中心作用。例如，图 3.106 中的 11-顺式-视黄醛是负责所有动物感知光能力的化合物，与视蛋白的赖氨酸残基的氨基反应，产生亚胺离子。亚胺离子（不是游离的视黄醛）能吸收光子，并最终引发信号发送到大脑的一连串事件。

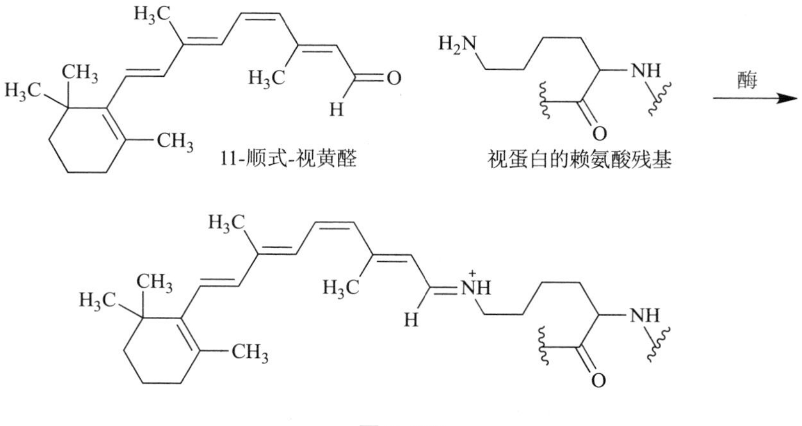

11-顺式-视黄醛

视蛋白的赖氨酸残基

酶

图 3.106

Ⅰ类醛缩酶利用赖氨酸残基的氨基催化酮和醛之间的羟醛缩合反应，形成酮的烯胺。例如，图 3.107 中Ⅰ类醛缩酶催化磷酸二羟基丙酮与 3-磷酸甘油醛的羟醛缩合反应生成 1,6-二磷酸果糖。其机理如图 3.108 所示，首先，赖氨酸的氨基与磷酸二羟基丙酮的羰基反应，生成亚胺离子；其次，亚胺离子失去质子得到烯胺，它进攻 3-磷酸甘油醛的醛羰基，生成新的亚胺离子，并形成关键的 C—C 键，同时，酪氨酸残基将质子提供给 3-磷酸甘油醛的醛基氧；最后，亚胺离子水解，酪氨酸再次质子化，释放赖氨酸残基并生成 1,6-二磷酸果糖。酶通过控制活性部位底物的空间排列来控制两个新手性中心的构型。

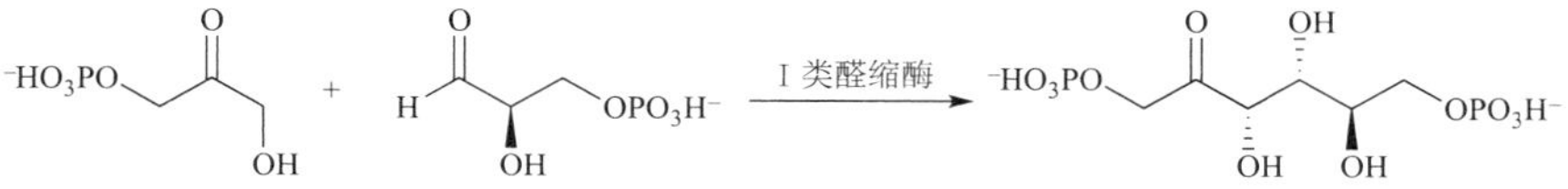

$^{-}HO_3PO$ (O, OH) + H (O, OH) OPO_3H^- —Ⅰ类醛缩酶→ $^{-}HO_3PO$ (O, OH, OH, OH) OPO_3H^-

图 3.107

赖氨酸残基

NH_2

$^{-}HO_3PO$　OH

H^+, $-H_2O$

H　$\overset{+}{N}$　H　H

$^{-}HO_3PO$　OH

$^{-}HO_3PO$　N　H　H

OH

O　H　OPO_3H^-　OH

O　H

酪氨酸残基

^{-}O

$\overset{+}{N}$　H　OH

$^{-}HO_3PO$　OPO_3H^-

OH　OH

H_2O

NH_2　HO

$^{-}HO_3PO$　O　OH　OPO_3H^-

OH　OH

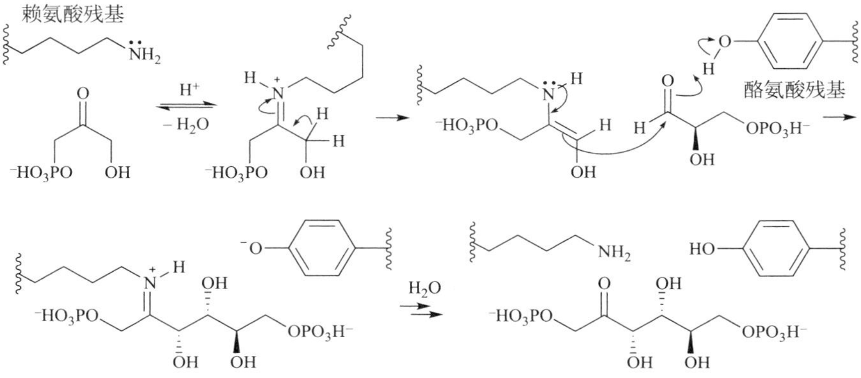

图 3.108

亚胺离子也是维生素B6的化学基础。维生素B6是指几种相互转化的化合物，其中最重要的是磷酸吡哆胺和磷酸吡哆醛。这些化合物可以促进还原胺化反应，以及胺和α-氨基酸的各种反应，如脱羧反应、烷基化反应和亲核取代反应。

例如，图3.109中，磷酸吡哆胺与丙酮酸（以及其他α-酮酸）反应生成丙氨酸和磷酸吡哆醛。其机理如图3.110所示，这种转氨反应开始于亚胺的形成和吡啶氮的质子化（吡啶环上的羟基无疑通过分子内氢键起到稳定亚胺的作用）；接着，酶活性中心的碱使吡哆胺的亚甲基脱质子，断裂C—H键的电子迁移到吡啶环的氮原子上，形成一对孤对电子，然后这对电子向下迁移到羧基的α-碳，使其与H^+结合转变为新的亚胺；最后，新亚胺水解，得到丙氨酸和磷酸吡哆醛。

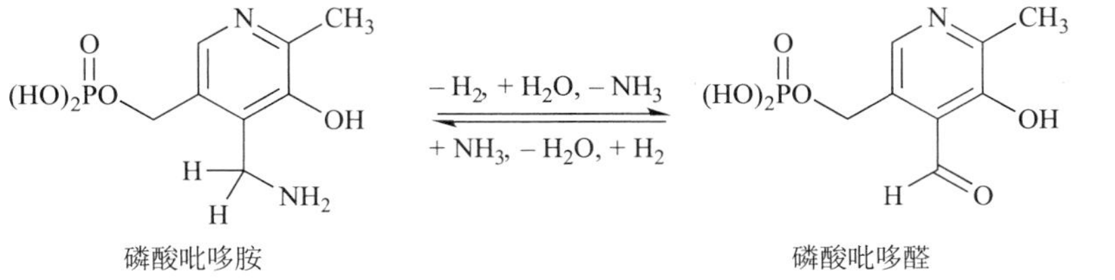

N　CH_3　O　$(HO)_2PO$　OH　H　NH_2　H

$-H_2, +H_2O, -NH_3$

$+NH_3, -H_2O, +H_2$

N　CH_3　O　$(HO)_2PO$　OH　H　O

磷酸吡哆胺　　　　磷酸吡哆醛

图 3.109

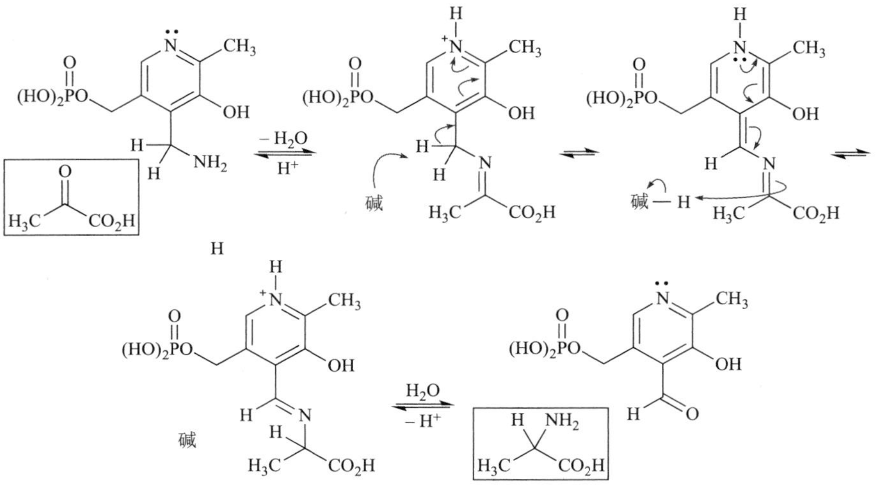

图 3.110

在相关过程中，磷酸吡哆醛催化 α-氨基酸脱羧。同样，反应开始于亚胺的形成和吡啶氮的质子化，如图 3.111 所示。酶活性部位的碱使羧基脱质子，C—C 键断裂，该键的电子迁移到吡啶环的氮原子上成为一对孤对电子；然后，同一对电子迁移回到亚胺的碳原子上，碳与 H^+ 结合，产生一个新的亚胺（与转氨反应不同的是，新亚胺的 C═N 键与原亚胺的 C═N 键具有相同的位置）；最后新亚胺水解得到脱羧的胺，并再生磷酸吡哆醛。

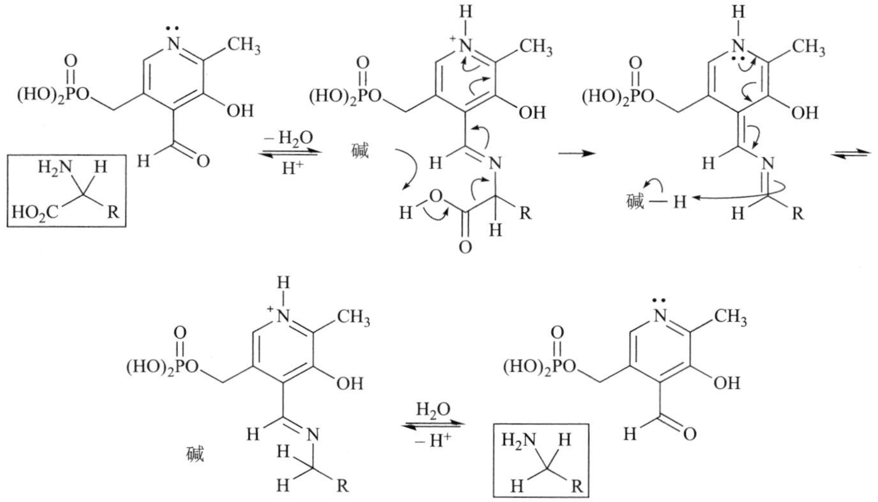

图 3.111

在脱羧反应中，与亚胺碳反应的 H^+ 可被其他亲电试剂取代。例如，图 3.112 中磷酸吡哆醛催化丝氨酸和棕榈酰辅酶 A（一种硫代酯）的缩合反应，生成脱氢神经鞘氨醇，它是一种可随后转化为细胞膜中脂质的化合物。这里在脱羧之后，吡啶氮上的一对电子可以转移回到亚胺的碳原子上，使其通过标准的加成-消除机理与硫酯反应生成酮-亚胺（酶的活性部位可能有一个残基，通过氢键或静电作用稳定四面体中间体的 O^-）。这种新亚胺水解，产生游离氨基酮,并再生磷酸吡哆醛。

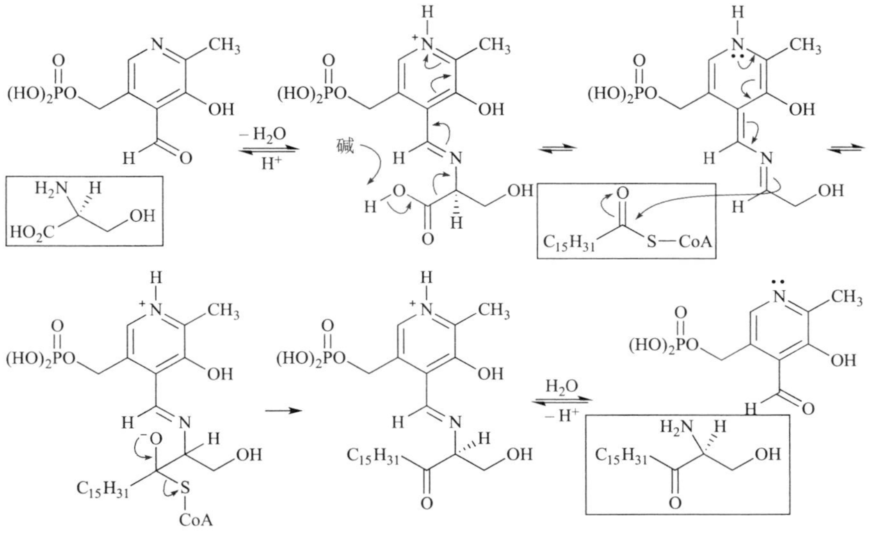

图3.112

磷酸吡哆醛也可以催化β-和γ-亲核取代反应,这些取代反应通过消除-加成反应机理进行,该机理夹在许多氢转移步骤之间。

习题3.19　书写图3.113中两种磷酸吡哆醛催化亲核取代反应的机理。

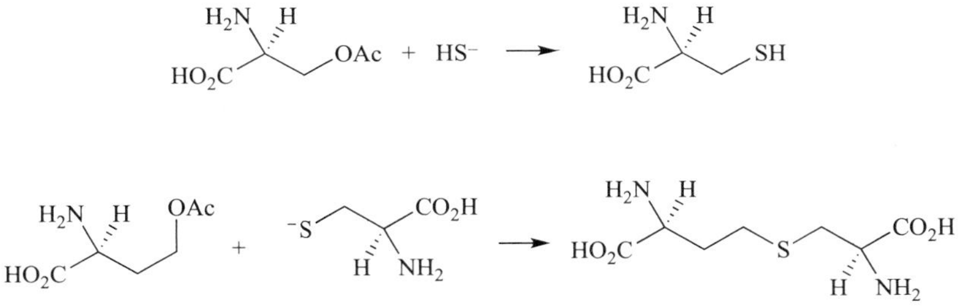

图3.113

3.7　总　　结

产生碳正离子一般有三种方法:

(1) C—X^+ σ键解离(通常在离去基团质子化之前);

(2) C=X π键杂原子的孤对电子与Lewis酸反应(通常是H^+);

(3) C=C π键与Lewis酸反应(通常是H^+和碳正离子)。

碳正离子一般发生三种典型反应:

(1) 亲核试剂(通常是孤对电子或π键亲核试剂)加成反应;

(2) 解离得到 π 键和一个新的正离子(通常是碳正离子或 H^+);

(3) 重排反应(通常是 1,2-氢迁移或 1,2-烷基转移)。

质子化亲核试剂对碳正离子的加成总是在亲核试剂脱质子之后。

C(sp^3)的取代通常在酸性条件下通过 S_N1 取代反应机理进行;只有当 C(sp^3)是一级的、亲核试剂非常好且强酸性条件下,才会按照 S_N2 取代反应机理进行(但是在酸性条件下,像 S、P 杂原子的取代往往通过 S_N2 反应机理进行)。

在酸性条件下,C(sp^2)的取代通常通过加成-消除反应机理进行。亲电试剂与亲核的 C=C π 键(包括大多数芳烃)加成,亲核试剂与 C=N、C=O 和亲电的 C=C π 键加成。

在酸性和碱性条件下,羰基化合物的羰基碳是亲电的,α-碳是亲核的。同样,在酸性和碱性条件下,α,β-不饱和羰基化合物的羰基碳和 β-碳是亲电的,在亲核试剂与 β-碳加成以后 α-碳是亲核的。在酸性和碱性条件下,羰基的反应机理只在质子化和去质子化步骤不同:酸性条件下,亲核加成在亲电试剂质子化之前、亲核试剂去质子化之后发生(如果是质子性溶剂)。

涉及酮或醛和 1°或 2°胺的反应可能通过亚胺离子中间体进行。

3.8 习　　题

1. 对下列每组化合物在酸性条件下离子化的难易进行排序。

(a)

(b)

(c)

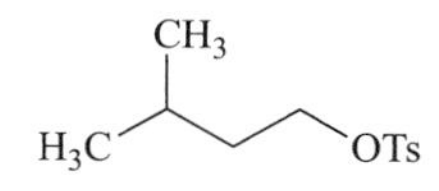

(d)

(e)

TsO, MeN; TsO, N; TsO, NMe

(f)

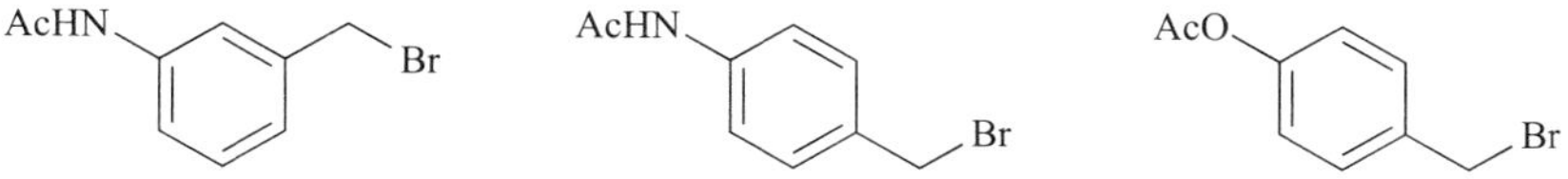

AcHN, Br; AcHN, Br; AcO, Br

(g)

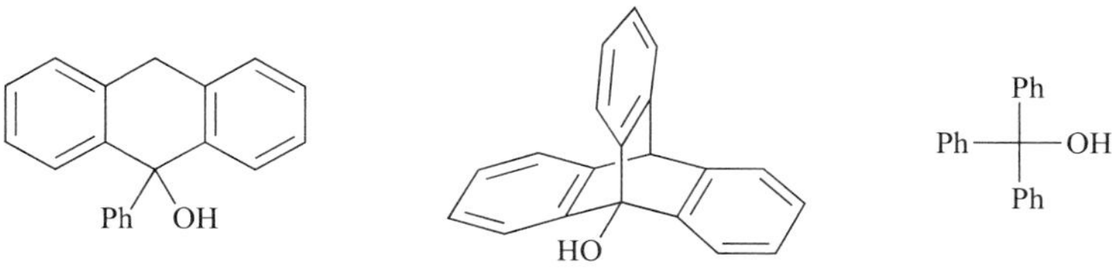

Ph, OH; HO; Ph, Ph, OH, Ph

2. 写出下列反应的主要产物,并书写产物形成的合理机理。

(a)

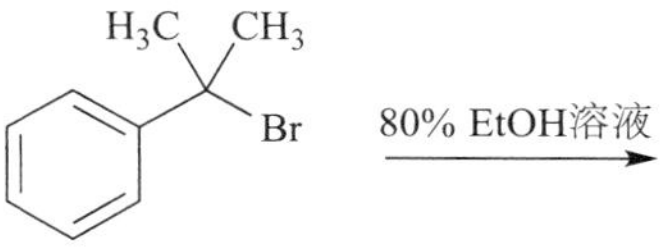

H_3C, CH_3, Br —80% EtOH溶液→

(b)

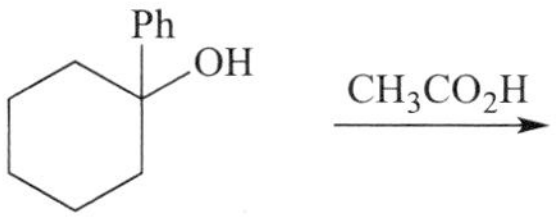

Ph, OH —CH_3CO_2H→

(c)

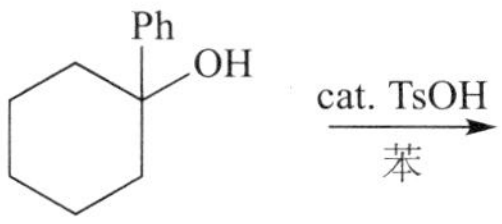

Ph, OH —cat. TsOH, 苯→

(d)

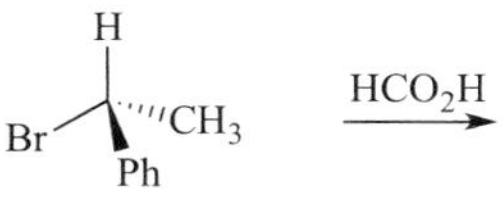

H, Br, CH_3, Ph —HCO_2H→

(e)

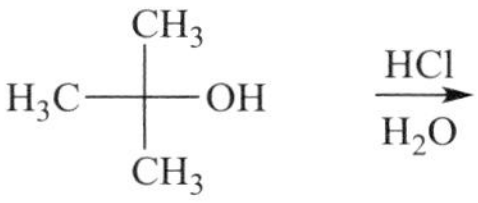

CH_3, H_3C—OH, CH_3 —HCl, H_2O→

(f)

OH $\xrightarrow[\text{cat. TsOH}]{CH_3OH}$

(g)

OH $\xrightarrow[\triangle]{\text{浓 HBr}}$

(h)

O *n*-Bu $\xrightarrow{\text{稀 HBr}}$

3. *β*-石竹烯(1)在醚中用硫酸处理,可形成多种产物。最初,1 消耗以后,化合物 2~4 是主要的烃类产物。随着时间推移,化合物 2~4 消失,反应混合物中出现化合物 5~9。更长时间以后,化合物 5~9 消失,化合物 10~12 成为最终的烃类产物,并形成大量的醇。书写反应机理解释这些产物的形成过程,并解释它们形成的顺序。

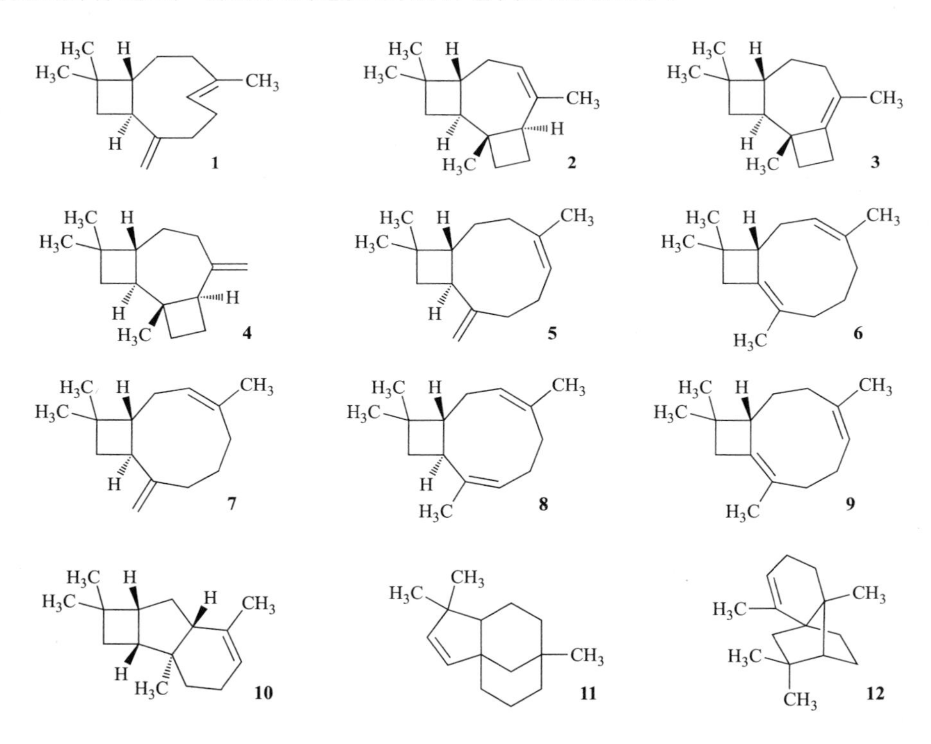

4. 书写下列反应机理:

(a) 醚中的 Li^+ 是强 Lewis 酸:

$OSiMe_3$ + O O $\xrightarrow{\text{5 mol/L } LiClO_4 \text{ 在醚中}}$ HO O $OSiMe_3$

(b)

OH　CH_3　1) n-BuN_3, TfOH　2) $NaBH_4$　CH_3　N　n-Bu

(c)

CH_3　O　O　Ph　Br_2, HBr　(无光照)　CH_3　O　O　Br　Ph

(d)

Ph　O　EtO　F_3CF_2C　H　2 $AlMe_3$　H_3C　OH　F_3CF_2C　EtO　Ph

但是

O　EtO　F_3CF_2C　H　2 $AlMe_3$　EtO　CF_2CF_3　OH　CH_3

(e)

O　Et　CH_3　OHC　O　O　cat. H^+　O　O　Et　HO　O

(f)

H_3C　CH_3　Cl　CH_3　Et　$AlCl_3$　CS_2　H_3C　CH_3　H_3C　Et

(g)

O　Br　H_2O, △　O　HO　HO　CHO

(h)

CO_2H　CH_3　N　Ph　1) NBS　2) $NaOCH_3$　CO_2CH_3　CH_3　N　O　Ph　(NBS = O　N　Br　O)

(i)

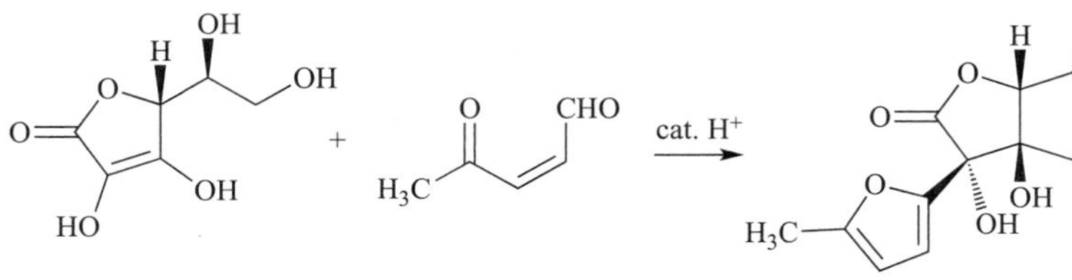

(j) 反应产物(一种偶氮染料)是人造黄油中长期使用的着色剂,直至发现它是致癌的。

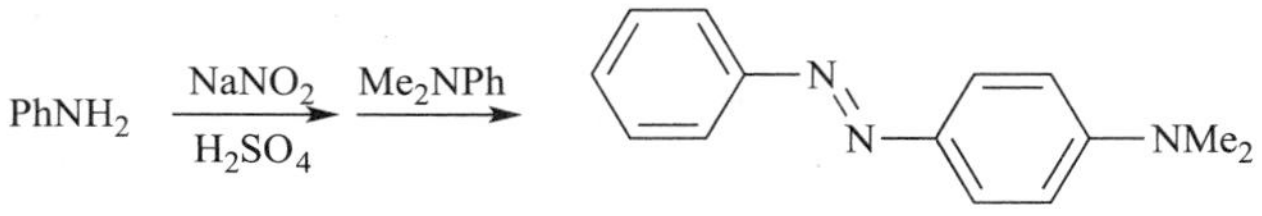

(k) 当对硝基苯胺和水杨酸在反应(j)中用作原料时,得到的茜素黄 R(偶氮化合物)用于印染羊毛。茜素黄 R 的结构是什么?

(l) 下列反应有助于解释为什么哌啶是美国联邦政府管控物质。

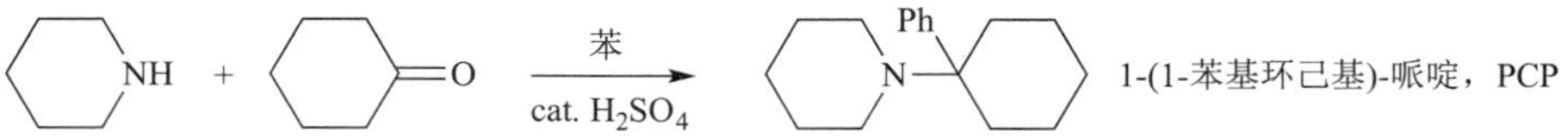

1-(1-苯基环己基)-哌啶,PCP

(m)

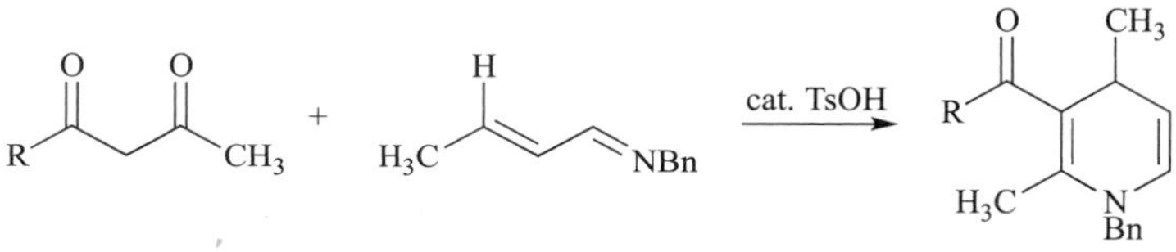

(n)

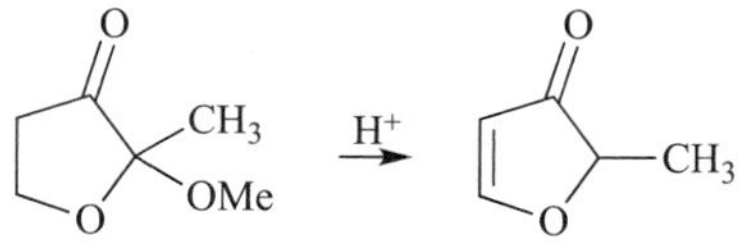

(o)

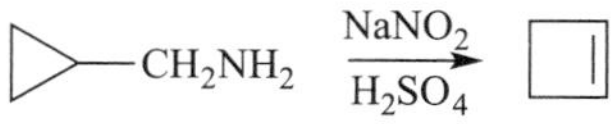

(p) 下列反应是胆固醇生物合成的关键步骤。抑制酶催化反应的化合物由于其作为抗胆固醇药物的潜力,近年来得到了广泛研究。

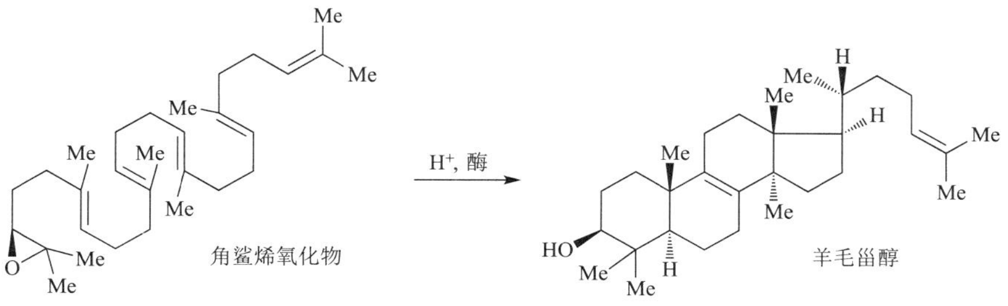

角鲨烯氧化物　$\xrightarrow{H^+, 酶}$　羊毛甾醇

(q) Wallach 重排：

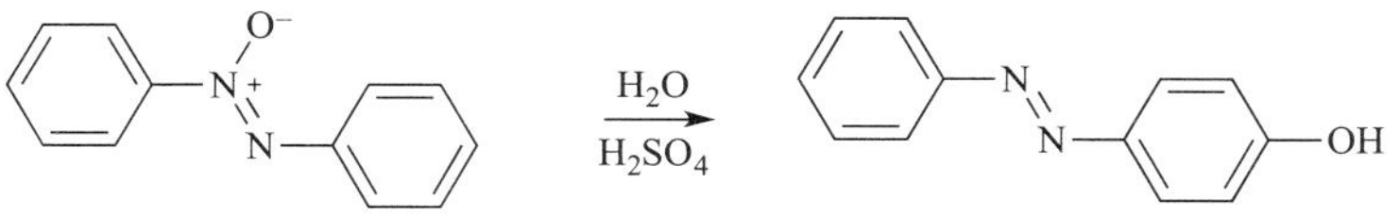

$\xrightarrow[H_2SO_4]{H_2O}$

以下几条信息应该对你有帮助：① 当用^{18}O标记的水作溶剂时，产物是标记的；② 当原料中的一个氮用^{15}N选择性标记时，发现标记氮随机分布在产物中；③ 关键中间体是双正离子。

(r) 把 Me_3Si^+ 看作一个大的质子。

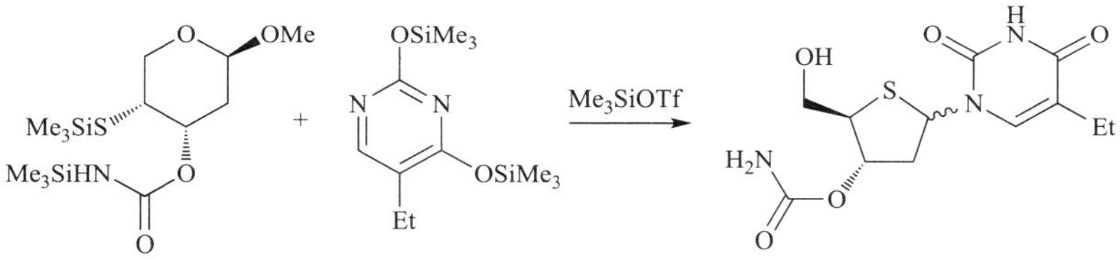

$\xrightarrow{Me_3SiOTf}$

但是

$\xrightarrow{Me_3SiOTf}$

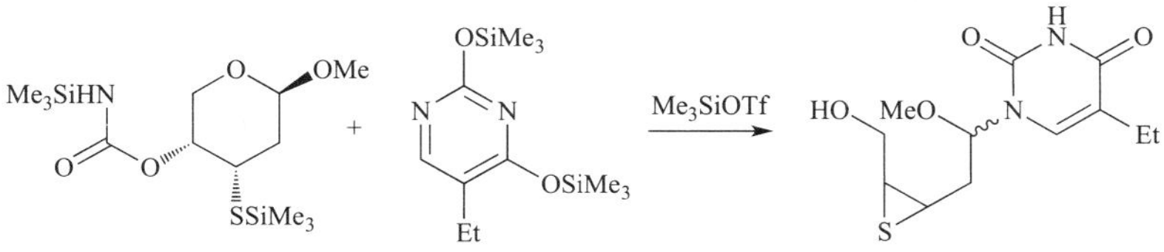

(s) 先书写五元环的形成机理，然后书写五元环简单加热转变成六元环的反应机理（无酸存在）。

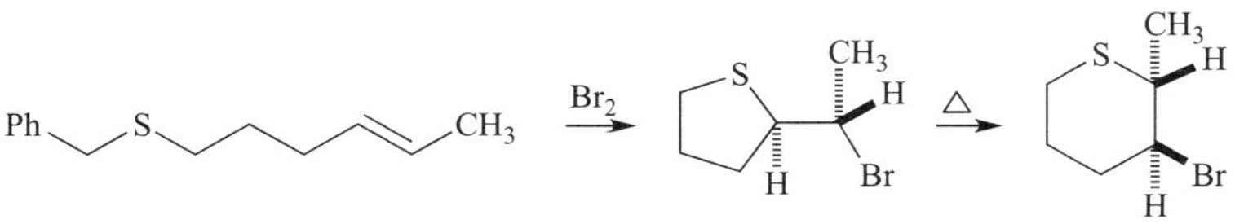

$\xrightarrow{Br_2}$　$\xrightarrow{\triangle}$

(t) 下面两条信息可以帮你书写反应机理：① 决速步骤涉及 C—Cl 键断裂；② 当 N 和 Cl 之间的碳原子数增加时，速率急剧下降。

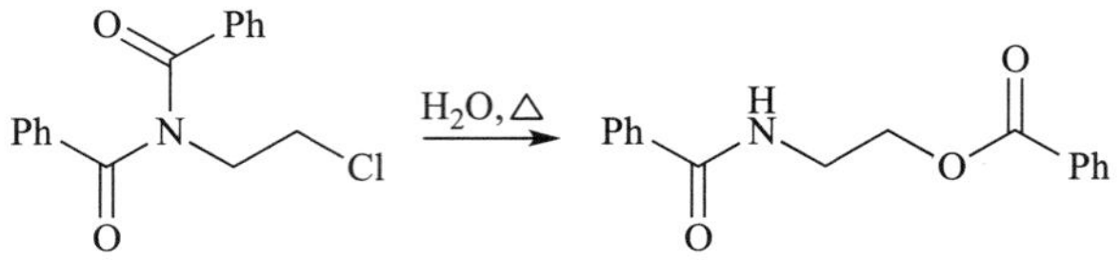

(u)

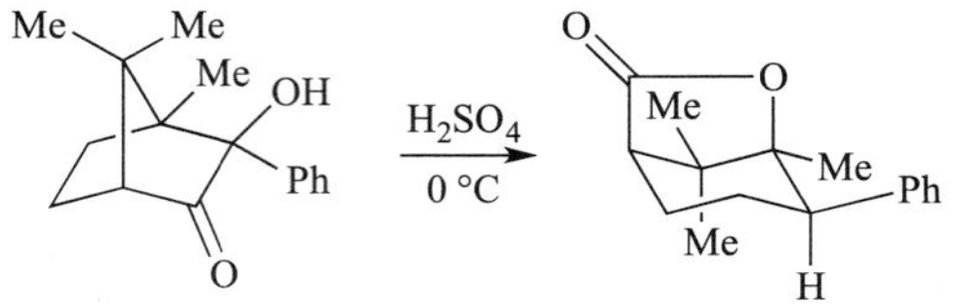

(v)

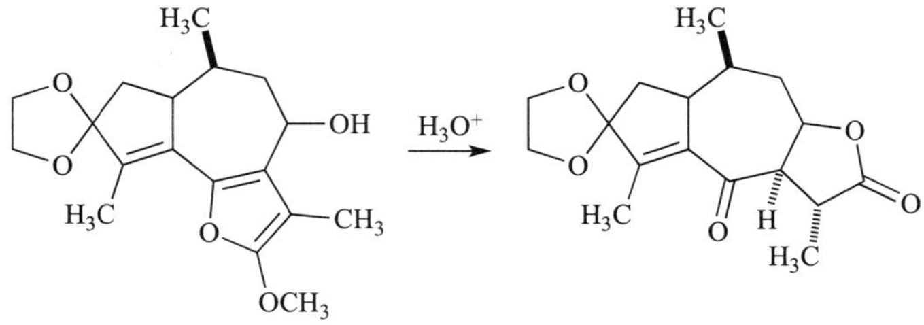

(w)

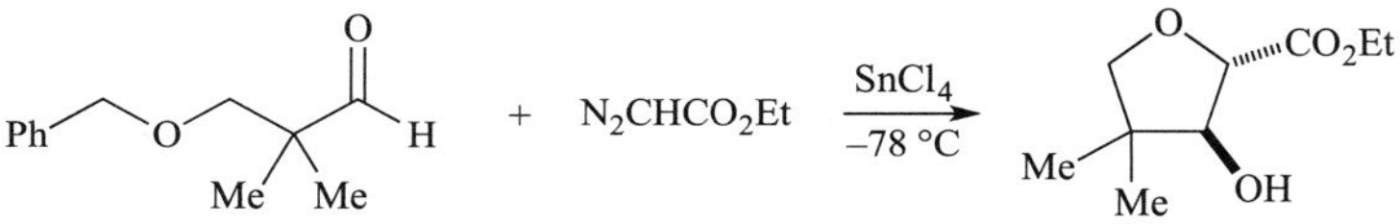

(x) $SnCl_2$ 是 Lewis 酸：

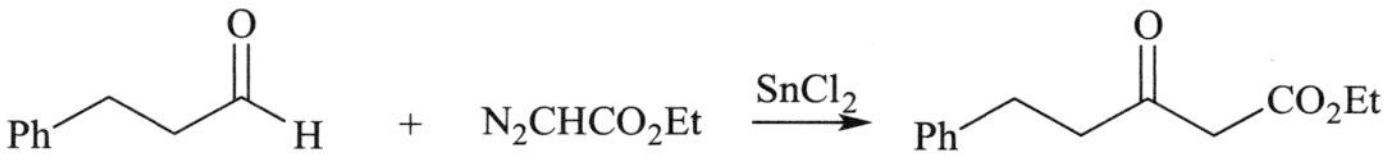

(y)

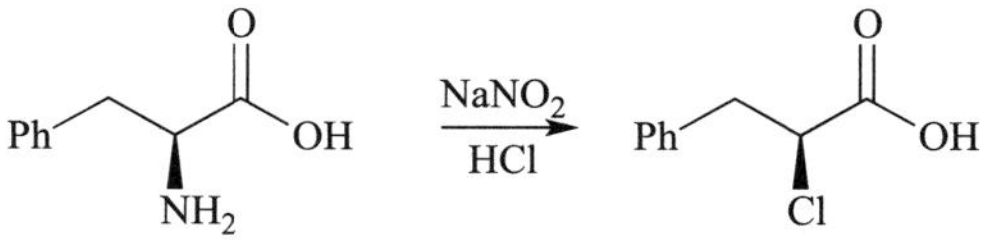

(注意产物的立体化学！这会告诉你有关机理的什么信息?)

(z)

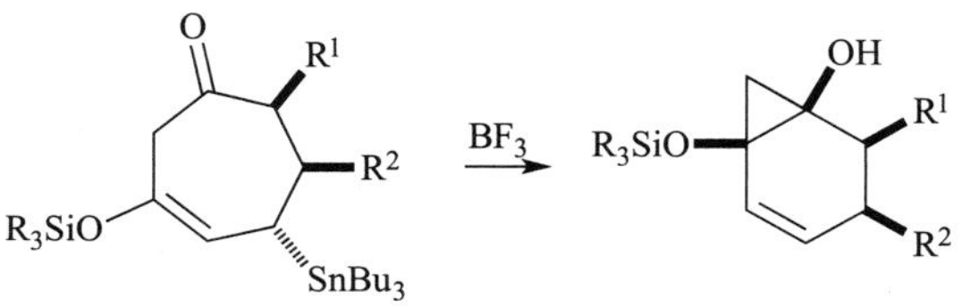

（aa）

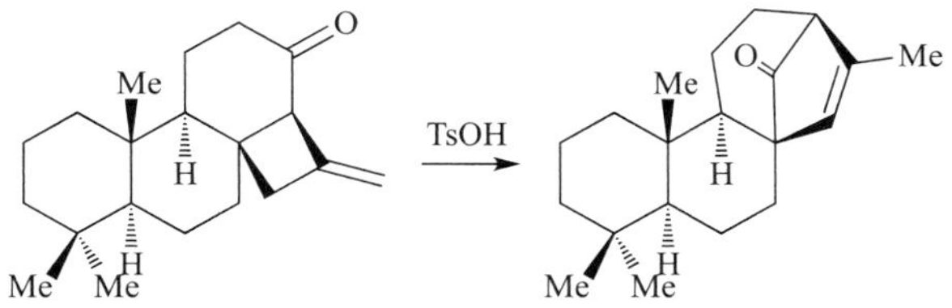

$\xrightarrow{TsOH}$

（bb）

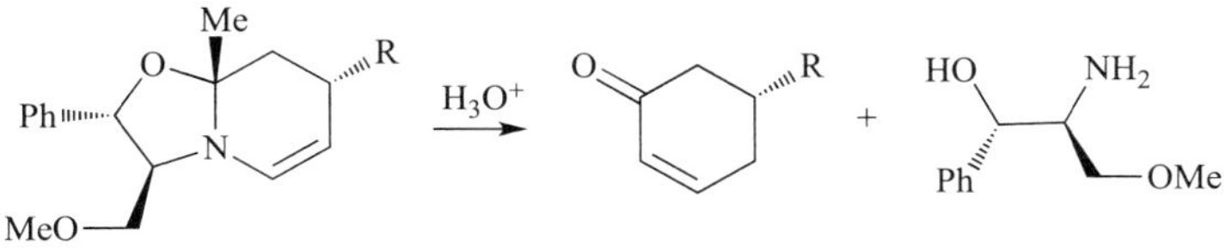

$\xrightarrow{H_3O^+}$

（cc）

$\xrightarrow[H_2SO_4]{H_2O}$

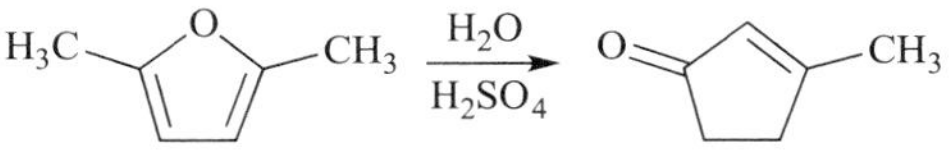

5. 作者从植物中分离出一种已知化合物（hyperbeanol B）和一种新化合物（称为 hypatulone A）。使用各种光谱技术确定 hypatulone A 的结构后，他们提出了以下从 hyperbeanol B 到 hypatulone A 的生物合成路径，看看你是否能找到生物合成路径中高度不可信的至少四种特征。

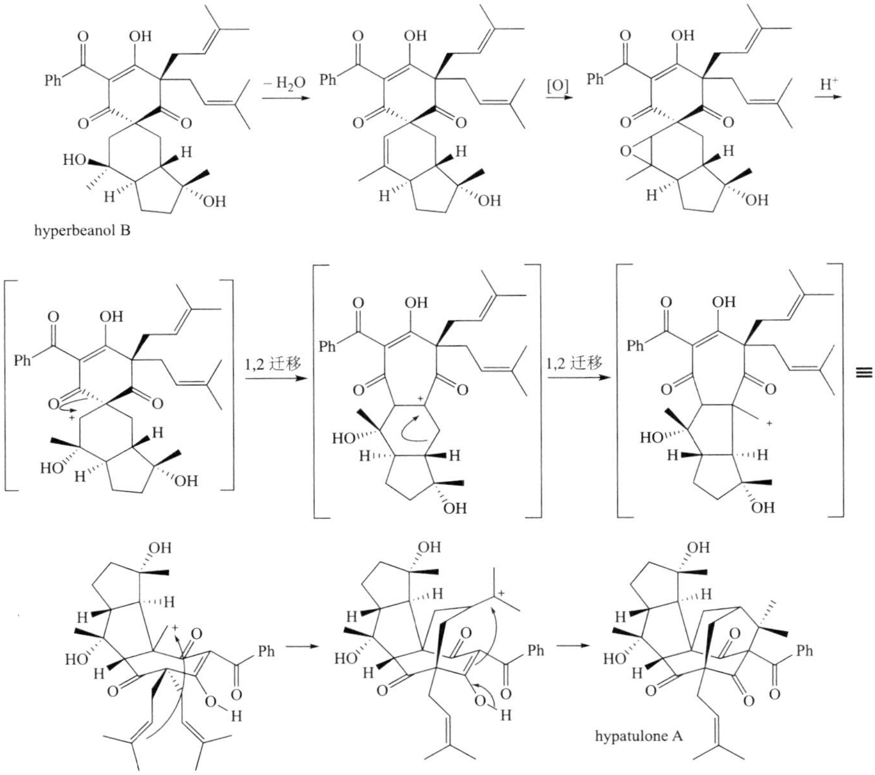

hyperbeanol B $\xrightarrow{-H_2O}$ $\xrightarrow{[O]}$ $\xrightarrow{H^+}$

1,2 迁移　1,2 迁移

hypatulone A

第4章 周环反应

4.1 引 言

周环反应是键的形成或断裂发生在一个或多个共轭 π 体系末端的反应。电子在环内运动,所有键的形成和断裂同步完成,没有中间体生成。协同性的要求可以区分周环反应与大多数极性反应或自由基反应,尽管很多周环反应也可以写出合理可替代的分步机理。

对于每类周环反应,我们将讨论两个或两个以上的特征:典型反应、区域选择性、立体选择性和立体专一性。讨论典型反应和立体专一性将有助于你认识到:在特定的化学反应中什么时候发生周环反应。区域选择性、立体选择性和立体专一性的讨论将帮助你预测周环反应产物的结构和立体化学。

4.1.1 周环反应的分类

在讨论具体反应之前,学会如何描述周环反应非常重要。周环反应主要有四类:电环化反应(开环或关环)、环加成反应、σ-迁移和烯反应。

如图 4.1 所示,在电环化关环反应中,共轭 π 体系的末端之间形成 σ 键。电环化开环反应是关环的逆反应,开环反应中 C—C σ 键断裂,形成共轭 π 体系,共轭 π 体系末端开环之前通过 σ 键相连。空的或充满的 p 轨道可以参与 π 体系。根据参与反应的电子数目,电环化

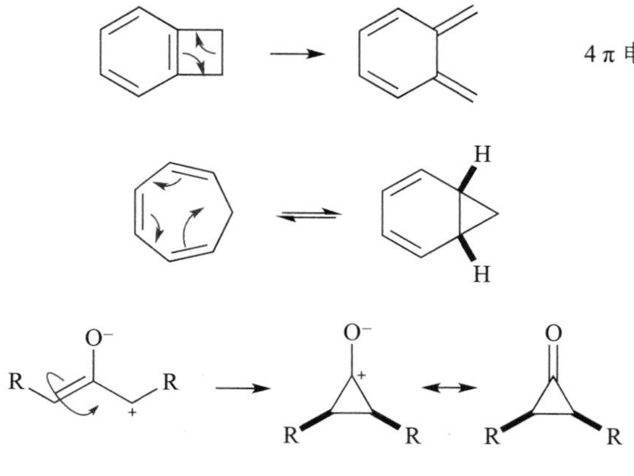

4π 电环化开环

6π 电环化开环/关环

2π 电环化关环

图 4.1

反应可以进一步分为 2π 电环化反应、4π 电环化反应等。如在所有的周环反应中一样，电子在环内移动。注意 π 键如何随着关键 σ 键的形成或断裂而移动。

你可能对于电环化反应的最后一个例子有疑惑，这是二电子反应，不是四电子反应。三原子 π 体系的末端之间形成新的 σ 键，该三原子体系包含两个电子，氧的孤对电子不是三原子 π 体系的一部分，所以电环化反应的电子数不包括它们。

如图 4.2 所示，当两个 π 体系的末端形成 σ 键得到环状产物时，该反应称为环加成反应，其逆反应称为逆环加成反应。根据组分中的原子数量①，环加成反应进一步分为[$m+n$]反应，同样重要的是，不仅要注意原子数量，还要注意反应过程中涉及的电子数量。你已经熟悉了六电子[4+2]环加成反应，即 Diels-Alder 反应。四电子[2+2]环加成反应不太常见，原因后面讨论，但乙烯酮容易发生该反应。[3+2]环加成(或 1,3-偶极环加成)反应是一类非常重要的六电子环加成反应，可用于制备各种五元杂环化合物。我们也常见到其他的环加成反应，包括[8+2]、[4+3]和[6+4]环加成反应。

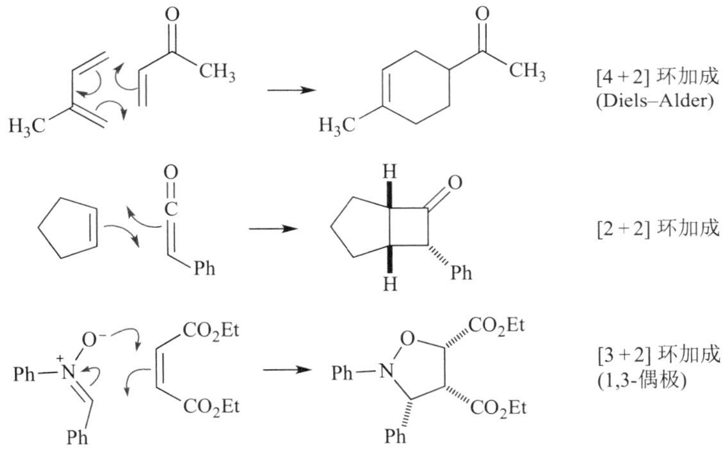

图 4.2

如图 4.3 所示，螯变反应(如[2+1]和[4+1]逆环加成反应)是一类特殊的环加成反应，其中的一个组分是单原子。单原子组分需要有一个充满的轨道和一个空轨道，它可以是卡宾($\pm CR_2$)、SO_2($O=\ddot{S}^{+}-\bar{O} \longleftrightarrow \bar{O}-\ddot{S}^{2+}-\bar{O}$)或 $C\equiv O$($\bar{C}\equiv\overset{+}{O} \longleftrightarrow \pm C=O$)。[4+1]环加成反应通常逆向进行，并伴随稳定小分子离去，如 CO 或 SO_2。

① 文献中命名环加成反应有两个习惯，即老习惯和本书使用的习惯：m 和 n 表示每组分中原子的数目。Woodward 和 Hoffmann 改变了这个习惯，将 m 和 n 表示每个组分中的电子数目。电子数和原子数在中性物质中是相同的，如 Diels-Alder 反应；但它们在带电或偶极物质中不同，如 1,3-偶极环加成，根据老习惯它是[3+2]环加成，根据新习惯它是[4+2]环加成。一定要注意使用的是哪种习惯。

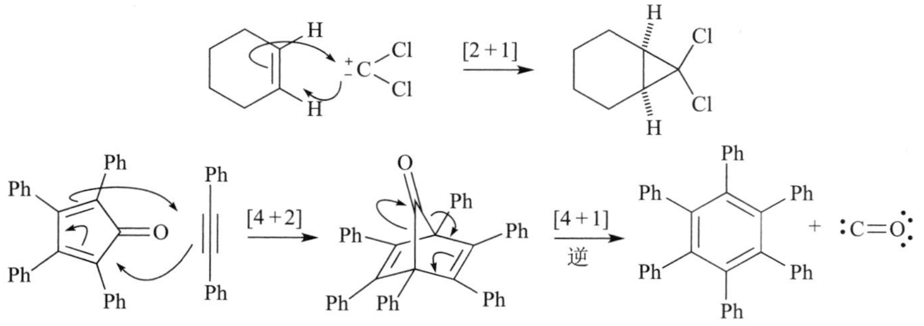

图 4.3

如图 4.4 所示，σ 迁移包括连接一个片段末端与另一个片段末端 σ 键的断裂，并在片段的另一端协同形成另一个 σ 键，σ 键似乎迁移了，由此得名。σ 迁移进一步分为[n,m]-σ-迁移，其中 n 和 m 是每个片段中原子的数目(不是电子)。常见的[3,3]-σ-迁移称为 Cope 重排。当 π 体系的一个原子是氧时，[3,3]-σ-迁移称为 Claisen 重排(不要与 Claisen 缩合混淆)。(初始产物环己二烯酮异构化成苯酚，因此驱动反应向右进行。)正离子[1,2]-σ-迁移(即1,2-烷基或氢迁移)已经见过。注意参与 σ 迁移的电子数目非常重要。[3,3]迁移和[1,5]迁移是六电子反应，正离子[1,2]迁移是二电子反应，[1,3]迁移是四电子反应。

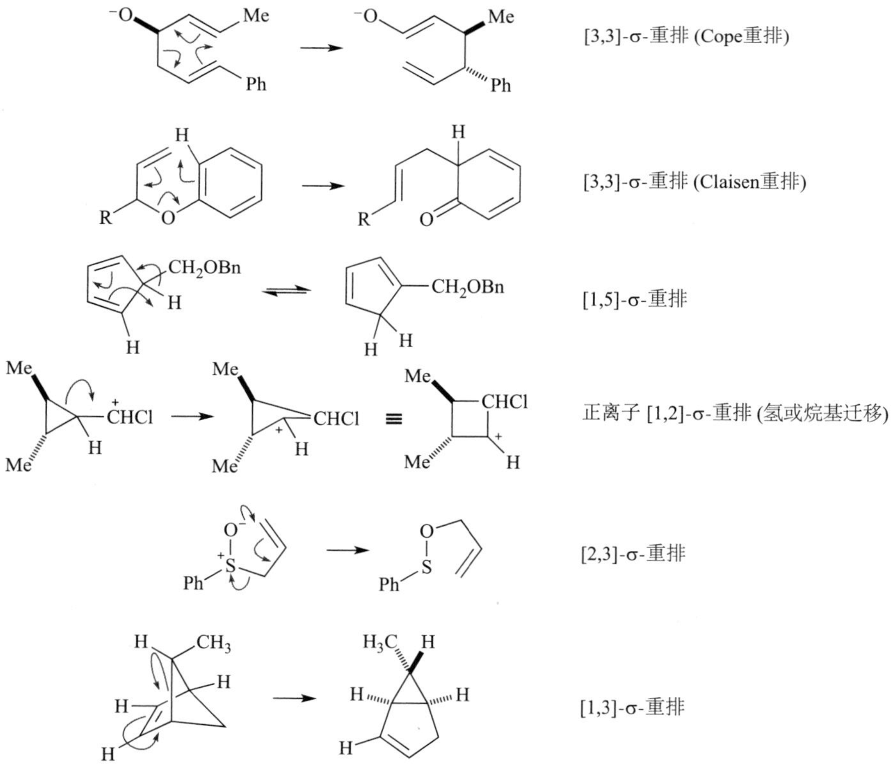

[3,3]-σ-重排 (Cope重排)

[3,3]-σ-重排 (Claisen重排)

[1,5]-σ-重排

正离子 [1,2]-σ-重排 (氢或烷基迁移)

[2,3]-σ-重排

[1,3]-σ-重排

图 4.4

与其他反应相比,学生似乎更难识别和命名σ迁移,在σ迁移中,σ键或π键的数量没有净的变化。如图4.5所示,为了命名σ迁移,在成键原子间画虚线,在断键和虚线的中心画短曲线,在形成或断裂σ键的每个原子上画黑点,然后从π体系一个点到另一个点数原子的数目,注意短曲线不要交叉。

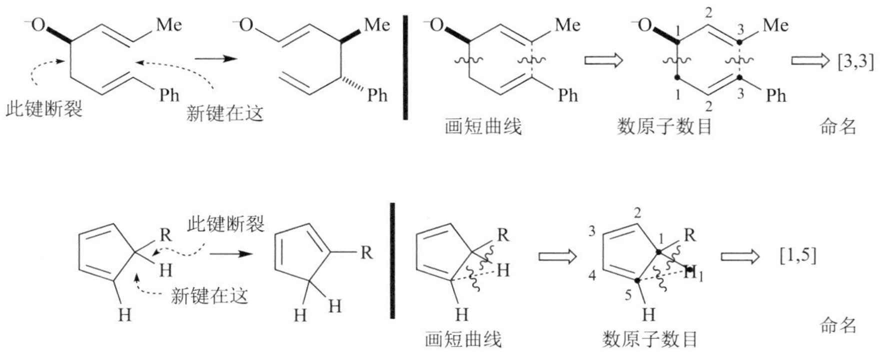

此键断裂 新键在这 画短曲线 数原子数目 命名 [3,3]

此键断裂 新键在这 画短曲线 数原子数目 命名 [1,5]

图4.5

如图4.6所示,烯反应总是六电子反应,它与[4+2]环加成反应和[1,5]-σ-迁移反应有共同特征,如[4+2]环加成反应是四原子组分与两原子组分的反应,但在烯反应中,四原子组分包含一个π键和烯丙基σ键(通常与氢原子相连),而不是两个π键。如[1,5]σ迁移中一个σ键迁移,但是烯反应消耗一个π键,产生一个σ键。当C=C π键和带有烯丙基氢的C=C π键之间发生反应时,称之为Alder烯反应,该反应可能是分子内反应或分子间反应。逆-烯反应也很常见,如在乙酸烷基酯中乙酸的热消除一样。杂-烯反应看起来像[3+2]环加成反应和[1,4]-σ-迁移反应的交叉。逆-杂-烯反应用于一些在合成上很重要的消除反应。

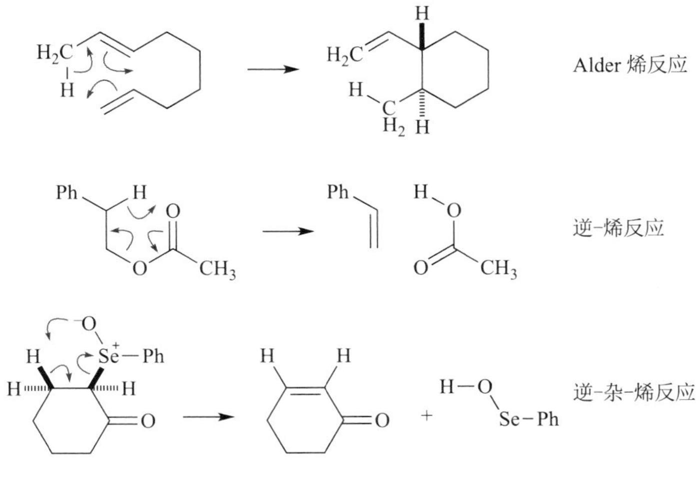

Alder烯反应

逆-烯反应

逆-杂-烯反应

图4.6

四种主要周环反应的关键特征概括在表4.1中。

常见错误提醒：周环反应表面上很相似，学生有时很难区分不同的类型。每种周环反应典型六电子的例子如图 4.7 所示(注意典型 σ 迁移反应的简并)。每种典型反应都有三个箭头在环中移动，但每个箭头都会导致成键模式的不同变化。

表 4.1　周环反应中键的变化

反应分类	键类型的变化
电环化反应	一个 π 键⇌一个 σ 键
环加成反应	两个 π 键⇌两个 σ 键
螯变反应	一个 π 键和 X±⇌两个 σ 键
σ 迁移反应	一个 σ 键⟶一个新 σ 键
烯反应	一个 π 键⇌一个 σ 键和一个 σ 键迁移

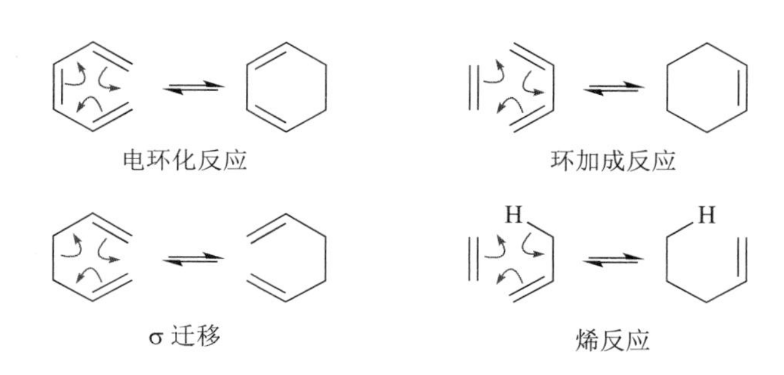

图 4.7

当书写周环反应成键模式变化时，不管你是顺时针还是逆时针书写电子的移动都没关系，因为周环反应的特点不是电子从富电子向缺电子的运动，或者高能位点向低能位点的运动，弯箭头仅仅显示从原料到产物成键模式的变化。但是，当反应中的一个组分具有形式负电荷的原子时，如[3+2]环加成反应、[2,3]σ 重排或逆-杂-烯反应，开始电子推动是重要的。

常见错误提醒：学生经常把多步反应写成虚构的一步周环反应机理。避免这类错误的好方法是：确保你可以命名机理中的每个周环反应步骤。例如，对于图 4.8 中的反应，你可能会尝试写出：包含第一种原料 C—C σ 键和第二种原料 π 键的四电子一步反应机理，但是这样的机理不能按照前面讨论的类型进行分类，所以它可能是错误的。

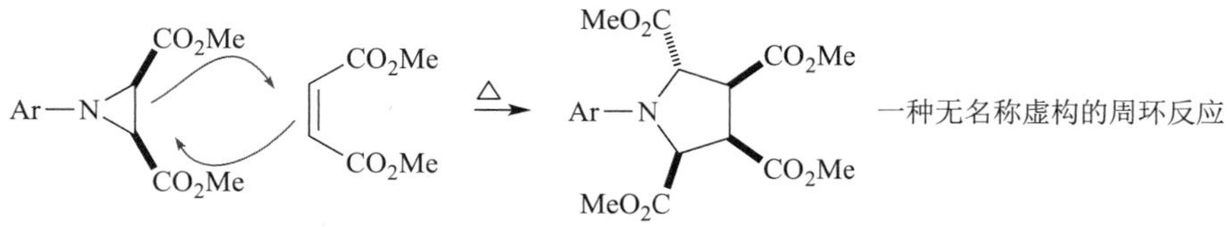

一种无名称虚构的周环反应

图 4.8

立体专一性，即原料的立体化学决定产物的立体化学性质，是周环反应的特征之一。对许多周环反应来说，可以写出两步、非协同、极性或自由基反应机理，但这些机理无法解释反应的立体专一性。例如，对于图4.9中2-甲氧基丁二烯（亲核试剂）和顺丁烯酸乙酯（亲电试剂）的Diels-Alder反应，可以写出两步的极性反应机理，该机理通过偶极中间体进行，中间体中形成一个新σ键。在这个中间体中，亲双烯体的两个碳原子发生自由旋转，所以Me和CO_2Et的顺式立体化学关系预计在产物中会消失。事实上，只有顺式产物。该发现不能完全排除极性反应机理（可能存在中间体，但是关环速率比σ键旋转更快），但是它确实限制了偶极中间体的寿命，因此可以认为它实际上不存在。

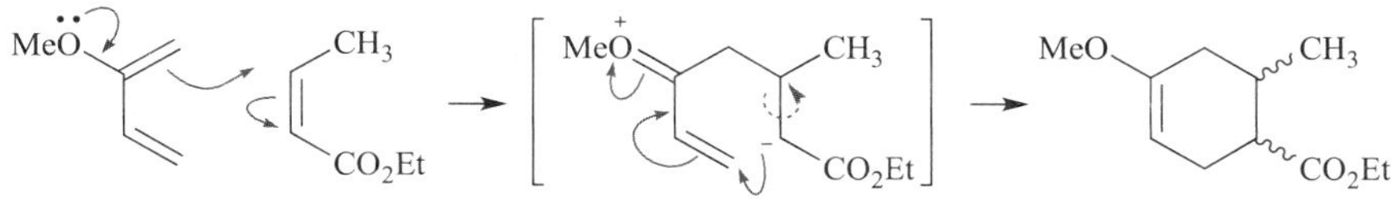

MeO　CH_3　CO_2Et　→　[MeO　CH_3　CO_2Et]　→　MeO　CH_3　CO_2Et

可能失去立体化学完整性

图4.9

许多这样的立体化学结果与非热力学产物（这是两步机理所不期望的）的观察结果一致，这些结果聚集起来在多数情况下支持周环反应机理。近年来实验和理论技术的发展使化学家们能够在比C—C σ键旋转所需时间短得多的时间尺度上探索周环反应机理，这些实验支持了一些周环反应的协同机理和其他反应的非协同机理。实际上，如果没有实验或理论的证据排除这种可能性，Occam的剃刀理论（即简单有效原理）会迫使你提出协同机理而不是非协同机理。

周环反应可以在酸性或碱性条件下发生，例如，碱性条件下，氧杂Cope重排反应会大大加速，而Lewis酸可以大大加速Diels-Alder反应。许多极性反应经常用于合成不稳定的中间体，然后再经历周环反应得到产物。换句话说，掌握极性反应机理（见第2章和第3章）对于理解如何书写周环反应机理至关重要。

与所有反应一样，周环反应原则上是可逆的（尽管它们实际上可能不可逆）。正向和逆向的反应总是经历相同的过渡态，做个比喻，如果你想从肯塔基州的莱克星顿到弗吉尼亚州的里士满旅行，你会选择穿过阿巴拉契亚山脉最低处的路径；如果你想从里士满回到莱克星顿，你会选择同样的路线，只是方向相反。你选择的路线不会取决于你旅行的方向，反应遵循相同的原则。

4.1.2 多烯分子轨道

你可能认为“无机理”的周环反应没什么好说的，但其实有。首先，它们的立体化学如何，甚至反应是否进行，都取决于反应是热反应还是光化学反应。例如，许多[2+2]环加成反应只能在光照下才会发生，而所有[4+2]环加成反应都是加热进行的。其次，所有的周环反应都是立体专一性的，但产物的立体化学有时取决于反应条件。例如，2,4,6-辛三烯加热得到顺-5,6-二甲基环己二烯，光照得到反-5,6-二甲基环己二烯，如图4.10所示。这些现象可以通过反应物的分子轨道来解释，该规则称为Woodward-Hoffmann规则，它控制周环反应是否进行和反应发生时的立体化学。

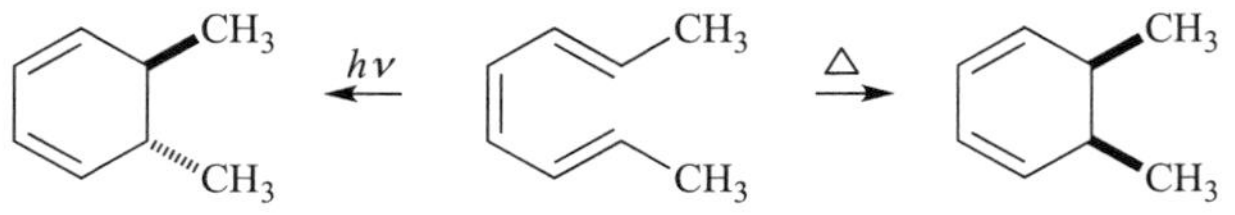

图 4.10

反应物前线分子轨道的性质可以合理解释 Woodward-Hoffmann 规则，即 HOMO（最高占有分子轨道）和 LUMO（最低未占有分子轨道）。为了理解周环反应，你需要从组分的 p 轨道构建多烯体系的分子轨道。

思考 1,3-丁二烯，它有四个 p 轨道，每个轨道与其邻位 p 轨道相互作用，产生四个分子轨道，如图 4.11 所示。这四个轨道称为 ψ_0、ψ_1、ψ_2 和 ψ_3，在能量最低的分子轨道 ψ_0 中，每个 p 轨道与邻位 p 轨道相互重叠得到分子轨道，该轨道没有节点或轨道间无波相变化。在最高能量的分子轨道 ψ_3 中，每个 p 轨道与邻位 p 轨道相排斥，得到有三个节点的分子轨道。在中间能量的分子轨道 ψ_1 和 ψ_2 中，分别有一个和两个节点，相应构建分子轨道。在加热条件下，四个原子轨道的电子占据 ψ_0 和 ψ_1；ψ_1 是 HOMO，ψ_2 是 LUMO。

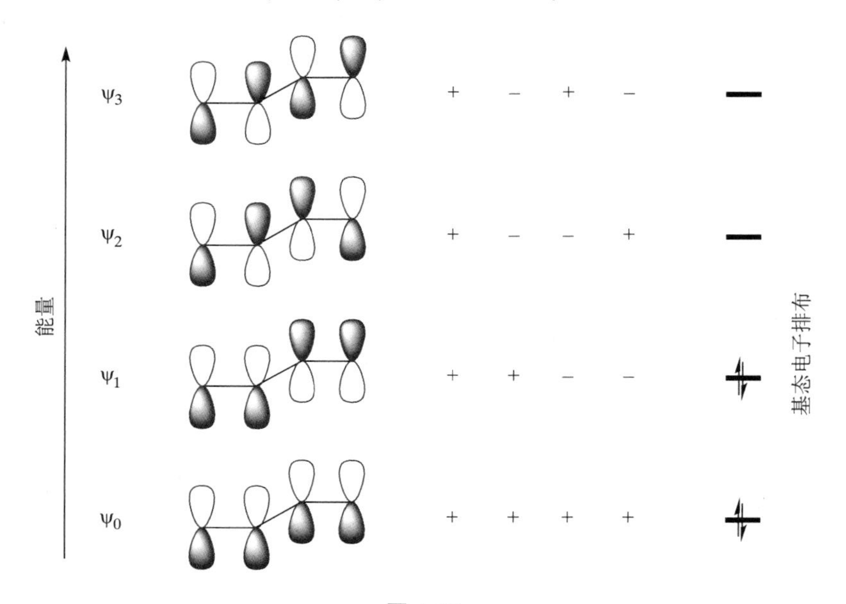

图 4.11

原子轨道的信息不能反映整体情况。在每一个分子轨道中，每个原子轨道有一个系数，它反映了其对分子轨道贡献的大小。系数范围为 0 到 1。分子轨道中原子轨道系数的平方相加，和为 1。分子轨道的系数可以提供反应性的重要信息。

注意：末端轨道的波相会按照相同—相反—相同—相反交替出现，物理化学家会说分子轨道的对称性在对称和反对称之间交替，这一属性在多烯的分子轨道中普遍存在，你不需要构建多烯完整的分子轨道以确定 HOMO 和 LUMO 末端的波相，周环反应的性能很大程度上依赖于末端波相。

如图4.12，在1，3，5-己三烯中，六个原子轨道组成六个分子轨道，末端波相按照相同—相反—相同交替出现，每个分子轨道节点数量逐渐增加。在1，3，5-己三烯的基态中，ψ_2是HOMO，ψ_3是LUMO。注意：在ψ_2和ψ_3中，链中第二和第五个碳原子p轨道的系数为零，表明这些碳原子的p轨道对ψ_2和ψ_3没有贡献，ψ_2和ψ_3的两个节点通过这两个碳原子的中心。

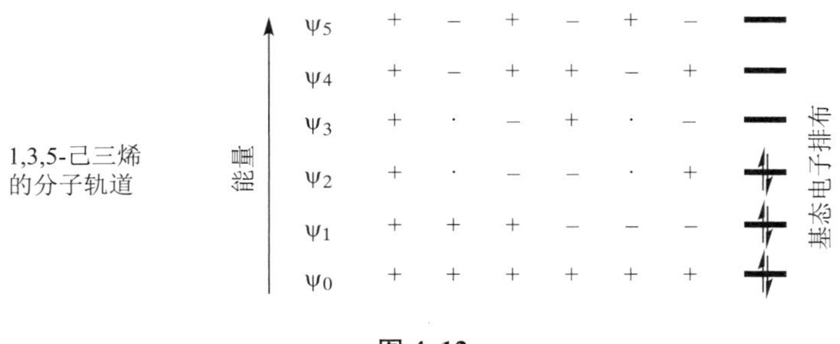

图4.12

具有奇数原子共轭π体系的分子轨道对称性也有变化，如图4.13所示，烯丙基体系有三个分子轨道：ψ_0（对称）、ψ_1（反对称）和ψ_2（对称）。在烯丙基正离子中，ψ_0是HOMO，ψ_1是LUMO。在烯丙基负离子中，ψ_1是HOMO，ψ_2是LUMO。戊二烯体系有五个分子轨道，在戊二烯正离子中，ψ_1（反对称）是HOMO，ψ_2（对称）是LUMO；而在戊二烯负离子中，ψ_2（对称）是HOMO，ψ_3（反对称）是LUMO。

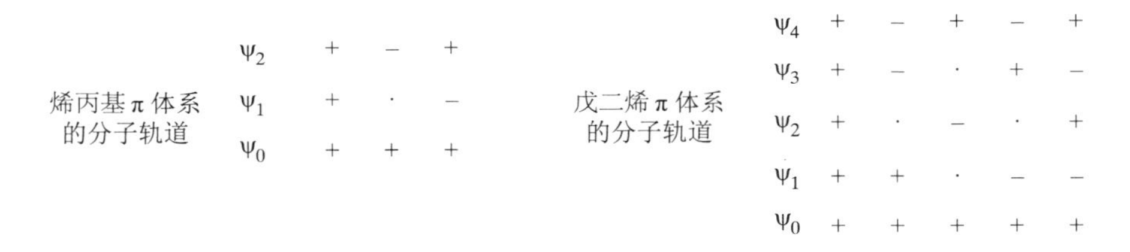

图4.13

4.2 电环化反应

4.2.1 典型反应

在电环化关环反应中，非环共轭π体系的末端形成一个新的σ键，得到少一个π键的环状化合物。在逆反应电环化开环反应中，共轭π体系两个末端烯丙位的环σ键断裂，得到多一个π键的非环化合物。像所有周环反应一样，电环化反应原则上是可逆的。闭环化合物通常能量较低，因为它用一个σ键代替π键，但并非总是如此。

如图4.14所示，环丁烯与1，3-丁二烯处于电环化平衡。1，3-丁二烯能量较低，因为环丁烯有张力，所以加热可以将环丁烯转变成丁二烯。1,3-丁二烯转变成环丁烯的逆反应，通常不在加热状态下进行，因为该过程能量上升。但是由于1,3-丁二烯比环丁烯共轭链更长，它会吸收波长更长的光，所以选择丁二烯吸收而环丁烯不吸收的波长进行光照，可以把1,3-丁二烯转变成环丁烯。

能量更高 R △ R 吸收更长波长的光

$h\nu(\lambda > 210\ \mathrm{nm})$

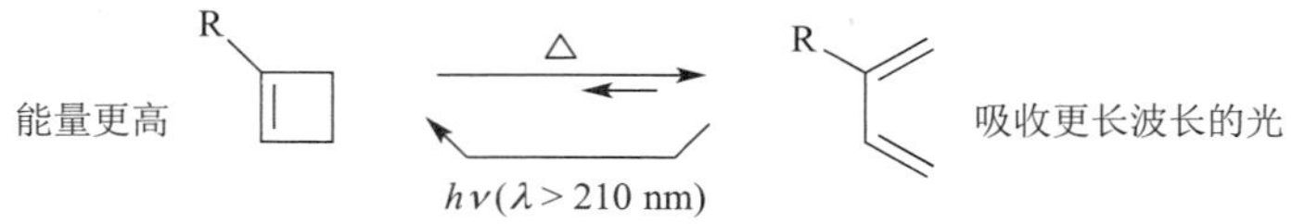

图 4.14

如图4.15所示，在苯并环丁烯中，环丁烯和1,3-丁二烯之间的平衡倾向环丁烯，苯并环丁烯(芳香化合物)的电环化开环得到邻-二亚甲基苯(非芳香活性化合物)，邻-二亚甲基苯是Diels-Alder反应有用的中间体。

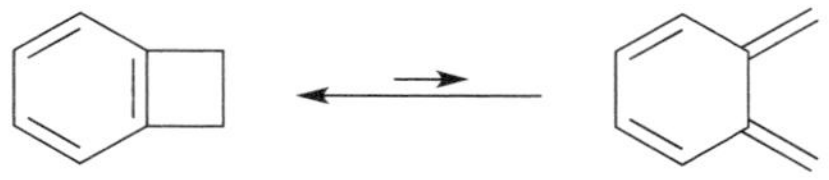

图 4.15

如图4.16所示，1,3-环己二烯与1,3,5-己三烯处于电环化平衡状态，这两种化合物都没有张力，环己二烯比己三烯多一个σ键，所以环己二烯的能量较低。己三烯比环己二烯共轭链更长，所以光照下活性更高。无论是加热条件还是光照条件，环己二烯都比己三烯有利。

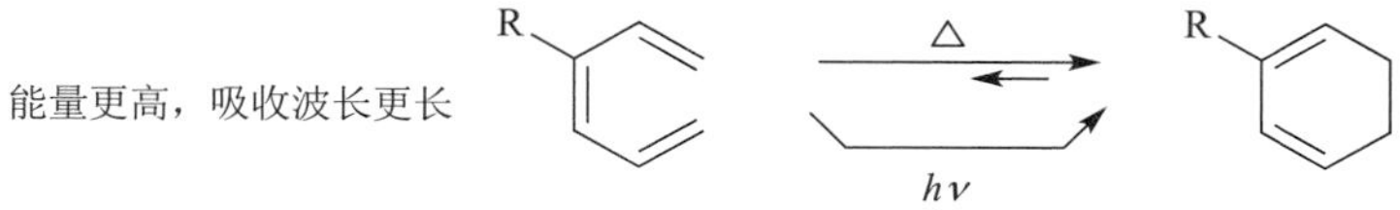

能量更高，吸收波长更长 R △ R

$h\nu$

图 4.16

当关环产生张力环时，1,3-环己二烯和1,3,5-己三烯之间的平衡很好。例如，图4.17中1,3,5-环庚三烯和降蒈二烯(二环[4.1.0]庚-2,4-二烯)相互转换的平衡常数接近1，并在室温下迅速相互转换。开环容易，因为可以解除三元环的张力；关环容易，因为π体系末端相距很近，消耗一个π键得到一个C—C σ键。

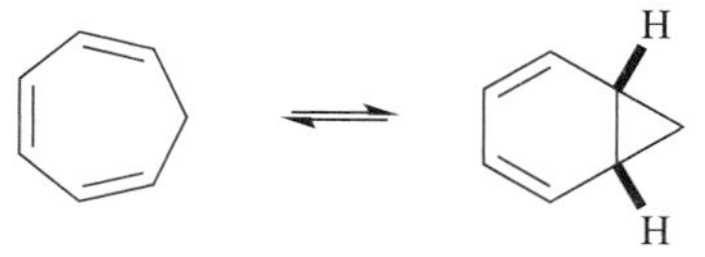

H H

图 4.17

如图4.18所示，烯丙基正离子和戊二烯基正离子也参与电环化开环反应和关环反应。(相应的负离子发生类似反应，但它们在合成上不太重要。)这类物质关环产生π键减少的正离子，正离子稳定性下降可以通过获得 C—C σ 键补偿。在烯丙基体系中，关环张力增加使开环更有利。

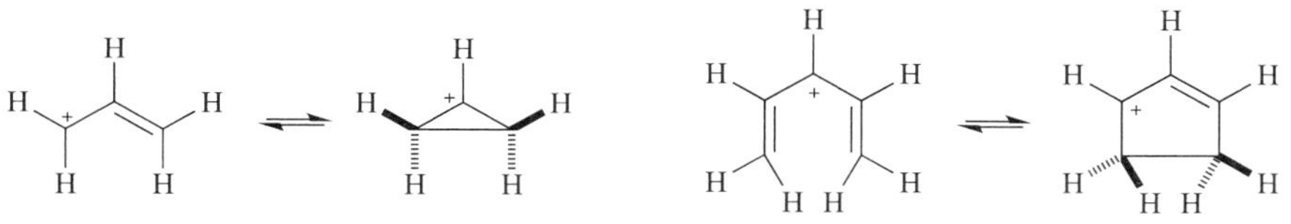

图 4.18

在图 4.19 所示的 Nazarov 环化反应中，二乙烯基酮用 Lewis 酸（如 $SnCl_4$）处理，经过电环化关环得到环戊烯酮。通过电环化关环反应得到的烯丙基正离子可以通过两个不同 σ 键的任意一个的断裂得到产物，通常得到能量较低的产物，但 C-$SiMe_3$ 键的断裂趋势优于 C—H 键，故把双键放在热力学不利的位置。

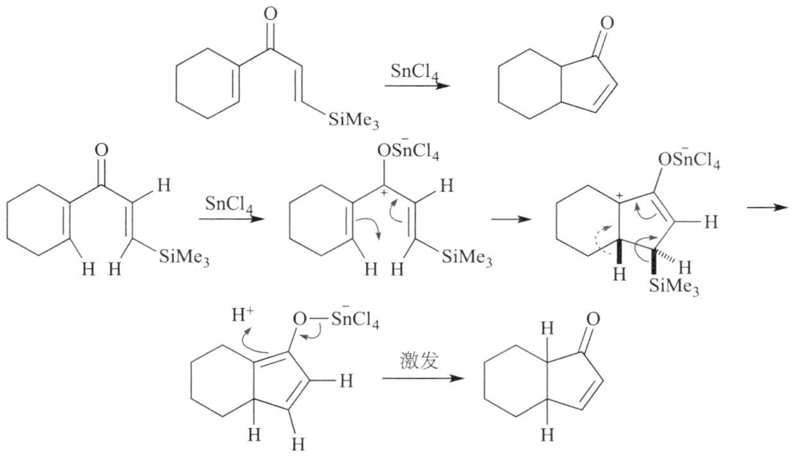

图 4.19

习题 4.1 书写图 4.20 中制备五甲基环戊二烯（有用的过渡金属配体）的合理反应机理。

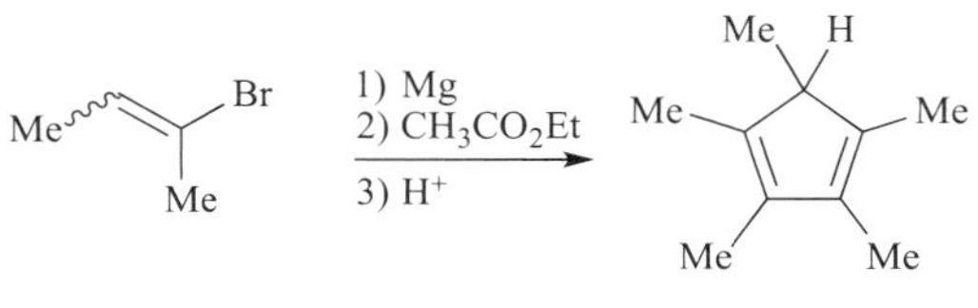

图 4.20

环丙基正离子和烯丙基正离子之间的电环化平衡通常倾向于烯丙基正离子，因为环丙基正离子比烯丙基正离子有较大张力且共轭链短。例如，图 4.21(a)所示的环丙基卤化物在蒸馏过程中经历协同脱 Br^- 和电环化开环反应，得到烯丙基正离子（原则上，可以写出开环与离去基团的离开非协同的过程，但环丙基正离子能量很高），Br^- 与烯丙基正离子结合得到产物。如图 4.21(b)所示，有机锂和二溴环丙烷之间发生卤素-金属交换反应得到的卡宾，也能够进行二电子电环化开环得到丙二烯。

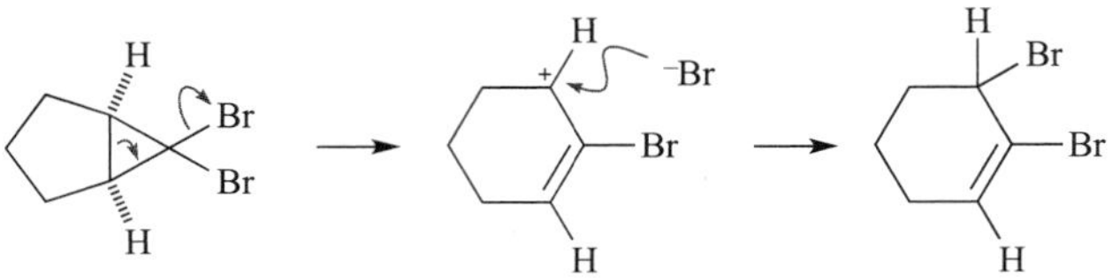

(a)

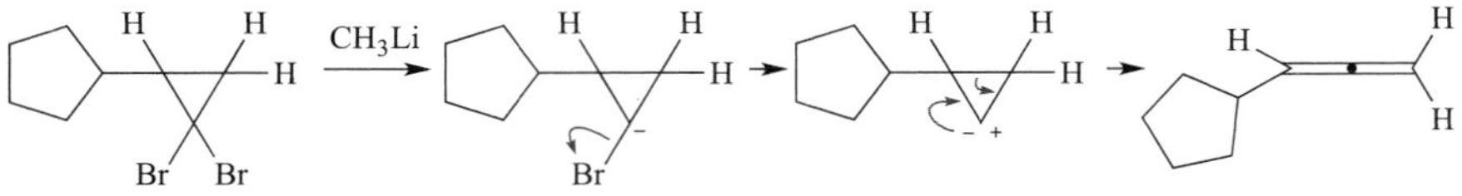

CH_3Li

(b)

图 4.21

如图 4.22 所示，环丙酮与氧代烯丙基正离子处于电环化平衡。环丙酮能量一般较低，但氧代烯丙基正离子能量并没有高到动力学难以达到的程度。氧代烯丙基正离子可以发生环加成反应，这将在后面讨论。

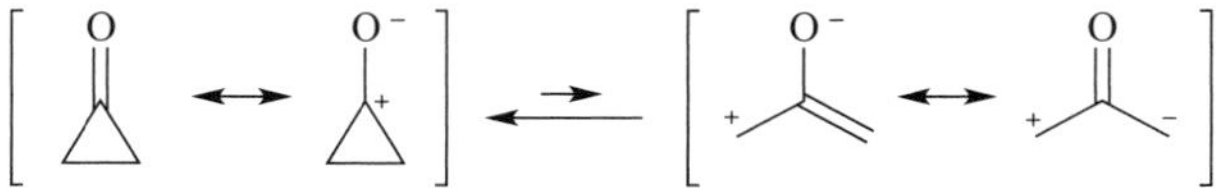

图 4.22

如图 4.23 所示，在 Favorskii 重排中，α-卤代酮重排得到羧酸。当酮是环状时，得到缩环产物。

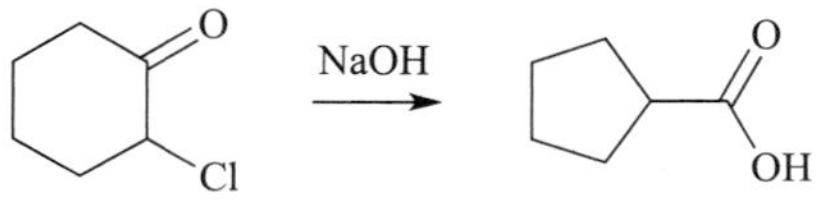

NaOH

图 4.23

Favorskii 重排反应可写出两种合理的机理。第一种机理如图 4.24 所示，酮作为酸，未连氯原子的 α-碳脱质子得到烯醇负离子，烯醇负离子脱去 Cl^-，同时发生二电子电环化关环反应[①]，得到环丙酮中间体。HO^- 与张力大的酮羰基加成，烷基离去，缓解张力得到碳负离子，当它形成时被溶剂淬灭。

① 译注：原著认为是二电子电环化关环反应，也可以视为分子内 S_N2 取代反应。

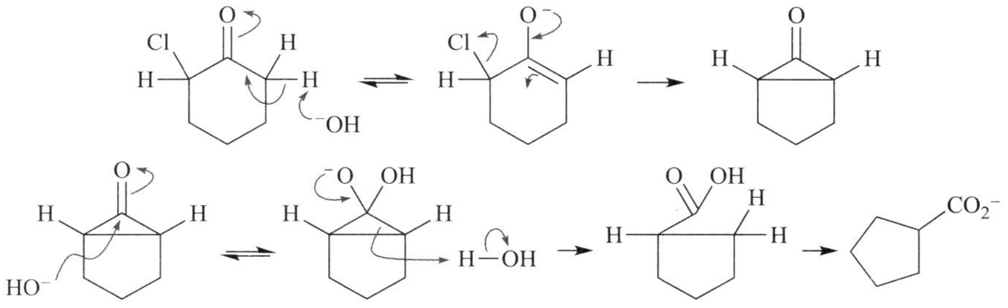

图 4.24

第二种机理，如图 4.25 所示，在第 2 章讨论过，酮作为亲电试剂，HO^- 与羰基加成，然后烷基迁移到其亲电碳的邻位，脱去 Cl^- 得到产物。

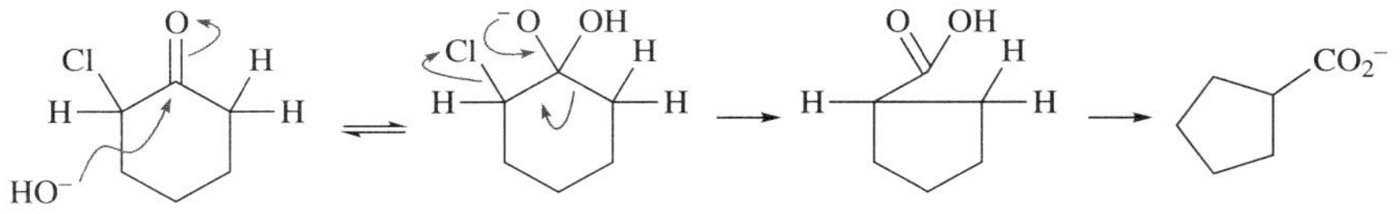

图 4.25

第二种机理(半二苯乙醇酸反应机理)看起来更好，但标记研究表明，酮 α 位两个碳原子在反应过程中变为等同，这只与第一种机理一致(电环化反应机理)。如图 4.26 所示，α-氯代-α-苯基丙酮重排得到肉桂酸甲酯的反应机理也与电环化反应机理一致；如果半二苯乙醇酸的反应机理有效，产物将是 2-苯基丙酸甲酯。

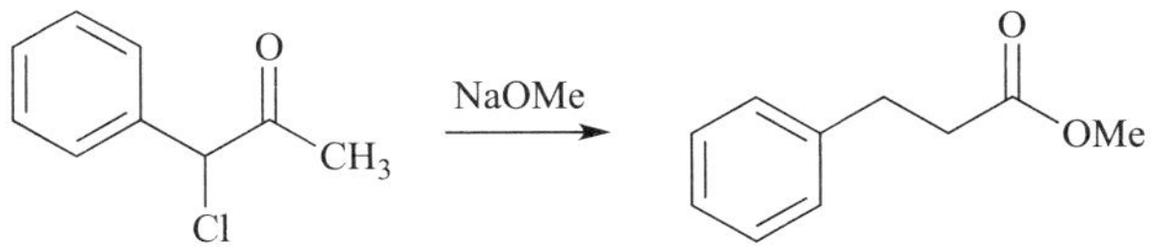

图 4.26

但是如图 4.27 所示，α-氯代苯乙酮重排得到苯乙酸甲酯一定经过半二苯乙醇酸反应机理进行，因为不能形成环丙烷。

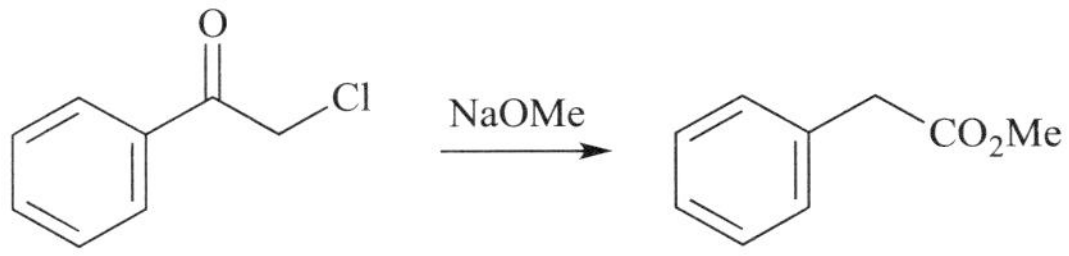

图 4.27

总之，当羟基的另一侧有 α-H 时，通常采用电环化反应机理；当羰基的另一侧无 α-H 时，通常采用半二苯乙醇酸反应机理。为什么烯醇化的 α-卤代酮电环化反应机理的反应速率比“更合理”的半二苯乙醇酸反应机理的速率更快呢？脱去质子和电环化关环都很快(甚至后者在形成张力环时也很快)，它们一定比羟基加成和迁移速率更快。

习题 4.2 为图 4.28 中的反应书写合理的机理,包含 Favorskii 重排。

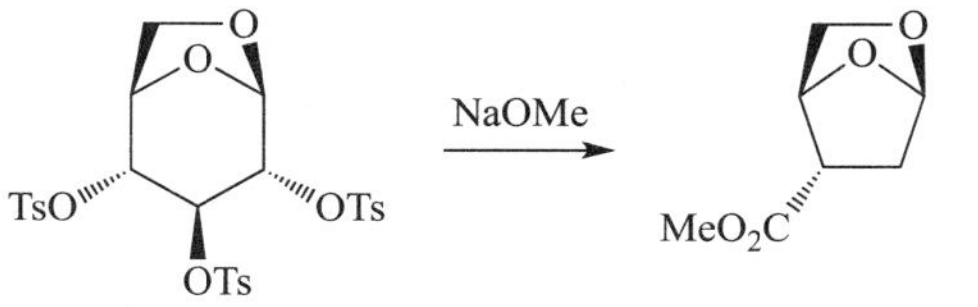

图 4.28

在 Favorskii 重排中,烯丙基正离子的电环化关环因为产物的正离子被氧负离子中和而进行,电荷中和也为烯丙基卡宾电环化关环生成环丙烯提供了驱动力。如图 4.29 所示,关环可以写成二电子或四电子过程,取决于卡宾的空轨道或充满轨道是否与 π 键共轭。

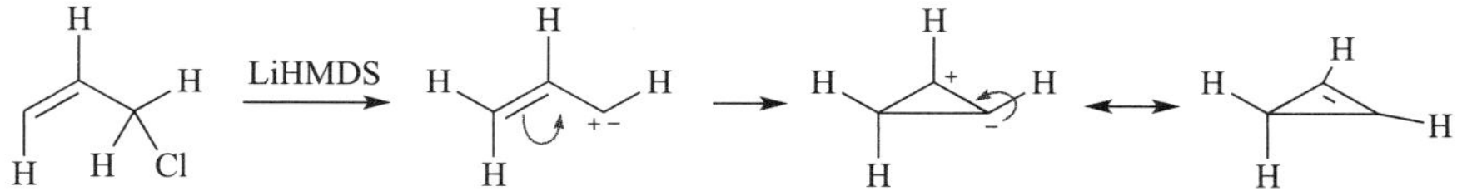

图 4.29

判断电环化关环反应的关键是寻找共轭 π 体系末端新键的形成,判断电环化开环反应的关键是寻找连接共轭 π 体系烯丙基位置 σ 键的断裂。三元环通过电环化反应从烯丙基体系关环或开环。图 4.30 中的重排反应为天然产物土楠酸 A 的生物合成途径。

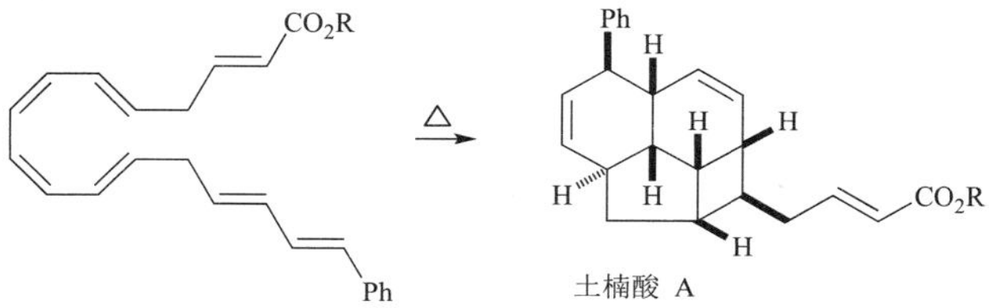

图 4.30

如果给原子编号(图 4.31),你会看到需要形成的键:C5—C12、C6—C11、C9—C17 和 C10—C14。

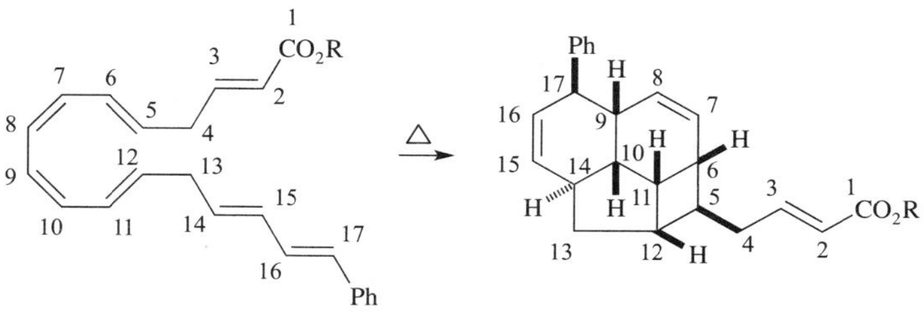

图 4.31

有时候在需要成键的地方画上虚线会有帮助(图 4.32)。

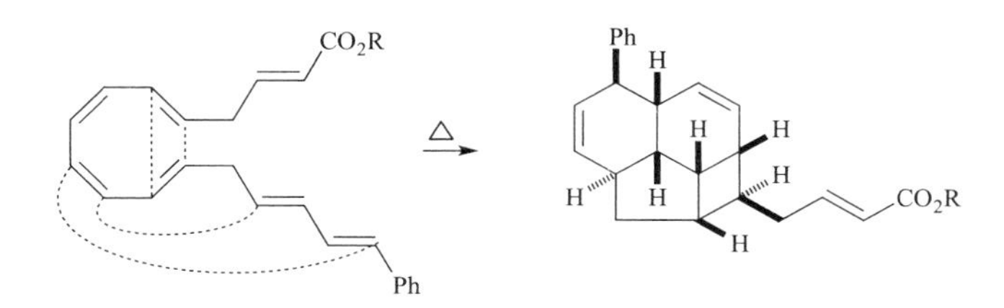

图 4.32

如图 4.33 所示,原料含有 1,3,5,7-四烯(C5 到 C12),一个需要形成的键(C5—C12)处于该体系的末端,八电子电环化关环反应形成该键。电环化反应也形成一个新 1,3,5-三烯(C6—C11),需要形成的另一个键(C6—C11)处于该体系的末端,六电子电环化关环反应形成该键。

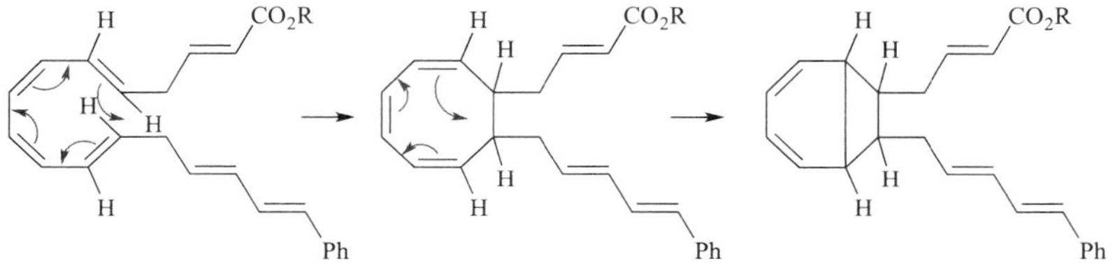

图 4.33

如图 4.34 所示,最后两个键通过 Diels-Alder 反应([4+2]环加成反应),在 C9=C10 π 键与 C14 到 C17 双烯之间形成。

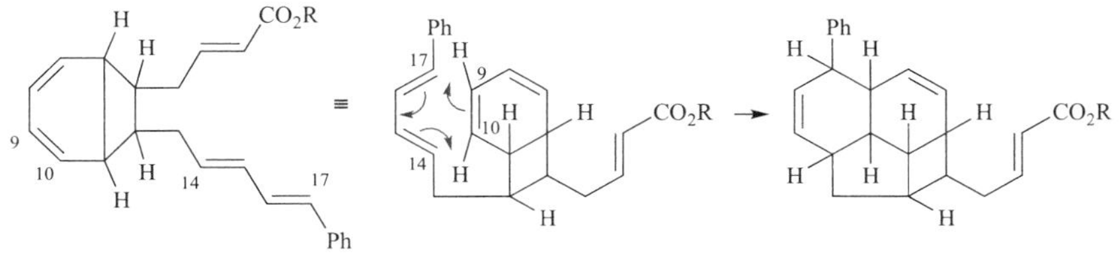

图 4.34

你可能尝试通过[2+2]环加成反应同时形成 C5—C12 和 C6—C11 键,但是你将很快看到,根据 Woodward-Hoffmann 规则,在加热情况下简单 C=C π 键的[2+2]环加成反应是禁止的。

习题 4.3 如图 4.35 所示,佛尔酮用碱处理,通过电环化关环反应得到异佛尔酮,书写合理的机理。

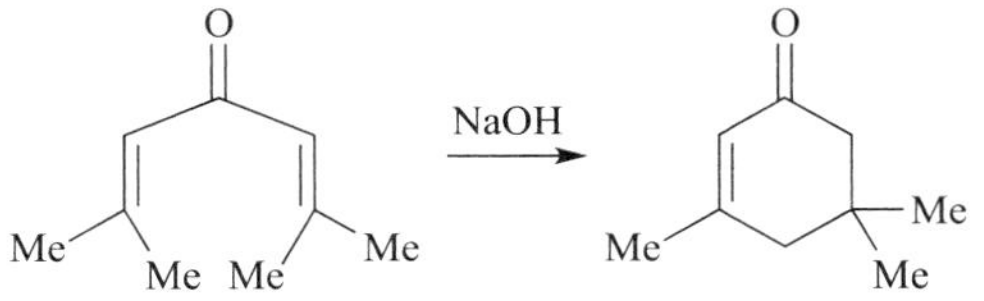

图 4.35

习题 4.4　如图 4.36 所示，4-乙烯基环丁酮是非常不稳定的化合物，快速异构化得到苯酚。书写包含电环化反应的合理机理。

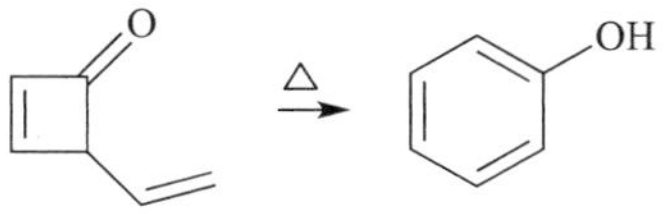

图 4.36

4.2.2　立体专一性

在所有周环反应中，电环化反应的立体化学是最容易理解的，因为电环化反应是单分子反应，只涉及一种轨道的排列。首先，思考丁二烯的电环化关环反应，丁二烯有 4 个 π 电子。丁二烯末端有四个取代基。当丁二烯是 s-顺式时，两个取代基为朝里的基团（因为它们处于丁二烯四个原子组成拱形的凹面上），两个取代基为朝外的基团（因为它们在同一拱形的凸面上）。在电环化反应中，为了重叠成键，丁二烯末端的 p 轨道必须旋转，可能有两种立体化学结果，反应的立体化学取决于两个末端如何旋转。如图 4.37 所示，如果末端按照同一方向旋转（顺旋），那么两个朝外的基团会变成反式，两个朝里的基团也会变成反式，任一朝外的基团和任一朝里的基团处于顺式。

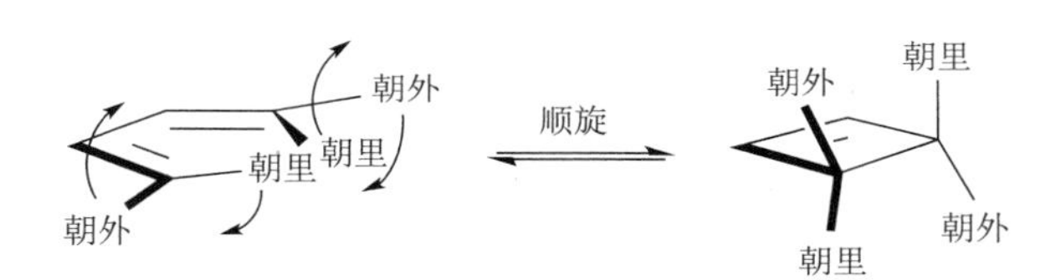

图 4.37

另一方面，如图 4.38 所示，如果它们按照相反方向旋转（对旋），那么两个朝外的基团会变成顺式，两个朝里的基团会变成顺式，任一朝外的基团和任一朝里的基团处于反式。

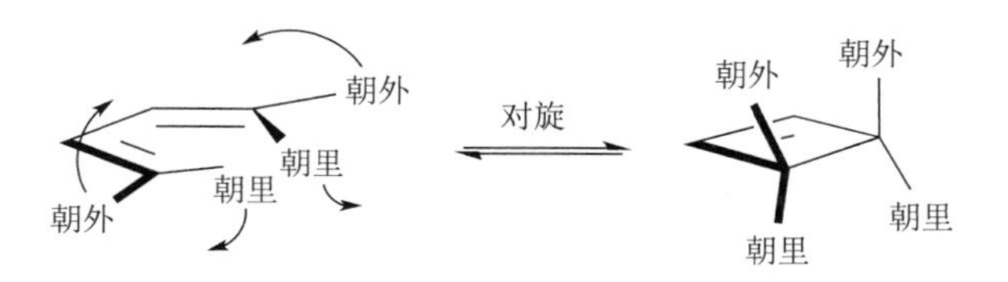

图 4.38

在加热情况下，丁二烯的电环化关环反应总是顺旋，有几种方法来解释这个结果，这里我们使用前线分子轨道理论解释，如图 4.39 所示。加热条件下，1，3-丁二烯的 HOMO 是 ψ_1，LUMO 是 ψ_2。发生电环化关环反应时，HOMO 经历过渡态，成键位置有轨道相互作用。因为在顺旋过渡态中，HOMO ψ_1 有 π 体系末端成键轨道相互作用，在对旋过渡态中有 π 体系末端反键轨道相互作用，所以反应按照顺旋方式进行。

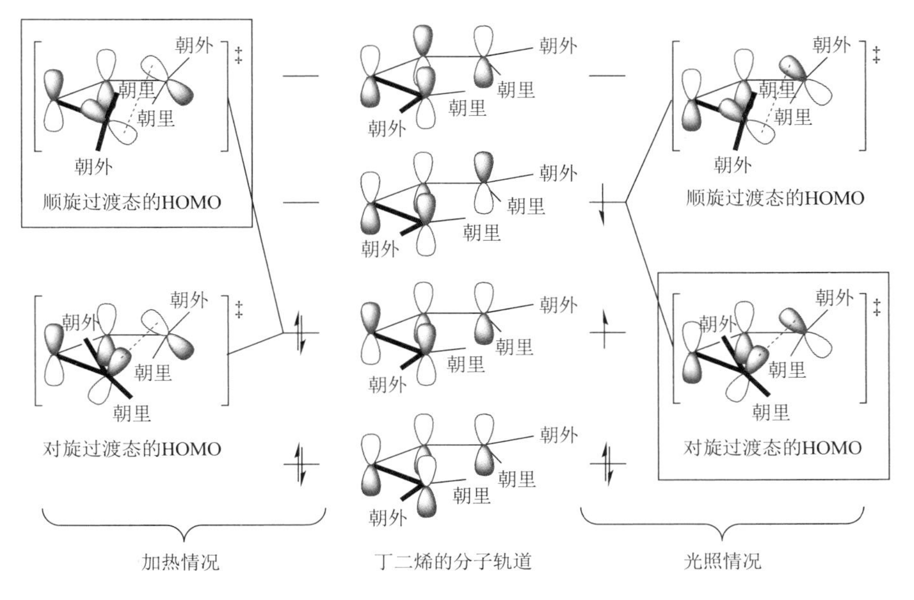

图 4.39

在光照条件下，丁二烯的电环化关环总是按照对旋方式进行，与加热条件下的结果相反，前线轨道理论让立体化学结果很容易理解。在光照条件下，电子从 HOMO ψ_1 跃迁到 LUMO ψ_2，所以 ψ_2 成为 HOMO。分子轨道 ψ_2 在顺旋过渡态时 π 体系末端有反键相互作用，但是在对旋过渡态 π 体系末端有成键相互作用，所以反应按照对旋方式进行。

电环化关环比开环更容易理解前线轨道相互作用，但是关环和开环的过渡态是相同的，所以环丁烯开环的立体化学在加热条件下是顺旋，在光照条件下是对旋，与丁二烯关环的立体化学一样。

总之，对于丁二烯和环丁烯：都是四电子体系，加热，顺旋，轨道对称性允许；光照，对旋，轨道对称性允许。理解立体化学结果最简单的方法就是使用拳头，如图 4.40 所示，用你的大拇指指向 π 体系末端的取代基，旋转拳头通过对旋或顺旋关环或开环来判断立体化学结果。

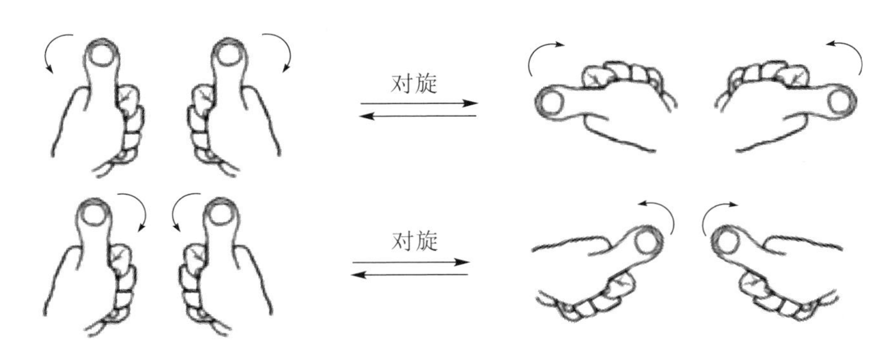

图 4.40

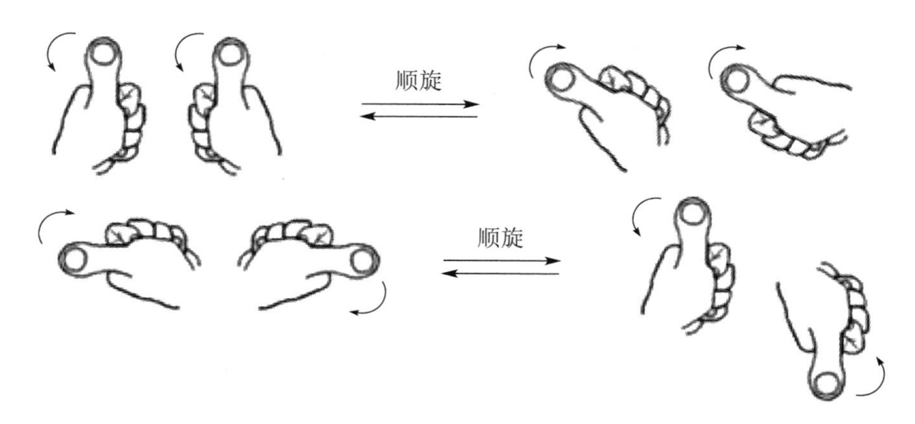

图 4.40(续)

1,3,5-己三烯电环化关环反应的立体化学与 1,3-丁二烯的结果相反:加热条件下,它们按照对旋方式进行,而在光照条件下,它们用顺旋方式进行。如图 4.41 所示,1,3,5-己三烯加热条件下 HOMO(ψ_2,对称)的对旋过渡态和光照条件 HOMO(ψ_3,反对称)的顺旋过渡态在末端有成键相互作用,并且六电子开环过渡态和六电子关环过渡态相同,所以 1,3-环己二烯的开环反应也是加热条件对旋和光照条件顺旋。

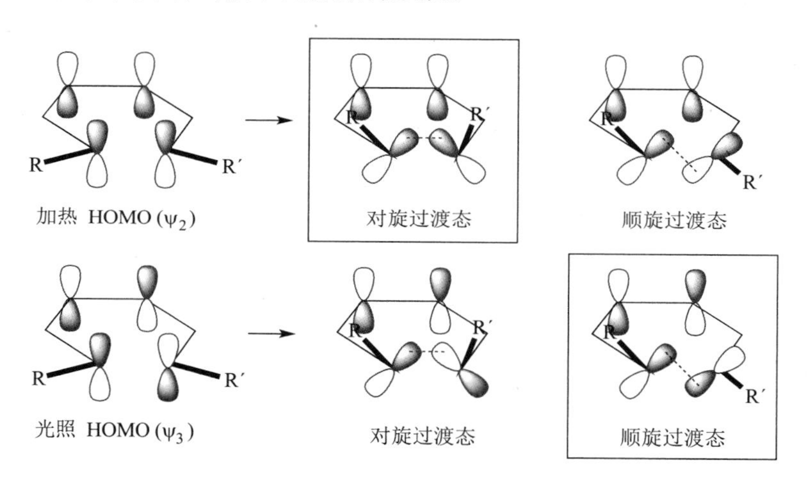

图 4.41

电环化反应的 Woodward-Hoffmann 规则如下(表 4.2):含有奇数电子对的电环化反应,加热条件通过对旋过渡态反应,光照条件通过顺旋过渡态反应;含有偶数电子对的电环化反应,加热条件通过顺旋过渡态反应,光照条件通过对旋过渡态反应。实际反应中,你只需记住"偶-热-顺"(或任意其他组合)就可生成整个表格。

表 4.2 电环化反应的 Woodward-Hoffmann 规则

电子对数目	加热	光照
奇数	对旋	顺旋
偶数	顺旋	对旋

习题 4.5 环庚三烯在加热条件下发生快速电环化关环反应,判断产物结构和立体化学。

习题 4.6 请确认你所提出的土楠酸 A 形成机理与产物的立体化学一致。

习题 4.7 写出戊二烯正离子 $H_2C=CH-CH=CH-CH_2^+$ 的 HOMO 轨道,并确定在加热条件下是否发生对旋或顺旋关环。然后对戊二烯负离子 $H_2C=CH-CH=CH-CH_2^-$ 进行同样处理,这些反应的立体化学结果与 Woodward-Hoffmann 规则一致吗?

电环化反应的 Woodward-Hoffmann 规则也可以用同面和异面描述(表 4.3)。如图 4.42 所示,当π体系两个末端键的形成在π体系同面时,我们说π体系在周环反应中同面反应。当键的形成在π体系异面时,它的反应在异面进行。在电环化反应中,对旋反应是同面的,顺旋反应是异面的。

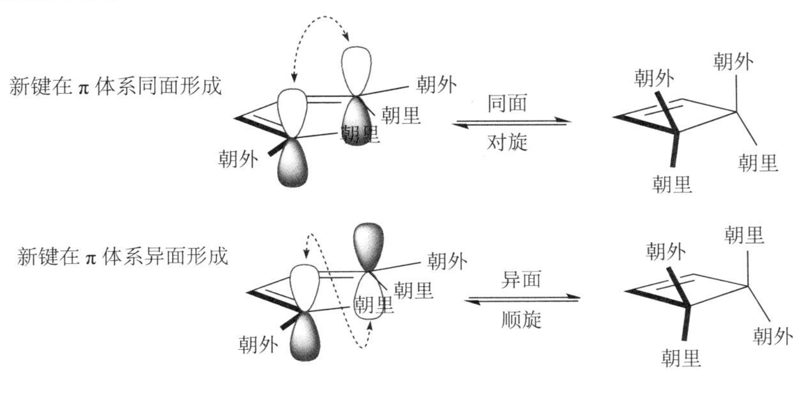

图 4.42

不像“对旋”和“顺旋”,术语“同侧”和“异侧”也可以用来描述环加成和σ迁移的反应方式。最重要的是,当π体系同面反应时,朝外的基团在产物中是顺式;当它异面反应时,朝外的基团在产物中变成反式。注意:在对旋电环化反应中,朝外的基团成为顺式;在顺旋电环化反应中,朝外的基团变成反式。

表 4.3 电环化反应的 Woodward-Hoffmann 规则

电子对数目	加热	光照
奇数	同面	异面
偶数	异面	同面

电环化反应的立体化学结果完全可预测的性质称为立体专一性。当使用顺式原料时,立体专一性的反应会给出一个立体化学结果;而使用反式原料时,会得到相反的立体化学结果。其他立体专一反应的例子包括 S_N2 取代反应、炔烃或烯烃的催化氢化反应、烯烃的双羟基化和溴代反应。

Woodward-Hoffmann 规则可用于预测电环化开环反应或关环反应的立体化学结果,你必须知道 Woodward-Hoffmann 规则有几个条件:第一,Woodward-Hoffmann 规则仅适用于协同周环反应,如果一个明显的电环化反应实际按照非协同机理进行,此规则不适用。第二,如果低能过渡态由于几何张力被提升到高能,反应被迫通过高能过渡态进行。这种情况下，原料通常比预期的更稳定。例如，图 4.43 中，杜瓦苯特别稳定，因为它开环生成苯，必须通过“禁阻”的对旋过渡态进行；“允许的”顺旋开环得到六元环的反式双键，能量非常高。①

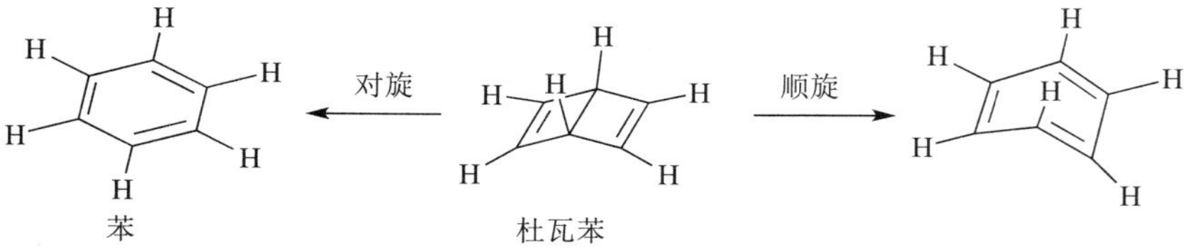

对旋
顺旋
苯
杜瓦苯

图 4.43

维生素 D2 的生物合成也证明了 Woodward-Hoffmann 规则。哺乳动物通过六电子电环化开环反应从麦角固醇制备前钙化醇。如图 4.44 所示，开环反应必须通过顺旋方式（否则将会得到六元环反式双键），所以它需要光。当没有阳光照射在皮肤上时，维生素 D2 的合成被抑制，就会患佝偻病。

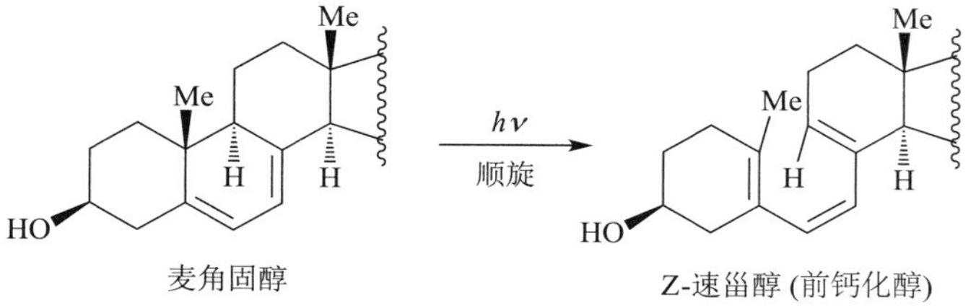

$h\nu$
顺旋
麦角固醇
Z-速甾醇 (前钙化醇)

图 4.44

当然，太多阳光也没有好处，因为会发生另一个光化学周环反应，将在后面讨论。

两电子电环化开环反应也是立体专一的。如图 4.45 所示，1-氯-1，3-二叔丁基丙酮用碱处理后，可以发生电环化关环反应得到二叔丁基环丙酮。中间体可以以三种不同的非对映体形式存在。能量最低的中间体两个叔丁基指向外，这个“朝外，朝外”的非对映异构体在加热条件下发生对旋电环化关环只能得到高能的顺式产物，这是实际观察到的第一个产物。

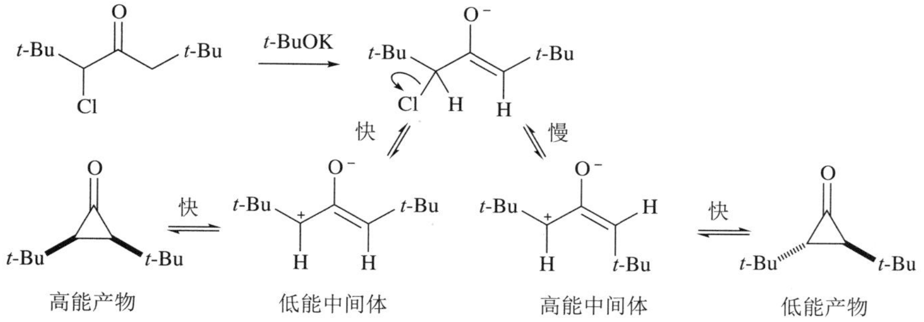

t-BuOK
快
慢
高能产物
低能中间体
高能中间体
低能产物

图 4.45

① 译注：实际不可能发生。

随着时间推移，观察到更多的反式产物，因为顺式产物发生立体专一性电环化开环得到低能“朝外，朝外”的偶极中间体，它经过不利平衡得到高能的“朝外，朝里”偶极中间体，再关环得到低能的反式产物！

4.2.3 立体选择性

如图 4.46 所示，思考反-3,4-二甲基环丁烯的电环化开环反应，这种化合物在加热条件下顺旋开环，根据 Woodward-Hoffman 规则，顺旋开环可以得到两种产物，但实际上只得到反，反-产物，因为生成顺，顺-产物的过渡态空间位阻特别大。

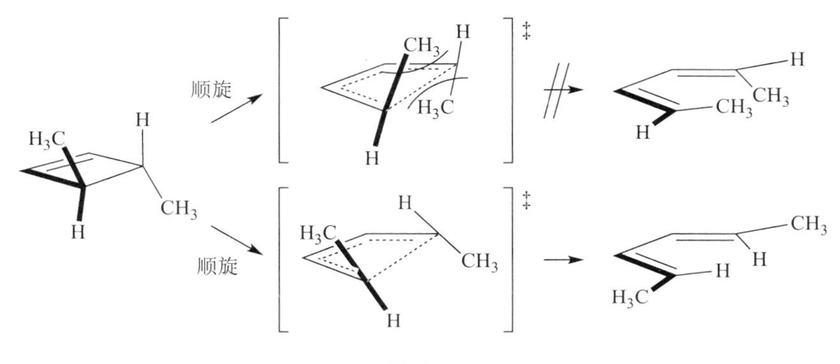

图 4.46

“允许的过渡态优于其他过渡态的现象”称为扭转选择性，它是一种特殊的立体选择性。反-3,4-二甲基环丁烯的开环是立体专一性的，因为不会得到顺，反-异构体，但它又是立体选择性的，因为选择性得到的反，反-异构体超过顺，顺-异构体。

在其他情况下也观察到扭转选择性。如图 4.47 所示，原则上顺-双环[4.2.0]辛-2,4-二烯开环有两种对旋方式，但是，其中一种方式得到两个反式双键的八元环产物，这种方式与另一种得到所有顺式产物的对旋模式相比，是不利的。

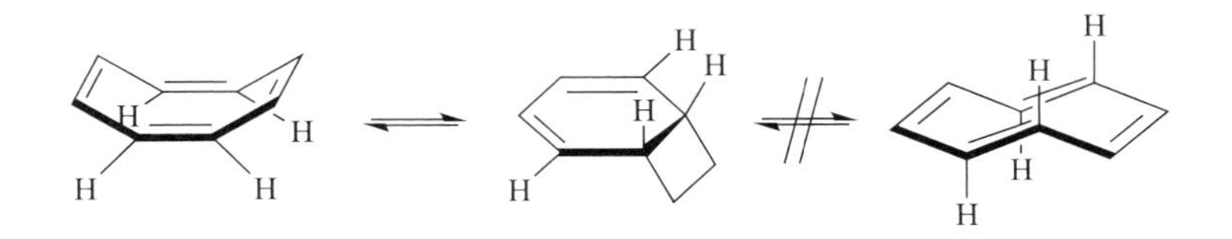

图 4.47

卤代环丙烷进行电环化开环反应，如图 4.48 所示，思考 1-溴-顺-2,3-二甲基环丙烷的两个非对映异构体。如果 Br^- 先离开得到环丙基正离子，然后开环，那么反式溴代和顺式溴代化合物将得到相同的中间体环丙基正离子；因此，两个非对映异构体都将得到两个甲基“朝外”的烯丙基正离子，并且顺式溴化物有望更快得到产物，因为离去基团的离去可以缓解空阻。事实上，尽管两个异构体得到异构的烯丙基正离子，但是反式溴化物的反应速率比顺式溴化物快得多。这一结果表明，两种化合物并非通过失去 Br^- 后的同一中间体发生反应，所以离去基团离开和开环是协同的。为什么反式溴化物反应更迅速呢？构建

断裂 σ 键的轨道倾向于转动方向使过渡态中大的波瓣与 C—Br 键背面的波瓣重叠(即 Br^- 的背面取代)。在顺式溴化物中,当断裂 σ 键的轨道按照这种方式转动时,过渡态中两个甲基互相排斥,反应要慢得多。

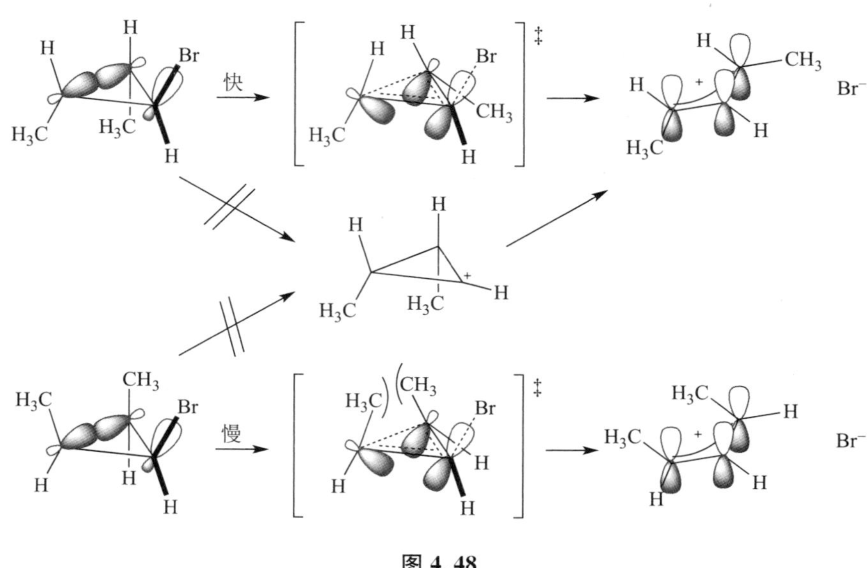

图 4.48

在许多情况下,并非如此容易解释或预测扭转选择性。例如,图 4.49 中的顺-3-氯-4-甲基环丁烯电环化开环反应主要得到的非对映异构体是什么?答案并不明显,空间效应很容易被电子效应抵消。过渡态能量的计算有时可以得到相当不错的预测结果。

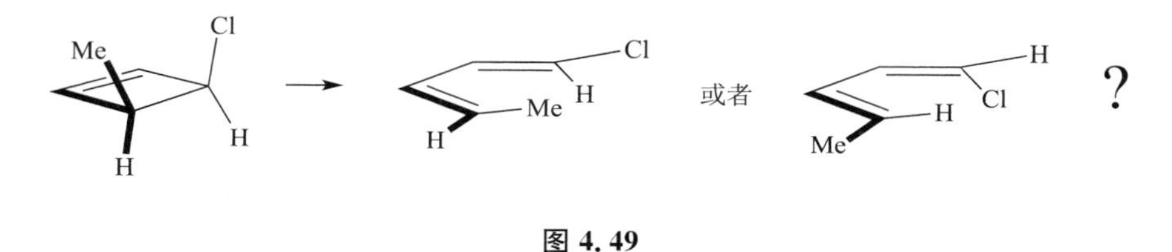

图 4.49

4.3 环加成反应

4.3.1 典型反应

1. Diels-Alder 反应

最常见的环加成反应是 Diels-Alder 反应,这是一个六电子[4+2]环加成反应。如图 4.50 所示,1,3-二烯与亲双烯体的 π 键反应得到含有一个 π 键的六元环,消耗两个 π 键,形成两个新的 σ 键。经典 Diels-Alder 反应得到碳环,杂-Diels-Alder 反应也应用广泛,新形成的环是杂环。

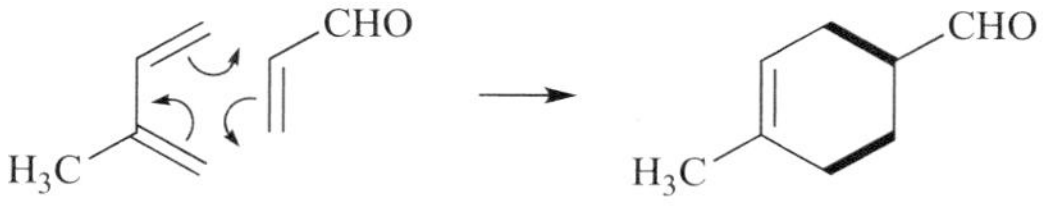

图 4.50

Diels-Alder 反应的产物是环己烯，有两个 1,3-位的新键(图 4.50 产物中加粗的键)。在产物中寻找该环的存在，以确定是否发生 Diels-Alder 反应，如图 4.51 所示。

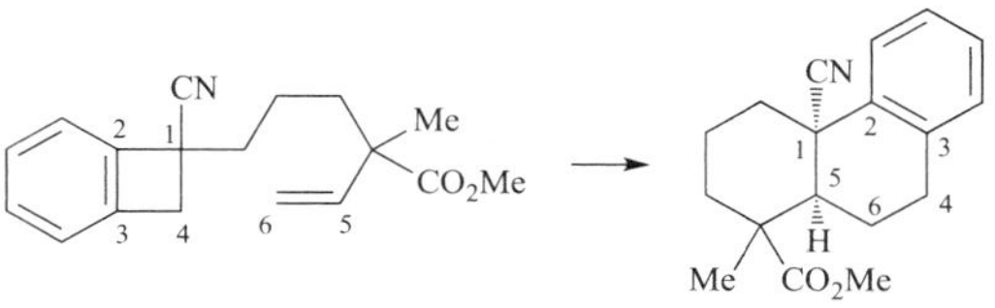

图 4.51

成键：C1—C5，C4—C6；断键：C1—C4。在新六元环中有两个新 1,3-位的 σ 键(图 4.52 中黑短线标注的键)，表明发生了 Diels-Alder 反应。如图 4.52 所示，断开产物中的 C1—C5 和 C4—C6 键可以得到产物的前体化合物——邻-二亚甲基苯。双体箭头(⇒)为逆合成箭头，表明你正在从产物反推。

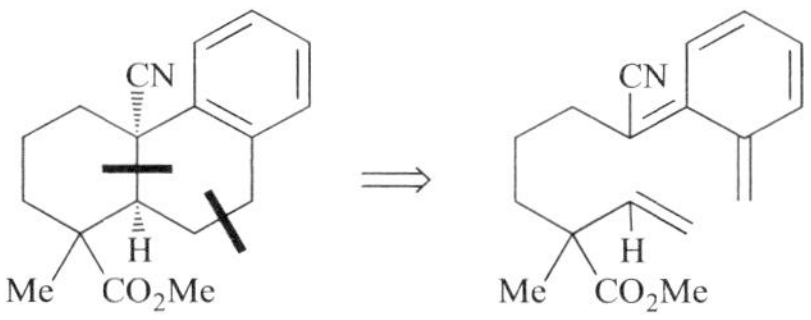

图 4.52

为了从原料得到邻-二亚甲基苯，需要断裂 C1—C4 键，它可以从环丁烯电环化开环断裂，那么该反应正向进行的完整机理如图 4.53 所示。

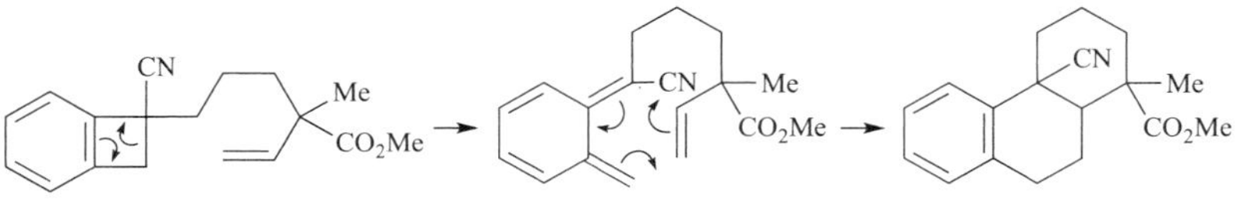

图 4.53

Diels-Alder 反应要求双烯体呈 s-顺构象，即双烯体的两个双键共面并指向同一方向。双烯体内碳原子间的 σ 键旋转，使 s-顺构象和 s-反构象相互转化。如图 4.54 所示，在 s-反构象中，双烯体末端“朝里”基团间有较小的空间相互作用，所以双烯体通常主要以这种较低能量(约 4 kcal/mol)的构象存在。**常见错误提醒**：末端取代的 1,3-二烯双键的顺式或反式构型不要与双烯体的 s-顺构象和 s-反构象混淆。

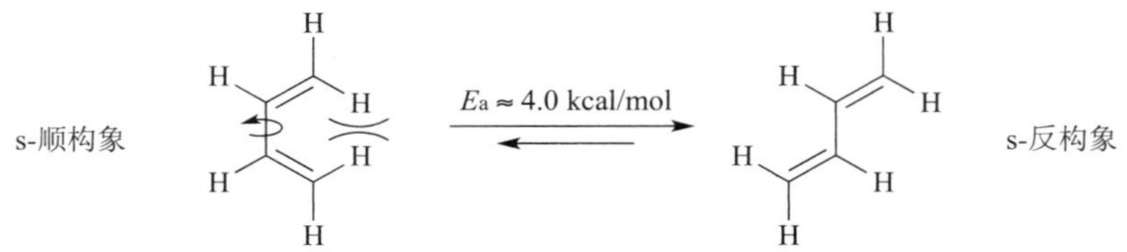

s-顺构象 $E_a \approx 4.0$ kcal/mol s-反构象

图 4.54

s-反构象转化为 s-顺构象的能垒对 Diels-Alder 反应的总活化能有贡献。增加双烯体 s-顺构象比例的结构因素,可以提高 Diels-Alder 反应的速率;增加双烯体 s-反构象比例的结构因素,可以降低反应速率。如图 4.55 所示,环戊二烯是 Diels-Alder 反应最好的双烯体之一,部分原因是它只能处于 s-顺构象。事实上,环戊二烯很容易与自身发生[4+2]环加成反应,在 0 ℃只需几个小时。邻-二亚甲基苯是非常好的双烯体,因为它们强制的 s-顺构象以及由非芳香的原料转化为芳香产物。相反,有一个双键是顺式的双烯体,它是 Diels-Alder 反应较差的底物,因为 s-顺构象的两个"朝里"取代基之间有强的空间位阻作用。强制保留 s-反构象的二烯烃不能发生 Diels-Alder 反应。

反应快 反应慢 不反应

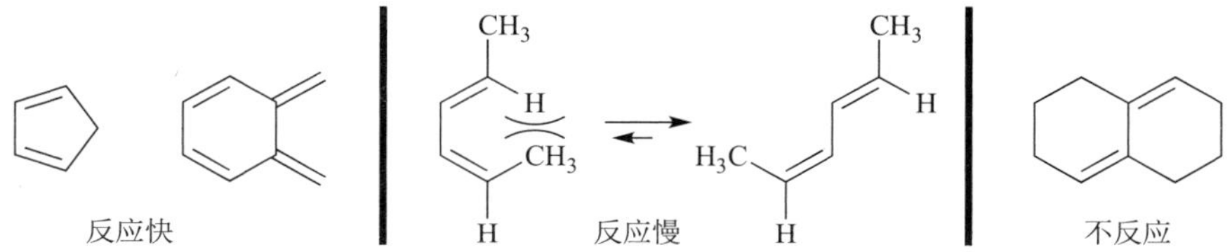

图 4.55

如图 4.56 所示,同样,非环 2,3-重氮二烯(连氮)从未发生过 Diels-Alder 反应,因为两个氮的孤对电子互相排斥,形成 s-顺构象能量比 s-反构象能量高 16 kcal/mol。但是环状连氮容易发生 Diels-Alder 反应。

$E_a \approx 16$ kcal/mol 不反应 反应

图 4.56

因为消耗两个 π 键生成两个 σ 键,所以通常正向的 Diels-Alder 反应是放热的,但是当其中一个产物是氮气、二氧化碳或芳香环时,逆向 Diels-Alder 反应很容易进行,如图 4.57 所示。

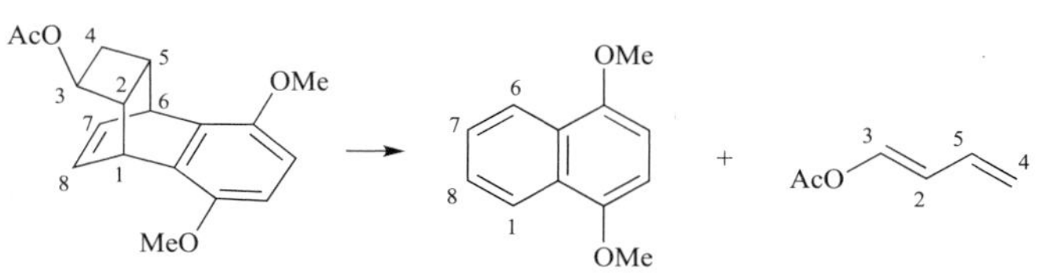

图 4.57

成键:无;断键:C1—C2、C3—C4、C5—C6。C1—C2 和 C5—C6 键在六元环的 1,3-位,同环有 C7=C8 π 键。因此,C1—C2 和 C5—C6 键可以通过逆-Diels-Alder 反应断裂得到萘和环丁烯,环丁烯通过电环化反应发生 C3—C4 键断裂,如图 4.58 所示。

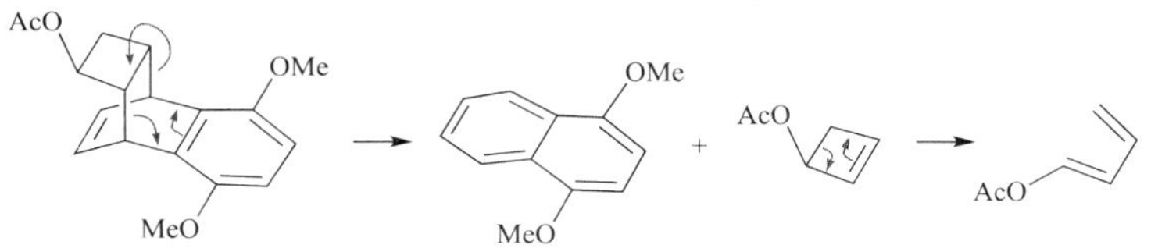

图 4.58

多数 Diels-Alder 反应按照正常电子需求进行反应,即富电子(亲核的)双烯体与缺电子亲双烯体(亲电的)反应。如图 4.59 所示,亲双烯体可以被羰基、氰基、磺酰基、硝基或其他吸电子基取代,被两个吸电子基团取代的亲双烯体(反丁烯二酸二乙酯、马来酸酐、苯醌)是 Diels-Alder 反应很好的底物。不缺电子的亲双烯体与富电子的双烯体在剧烈条件下可以发生 Diels-Alder 反应,分子内该反应速率可以提高。有张力双键的化合物(苯炔、降冰片二烯),当它们没有与吸电子取代基相连时,也是好的亲双烯体。烯烃与炔烃相比,是更好的亲双烯体,其他性质都一样。

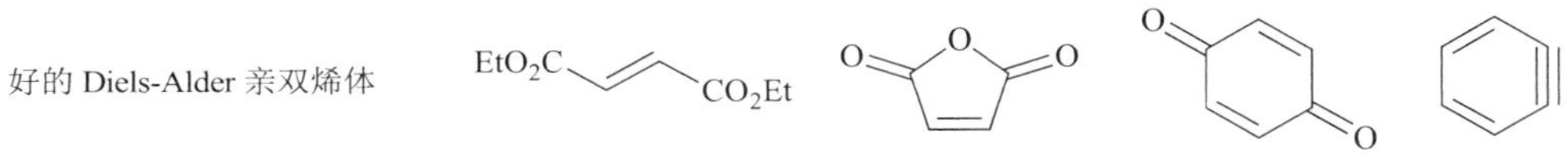

好的 Diels-Alder 亲双烯体

图 4.59

如图 4.60 所示,RO—和 R_2N—取代的双烯体(如 Danishefsky 二烯、1-甲氧基-3-三甲基硅氧基-1,3-丁二烯)是 Diels-Alder 反应非常好的底物,烷基取代的双烯体甚至丁二烯本身是常见的底物。苯环是 Diels-Alder 反应特别差的双烯体,因为它们在环加成反应中失去芳香性,但芳香性较差的化合物(例如蒽)发生 Diels-Alder 反应会更容易。环戊二烯和邻-二亚甲基苯是 Diels-Alder 反应非常好的双烯体。

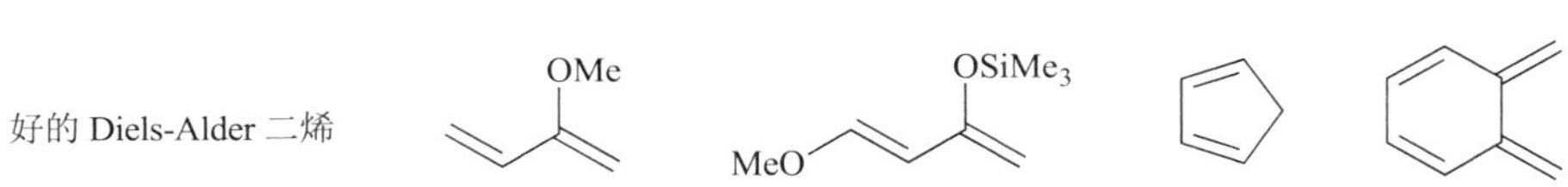

好的 Diels-Alder 二烯

图 4.60

前线分子轨道理论可用来理解 Diels-Alder 反应速率对底物电子特性的依赖。像其他反应一样,Diels-Alder 反应速率由过渡态的能量决定,如图 4.61 所示,在多数 Diels-Alder 反应过渡态中,双烯体的 HOMO 与亲双烯体的 LUMO 相互作用。

Diels-Alder 反应过渡态能量直接与分子轨道相互作用的强度相关,这又与两个分子轨道之间的能量差相关。两个分子轨道之间的能量差越小,它们之间的相互作用越强,过渡态能量越低,反应速度越快。如图 4.62 所示,双烯体的 HOMO 作为一个成键轨道,比亲双烯体的 LUMO 能量低。双烯体的给电子取代基提高了双烯体 HOMO 的能量,使之

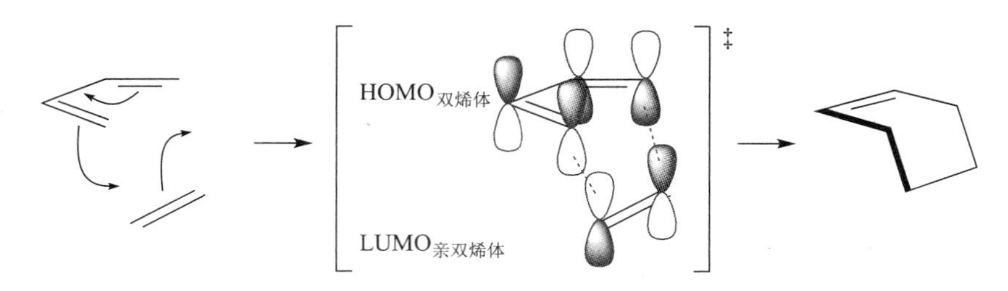

图 4.61

更接近亲双烯体 LUMO 的能量，亲双烯体的吸电子取代基降低了亲双烯体 LUMO 的能量，使之更接近双烯体 HOMO 的能量。这两种取代基任意一种都使两个轨道能量更接近，反应速率加快。

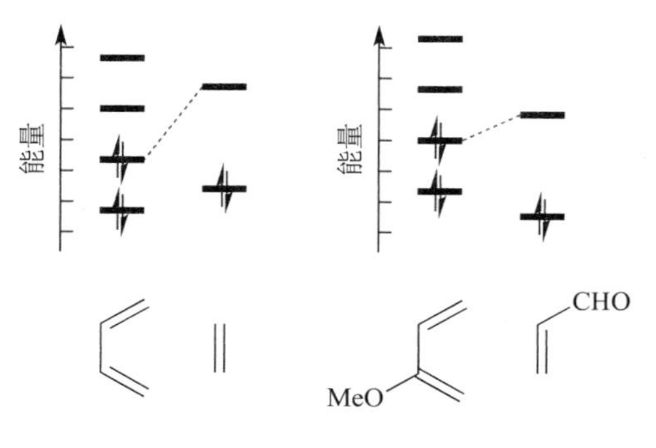

图 4.62

前面我们提到，炔烃与烯烃相比是较差的亲双烯体。如图 4.63 所示，炔烃的 C≡C 键比相应烯烃的 C=C 键短，所以 C(p)—C(p) 重叠更好，故炔烃的 HOMO 能量比烯烃的更低，其 LUMO 能量比烯烃的更高，相比于烯烃的低能量 LUMO，炔烃的 LUMO 与双烯体 HOMO 的相互作用较差，所以炔烃的 Diels-Alder 反应较慢。

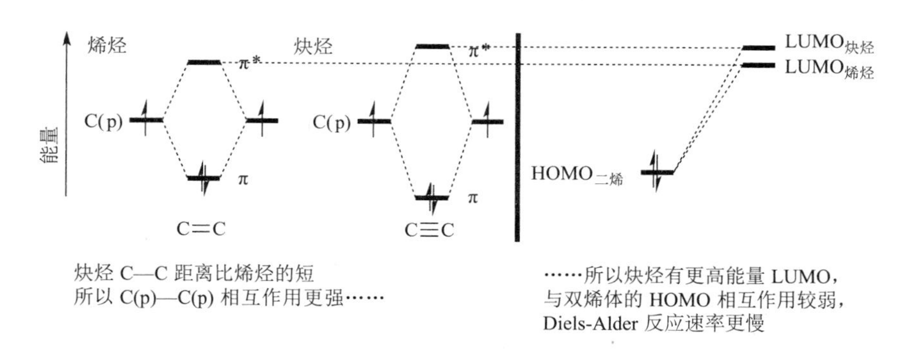

图 4.63

使用 Lewis 酸催化剂可以降低亲双烯体 LUMO 的能量，Lewis 酸与亲双烯体的取代羰基氧络合，降低亲双烯体 LUMO 的能量，提高反应速率。Lewis 酸也增加了反应的区域选择性和立体选择性。手性 Lewis 酸的使用会导致对映选择性 Diels-Alder 反应。催化的不对称 Diels-Alder 反应是一个活跃的研究领域。**常见错误提醒**：当 Lewis 酸存在时，很容易假设反应机理是极性酸性的，但 Lewis 酸也经常用于加速环加成反应。

注意：Diels-Alder 反应速率取决于双烯体 HOMO 与亲双烯体 LUMO 之间的电子匹配，这是一种动力学效应，不是热力学效应。富电子双烯体与富电子亲双烯体的反应是热力学有利的，与它和缺电子亲双烯体的反应一样，但它不会以明显的速率发生反应。

在反向电子需求的 Diels-Alder 反应中，非常缺电子的双烯体可以与富电子的亲双烯体反应。如图 4.64 所示，反向电子需求 Diels-Alder 反应的过渡态双烯体的 LUMO 和亲双烯体的 HOMO 相互作用。

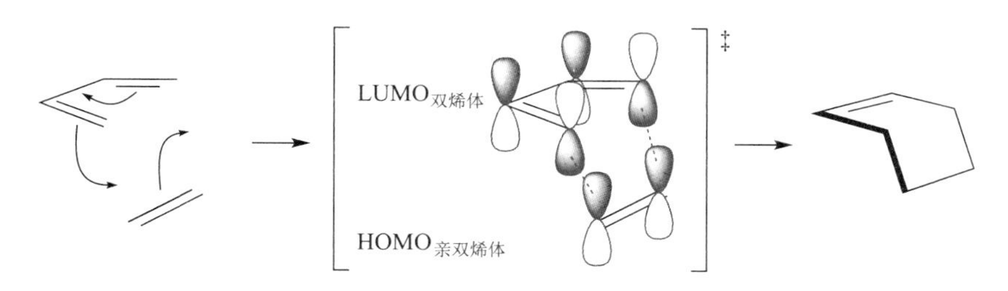

图 4.64

例如，图 4.65 中六氯环戊二烯与降冰片二烯通过反向电子需求过程进行反应得到艾氏剂（一种杀虫剂，因其在环境中的持久性已被禁止使用）。

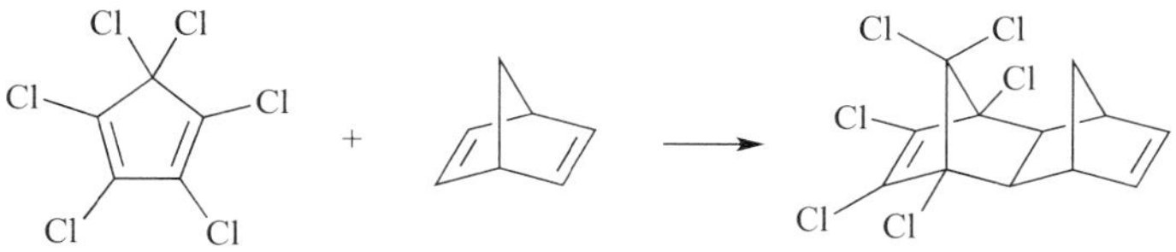

图 4.65

含杂原子（如氮和氧）的双烯体与富电子的亲双烯体（如烯醇醚和烯胺）发生反向电子需求的 Diels-Alder 反应。杂原子 p 轨道相对低能大大降低了双烯体 HOMO 和 LUMO 的能量。如图 4.66 所示。

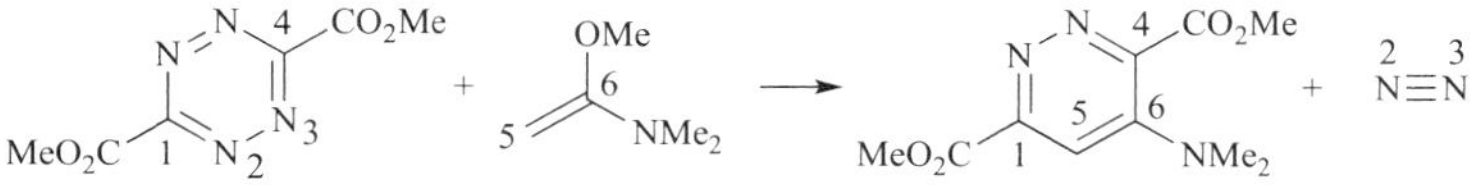

图 4.66

成键：C1—C5、C4—C6；断键：C1—N2、C4—N3、C6—OMe。两个新的 σ 键在六元环中是 1,3-位，表明 Diels-Alder 反应是第一步。如图 4.67 所示，Diels-Alder 反应的加成物可以进行逆-Diels-Alder 反应断裂 C—N 键，得到副产物 N_2。

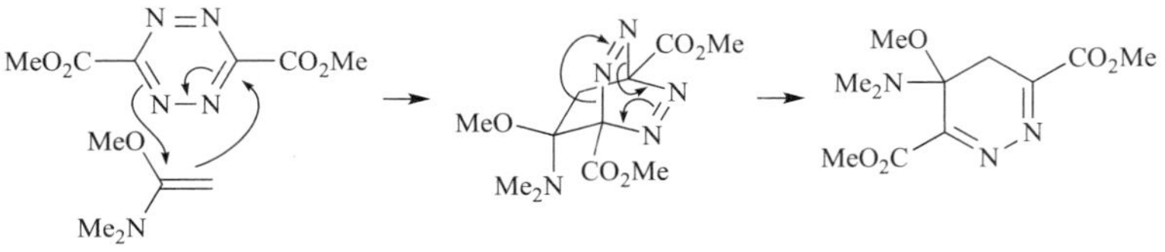

N=N
MeO_2C CO_2Me
N–N
MeO
Me_2N
N
CO_2Me
MeO
N
N
Me_2N CO_2Me
MeO
Me_2N CO_2Me
MeO_2C N N

图 4.67

如图 4.68 所示,发生消除反应(可能 E1),得到产物。

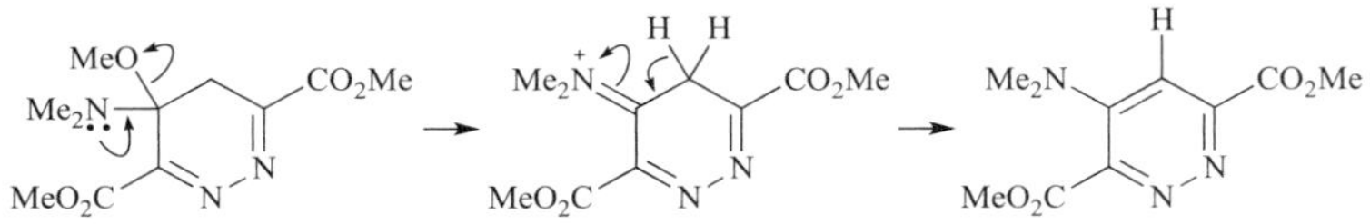

MeO
Me_2N CO_2Me
MeO_2C N N
H H
$Me_2\overset{+}{N}$ CO_2Me
MeO_2C N N
H
Me_2N CO_2Me
MeO_2C N N

图 4.68

Lewis 酸催化可以进一步降低杂双烯体 LUMO 的能量,如图 4.69 中烯醇醚与 α,β-不饱和羰基化合物的环加成反应,该反应为糖类化合物的合成提供了一种重要方法,脱水糖是合成多糖的重要组成部分。

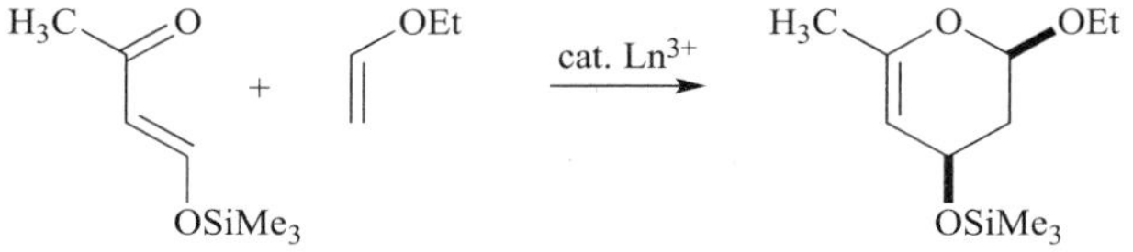

H_3C O
+ OEt
cat. Ln^{3+}
$OSiMe_3$
H_3C O OEt
$OSiMe_3$

图 4.69

杂原子亲双烯体(如醛和亚胺)也参与 Diels-Alder 反应。杂原子亲双烯体具有低能的分子轨道,所以它们与富电子双烯体发生正常电子需求的 Diels-Alder 反应。单线态氧气($^1O_2$,O=O)也发生正常电子需求的 Diels-Alder 反应。空气中的氧气是三线态,最好写为 1,2-双自由基(·O—O·),$^1O_2$ 具有正常的 O=O π 键,没有未成对电子。如图 4.70 所示,三线态氧气在光敏剂(例如孟加拉玫瑰红)存在下,通过光照转换为高能的单线态。

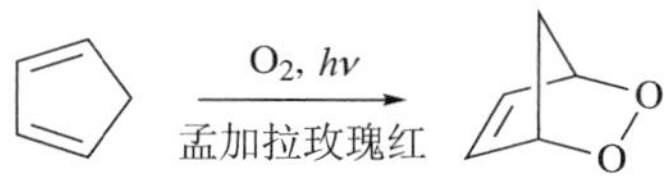

O_2, $h\nu$
孟加拉玫瑰红
O
O

图 4.70

2. 其他环加成反应

如图 4.71 所示,在 1,3-偶极环加成反应(又名[3+2]环加成反应)中,1,3-偶极化合物与烯烃和炔烃(亲偶极体)反应得到五元杂环化合物。许多农药和药物含有五元杂环,偶极环加成反应是合成这些化合物的重要路径。

如图 4.72 所示,环加成反应的三原子组分(1,3-偶极化合物),可以写出相对低能的共振结构式,其中一个末端有一个形式正电荷(缺电子的),另一个末端有一个形式负电荷。所有常见的 1,3-偶极化合物在中心位置有一个杂原子(N 或 O),以稳定缺电子的末端。

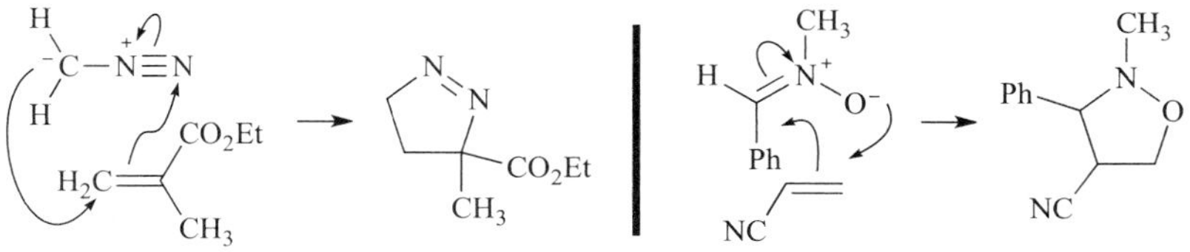

H
$^{-}C-\overset{+}{N}\equiv N$
H
$H_2C=C(CO_2Et)CH_3$ → CO_2Et CH_3 (N=N)

CH_3
H $\overset{+}{N}$ O^-
Ph
NC → Ph CH_3 N O NC

图 4.71

$^{+}O-\ddot{O}-O^{-}$ ⟷ $O=\overset{+}{O}-O^{-}$

臭氧

$R-\overset{+}{N}-\ddot{N}=N^{-}$ ⟷ $R-N=\overset{+}{N}=N^{-}$

叠氮化物

$R_2\overset{+}{C}-\ddot{N}(R)-\overset{-}{C}R_2$ ⟷ $R_2C=\overset{+}{N}(R)-\overset{-}{C}R_2$

亚甲氨叶立德

$R_2\overset{+}{C}-\ddot{O}-O^{-}$ ⟷ $R_2C=\overset{+}{O}-O^{-}$

羰基氧化物

$R_2\overset{+}{C}-\ddot{N}(R)-O^{-}$ ⟷ $R_2C=\overset{+}{N}(R)-O^{-}$

硝酮

$R-\overset{+}{C}=\ddot{N}-O^{-}$ ⟷ $R-C\equiv\overset{+}{N}-O^{-}$

氧化腈

$R_2\overset{+}{C}-\ddot{N}=N^{-}$ ⟷ $R_2C=\overset{+}{N}=N^{-}$

重氮化合物

$R-\overset{+}{C}=\ddot{N}-\overset{-}{N}-R$ ⟷ $R-C\equiv\overset{+}{N}-\overset{-}{N}-R$

腈亚胺

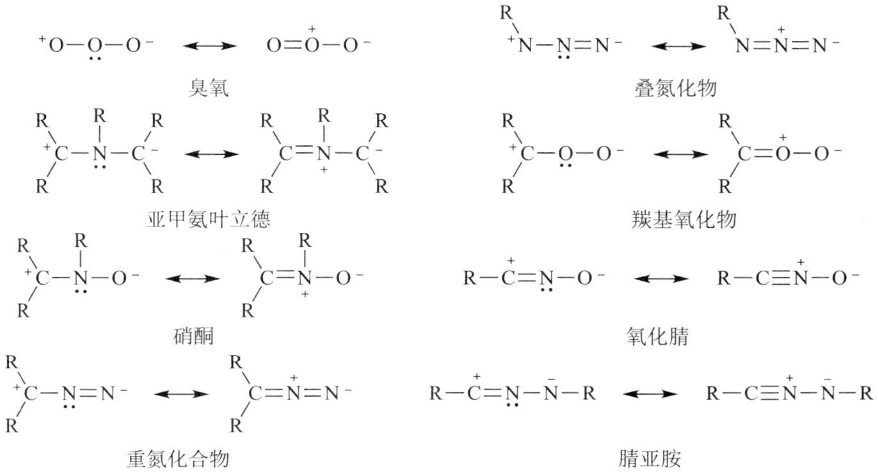

图 4.72

五元杂环产物是判断1,3-偶极环加成反应的关键。许多1,3-偶极化合物不稳定,所以它们通过一系列极性反应产生,不分离,在原位发生反应(图4.73)。

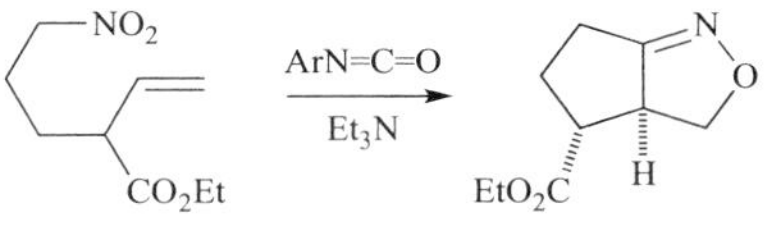

NO_2 CO_2Et —(ArN=C=O, Et_3N)→ N O EtO_2C H

图 4.73

反应产生一个五元杂环,表明发生了1,3-偶极环加成反应。倒数第二个中间产物如何进行1,3-偶极环加成得到产物呢?如图4.74所示,偶极环加成的两原子组分是C=C π键,所以三原子组分一定是C—N—O。碳可能是偶极的正端,氧是偶极的负端。反应中的1,3-偶极化合物是氧化腈(一个需要原位生成的不稳定官能团)。

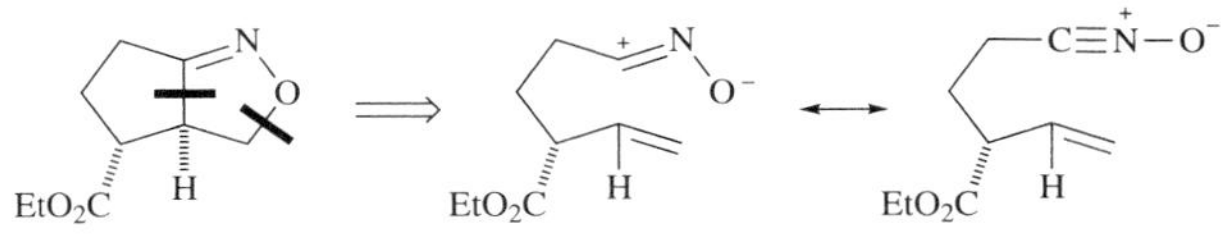

N O EtO_2C H ⟹ $\overset{+}{=}N$ O^- EtO_2C H ⟷ $C\equiv\overset{+}{N}-O^{-}$ EtO_2C H

图 4.74

氧化腈是如何形成的呢？硝基化合物脱去水，N—O 键必须断裂。硝基的氧不是离去基团，所以 ArNCO 的作用就是将它转变成离去基团。硝基化合物是酸性的（$pK_a=9$），所以三乙胺脱去质子是第一步，O^- 进攻异氰酸酯中亲电的碳，氮质子化，然后 E2 消除得到氧化腈，氧化腈进行［3＋2］环加成反应得到产物，如图 4.75 所示。

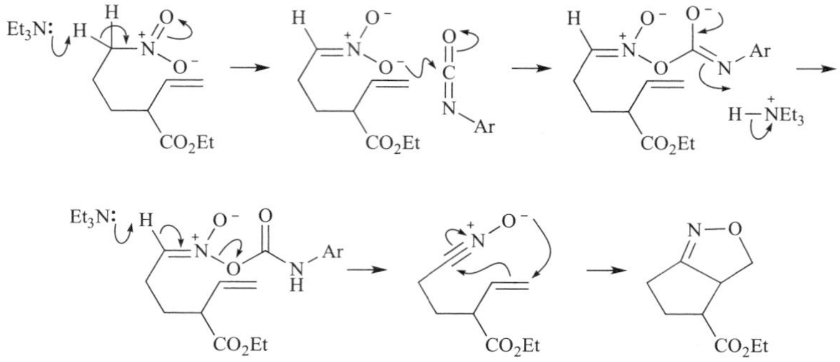

图 4.75

注意：这个问题是通过从产物倒推一步轻松解决的，该技巧对解决周环反应机理问题很有用。

习题 4.8 书写图 4.76 中包含 1,3-偶极环加成反应的合理机理。提示：在正向思考之前，先从产物倒推一步。

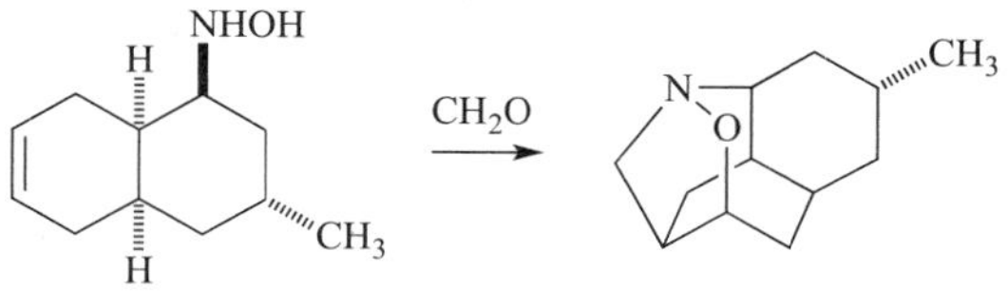

图 4.76

1,3-偶极化合物对富电子或缺电子亲偶极体的选择性是复杂的。非常缺电子的偶极化合物（如臭氧）与富电子亲偶极体反应最快，与缺电子的亲偶极体反应慢。其他的偶极化合物，如叠氮化物，与非常缺电子的亲偶极体反应快，与中等电子的亲偶极体反应慢，与非常富电子的亲偶极体反应快。这个“U 形反应性”是由于反应性质的交叉，从 $LUMO_{偶极体}/HOMO_{亲偶极体}$ 控制反应到 $HOMO_{偶极体}/LUMO_{亲偶极体}$ 控制反应。因为亲偶极体变得更加缺电子，在中等电子时，$HOMO_{偶极体}/LUMO_{亲偶极体}$ 和 $LUMO_{偶极体}/HOMO_{亲偶极体}$ 相互作用都不是特别强，反应速率慢。

臭氧与烯烃的反应是最有用的 1,3-偶极环加成反应。如图 4.77 所示，臭氧与烯烃发生［3＋2］环加成反应得到 1,2,3-三氧杂环戊烷，其立即发生［3＋2］逆环加成反应，分解得到羰基氧化物和醛。当醇存在下发生臭氧化时，醇与羰基氧化物加成得到过氧化氢缩醛；当无醇存在时，羰基氧化物与醛发生另一种［3＋2］环加成反应得到 1,2,4-三氧杂环戊烷。

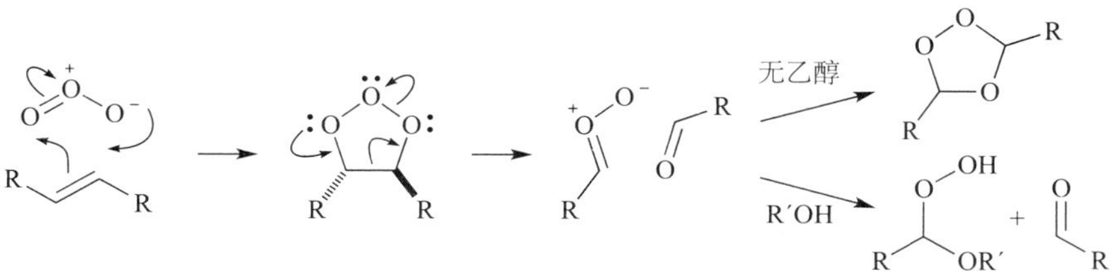

图 4.77

1,2,4-三氧杂环戊烷可分离得到,但它们加热会爆炸,1,2,4-三氧杂环戊烷和过氧化氢缩醛通常不分离。它们有三种方式原位分解:温和还原(Me_2S、Ph_3P、H_2/Pd 或 Zn/HCl)得到两种醛,强还原($NaBH_4$ 或 $LiAlH_4$)得到两种醇,或者氧化(H_2O_2 和酸)得到两种羧酸。(很明显,如果烯烃是三取代或四取代的,得到酮,不能得到醛。)如今,Me_2S 还原是应用最广泛的方法,因为它以高产率提供最有价值的产物(醛),副产物(DMSO)很容易除去。

习题 4.9 书写 1,2,4-三氧杂环戊烷与 Me_2S 反应得到两种醛的反应机理。

[2+2]环加成反应应用广泛,[2+2]环加成反应基本有三种情况:光加速反应;一个组分是烯酮($R_2C=C=O$)或其他累积双键(如 $RN=C=O$);一个组分在碳和第三周期原子或更重原子之间有一个 π 键(如 $Ph_3P=CH_2$ 或 $Cp_2Ti=CH_2$)。

如图 4.78 所示,两个烯烃的光照[2+2]环加成反应广泛用于形成环丁烷。反应正向进行,因为产物不能吸收光的波长,而原料可以吸收。在 Paterno-Büchi 反应中,其中一个两原子组分是酮或醛,代替烯烃。为什么这些[2+2]环加成反应需要光照进行反应将稍后讨论。

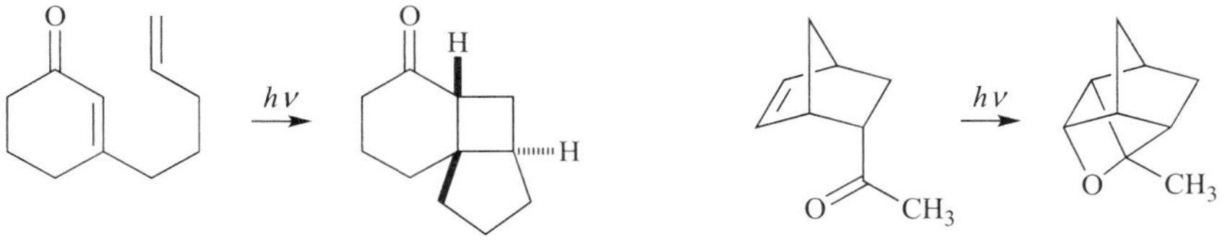

图 4.78

光诱导的[2+2]环加成反应可以发生在体内。如图 4.79 所示,DNA 中两个相邻的胸腺嘧啶残基可以进行[2+2]环加成反应得到胸腺嘧啶二聚体。DNA 修复酶切除二聚体,通常可以正确修复它,但偶尔会出错,发生突变,这种突变会导致皮肤癌。阳光对健康是必不可少的(因为麦角甾醇发生电环化开环得到前钙化醇),但无需太多的阳光!

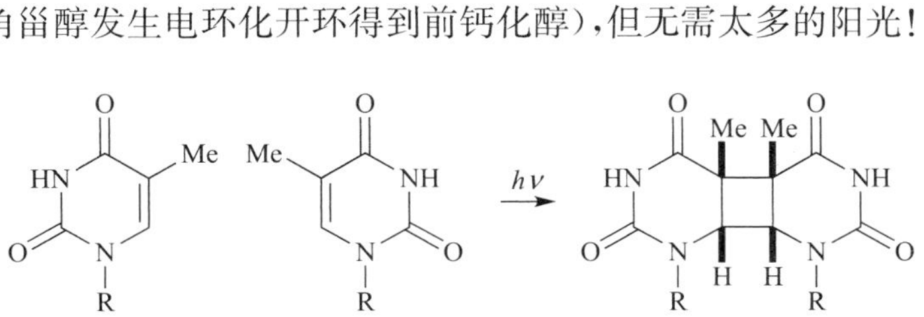

图 4.79

习题 4.10 上例中的胸腺嘧啶二聚体是由两个 C=C 键发生[2+2]环加成反应得到

的。不同的[2+2]环加成反应可产生不同的、可能更具诱变性的胸腺嘧啶二聚体。书写图4.80中第二类胸腺嘧啶二聚体形成的详细机理。

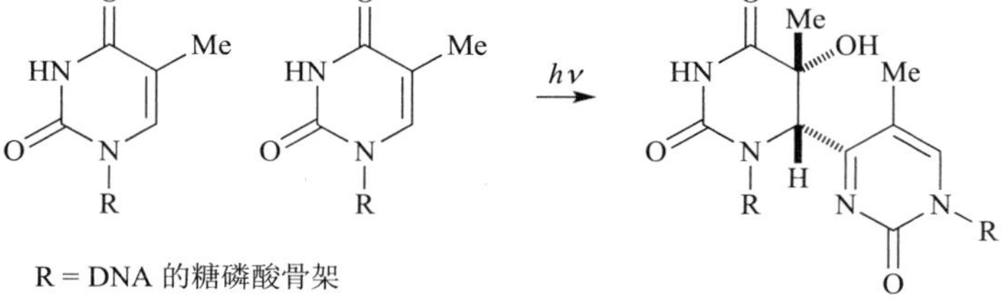

R = DNA 的糖磷酸骨架

图 4.80

如图4.81所示，在加热反应中，烯酮与烯烃发生环加成反应得到环丁酮。大多数烯酮是动力学不稳定的，所以它们通常原位产生，可以通过酰氯进行E2消除脱去HCl得到，或者通过α-重氮酮的Wolff重排得到(见第2章)。

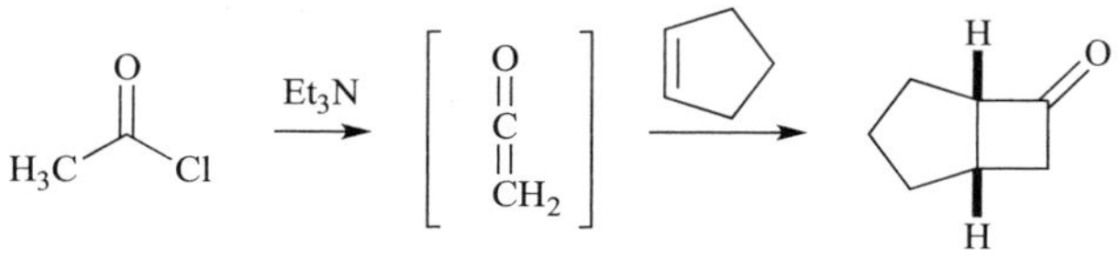

图 4.81

如图4.82所示，其他的累积双键(如异氰酸酯RN=C=O)也能发生加热[2+2]环加成反应。异氰酸酯与烯烃的[2+2]环加成反应是制备β-内酰胺的有用途径(β-内酰胺是青霉素和头孢类抗生素的关键官能团)，如烯酮和亚胺的[2+2]环加成反应一样。

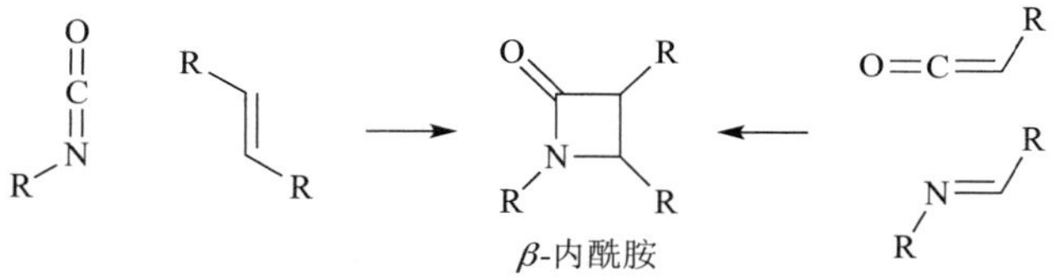

图 4.82

如图4.83所示，在缺乏另一底物时，烯酮通过[2+2]环加成二聚反应，富电子的C=C π键与缺电子的C=O π键结合得到β-内酯。

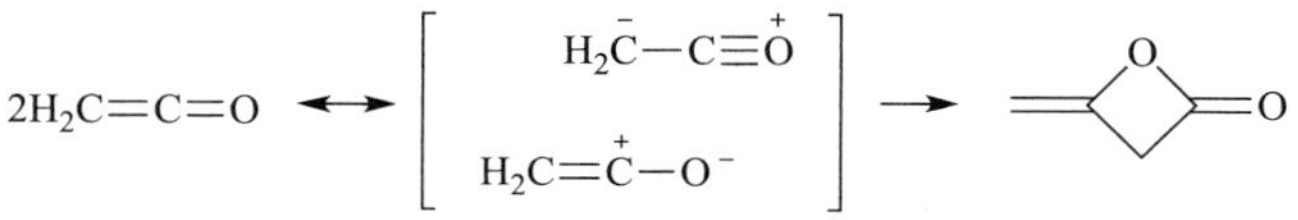

图 4.83

如图4.84所示，第三类[2+2]环加成反应最重要的例子是Wittig反应($Ph_3P=CH_2 + R_2C=O \longrightarrow Ph_3P=O + R_2C=CH_2$)。三苯基膦与酮加成，通过协同[2+2]环加成反应，或者通过两步极性过程(包括甜菜碱中间体)得到磷氧环丁烷。磷氧环丁烷再经过[2+2]逆环

加成反应得到 $Ph_3P=O$ 和 $R_2C=CH_2$。

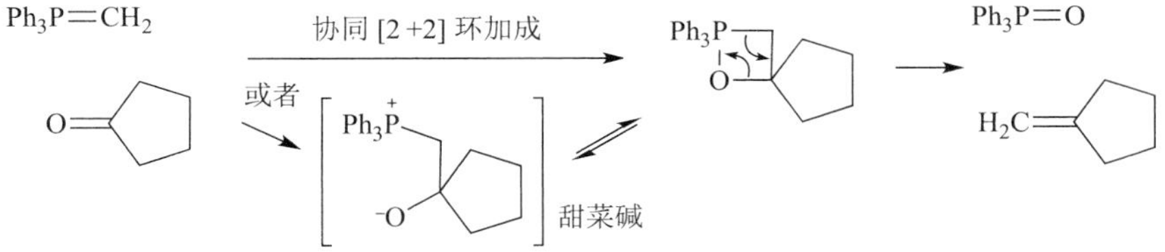

图 4.84

还有其他类型的环加成反应，如[4+1]环加成(螯变)反应，通常因为熵的原因发生逆向反应。如图 4.85 所示，3-烯砜(丁二烯砜、2,5-二氢噻吩-1,1-二氧化物)进行[4+1]逆-环加成反应得到 SO_2 和 1,3-丁二烯(可与亲双烯体进行 Diels-Alder 反应)。使用 3-烯砜代替 1,3-丁二烯更方便，因为后者是一种气体，易聚合。

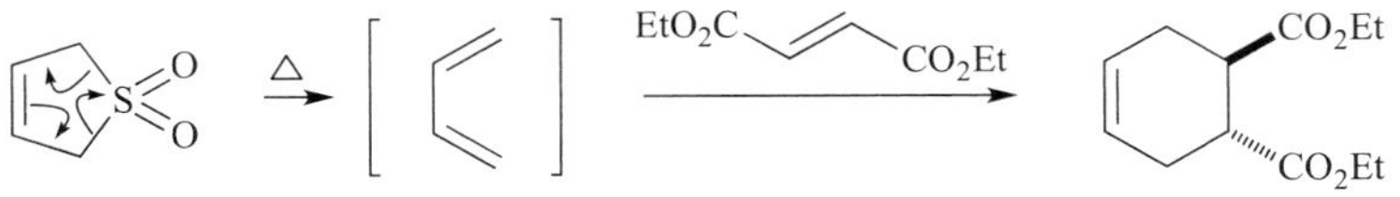

图 4.85

如图 4.86 所示，环戊二烯酮因其强制 s-顺构象和反芳香性，很容易发生 Diels-Alder 反应。取代环戊二烯酮和炔烃发生 Diels-Alder 反应后，立即发生[4+1]逆环加成反应，生成 CO 和芳香化合物。

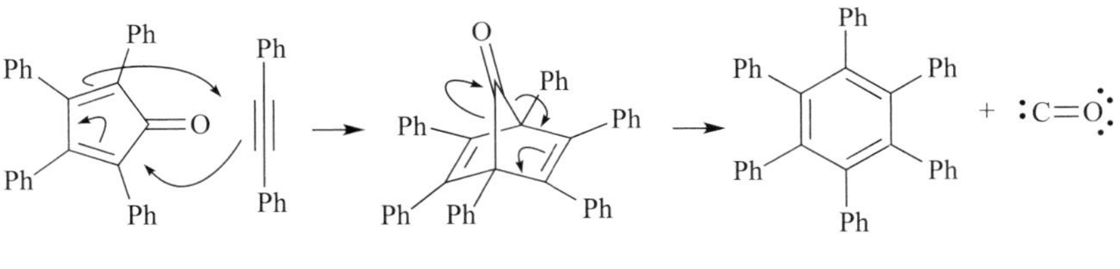

图 4.86

习题 4.11 环戊二烯酮在下列反应中是环加成反应和逆环加成串联反应的起点，书写图 4.87 中反应的合理机理。提示：对原子进行编号，写出副产物。

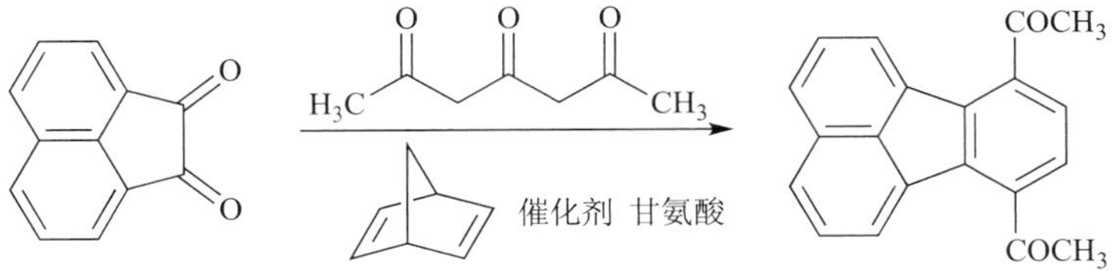

图 4.87

第 2 章讨论了卡宾和烯烃的[2+1]环加成得到环丙烷的反应。虽然[4+3]、[4+4]、[6+4]、[8+2]和许多其他的环加成反应是已知的，但并不太常见，特别是[4+3]环加成反应中，烯丙基正离子作为三原子组分，富电子二烯烃作为四原子组分，如图 4.88 所示。

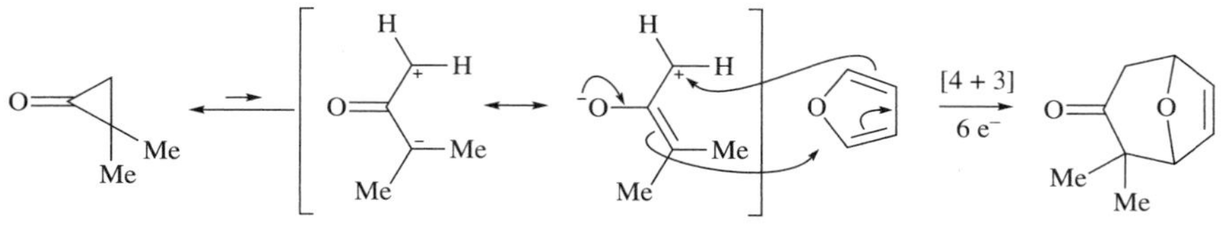

图 4.88

以下是判断环加成反应的关键方法：

- 所有的环加成反应(除螯变反应)在两个 π 体系末端之间形成两个新 σ 键。
- 如果你看到一个新六元环含有 1,3-位的两个新键和一个 π 键，考虑是 Diels-Alder 反应。六元环与苯环稠合通常由邻二亚甲基苯与亲双烯体发生[4+2]环加成反应或者通过苯炔与 1,3-二烯发生[4+2]环加成反应得到。
- 如果你看到五元杂环(特别是含氮的)，考虑 1,3-偶极环加成反应。其中环的一个杂原子是 1,3-偶极化合物的中心原子。
- 如果你看到四元环，考虑[2+2]环加成反应，特别是环丁酮(烯酮)或需要光照(光化学允许的)时。烯酮和其他累积双键特别容易发生[2+2]环加成反应。氧杂环丁烷(含一个氧的四元环)往往是从羰基化合物和烯烃的[2+2]光照环加成反应得到的。

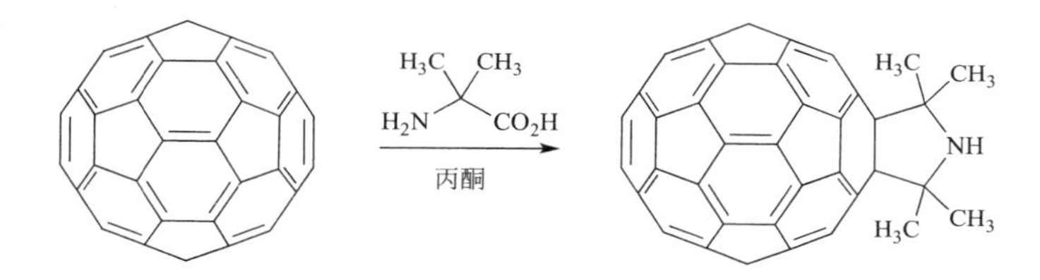

图 4.89

如图 4.89 所示，形成一个五元杂环，表明发生 1,3-偶极环加成反应。1,3-偶极化合物几乎总在 2 位有一个杂原子，这里的杂环只有一个杂原子，因此 1,3-偶极化合物一定是甲亚胺叶立德，如图 4.90 所示。

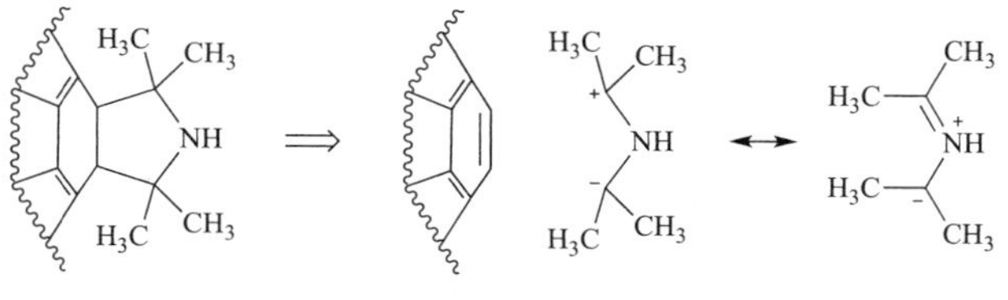

图 4.90

如图 4.91 所示，氨基酸和丙酮反应形成甲亚胺叶立德。简而言之，胺与丙酮缩合得到亚胺离子，脱羧生成 1,3-偶极化合物，再与 C_{60} 进行[3+2]环加成反应得到产物。现在你应该能够写出亚胺离子的形成机理了。

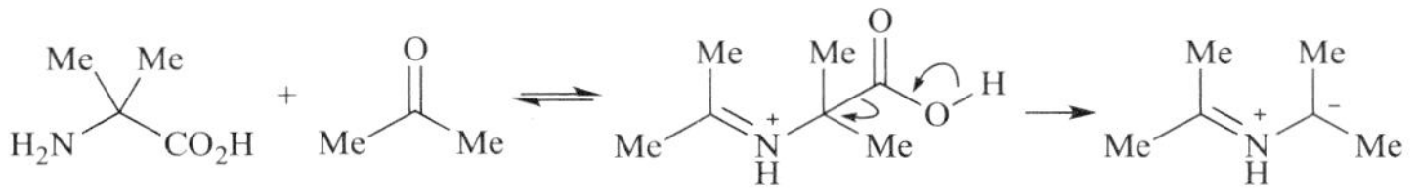

图 4.91

习题 4.12 图 4.92 中的反应通过一系列的环加成反应和逆环加成反应进行，书写合理的机理。

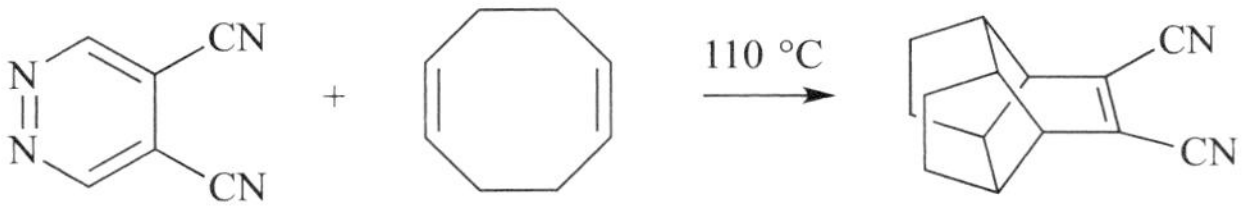

图 4.92

4.3.2 区域选择性

如图 4.93 所示，在反-1-甲氧基丁二烯与丙烯酸乙酯的 Diels-Alder 反应中，原则上可以得到 1,2-二取代或 1,3-二取代的产物。1,3-二取代产物热力学更稳定(空间位阻较小)，但动力学产物是 1,2-二取代化合物。解释这一现象最简单的方法是双烯体的 C4 是亲核的，亲双烯体的 C2(即 β—C)是亲电的，双烯体的 C4 与亲双烯体的 C2 结合得到产物。

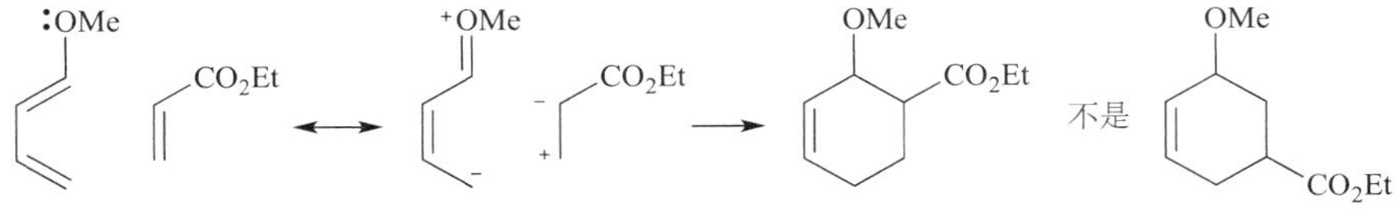

图 4.93

如图 4.94 所示，同理可以解释异戊二烯(2-甲基-1,3-丁二烯)与丙烯醛(2-丙烯醛)的反应。在该反应中，双烯体是 2-取代的，双烯体 C1 是亲核的，与亲双烯体的 C2 结合得到产物。

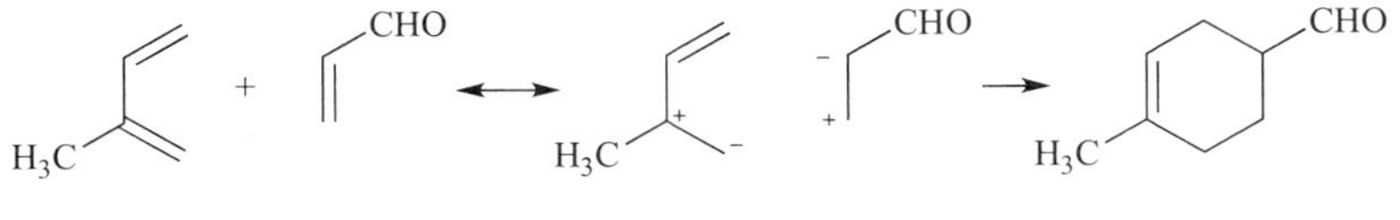

图 4.94

事实上，大多数 Diels-Alder 反应都是亲核的双烯体与亲电的亲双烯体进行反应，因此可以得到以下规律：Diels-Alder 反应最容易发生在给电子取代基的双烯体和吸电子取代基的亲双烯体之间，一个取代基处于另一取代基的“邻位”或“对位”。这种“邻-对位规则”误用了术语“邻位”和“对位”，它们实际上只适用于苯环，但这种用法可以帮助我们很容易记住这些反应的区域选择性。

分子内环加成反应的区域选择性更多地取决于底物的几何限制而非电子偏好。

有时候“邻-对位规则”不适用，尤其是当双烯体的两个取代基具有竞争的导向性时。例如，图 4.95 中双烯体 C1 的 PhS—比 C2 的 MeO—具有更强的导向性。通过共振，得到相反的情况，因为 MeO—与 PhS—相比，是一个更好的共振给体。

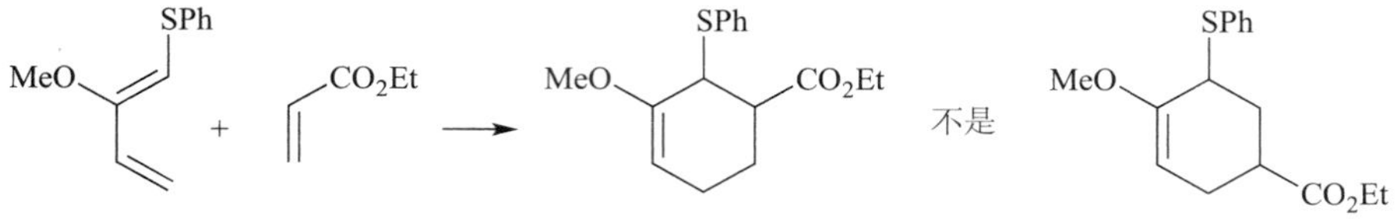

不是

图 4.95

解释这个结果的唯一方法就是看双烯体 HOMO 与亲双烯体 LUMO 的轨道系数。当双烯体 p 轨道以成键和反键的方式结合形成 HOMO 和 LUMO 时，它们对两个分子轨道的贡献不同(除非双烯体是对称的)。(这个情况与 C(sp^3)和 O(sp^3)结合形成 σ 键的情况类似，O(sp^3)对 σ 轨道贡献更大，C(sp^3)对 σ^* 轨道贡献更大。)当双烯体 HOMO 系数最大的末端与亲双烯体 LUMO 系数最大的末端相互作用时，Diels-Alder 反应易于进行。双烯体 C1 和 C4 取代基对轨道系数的影响大于 C2 或 C3 取代基的，对于简单的双烯体，依据轨道系数的预测通常与"邻-对位规则"一致(具有最强给电子取代基的双烯体和最强吸电子取代基的亲双烯体反应得到"邻位"或"对位"产物)，但是轨道系数规则解释了很多不能通过简单的共振结构解释的反应。

如图 4.96 所示，反常电子需求的 Diels-Alder 反应、1，3-偶极环加成反应和其他环加成反应的区域选择性同样可以通过共振和轨道系数解释，然而判断 1，3-偶极体的哪一端亲核、哪一端亲电是不确定的。硝酮($R_2C{=}\overset{+}{N}R{-}\overset{-}{O}$)中，氧是亲核的一端，故它与亲偶极体亲电的一端反应。

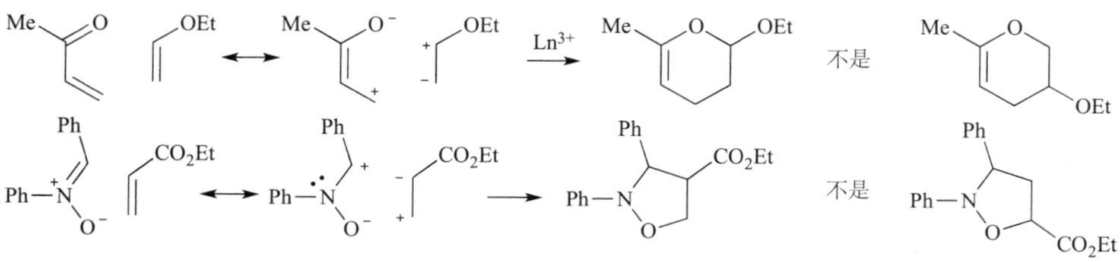

不是

不是

图 4.96

轨道系数的问题在于它们需要计算，而共振用笔和纸就行。另一方面，计算机使任何人都能做简单的轨道系数计算。

4.3.3 立体专一性

有些环加成反应需要加热，而另外一些环加成反应则需要光照。某些依赖于光的环加成反应可通过两个反应物分子轨道的相互作用来解释。前线分子轨道理论表明，环加成反应的速率取决于一个组分 HOMO 和另一组分 LUMO 相互作用的强度。如图 4.97 所示，在正常电子需求的 Diels-Alder 反应中，双烯体的 HOMO(ψ_1)与亲双烯体的 LUMO(ψ_1)相互作用，两个轨道都是反对称的，当两个反应组分在 π 体系的同面反应时，两个 σ 键形成的位置有轨道间正的重叠。

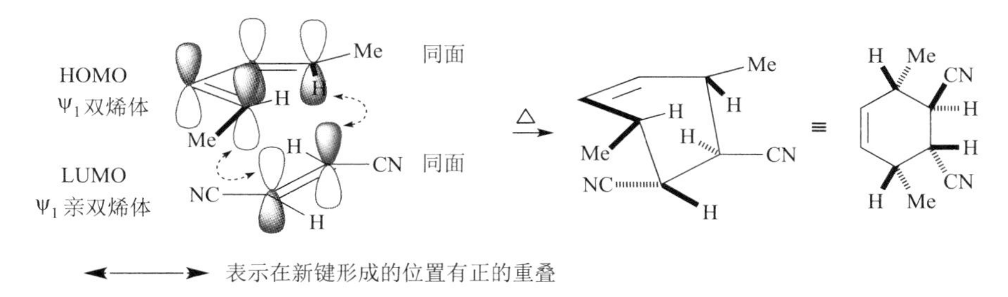

图 4.97

如图 4.98 所示，在反常电子需求情况下，对称的双烯体 LUMO(ψ_2)与对称的亲双烯体 HOMO(ψ_0)相互作用。当两个反应组分同面反应时，两个 π 体系的两个末端轨道有正的重叠。

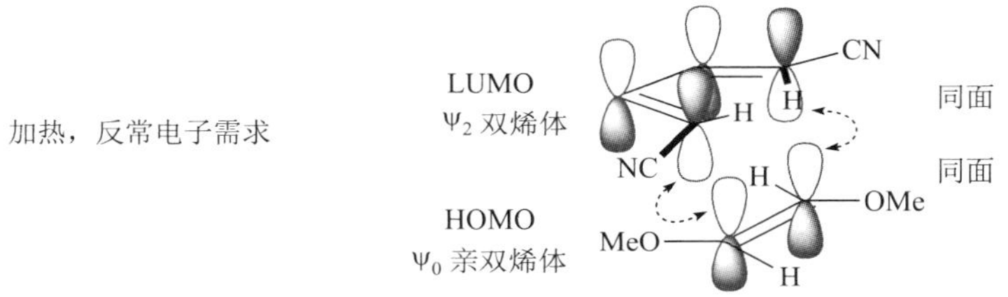

加热，反常电子需求

LUMO
Ψ2 双烯体
HOMO
Ψ0 亲双烯体
同面
同面
CN
H
H
NC
H
OMe
MeO
H

图 4.98

如图 4.99 所示，相反，光照和正常电子需求情况下，双烯体 HOMO 是对称的 ψ_2。在这种情况下，只有当一个 π 组分发生异面反应时，π 体系两个末端的正重叠才能发生。这在几何上很难实现，因此六电子环加成反应在光照条件下无法发生。

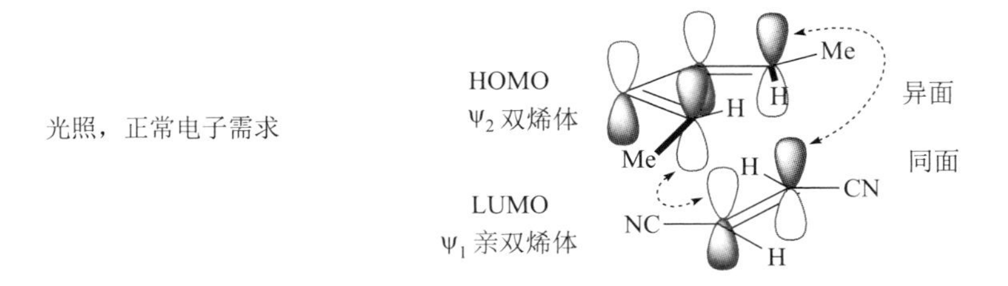

图 4.99

环加成反应同面组分取代基的立体化学关系保留在加成产物中。如图 4.100 所示，亲双烯体中处于顺式(或反式)的取代基在产物中也是顺式(或反式)。双烯体中两个朝外的基团在产物中彼此成顺式，两个朝里的基团也同样。因为非对映体的原料得到非对映体的产物，环加成反应是立体专一性的。

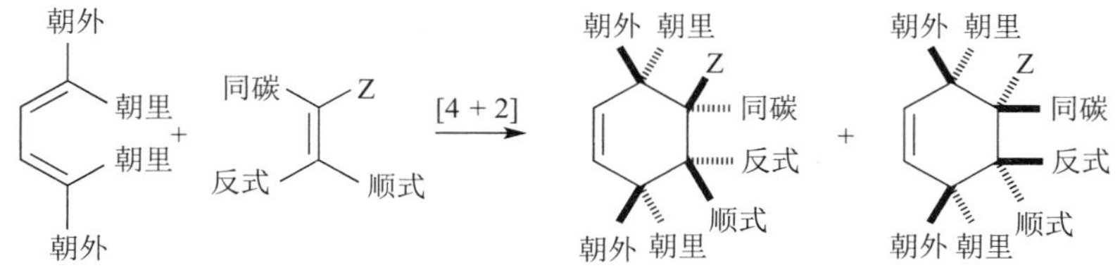

图 4.100

注意：可以得到两个符合 Woodward-Hoffmann 规则的立体异构产物。Woodward-Hoffmann 规则可以预测来自同一组分取代基之间的立体化学关系，但无法预测来自不同组分取代基之间的关系，预测后一种关系的方法将在后面讨论。

我们可以画出[3+2]环加成反应的类似图。如图 4.101 所示，这些六电子反应可以是偶极体 HOMO 与亲偶极体 LUMO 控制的，或者亲偶极体 HOMO 与偶极体 LUMO 控制的。在任一情况下，当两组分同面时，将发生末端成键轨道之间最大的相互作用。

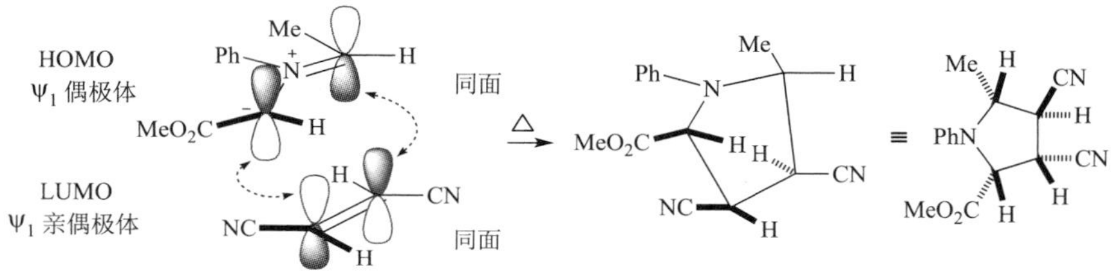

图 4.101

如在 Diels-Alder 反应中一样，产物中保留两个原料的立体化学。如图 4.102 所示，偶极体两个朝外的基团在产物中是顺式，两个朝里的基团也一样。亲偶极体取代基的立体化学关系也保留在产物中。

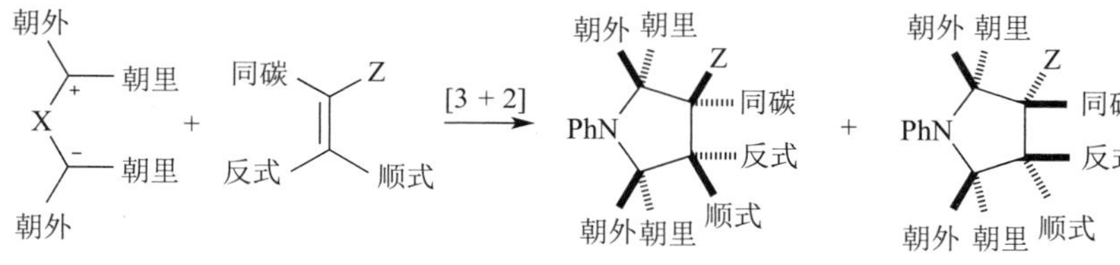

图 4.102

1,3-偶极体末端基团朝里或朝外不如 1,3-双烯体清晰，偶极体的三个原子形成一条曲线。指向曲线凹面的端位取代基是朝里的，指向凸面的取代基是朝外的。

当偶极体两个末端是 C(sp^2)原子时（在甲亚胺叶立德和羰基叶立德中），1,3-偶极体的同面才是重要的。如果偶极体的一端是氮、氧或 C(sp)，在偶极体或加成物的末端无立体化学关系。

预测图 4.103 中反应产物的立体化学结构。

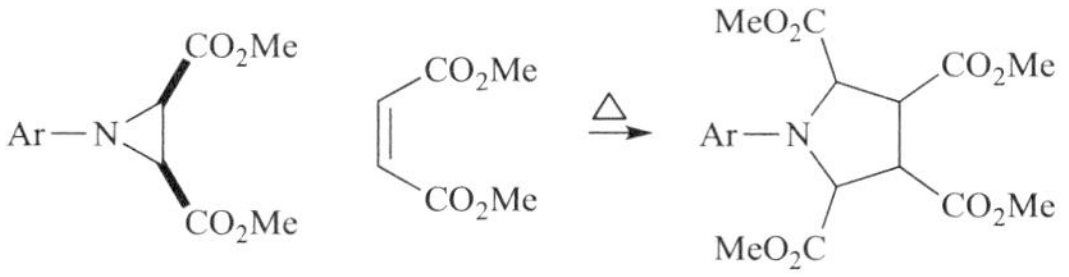

图 4.103

如图 4.104 所示，产物显然来自[3+2]环加成反应，适当地断键可得到甲亚胺叶立德中间体，它可用氮杂环丙烷电环化开环反应形成。

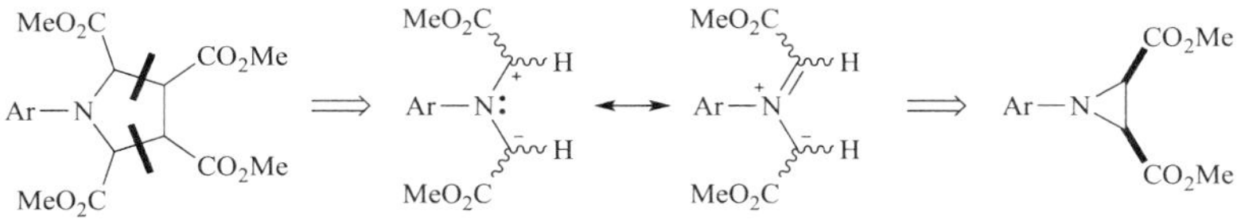

图 4.104

如图 4.105 所示，氮杂环丙烷的电环化开环反应是四电子过程，在加热条件下，顺旋是允许的。一个 CO_2Me 基团朝里，一个朝外，[3+2]环加成反应的同面特征意味着这两个基团在产物中处于反式，当然亲偶极体的两个酯基保留其立体化学结构，产物中酯基的取向是“向上，向下，向下，向下”(反之亦然)。

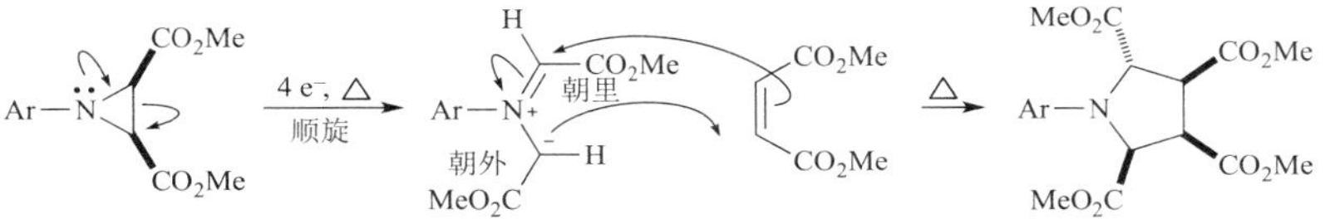

图 4.105

如图 4.106 所示，在加热条件下，[2+2]环加成反应的过渡态是由一个组分不对称的 ψ_1(LUMO)和另一组分对称的 ψ_0(HOMO)组成。只有一个组分异面反应，才可以进行 π 体系两个末端轨道正重叠，这在几何上很难实现，因此[2+2]环加成反应在加热条件下无法正常进行。在光照条件下，一个组分的一个电子从 ψ_0 跃迁到 ψ_1。现在 HOMO-LUMO 的相互作用发生在激发组分的 ψ_1 和未激发组分的 ψ_1 之间，因此两组分过渡态是同面的，大多数烯烃和羰基化合物的[2+2]环加成反应实际上只能在光照条件下反应。

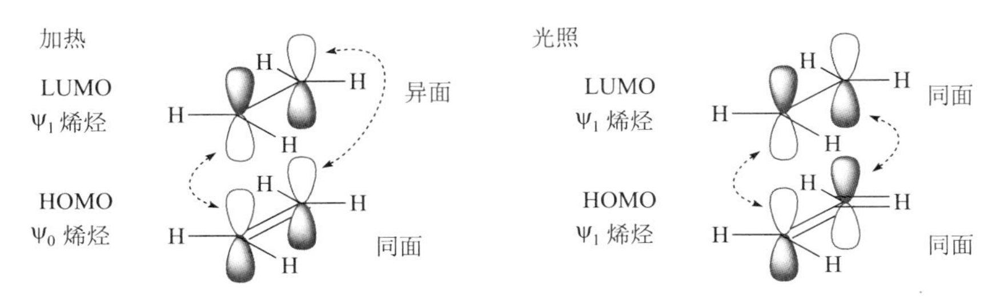

图 4.106

三类[2+2]环加成反应可以在加热条件下进行。如图 4.107 所示,烯酮($R_2C{=}C{=}O$)与烯烃可以在加热情况下进行协同环加成反应,因为烯酮可以和烯烃进行异面-同面反应。烯酮 C=C π 键的两个末端从 π 键的异面反应,两个 π 体系的两个末端形成轨道的正重叠。烯酮的异面反应没有立体化学特征,因为烯酮没有顺反关系保留在产物中。但是,与烯酮发生[2+2]环加成反应的烯烃发生同面反应,其立体化学特征保留在产物中。

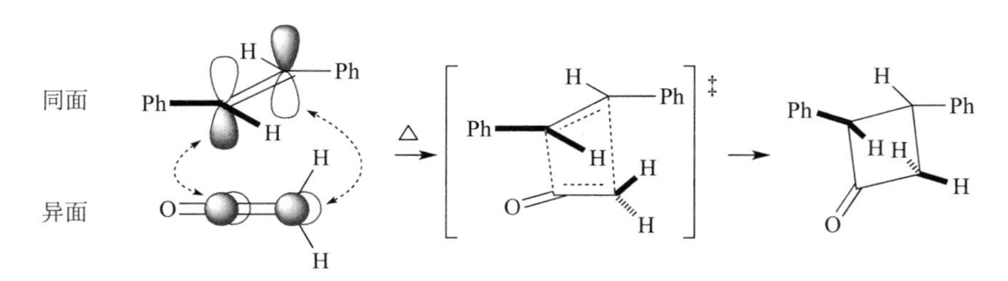

图 4.107

为什么烯酮能够发生异面反应,而烯烃不能呢?毕竟,发生异面反应烯酮的 π 轨道在烯烃中也存在。在烯酮中,其中的一个碳原子只与无空间位阻的氧原子相连。如图 4.108 所示,常见的烯烃在异面的两端都有空间要求的取代基相连,异面烯烃一端的取代基直接插入到过渡态中另一烯烃的路径中,空间上阻碍了反应的进行。

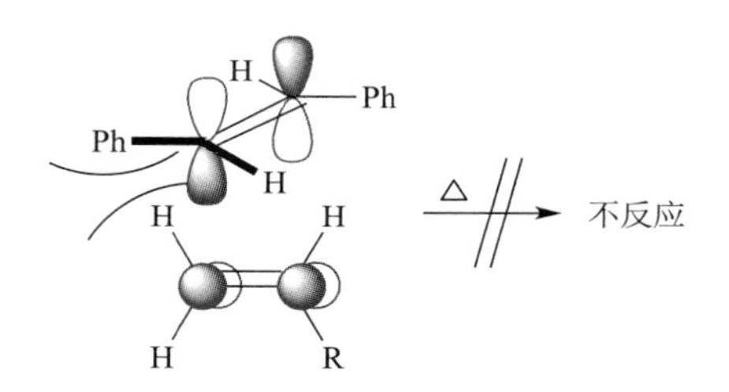

图 4.108

当原子是第三周期或更重的原子时,第二种加热允许[2+2]环加成反应可以发生,如 Wittig 反应(图 4.109)。Wittig 反应的第一步是否以协同方式进行是有争议的,但这里的重点是协同机理具有合理的可能性。此外,机理的第二步是协同[2+2]逆环加成反应,这没有争议。

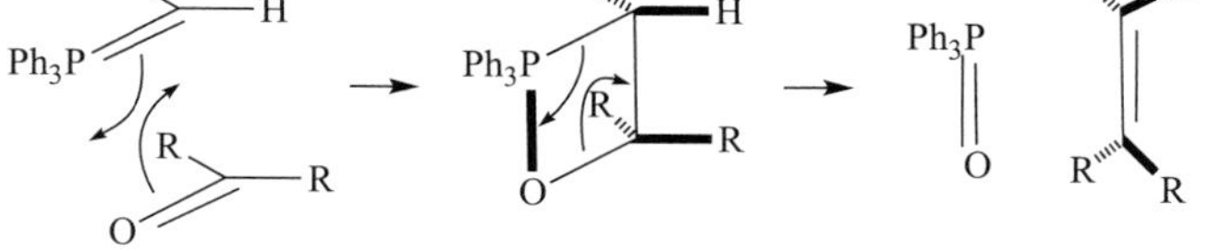

图 4.109

为什么 Wittig 反应[2+2]环加成反应和逆环加成反应不是禁阻的呢? Woodward-Hoffmann 规则指出,当反应物的轨道对称性按照我们讨论的方式不匹配时,反应过渡态的能量很高,反应"禁阻"。原则上,禁阻反应可以在足够高温下进行;这种路径通常无效的原因是:其他反应通常在远低于禁阻所需的温度下进行。(但是对于只含 C=C π 键对称性禁阻的反应,如果反应特别有利,也可以在合理的温度下进行,例如杜瓦苯电环化开环得到苯的反应。)现在,Wittig 反应在常温下进行,因为周环反应在 π 键中包含比碳、氮或氧更重的原子时,相比于分子轨道对称性不匹配来说,其他因素对于过渡态能量更重要。换句话说,按照 Woodward-Hoffmann 对称性规则,Wittig 反应的协同机理是禁阻的,但这并不像C=C 或 C=O π 键的[2+2]环加成反应一样被禁阻。其他因素包括 C=P π 键轨道的重叠差,该键的能量极高,P—O σ 键的能量极低,足够降低 Wittig 反应过渡态能量,使其在常温下进行。

因为相似的原因,在烯烃复分解反应(见第 6 章)和其他反应中,金属亚烷基($M=CR_2$)与烯烃发生加热允许的[2+2]环加成反应。

如图 4.110 所示,在第三类加热允许的[2+2]环加成反应中,富电子烯烃与缺电子烯烃反应。这些反应肯定会通过两性离子或双自由基中间体分步进行,因此它们不是周环反应,没有违反 Woodward-Hoffmann 规则。通过分步机理进行的加成反应不是立体专一性的。

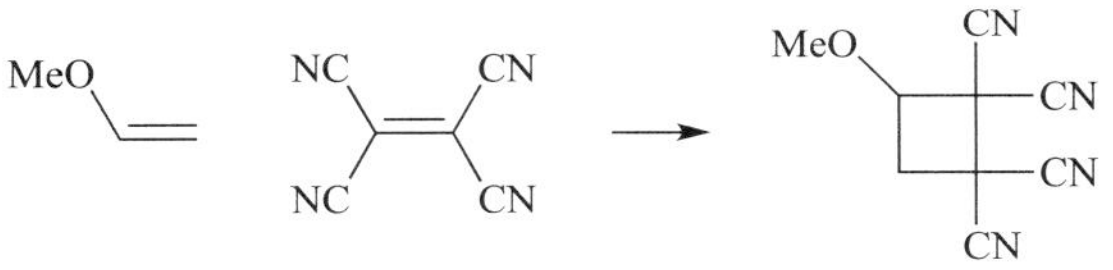

图 4.110

总之,大多数[2+2]环加成反应是光促进的。唯一的协同加热[2+2]环加成反应涉及烯酮、累积二烯或含重原子(如磷或金属)与其他原子形成双键的化合物。**常见错误提醒**:如果加热[2+2]环加成反应组分不是这几类,那么环加成反应一定按照分步机理进行。

例:提供两个原因解释为什么图 4.111 中土楠酸 A 的形成机理是不合理的。

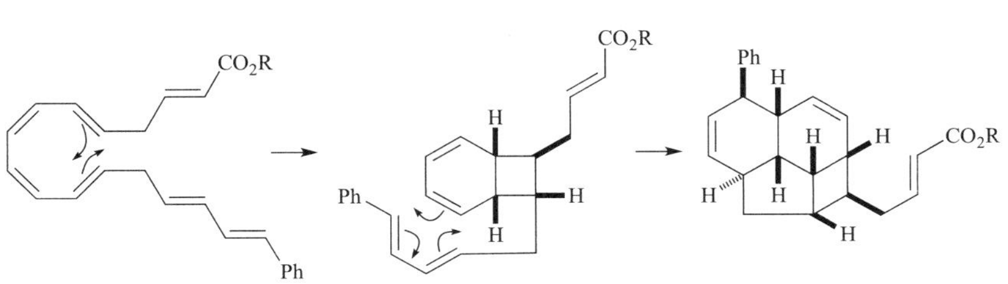

图 4.111

原因一:[2+2]环加成反应不会在加热条件下发生,除非一个组分是烯酮或含重原子。该反应中没有专一性的光,环境光不足以促进[2+2]环加成反应。原因二:参与[2+2]环加成反应的两个 π 键具有反式氢取代结构,在产物中,环丁烷两个底部的氢原子是顺式的。因此,其中一个 π 键必须异面反应,但这在几何上是不可能的。

环加成反应的 Woodward-Hoffmann 规则(表 4.4)如下:包含奇数电子对的环加成反应

的两个组分在加热条件下是“同面-同面”反应；光照条件下，一个组分必须是异面的。包含偶数电子对的环加成反应的两个组分在光照条件下是“同面-同面”反应；在加热条件下，一个组分必须是异面的。

表 4.4　环加成反应的 Woodward-Hoffmann 规则

电子对数目	加热	光照
奇数	同面-同面	同面-异面
偶数	同面-异面	同面-同面

“同面-异面”光化学反应很少见，因为几何上简单的热反应更容易发生。

习题 4.13　用 Woodward-Hoffmann 规则如何解释图 4.112 中加热[6+4]环加成反应和加热[4+3]正离子环加成反应组分的高反应性？

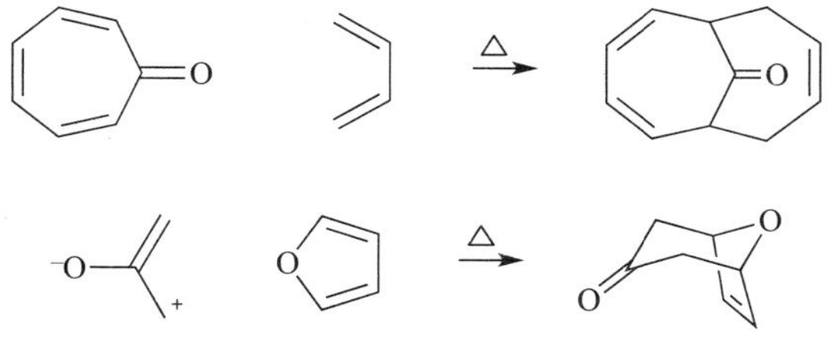

图 4.112

Woodward-Hoffmann 规则在螯变反应中的应用并不简单。如图 4.113 所示，在单线态卡宾与烯烃的[2+1]环加成反应中，烯烃的立体化学特征保留在产物中，所以烯烃一定是同面反应。Woodward-Hoffmann 规则表明，这种加热四电子反应的卡宾组分一定是异面反应，但是对于无 π 体系的物质来说，这意味着什么很难解释。

[2+1] 环加成烯烃同面

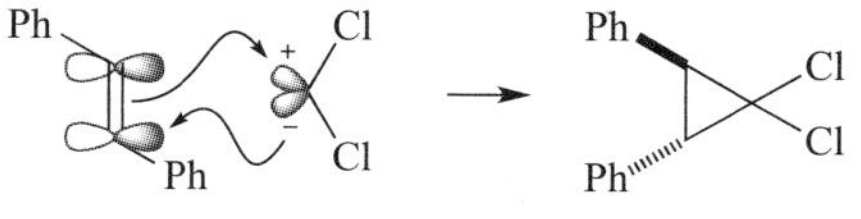

图 4.113

如图 4.114 所示，[4+1]逆环加成反应对于四原子组分同面反应，四原子组分末端碳的顺式取代基在产物中朝外。单原子组分一定是同面反应，但是，对于无 π 体系的物质来说，这意味着什么很难解释。

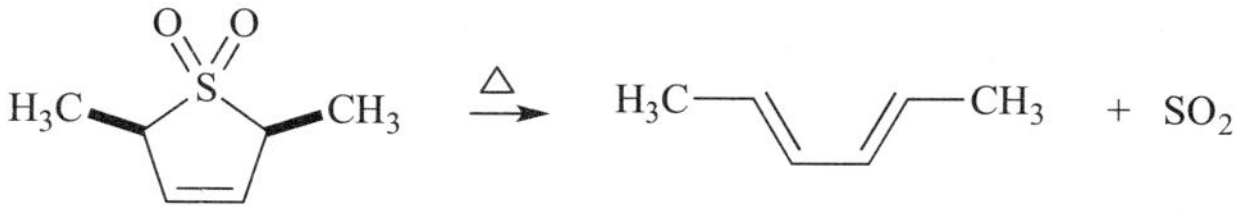

图 4.114

对于较大组分,并非所有螯变反应都同面进行。在图4.115中的[6+1]逆环加成反应中,原料中的顺式甲基在产物中变成一个朝外,一个朝里。这样的结果难以合理解释或预测。

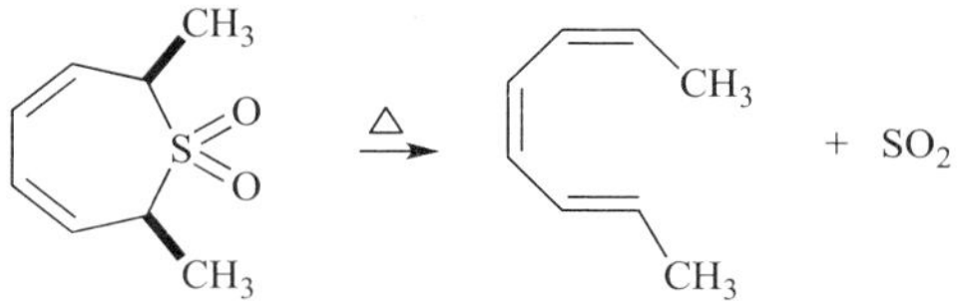

图 4.115

4.3.4 立体选择性

如图4.116所示,思考1-甲氧基丁二烯和丙烯酸乙酯之间的Diels-Alder反应,主产物MeO—与—CO_2Et处于相邻碳原子上。对于每个组分都是立体专一性的反应,得到顺式或反式产物。取代基处于反式的产物过渡态与其他过渡态相比,空间位阻明显较小,所以有人预测,反式产物是主产物。但是,主产物的基团是顺式的。

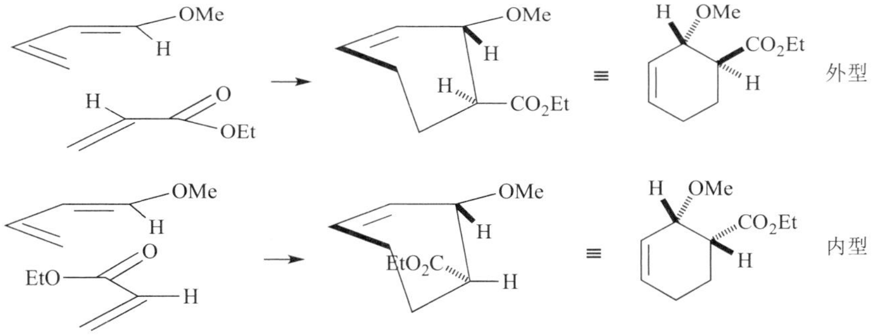

图 4.116

如图4.117所示,Diels-Alder反应一般通过亲双烯体上具有强吸电子基的内型过渡态选择性进行,即吸电子基处于二烯下方,而非远离它。这种现象称为内型规则。

最早研究的是亲双烯体与环戊二烯发生Diels-Alder反应得到降冰片烯,总是得到内型降冰片烯(亲双烯体的吸电子基团处于两个碳桥的顺式)的事实称为内型规则,该规则后来扩展到不含环戊二烯的Diels-Alder反应,术语"外型"和"内型"随之改变了它们的意思。

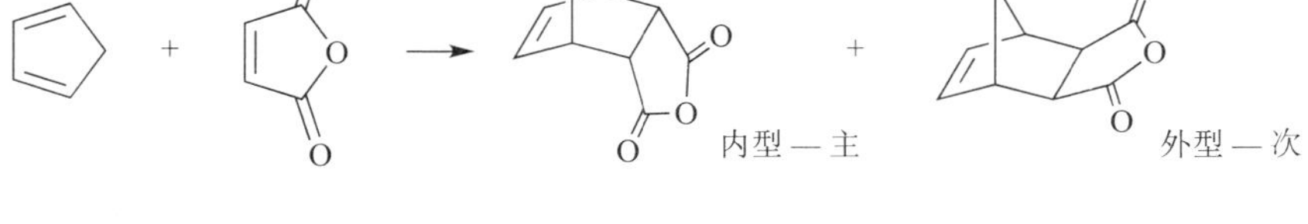

图 4.117

"朝外-内型-顺式"规则是一种书写Diels-Alder反应产物的技巧,其立体化学与内型规则一致。第一个词指双烯体末端取代基的取向，第二个词指亲双烯体的取代基(通常是强吸电子基)，第三个词指出这两个取代基在产物中的立体化学关系，因此，双烯体朝外的基团与亲双烯体内型基团在产物中是顺式的，如图 4.118 所示。前面的两个词中任意一个可以转变为它的反面，只要第三个词也随之转变即可：朝外-外型-反式、朝里-内型-反式、朝里-外型-顺式。应用"朝外-内型-顺式"规则，你必须确定亲双烯体的哪个基团是内型的，然后应用"朝外-内型-顺式"规则就可给出主产物的立体化学结构。

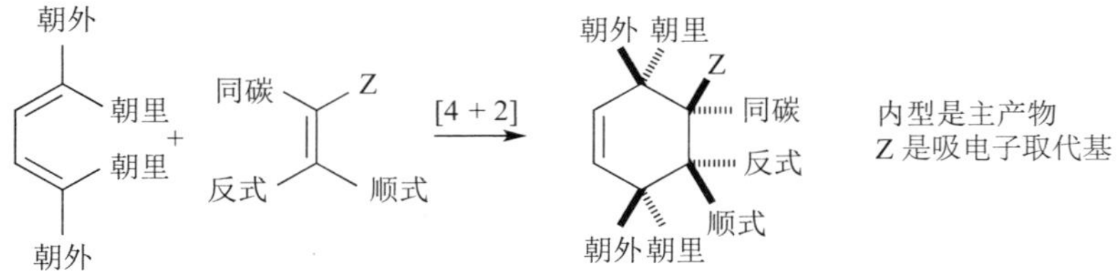

图 4.118

例：预测图 4.119 中 Diels-Alder 反应主产物的立体化学结构。

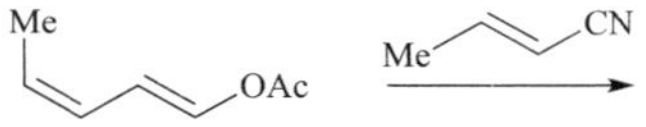

图 4.119

如图 4.120 所示，首先重新书写原料和产物，让它们处于适当的构象(双烯体是 s-顺)和相互的取向，让两个原料双烯体的最强给电子基与亲双烯体的最强吸电子基处于 1,2-或 1,4-位，然后写出无立体化学结构的产物。

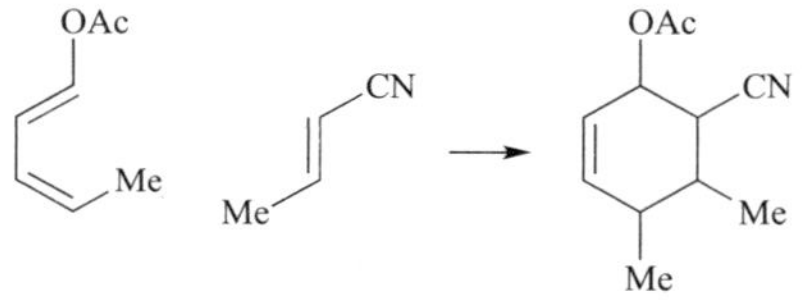

图 4.120

立体化学：亲双烯体的最强吸电子基团是内型，"朝外-内型-顺式"规则告诉你，—OAc 和—CN 在产物中处于顺式。Diels-Alder 反应"同面-同面"特征告诉你，双烯体中两个朝外的基团是顺式的，亲双烯体的立体化学在产物中保留，所以—OAc(朝外)和—Me(朝里)在产物中是反式的，—CN 和它邻位的—Me 在产物中也是反式的。写出—OAc 向上(或向下，这没关系)和其他的立体化学结构，如图 4.121 所示。

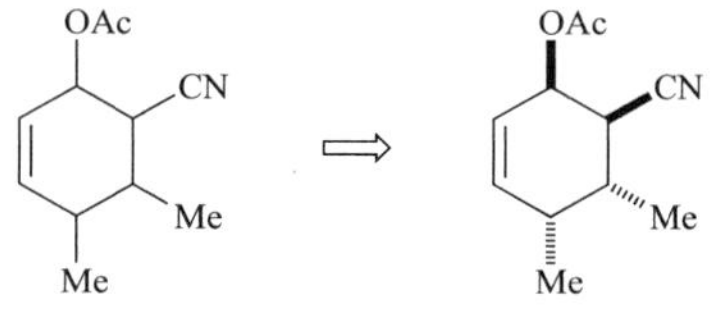

图 4.121

常见错误提醒：一定要保留所有三个 π 键的立体化学结构。如前例，当双烯体写成 s-反式构象时，学生往往在重新书写它的顺式构象时，会不经意间使 π 键异构化，使得"朝外-内型-顺式"规则的正确应用可能会导致错误的答案。遵守 Grossman 规则可以防止这种常见错误。

内型规则同样适用于反常电子需求的 Diels-Alder 反应，在这些反应中，亲双烯体的最强给电子基团优先为内型，"朝外-内型-顺式"规则也适用，如图 4.122 所示。

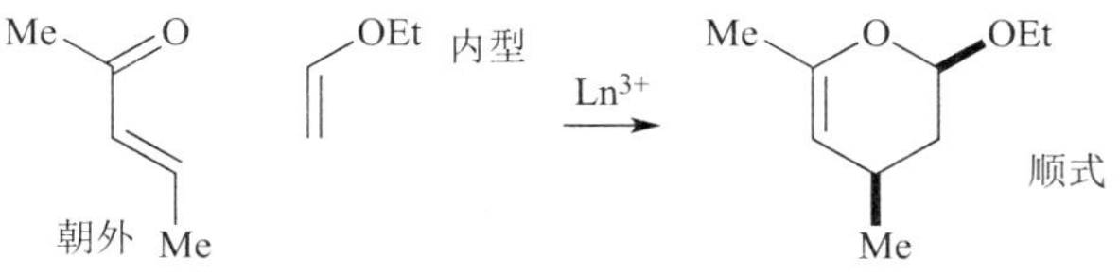

图 4.122

根据反应条件和底物不同，内型/外型比例会变化很大。当使用 Lewis 酸加速 Diels-Alder 反应时，有利于内型产物生成，比率增加。增加的空间位阻可以转变这一情况，有利于外型产物生成。在分子内 Diels-Alder 反应中，与其他因素相比，比例更多依赖于构象的偏好，根据反应条件和特定底物可以主要得到外型或内型产物。

为什么内型过渡态比外型过渡态能量更低呢？人们普遍接受的解释是二级轨道相互作用。如图 4.123 所示，在更拥挤的方式下，亲双烯体羰基的轨道可以与双烯体 C2 的轨道相互作用，内型过渡态的二级轨道相互作用能量是有利的，所以动力学产物是更拥挤、热力学不稳定的内型产物。

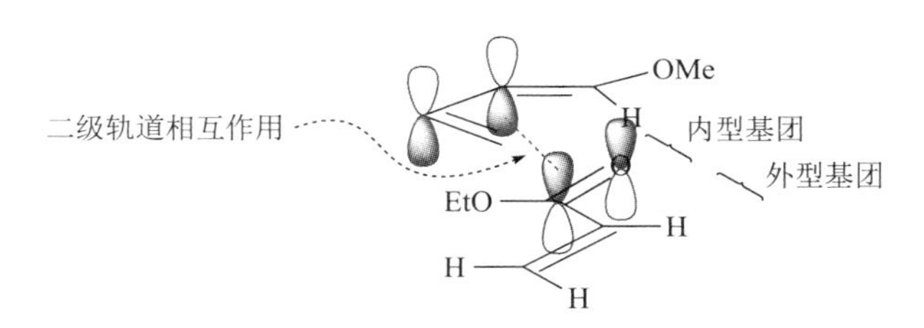

图 4.123

内型过渡态的优势也可以通过二级轨道作用以外的效应来合理解释。例如，图 4.124 中当吸电子基是内型时，双烯体的偶极和亲双烯体的吸电子基团相互作用最有利。Lewis 酸通过极化吸电子基增强偶极大小，从而增加内型选择性。特定底物 Diels-Alder 反应的内型选择性也可以通过空间位阻和溶剂效应解释。

内型过渡态：偶极排列有利　　外型过渡态：偶极排列不利

图 4.124

内型选择性是动力学现象，如果在高能的内型产物和低能的外型产物之间建立平衡，那么就会看到外型产物是主产物。如图 4.125 所示，马来酸酐和呋喃即使在低温下，环加成反应也很迅速，只得到外型产物。低能的呋喃(芳香化合物)允许内型产物的逆 Diels-Alder 反应以合理的速率进行。尽管内型产物的形成速率比外型产物快，但是原料和产物之间平衡的建立，导致有利于外型产物的热力学比率。

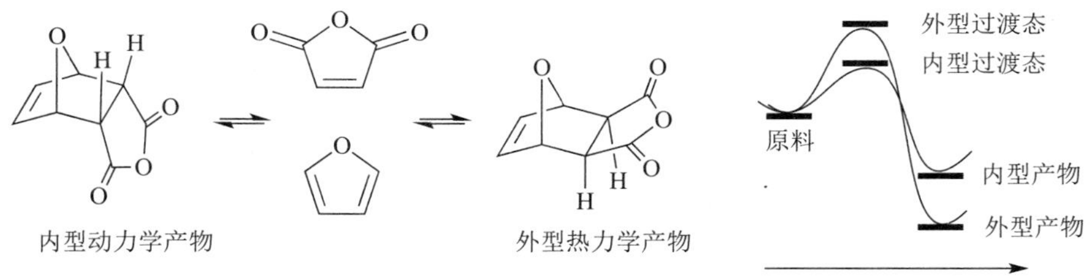

内型动力学产物　外型热力学产物

外型过渡态　内型过渡态　原料　内型产物　外型产物

图 4.125

如图 4.126 所示，1,3-偶极环加成反应也主要得到内型产物，“朝外-内型-顺式”规则也适用。

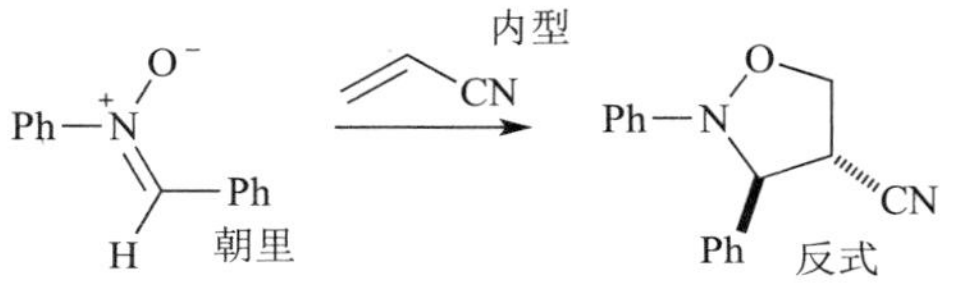

内型　朝里　反式

图 4.126

[2+2]光照环加成反应主要得到内型产物。例如，图 4.127 中胸腺嘧啶的光诱导二聚反应具有内型选择性。一个环的羰基位于另一环的上方，得到空间更拥挤的立体异构体。

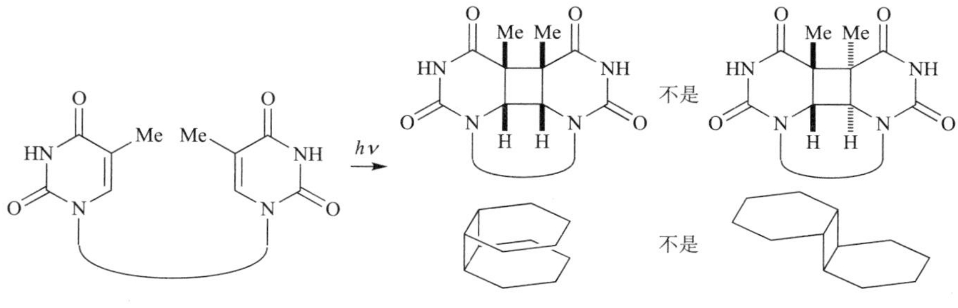

不是　不是

图 4.127

如图 4.128 所示，在单取代烯酮与环烯的[2+2]环加成反应中，也可以得到两种产物。当 R 在双环的凸面时，热力学产物不是主产物。事实上，反应是“自虐”的，R 基团越大，高能产物的比例越高。

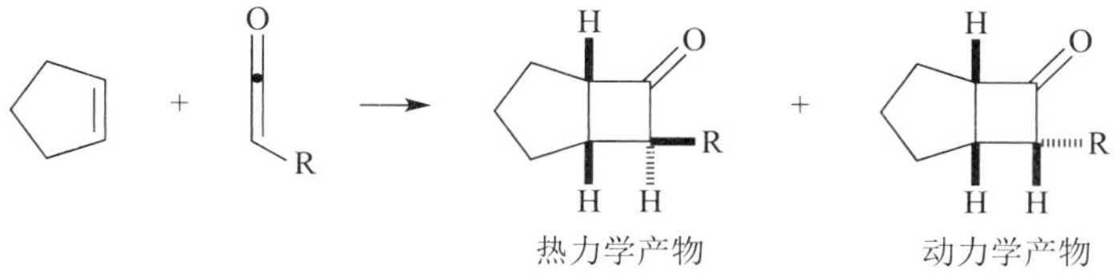

图 4.128

因为烯酮必须进行异面反应,烯烃接近烯酮,所以两者的 π 键几乎相互垂直。烯酮的较小部分(羰基)位于烯烃环的下方,较大部分(CHR 基团)远离。H 和 R 对于烯烃有两种取向,在低能取向(图 4.129)中,烯酮的 H 向上指向烯烃,而大基团 R 指向下。烯酮的异面反应使得这种低能取向得到高能产物,R 基团处于双环体系的凹面。R 基团越大,R 基团远离环烯烃的过渡态能量越低,高能产物的比例越大。

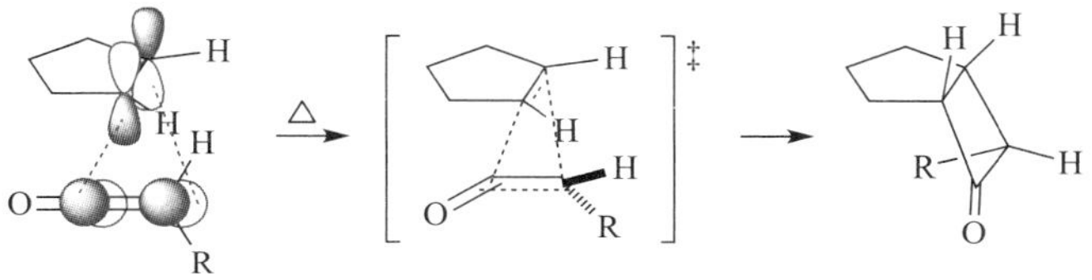

图 4.129

4.4 σ-重排反应

4.4.1 典型反应

σ-重排消耗一个 σ 键产生一个新的 σ 键,所以在所有周环反应中,这种反应本质上最容易发生逆向反应。平衡位置取决于原料和产物的相对热力学和动力学稳定性。大多数合成上有用的 σ-重排是两电子或六电子过程。

[3,3]-σ-重排(Cope 重排和 Claisen 重排)是应用最广泛的 σ-重排,可能是继 Diels-Alder 反应和 1,3-偶极环加成反应之后应用最广泛的周环反应。如图 4.130 所示,在 Cope 重排反应中,一个 1,5-二烯异构化为另一个 1,5-二烯。在 Claisen 重排反应中,烯丙基乙烯基醚(1,5-二烯的第三或第四碳原子被氧原子替代)异构化为 γ,δ-不饱和羰基化合物(另一个 1,5-二烯的第一或第六碳原子被氧原子替代)。Cope 重排和 Claisen 重排反应发生通常需要150 ℃或更高的温度,尽管某些类型的取代可以降低反应活化能。

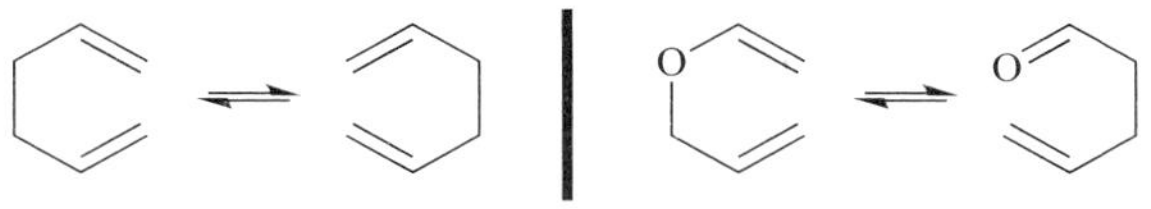

图 4.130

最简单1,5-二烯(1,5-己二烯)的Cope重排反应的原料和产物相同,重排的平衡常数为1。取代基可以移动平衡到一边或另一边,如图4.131中,3,4-二甲基-1,5-己二烯和2,6-辛二烯之间的平衡倾向于π键取代基更多的一边。

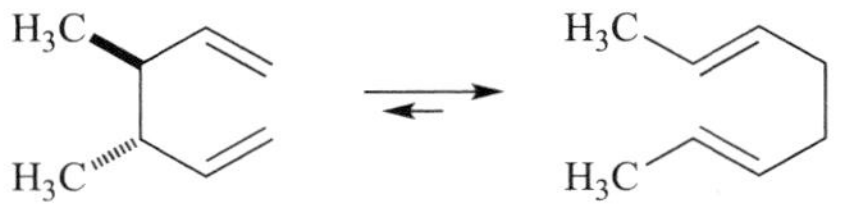

H_3C H_3C H_3C H_3C

图4.131

当σ键的断裂可以缓解环张力时,Cope重排反应的平衡位置进一步向一侧移动。环张力的缓解降低了重排反应的活化能。因此,顺-1,2-二乙烯基环丙烷只在极低温下是稳定的(图4.132)。

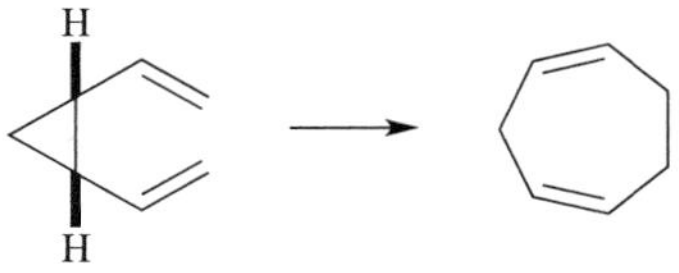

H H

图4.132

我们也可以从反应混合物中除去产物1,5-二烯来改变Cope重排反应的平衡位置。在图4.133所示的氧杂Cope重排反应中,3-羟基-1,5-二烯发生Cope重排反应得到烯醇,烯醇迅速异构化为δ,ε-不饱和羰基化合物。后者是1,6-二烯,不是1,5-二烯,所以它不能发生逆向Cope重排反应。δ,ε-不饱和羰基化合物逆向异构化成烯醇的反应相对于逆Cope重排反应来说,速度较慢。

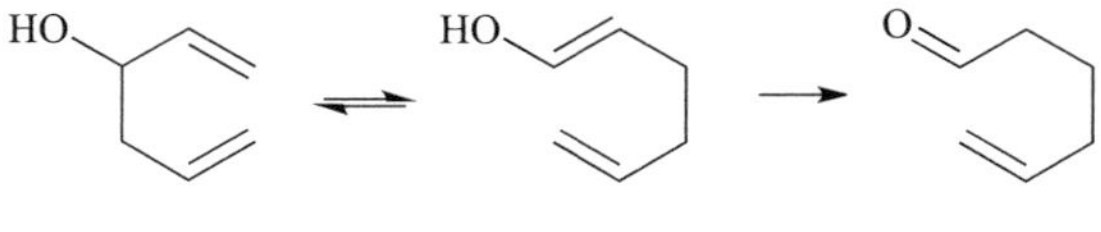

HO HO O

图4.133

当醇脱去质子后,氧杂Cope重排反应在低温下就可进行。如图4.134所示,与中性反应相比,负离子氧杂Cope重排可加速,因为过渡态的负电荷比原料的负电荷易于离域。负离子氧杂Cope重排的驱动力不再是从平衡中除去产物二烯,而是简单的负电荷离域。原料醇通常用KH脱去质子,因为O—K键比O—Na或O—Li键弱得多;经常添加冠醚18-冠-6,进一步从醇盐中分离钾离子。

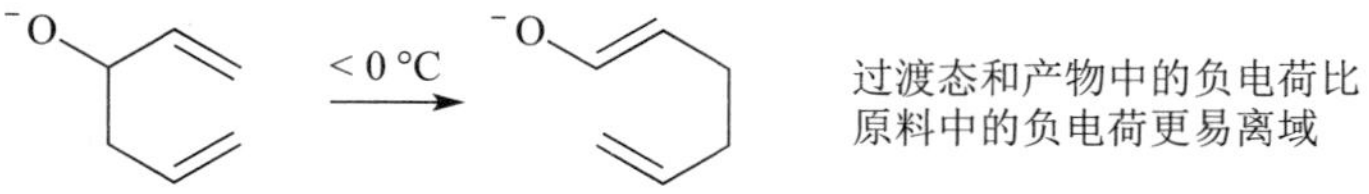

$^-$O $<0\,^\circ$C $^-$O

过渡态和产物中的负电荷比
原料中的负电荷更易离域

图4.134

一般来说,Claisen重排反应通过消耗C=C π键,形成C=O π键驱动反应向前进行,但也有例外。例如,首次发现的Claisen重排反应是O-烯丙基苯酚重排为2-烯丙基苯酚(图4.135

所示),人们可能希望,在这种特殊情况下,平衡倾向芳香化合物一侧,而不是2,4-环己二烯酮,但是环己二烯酮迅速互变异构(通过非协同机理)形成芳香的2-烯丙基苯酚,它不能发生逆向反应。

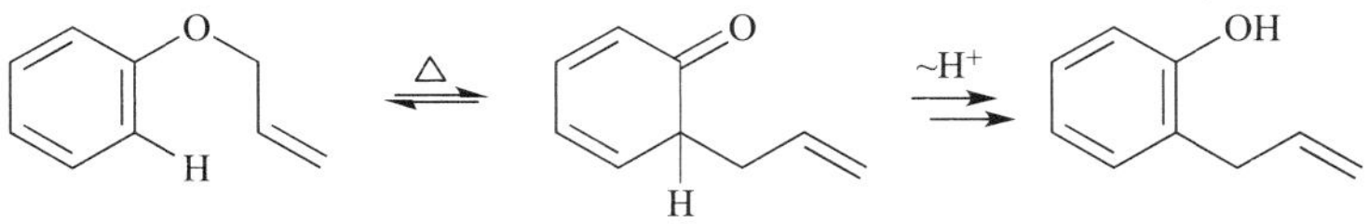

图 4.135

判断Cope和Claisen重排反应的关键是原料或产物中的1,5-二烯,Claisen重排反应可形成γ,δ-不饱和羰基化合物(1,5-杂二烯),氧杂Cope重排反应可以形成δ,ε-不饱和羰基化合物。

例如,图4.136的原酸酯Claisen重排反应:

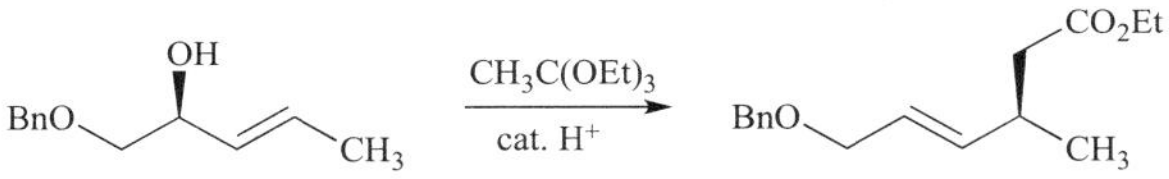

图 4.136

如图4.137所示,将原子进行编号,写出副产物。

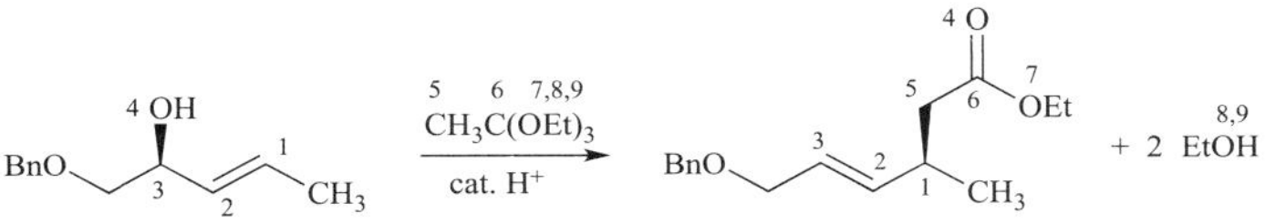

图 4.137

成键:C1—C5、O4—C6;断键:C3—O4、C6—O8、C6—O9。产物具有1,5-位两个π键(C2=C3和O4=C6)。逆合成分析如图4.138所示,通过1,5-二烯前体化合物的[3,3]-σ-重排(Claisen重排)可以形成C1—C5键,断裂C3—O4键。

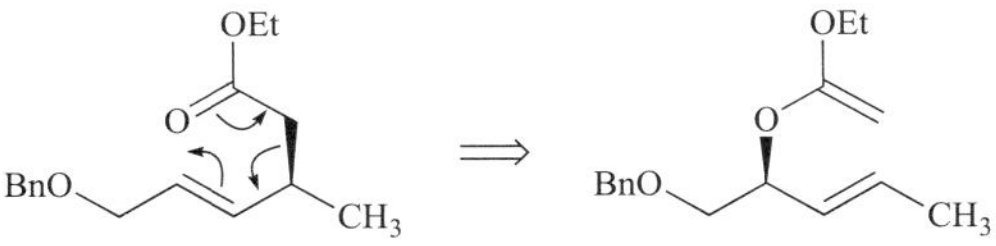

图 4.138

如图4.139所示,醇和原酸酯先发生S_N1取代反应,再发生E1消除反应,可以得到产物的直接前体化合物。

在生物体内,[3,3]-σ-重排是很少见的,但其中一个著名的例子是分支酸盐重排为预苯酸盐的Claisen重排反应(图4.140),这是生物合成芳香氨基酸(如酪氨酸)的关键步骤。分支酸变位酶通过诱导分支酸盐呈现最有利于重排发生的构象来催化这一反应。

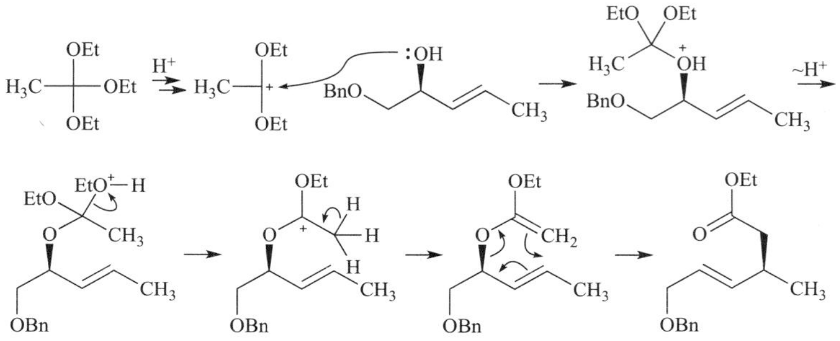

图 4.139

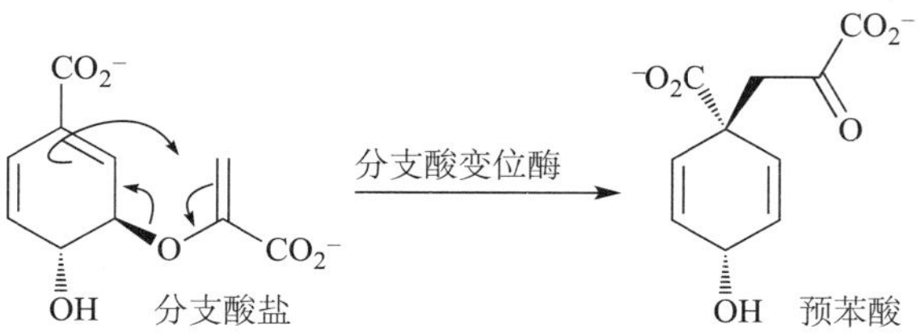

图 4.140

环戊二烯氢原子的[1,5]-σ-重排反应很容易发生，因为环戊二烯末端与另一端距离很近。取代环戊二烯的不同异构体在 0 ℃以上处于快速平衡(实验室的时间尺度)。20 世纪 60 年代末人们完成了前列腺素的合成，开始两步如图 4.141 所示：① 环戊二烯与溴化苄氧甲基发生烷基化反应，得到 5-取代环戊二烯；② Diels-Alder 反应。人们探索了−20 ℃以下可与环戊二烯反应的亲双烯体，因为在较高温度下，环戊二烯会异构为更稳定的 1-取代和 2-取代异构体。

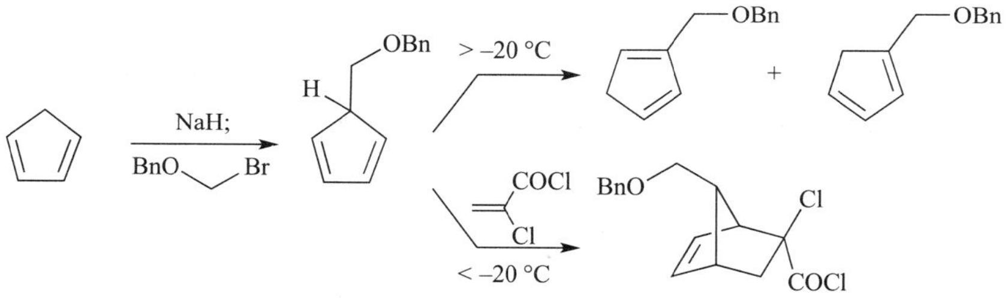

图 4.141

环戊二烯[1,5]烷基迁移也可发生，但需要更高温度(通常>200 ℃)。C(sp^3)轨道比 H(s)轨道方向性更强，所以过渡态中需要两轨道同时重叠没有与氢的重叠有利。

习题 4.14 图 4.142 中的反应包括[1,5]-σ-重排反应。书写合理的机理，记住遵守 Grossman 规则！

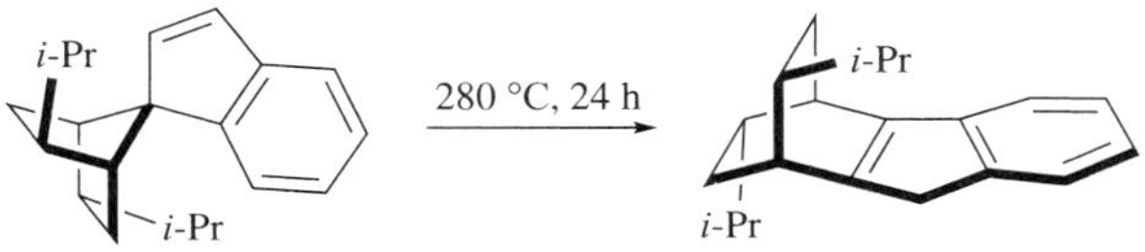

图 4.142

如图 4.143 所示,[2,3]-σ-重排包括 1,2-偶极体重排为中性化合物,烯丙基从偶极体的正端迁移到负端,中和了电荷。

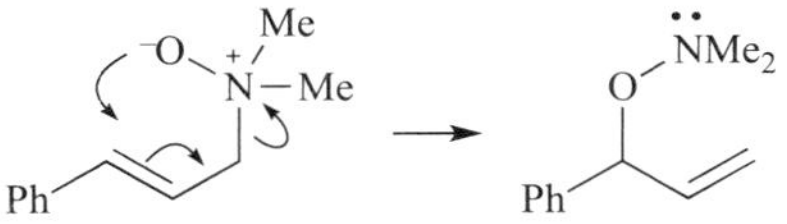

图 4.143

氧化胺、亚砜和氧化硒都可以发生[2,3]-σ-重排反应。如图 4.144 所示,烯丙基亚砜和烯丙基次磺酸酯之间的平衡有利于亚砜一边,但平衡可以通过 O—S 键的还原移向次磺酸酯一边。

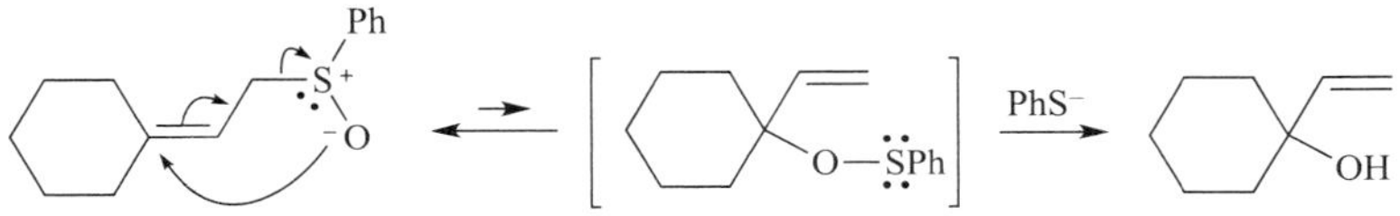

图 4.144

烯丙基锍叶立德和烯丙基铵叶立德也是[2,3]-σ-重排的底物。如图 4.145 所示,两种叶立德通常由锍盐或铵盐去质子化原位生成。

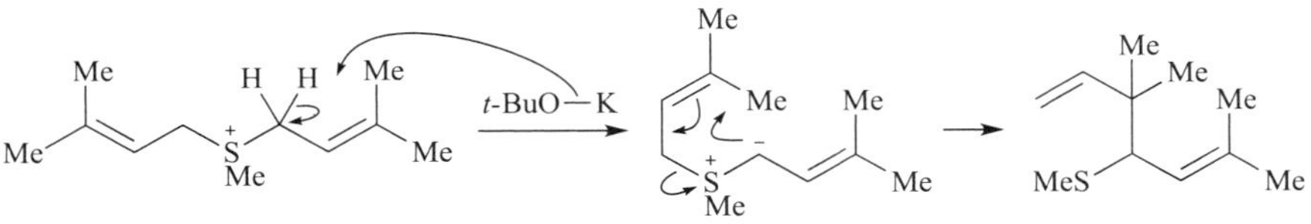

图 4.145

习题 4.15 书写图 4.146 中[2,3]-σ-重排反应的机理。为什么这种特殊反应可以在温和碱性条件下进行?

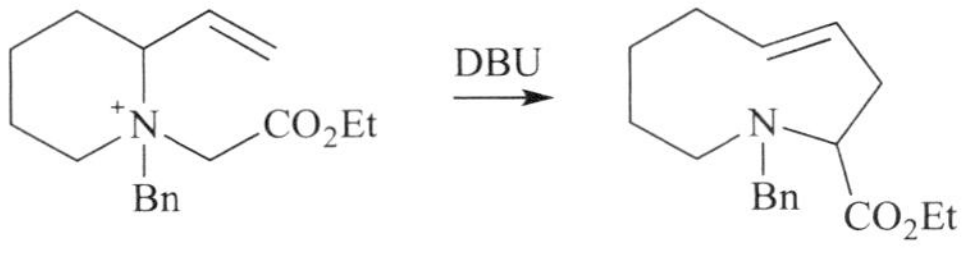

图 4.146

如图 4.147 所示,烯丙基氧碳负离子的[2,3]-σ-重排反应称为 Wittig 重排反应(不要与

Wittig 反应混淆)。所需碳负离子可以通过锡烷(锡化合物)的金属转移反应制备。锡烷与有机锂化合物不同,它是稳定、可分离、可色谱分析的化合物,很容易与 BuLi 反应转变成有机锂化合物。

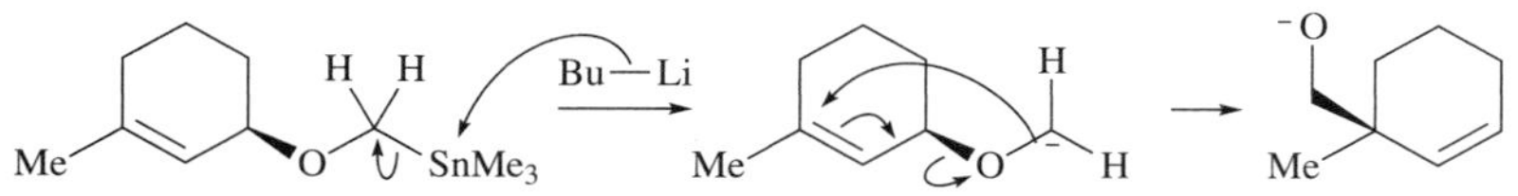

图 4.147

如图 4.148 所示,烯丙基炔丙基醚也是 Wittig 重排好的底物。炔丙基的位置脱质子相对容易。

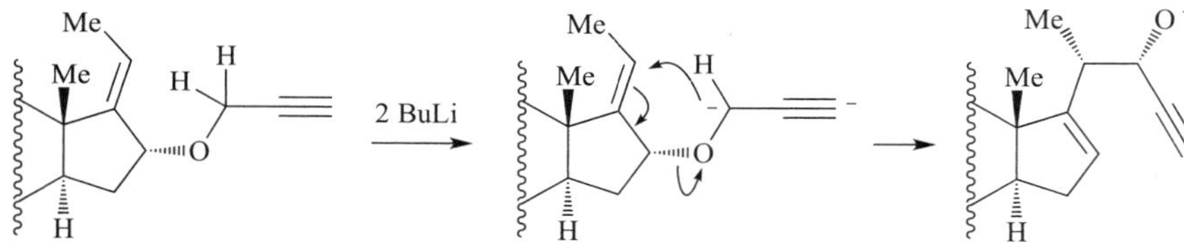

图 4.148

识别[2,3]-σ-重排的关键是:烯丙基从杂原子迁移到杂原子的邻位原子(可能是碳或其他杂原子)。

习题 4.16 如图 4.149 所示,混合 N-氯代苯胺和 α-巯基酯,发生亲核取代反应,再进行[2,3]-σ-重排反应,最终得到邻烷基苯胺,书写该反应的机理。

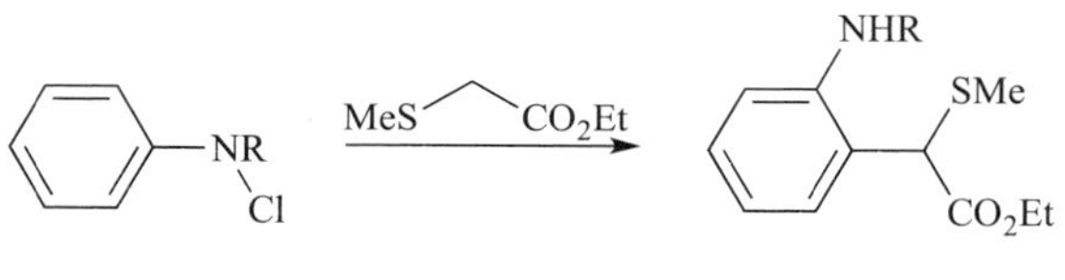

图 4.149

四电子[1,3]-σ-重排反应很少见,偶尔烷基可以发生协同 1,3-迁移,但氢原子从不发生协同[1,3]-σ-重排。**常见错误提醒:**如图 4.150 所示,烯醇互变异构成羰基化合物,看上去似乎是[1,3]-σ-重排反应,但该反应可被碱或酸催化,没有通过协同周环反应机理。这些观察将在下一部分进行讨论。

图 4.150

八电子[1,7]-σ-重排反应也很少见。与[1,7]-σ-重排反应相比,1,3,5-己三烯可以更迅速地进行六电子电环化关环,释放更多能量。但是有一个非常重要的[1,7]-σ-重排反应发生在人体中,前钙化醇(原维生素 D_2)(你可能还记得它可以通过麦角甾醇的顺旋电环化开环反应制备)通过[1,7]-σ-氢迁移转变为麦角钙化醇(维生素 D_2),如图 4.151 所示。

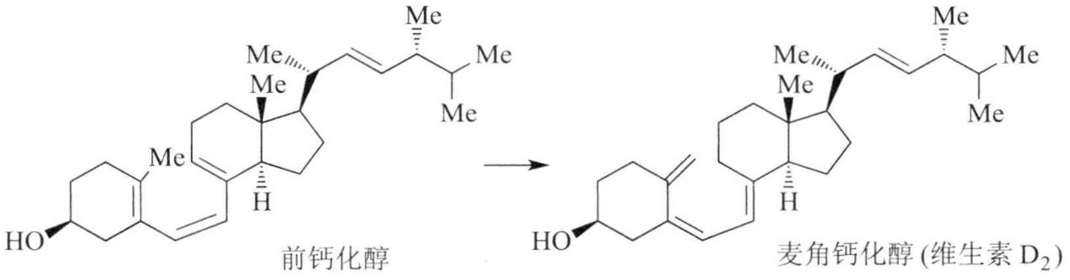

前钙化醇　　麦角钙化醇(维生素 D_2)

图 4.151

目前讨论的所有 σ-重排反应都发生在加热条件下,光照条件下 σ-重排反应很少见。

4.4.2 立体专一性

σ-重排反应发生在两个共轭体系的末端,成键或断键,σ-重排的 Woodward-Hoffmann 规则必须考虑这两种情况。

最常见的 σ-重排是:[1,2]-正离子重排、[1,5]-重排和[3,3]-重排。这些重排很容易在加热条件下进行。在正离子[1,2]-氢迁移热反应中,需要考虑两个组分的分子轨道。如图 4.152 所示,单原子组分氢原子有一个轨道(1s 轨道),双原子组分有两个轨道(ψ_0 和 ψ_1)。两个电子分布在这三个轨道上,显然 H(1s)轨道能量低于反键轨道 ψ_1,但尚不清楚 H(1s)和 ψ_0 哪个能量更低。如果 H(1s)的能量更低,那么两个电子都会填充在 H(1s)上;如果 ψ_0 的能量更低,那么两个电子会填充在 ψ_0 上;如果两个分子轨道能量相等,那么每个轨道上各填充一个电子。但是无论两个电子在两个组分之间如何分布,过渡态主要的 HOMO-LUMO 相互作用都发生在单原子组分对称的 1s 轨道和双原子组分对称的 ψ_0 之间。氢原子总是同面组分,因为 1s 轨道是单波相的,所以当双原子组分是同面时,就可以在过渡态的成键和断键轨道之间进行正重叠。

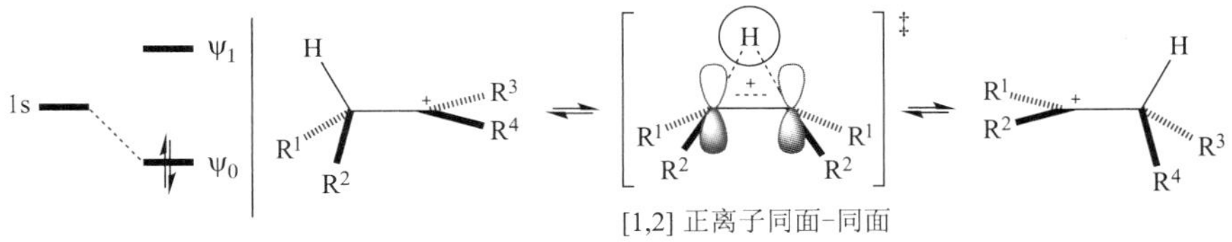

[1,2] 正离子同面-同面

图 4.152

同样,在正离子[1,2]-烷基迁移中,两组分必须是同面的,如图 4.153 所示,以使发生成键和断键轨道之间的过渡态存在正重叠。因为同面的要求,迁移基团保留其构型。

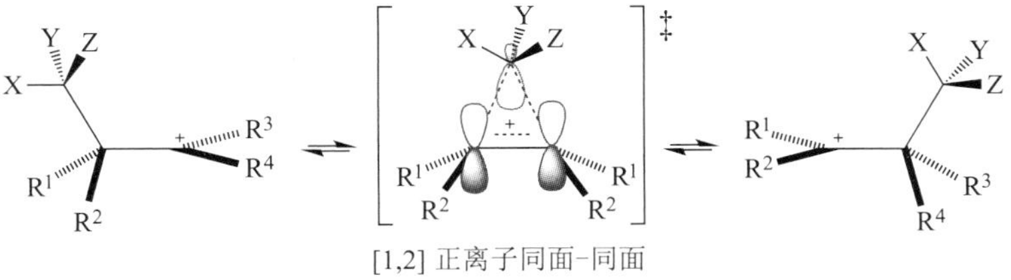

[1,2] 正离子同面-同面

图 4.153

不管六电子在两组分之间如何分配，六电子[1,5]-σ-重排过渡态的前线分子轨道的主要相互作用发生在 H(1s)轨道和五原子组分对称的 ψ_2 之间。(图 4.154 所示为两个半充满轨道之间的相互作用。)并且当五原子组分同面反应时，在发生成键和断键的过渡态轨道之间存在正重叠。

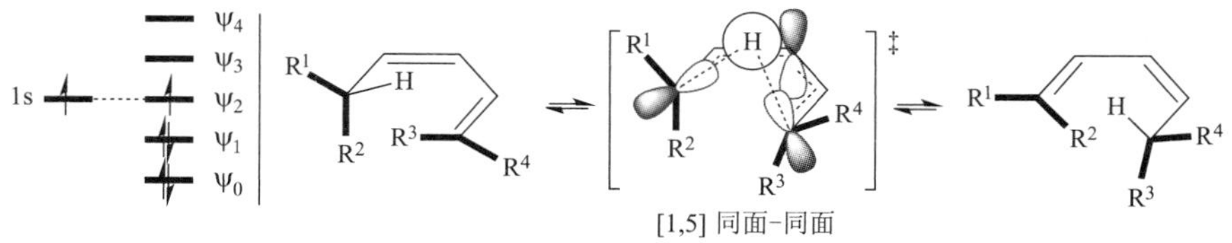

图 4.154

[3,3]-σ-重排是六电子反应。如图 4.155 所示，无论六电子在两个三原子组分中如何分配，过渡态中主要前线分子轨道的相互作用发生在一个组分反对称 ψ_1 和另一组分反对称 ψ_1 之间。反应对于两个组分来说都是同面进行。

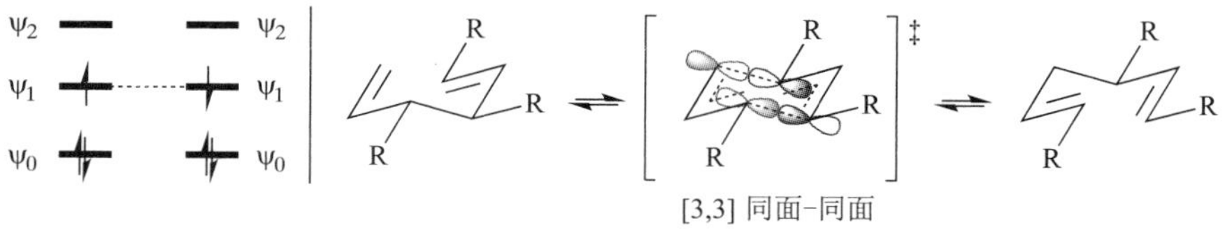

图 4.155

同样，如图 4.156 所示，[2,3]-σ-重排过渡态中前线分子轨道的主要相互作用发生在两个组分反对称的 ψ_1 之间。反应对于两个组分来说都是同面进行。

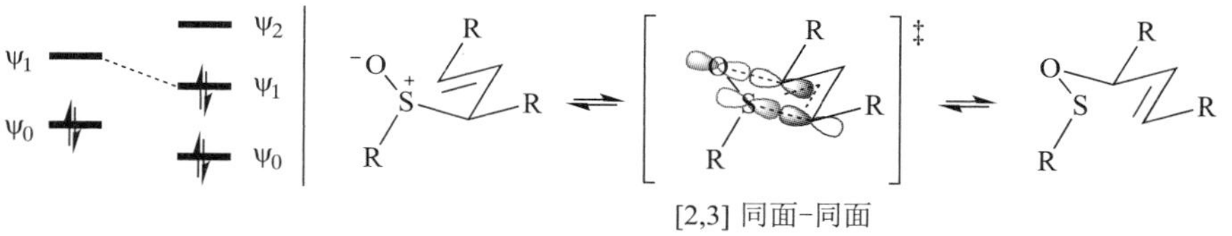

图 4.156

相反，如图 4.157 所示，在[1,2]-负离子氢迁移中，前线分子轨道主要的相互作用发生在单原子组分对称的 1s 轨道和双原子组分反对称的 ψ_1 之间。若要在成键和断键轨道之间有正重叠，则双原子组分必须异面反应，为了使这个迁移成为热允许过程，氢原子必须同时

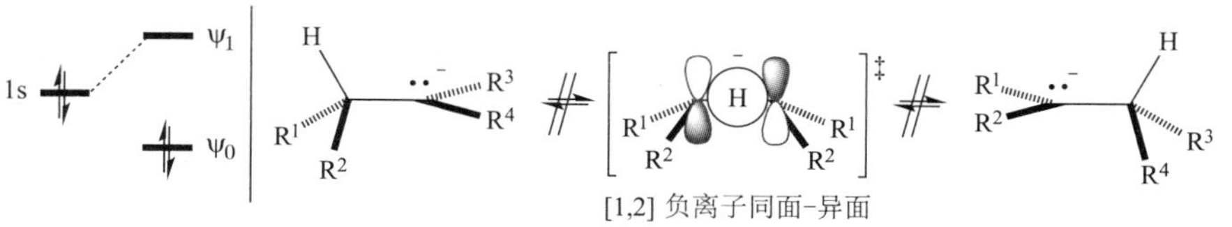

图 4.157

与 C2 的顶部和底部部分成键。这种连接几何上是不可能的，所以[1,2]-负离子氢迁移是加热禁阻反应。

如果单原子组分发生异面反应，热允许[1,2]-负离子迁移就可以发生。如图 4.158 所示，在烷基转移的情况下，迁移 R 基团的 C(p)轨道可以异面反应，迁移时构型翻转。事实上，[1,2]-负离子烷基迁移的几何要求非常严格，所以这种反应很少见。

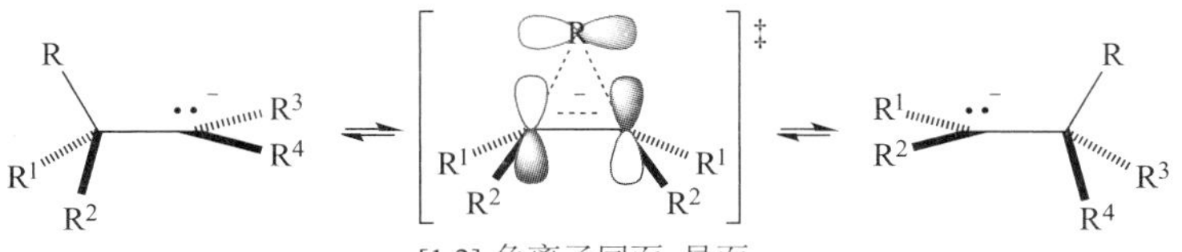

[1,2] 负离子同面-异面

图 4.158

加热[1,3]-氢迁移(例如烯醇重排成羰基化合物的协同反应)是禁阻的。如图 4.159 所示，烯醇 C—C—O 单元本身只能同面反应，因为 H(1s)轨道与一个末端碳轨道的顶部和另一末端碳轨道的底部同时成键是不可能的，氢原子只能同面反应，因为 H(1s)轨道只有一瓣。不过，Woodward-Hoffmann 规则认为这种四电子重排反应两组分中的一个必须异面反应才被允许，因此这种重排反应总是通过非协同机理进行，需要酸性或碱性催化剂。**常见错误提醒**：涉及协同[1,3]-σ-氢重排反应的机理几乎总是错误的。

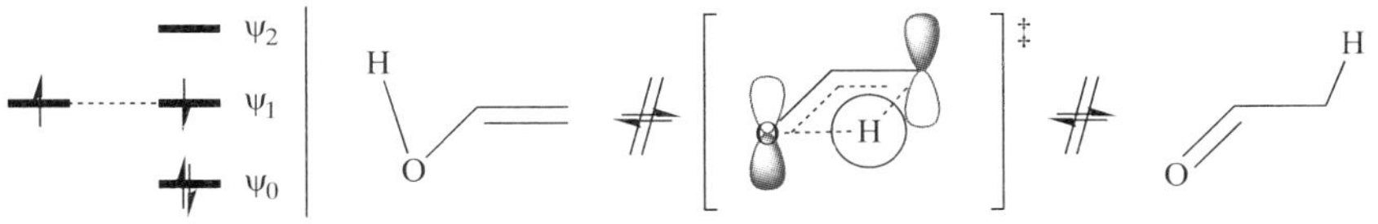

[1,3] 异面-同面

图 4.159

如图 4.160 所示，加热[1,3]-烷基迁移是允许的，因为烷基在过渡态可采用异面反应，在过渡态中迁移原子 C(p)轨道的两瓣与烯丙基体系的两端成键，迁移基团的构型翻转。

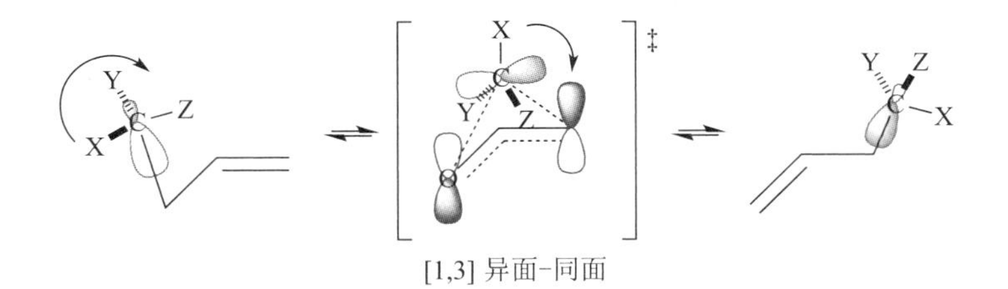

[1,3] 异面-同面

图 4.160

因为[1,3]-σ-烷基重排具有严格的几何要求，所以很少见，我们只知道少数[1,3]-σ-重排反应的例子。在图 4.161 中，迁移碳构型翻转，证明在重排中是异面反应。

常见错误提醒：包含[1,3]-σ-烷基重排反应的机理尽管并非不可能，但应以怀疑的眼光看待。只有当一个组分异面反应时，加热[1,3]-σ-重排才是被允许的，但是当两个组分同面反

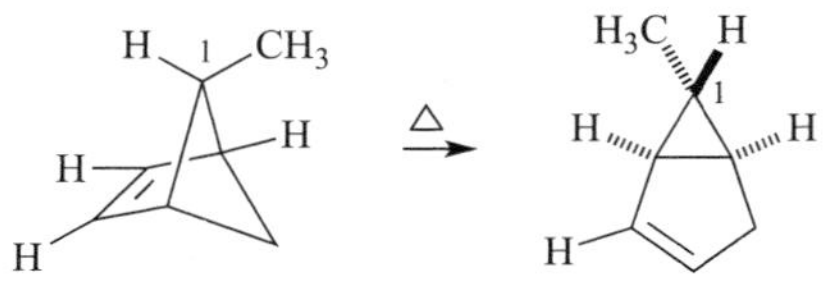

图 4.161

应时，光照[1,3]-σ-重排预计将被允许，如图 4.162 所示，其立体需求发生变化，因为在光照条件下，三原子组分的 HOMO 是 ψ_2（对称的），不是 ψ_1（反对称的）。

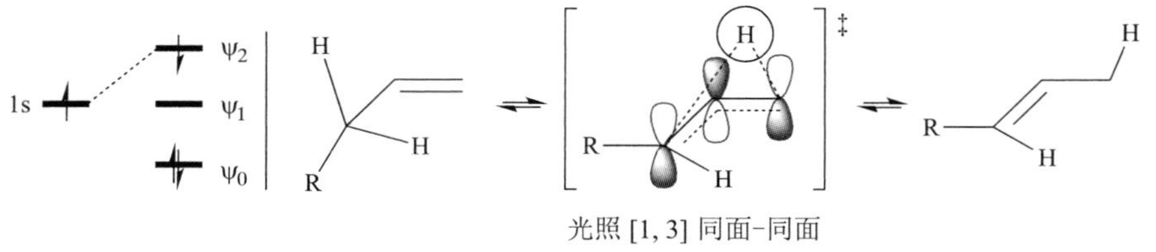

光照 [1, 3] 同面-同面

图 4.162

光照条件下发生 σ-重排反应很少见，但在一个例子中（图 4.163），光照条件下进行[1,3]-σ-重排对于两个组分都是同面反应，迁移单原子组分（手性烷基）构型保留。反应在加热条件下完全不能进行。

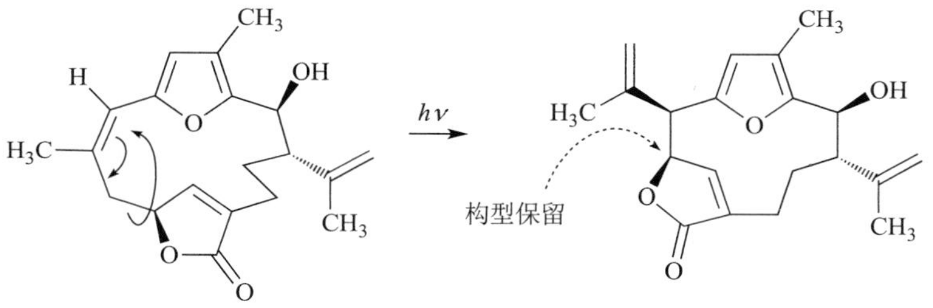

构型保留

图 4.163

有时在非环体系中可以观察到加热协同[1,7]-氢迁移，如图 4.164 所示，因为 1,3,5-三烯很软，足以让氢从顶部迁移到底部（使三烯成为反面组分）。因此前钙化醇-骨化醇重排是加热允许的。（但是因为前钙化醇是在激发态形成的，很可能会发生光照[1,7]-σ-重排反应，这种重排的两个组分都是同面反应的。）在环状化合物如环庚三烯中，几何限制阻止氢从 C7

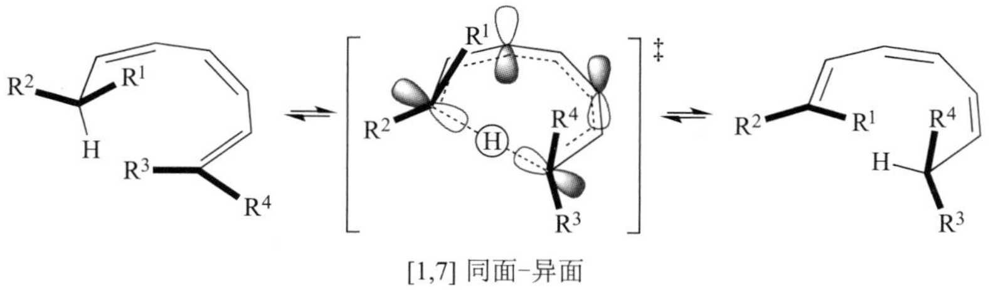

[1,7] 同面-异面

图 4.164

π 体系的顶部迁移到底部,迁移不会发生。

总之,σ-重排的 Woodward-Hoffmann 规则如表 4.5 所示。在加热条件下,包含奇数电子对的 σ-重排的两个组分都是同面反应;在光照条件下,一个组分必须异面反应。在光照条件下,包含偶数电子对的 σ-重排的两个组分都是同面反应;在加热条件下,一个组分必须异面反应。

表 4.5 σ-重排的 Woodward-Hoffmann 规则

电子对的数目	加热	光照
奇数	同面-同面	同面-异面
偶数	同面-异面	同面-同面

在[3,3]-σ-重排反应中,同面选择性的立体化学结果表现明显。如图 4.165 所示,思考原酸酯 Claisen 重排反应,烯丙基醇转化为 γ,δ-不饱和酯。中间体发生[3,3]-σ-重排反应,两个三原子组分都是同面反应,所以新键 C1—C6 与旧键 C3—O4 都必须处于 O4—C5—C6 组分的同面。实际上,这意味着当原料的 C3—O4 键指向纸平面外时,产物中的 C1—C6 键也指向纸平面外。同样的道理也适用于[2,3]-σ-重排反应。

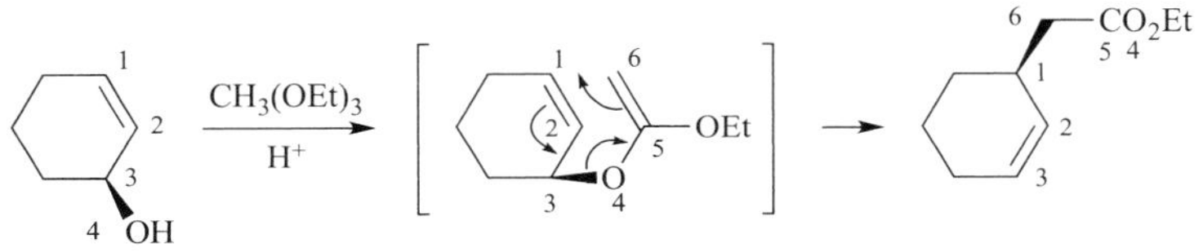

图 4.165

习题 4.17 少量的 4-烯丙基苯酚通常由烯丙基苯基醚发生 Claisen 重排反应得到,书写该反应的协同机理和命名机理,并根据 Woodward-Hoffmann 规则判断同面-同面迁移是加热允许的还是禁阻的,如果是禁阻的,书写该反应的多步机理。

习题 4.18 图 4.166 是 Stevens 重排和非烯丙基 Wittig 重排反应的例子,用 Woodward-Hoffmann 规则如何解释这些反应的本质,并提供这些反应可以进行的两个原因(不一定是机理)。(提示:思考 Woodward-Hoffmann 规则的适用条件)

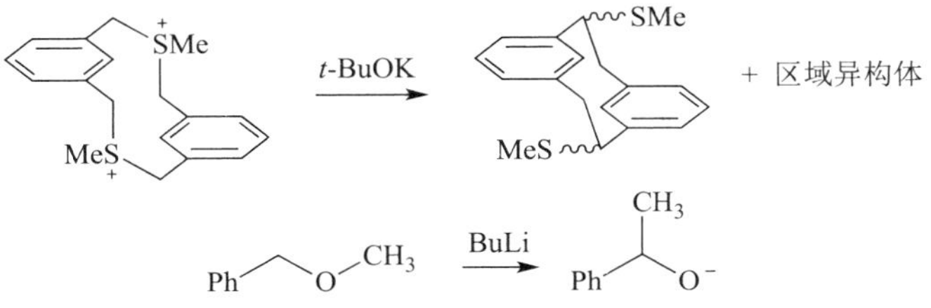

图 4.166

4.4.3 立体选择性

Cope 重排反应的两个组分需要同面-同面反应，但仍然可能有多个立体化学结果。如图 4.167 所示，Cope 重排反应经历一个六元环过渡态，环可能有四个构象（两个椅式和两个船式），这些不同构象可以得到不同立体异构的产物。思考下列双取代化合物可能的构象：通过一个椅式构象进行 Cope 重排得到苯基取代的 π 键是顺式，甲基取代的 π 键是反式的产物；通过另一个椅式构象重排得到的甲基取代的 π 键是顺式，苯基取代的 π 键是反式的产物；同一化合物通过一种船式构象重排得到的两个 π 键都是反式的产物；通过另一种船式构象重排得到的两个 π 键都是顺式的产物。换句话说，从一个单一的非对映体原料可以得到 C=C 键所有四种立体化学产物。必须强调的是，所有四种可能的立体化学结果与过渡态两个组分的同面反应是一致的。

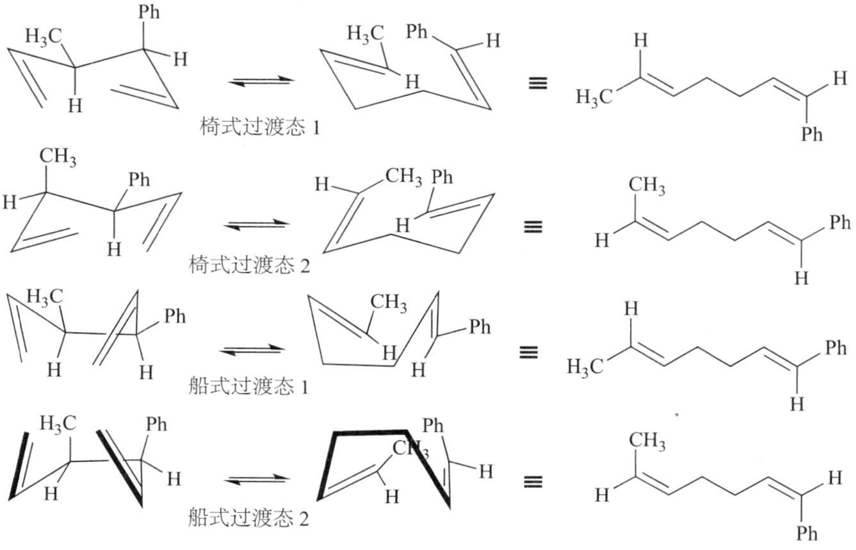

椅式过渡态 1

椅式过渡态 2

船式过渡态 1

船式过渡态 2

图 4.167

当然，四个可能的过渡态中，其中一个通常比其他的过渡态能量稍低，这导致了 Cope 重排的立体选择性。椅式过渡态优于船式过渡态，就像在环己烷中一样；椅式过渡态 2（其中较大的苯基处于假平伏键，较小的甲基处于假直立键）比椅式过渡态 1（其中苯基处于假直立键，甲基处于假平伏键）能量稍低。但是某些取代可能会导致船式过渡态能量较低，例如，如果用叔丁基替代甲基和苯基，它太大不能处于假直立键，那么船式过渡态 1 将成为优势构象。

大多数 Cope 重排反应，尤其是简单的 1,5-二烯重排，通过椅式过渡态进行反应，很容易分析其立体化学结果。例如，图 4.168 中（S,E）烯丙醇发生原酸酯 Claisen 重排反应主要得到（R,E）产物；另一种椅式过渡态得到（R,Z）产物，$BnOCH_2$ 处于假直立键，能量较高。

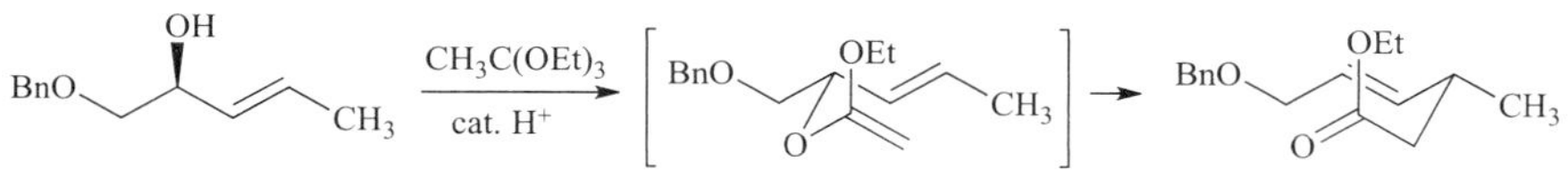

图 4.168

例如，对于图 4.169 中的重排反应，书写氧杂 Cope 重排的产物(醛)，注意正确的立体化学。

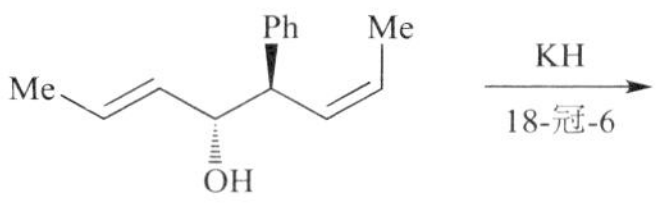

图 4.169

第一步书写原料重排时适当的构象，不要改变其立体化学。图中原料的 C2—C3 键和 C4—C5 键是 s-反构象(反平行)。如图 4.170 所示，重写化合物，让两个键为 s-顺(重叠)式结构，旋转后，苯基以前是向上的，现在向下，然后旋转 C2—C3 和 C4—C5 键，使 C1 和 C6 彼此靠近，小心保存双键的几何特征。最后，旋转整个结构，使得 C3—C4 键是垂直的。现在你可以俯视原料了。

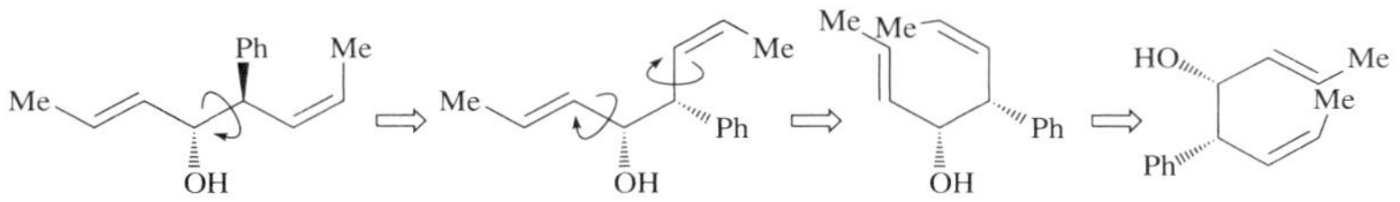

图 4.170

现在你需要写出化合物的椅式构象，首先画一个只有五条边的椅式，然后画出链末端的两个双键。

画一个五条边椅式最简单的方法如图 4.171 所示。画一个浅 V 形，在第一个 V 形的左下方画一个大小相同的倒 V 形，连接两个 V 形一侧的末端。

图 4.171

虽然 1,5-二烯的末端碳是 sp^2 杂化的，但它们的两个取代基占据假直立键和假平伏键位置。如图 4.172 所示，在椅式上画双键的取代基，注意保持双键的几何构型。注意在俯视图中，上面的双键现在处于椅式后方，下面的双键现在处于前方。最后，画出椅式 $C(sp^3)$ 中心的四个键(两个直立键，两个平伏键)，填上取代基，注意“向下”的取代基指向下，“向上”的取代基指向上。现在你已经画出化合物正确的椅式构象了。

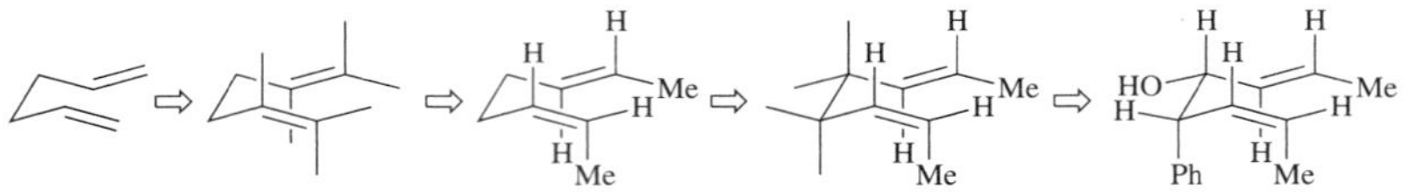

图 4.172

哎呀！你画的椅式构象最大的 C(sp^3)取代基苯基在直立键上！这意味着你画的不是能量最低的椅式构象。该问题最简单的解决办法如图 4.173 所示，转变两个 C(sp^3)中心的构型，得到了错误的对映体（仍然是正确的非对映异构体），进行重排反应，然后转变产物中两个 C(sp^3)中心的构型就会回到正确的对映体，得到产物。

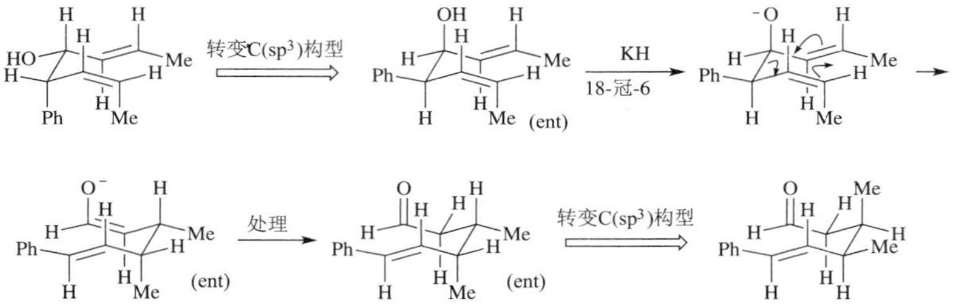

图 4.173

更严谨的处理方法是翻转椅式，如图 4.174 所示，当你翻转椅式时，所有 C(sp^3)中心的直立键取代基都变为平伏键，反之亦然。注意保留双键的立体化学构型：在翻转椅式时，双键的假直立键和假平伏键取代基都保留它们的方向！

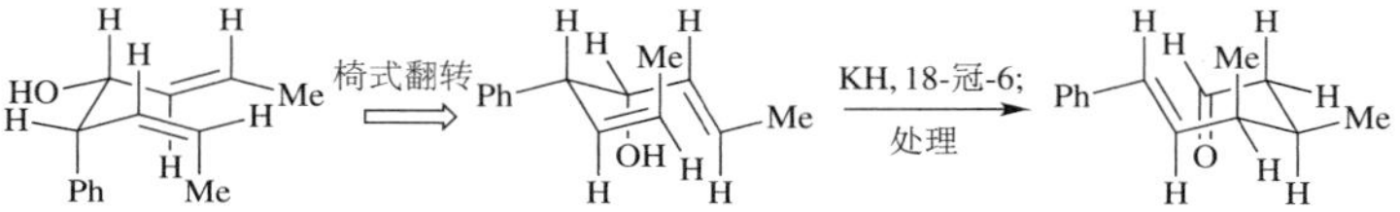

图 4.174

当然，如果原来的椅式中最大的 C(sp^3)取代基在正确的平伏键位置，你就不需要考虑转换构型或翻转椅式了。

习题 4.19 图 4.175 中的反应通过[3,3]-σ-重排（氮杂 Cope 重排）和 Mannich 反应进行。书写机理，当氮杂 Cope 重排通过椅式构象进行时，预测产物的立体化学结构。

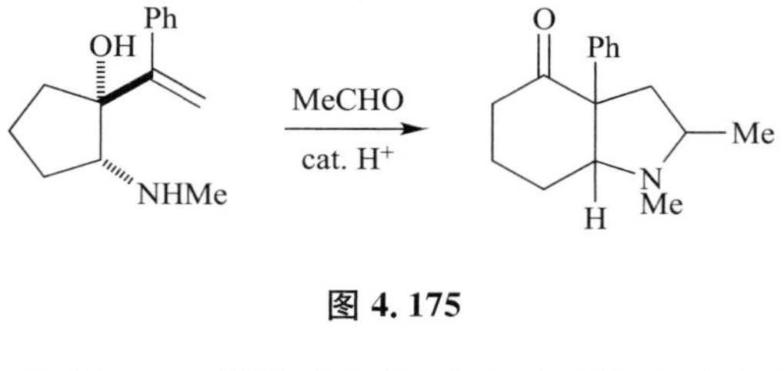

图 4.175

并非每个 Cope 重排或 Claisen 重排反应都可以通过椅式过渡态进行，有时候，椅式过渡态与船式过渡态相比，能量过高被禁阻。例如，图 4.176 中顺-1,2-二乙烯基环丙烷经过

Cope重排得到1,4-环庚二烯。如果原料通过椅式过渡态重排,产物七元环的一个π键将是反式,所以反应通过船式过渡态进行。

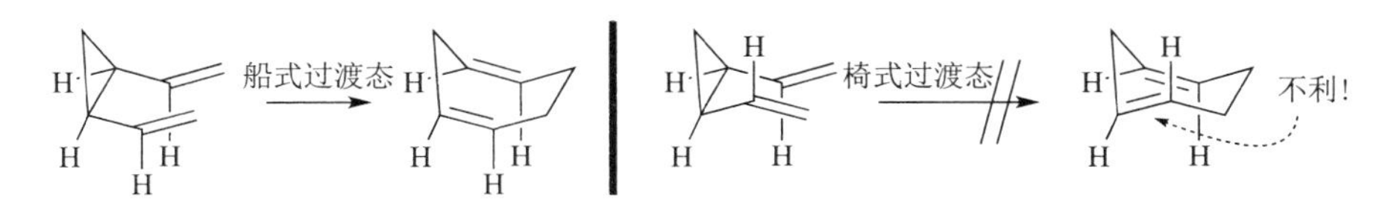

图4.176

除了简单无环的1,5-二烯,对于任意的1,5-二烯通常需要分子模型来确定Cope重排或Claisen重排反应是通过椅式过渡态还是船式过渡态进行的。

Cope重排或Claisen重排反应不是唯一显示立体选择性的σ-重排反应。如图4.177所示,思考二烯的[1,5]-σ-重排反应,它具有手性中心的(S)构型和远离手性中心双键的(E)构型。因为五原子组分是同面反应,氢可以从一个末端的顶部迁移到另一个末端的顶部,也可以从一个末端的底部迁移到另一个末端的底部。第一种情况得到(E,S)产物;第二种情况得到(Z,R)产物。反应可能会选择性得到(E,S)产物,因为大基团苯基处于热力学优势的位置。由于重排的立体专一性,不会得到(E,R)产物或(Z,S)产物。

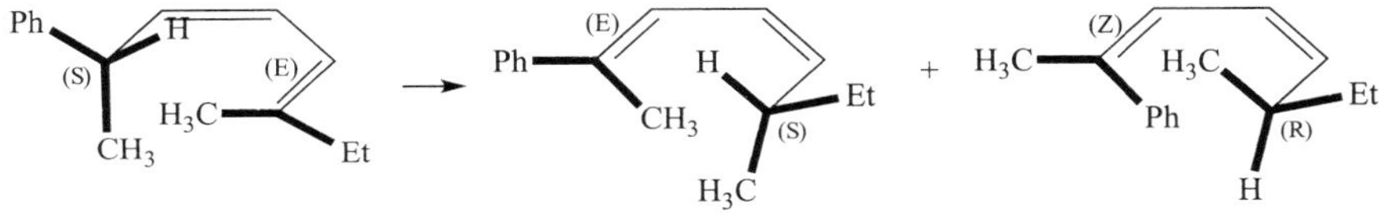

图4.177

类似讨论也适用于[1,7]-σ-重排反应。如图4.178所示,对于七原子组分,(S,E)原料发生异面重排。氢原子可以从一个末端的底部迁移到另一末端的顶部,或者从一个末端的顶部迁移到另一末端的底部,得到(E,R)或(Z,S)产物,不会得到(E,S)或(Z,R)产物。

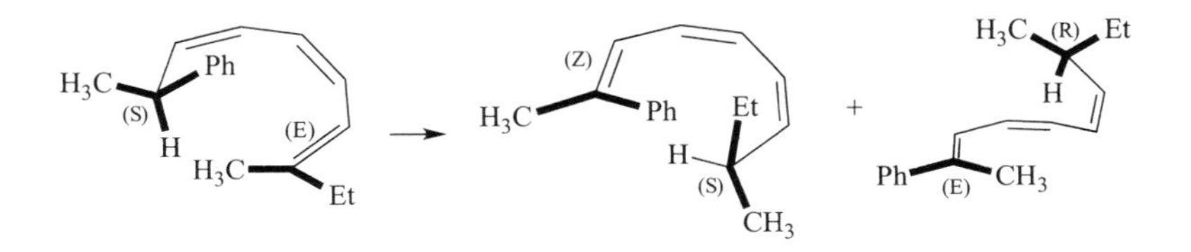

图4.178

4.5 烯反应

烯反应与Diels-Alder反应和[1,5]-σ-重排反应具有一些共同特征。如图4.179所示,烯反应是六电子反应,像Diels-Alder反应一样,它有一个四电子组分(烯)和一个两电子组分（亲烯体），两电子组分是 π 键，四电子组分包括一个 π 键和烯丙基 σ 键，σ 键末端原子通常是氢，参与烯反应的其他五个原子可能是碳或杂原子，由于烯反应包含六电子，所有组分都是同面反应的。

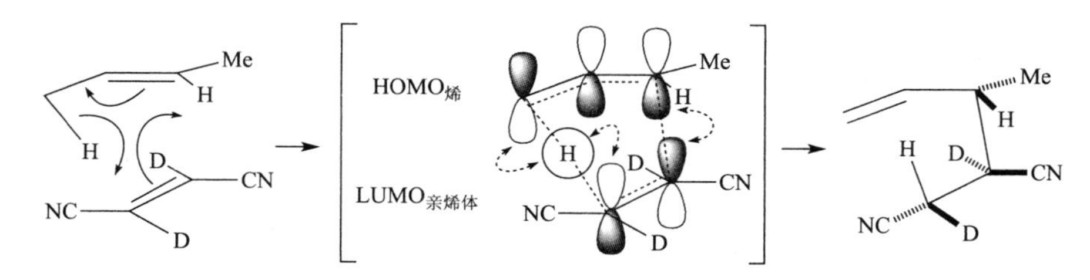

图 4.179

亲烯体的同面反应意味着亲烯体的两个新键在同面形成，当亲烯体是炔烃时，产物中两个新的 σ 键是顺式的，如图 4.180 所示。

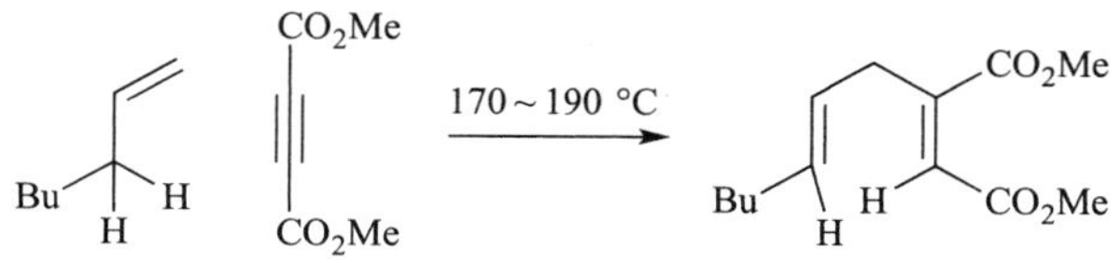

170～190 ℃

图 4.180

包含五个碳原子和一个氢原子的烯反应通常需要在高温（>200 ℃）下进行。如图4.181所示，在金属-烯反应中，如果氢原子被金属原子替代，则反应发生在低温。金属可以是镁、钯或其他金属。

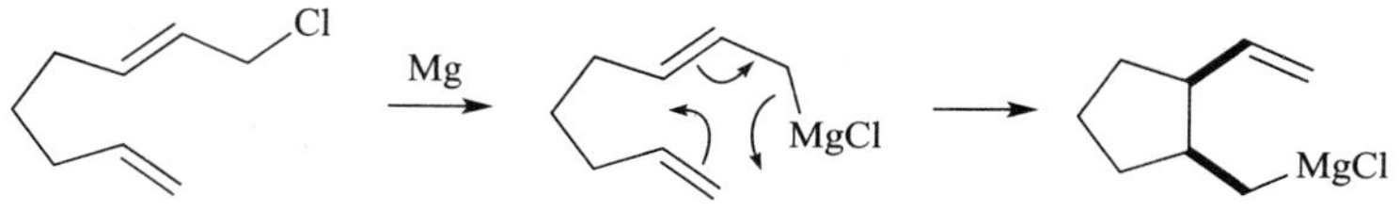

图 4.181

注意在金属-烯反应中顺式产物如何得到。立体化学结果表明这个特定底物的内型过渡态是优势的，正如在环加成反应中一样。但是在环加成反应中，亲双烯体的内型取代基通常是吸电子基，而在烯反应中，亲烯体的内型取代基只是与烯相连的简单烷基链，如图 4.182 所示。

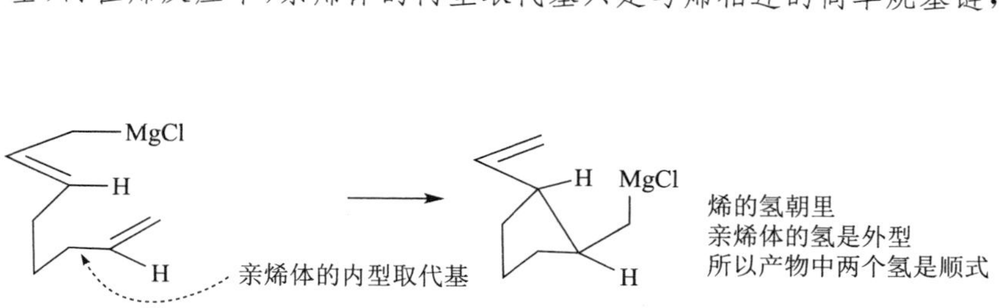

亲烯体的内型取代基

烯的氢朝里
亲烯体的氢是外型
所以产物中两个氢是顺式

图 4.182

当烯或亲烯体中杂原子代替碳原子时，也可以发生烯反应。因为形成芳香吲哚环的驱动力和乙醛酸乙酯(具有邻位羰基)的不稳定性,所以图4.183中的杂-烯反应所需活化能要比正常反应低得多。

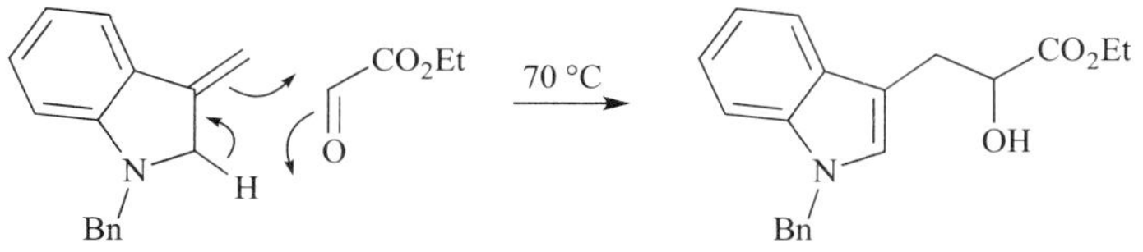

N Bn H CO_2Et O 70 °C N Bn CO_2Et OH

图 4.183

如图4.184所示,烯醇作为烯组分的烯反应可以被羰基再生而产生的有利能量向前驱动,就如在氧杂Cope重排反应中一样,可能需要高温以产生足够高浓度的烯醇使反应继续进行。

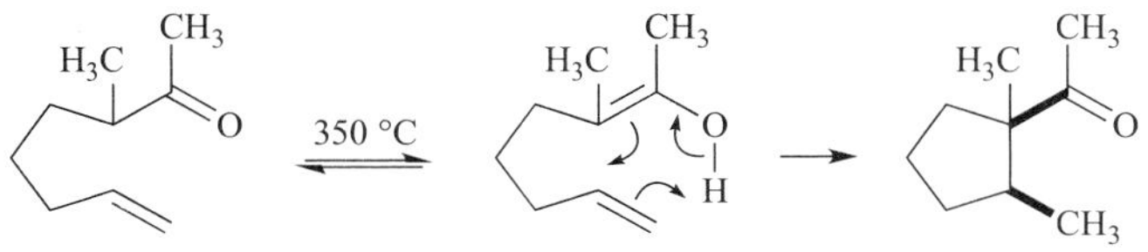

H_3C CH_3 O 350 °C H_3C CH_3 O H H_3C CH_3 O CH_3

图 4.184

如图4.185所示,二氧化硒(SeO_2)常用于烯丙位羟基化烯烃,这一反应的机理包括两个连续的周环反应。第一个反应是烯反应,得到硒酸,然后发生[2,3]-σ-重排反应,中间体失去SeO得到产物。注意两次烯丙基换位是如何导致烯丙基位置不变的。

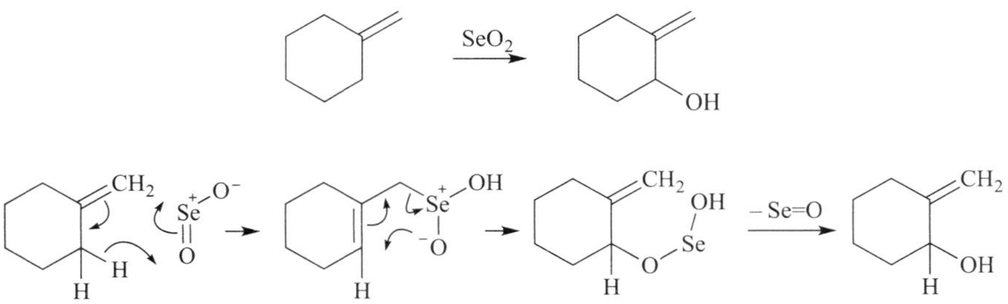

SeO_2 OH

CH_2 H H Se^+ O^- O H Se^+ OH ^-O CH_2 OH Se O H $-Se{=}O$ CH_2 OH H

图 4.185

许多合成上有用的消除反应都是在加热条件下进行的,无需碱或酸。这些消除反应是通过协同逆烯反应机理(该机理有时称为E_i反应机理)进行的。如图4.186所示,乙酸烷基酯中乙酸的热消除与黄原酸烷基酯中RSCOSH的消除反应(Chugaev反应)都是逆烯反应。

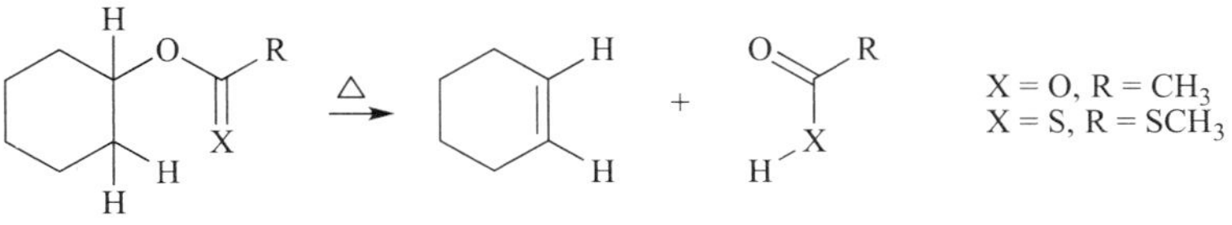

H O R X H H △ H H + O R X H X = O, R = CH_3 X = S, R = SCH_3

图 4.186

逆烯反应可以被熵的增益部分驱动(在烯反应所需的高温下,熵对ΔG的贡献更为重要)。消耗 C=S π 键,形成 C=O π 键为 Chugaev 反应提供了额外的驱动力。乙酸的消除是熵不利的,它需要更高的温度,所以熵的贡献占主导地位。C=O π 键的形成和熵的增益也为图 4.187 中烯丙基甲氧基甲基醚消除甲酸甲酯提供了驱动力。

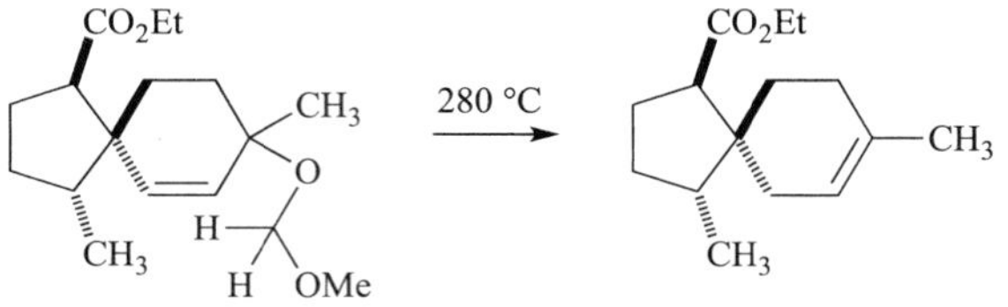

图 4.187

如图 4.188 所示,氧化硒消除反应是一种逆-杂-烯反应,广泛用于羰基化合物氧化成 α,β-不饱和羰基化合物。α-硒基羰基化合物用各种氧化剂(H_2O_2、mCPBA、高碘酸钠、O_3 等)氧化生成氧化硒。氧化硒的逆-杂-烯反应非常容易进行,它在室温下几分钟内即可发生。胺的氧化物(Cope 消除,不要与 Cope 重排混淆)和亚砜也可以发生逆-杂-烯反应,但需要更高的温度。逆-杂-烯反应是由熵、电荷中和、弱 σ 键(如 C—Se)断裂(有利于 C=C π 键)驱动的。所有的逆-杂-烯反应都包含一个 1,2-偶极体,通常是 $\overset{+}{E}—\overset{-}{O}$,其中 E 是杂原子。

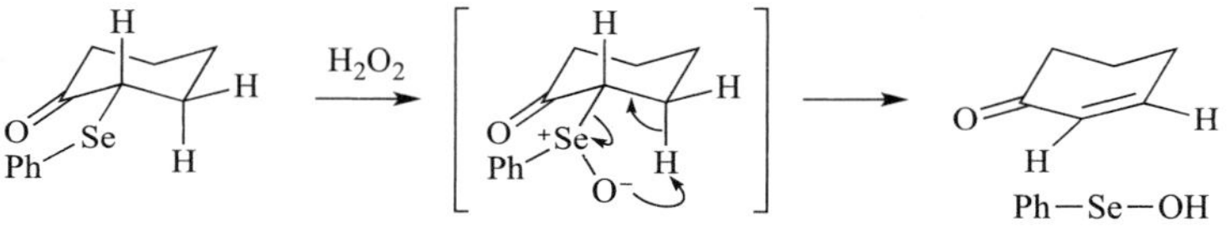

图 4.188

通过光学纯同位素标记的乙酸 CH(D)(T)CO_2H 的合成,很好地说明了使烯和逆烯反应进行的因素,CH(D)(T)CO_2H 是一种非常有用的研究酶催化反应机理的化合物。如图 4.189 所示,合成过程中发生烯反应和逆烯反应。烯反应通过消耗一个 C≡C π 键,形成一个新 σ 键驱动;逆烯反应通过酯中 C=O π 键的形成来驱动。注意:两步周环反应都是立体专一的,即使反应需要在高温下进行!

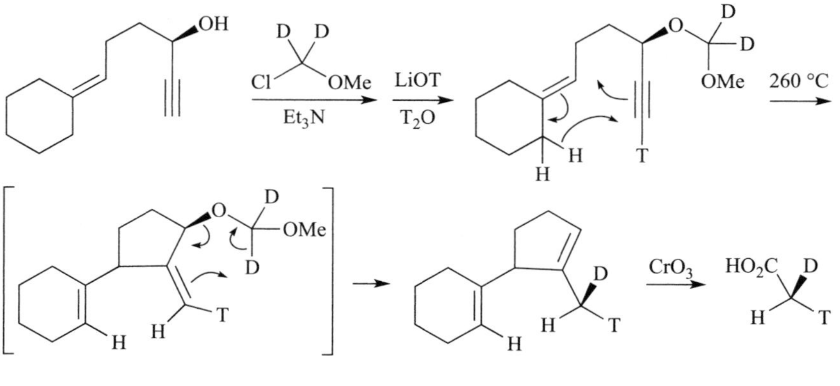

图 4.189

烯反应消耗一个 π 键形成一个新 σ 键，像电环化反应一样，但它们很容易与其他电环化反应区分，寻找双键的烯丙基转移和烯丙基氢原子的转移。在逆烯反应中，非烯丙基氢转移到烯丙基位置。

习题 4.20 Swern 氧化反应的最后一步包括 Me_2S 和 H^+ 的消除反应，该消除反应的 E2 机理是合理的，实际上它是一种逆-杂-烯反应机理，书写该逆-杂-烯反应机理(图4.190)。

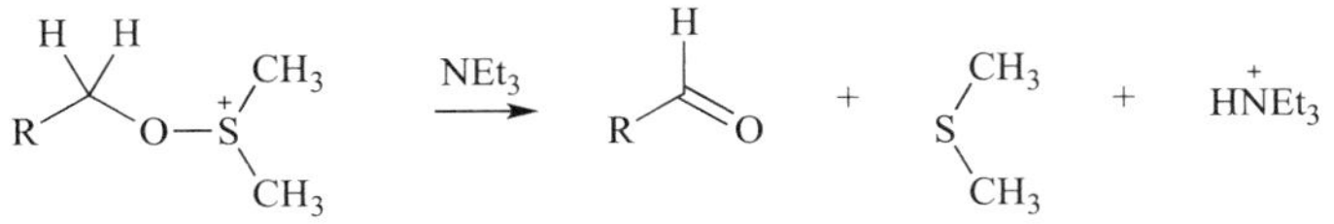

$$RCH_2-O-\overset{+}{S}(CH_3)_2 \xrightarrow{NEt_3} RCHO + S(CH_3)_2 + H\overset{+}{N}Et_3$$

图 4.190

4.6 总 结

所有周环反应的 Woodward-Hoffmann 规则(表 4.6)如下：含奇数电子对的周环反应一定有加热条件下偶数异面组分和光照条件下奇数异面组分；含偶数电子对的周环反应一定有加热条件下奇数异面组分和光照条件下偶数异面组分。实际上，“偶数异面组分”意味着“无”，“奇数异面组分”意味着“一个”。

表 4.6 周环反应的 Woodward-Hoffmann 规则

电子对数目	异面组分数目	
	加热	光照
奇数	偶数	奇数
偶数	奇数	偶数

书写周环反应机理对于学生来说无疑是最难的，机理类型表面上的相似性、看似合理的步骤理论上是禁阻的、多键同时形成、缺乏明确的活性中心，所有这些周环反应的特征结合在一起令学生感到头痛。你可以学习一些有用的技巧来帮助解决周环反应机理问题，其中一些技巧在讨论过程中虽然已经提到过，但在这里再次强调。

书写周环反应机理的一般原则：

- 在形成新键的原子之间画虚线，在断键的位置画曲线，有时候该办法将帮助你确定需要书写的周环反应。

- 在很多问题中，发生一系列极性反应得到反应中间体，然后再经过周环反应得到产物。观察产物，判断什么样的周环反应能产生它，然后写出最终产物的前体化合物。不要羞于在产物上画弯箭头，它可以帮助你在正确位置画出前体化合物所有的键。这个过程常常可以使问题简化。

常见错误提醒：学生常常写出虚构的周环步骤，如 A—B+C═D ⟶ A—C—D—B。一个好的预防措施是确定你可以命名所发生的反应，如果你不能命名，那就不是真正的反应！

• 一如既往地写出副产物，标记原子，列出成键和断键清单，遵守 Grossman 规则！

无论反应向前或向后，寻找关键的子结构。

• 在原料或产物中，1,3-丁二烯或环丁烯的存在可能预示四电子电环化反应。

• 在原料或产物中，1,3-环己二烯或 1,3,5-己三烯的存在可能预示六电子电环化反应。

• 环丙基正离子和烯丙基正离子可以通过两电子电环化反应开环和关环，相应的卤化物也可以。

• 在 1,3-位有两个新 σ 键的六元环可能预示[4+2]环加成反应（Diels-Alder 反应或杂 Diels-Alder 反应）。当新环与芳环稠合时，苯炔或邻二亚甲基苯可能是活性中间体。

• 含有两个新 σ 键五元杂环的形成几乎总是预示[3+2]环加成反应。

• 环丁酮的形成几乎总是预示烯酮-烯[2+2]环加成反应。

• 光和环丁烷通常预示[2+2]环加成反应。**常见错误提醒**：无酮且无光照条件产生的环丁烷不可能通过[2+2]环加成反应形成。

• 通过两个 σ 键断裂，失去 CO_2、N_2、CO 或 SO_2 通常预示逆[4+2]或[4+1]环加成反应。

• 包含 γ,δ-不饱和羰基化合物的 1,5-二烯通常预示[3,3]-σ-重排反应，即 Cope 重排或 Claisen 重排反应。

• δ,ε-不饱和羰基化合物通常是氧杂-Cope 重排反应的产物。氧杂-Cope 重排反应可以在强碱条件下（KH，有或无 18-冠-6）加速。

• 环戊二烯的氢原子非常容易发生[1,5]-σ-重排反应。

• 烯丙基从杂原子到其邻位的迁移往往预示[2,3]-σ-重排反应。

• 两个 π 键末端新 σ 键的形成和氢原子同步迁移可能预示烯反应。

• 如乙酸或 PhSeOH 等酸的消除可能预示逆-烯反应或逆-杂-烯反应。

• 需要光照预示电环化反应（通常是关环）、偶数电子对环加成反应（如[2+2]环加成反应）或自由基反应的发生。

4.7 习　　题

1. 判断下列反应的电子数，尽可能具体命名反应机理，并预测反应是加热的还是光照的。

(a)

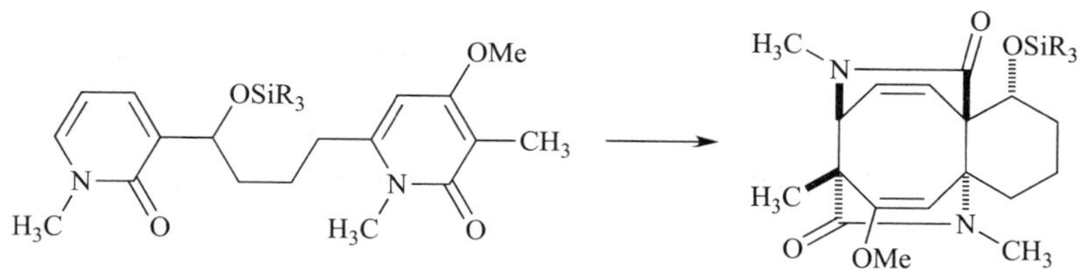

（b）

CO_2Me, CO_2Me → H, H, CO_2Me, CO_2Me

（c）

CH_3 + EtO_2C–N=N–CO_2Et → H_3C, N, H–N, CO_2Et, CO_2Et

（d）

H, CH_3, H_3C, H, H, $OSiMe_3$ → H_3C, H, H_3C, $OSiMe_3$, H, H

（e）

S, S + NC, CN, NC, CN → S, S, CN, CN, CN, CN

（f）

H_3C, CH_3, CH_3, $\overset{+}{S}$, CO_2Et —Na_2CO_3→ SCH_3, CO_2Et, H_3C, CH_3

（g）

H, H →

（h）

H_3C, H, H, +, CH_3, H, H, H → H_3C, H_3C, +

(i)

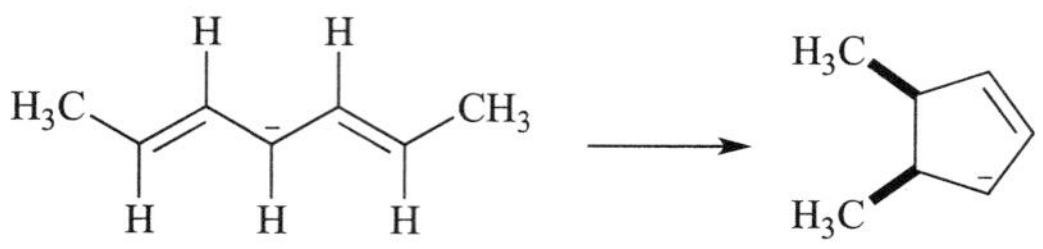

(j)

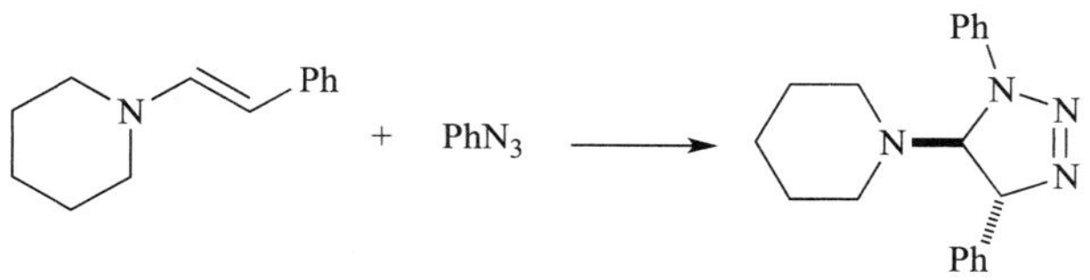

(k)

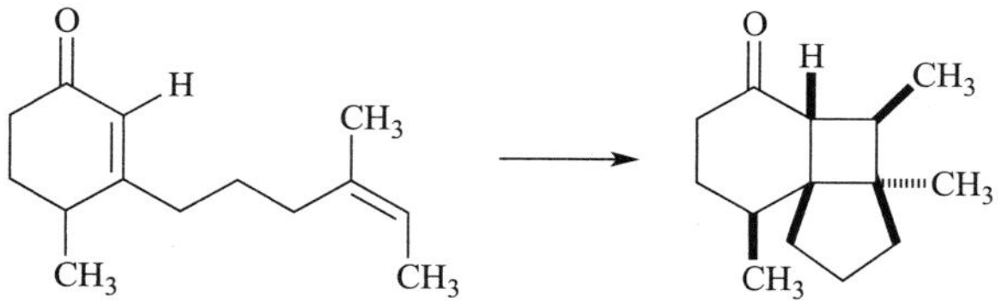

(l)

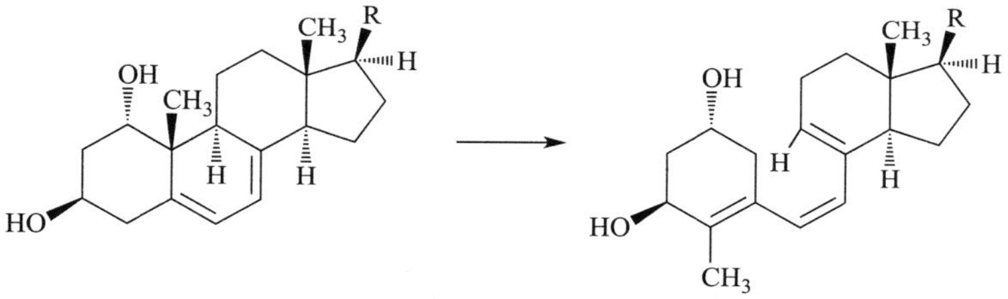

2. 预测下列环加成反应的主产物(区域异构体和立体异构体)。除了(h)以外,所有反应都是[4+2]或[3+2]环加成反应。

(a)

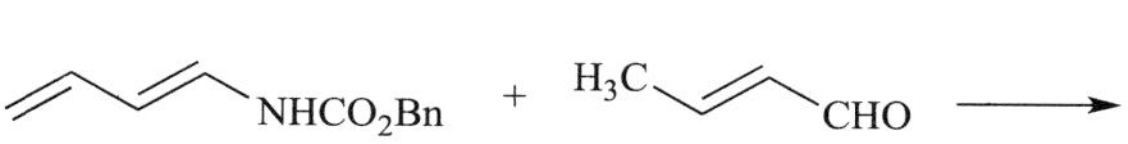

(b)

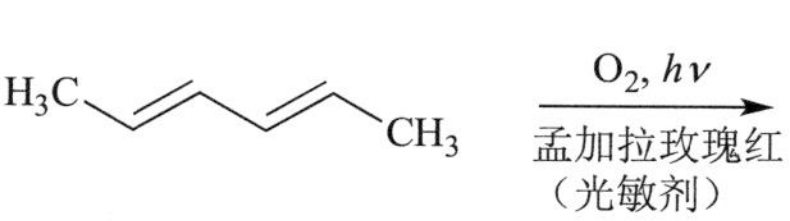

O_2, $h\nu$
孟加拉玫瑰红
(光敏剂)

(c)

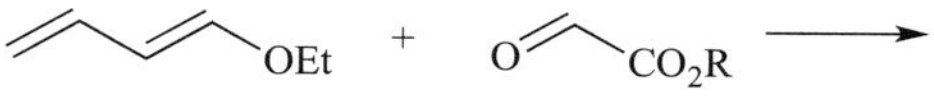

(d)

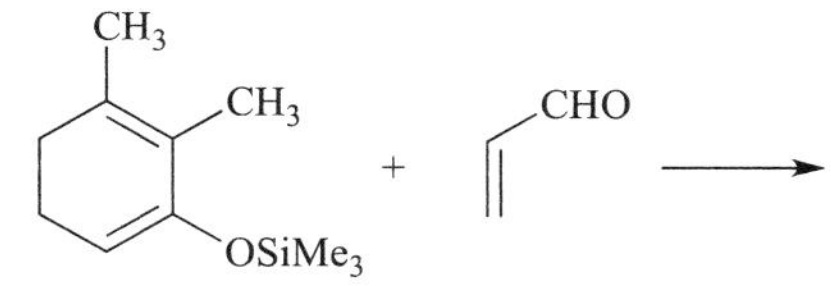

CH_3 CH_3 $OSiMe_3$ + CHO →

(e)

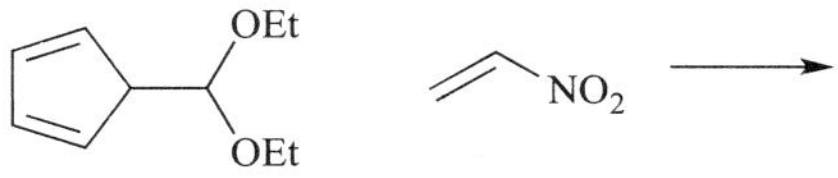

OEt OEt NO_2 →

(f)

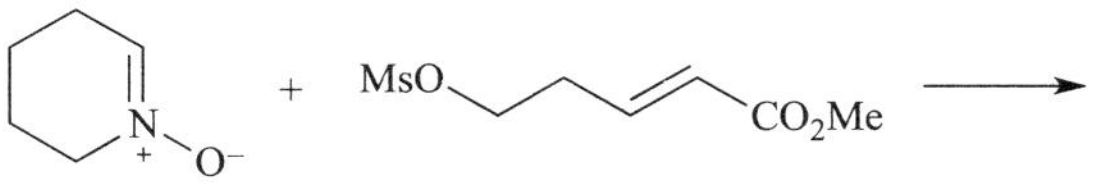

$\overset{+}{N}$—O^- + MsO CO_2Me →

(g)

$Ph—C\equiv\overset{+}{N}—\overset{-}{C}$ H Ar + MeO_2C CO_2Me →

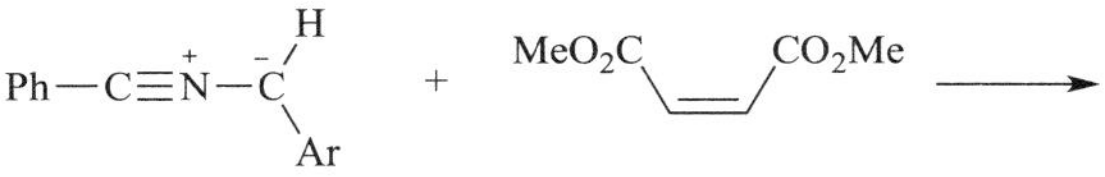

(h) 黑点标记为多烯反应的位置。

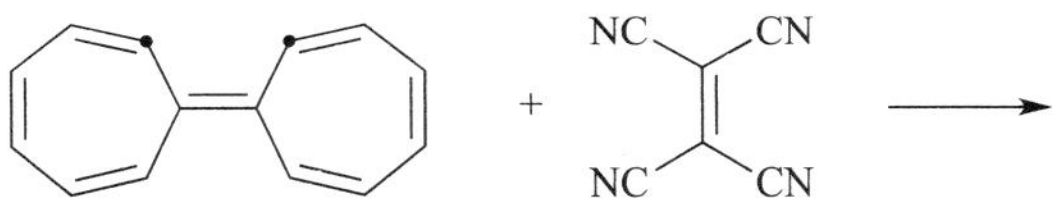

+ NC CN NC CN →

3. 1,3,5,7-环壬四烯理论上可以进行四种不同的电环化关环反应,书写每种反应的产物,确定加热条件下产物的立体化学结构,并根据热力学稳定性将产物排序。

4. 书写下列[3,3]-σ-重排反应的产物,包括其立体化学。在有些情况下,你会发现为了看到立体化学结果有必要建立分子模型。

(a)

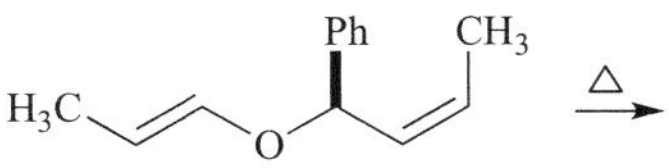

H_3C O Ph CH_3 $\xrightarrow{\triangle}$

(b)

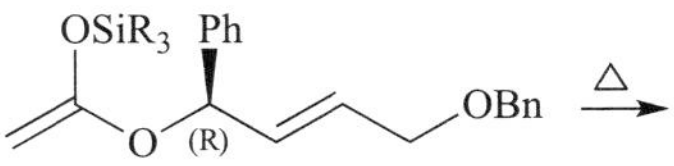

$OSiR_3$ Ph O (R) OBn $\xrightarrow{\triangle}$

(c)

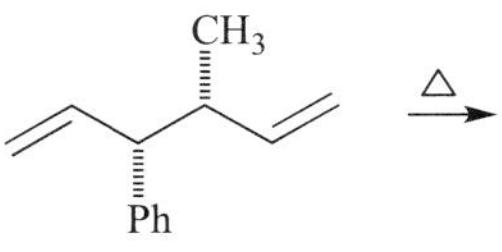

CH_3 Ph $\xrightarrow{\triangle}$

(d)

CH_3 Ph $\xrightarrow{\triangle}$

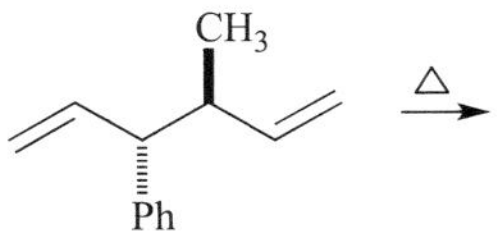

(e)

H_3C O CO_2CH_3 CH_3 $\xrightarrow{230\ ^\circ C}$

(f)

H H H $\xrightarrow{60\ ^\circ C}$

(g)

R_3SiO R_3SiO $\xrightarrow{\triangle}$

(h)

O O CH_3 H H_3C H H_3C $\xrightarrow{200\ ^\circ C}$

5. 当烯酮与1,3-二烯反应时，得到双环环丁酮，此反应机理通常被描述为一步[2+2]环加成反应，但人们提出下面的两步反应机理：

+ O=C=C(R)R → [O R R] → H O H R R

(a) 命名提出的两步机理。

(b) 解释机理的第一步为什么是烯酮的C=O键而不是C=C键与1,3-二烯反应。

(c) 当此反应使用一个不对称取代的烯酮[$(R_L)(R_S)C=C=O$]时，在最终产物中发现较大的基团(R_L)处于空间位阻较大的内型位置("化学受虐狂")，如下所示：

+ O=C=C(R_S)(R_L) → H O H R_S R_L

采用机理解释(用文字和图形)这种现象。你需要看看这个两步机理的立体化学结果。

6. 书写下列反应机理。

(a)

O H_3C $OSiMe_3$ $\xrightarrow{\triangle}$ H_3C O Me_3SiO H

(b)

SMe MeN N H NCO → SMe MeN N N H N OH

（c）

$OSiMe_3$ $OSiMe_3$ OAr $\equiv$—CO_2Me → OH MeO_2C OAr

（d）

Br CO_2Me $OSiMe_3$ △ → H CO_2Me O Br

（e）

H_3C Me_3SiO O H ; CH_3 Li ; 升至室温; $NaHCO_3$ → CH_3 O H H OH CH_3

（f）

Me_3Si Me_3Si CH_3 O H → Me_3Si Me_3Si CH_3 O H H H

（g）

H_3C CH_3 O_2CCF_3 Me_3Si $ZnCl_2$ → H_3C H_3C H

（h）

SH O ; Ph → H_3C H Ph S O

但是

SH O ; OBu → H_3C OBu S O

(i)

O N Ph S O_2 Bn → H O N H Ph Bn

(j)

N → Et_3N / CH_3SO_2Cl → H N SO_2

(提示:把酰氯与磺酰氯作类比来解决这个问题。)

(k)

OH O H_3C OCH_3 S NPhth → CH_3 / Ph / 吡啶 → HO CH_3 O S Ph OCH_3 + H_3C O Ph CH_3 O S OCH_3

(提示:NPhth=邻苯二甲酰,琥珀酰亚胺的类似物(如 NBS)。)

(l)

N OH H → CH_2O → O N + N O

(m)

CH_3 CH_3 HO H_3C → O_3 → O O O CH_3 CH_3 HO H_3C → aq. NaOH → CH_3 CH_3 O

(提示:① 分别书写两步反应机理,如果你给第一个中间体的原子而不是原料的原子进行编号,就很容易写出第一步反应的机理;② 第二步反应中含碳的副产物是 HCO_2^-。)

(n)

Cl Cl $OSiR_3$ H $OSiR_3$ → $AgNO_3$ / 丙酮-水 → Cl $OSiR_3$ O

（o）

CH_3　OH　CH_3　　CH_3

H_3CO　OCH_3；$(H_3C)_2N$　CH_3

O　CH_3　CH_3；$(H_3C)_2N$　CH_3

（p）第二当量的强碱弱亲核试剂 LDA 会诱导什么反应？

OMe；Br；OMe；NH；O

2 LDA

MeO　OMe；H；H；N；O

（q）

MeO；N；N；H；H；Ph

$ZnCl_2$

MeO；Ph；N；H

Fischer 吲哚合成，注意副产物！

（r）发生下列反应需要 2 当量的丙二酸二乙酯钠盐：

O；H_3C；Cl；H_3C　Cl

Na；2 EtO_2C　CO_2Et

CH_3　O；H_3C；CO_2Et；CO_2Et

（提示：第二当量丙二酸二乙酯钠盐的作用是什么？）

（s）

O；H_3C

CH_3NHOH-HCl

H_3C　CH_3；N；O

（t）下面问题很难但可以解决，给所有原子编号，写出氢原子，然后想想铑的作用是什么。

Me；N；O；O；N_2　CO_2Me；N；O；Et

cat. $Rh_2(OAc)_4$

O；N；O；Et；N；Me　H；O；CO_2Me

(u)

HO_2C, O, CH_3 —— 1) $COCl_2$ 2) Et_3N → CH_3, O, O

(v)

Ph, N, H_3C —— $h\nu$ → CH_3, N, Ph

(该反应是加热允许的,但需要光照提供足够的活化能。)

(w)

H_3C, $N(CH_3)_2$, CH_3 + Ph, NO_2 —— △ → Ph, NO_2, H_3C, CH_3, $N(CH_3)_2$

(x)

H_3CO_2C—≡—CO_2CH_3 —— $h\nu$ 苯 → CO_2CH_3, CO_2CH_3

(y)

O + CH_3, CH_3 —— 300 °C → HO + O, CH_3, CH_3

(z)

O, O —— cat. TsOH → O

(aa)

MeN + O^-, S^+, Ph —— △ → **A** —— Na_2S CH_3OH → HO, MeN, H

(务必解释区域选择性和立体化学。提示:① A 中存在 C—O 键;② Na_2S 是一个很好的亲核试剂。)

(bb)

N, N —— 室温 →

(cc)

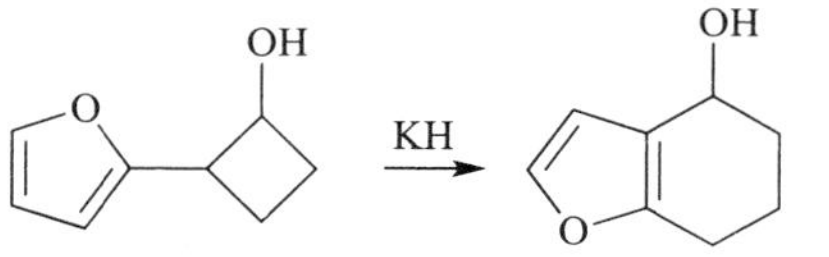

OH O KH OH O

(dd)

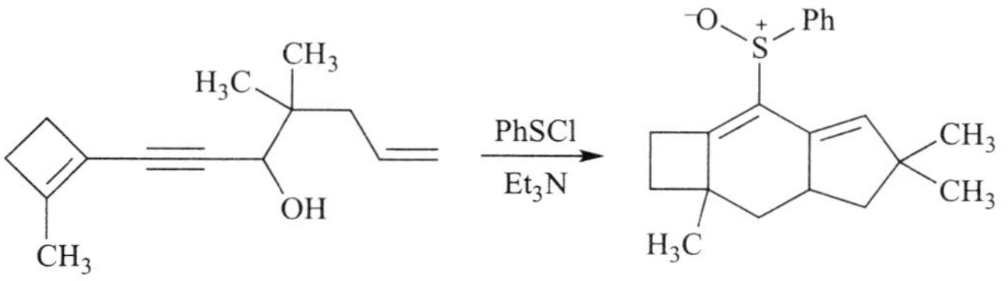

CH_3 H_3C OH CH_3 PhSCl Et_3N ^{-}O $\overset{+}{S}$ Ph CH_3 CH_3 H_3C

(ee)

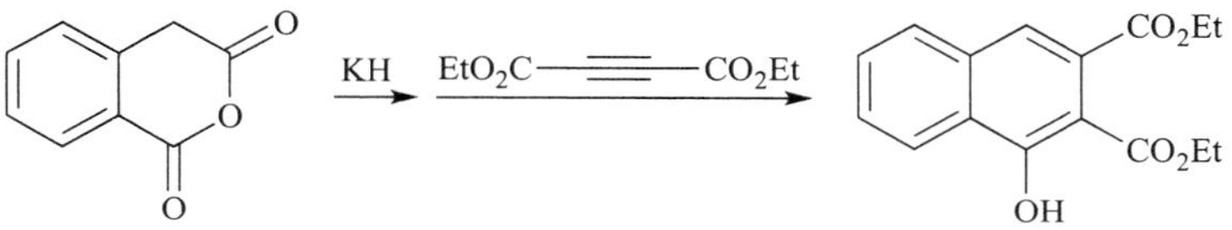

O O O KH EtO_2C—≡—CO_2Et CO_2Et CO_2Et OH

(ff)

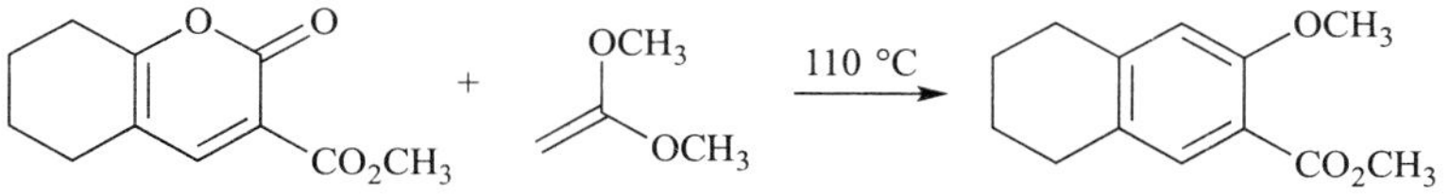

O O CO_2CH_3 + OCH_3 OCH_3 110 °C OCH_3 CO_2CH_3

(gg)

D D $h\nu$ D D

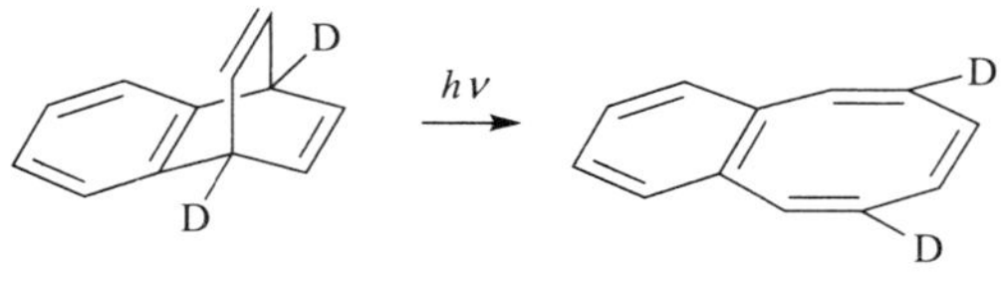

这有一条排除可能机理的线索:相同条件下苯的光照不会得到苯并环辛四烯(上述反应的产物)。

(hh)

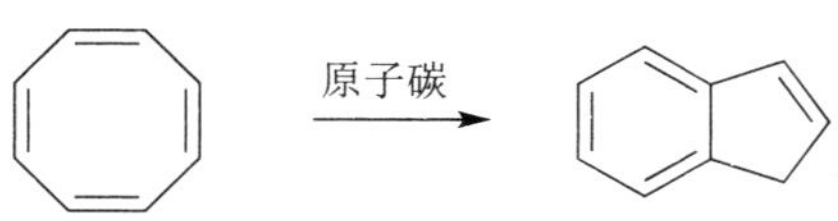

原子碳

(原子碳具有双卡宾的反应性。)

(ii)

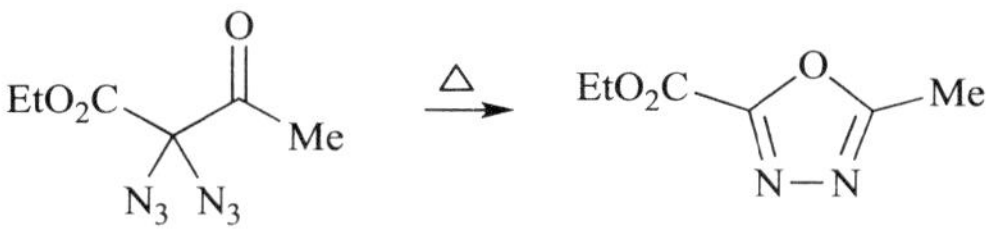

O EtO_2C Me N_3 N_3 △ EtO_2C O Me N—N

（解决这个难题的关键是正确编号产物中的氮原子，在 $R\overset{-}{N}—\overset{+}{N}_2$ 的共振结构式中写出叠氮基和副产物，然后对原子进行编号。第一步考虑我们已经学过的有机叠氮化合物的热重排反应。）

(jj) 在没有 *t*-BuOK 的情况下，不发生反应（回收原料）。该反应机理是什么？

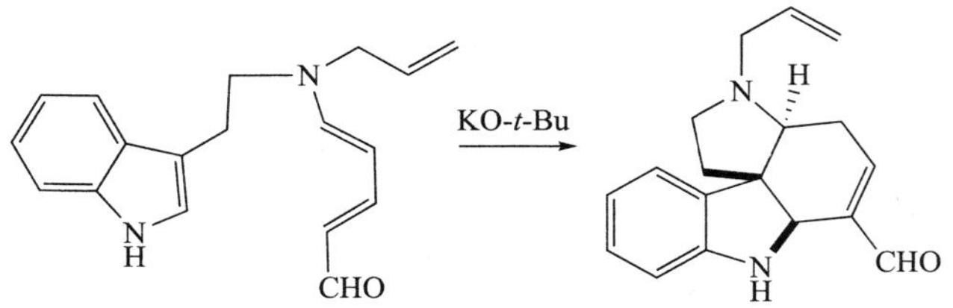

KO-*t*-Bu

CHO

CHO

第 5 章　自由基反应

5.1　自　由　基

自由基是含有一个或多个未成对电子的物质。自由基缺电子，但它们通常不带电荷，所以它们化学性质与缺电子物质（如碳正离子和卡宾）差别很大。

“radical”（自由基）这个词来源于拉丁语中的“root”（根，如萝卜）。“radical”一词最初用来表示经过一系列反应保持不变的分子片段。“free radical”（自由基）这个词后来用于表示不与其他部分结合的分子片段，现在，“radical”和“free radical”交替使用，尽管“radical”在某些情况下（例如，在有机结构中 R 的使用）仍然保留其原来的意义。

5.1.1　稳定性

本章讨论的大多数内容涉及烷基自由基（$\cdot CR_3$）。烷基自由基是七电子的缺电子物质，烷基自由基的几何结构是一个浅的角锥状，介于 sp^2 和 sp^3 杂化之间，角锥翻转所需的能量很小，如图 5.1 所示。实际上，人们通常把烷基自由基视为 sp^2 杂化。

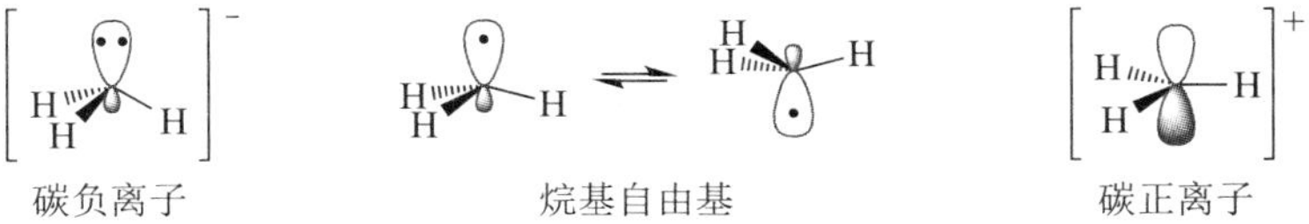

碳负离子
角锥状

烷基自由基
浅角锥状

碳正离子
平面三角形

图 5.1

烷基自由基和碳正离子都是缺电子物质，降低碳正离子能量的结构特征也会降低自由基能量。烷基自由基可以通过相邻含孤对电子的杂原子和 π 键降低能量，像碳正离子一样，烷基自由基能量顺序是 3°＞2°＞1°。但是，碳正离子和烷基自由基在能量趋势上有两个主要差异。

· 拥有七电子的碳原子不像拥有六电子的碳原子那么缺电子，所以烷基自由基的能量一般没有相应碳正离子的能量高。例如，极不稳定的芳基正离子和 1°烷基碳正离子几乎从未见过，而芳基自由基和 1°烷基自由基常见。

· 相邻孤对电子、π 键和 σ 键提供给自由基的额外稳定程度没有其提供给碳正离子的额外稳定程度高。原因是一个充满的原子轨道或分子轨道与一个空的原子轨道（如碳正离子）相互作用，如图 5.2（右图）所示，将两个电子填充在降低能量的分子轨道上；而一个充满的原子轨道或分子轨道与一个半充满的原子轨道（如自由基）相互作用，如图 5.2（左图）所示，将两个电子填充在降低能量的分子轨道上，一个电子填充在升高能量的分子轨道上。

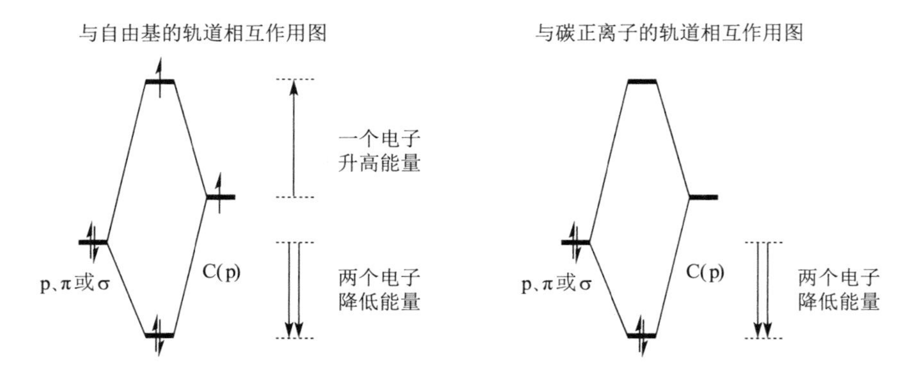

图 5.2

尽管相邻孤对电子、π 键和 σ 键对自由基的稳定程度没有其对碳正离子的稳定程度高，但这样的基团对自由基共同的稳定作用还是相当可观的。三苯甲基自由基能量特别低，因为自由基中心被三个苯环稳定。三苯甲基自由基是第一个被发现的自由基，这种低能的自由基与其二聚体处于平衡状态，二聚体是由一个自由基的甲基碳与另一个自由基苯环的对位碳结合而成的，如图 5.3 所示，二聚体的结构最初被误认为是六苯乙烷。

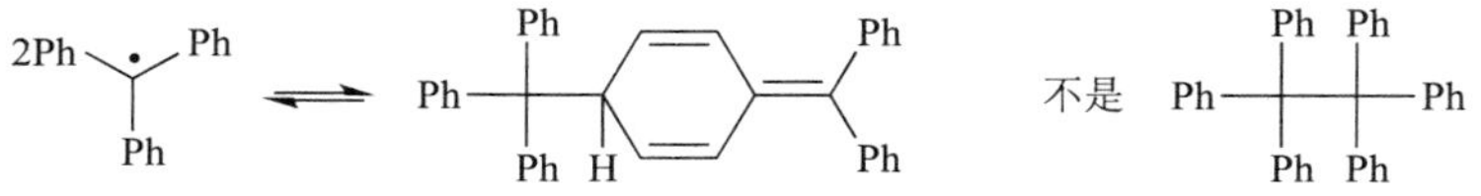

图 5.3

中性自由基是缺电子的，所以相比于电负性大的原子为中心的自由基而言，电负性小的原子为中心的自由基的能量更低。因此，第二周期原子自由基稳定性顺序为：烷基（$\cdot CR_3$）>亚胺（$\cdot NR_2$）>烷氧基（$RO\cdot$），卤素自由基顺序是：$I\cdot > Br\cdot > Cl\cdot > \cdot F$。**常见错误提醒**：羟基自由基（$\cdot OH$）能量非常高。尽管它涉及生物体系和大气化学中某些非常重要的反应，但对于合成反应中的中间体人们仍持怀疑态度。**常见错误提醒**：氢自由基的能量也很高，很少见到。

与碳正离子不同的是，自由基既可以被富电子的 π 键（如 C=C π 键）又可以被缺电子的 π 键（如 C=O π 键）降低能量。羰基提供的附加共振结构抵消了氧上自由基部分定域和氧上缺电子所引起的能量上升，但是富电子 π 键比缺电子 π 键降低更多能量。当自由基同时被给电子基和吸电子基取代时，总的降低能量大于各部分总和，这种现象称为推拉效应（captodative effect）。如图 5.4 所示。

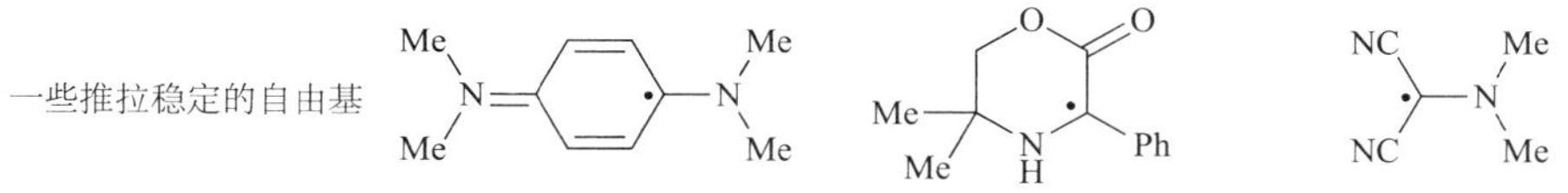

一些推拉稳定的自由基

图 5.4

氮氧自由基是非常稳定的自由基，它有两个主要的共振结构式，一个是氮为自由基中心，另一个是氧为自由基中心；孤电子可以看作处于 N═O π 键的反键轨道上。氮氧自由基是稳定的，因为二聚得到非常弱的 N—N、N—O 或 O—O 键。如图 5.5 所示，TEMPO(2,2,6,6-四甲基哌啶-1-氧自由基）是一种市售的氮氧自由基，通过空间屏蔽进一步稳定。其他低能自由基包括小分子 O_2(1,2-双自由基，最好表示为・O—O・）和 NO(・N═O)，NO 是哺乳动物体内影响平滑肌收缩的“信使分子”。

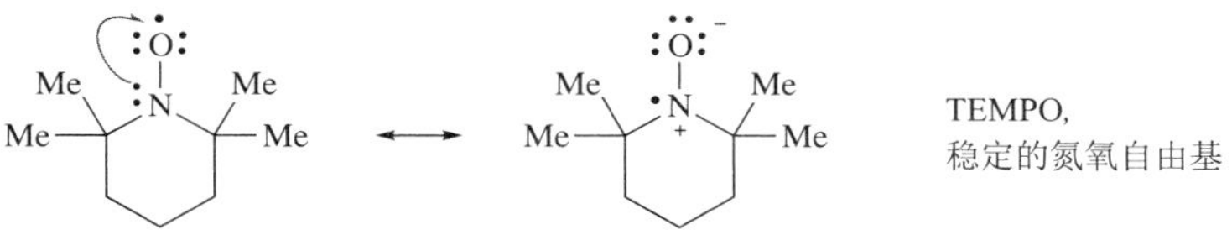

TEMPO,
稳定的氮氧自由基

图 5.5

键均裂的能量表（键离解能，BDE）为自由基相对能量提供了好的指导。在多数有机化学教材中都有这些表格。比较 H_3C—H 和 Me_3C—H 两个键，前者的 BDE 是104 kcal/mol，后者的 BDE 为 91 kcal/mol，BDE 越小，键越弱，自由基的能量越低，所以 Me_3C・比 H_3C・能量低。如果比较 H_3C—Br 键（70 kcal/mol）与 Me_3C—Br 键（63 kcal/mol），你会看到类似的趋势。但是，你应该注意 H_3C—H 和 Me_3C—H BDE 的差值（13 kcal/mol）与 H_3C—Br 和 Me_3C—Br BDE 的差值（7 kcal/mol）不同。BDE 的差异反映了氢自由基能量非常高。必须小心使用 BDE!

自由基也可以通过自由基中心的空间屏蔽达到动力学稳定，这样的自由基称为持久的。如图 5.6 所示，持久的自由基包括全氯三苯甲基自由基、加尔万氧基自由基和来自 BHT（叔丁基羟基甲苯、2,6-二叔丁基-4-甲基苯酚）的自由基（一种用作食品防腐剂的抗氧化剂）。

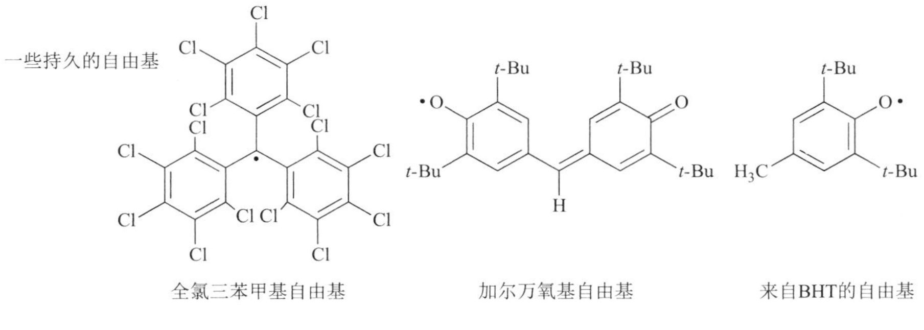

一些持久的自由基

全氯三苯甲基自由基　　加尔万氧基自由基　　来自BHT的自由基

图 5.6

5.1.2 从闭壳物质产生

大多数自由基是动力学不稳定的，它们倾向于互相反应得到电子充足的自由基，所以在反应中使用的自由基通常是由闭壳自由基原位产生的。（一个非常显著的例外：O_2 最好被描述为 1,2-双自由基，·O—O·。）自由基可以通过四种方式由闭壳物质产生：σ 键均裂、π 键光化学激发、单电子还原或氧化和环芳构化。

· σ 键均裂是产生自由基常见的方式。σ 键通常是杂原子—杂原子键，如 N—O 键或 Br—Br 键，但如果形成一个很低能的碎片或者该键张力很大，如 C—C 或 C—N，则这些 σ 键也可均裂。有时光用来激发 σ 成键轨道上的一个电子跃迁到 σ^* 反键轨道，诱导 σ 键均裂，如果这个键很弱，产物自由基能量很低，加热足以使其断裂，如图 5.7 所示。

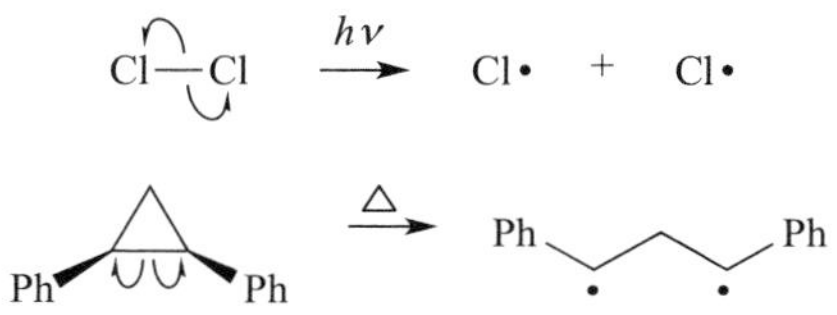

Cl—Cl —hν→ Cl· + Cl·

Ph△Ph —△→ Ph–CH·–CH₂–CH·–Ph

图 5.7

过氧化苯甲酰和 AIBN 是反应体系中生成自由基使用最广泛的两个化合物。过氧化苯甲酰的 O—O 键和 AIBN 的 C—N 键在加热或光照条件下均裂，如图 5.8 所示。

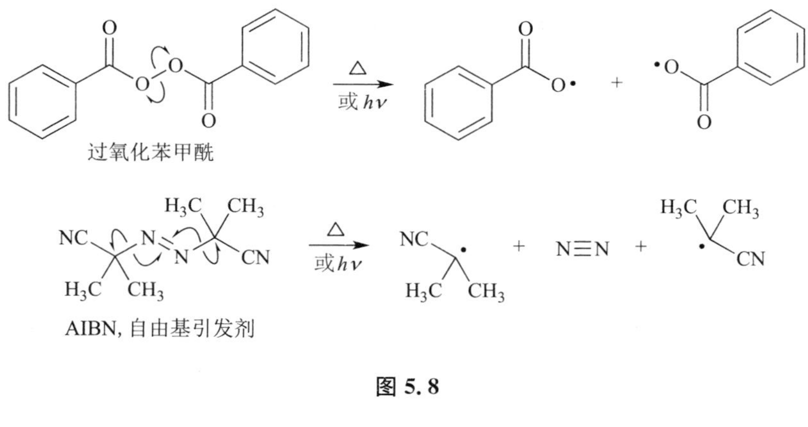

过氧化苯甲酰 —△或hν→ PhC(O)O· + ·OC(O)Ph

AIBN, 自由基引发剂 —△或hν→ NC–C·(CH_3)₂ + N≡N + ·C(CH_3)₂–CN

图 5.8

我们用单箭头或鱼钩电子流动箭头表示自由基反应中未成对电子的运动。

键均裂的可能性直接与键的 BDE 相关，H—H 键的 BDE 是 104 kcal/mol，而 Br—Br 键的 BDE 是 46 kcal/mol，所以 H—H 键均裂的可能性比 Br—Br 键均裂的可能性要小得多。特别容易均裂的 σ 键包括 N—O 键、O—O 键、碳和重原子（如铅和碘）之间的键、卤—卤键和张力很大的键。

在重氮化合物光解中，C—N 键异裂，失去 N_2，生成卡宾（通常是三线态）。对于三线态卡宾的两个 p 轨道，每个轨道上有一个电子，可以看作 1,1-双自由基。有机叠氮化合物光解也失去 N_2，产物是高活性氮烯（卡宾的氮类似物），如图 5.9 所示。

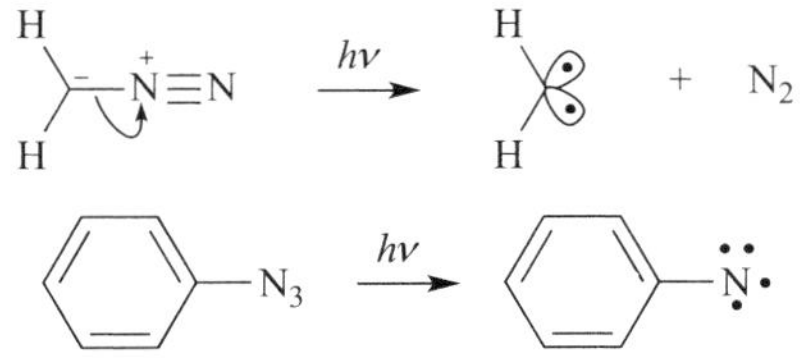

图 5.9

· 当合适波长的光照射含 π 键的化合物时，π 成键轨道的电子跃迁到 π^* 反键轨道，产物可以看作 1,2-双自由基，它进行典型的自由基反应。C=O、C=S、C=C π 键都可以用这种方式发生光激发，π 键越弱，越容易光激发(图 5.10)。

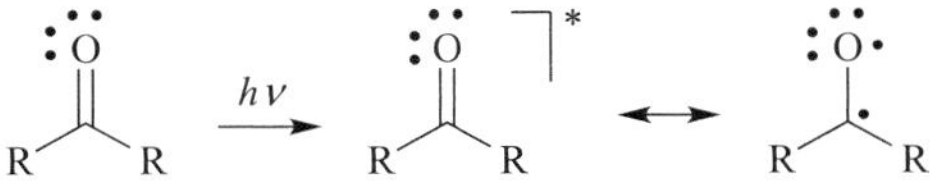

星号(*)常用于表示激发态的化合物，但这个符号不表示化合物的反应性。
1,2-双自由基结构是一种更有用的描述方式。

图 5.10

在光激发的烯烃中，两个自由基中心之间没有 π 键，所以可以发生 C—C 键的自由旋转。光照时，顺式烯烃可以异构化为反式烯烃，通常不发生逆反应，因为激发态顺式烯烃和激发态反式烯烃处于平衡状态，而平衡有利于空间位阻小的反式异构体，如图 5.11 所示。

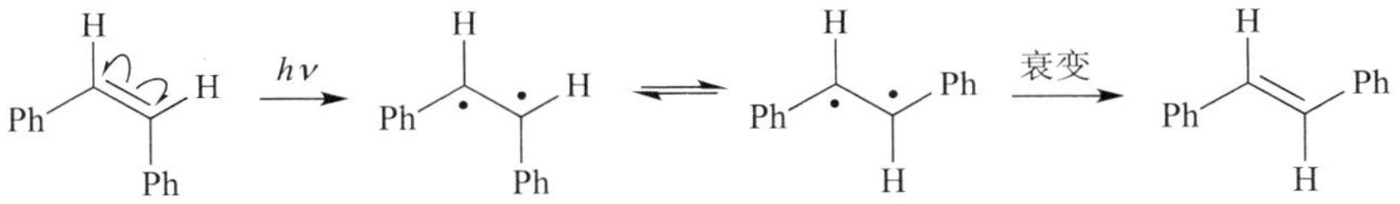

图 5.11

节肢动物、软体动物和脊椎动物的眼睛利用顺-反异构化反应来探测光，眼睛中含有一种从 11-顺式视黄醛和视蛋白衍生出的亚胺离子。当光线进入眼睛时，亚胺离子吸收光并异构化为低能全反式亚胺离子，如图 5.12 所示，亚胺离子形状变化转化为电脉冲，通过视神经进入大脑，同时全反式视黄醛从视蛋白中水解并运输到眼睛后部，在那里，视黄醛异构酶用酸催化和 ATP 将其转化为高能 11-顺式结构，11-顺式视黄醛被送回眼睛前部，准备接收下一个光子。

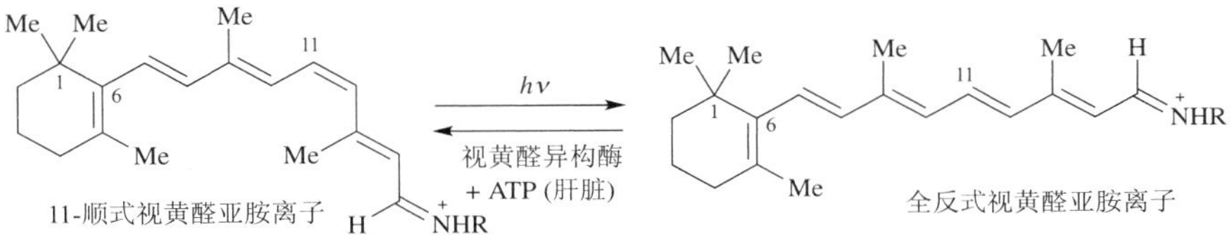

11-顺式视黄醛亚胺离子　　$h\nu$　　视黄醛异构酶 + ATP (肝脏)　　全反式视黄醛亚胺离子

图 5.12

· 在高能轨道有一个电子的化合物可以转移电子到具有低能轨道的化合物上。多数情况下,电子给体是金属或还原金属盐,如 Li、Na 或 SmI_2,给体也可能是具有孤对电子的化合物(如胺或膦),尤其是激发态的化合物。(光激发电子从非键轨道进入能量较高的轨道,因此更容易参与电子转移。)接受电子的轨道通常是 π^* 轨道,多数与芳香环或 C=O π 键相连。在这种情况下,使用单电子转移箭头来表示电子从电子给体到 π 键的一个原子的转移是很方便的。如果被还原的化合物没有 π^* 轨道来接受电子,那么一定进入 σ^* 轨道,在这种情况下,把电子转移到一个重原子上,得到九电子,当产物接受电子后,称为自由基负离子,如图 5.13 所示。

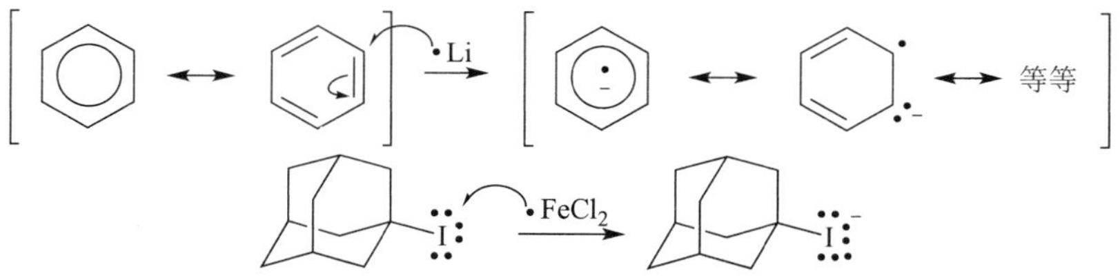

图 5.13

芳香自由基负离子通常写成"抽水马桶"或"快乐外星人"的共振形式,但使用定域共振结构更容易跟踪所有电子,因此推荐使用。一对电子和一个未成对电子定位于 π 体系的两个原子上,大约可以画出 18 种不同的共振结构式,这三个电子可以分布在环的任意两个邻位或对位原子上!

我们使用双电子和单电子转移箭头的方式有细微的区别。在双电子转移箭头的情况下,如果你想用一对电子来显示 A 原子与 B 原子成键,可以将箭头从 A 原子指向 A 原子与 B 原子之间,或者从 A 原子直接指向 B 原子(前者更可取)。但是在单电子转移箭头的情况下,如果想要表示 A 原子用一个电子与 B 原子成键,则必须写出箭头从 A 原子指向 A 原子与 B 原子之间。相反,从 A 原子直接指向 B 原子的单电子转移箭头表示从 A 到 B 的电子转移。不必用双电子转移箭头表示电子转移,因为同时转移两个电子的情况极为罕见(图 5.14)。

源自A的双电子转移箭头表示成键

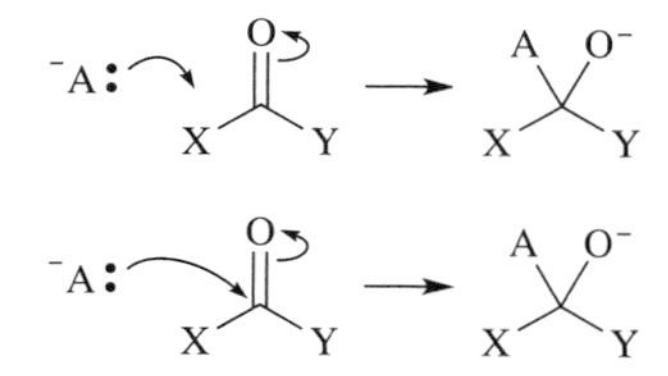

但是源自A的单电子转移箭头中的一个表示键的形成,另一个表示电子转移!

图 5.14

由酮得到的自由基负离子被称为"ketyl",深蓝色、空间稳定、电子稳定的二苯酮自由基负离子在溶剂中作为脱氧剂广泛使用,如图 5.15 所示。

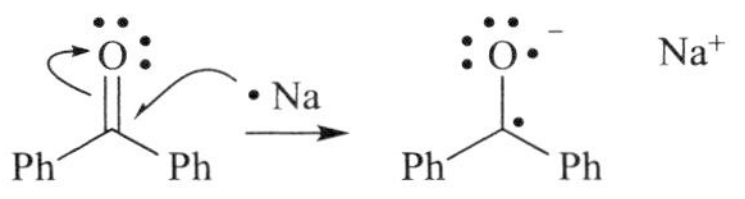

图 5.15

电子转移也是$S_{RN}1$取代反应机理的第一步(见第2章)。在$S_{RN}1$取代反应机理中,电子给体通常是亲核试剂。亲核试剂可以被光激发,给电子更多能量,使它更容易转移,如图5.16所示。

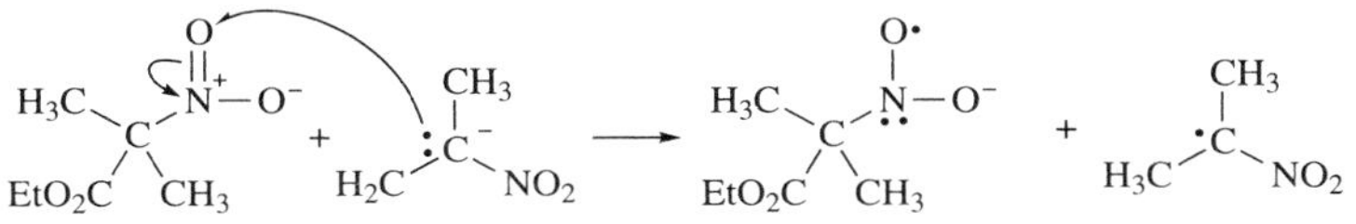

图 5.16

有机底物单电子氧化得到自由基正离子。在合成中氧化比还原少见。某些金属盐(如$Pb(OAc)_4$、$Mn(OAc)_3$、$Cu(OAc)_2$、$Fe(NO_3)_3$和$(NH_4)_2Ce(NO_3)_6$(硝酸铈铵,CAN))是单电子氧化剂,如图5.17所示。

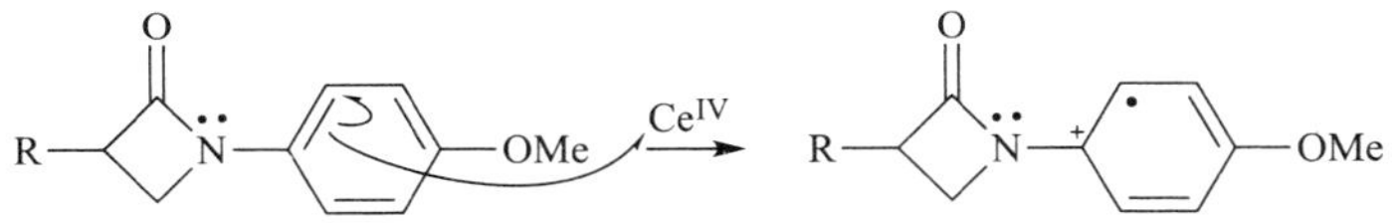

图 5.17

$Mn(OAc)_3$常用于从羰基化合物α-碳中除去氢自由基。Mn(Ⅲ)形成烯醇盐,Mn—O σ键均裂产生Mn(Ⅱ)和烯醇自由基,如图5.18所示。

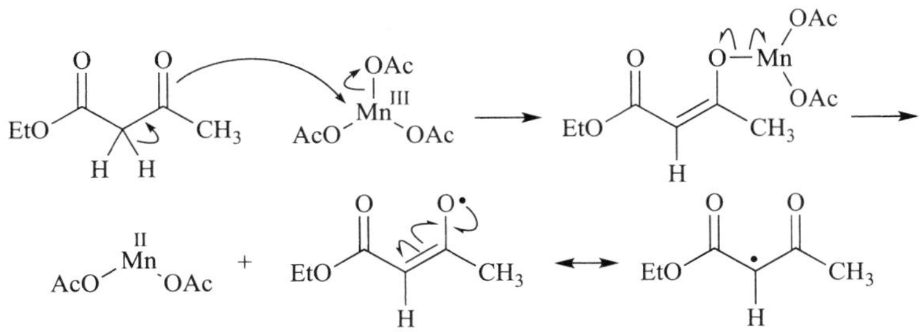

图 5.18

醌类化合物(如DDQ、2,3-二氯-5,6-二氰基-1,4-苯醌)和四氯苯醌也可用于从底物中除去电子,其结构如图5.19所示。

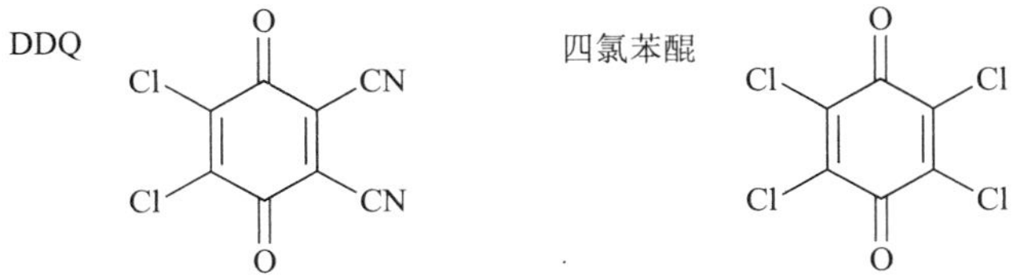

DDQ　　四氯苯醌

图 5.19

· 某些高度不饱和有机化合物的环芳构化反应可以产生双自由基。这些反应可以看作六电子电环化关环反应(见第 4 章),但是六原子体系 C3 和 C4 的 p 轨道实际是否参加反应尚不清楚。最著名的环芳构化反应是烯二炔(如 3-己烯-1,5-二炔)的 Bergman 环化反应,得到 1,4-苯双自由基。丙二烯基烯炔(1,2,4-三烯-6-炔)也可以发生环芳构化反应,如图 5.20 所示。

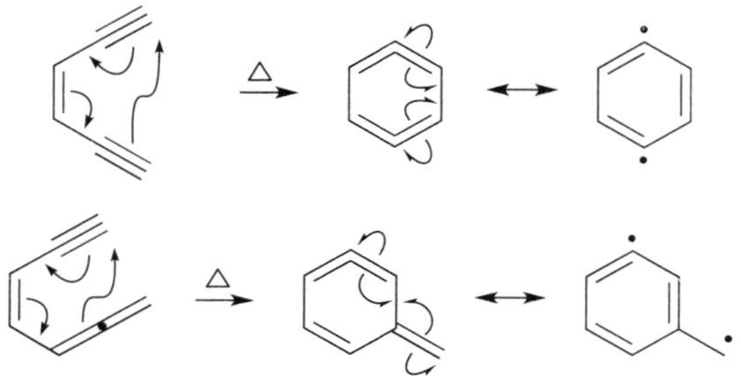

图 5.20

Bergman 环化反应在 20 世纪 60 年代后期被发现并引起了学术界的关注。在 20 世纪 80 年代中期,当发现某些抗肿瘤抗生素使用 Bergman 环化反应进攻 DNA 时,Bergman 环化反应突然成为研究热点。在刺孢霉素 γ_1 中(图 5.21),芳基和糖基与 DNA 结合,而分子的多不饱和"弹头"部分(图中左侧部分)损伤了 DNA。

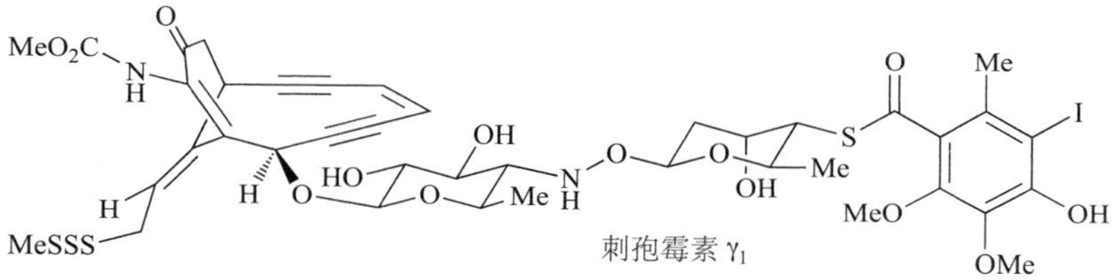

图 5.21

弹头部分的工作原理如下:细胞核的内源性物质将分子弹头部分的 S—S 键还原生成硫醇盐,它通过分子内共轭加成与烯酮加成,在共轭加成时烯酮 β-碳从 sp^2 杂化变为 sp^3 杂化,使得烯二炔的两端足够靠近,可以进行 Bergman 环化反应,得到的 1,4-双自由基从邻近的 DNA 夺取氢原子,造成破坏,最终细胞死亡,如图 5.22 所示。

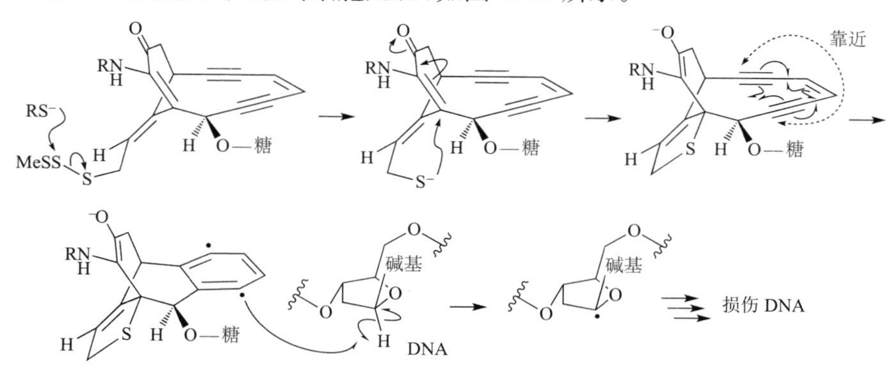

图 5.22

其他的烯二炔抗肿瘤抗生素(新制癌菌素、埃斯培拉霉素、多西环素)可能有类似或不同的活化反应机理,但它们在产生DNA损伤物质时都使用环芳构化反应作为关键步骤。

5.1.3　典型反应

自由基发生八种典型反应(最后两种是双电子反应):π键加成反应、裂解反应、原子夺取反应(与σ键反应)、自由基-自由基结合反应、歧化反应、电子转移反应、亲核试剂加成反应和离去基团离去反应。前三种是迄今为止最重要的反应,原子夺取反应和加成反应涉及自由基与闭壳物质的反应,裂解反应是自由基转变为新自由基和闭壳物质,加成反应与裂解反应互为微观逆转化。一般来说,链反应机理的增长部分包括加成、裂解和原子夺取步骤。在链反应机理和非链反应机理的终止部分发现自由基-自由基结合反应、歧化反应和电子转移反应。链反应机理也可以由电子转移引发。

在自氧化反应链反应机理的增长部分有自由基-自由基结合步骤。$S_{RN}1$ 取代反应机理的增长部分(见第2章)包括离去基团离去、亲核试剂加成和电子转移。

第1章讨论了自由基链反应机理。你需要熟悉书写链反应机理的规则!

自由基可以与闭壳物质的π键加成,产生一种新自由基。如图5.23所示,自由基(X·)与Y=Z π键加成得到X—Y—Z·,其中新X—Y σ键是由自由基的一个电子和之前π键的一个电子组成。Y=Z π键可以极化或非极化。自由基对π键的分子间加成通常以形成最低能自由基的方式发生,但是分子内加成往往服从立体电子要求,可能导致形成高能自由基。自由基与π键的加成机理类似于π键与碳正离子的加成机理。

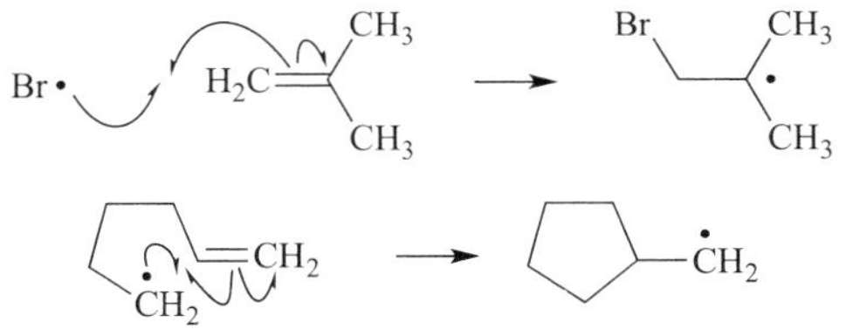

图5.23

自由基并非总是如亲核试剂一样与极化的π键加成。例如,Bu_3Sn·自由基与C=S π键的硫原子加成,而不是碳原子,如图5.24所示。

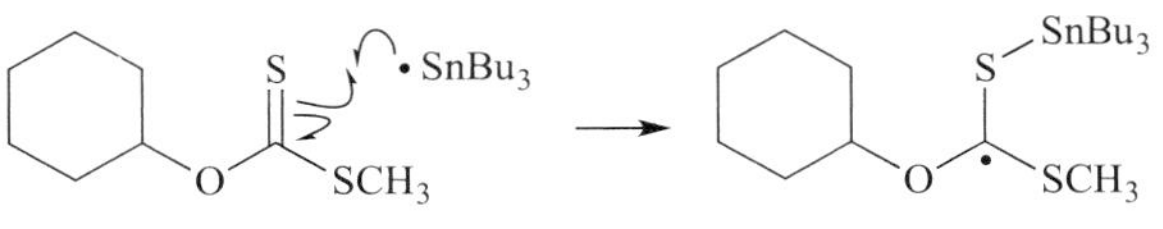

图5.24

如图5.25所示,自由基也可以与稳定的"卡宾"(如CO)和异腈RNC加成。卡宾碳在产物中具有单电子。

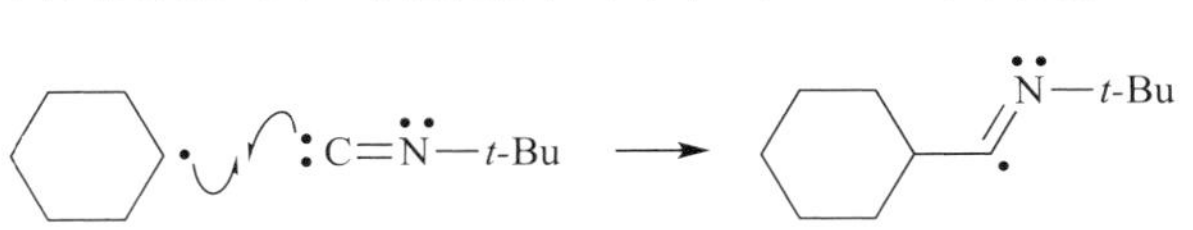

图5.25

自由基与硝酮和亚硝基化合物加成得到非常稳定的氮氧自由基，如图 5.26 所示。事实上，硝酮是常用的自旋捕获剂，用于电子顺磁共振（EPR）（核磁共振的电子类似物）的自由基研究。反应中自由基中间体寿命太短无法直接检测，但其氮氧自由基衍生物的寿命长，可以用 EPR 研究。

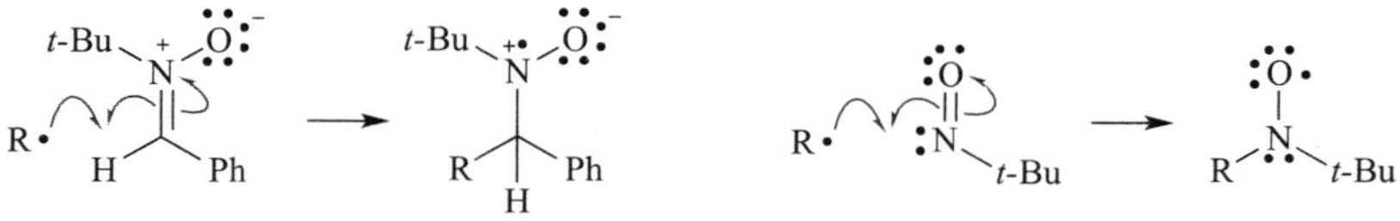

图 5.26

・ 裂解是 π 键加成的微观逆反应。如图 5.27 所示，自由基中心 β-位的 σ 键均裂，σ 键的一个电子和之前未共用电子在前一个自由基中心形成一个新 π 键。自由基的裂解反应机理与碳正离子的裂解反应机理类似。

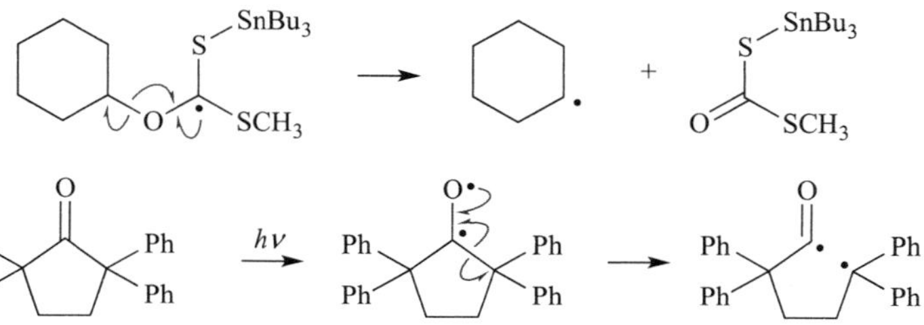

图 5.27

在酰基自由基的裂解反应中，可以失去一氧化碳。如图 5.28 所示，在这种情况下，断裂的键直接与自由基中心相连。

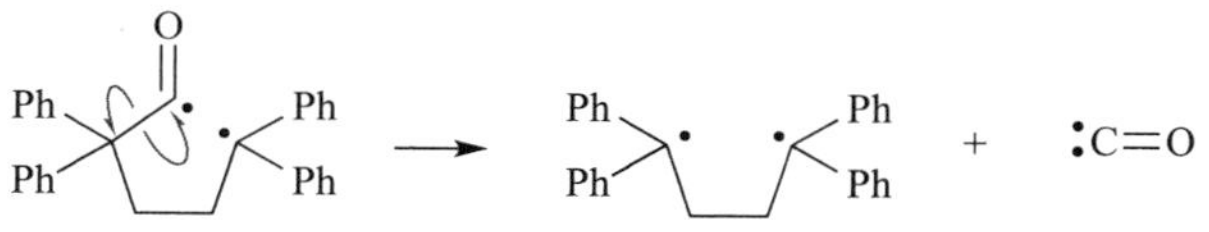

图 5.28

Et_3B 和 O_2 的结合广泛用于引发自由基反应，机理包含两种不常见的自由基反应：O_2 与 BEt_3 的空轨道加成，得到 B 和 O 之间的单电子键，然后裂解得到 Et・ 和 Et_2BOO・，如图 5.29 所示。

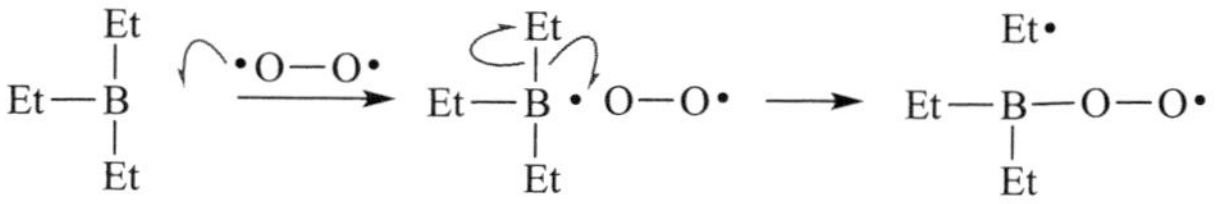

图 5.29

・ 在原子夺取反应中，自由基 X・ 进攻 Y—Z σ 键得到新的闭壳物质 X—Y 和新自由基・Z，旧 σ 键的一个电子用于形成 X—Y 键，另一个电子终止于 Z，转移原子 Y 通常是氢或卤素，但并非总是，如图5.30所示。**常见错误提醒**：氢原子的夺取（具有低活化能）不要与氢负离子的夺取（具有非常高能过程）混淆。

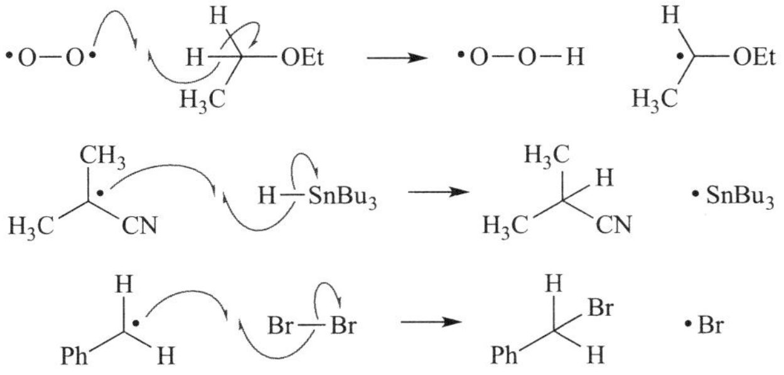

图 5.30

三丁基锡自由基（$Bu_3Sn\cdot$）常用于从C—X键夺取重原子X。如图5.31所示，原子X通常是Br或I，但也可能是Se或S，Sn—Br键足够强，$Bu_3Sn\cdot$可以从芳基溴化物中夺取$Br\cdot$产生高能芳基自由基。$Bu_3Sn\cdot$本身可以通过从Bu_3SnH中夺取$H\cdot$而生成。

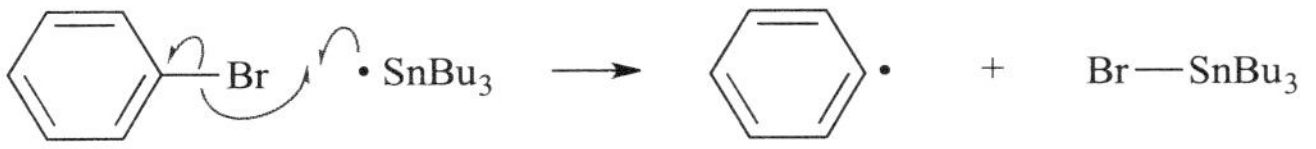

图 5.31

含有BHT的食品可免于氧化降解，因为O_2从BHT的酚基中而不是食物中夺取$H\cdot$，由于空间位阻和共振稳定，由此产生的酚氧自由基长久存在，不易反应。

常见错误提醒：自由基反应中不发生碳的夺取（例如，$X\cdot + R_3C-Y \longrightarrow X-CR_3 + \cdot Y$）。对于$C(sp^2)$或$C(sp)$原子的夺取可以写出加成-裂解反应机理。如果你的机理需要$C(sp^3)$的夺取，那么它肯定是错误的，甚至氧的夺取也很少见，如图5.32所示。

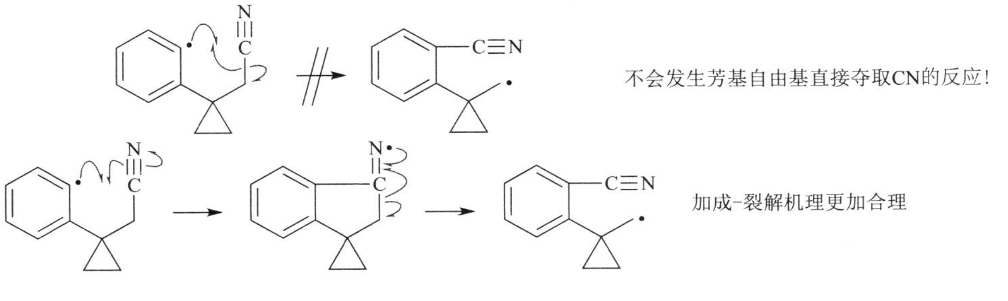

不会发生芳基自由基直接夺取CN的反应！

加成-裂解机理更加合理

图 5.32

BDE为原子夺取的可能性提供了很好的指导。BDE越小，键越弱，键就越容易通过原子夺取而断裂。

常见错误提醒：均裂键的强度与异裂键的强度不同。在极性反应机理中，键断裂的可能性通常与异裂键的强度有关。而在自由基反应中，键断裂的可能性通常与均裂键的强度有关。例如，在碱性条件下，RO—H键很容易以异裂方式断裂（脱质子），而Me_3C—H键却不容易。但是 RO—H 键比 Me_3C—H 键具有更大的 BDE,所以同一自由基从 RO—H 夺取 H·没有从 Me_3C—H 夺取 H·有利。

原子夺取反应速率,如 X·+Y—Z⟶X—Y+·Z,不仅取决于 X—Y 和 Y—Z 键的强度,还取决于 X—Z 键的强度。X—Z 键越弱,夺取越快。这种现象解释了为什么用 O_2 从 ArOH 中夺取 H·很快:弱的 O—O 键导致反应快速进行。

自由基反应选择的溶剂(甲醇、水、苯)具有 X—H 键高 BDE 的特点,所以溶剂不易参与反应。在乙醚、四氢呋喃、甲苯、二氯甲烷、氯仿中进行的自由基反应往往是复杂的,因为会从溶剂中夺取原子。丙酮有时用作自由基反应的溶剂,因为它可以被光激发而作为引发剂,但它也可以使自由基反应变复杂,通过放弃 H·给另一自由基得到相对稳定的 2-氧代丙基(丙酮基)自由基。

不像自由基加成反应和裂解反应,原子夺取反应在碳正离子反应中没有对应物。

两个自由基可以通过两种方式互相反应:自由基-自由基结合反应或歧化反应。如图 5.33 所示,自由基-自由基结合反应是 σ 键均裂的逆反应。每个自由基中心提供一个单电子形成一个新 σ 键。自由基-自由基结合反应也被称为同型反应(homogenesis,均裂的逆反应),通常快速且有利。大多数自由基很不稳定,因为它们可以发生快速的自由基-自由基结合反应。

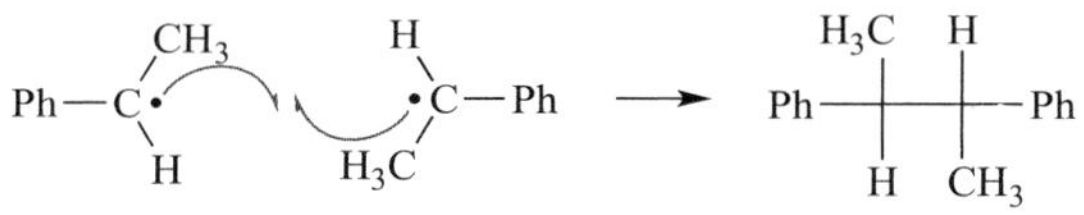

图 5.33

如图 5.34 所示,在歧化反应中,一个自由基 X·从另一自由基 H—Y—Z·中夺取 H·,得到两种电子充足的物质 X—H 和 Y=Z,夺取的原子几乎总是氢原子,且总是处于自由基中心 Z 的 β-位。两个自由基可以相同或不同。歧化反应像自由基-自由基结合反应一样,是快速且有利的。

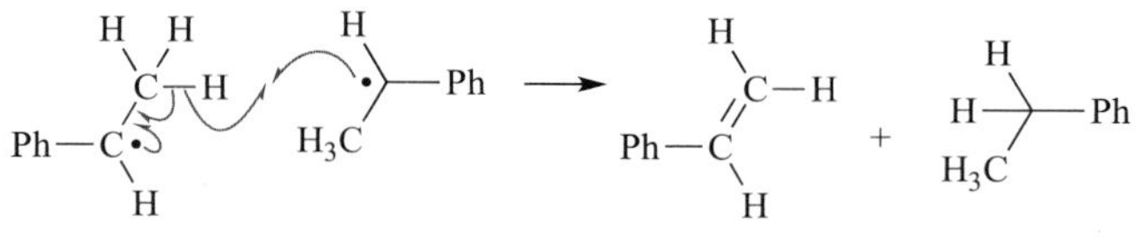

图 5.34

在上例中,C_8H_9·+C_8H_9·⟶C_8H_8+C_8H_{10} 反应称为歧化反应,因为具有相同分子式的两个自由基变成具有不同分子式的两种产物。

在链反应机理中,自由基-自由基结合反应和歧化反应只在机理的终止部分看到。一个例外是氧气与自由基的结合,它发生在自氧化链反应机理的增长步骤中,如图 5.35 所示。

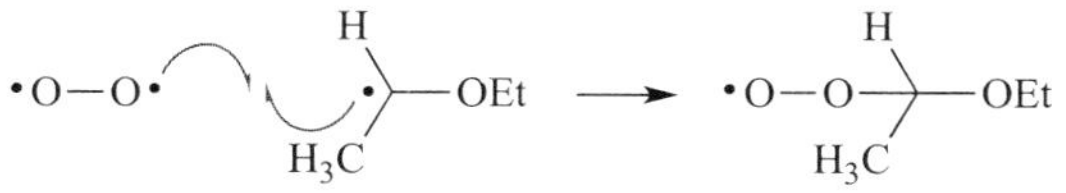

图 5.35

非链式反应机理经常包含自由基-自由基结合反应和歧化反应。氮氧自由基可以通过自由基-自由基结合反应来捕获出现在反应中的烷基自由基，得到电子充足的物质，它比自由基容易研究。羰基化合物的光化学反应通常包含自由基-自由基结合和歧化步骤，如图5.36所示。

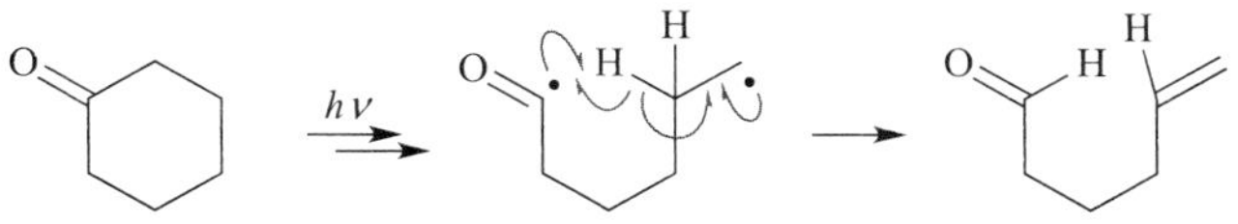

图 5.36

在氧化剂或还原剂存在下，自由基可以进行单电子转移（氧化或还原）得到偶电子物质，如图5.37所示。在非链式反应机理中，发生电子转移的自由基本身通常是由电子转移产生的。链反应机理可以通过电子转移引发或终止。$S_{RN}1$ 取代反应机理（见第2章）增长步骤的最后一步包含自由基负离子的单电子转移。

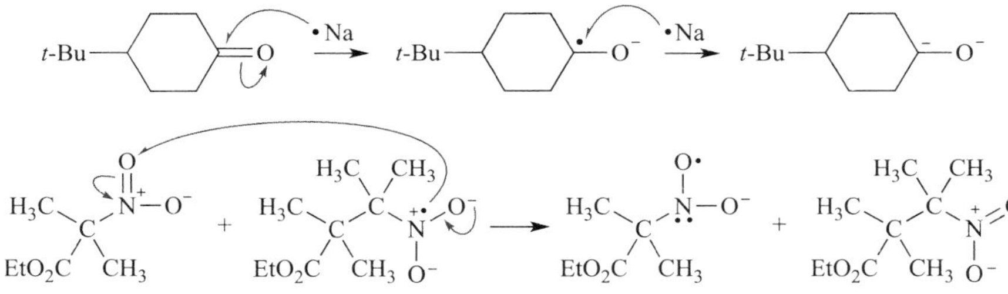

图 5.37

自由基负离子可以失去负离子离去基团得到中性自由基，逆向反应中性自由基可以结合负离子亲核试剂得到新的自由基负离子。如图5.38所示，自由基正离子也可以与中性亲核试剂结合，得到新的自由基正离子。这样的步骤可以发生在 $S_{RN}1$ 取代反应（见第2章）、可溶性金属还原反应和氧化脱保护反应中。这些双电子反应在碳正离子反应中有明显的对应物。

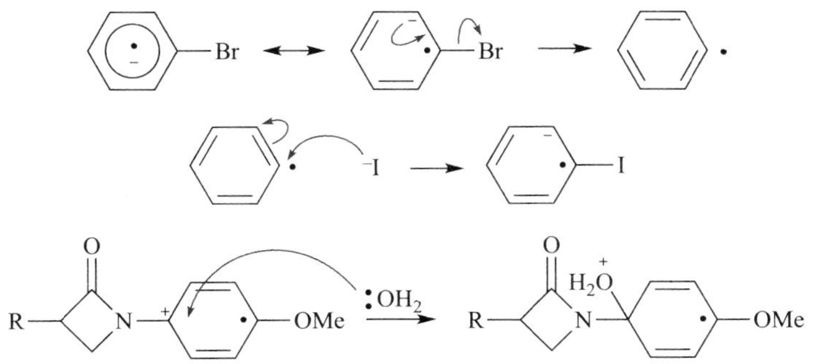

图 5.38

自由基和碳正离子之间的类比已经进行了多次,但是碳正离子的典型反应之一(协同1,2-迁移)并没有在自由基反应中发生。如图 5.39 所示,只有当一个组分可以异面反应时,才允许发生协同 1,2-自由基迁移反应。1,2-氢迁移在几何上是不可能的,1,2-烷基自由基迁移的几何要求非常严格,没有被观察到。

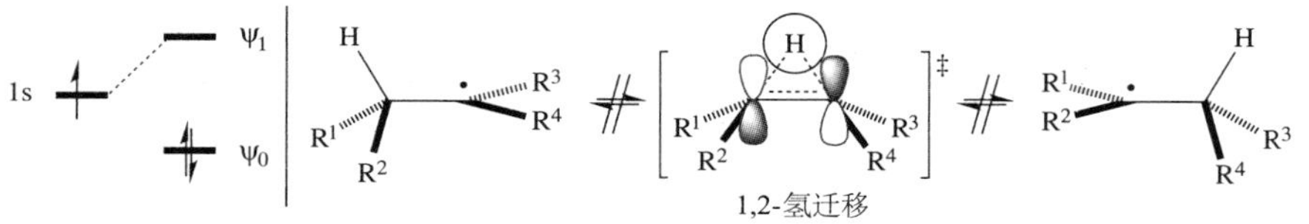

图 5.39

但是不饱和基团可以通过两步的加成-裂解反应机理,以及可分离的环丙烷自由基中间体进行迁移。苯基很容易进行自由基 1,2-迁移;如图 5.40 所示,也能看到酰基、烯基、少量的炔基和氰基的 1,2-迁移。

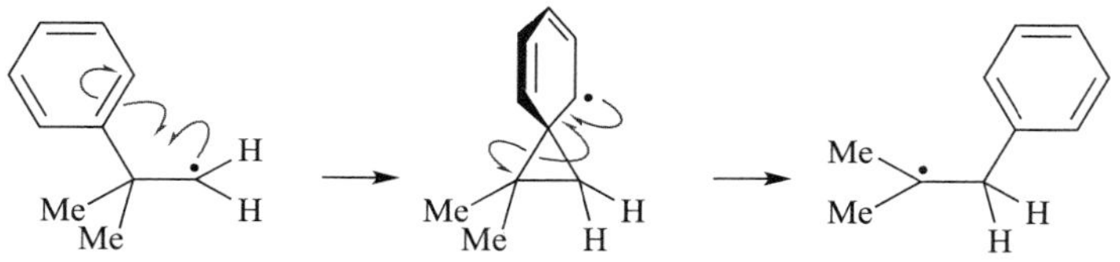

图 5.40

注意,可得到的最稳定自由基来自 1,2-甲基迁移,但这不是发生迁移的原因,因为自由基中不能发生 1,2-甲基迁移。

习题 5.1 书写图 5.41 中的自由基重排反应机理。

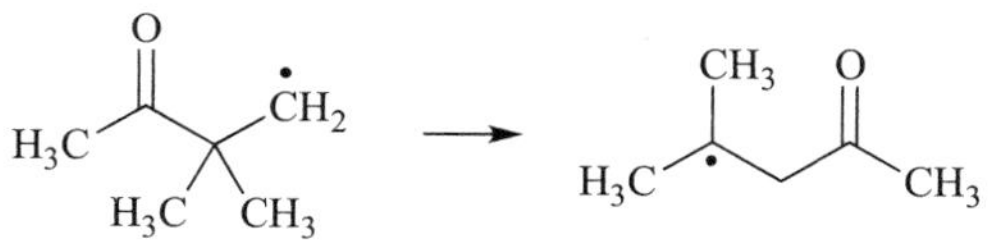

图 5.41

重原子如溴、硒也可以通过加成-裂解反应机理进行自由基 1,2-迁移,具有九电子重原子的中间体介入反应,如图 5.42 所示。第二周期原子不能像重原子一样容纳九电子,因此无加成-裂解反应机理。

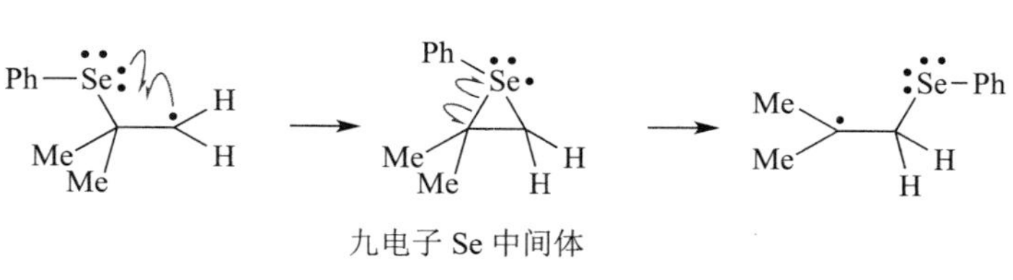

图 5.42

硒和其他重原子的原子夺取反应也可以通过包含九电子中间体的加成-裂解反应机理来实现。

5.1.4　链反应机理与非链反应机理

自由基反应可以通过链反应或非链反应进行，有许多实验方法用于判断反应是链反应还是非链反应，但这些方法对书面问题(例如本书的一些问题)没有太多帮助。幸运的是，试剂或反应条件通常会表明机理类型。

· 含化学当量单电子还原剂或氧化剂(如 Li、Na、SmI_2 或 $Mn(OAc)_3$)的反应总是发生非链反应，因为在整个反应中都有自由电子，可淬灭中间体自由基。同时或几乎同时生成两个自由基的反应通常通过非链反应进行，例如环芳香化反应和许多光化学反应。

· 所有的链反应都需要引发剂，而广泛使用的引发剂只有少数几种(O_2、过氧化物、AIBN、$h\nu$)，所以引发剂的存在是链反应机理的良好标记。但要知道，表面上缺乏引发剂并不能排除链反应机理。例如，环境中的氧气可以作为引发剂，许多3°烷基碘化物可以自发进行 C—I 键均裂，温和加热后引发链反应。如果自由基反应包含锡化合物(如 Bu_3SnH)，则通过链反应进行。但是并非所有含 Bu_3SnH 的反应都是自由基反应。(一些过渡金属催化的反应也用 Bu_3SnH。)

你可能已经注意到，光照可能预示非链反应机理或链反应机理。区分光引发非链反应机理和链反应机理好的经验法则是：单分子重排反应或消除反应通常通过非链反应机理进行，而加成反应和取代反应(特别是分子间的)几乎总是按照链机理进行。但是此规则也有一些例外(如光化学频哪醇反应和 Barton 反应)。当然，许多周环反应也需要光照(见第4章)。

5.2　自由基链反应

5.2.1　取代反应

自由基反应最常见的例子就是烷烃与 Br_2 或 NBS 的卤代反应，这种链反应是由光引起 Br_2 的均裂而引发的。增长部分包含两次原子夺取反应，如图5.43所示。

自由基反应链机理终止部分几乎总是相同的：由链增长得到的两个自由基通过自由基-自由基结合反应或歧化反应相互作用。在本书中，将不定期地书写链反应机理的终止部分。

总反应：

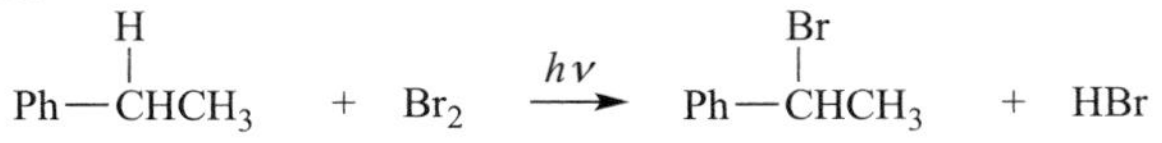

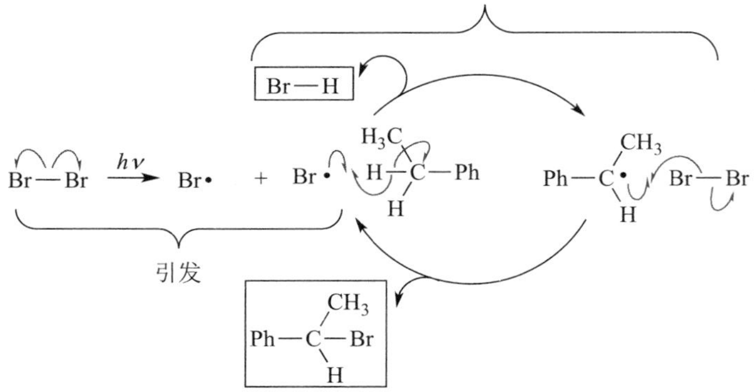

$$\text{Ph—CH(H)CH}_3 + \text{Br}_2 \xrightarrow{h\nu} \text{Ph—CH(Br)CH}_3 + \text{HBr}$$

增长

引发

终止：

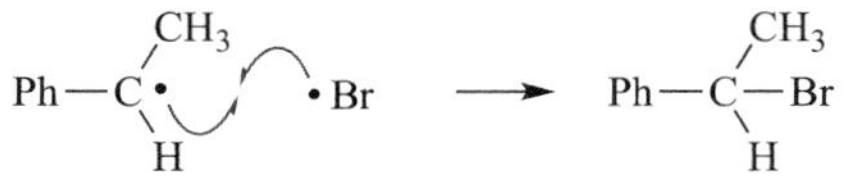

或

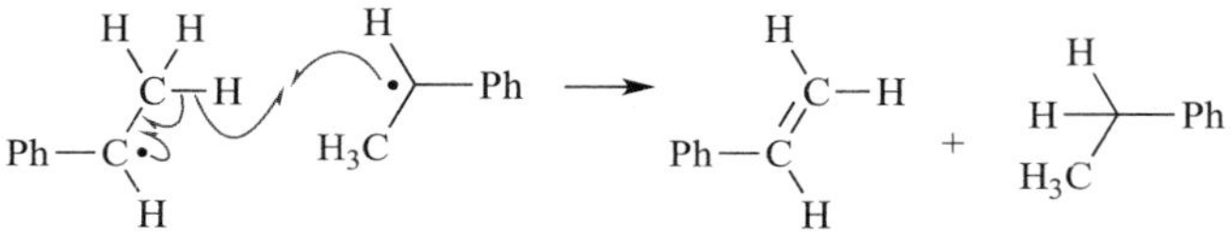

或其他

图 5.43

自由基卤化反应最常用于烯丙基和苄基卤化，因为这些位置形成的自由基能量最低，当然，在烯丙基卤化反应中，很容易发生双键移位，如图 5.44 所示。

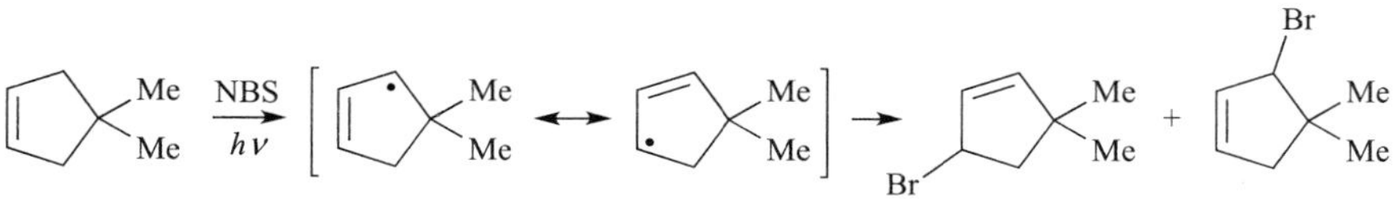

图 5.44

在 NBS 的溴化反应中，Br_2 是实际的卤化剂，Br_2 由 HBr（卤化副产物）与 NBS 反应生成。这种极性反应介导了链机理增长部分的 H· 夺取和 Br· 夺取步骤，如图 5.45 所示。

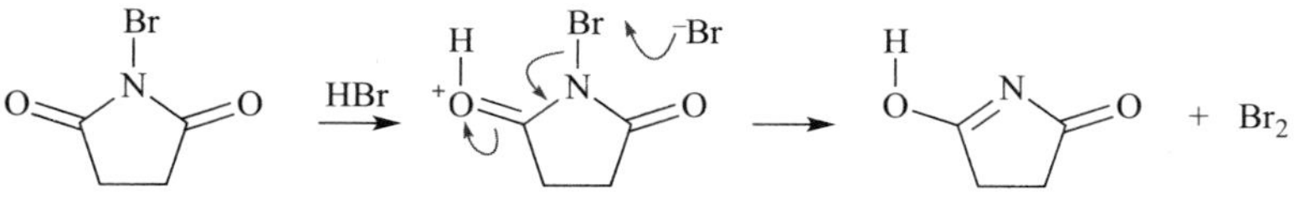

图 5.45

氯气也可用于自由基卤化反应，但这些反应不容易控制，因为氯自由基的活性高于溴自由基，因此选择性较差。试剂 t-BuOCl 和 SO_2Cl_2 作为替代的氯化剂。氟自由基活性高，反应 F—F＋C—H ⟶ H—F＋C—F 是放热的，自由基氟化会导致剧烈且不可控的放热（爆炸）。在另一极端，烷烃的自由基碘化也不能很好地反应，因为 H· 夺取步骤大量吸热。

自由基脱卤反应也很常见，在这些反应中，C—X 键被 C—H 键取代。最常用的还原剂是 Bu_3SnH，尽管 $(Me_3Si)_3SiH$ 或催化量的 Bu_3SnCl 和化学当量的 $NaBH_4$ 的组合可被用作更环保的试剂。催化量的 AIBN 或 $(BzO)_2$ 是常用的自由基引发剂，引发反应是由引发剂衍生的自由基从 Bu_3SnH 中夺取氢自由基；在链增长步骤，Bu_3Sn· 从 C—X 键夺取 X· 得到 Bu_3SnX 和烷基自由基，然后烷基自由基从 Bu_3SnH 中夺取 H· 生成烷烃，再生成 ·$SnBu_3$，如图 5.46 所示。

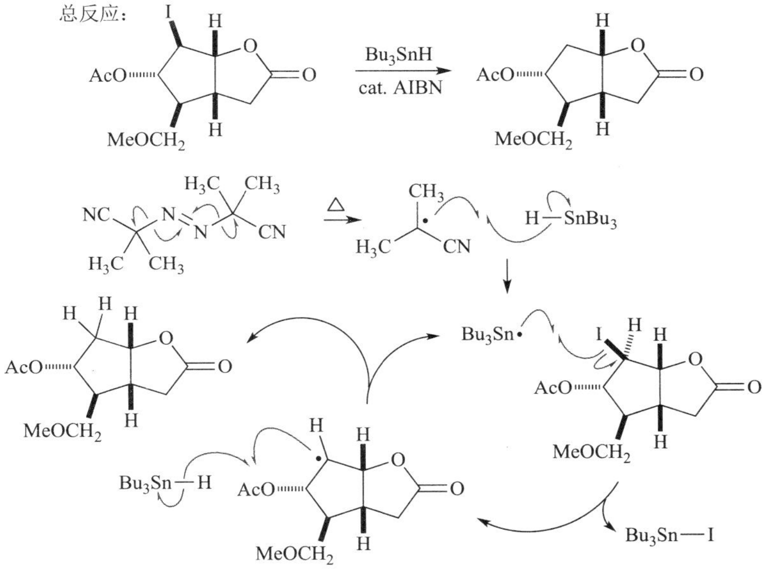

图 5.46

醇在 Barton-McCombie 反应中脱氧，醇先被转换成黄原酸酯（$ROCS_2CH_3$）或另一种硫代羰基化合物，然后整个官能团被 Bu_3SnH 移走，用氢取代。在链增长步骤，Bu_3Sn· 与 S=C 键的硫加成，产生自由基片段，自由基片段裂解得到烷基自由基和羰基化合物。烷基自由基再从 Bu_3SnH 中夺取 H·，生自由基 ·$SnBu_3$。强的 C=O π 键的形成提供 C—O σ 键断裂的驱动力，如图 5.47 所示。

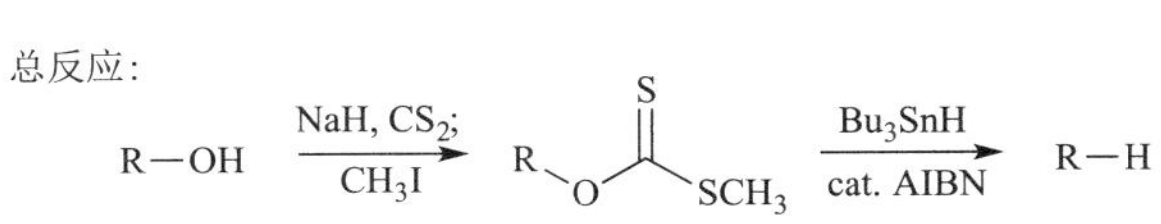

图 5.47

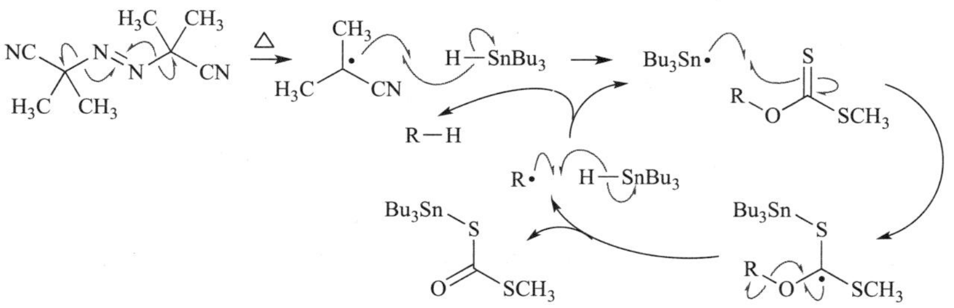

NC H_3C CH_3 N=N CN H_3C CH_3 △ → CH_3 H_3C CN H—$SnBu_3$ → Bu_3Sn• S R O SCH_3

R—H R• H—$SnBu_3$

Bu_3Sn S O SCH_3 Bu_3Sn S R O SCH_3

图 5.47(续)

有机物中的 H 被 OOH 取代称为自氧化(“自氧化”是一个误称,因为底物不是自身氧化,氧气是氧化剂)。自氧化通过自由基链反应机理进行,氧气既是引发剂又是化学计量试剂。注意:机理在增长步骤包括一个很少见的自由基-自由基结合。在这个特定反应中,自由基-自由基结合没有终止链,因为 O_2 是一个 1,2-双自由基,如图 5.48 所示。

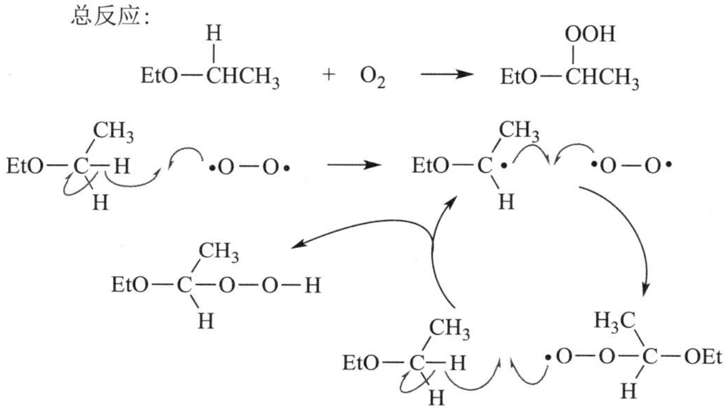

总反应:

$$EtO-CH(H)CH_3 + O_2 \longrightarrow EtO-CH(OOH)CH_3$$

$EtO-C(CH_3)(H)-H$ •O—O• → $EtO-\dot{C}(CH_3)H$ •O—O•

$EtO-C(CH_3)(H)-O-O-H$

$EtO-C(CH_3)(H)-H$ •O—O—$C(H_3C)(H)$—OEt

图 5.48

常见错误提醒:学生们经常试图书写一个非链的自氧化反应机理,该机理涉及引发步骤产生的两个自由基的结合(图 5.49)。打消这种想法,氧气的浓度及其与烷基自由基的反应速率远高于·OOH 的浓度及其反应速率。

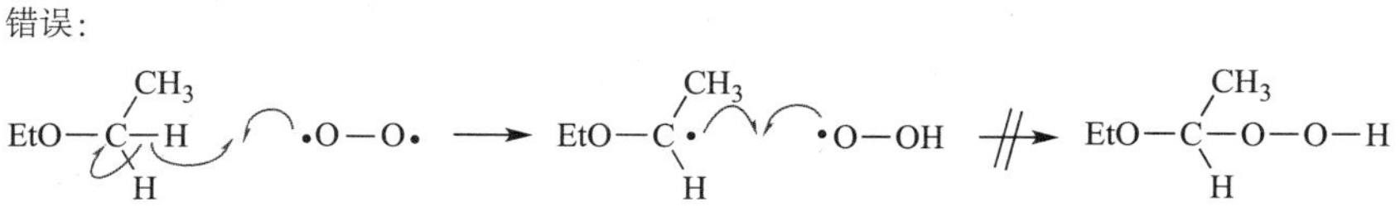

错误:

$EtO-C(CH_3)(H)-H$ •O—O• → $EtO-\dot{C}(CH_3)H$ •O—OH ⇸ $EtO-C(CH_3)(H)-O-O-H$

图 5.49

醚最容易自氧化,因为氧降低邻位碳自由基的能量。醛也容易自氧化,中间产物过酸与原料醛通过 Baeyer-Villiger 反应得到羧酸(见第 3 章),如图 5.50 所示。

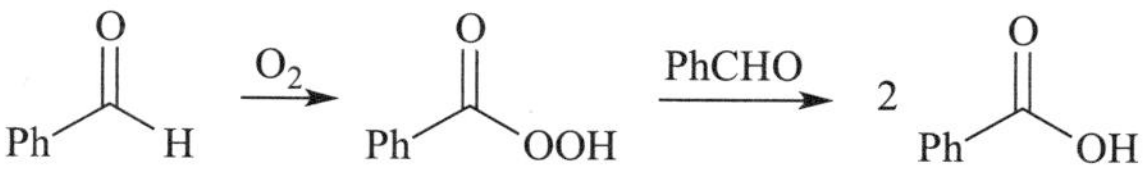

PhC(O)H $\xrightarrow{O_2}$ PhC(O)OOH $\xrightarrow{PhCHO}$ 2 PhC(O)OH

图 5.50

自氧化是由苯和丙烯工业合成苯酚和丙酮的关键步骤之一。在合成的第二步,异丙苯自氧化得到过氧化氢异丙苯,如图 5.51 所示。

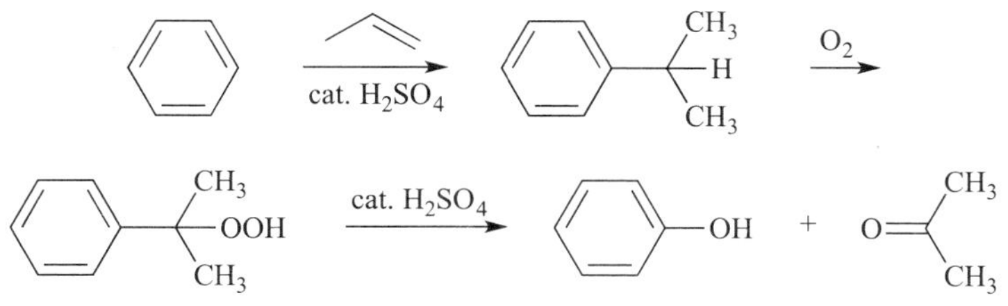

图 5.51

自氧化是一种降解有机物最重要的非生物过程之一。醚(如乙醚、四氢呋喃和其他常用溶剂)的自氧化导致氢过氧化物形成,这种过氧化物具有爆炸性的加热敏感性和冲击敏感性。二异丙基醚也很容易自氧化,开瓶以后必须立即处理。生物化合物的自氧化可能是衰老的部分原因。车库里含油抹布自氧化会释放热量,加速氧化过程,导致释放更多热量,最终引起火灾。

习题 5.2　书写苯酚合成反应中的三步反应机理。

在 Hofmann-Loeffler-Freytag 反应中,N-氯代铵离子通过自由基取代反应转变为 4-氯烷基铵离子,然后再进行分子内 S_N2 取代得到吡咯烷。在自由基取代反应机理中,夺取氢的步骤发生在分子内。熵和立体电子因素使 C4 氢的区域选择性很高。如图 5.52 所示。

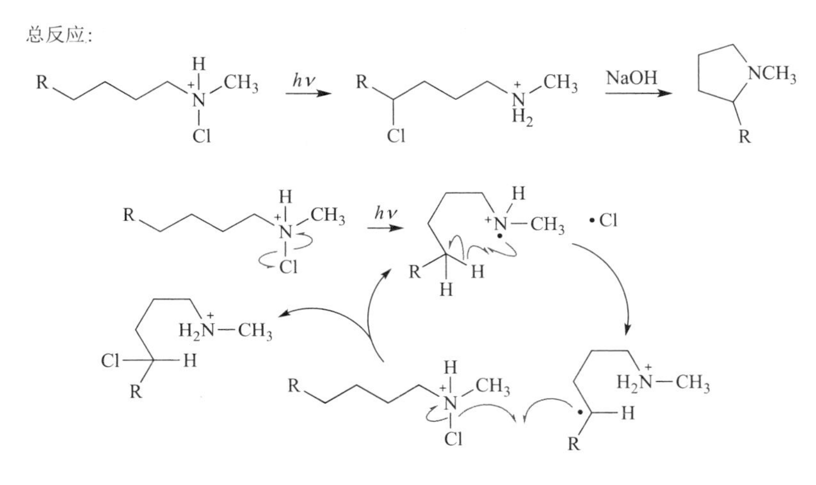

图 5.52

5.2.2　加成和裂解反应

1. 碳-杂原子成键反应

HBr 对烯烃的反马氏加成反应可能是第一个发现的自由基加成反应,这是无意中发现的。大约在 20 世纪初,科学家研究 HBr 对烯烃加成的区域选择性时,发现马氏加成产物与反马氏加成产物的比例莫名其妙地变化,最终发现杂质(例如氧气和过氧化物)的存在大大增加了反马式加成产物的量，这一结果后来被自由基加成反应机理解释，如图 5.53 所示。反马氏区域选择性来自溴自由基对烯烃取代少的碳原子加成（空间位阻原因），得到低能多取代基（电子原因）的自由基。最终产物溴连在烯烃取代少的碳原子上，相反在极性反应中，溴会连在烯烃取代多的碳原子上。

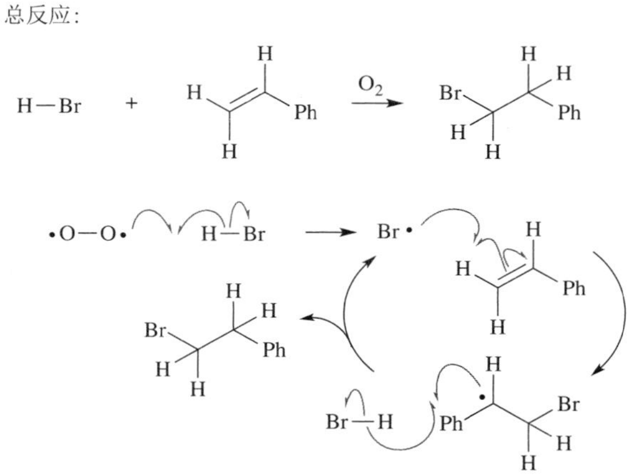

总反应：

图 5.53

与 HBr 相反，即使在过氧化物或 O_2 存在下，HCl 和 HI 也不发生烯烃的自由基加成反应，因为引发剂从 HCl 中夺取 H· 大量吸热，I· 对烯烃的加成反应也大量吸热，反应不易进行。但是硫醇（RSH）通过自由基反应机理和烯烃加成与 HBr 的加成类似，引发剂通常是 AIBN 或 $(BzO)_2$。烯烃可以是富电子的或缺电子的。事实上，硫醇与缺电子烯烃的共轭加成可以通过自由基反应机理或极性亲核反应机理进行。

习题 5.3 书写图 5.54 中加成反应的自由基反应机理。

$$\text{Bu—SH} + \text{CH}_2\text{=CHCO}_2\text{Et} \xrightarrow{\text{cat. (BzO)}_2} \text{BuSCH}_2\text{CH}_2\text{CO}_2\text{Et}$$

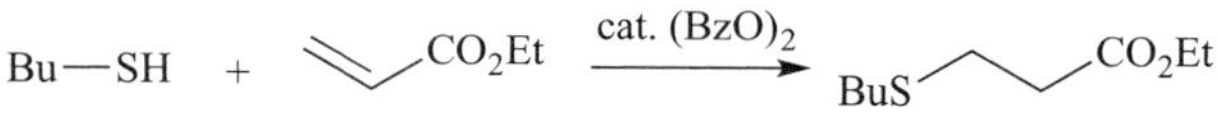

图 5.54

氢化三丁基锡通过自由基反应机理与 C=C π 键加成。Bu_3SnH 与炔烃加成是形成烯基锡化物的途径之一，烯基锡化物是有机合成中有用的试剂，该机理与 HBr 和烯烃加成反应机理完全相同。中间体烯基自由基可以通过相对高能 C—Sn 键的超共轭而稳定。

习题 5.4 书写图 5.55 中加成反应的自由基反应机理。

$$\text{HC≡C—SiMe}_3 \xrightarrow[\text{cat. (BzO)}_2]{\text{Bu}_3\text{SnH}} \text{Bu}_3\text{Sn—CH=CH—SiMe}_3$$

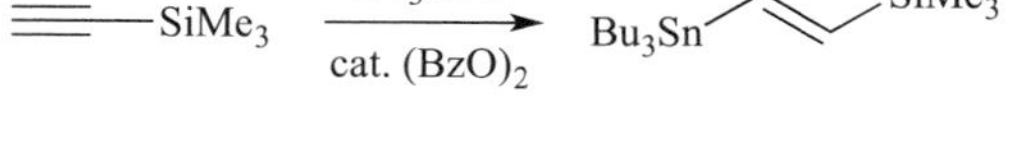

图 5.55

2. 碳—碳成键和断键的反应

工业上最重要的自由基链反应是乙烯的自由基聚合反应，得到聚乙烯。工业过程通常使用 $(t\text{-BuO})_2$ 作为引发剂。t-BuO· 自由基与乙烯加成形成聚合物链的起始端，增长步骤只有一步，生长聚合物末端的烷基自由基与乙烯加成，得到更长的聚合物末端新的烷基自由基。终止步骤是通常的自由基-自由基结合和歧化反应。如图 5.56 所示。

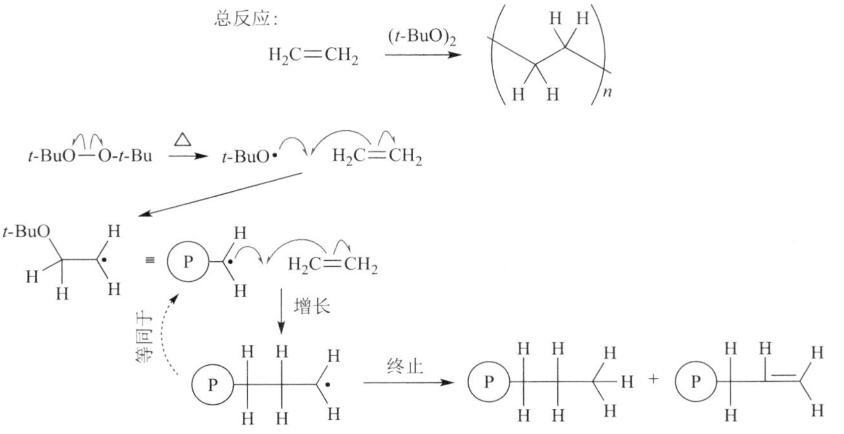

图 5.56

聚乙烯可用于三明治包装、汽水瓶、公园长椅等东西，不过，坐在公园长椅上的感觉和裹在三明治包装纸里的感觉不一样，所以聚乙烯的物理性质显然会有很大变化。特定批次聚乙烯的物理性质部分取决于聚合物链中支链的数量和种类。聚乙烯可以有短支链或长支链。如图 5.57 所示，当生长聚合物末端自由基从相同链往回数四或五个碳原子上夺取氢自由基时，可以产生聚合物的一个短支链，由此产生的自由基继续聚合，得到含四或五个碳的支链。

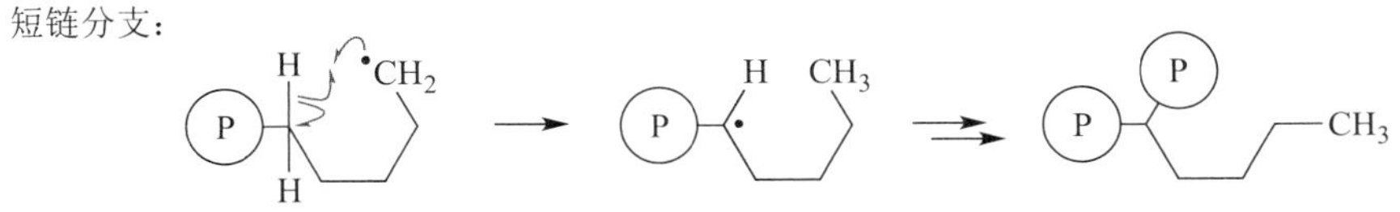

图 5.57

相反，当生长聚合物末端自由基从另一条聚合物链的中部夺取氢自由基时，产生聚合物的长支链，由此产生的自由基继续聚合，得到聚合物的长支链，如图 5.58 所示。

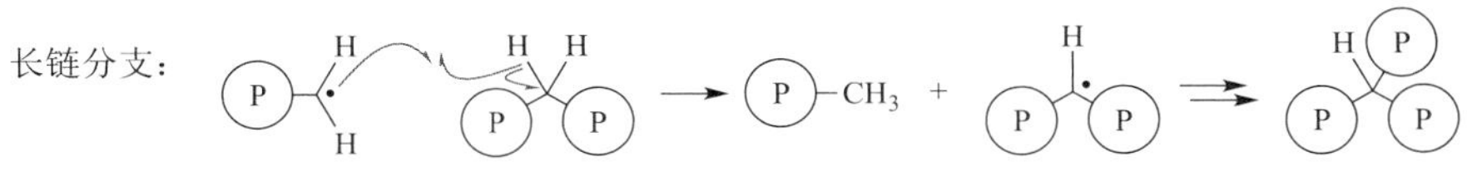

图 5.58

聚合过程中可以改变反应条件（如乙烯密度、聚合物密度、温度、引发剂浓度、压力），得到更多或更少短支链和长支链。其他因素，如平均分子量和多分散性（样品分子链长的变化程度）也影响聚乙烯的性能。

在实验室中，自由基加成反应经常使用 $Bu_3Sn\cdot$ 作为关键的链载体。如图 5.59 所示，该反应的引发步骤通常为自由基引发剂（通常来自 AIBN）从 $HSnBu_3$ 中夺取氢自由基，得到 $Bu_3Sn\cdot$。机理的增长步骤通常包括：① $Bu_3Sn\cdot$ 夺取 ·Br、·I 或 ·SeR 得到烷基自由基；② 烷基自由基对 π 键加成；③ 新烷基自由基从 $HSnBu_3$ 中夺取 ·H 得到产物，再生 $\cdot SnBu_3$。

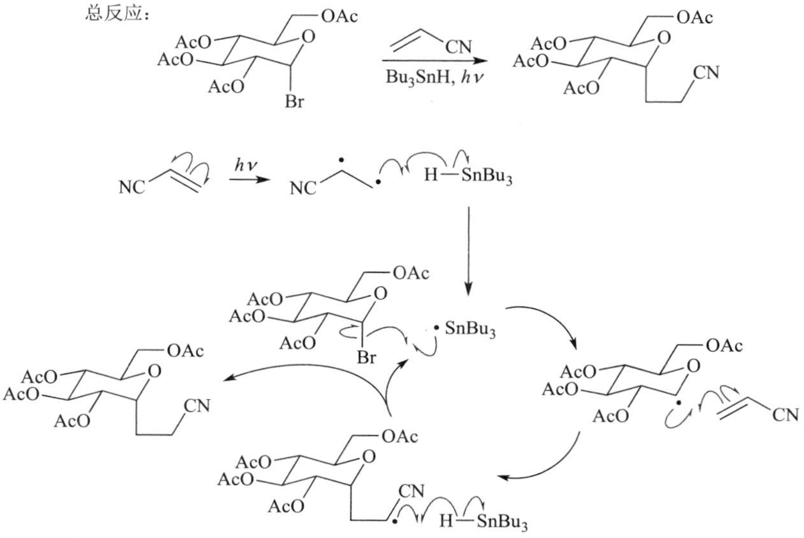

总反应：

图 5.59

自由基环化反应（即烷基自由基与 C=C π 键的分子内加成）已经成为有机合成中最有趣、应用最广泛的自由基反应之一。自由基环化反应有用，因为它们反应速度非常快。5-己烯基自由基环化得到环戊甲基自由基速率非常快。事实上，环戊甲基自由基的形成速率比更稳定的环己基自由基的环化速率快得多。如图 5.60 所示，这种立体电子效应是因为：C1 进攻 C5 与 C1 进攻 C6 相比，自由基 p 轨道和双键的 π^* 分子轨道之间的重叠更好。5-外型和 6-内型关环的相对速率很大程度上依赖于底物的性质，尤其是 π 键上取代基的数量。6-庚烯基自由基环化的 6-外型模式也很有利。

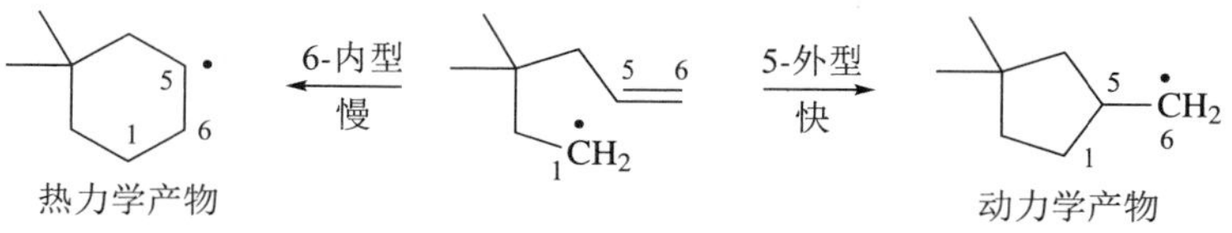

图 5.60

如图 5.61 所示，分子内自由基环化反应机理与分子间的反应机理不同。

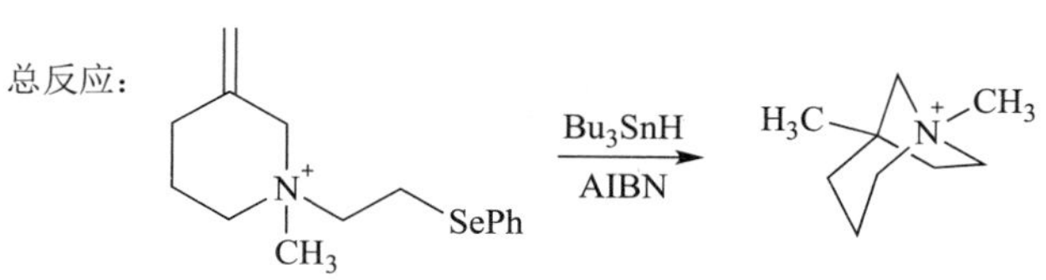

总反应：

图 5.61

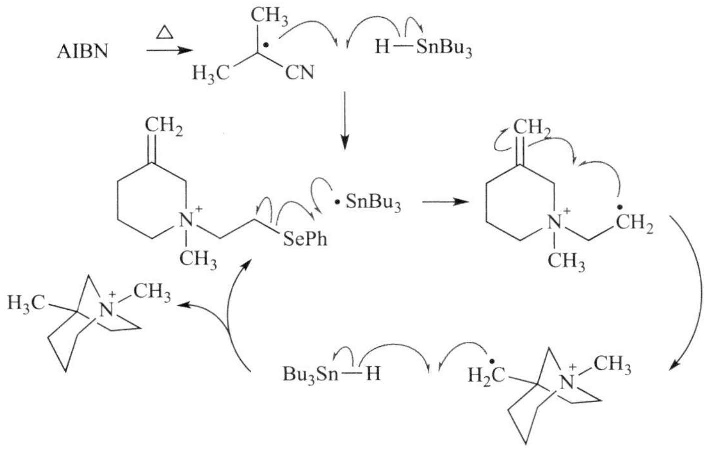

AIBN　△　CH_3　H_3C　CN　H—$SnBu_3$

CH_2　N^+　CH_3　SePh　· $SnBu_3$　CH_2　N^+　CH_3　$\dot{C}H_2$

H_3C　N^+　CH_3　Bu_3Sn—H　$H_2\dot{C}$　N^+　CH_3

图 5.61(续)

我们可以写出包含九电子硒原子中间体的两步加成-解离过程,来代替原子夺取反应。

习题 5.5　书写图 5.62 中自由基环化反应的机理。如果可能,所有的环化步骤都应该得到五元环或六元环。

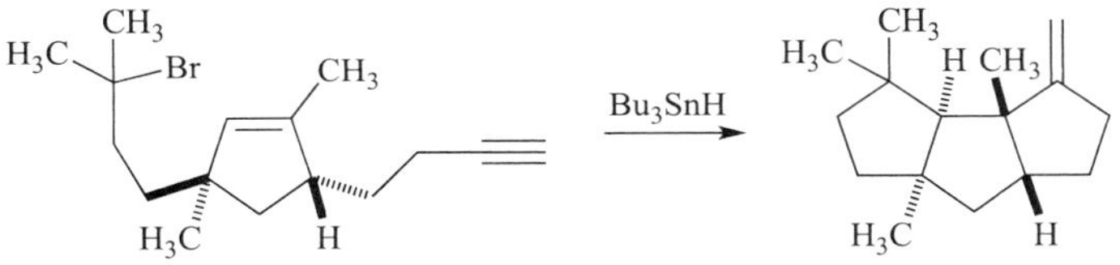

CH_3　H_3C　Br　CH_3　H_3C　H　Bu_3SnH　CH_3　H_3C　H　CH_3　H_3C　H

(a)

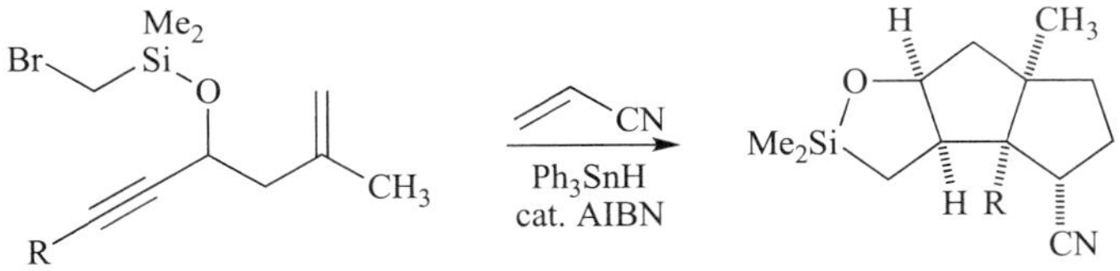

Me_2　Br　Si　O　CH_3　R　CN　Ph_3SnH　cat. AIBN　H　CH_3　O　Me_2Si　H　R　CN

(b)

图 5.62

在自由基环化反应中,自由基也可以与 CO 或异腈(RNC)加成,得到酰基自由基($R\dot{C}$=O)或亚胺自由基($R\dot{C}$=NR),它们可以进一步反应。如图 5.63(a)和 5.63(b)所示,烷基自由基与 *t*-BuNC 的末端碳加成得到亚胺自由基,然后亚胺自由基裂解得到叔丁基自由基和烷基腈(∶N≡CR)。在不同的底物中,亚胺自由基可进行加成反应或夺取反应。

该反应第二个有趣的特点是在反应混合物中加入催化量的 Bu_3SnCl 和化学计量的 $NaBH_3CN$,加入反应混合物中的少量 Bu_3SnCl 被少量 $NaBH_3CN$ 还原为 Bu_3SnH。每个催化循环后,Bu_3SnH 转换为 Bu_3SnI,化学当量的 $NaBH_3CN$ 将其还原为 Bu_3SnH。该技术可以使反应中使用的有毒恶臭锡化合物的量减到最低,但必须注意确保加成步骤的速率适当平衡，以避免自由基中间体的积聚。

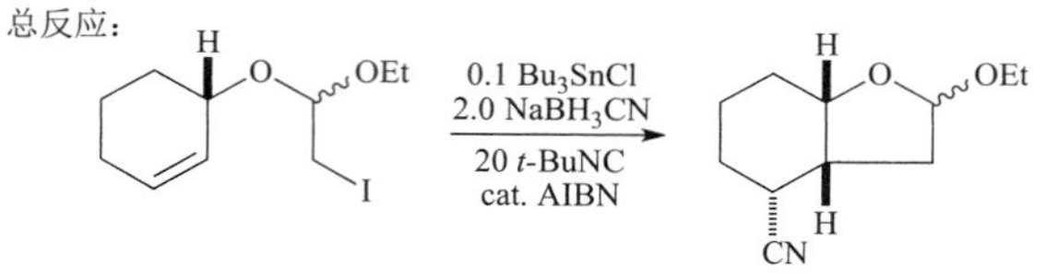

总反应：

$\xrightarrow[\text{20 } t\text{-BuNC, cat. AIBN}]{\text{0.1 Bu}_3\text{SnCl, 2.0 NaBH}_3\text{CN}}$

（a）

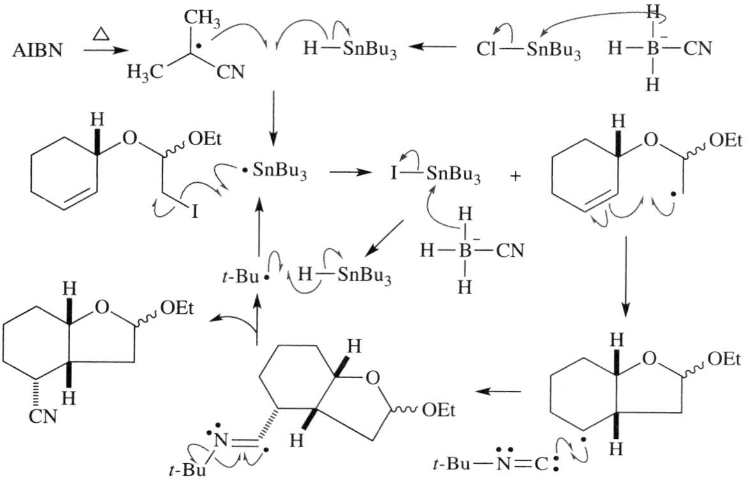

（b）

图 5.63

习题 5.6 书写图 5.64 中自由基环化反应机理。

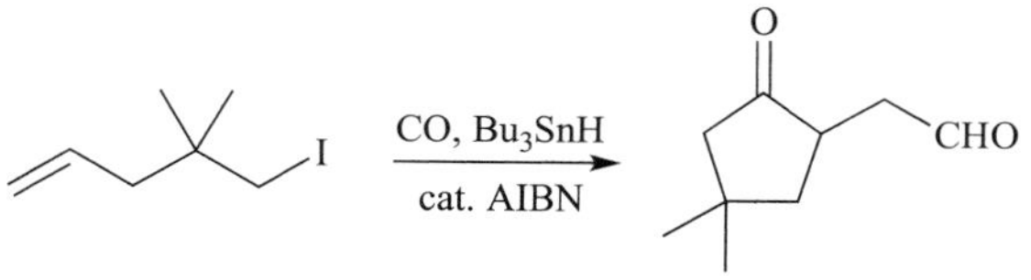

$\xrightarrow[\text{cat. AIBN}]{\text{CO, Bu}_3\text{SnH}}$

图 5.64

有些自由基环化反应只需要催化量的 Bu_3SnH 或 $Bu_3SnSnBu_3$，这样的反应只是简单转移 X 原子，而不是用 C—H 键取代 C—X 键。这些原子转移环化反应与传统的自由基环化反应不同，在增长的最后一步，不是用 · $SnBu_3$ 从 C—X 键中夺取 X ·，而是从环化原料中夺取。只有当一个弱键形成强键时，最后一步才是动力学可行的。如图 5.65 所示，消耗一个 C—I 键，形成一个 Si—I 键。

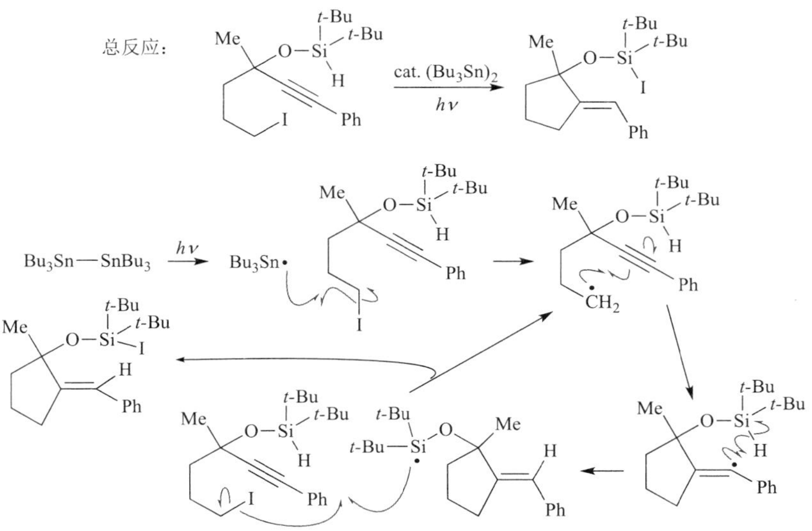

总反应:

图 5.65

具有弱 C—H 键的化合物可以通过自由基链反应机理与烯烃加成,通过这种方式与烯烃加成的化合物包括 RCHO(醛、甲酸等)和 1,3-二羰基化合物。如图 5.66 所示,在机理的引发部分,自由基引发剂从弱 C—H 键夺取氢自由基,得到碳自由基。在增长部分,碳自由基与 C=C π 键加成,然后新自由基从弱 C—H 键夺取氢自由基,得到产物,再生碳自由基。

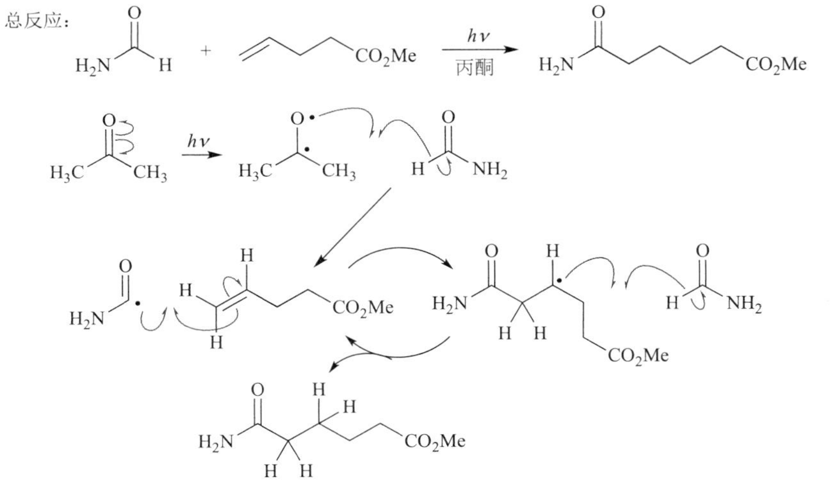

总反应:

图 5.66

习题 5.7 书写图 5.67 中加成反应的自由基反应机理。

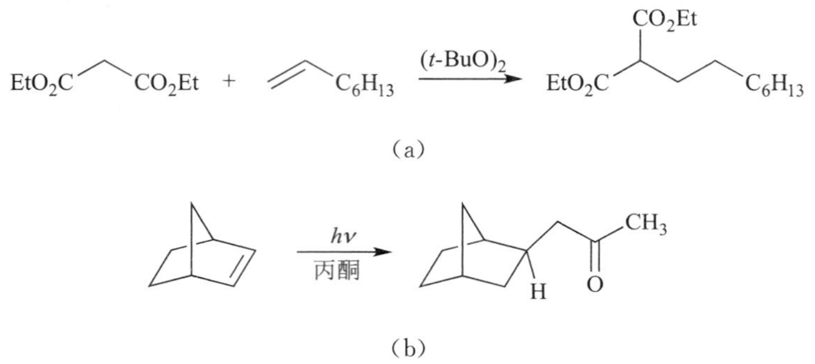

(a)

(b)

图 5.67

有时自由基对 π 键加成以后，新自由基直接裂解。如图 5.68 所示，在自由基烯丙基化反应中，卤代烃或硒化物与烯丙基三丁基锡反应得到产物，产物中的卤素或硒被烯丙基取代。在机理的增长部分，$Bu_3Sn\cdot$ 从原料中夺取 X·，生成烷基自由基，再与锡烷烯丙基末端碳加成，然后裂解得到产物，再生成 $\cdot SnBu_3$。

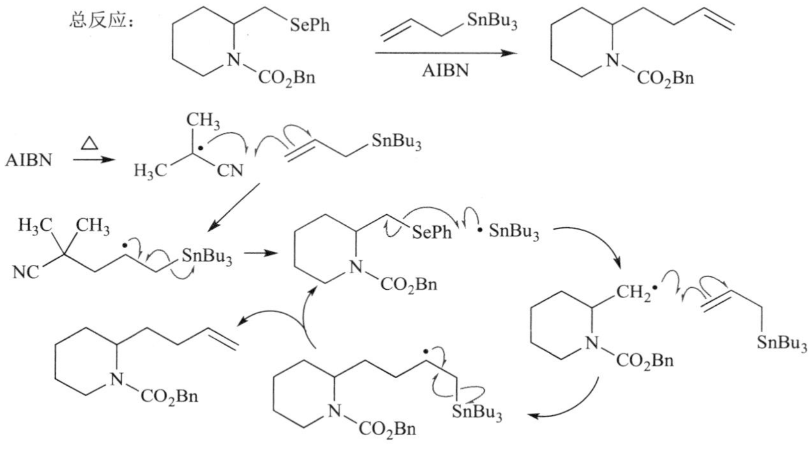

图 5.68

习题 5.8 书写图 5.69 中反应的加成-裂解反应机理。

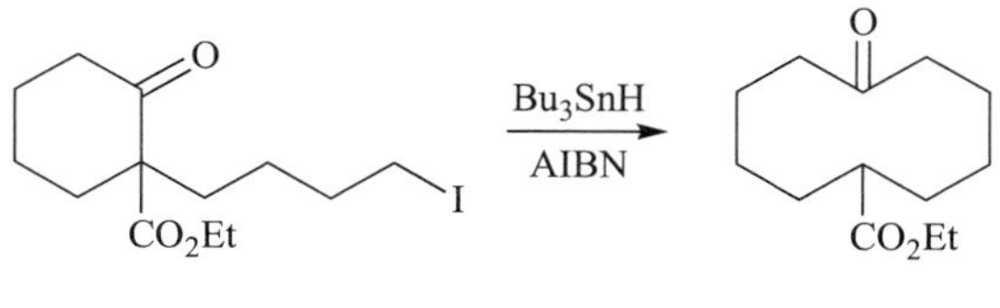

图 5.69

如图 5.70 所示，环丙基甲基自由基裂解得到 3-丁烯基自由基是已知最快的反应之一，速率为 $2.1\times 10^8\ s^{-1}$。苯基取代的环丙基甲基的开环速率甚至更快，这些自由基时钟(radical clocks)可以用来研究非常快速的反应机理，特别是在酶中的反应。如果底物发生包含自由基中间体的反应，中间体的寿命比 10^{-8} s 长，该底物的类似物具有连接到假定自由基中心的环丙基，那么将得到环丙基开环的产物。不开环并不意味着没有自由基中间体；相反，它只意味着自由基中间体寿命比环丙基甲基自由基的寿命短。但是，如果自由基中间体的寿命比已知最快反应的寿命还要短，那么实际上可以说它不存在。

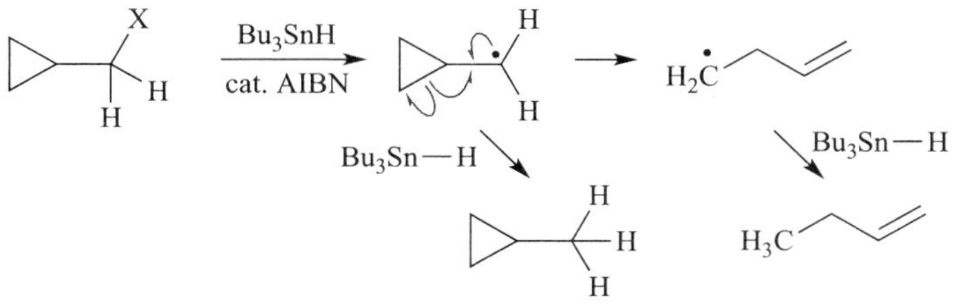

图 5.70

在 Hunsdiecker 反应中，羧酸的银盐(RCO_2Ag)用 Br_2 处理得到少一个碳原子的溴代烃(RBr)。这一反应在芳香酸中不能很好地进行，说明涉及自由基反应机理。如图 5.71 所示，羧酸盐和溴反应得到酰基次溴酸盐，它通过自由基链反应机理分解。

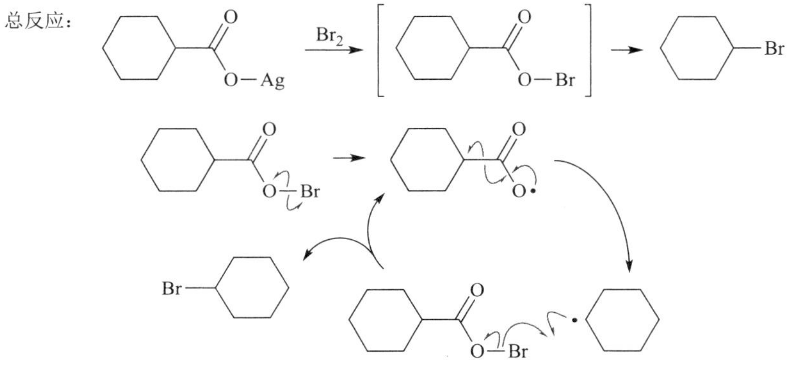

图 5.71

5.3　非链式自由基反应

非链式自由基反应的主要类型有光化学反应、金属还原和氧化反应与环芳构化反应。

5.3.1　光化学反应

羰基化合物光激发生成 1,2-双自由基后常发生裂解反应。裂解可以采取两种方式，分别是 Norrish Ⅰ型裂解和 Norrish Ⅱ型裂解。如图 5.72 所示，在 Norrish Ⅰ型裂解反应中，α-碳和羰基碳之间的键断裂，得到酰基自由基和烷基自由基，这些自由基随后会发生各种反应。例如，酰基自由基可以脱羰基，得到新烷基自由基，新烷基自由基可以与 Norrish 裂解中产生的烷基自由基进行自由基-自由基结合反应；另外，酰基和烷基自由基可以发生歧化反应，得到醛和 C=C π 键；第三种可能性是自由基-自由基重新结合，再生原料。

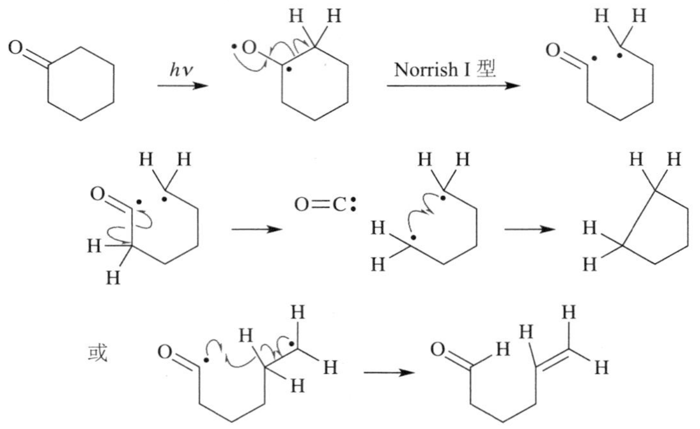

图 5.72

如图 5.73 所示，在 Norrish Ⅱ型裂解反应中，氧自由基从六元环过渡态的 γ-碳夺取氢，然后 1,4-双自由基裂解得到烯烃和烯醇，烯醇异构化为酮。有时 1,4-双自由基进行自由基-自由基结合得到环丁烷。Norrish Ⅱ型裂解反应与羰基化合物的质谱中常见的麦氏重排反应紧密相关。

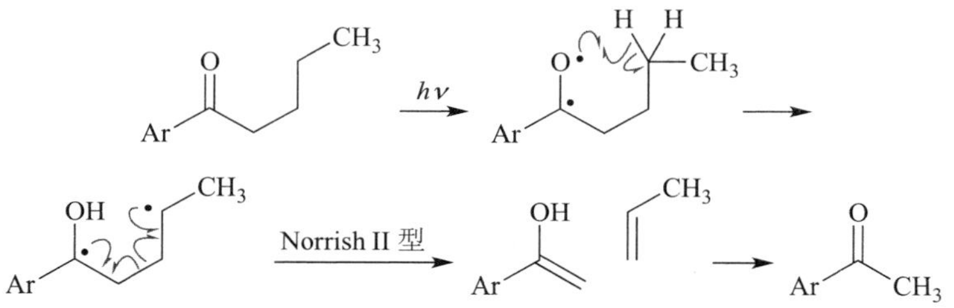

图 5.73

习题 5.9 2-硝基苄基用作醇的保护基，它对碱和酸稳定，但对光不稳定。如图 5.74 所示，书写 2-硝基苄基醚光解释放醇的 Norrish 反应机理。

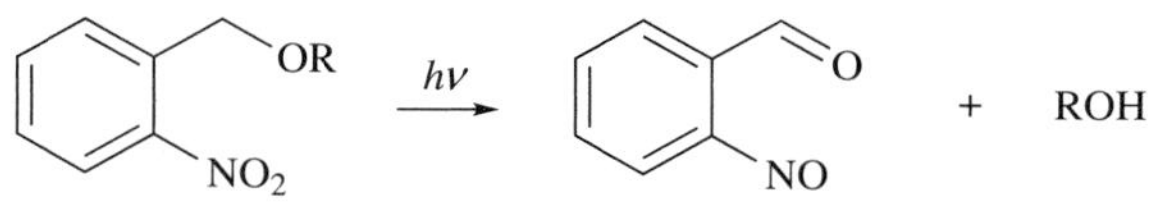

图 5.74

光激发酮可以发生其他自由基典型反应。溶解在异丙醇中的二苯甲酮仅仅暴露在阳光下，就会发生光化学频哪醇偶联反应。如图 5.75 所示，异丙醇作为氢原子的给体。

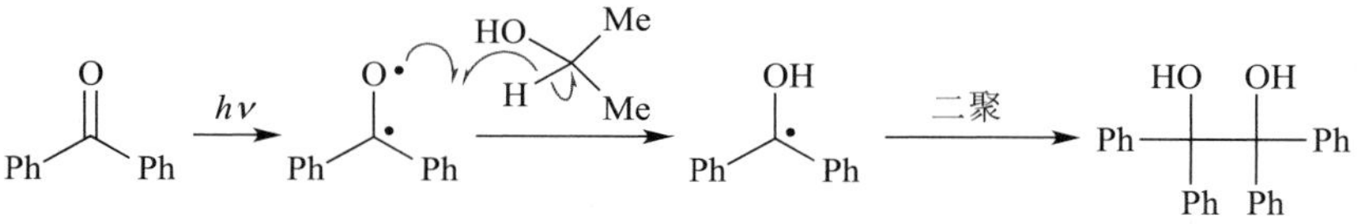

图 5.75

如图5.76所示，在Barton反应中，亚硝酸烷基酯转变为醇-肟。亚硝酸酯经过光激发得到1,2-双自由基，然后裂解得到·NO和烷氧自由基(RO·)，后者从最近的C—H键中夺取H·，产生的烷基自由基与·NO结合得到亚硝基化合物，然后异构化为肟，可能通过极性分步反应机理。Barton反应已被用于碳氢化合物的远程官能化，特别是类固醇。

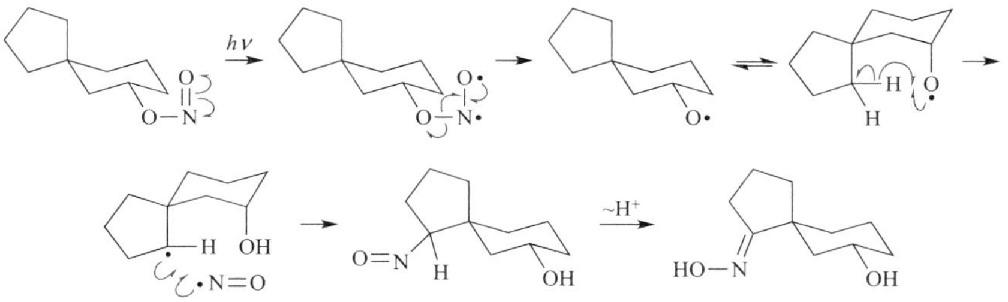

图5.76

我们可以为该反应写出完全合理的链反应机理，但非链反应机理也合适，因为·NO是稳定自由基，存在于体系中，直到能够与烷基自由基结合形成强的C—N键。

最后，值得一提的是，光化学允许的烯烃[2+2]环加成反应可看作自由基过程。如图5.77所示，光激发烯烃得到1,4-双自由基。C1自由基与另一烯烃的末端加成得到1,4-双自由基，然后环化得到产物。飞秒时间尺度的光谱测量证明，1,4-双自由基是[2+2]环加成反应路径中真实的中间体，但是因为[2+2]环加成反应是立体专一性的，所以1,4-双自由基的寿命比C—C σ键旋转的时间短。

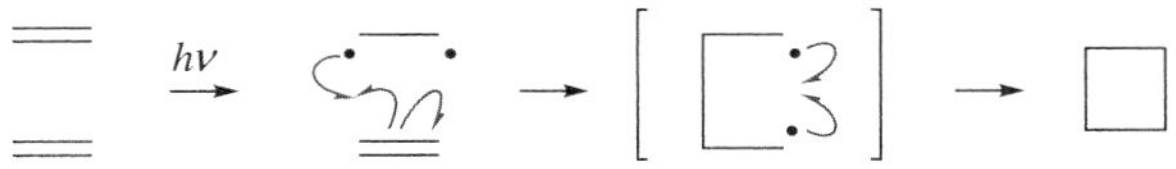

图5.77

5.3.2　金属还原和氧化反应

有机化学中使用的第ⅠA族金属和其他单电子还原剂的还原反应可以分为两类：一类是π键与H_2的加成反应，例如共轭还原反应和Birch还原反应；另一类是非氢原子间σ键的形成或断裂反应，例如C—X键的还原反应、酮醇和频哪醇的缩合反应。

1. π键与H_2加成反应

π键与H_2加成反应按照下列两个过程(之一或两个)进行：

(1) 一个电子从金属转移到底物，形成自由基负离子。

(2) 第二个电子转移到负离子自由基上，形成闭壳双负离子。

(3) 双负离子质子化得到闭壳负离子。

或者：

(1) 一个电子从金属转移到底物，形成自由基负离子。

(2) 自由基负离子质子化得到中性自由基。

(3) 第二个电子转移得到闭壳负离子。

溶剂通常是液氨,在液氨中金属的电子溶剂化,形成深蓝色溶液。质子源通常是醇或氨本身。

可溶性金属用于 α,β-不饱和酮的共轭还原已经很久了,该方法仍然是实现这一转变的少数几种好方法之一。如图 5.78 所示,在共轭还原中,双电子转移得到闭壳双负离子,双负离子质子化得到烯醇负离子,烯醇负离子后处理转化为酮,用 Me_3SiCl 处理得到烯醇硅醚,或加入卤代烃得到烷基酮。

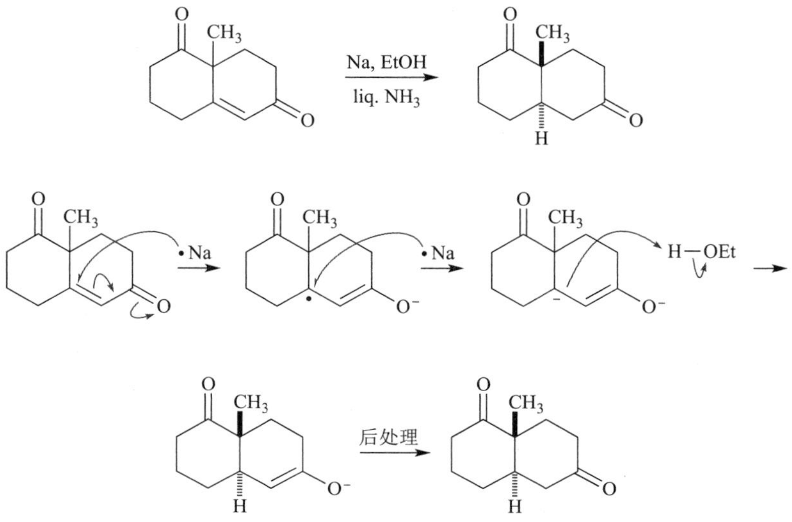

Na, EtOH
liq. NH_3

后处理

图 5.78

共轭还原对于生成区域专一性烯醇负离子也很有用。如图 5.79 所示,3-取代环己酮失去质子得到几乎等摩尔比的区域异构烯醇负离子,但可以通过适当的环己烯酮的共轭还原,区域专一性地生成任意一种烯醇负离子。

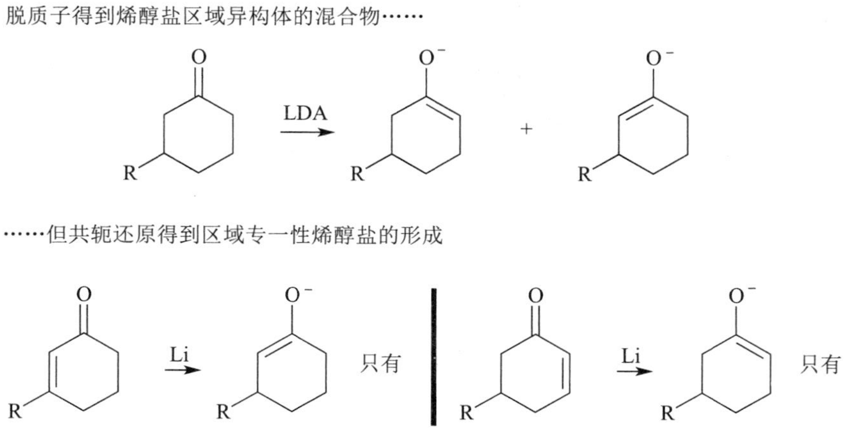

脱质子得到烯醇盐区域异构体的混合物……

LDA

……但共轭还原得到区域专一性烯醇盐的形成

Li 只有

Li 只有

图 5.79

在 Bouveault-Blanc 还原中，饱和酮通过几乎相同的反应机理还原得到醇。由于金属氢化合物(如 $NaBH_4$ 和 $LiAlH_4$)的出现，这个古老的反应已经基本被替代，但它仍然有用，因为它总是得到最低能量的非对映体。相比之下，在用金属氢化物还原时，主要产物往往是高能非对映体，如图 5.80 所示。

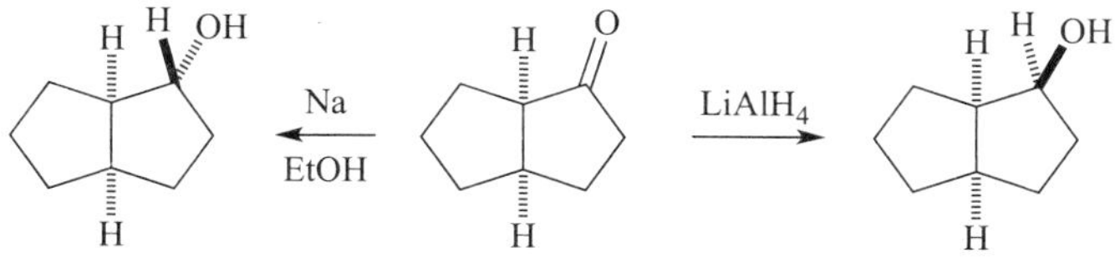

图 5.80

习题 5.10　书写上述酮的 Bouveault-Blanc 还原反应机理。

如图 5.81 所示，在炔烃还原为反式烯烃的反应中，第二个电子转移发生在第一次质子化之后。决定立体化学的步骤是第二个电子转移后得到的碳负离子质子化，得到低能反式产物。

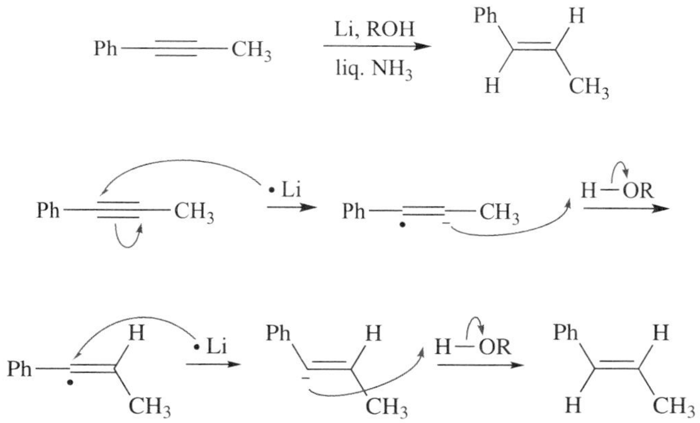

图 5.81

Birch 还原反应将芳烃转变为 1,4-环己二烯，机理也是电子转移到环上，自由基负离子质子化，第二个电子转移得到碳负离子，质子化得到中性产物。该反应具有高度区域选择性，质子化步骤决定还原的区域选择性，它们发生在吸电子基团的对位和原位、给电子基团的邻位和间位。因此，如图 5.82 所示，在产物中，给电子基团(如 MeO—)与 π 键共轭，吸电子基团(如—CO_2H，实际是—CO_2^-，因为反应条件是碱性)处于 sp^3 杂化的位置。

当苯甲酸衍生物还原时，不发生最后一步质子化反应，得到羧酸根碳负离子，负离子可以通过后处理质子化得到常规产物，或者加入亲电试剂发生烷基化反应，质子或亲电试剂加在羧基的原位。在戊二烯负离子的 HOMO 中，这个位置的系数最大，如图 5.83 所示。

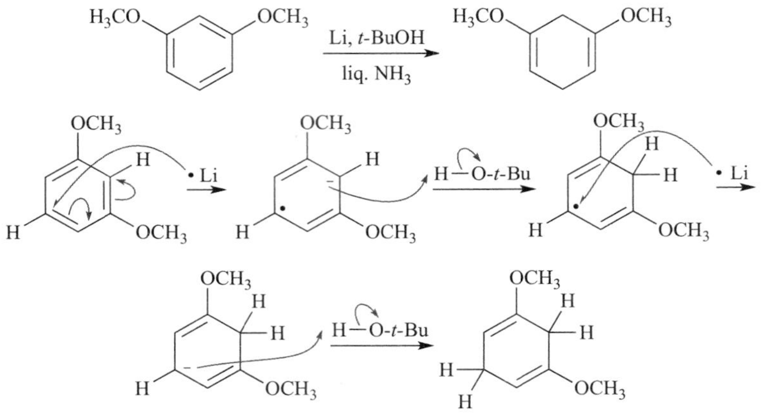

图 5.82

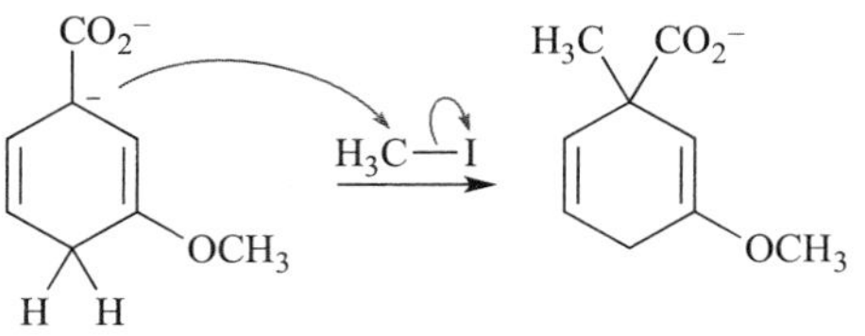

图 5.83

Birch 还原极不耐受官能团，所有的苄基醚、苄醇和羰基都被还原，并被氢取代，化合物中任意地方的卤素也一样，如图 5.84 所示。非苄基羰基可以或不可以被还原为醇，但炔烃和共轭烯烃可被还原为单烯烃。

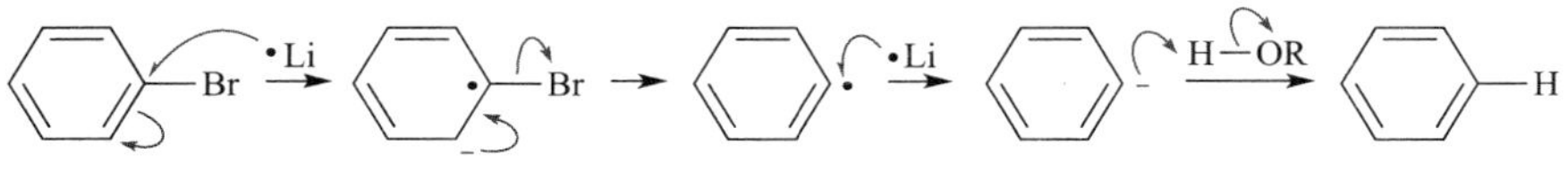

图 5.84

苄基醚的还原裂解使苄基成为醇有用的保护基。它在许多酸性和碱性条件下稳定，可以用 Li/NH_3(l)除去（也可以通过钯催化氢解除去，见第 6 章），如图 5.85 所示。还原裂解的产物是醇和甲苯或者甲基环己二烯（两者都很容易通过蒸馏去除）。

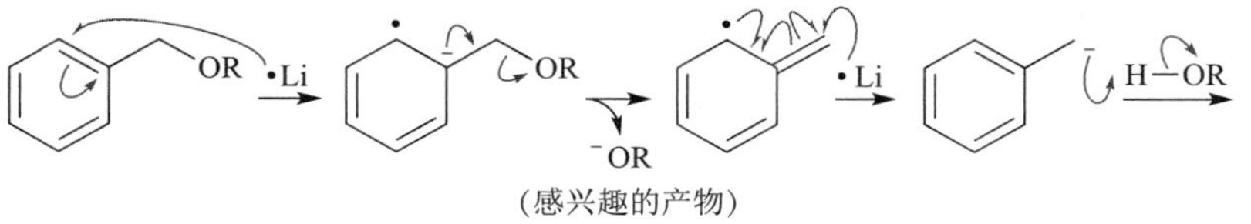

（感兴趣的产物）

图 5.85

习题 5.11 书写可溶性金属还原苯乙酮（PhCOMe）到乙苯，再到 1-乙基-1,4-环己二烯的反应机理。

2. C—X 键的还原和还原偶联反应

羰基化合物 α-碳上的离去基团(如—Br 和—OR)通过单电子还原剂还原。α-溴代羰基化合物在 Reformatsky 反应中(见第 2 章)被锌还原为相应的烯醇负离子。如图 5.86 所示,在最初的电子转移后,可能有几个路径,但所有路径都得到烯醇负离子。烯醇负离子通常立即与亲电试剂(如另一个羰基化合物)反应。在强的非亲核碱(如 LDA)出现之前,Reformatsky 反应是定量制备简单羰基化合物烯醇负离子的唯一途径。

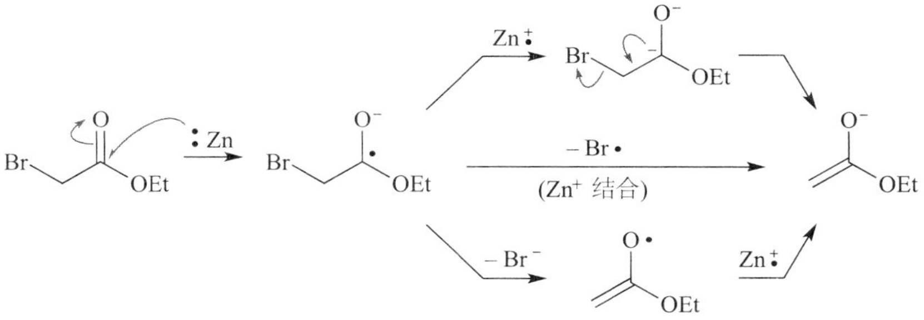

图 5.86

一种亲氧的单电子还原剂 SmI_2 特别适用于酮的 α-脱氧反应。如图 5.87 所示,SmI_2 中的金属是+2 价,但它更倾向于+3 价,所以它转移一个电子给 C=O π 键得到羰基自由基(钐羰基自由基常写为 $R_2\dot{C}$—OSm 而非 $R_2\dot{C}$—O^-)。羰基自由基可以发生常规反应,包括对 π 键的加成反应。当羰基 α-位有羟基或烷氧基时,第二当量的 SmI_2 与其络合,然后 σ 键均裂得到 $ROSmI_2$,脱氧羰基化合物成为烯醇盐,其可在原位质子化或后处理质子化。

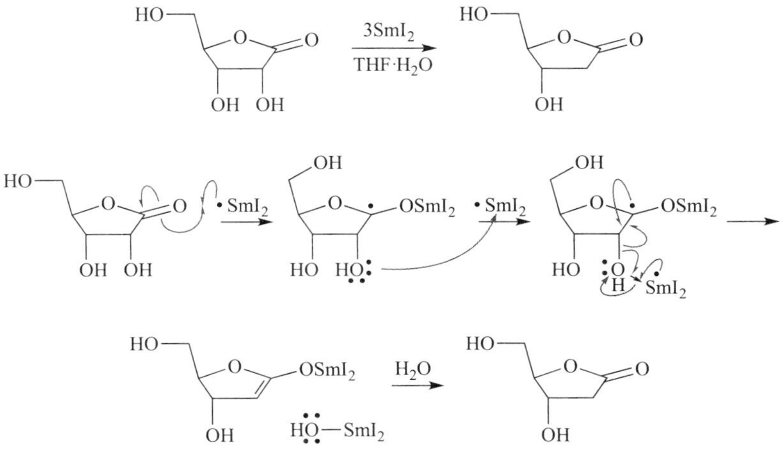

图 5.87

在这个例子中,为了提供过量的试剂使用了 3 当量的二碘化钐。

如图 5.88 所示,在频哪醇偶联反应中,二分子酮还原偶联得到 1,2-二醇(与前面所讨论的光化学频哪醇偶联反应比较)。两分子酮通常是相同的,但分子内二聚可以得到不对称的 1,2-二醇。有两种可能的反应机理,两种机理都是从电子转移给酮得到羰基自由基负离子开始的。在机理(a)中,自由基负离子二聚,得到双氧负离子,该机理的问题是需要两个羰基自由基负离子互相反应。在机理(b)中,羰基自由基负离子的碳与原料酮的羰基碳加成,第二次电子转移后得到双氧负离子。在两个机理中,后处理得到二醇。

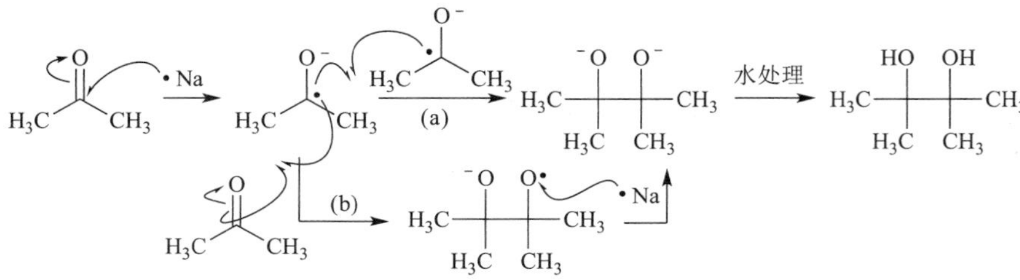

图 5.88

酮醇缩合将两种酯转变为 α-羟基酮(一种酮醇),该反应经常在分子内发生。如图 5.89 所示,现代酮醇缩合反应通常在金属和 Me_3SiCl 存在下进行,得到的二硅氧基烯烃作为第一步的产物,然后对二硅氧基烯烃进行后处理,水解以后得到羟基酮。Me_3SiCl 可以与羰基自由基负离子反应,生成中性自由基来提高产率,中性自由基更容易与其他羰基或羰基自由基负离子加成。除了有两个消除步骤和两个加成电子转移步骤外,反应机理与频哪醇偶联非常相似。分子内反应对各种大小的环都很有效。

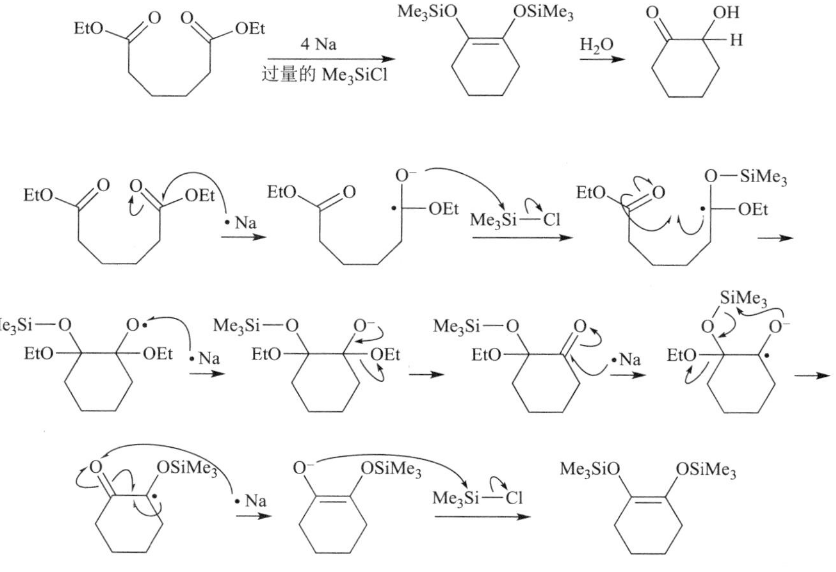

图 5.89

化合物 S-腺苷蛋氨酸(SAM)在生物学上有两大作用:一个作用是甲基化亲核试剂,作为亲电甲基的来源,很像 CH_3I;另一个作用是作为烷基自由基的前体。在后一种作用中,如图 5.90 所示,自由基 SAM 酶活性位点上的一簇 Fe 和 S 原子转移一个电子到带正电的 S 原子上,然后 S—C 键断裂,产生游离蛋氨酸和 5′-脱氧腺苷自由基(dAdo·)。

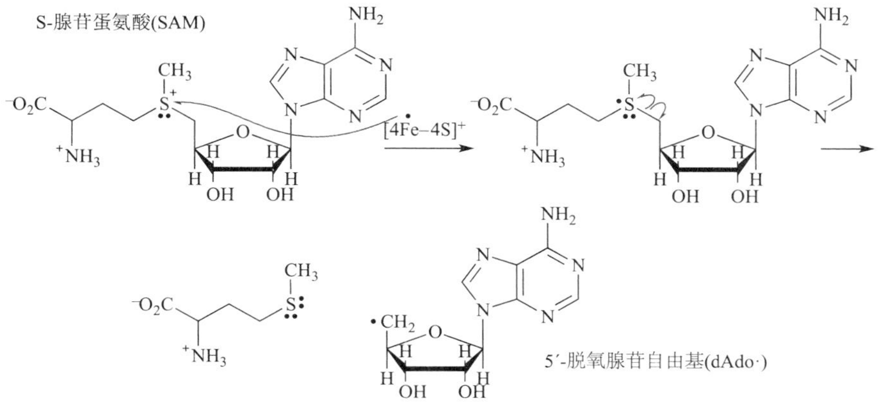

图 5.90

dAdo·自由基可以继续进行1°烷基自由基的典型化学反应。如图 5.91 所示,在生物素的生物合成中,dAdo·从环状尿素底物的甲基中夺取 H·,由此产生的1°烷基自由基和邻近的与两个 Fe(Ⅲ)原子相连的硫原子成键,将其中一个原子还原为 Fe(Ⅱ)。随后,另一个 dAdo·从底物的亚甲基中夺取另一个 H·,由此产生的2°烷基自由基与同一个硫原子成键,形成生物素并将第二个 Fe(Ⅲ)还原为 Fe(Ⅱ)。

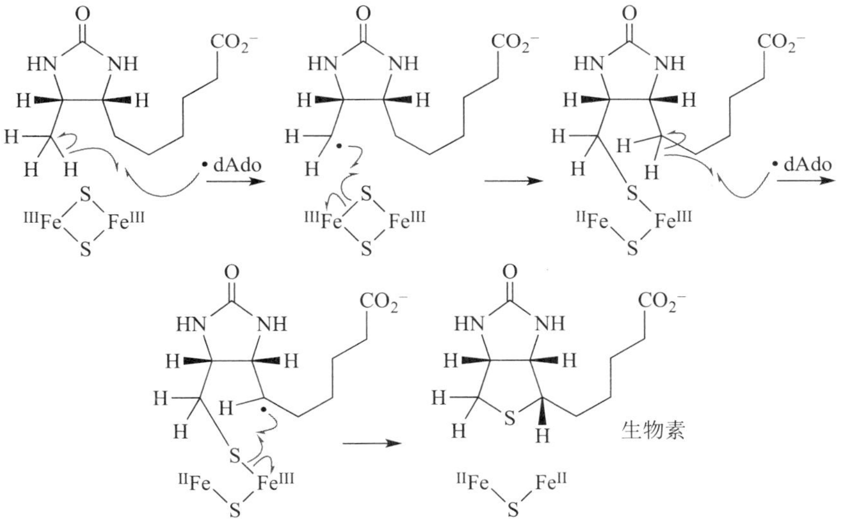

图 5.91

习题 5.12 书写图 5.92 中在 dAdo·催化下,L-α-赖氨酸的磷酸吡哆醛亚胺异构化为 L-β-赖氨酸磷酸吡哆醛亚胺的反应机理。(你可以在第3章中找到磷酸吡哆醛的结构和化学性质的讨论。)

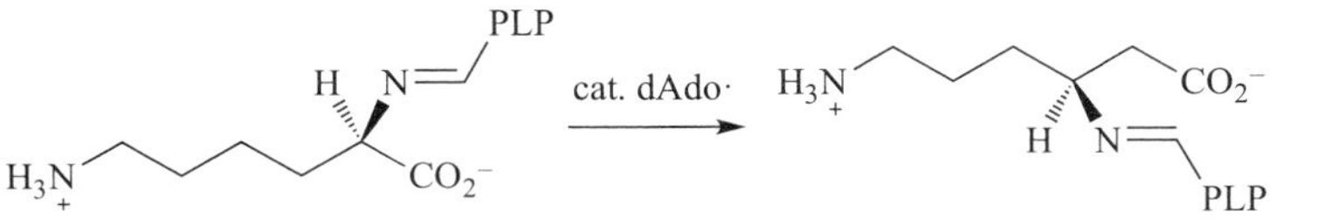

图 5.92

3. 单电子氧化反应

如图 5.93 所示，*p*-甲氧苯基可以通过 CAN 或 DDQ 促进的单电子氧化从氮或氧上除去。芳基从底物裂解以后，进一步氧化为醌，因此至少需要 2 当量的氧化剂。

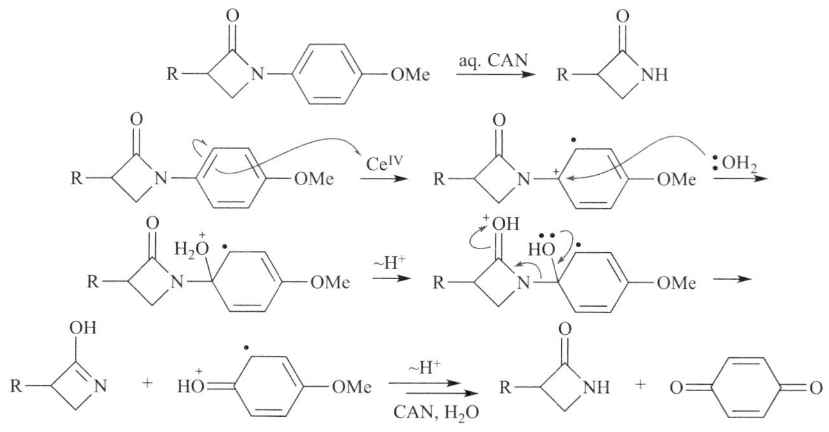

图 5.93

酶细胞色素 P450 在肝脏中通过单电子转移反应机理代谢三级胺。如图 5.94 所示，电子从氮转移到具有 Fe═O 键的血红素基，得到铵基自由基正离子和自由基负离子$[\bar{Fe}]$—O·。氧自由基夺取 α-氢原子得到亚胺离子，亚胺离子水解得到二级胺和醛，两者进一步氧化成水溶性化合物，然后排出体外。三级胺到二级胺的氧化也可以在实验室中进行。

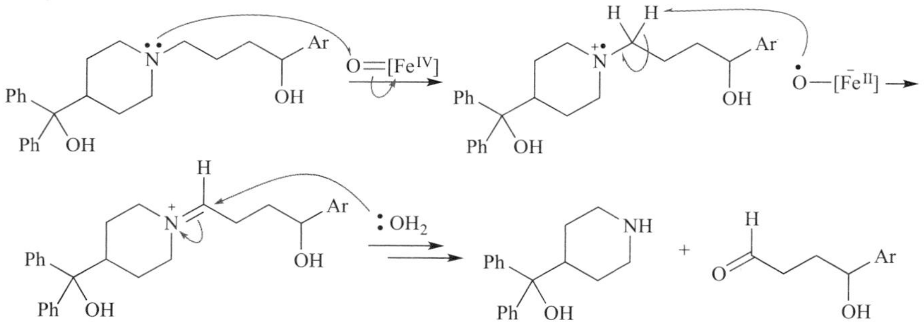

图 5.94

习题 5.13 书写图 5.95 反应合理的机理。为什么环上氮邻位的碳原子没有被氧化？

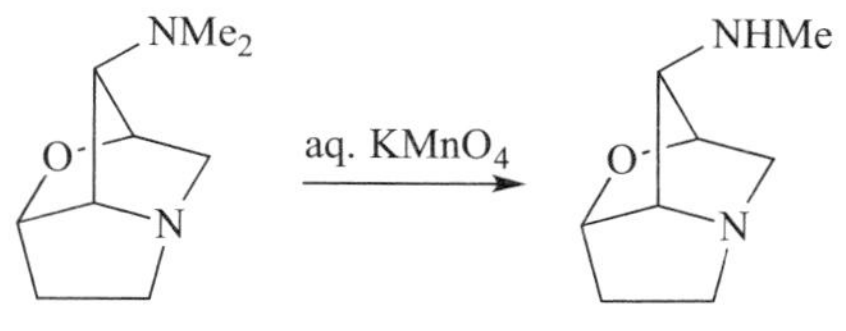

图 5.95

另一类含铁的氧化酶和羟化酶，通过自由基反应机理用 C—OH 键取代 C—H 键。如图

5.96 所示，一种 Fe(Ⅳ)氧化物利用其氧原子从底物中夺取氢原子，得到烷基自由基和 Fe(Ⅲ)氢氧化物。然后，碳从氢氧化铁(Ⅲ)中夺取・OH，得到新的 C—OH 键和 Fe(Ⅱ)。Fe(Ⅱ)被 O_2 氧化回到 Fe(Ⅳ)，在某些羟化酶中，转化为 2-氧代谷氨酸盐。

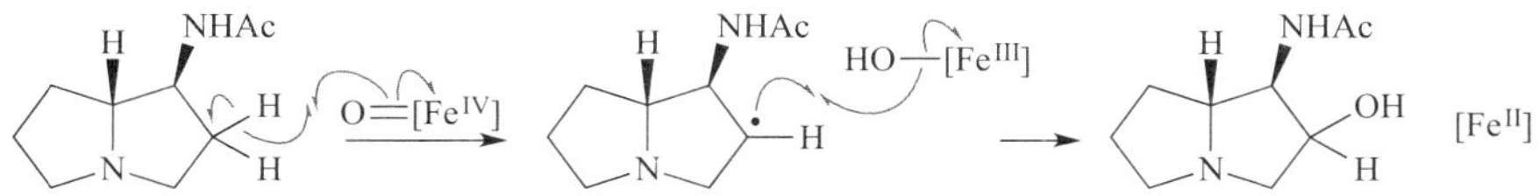

图 5.96

5.3.3　环芳构化反应

环芳构化的合成潜力很少被探索。如图 5.97 所示，环芳构化中生成的芳基双自由基通常从化合物(如 1,4-环己二烯)中夺取氢自由基而被捕获，在体内，氢源是 DNA。或者一个芳基自由基与邻近 π 键加成得到新自由基，新自由基本身可以夺取氢自由基而淬灭。

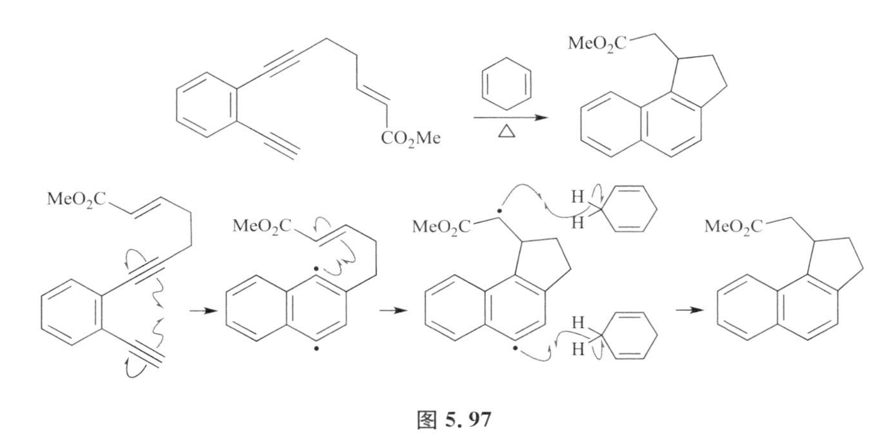

图 5.97

5.4　各种自由基反应

5.4.1　1,2-负离子重排与孤对电子翻转

Stevens 重排和 Wittig 重排(非烯丙基型)(见第 4 章)可归类为四电子[1,2]-σ-重排(图 5.98)。Woodward-Hoffmann 规则指出，一个组分必须异面反应，四电子 σ 重排才是允许的，但是 Stevens 重排和 Wittig 重排的组分发生异面反应在几何上是不可能的。怎么会这样呢?

Woodward-Hoffmann 规则的一个条件是：只有当反应按照协同方式进行时，规则才适用。事实上，Stevens 重排和 Wittig 重排可以用包含自由基的两步非协同机理解释。如图 5.99 所示，杂原子的 α-位脱去氢离子后，杂原子和迁移基团之间的键均裂，得到自由基和自由基负离子，自由基负离子的共振结构表明它是一种羰基自由基。迁移基团与羰基自由基之间发生自由基-自由基结合得到重排产物。注意，在本例中，将 $CH_3 \cdot$ 作为中间体是合理的，但写出 CH_3^+ 作为中间体不合理。

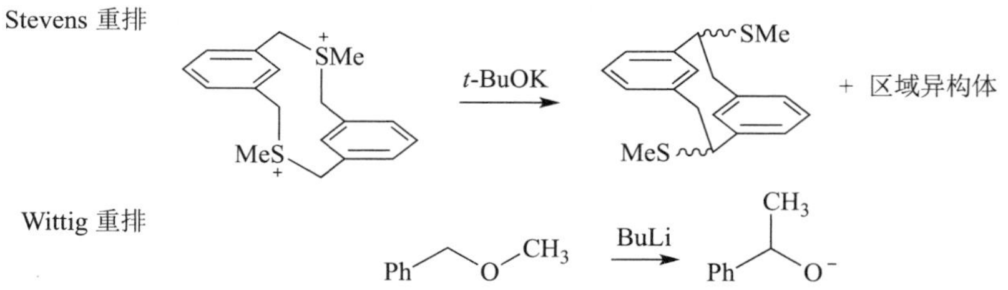

图 5.98

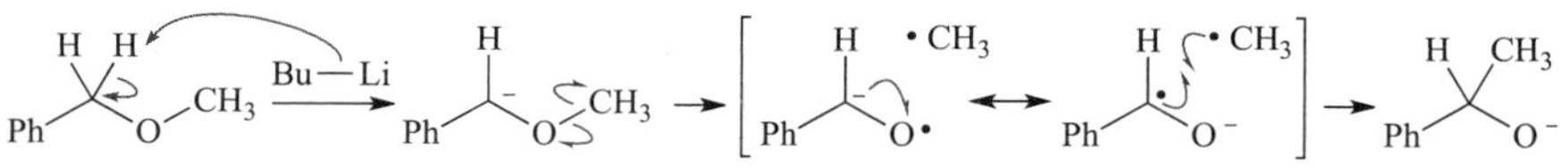

图 5.99

习题 5.14 书写 Stevens 重排反应的机理。

胺的孤对电子是非手性的，如化合物(如 $Me\ddot{N}(Et)(i\text{-}Pr)$)是三角锥形，手性的，但是氮上的孤对电子在室温下可以快速翻转("伞效应")，除了少数几种胺以外，几乎无法分离所有胺的对映体。相比之下，含孤对电子的重原子(如硫、磷)在室温下不会发生翻转，三价 S 和 P 的化合物在正常温度下(<100 ℃)构型稳定。亚砜加热到足够高温度时，会外消旋化，外消旋化的反应机理不涉及硫上孤对电子的翻转，相反，人们认为外消旋化通过 S—C 键均裂进行，二价硫自由基不再具有构型，然后自由基-自由基重新结合，得到原料的一个对映体，如图 5.100 所示。

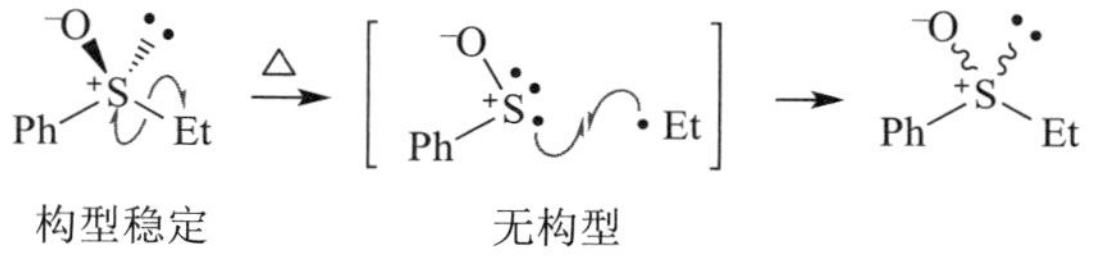

图 5.100

5.4.2 三线态卡宾和氮烯

重氮化合物或叠氮化合物光解生成三线态卡宾或氮烯。三线态卡宾中两个单电子自旋平行，处于不同轨道。三线态卡宾和氮烯可以发生所有单线态卡宾和氮烯的典型反应(见第2章)，但有一个重要区别：反应不是立体专一性的。三线态卡宾与氮烯的反应缺乏立体专一性，因为它们的1,1-双自由基的特征。例如，思考环丙烷化反应，烯烃 π 键的两个电子自旋相反，但三线态卡宾的两电子自旋平行。如果环丙烷化反应是协同的，那么所有四个电子必须平稳流动到两个新的 σ 成键轨道，但三个电子自旋平行，第四个自旋相反，这是不可能的，因此反应分步进行：一个键形成，1,3-双自由基的两个单电子彼此失去联系，改变自旋方向，然后形成第二个键。1,3-双自由基中间体的寿命足够长，可以发生 σ 键的旋转，失去旧 π 键的立体化学特征，如图 5.101 所示。

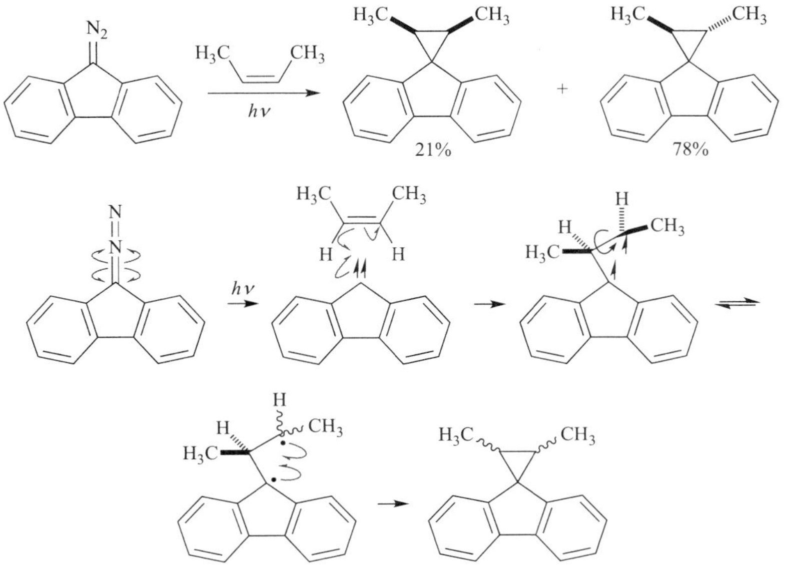

图 5.101

R_2C±不能用来描述三线态卡宾，"±"中的"—"代表一对电子，但三线态卡宾中的两个电子未配对。R_2C：可以用来描述单线态或三线态卡宾。

与单线态卡宾和卡宾类似物的 C—H 插入反应（见第 2 章）相比，三线态卡宾和氮烯的 C—H 插入反应发生在夺取氢的碳周围，立体化学纯度降低。如图 5.102 所示，三线态卡宾或氮烯（1,1-双自由基）从底物中夺取氢自由基得到两个自由基中间体，单电子自旋方向翻转后，自由基-自由基结合得到产物。氮烯插入反应是光亲和标记的基础，其中，生物受体的配体用叠氮基和放射性或荧光标记进行修饰，使其与蛋白质结合，然后进行光解，以将标记共价且专一性地安装在结合袋中。

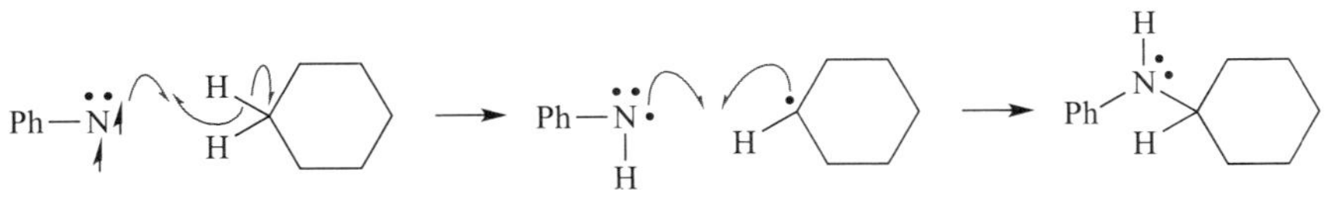

图 5.102

羰基取代卡宾的单线态能量比三线态能量低得多，所以 α-重氮酮光解得到单线态卡宾，如图 5.103 所示，这些化合物光解发生 α-重氮酮的光 Wolff 重排反应（见第 2 章）。

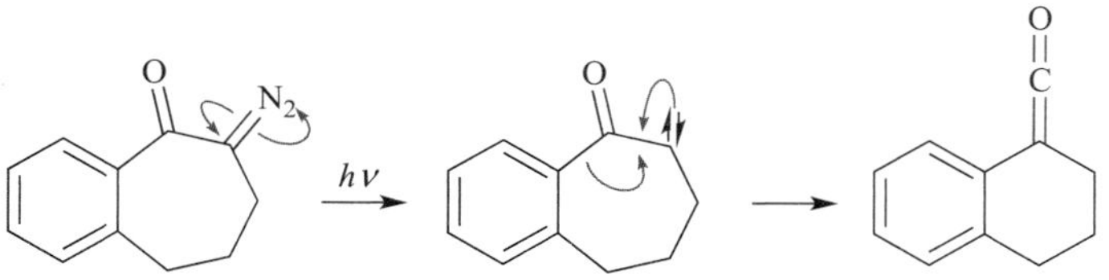

图 5.103

卡宾的反应是复杂的，因为容易发生系间窜越（即电子自旋反转，导致三线态和单线态的相互转换），如光 Wolff 重排反应。特定卡宾哪个状态能量较低主要依赖于取代基的性质。一般来说，单线态卡宾在合成上更有用，因为它们具有立体特异性。多数产生卡宾的技术得到单线态卡宾。

5.5 总　　结

自由基是具有七电子的缺电子物质，而碳正离子是具有六电子的缺电子物质，碳正离子发生三种典型反应：亲核试剂加成反应、裂解反应和 1,2-迁移反应。卡宾也是六电子缺电子物质，它们发生四种典型反应：环丙烷化反应、C—H 键插入反应、亲核试剂加成反应和 1,2-迁移反应。自由基、碳正离子和卡宾之间的相似性是显而易见的，它们之间的差异是由于各自电子数的不同以及是否存在未共享电子对。

自由基发生八种典型反应，但有三种是最重要的：原子夺取反应、π 键加成反应和裂解反应（其他五种是自由基-自由基结合反应、歧化反应、电子转移反应、亲核试剂加成反应和离去基团离去反应）。许多自由基通过链反应机理进行反应，但是光化学重排反应、氧化和还原反应与环芳构化反应不按此机理进行。

5.6 习　　题

1. 为了增加汽油燃烧的效率，甲基叔丁基醚（MTBE）和乙基叔丁基醚（ETBE）添加到汽油中，可以减少排放到大气和引起烟雾的挥发性有机化合物（VOCs）的量。化工行业对于使用 MTBE 作为四氢呋喃（THF）和乙醚的替代品很感兴趣，因为乙醚和四氢呋喃的自氧化是化学公司主要的安全问题。工业界对于 ETBE 作为醚溶剂的替代品不太感兴趣。

(a) 为什么 MTBE 与乙醚和 THF 相比不容易自氧化？

(b) 和 MTBE 相比，为什么人们对 ETBE 作为乙醚和四氢呋喃的替代品不感兴趣？

(c) 书写从异丁烯和甲醇合成 MTBE 的反应机理。需要什么条件？

(d) 来自美国以农业为主的州的参议员正在推动 EPA，要求在汽油氧化剂中含一定量的 ETBE(但不是 MTBE)。为什么?(提示:什么原料用于制备 ETBE? 它们和农业有什么关系?)

(e) MTBE 在加利福尼亚州被禁止使用,因为它污染地下水,让地下水气味难闻。它的存在源于地下汽油储罐的泄漏。具有讽刺意味的是,来自同一油箱的汽油泄漏不会造成地下水污染问题。为什么 MTBE 更容易污染地下水? 提供两个原因。

2. 因为氯氟烃(CFCs)对臭氧层产生有害影响,最近它们已被国际条约禁止生产。在紫外线到达地球表面之前,臭氧层吸收了太阳光中大部分危险的紫外线辐射。CFCs 在低层大气中非常稳定(这是它们非常有用的一个原因),但是当它们到达平流层时就会分解,产生强有力的臭氧破坏催化剂。南极洲上空的臭氧破坏在春季最明显,这是该地区几个月来首次暴露在太阳光下。二氯二氟甲烷(CF_2Cl_2)是一种典型的氯氟烃。

氢氯氟烃(HCFCs)已经用作较少消耗臭氧层的 CFCs 的替代品。HCFCs 与 CFCs 不同,HCFCs 至少有一个 C—H 键。HCFCs 比 CFCs 更容易在平流层分解,但有一个路径可以使 HCFCs 在 CFCs 不会到达的低层大气(在那儿它们不会破坏臭氧)分解。2,2,2-三氯-1,1-二氟乙烷(CHF_2CCl_3)是一种典型的 HCFC。

(a) 平流层中 CFCs 分解的第一步是什么?

(b) 写出在低层大气中 HCFCs 分解的第一步反应。

3. 书写下列每个反应的机理:

(a)

碘代环己烷 + 丙烯酸甲酯(CO_2Me) $\xrightarrow[1.3\ NaBH_4,\ h\nu]{0.2\ Bu_3SnH}$ 3-环己基丙酸甲酯(CO_2Me)

(b)

亚甲基环丙烷 + 硝酮(BnO, OBn; N^+—O^-) ⟶ 螺环异噁唑烷(H, OBn, OBn; N—O) $\xrightarrow{150\ °C}$ 吲哚里西啶酮(O, H, OBn, OBn, N)

你能解释第一个反应的区域选择性吗?

(c) 烷基化 Birch 还原反应:

2-甲氧基苯甲酸(OCH_3, CO_2H) $\xrightarrow[liq.\ NH_3]{3\ Li,\ THF}$ $\xrightarrow{H_3C\diagup\diagdown Br}$ $\xrightarrow[逆流]{aq.\ HCl}$ 2-丙基环己-2-烯酮(O, CH_3)

(d) 原料可以通过两个路径反应,两个路径都得到四元环,一种路径得到副产物烯酮;另一路径得到 PhCHO 和 CO(1∶1)。

Ph—CO—CO—O—环丁基(Me, Me, CO_2Me) $\xrightarrow{h\nu}$ 环丁酮(O, Me, Me, CO_2Me) + Ph(OH)C=C=O + PhCHO + CO

(e)

EtO_2C–CH_2CH_2–CO_2Et $\xrightarrow{4\ Na}$ 2-hydroxycyclobutanone (O, OH)

(f)

Ph–$(CH_2)_5$–CH=CH_2 $\xrightarrow{ROOR,\ 140\ °C}$ 1-Ph-2-CH_3-cyclohexane (Ph, CH_3)

(g)

2,2-dimethylcyclopent-3-enone (O, CH_3, CH_3) $\xrightarrow{h\nu}$ $\xrightarrow{CH_3OH}$ H_3C, H_3C cyclopropyl–$CH_2CO_2CH_3$ + H_3C(CH_3)C=CH–CH=CH–CHO

(h)

CH_2=CH–CH_2–CH=C(CH_3)CH_3 $\xrightarrow[O_2]{PhSH}$ PhS–CH_2–(1,2-dioxolane, O–O)–C(H_3C)(OOH)CH_3

(i)

(MeS)(S=)C–O-substituted diacetonide furanose $\xrightarrow[\text{Bu}_3\text{SnH, cat. AIBN}]{CH_2=CH–CN}$ NC–CH_2CH_2-substituted diacetonide furanose

(j)

C_6H_5–CH_3 $\xrightarrow[(BzO)_2,\ \triangle]{Cl_3CSO_2Cl}$ C_6H_5–CH_2Cl + $HCCl_3$ + SO_2

(k)

bicyclic ketone (CH_3, O, i-Pr) $\xrightarrow{h\nu}$ H_3C–CH=CH–CH_2–C(=CH_2)–i-Pr

(l)

H_3C, CH_3, I–C–$CH_2CH_2CH_2$–C≡CH $\xrightarrow{cat.\ Bu_3SnH}$ H_3C, H_3C cyclopentane with =CH–I

(注意催化量 Bu_3SnH 的使用。)

(m)

$\xrightarrow[\text{cat. AIBN}]{CH_2=CHCH_2SnBu_3}$

OH, S, OPh, H_3CO, O, O

(n)

NC, CH_3, NO_2, CH_3 $\xrightarrow[(BzO)_2]{Bu_3SnH}$ NC, CH_3, H, CH_3

(o)

OCH_3, H_3CO, H_3CO, CO_2H $\xrightarrow[\text{liq. } NH_3]{\text{5 Li, EtOH}}$ OCH_3, H_3CO, CO_2H

(p)

O, O, SePh, CH_3, H, CH_2OSiR_3 $\xrightarrow[\text{cat. AIBN}]{Bu_3SnH}$ CH_3, H, CH_2OSiR_3, O, O

(q)

Ac, N, O, O, N, S, CO_2-t-Bu $\xrightarrow[CCl_4]{h\nu}$ N, Ac, Cl, CO_2-t-Bu

(r)

D, D, CHO $\xrightarrow[\triangle]{\text{ROOR}}$ D, D, H + CH_3, D, D

(s)

Ph, H_3C, H_3C $\xrightarrow{\triangle}$ H_3C, H_3C, Ph

（t）

$(CH_2)_6CO_2H$, O + $CH_3(CH_2)_7OH$ $\xrightarrow[Ph_2CO]{h\nu}$ $HO_2C(H_2C)_6$, O, H, $(CH_2)_6CH_3$, H, OH

（u）

O, Ph, H $\xrightarrow{h\nu}$ O, Ph

（v）

O—O, O—O $\xrightarrow{\triangle}$ + O, O

（w）

H_3C, NO, O, CH_3, C_8H_{17}, H $\xrightarrow{h\nu}$ OH, N, H, CH_3, OH, C_8H_{17}, H

（x）

O, I $\xrightarrow[\text{cat. AIBN}]{Bu_3SnH}$ O, H, H

（y）

O + CO_2Et $\xrightarrow{2\ SmI_2}$ O, O

（z）

MeO_2C, Me, Me, Me, OH $\xrightarrow[\text{cat. AIBN}]{Bu_3SnH}$ H, MeO_2C, Me, Me, Bu_3Sn, Me, OH

(aa)

(bb)

(cc)

(dd)

(ee)

4. 下列 C_{60} 的反应发表在一个著名期刊上，反应需要 O_2：

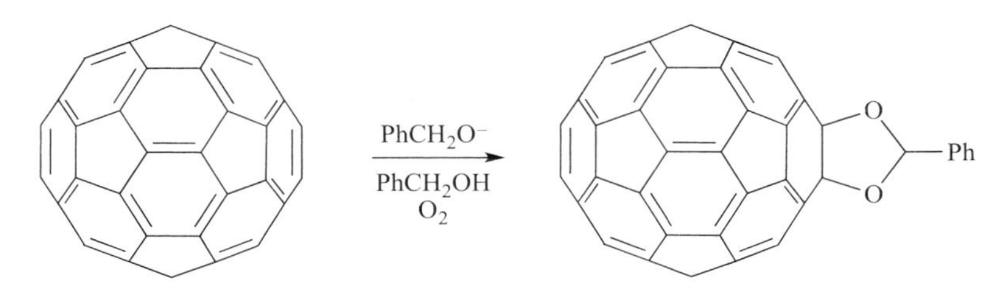

作者提出以下机理：C_{60} 是一个亲电化合物，RC_{60} · 自由基和 RC_{60}^- 负离子都是相当稳

定且长寿命的物质，所以开始的两步是完全合理的。

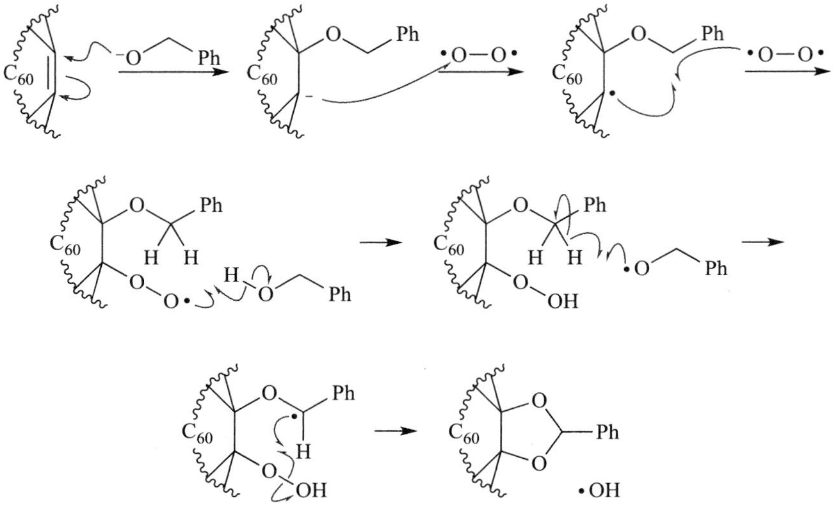

（a）根据你对自由基反应的认识，判断此机理的最后四步中，哪一步是不合理的，并解释原因。

（b）提出该反应替代的机理，机理的第一步应与作者提出的步骤相同；后续步骤可能与作者提出的步骤相同或不同。

第6章　过渡金属参与和催化的反应

6.1　过渡金属化学导言

许多广泛使用的有机反应需要使用过渡金属，你可能已经学过烯烃和炔烃的金属催化氢化反应、烯烃的 OsO_4 双羟基化反应，以及烷基铜锂(Gilman 试剂)作为“软”亲核试剂的使用。尽管这些反应的机理看起来很神秘，但实际上它们很容易用一些非常基本的原理理解(在大多数情况下)。本章讨论过渡金属的一些典型反应，这些原则将用于理解金属参与和催化的有机转变。

本章内容根据所发生反应的总体转化来组织，没有按照反应机理的类型(插入、金属转移等反应机理)来组织。本书目的是教授学生如何书写一个陌生的反应机理。学生会发现，通过考虑反应的总体转化步骤，而不是试图确定反应机理的类型。本书也没有按照金属类型(前过渡金属、中过渡金属、后过渡金属)来组织内容，因为这样会掩盖不同金属反应的相似性。

本章没有试图涵盖有机金属化学的每个方面，许多有趣的有机金属反应(如铬芳烃络合物的反应)已被发现和广泛研究，但因为某种原因还没有被有机化学家广泛采用，这些反应不会讨论。此外，如前几章所述，立体化学问题被忽略，有利于集中在推电子上，要进一步了解这些重要议题，请读者查阅有机金属化学方面的优秀教材。

6.1.1　书写结构的规则

书写有机金属和无机化合物的规则与书写“一般”有机化合物的规则有细微差别，最重要的区别在于书写键的方式。在有机化合物中，人们不会用一根线来连接一个键和一个原子。但是在有机金属和无机化合物中，有时用一根线连接一个原子和一个 σ 键或 π 键。如图 6.1 所示，在这种情况下，一根线表示 σ 键或 π 键与金属共享电子对。

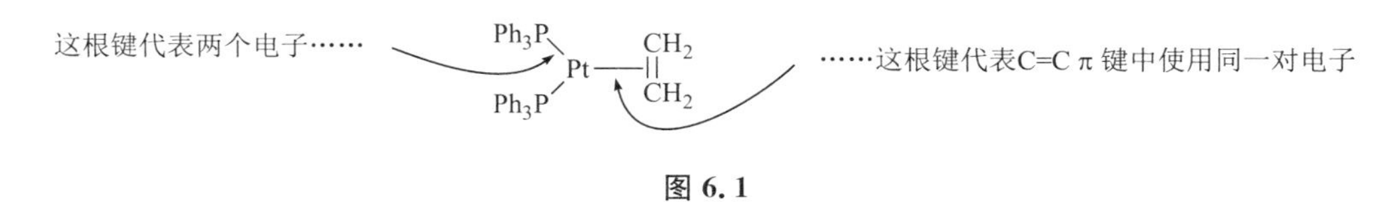

图 6.1

在络合物中会出现更加混乱的局面，π 体系中的电子离域到三个或更多碳原子上用于与金属成键，如图 6.2 所示，在这种情况下，通常的规则是不管 π 体系的电子数目，用曲线表示 π 体系，单线表示 π 体系与金属相连（金属有机化学家的规则）。但有时候，曲线被省略，单线用于连接金属和 π 体系中的每个原子（晶体学家的规则）。对有机化学家最有意义的表达方式却很少用，即单线表示两电子的 σ 键，配位键表示每个 C=C π 键与金属之间的两电子键。

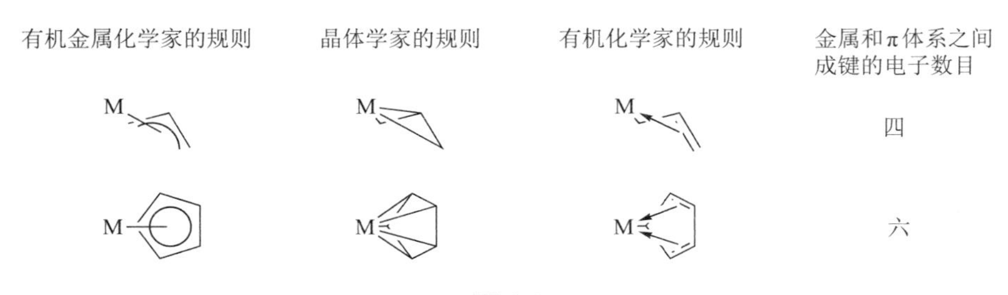

图 6.2

在无机和有机金属络合物中通常省略形式电荷，只显示络合物的总电荷。如图 6.3 所示，在含过渡金属的 Lewis 酸-碱络合物中通常不分配形式电荷。酸-碱键有时用从配体指向金属的箭头表示，但更常见的是使用普通的线表示。

通常	偶尔	极少
$M-PPh_3$	$M\leftarrow PPh_3$	$\overset{-}{M}-\overset{+}{P}Ph_3$
$M-C\equiv O$	$M\leftarrow C\equiv O$	$\overset{-}{M}-C\equiv \overset{+}{O}$

图 6.3

6.1.2 电子计数

任何特定金属络合物的化学性质都可以通过检查其总电子数、d 电子数和金属的氧化态来理解。

1. 典型配体和总电子数

如碳和硫这样的主族元素有四个价原子轨道：一个 s 轨道和三个 p 轨道。它们遵循八电子规则（尽管较重的主族元素可能超过八电子）。相比之下，过渡金属有 9 个价原子轨道（1 个 s 轨道、3 个 p 轨道和 5 个 d 轨道），它们遵循 18 电子规则。过渡金属的 18 电子规则比主族元素的 8 电子规则严格得多。首先，特别是前过渡金属，很难有足够数量的取代基向金属提供 18 个电子来包围金属。其次，金属的价轨道从原子核上充分伸展，原子核不太关心原子价层发生什么。

计算过渡金属周围的电子总数比计算主族元素周围的电子总数更困难，与主族化合物不同，在主族化合物中取代基几乎总是给原子提供一个或两个电子，而与金属相连的取代基

(或配体)能给金属提供 1～6 个电子。但是,只有少数几类配体广泛应用于有机金属化学中,所以不难记住每个配体提供的电子数。

· 单键与金属相连的一价基团(如烷基、RO、H、R_2N,卤素等)是单电子给体。

· 双键与金属相连的二价基团(如 R_2C=(卡宾或亚烷基)、RN=(亚胺基)或 O=(氧化基))是双电子给体。

· Lewis 碱(如 R_3N、RC≡N、H_2O 和 R_3P)也是双电子给体,如一氧化碳(:C≡O)和异腈(:C≡NR)一样(当 CO 与金属相连时,称为羰基)。Lewis 碱配体和 Lewis 酸金属之间的键有时称为配位键,请注意省略形式电荷,如图 6.4 所示。

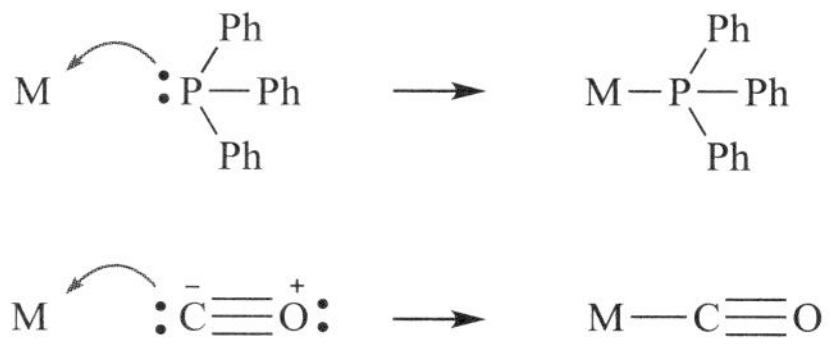

M　:P(Ph)₃ ⟶ M—P(Ph)₃

M　:C̄≡Ȯ⁺: ⟶ M—C≡O

图 6.4

· N-杂环卡宾(NHC)也是 Lewis 碱双电子给体。这些卡宾相当稳定,因为它们具有电子充足的亚胺叶立德共振结构。NHC 与许多过渡金属形成非常稳定的 σ 键,从金属充满的 d 轨道到配体烯丙基正离子 p 轨道的反馈键似乎不是主要因素。**常见错误提醒:**化学家有一个书写 NHC-金属络合物不好的习惯,如图 6.5 所示,其配位碳原子只写三个键,使其看起来好像是有一个与碳原子相连的氢原子,其实那里并没有。一些化学家用曲线来表示配体的烯丙基性质,这种表示方法虽然一眼就能理解,但并不常见。

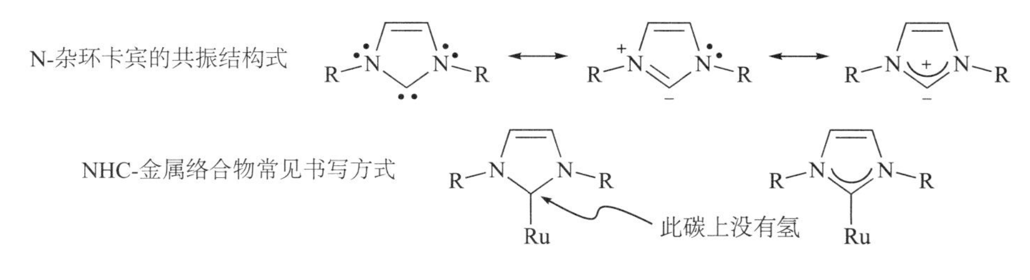

图 6.5

· 烯烃和炔烃也可以作为 Lewis 碱,利用 π 键的两个电子与金属作用,这种相互作用称为 π 络合物。如图 6.6 所示,因为金属和 C=C π 键的中点形成轴的球形对称分布,所以金属—烯烃键是 σ 键。甚至如 H—H 和 C—H σ 键也可以按照这种方式作为双电子给体与金属作用,这些化合物称为 σ 络合物。当 σ 络合物在分子内形成时,该键被称为抓氢键或抓氢作用。π 络合物和 σ 络合物都可看作两电子三中心键,其中三个原子轨道组成双占有成键分子轨道。

· 与金属形成三键的三价基团(如 RC≡(炔或次烷基)和 N≡(氮化基))是三电子给体。

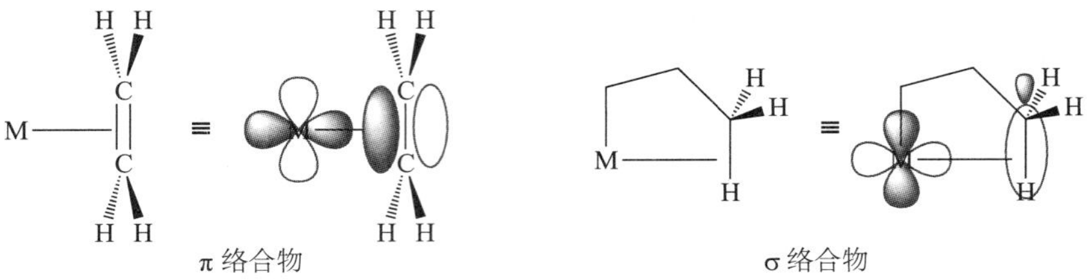

π络合物　　　　σ络合物

图 6.6

· 烯丙基可以是单电子或三电子给体，将三电子烯丙基想象为通过 C—M σ 键的单电子给体和 π 键的双电子给体，如图 6.7 所示。

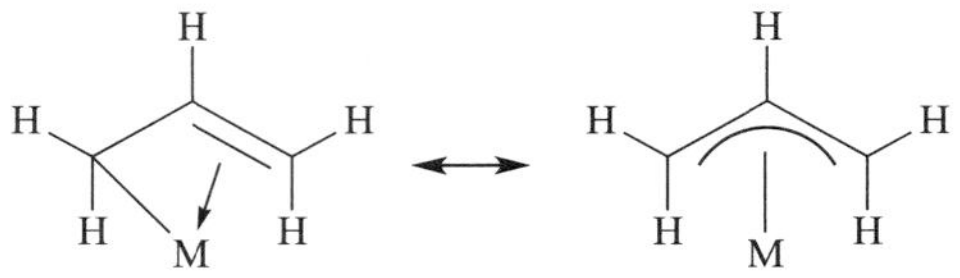

烯丙基 (三电子给体)

图 6.7

· 二烯是四电子给体，当炔烃用一个 π 键形成 σ 键，另一个 π 键与对称性匹配的金属轨道形成 π 键时，炔烃是四电子给体，如图 6.8 所示。当苯环上三个 π 键中只有两个 π 键与金属相互作用时，苯环是一个四电子给体。

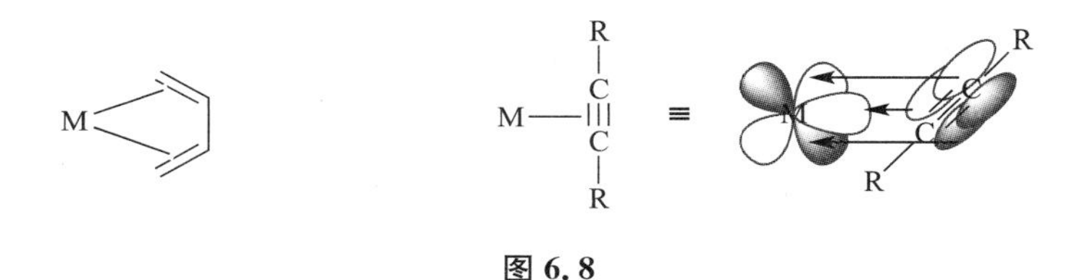

图 6.8

· 如图 6.9 所示，环戊二烯基(C_5H_5—或 Cp—)是五电子给体。从概念上讲，一个电子来自碳的共价键，Cp 基的每个 π 键作为一个两电子给体。事实上，Cp 环的五个碳原子无法区分。偶尔 Cp 基可以"滑动"，脱去一个 π 键变成三电子给体。非环的戊二烯基也是五电子给体。

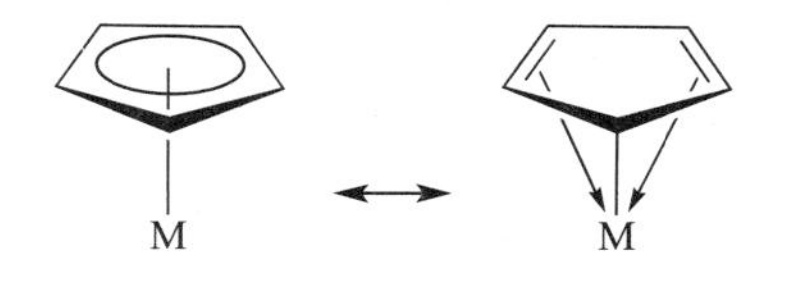

Cp— (五电子给体)

图 6.9

· 苯环可作为六电子给体。

· 带有孤对电子的配体(如 RO、R_2N、X 和＝O 基)可以用孤对电子与金属形成 π 键，

如 $M—\ddot{O}R \longleftrightarrow M{=}OR$，形式电荷通常不写。如果金属需要额外的电子密度，它有对称性匹配的轨道与给体的轨道进行重叠，那么这些基团可以是 3 电子（RO、R_2N、X）、4 电子（=O）甚至 5 电子给体（RO、X）。

为了计算金属周围的总电子数，可以将每个配体贡献的电子数与金属的价电子数相加，然后减去或加上络合物的总电荷。金属的价电子数是由它的阿拉伯族数或罗马族数加上 2 得出的[①]。因此，钛是第ⅣB 族金属，有 4 个价电子。

另一种判断总电子数的方法是将奇电子给体配体（烷基、Cp 等）看作负离子偶电子给体。金属提供的电子数由金属的氧化态计算。两种方法计算的总电子数相同。

烯烃和炔烃作为 Lewis 碱给体具有特殊的性质。烯烃 π 键与金属的 p 或 d 轨道面对面相互作用产生 σ 键，如图 6.10 中的第一个结构所示，这种作用是简单的 Lewis 酸-碱相互作用，与 PR_3 的孤对电子提供给同一个轨道没有区别。但如果金属在另一 d 轨道上有一对电子，则 d 轨道与烯烃空的 π^* 轨道重叠，产生第二个结构显示的第二个“反馈键”相互作用。第二个键的相互作用削弱了 C=C π 键（通过推电子进入 π^* 轨道），但它增强了 M—C 相互作用（残留在离域轨道上的电子数从两个增加到四个）。因此，可以写出烯烃-金属配合物的两个共振结构，如图 6.10（右）所示，其中，在金属环丙烷结构中 π 键消失，有两个 M—C σ 键。无论写出配位键共振结构还是金属环丙烷共振结构，烯烃-金属配合物中金属周围的总电子数都是相同的。

图 6.10

前面的一对共振结构式称为 π 键的 Dewar-Chatt-Duncanson 模型。如图 6.11 所示，不管第二个 π 键是否作为 π 给体，金属-炔络合物和金属-1,3-二烯络合物都可以写出类似的共振结构。

图 6.11

常见错误提醒：只有当金属具有至少两个价电子用于反馈键时，金属环丙烷的共振结构才是有效的。没有价电子的金属无法书写。

① 译注：过渡金属的价电子数包括最外层的 s 电子、次外层的 d 电子和倒数第 3 层的 f 电子（对于镧系和锕系金属）。

我们可以写出 σ 络合物的类似结构，如图 6.12 所示，H_2 可以用 σ 键的两个电子与金属形成 σ 络合物（M—(H_2)）。如果金属至少有两个价电子，那么它可以与 σ^* 轨道形成反馈键，伸长并削弱 H—H 键，直到络合物被更好地描述为二氢络合物（H—M—H）。事实上，人们已经从一个极端到另一极端发现了连续的金属氢气络合物。

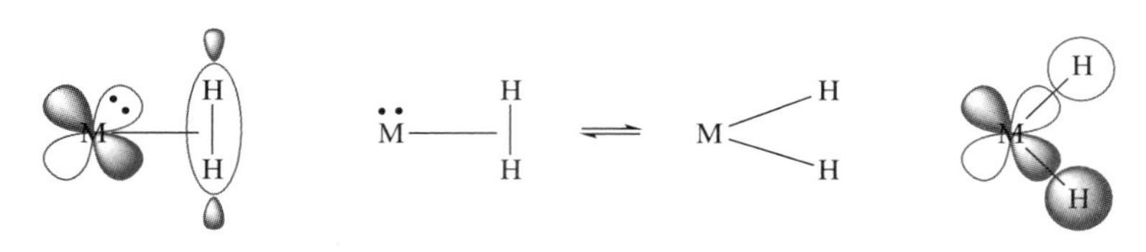

图 6.12

CO 和 RNC 配体也可以与金属的孤对电子相互作用。如图 6.13 所示，金属羰基可以视为金属烯酮。

$$\ddot{M}—C\equiv O: \longleftrightarrow M=C=\ddot{\underset{..}{O}}$$

图 6.13

你可以想象一个总电子数小于 18 的金属会显示亲电性，但并非总是如此。18 电子络合物 $Pd(PPh_3)_4$ 作为亲核催化剂，但它实际上是 16 电子或 14 电子络合物 $Pd(PPh_3)_3$，或 $Pd(PPh_3)_2$ 参与反应（是的，金属是亲核的！），Ph_3P 太大，使 $Pd(PPh_3)_4$ 不发生任何反应，在络合物反应之前，一个或两个配体必须解离。

2. 氧化态和 d 电子数

金属反应性的第二个重要决定因素是它的氧化态。计算金属氧化态的假设是：所有与金属相连的基团与金属相比，具有更强的电负性，因此所有的 σ 键都是离子键。如果每个 σ 键的两个电子“属于”配体，金属会留下一个电荷，这是它的氧化态。实际上，你可以通过计算金属共价键（而非反馈键）的数量来确定氧化态。从络合物的总电荷开始，每个 R、H、RO、R_2N、X、烯丙基和环戊二烯基加 1，R_2C═、RN═和 O═基团加 2，N≡和 RC≡基团加 3，但 R_3P、CO、H_2O、π 键、二烯烃和芳烃等配体什么都不加，这些都是 Lewis 碱，与金属形成配位键。

氧化态可以用三种方式表达：Fe^{3+}、Fe^{III} 或 Fe(Ⅲ)。第一种方法不适合非离子络合物，所以不会在本书中使用，其他两种方式都可以。

金属的 d 电子数是用元素价电子（包括两个 s 电子）的数目减去金属的氧化态来计算的。“d 电子数”是无机化学中“非共享价电子”的一个术语，金属的 d 电子数对反应性有重要影响。例如，不能写出 d^0 金属烯烃络合物的金属环丙烷共振结构。**常见错误提醒**：不要混淆总电子数、d 电子数和氧化态。这三种特性对金属的反应性都很重要。

d 电子数写为上标，例如，d^2 络合物。2 个价 s 电子总是被计为 d 电子数，因此 Pd(0)是 d^{10}，尽管它有 8 个 3d 价电子和 2 个 4s 价电子。

在烯烃-金属络合物中，金属环丙烷共振结构中金属的氧化态比配位键共振结构的氧化态高 2。如图 6.14 所示，配位键共振结构中金属有 2 个共价键（与 Cp 配体相连），但它在金属环丙烷共振结构中有4个共价键。

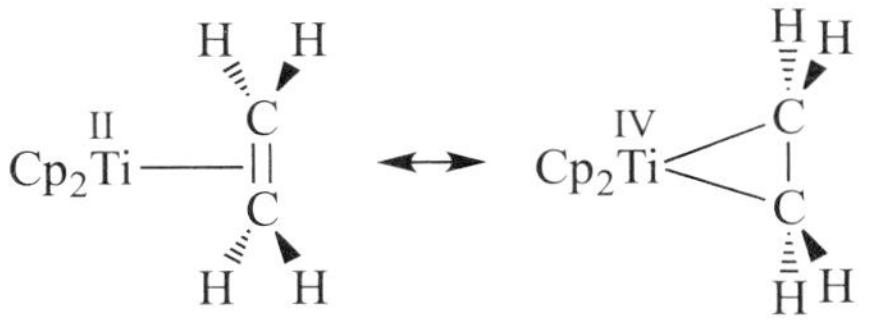

$$\overset{II}{Cp_2Ti}—\underset{\underset{H\ \ H}{C}}{\overset{\overset{H\ \ H}{C}}{\|}} \longleftrightarrow \overset{IV}{Cp_2Ti}\triangleleft\underset{\underset{H\ H}{C}}{\overset{\overset{H\ H}{C}}{|}}$$

图6.14

6.1.3　典型反应

几乎所有的金属反应都可以分为几类典型反应，在有机化学中金属的加速反应是这些典型反应的简单组合。如果你学会了这些典型反应，那么在书写金属参与的反应机理时就不会有困难。金属络合物的典型反应是配体加成/配体解离/配体取代、氧化加成/还原消除、插入/β-消除、α-插入/α-消除、σ键复分解(包括转金属和夺取反应)、[2+2]环加成和电子转移反应。

· 配体加成反应和解离反应是简单的Lewis酸-碱反应，要么是正向成键(加成)，要么是逆向断键(解离)。许多金属催化剂进行解离或缔合反应形成实际的活性物质，如$Pd(PPh_3)_4 \longrightarrow Pd(PPh_3)_3 + PPh_3$。如图6.15所示，在加成(或解离)反应中，金属的总电子数增加(或减少)2，但d电子数和氧化态不变。金属很容易发生配体取代反应。这些反应通常通过加成-解离或解离-加成两步进行，并非像S_N2一样协同进行。

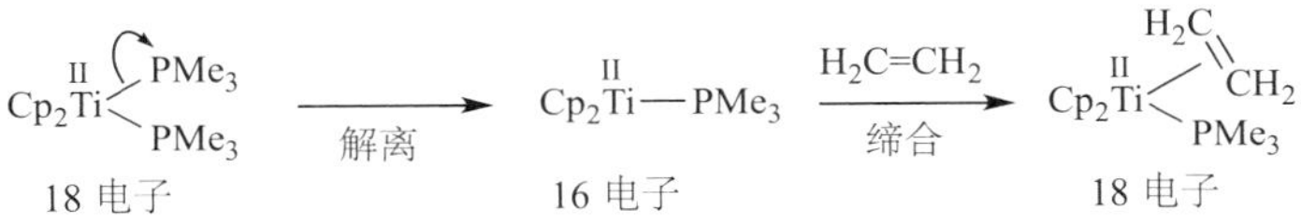

$$\underset{18\text{电子}}{\overset{II}{Cp_2Ti}(PMe_3)_2} \xrightarrow[\text{解离}]{} \underset{16\text{电子}}{\overset{II}{Cp_2Ti}—PMe_3} \xrightarrow[\text{缔合}]{H_2C{=}CH_2} \underset{18\text{电子}}{\overset{II}{Cp_2Ti}(\eta^2\text{-}H_2C{=}CH_2)(PMe_3)}$$

图6.15

电子转移箭头是否用于表示缔合和解离反应，取决于你的选择。当试图书写π键与金属的缔合和解离时，电子转移箭头可能有问题。表示反应的箭头下方的“缔合”或“解离”这个词通常足够了。

M—H失去质子得到M^-和H^+，这是一种比较常见的“解离”反应，如图6.16所示，其中键的一对电子给了金属，金属的总电子数不变，氧化态降低2。将失去质子看作导致金属还原是很奇怪的，这个难题的出现是因为我们用来描述金属络合物的语言很奇怪。计算具有M—H键络合物的氧化态时，好像M—H键向氢极化一样，即M^+H^-。因此，当金属氢化物失去质子时，好像金属从氢化物中得到了之前没有的电子。

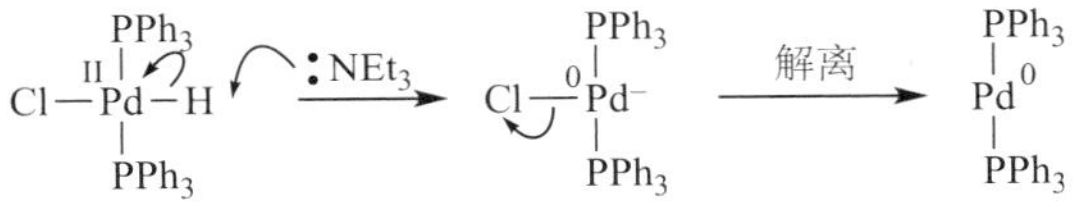

$$Cl—\overset{II}{Pd}(PPh_3)_2—H \xrightarrow{:NEt_3} Cl—\overset{0}{Pd^-}(PPh_3)_2 \xrightarrow{\text{解离}} \overset{0}{Pd}(PPh_3)_2$$

图6.16

当然，也可以发生逆反应，金属质子化产生的金属氢化物处于更高氧化态。

在金属参与或催化的反应中，人们通常不清楚配体加成或解离何时发生或是否发生。事实上，了解这些细节通常不是书写合理机理的必要条件。因此，金属中心和缔合的配体往往只需写成 L_nM 或[M]形式。

· 氧化加成和还原消除互为微观逆反应。在氧化加成反应中，金属插入到 X—Y 键(即 M＋X—Y⟶X—M—Y)，X—Y 键断裂，M—X 和 M—Y 键形成，这种反应称为氧化反应，因为金属的氧化态增加了 2(它的 d 电子数减少了 2)，但是金属的总电子数也增加了 2，所以它变得不太缺电子。金属氧化导致更多的电子数明显自相矛盾，这是描述化合物语言的一种假象。

氧化加成可以发生在各种 X—Y 键上，但最常见于 H—H 键(也见于 H—Si、H—Sn 键或其他电正性元素)和碳—卤键上。如图 6.17 所示，在氢气与金属的氧化加成反应中，含孤对电子的 d 轨道与氢气的 σ^* 作用，H—H σ 键延长并断裂。金属的两个电子和氢气的 σ 键形成两个新的 M—H 键。C—H 键以同样方式与金属氧化加成，这个过程称为 C—H 键活化，是当前的研究热点。Si—H、Si—Si、B—B 和正电性元素之间其他的键也可以发生氧化加成反应。

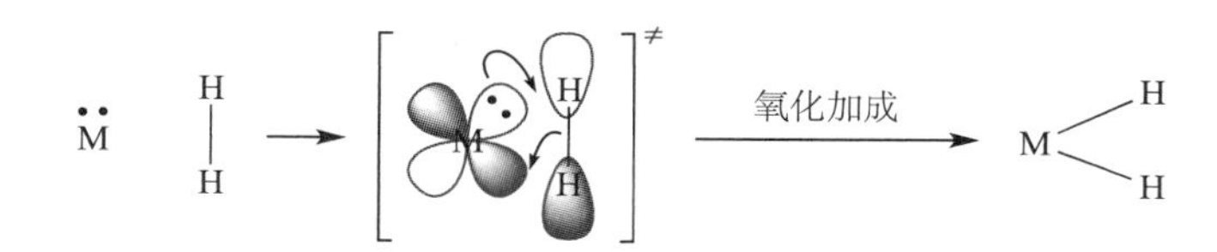

图 6.17

卤代烷、类卤化物如三氟乙酸酯(R—OTf)和磷酸酯[R—OP(O)(OEt)$_2$]、其他 C—X 物质很容易发生氧化加成反应。当 X 为 I 时，氧化加成反应速率通常最快，但并非总是如此。C—X 键的氧化加成与 H—H 键和 C—H 键的氧化加成根本不同，对于 C(sp^3)—X 键，纯粹有机体系中取代(S_N2、$S_{RN}1$ 或 S_N1)反应在有机金属体系下也同样发生。如图 6.18 所示，$Pd(PPh_3)_4$ 与 CH_3I 进行氧化加成反应，得到$(Ph_3P)_2Pd(CH_3)I$，PPh_3 解离后得到 16 电子 d^{10}Pd(0)络合物，钯与 CH_3I 反应，可能通过简单的 S_N2 反应得到 16 电子 d^8Pd(Ⅱ)络合物$(Ph_3P)_3\overset{+}{Pd}—CH_3$ 和 I^-，然后 I^- 取代另一个 PPh_3，最终得到中性 16 电子 d^8Pd(Ⅱ)络合物$(Ph_3P)_2Pd(CH_3)I$。

$Pd(PPh_3)_4$ → $(Ph_3P)_3Pd$ + $H_3C—I$ → $(Ph_3P)_3\overset{+}{Pd}—CH_3$ + I^- → $(Ph_3P)_2\overset{+}{Pd}—CH_3$ + I^- → $I—Pd(PPh_3)_2—CH_3$

18 e⁻, d^{10}, Pd(0)　16 e⁻, d^{10}, Pd(0)　16 e⁻, d^8, Pd(II)　14 e⁻, d^8, Pd(II)　16 e⁻, d^8, Pd(II)

图 6.18

当光学纯 2°卤代烃与 Pd(0)发生氧化加成反应时，观察到碳的构型反转，支持 S_N2 取代反应机理。

C(sp^2)—X 键(即乙烯基卤化物和芳基卤化物)也可以发生氧化加成反应，它总是保留双键的构型。C(sp^2)—X 的氧化加成反应显然不能按照 S_N2 取代反应机理进行，可能是 $S_{RN}1$ 取代反应机理。另一种可能性如图 6.19 所示，钯先与 π 键缔合(如碘丙烯)形成 π 络合物，可以写出 π 络合物的金属环丙烷共振结构，然后发生金属环丙烷的电环化开环反应(见第 4

章)，一个 Pd—C 键解离，I^- 离去，得到新的正离子钯-烯基络合物。I^- 与 Pd 缔合，总的结果是氧化加成。

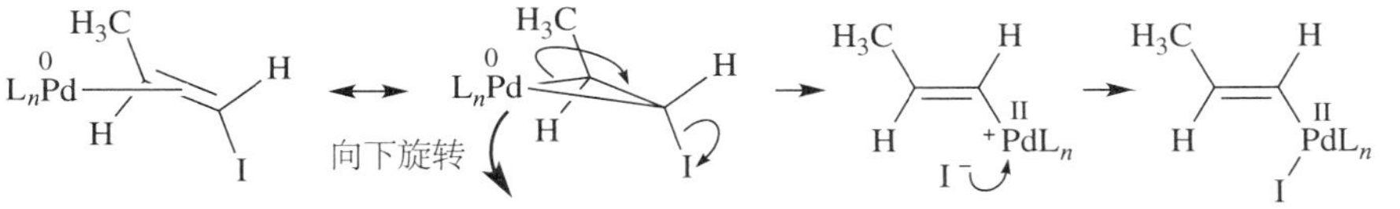

图 6.19

具有 d^2 或更多电子数的金属可以发生氧化加成反应，但 18 电子络合物不发生氧化加成反应。对于后过渡金属(如钯、铂、铱、铑等)，氧化加成反应很常见。

· **常见错误提醒**：d^0 金属不能发生氧化加成反应。

还原消除(X—M—Y ⟶ M＋X—Y)是氧化加成的微观逆反应，当 X—Y 键强(如 H—Ti—Bu ⟶ Bu—H＋Ti)时，这种反应通常最容易。我们对于还原消除反应机理的了解没有氧化加成多。我们知道在金属配位区两个基团必须彼此相邻，如图 6.20 所示，在钯络合物[$(R_3P)_2PdR_2$]的方形平面，如果 R_3P 基团被迫处于另一个基团的反式，则不发生还原消除反应。还原消除伴随着金属总电子数减少、氧化态降低和 d 电子数增加。

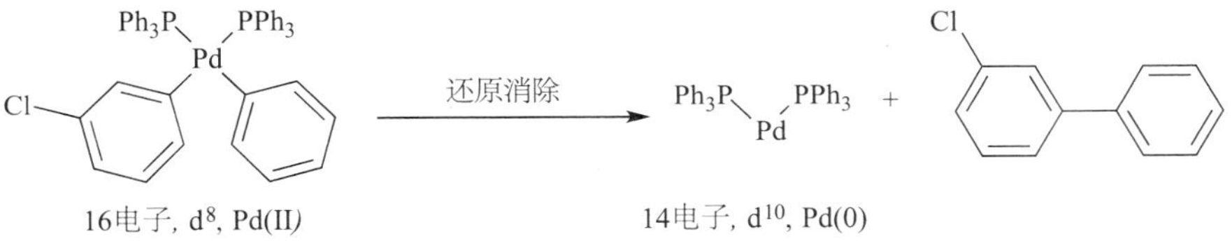

图 6.20

· 插入和 β-消除也互为微观逆反应。如图 6.21 所示，在插入反应中，A＝B π 键插入 M—X 键(M—X＋A＝B ⟶ M—A—B—X)。M—X 和 A＝B π 键断裂，M—A 和 B—X 键形成。插入之前，通常 A＝B π 键与金属缔合，所以有时称为迁移插入。在插入反应中，M—X 键被 M—A 键取代，因此氧化态、d 电子数或总电子数没有变化，但消耗一个 π 键形成一个新的 σ 键。反应本质要求新 C—M 键和 C—H 键在烯烃同面形成，导致顺式加成。硼烷(R_2BH)与烯烃反应得到烷基硼就是一个典型的插入反应，你可能之前见过。

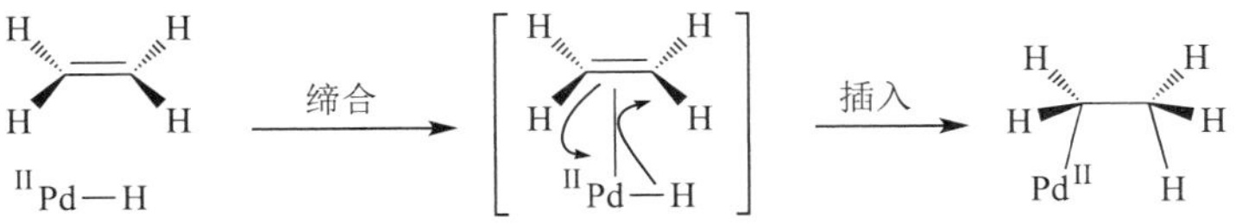

图 6.21

前过渡金属络合物和后过渡金属络合物都发生插入反应，但是发生插入反应的可能性取决于 X、A 和 B 的性质。当 X＝H 时，如在金属氢化物(如 B—H、Zr—H 和 Pd—H)中，插入很容易。C＝C π 键插入 M—C 和 M—H 键非常重要，这一点很快将看到，而 X 为卤素和烷氧基时，插入很少见。A＝B π 键可以是 C＝C、C＝N、C＝O 或其他键。

β-消除是插入的逆反应，就像插入一样，β-消除不会改变金属氧化态、d 电子数或总电子数。目前，最常见的 β-消除是 β-H 消除（M—A—B—H ⟶ M—H＋A=B），如图 6.22 所示。β-H 消除使许多金属-烷基键非常不稳定。我们也已知 β-烷氧基和 β-卤化物的消除，如 $BrCH_2CH_2Br$ 与镁的反应。

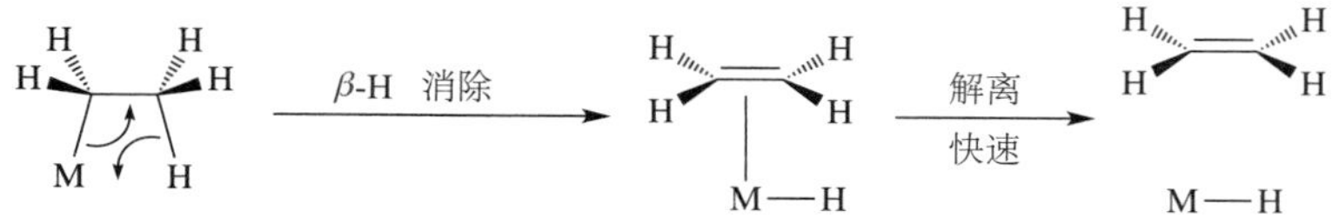

图 6.22

插入反应一般热力学有利，消耗一个 π 键，产生一个新 σ 键。但 β-消除反应很快，即使插入反应热力学有利，它也容易发生逆反应。例如，当 $Cp_2Zr(H)Cl$（16 电子 d^0 络合物）与分子内烯烃反应时，产物中的烷基是 1°不是 2°。如图 6.23 所示，一系列插入和 β-消除反应快速发生，直到形成能量最低的 1°烷基—Zr 键，没有观察到中间体。烷基硼也可以进行这种可逆的系列反应，尽管温度要高得多。

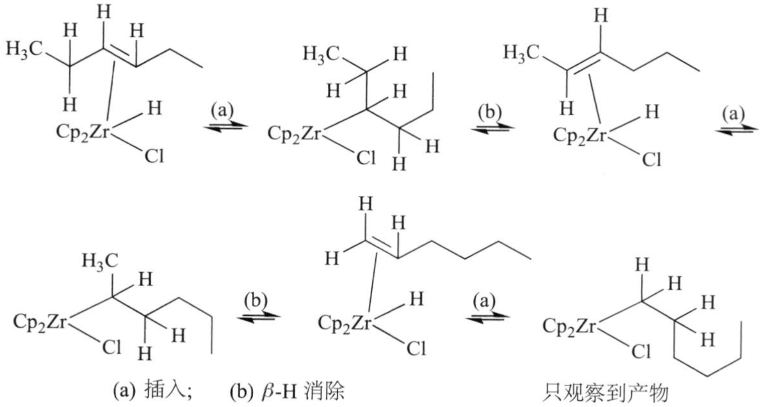

(a) 插入；　(b) β-H 消除　　　只观察到产物

图 6.23

卡宾（如 CO 和 RNC）也可以发生插入和消除反应（如 M—R＋CO ⇌ M—C(O)—R），如图 6.24 所示，这些都是 1,1-插入，而不是更常见的 1,2-插入。同样，除了插入之前 CO 与

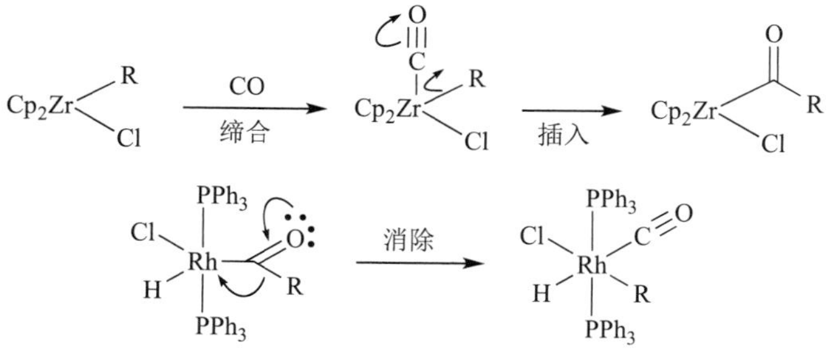

图 6.24

金属缔合的瞬间，金属的总电子数或氧化态没有变化。在许多重要反应中 CO 插入 M—C 键是一个关键步骤。同样，插入反应是可逆的。

· α-插入和α-消除与迁移插入和β-消除相比不太常见。如图 6.25 所示，在α-插入中，金属配体迁移到与金属双键结合的相邻原子上，π 键电子迁移到金属上（即 X—M=Y ⇌ $\ddot{\text{M}}$—Y—X）。α-插入与β-插入相比，金属的总电子数减少 2，氧化态降低 2，d 电子数增加 2。这种情况也发生在α-消除中。α-插入和α-消除在第四周期过渡金属中最常见，它们更容易形成多重键。

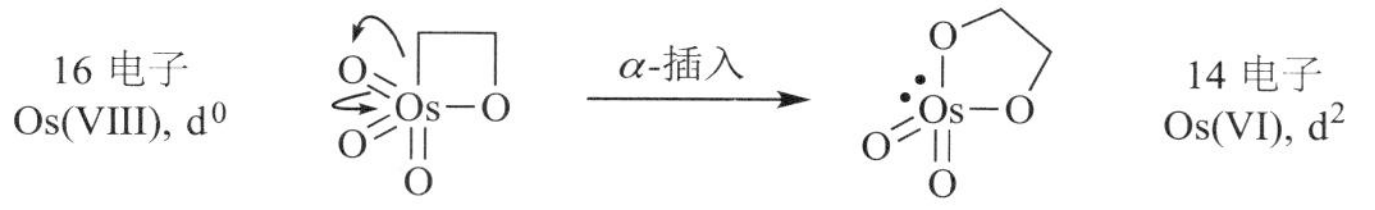

16 电子 Os(VIII), d^0 —α-插入→ 14 电子 Os(VI), d^2

图 6.25

· 如图 6.26 所示，σ 键复分解反应包括 M—X 和 Y—Z σ 键交换得到 M—Z 和 X—Y（或 M—Y 和 X—Z）。反应是协同的，包含四中心过渡态，氧化态或总电子数不变，因此在 d^0 前过渡金属中反应很常见。（在 d^2 或更多电子数的金属中，两步氧化加成-还原消除途径可以用来解释相同的总反应。）转移到金属上的基团常常是氢，因为其非定向 s 轨道在四中心过渡态中提供了更好的重叠，虽然也可能是硅或其他元素。从金属转移的基团可以是任何元素，包括碳和氧。

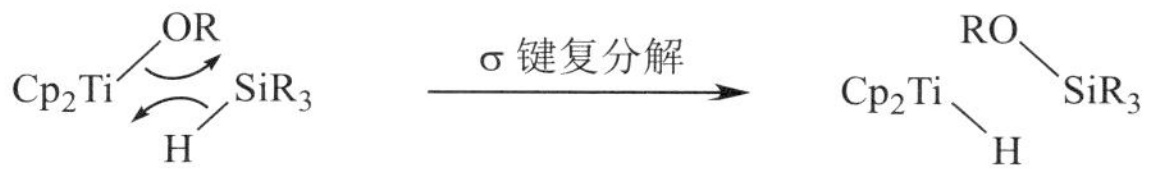

$Cp_2Ti(OR)$ + $H-SiR_3$ —σ 键复分解→ Cp_2Ti-H + $RO-SiR_3$

图 6.26

金属交换，其中 M—X 和 M′—Y 交换得到 M—Y 和 M′—X，是一种特殊的 σ 键复分解反应，如图 6.27 所示。有时金属交换明显是热力学有利的，如：$2BuLi + Cp_2ZrCl_2 \longrightarrow Cp_2ZrBu_2 + 2LiCl$；但有时是不利的，如：$(Ph_3P)_2Pd(Ph)I + R-SnBu_3 \longrightarrow (Ph_3P)_2Pd(Ph)R + I-SnBu_3$。含有相对电负性金属（如锡）的金属交换不太容易理解，但电正性金属（如锂或镁）与过渡金属卤化物的金属交换可以看作卤化物的简单 S_N2 取代。

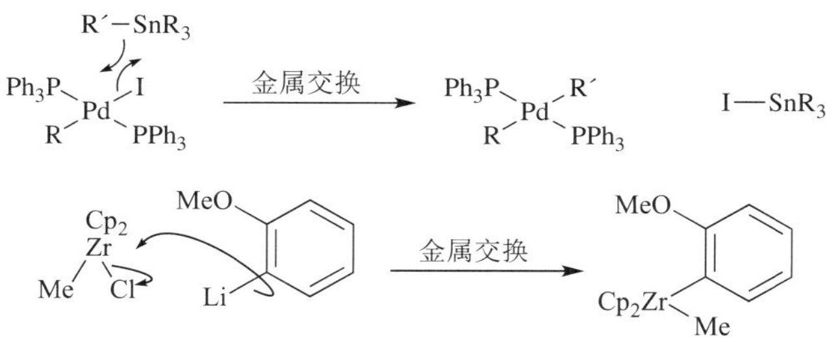

$(Ph_3P)_2Pd(R)I$ + $R'-SnR_3$ —金属交换→ $(Ph_3P)_2Pd(R)R'$ + $I-SnR_3$

$Cp_2Zr(Me)Cl$ + 2-MeO-C_6H_4Li —金属交换→ 2-MeO-C_6H_4-$Zr(Me)Cp_2$

图 6.27

夺氢反应是与 σ 键复分解反应紧密相关的四中心协同过程。β-夺取通常发生在 d^0 金属二烷基络合物上，如 Cp_2ZrEt_2。如图 6.28 所示，在这一反应中，一个乙基用 Zr—Et 键的电子与另一个乙基的 β-H 形成新键，然后断裂的 C—H 键电子用于形成 C—Zr 新键，产物是烷烃和金属环丙烷，后者也可以写成烯烃-金属 π 络合物。如果产物处于金属环丙烷形式，则氧化态不变，尽管如前所述，金属环丙烷中的金属在其他配位共振结构中处于较低氧化态。β-夺取的一步反应产物与先 β-H 消除再 β-还原消除的两步反应产物是一样的，需要实验证据来区分两种反应机理路径。

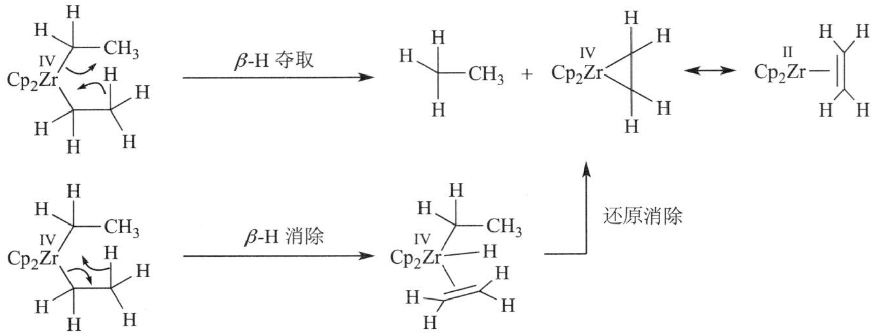

图 6.28

α-H 夺取产生 M=C π 键，通常发生在第四周期过渡金属中，容易与碳形成多重键。如图 6.29(a)所示，二烷基金属络合物($R—M—CH_2R'$)通过协同的四中心反应机理失去烷烃 RH 得到亚烷基络合物(M=CHR′)。金属氧化态不变，金属可能有任意数量的 d 电子。

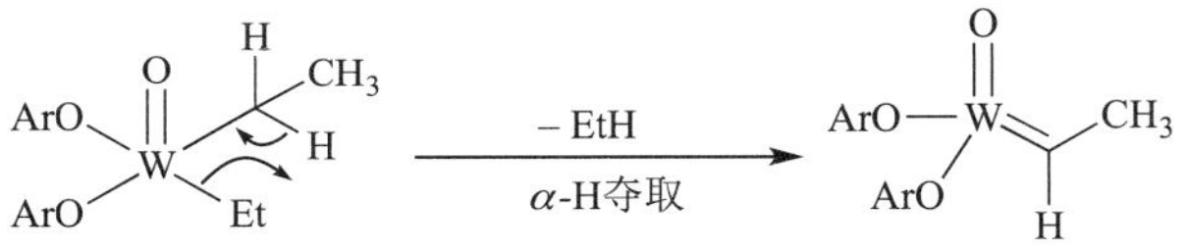

(a)

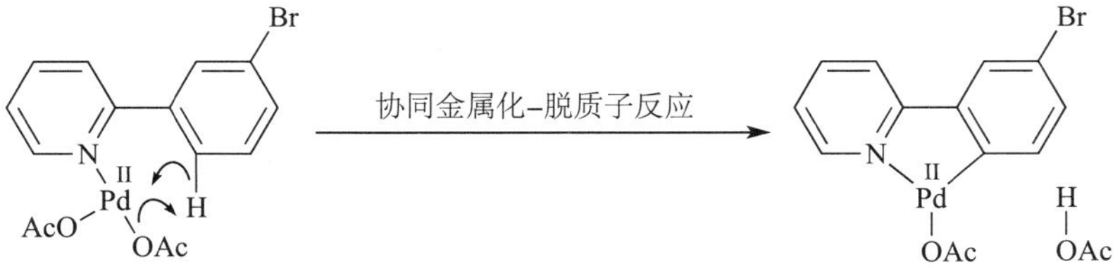

(b)

图 6.29

形成四元环或更大金属环的夺氢反应通常称为协同金属化-脱质子反应(图 6.29(b))。这些反应通常由起始络合物的空间位阻和产物中增加的熵来驱动。同样，金属氧化态不变，金属可能有任意数量的 d 电子。

• [2+2]环加成反应(见第 4 章)是金属的另一种典型反应。该反应在具有 M=C、M=N 或 M=O 的前过渡金属和后过渡金属中很常见。如图 6.30 所示，反应之前可以由烯烃

π 键与金属配位。[2+2]环加成反应的氧化态没有变化，也可以看到[2+2]逆环加成反应。

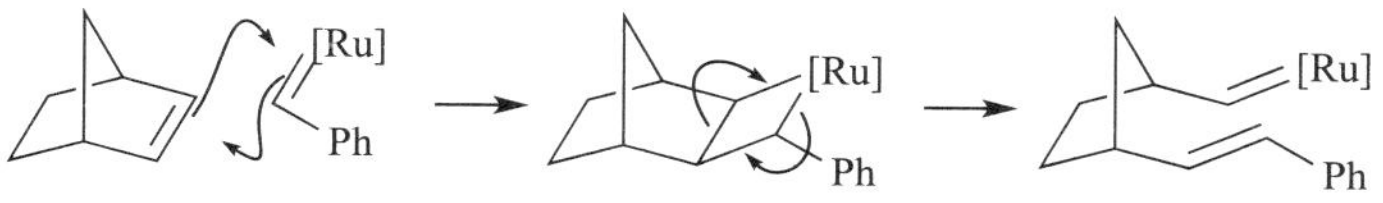

图 6.30

· 金属也可以发生单电子转移反应(见第 5 章)。

6.1.4　化学当量与催化量的反应机理

反应是否需要化学当量或催化量的过渡金属，对于如何书写反应机理影响很大，如图 6.31 所示，需要化学当量金属的反应机理可以像极性反应机理或周环反应机理一样，用线性方式书写表达，但金属催化反应机理通常以循环方式书写，如图 6.32 所示，显示每个催化循环结束时起始金属如何再生。金属是催化量还是化学当量，通常从反应条件中可以清楚看出。

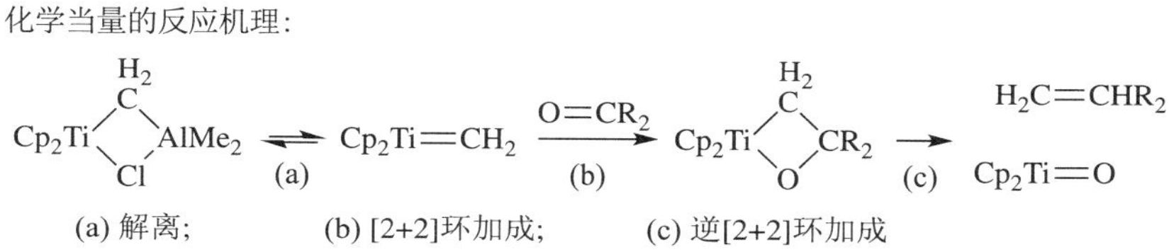

化学当量的反应机理:

(a) 解离;　(b) [2+2]环加成;　(c) 逆[2+2]环加成

图 6.31

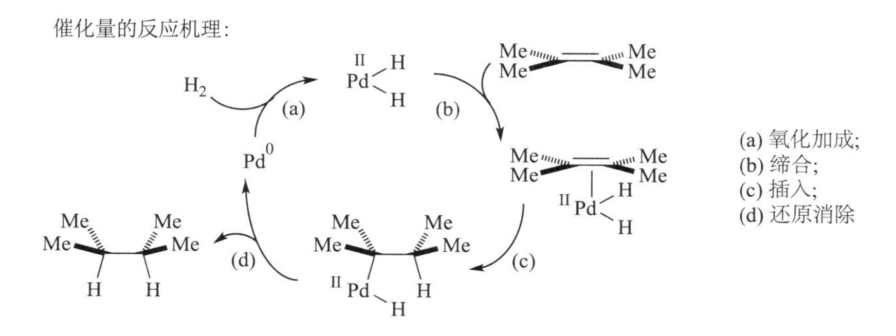

图 6.32

因为在书写金属有机化合物或无机化合物时，每根线并非明确代表两个电子，所以当书写涉及过渡金属的反应机理时，无法使用电子转移箭头来明确显示电子运动。因此，在涉及过渡金属的反应机理中，每步机理的名称(插入、金属交换、氧化加成等)代替电子转移箭头。如果你愿意，也可以在一些步骤中用电子转移箭头显示电子运动，但更重要的是你要命名每步反应。

与传统的有机化学反应相比，过渡金属参与和催化的反应可写出多种机理。一个原因是过渡金属参与和催化的反应机理还没有像纯粹的有机反应那样已有详细或长久的研究，所以对它们的了解较少。另一个原因是，过渡金属可以有多种氧化态和配位程度，常常在一个烧瓶中有多种反应起作用，溶剂或配体看似微不足道的变化有时会改变反应的机理。

有机金属催化剂和无机催化剂通常分为均相或非均相,这两个术语简单理解为可溶或不溶。均相催化剂更容易研究,往往比非均相催化剂更易预测。非均相催化剂倾向于在大规模工业合成中广泛应用。本章所描述的许多反应中发现的第一种催化剂是非均相的,随后开发了均相催化剂,用于阐明反应机理,扩大反应范围。

6.2 加成反应

6.2.1 后过渡金属催化氢化和加氢金属化反应(钯、铂、铑)

有机化学学生最早学习的金属催化反应是钯催化的烯烃和炔烃的氢化反应,该反应是立体专一的顺式反应(即两个氢原子加到 π 键的同侧)。该反应可使用多种催化剂:活性炭负载的钯金属、铅盐或钡盐毒化的钯(Lindlar 催化剂)、$Pd(OH)_2$、PtO_2、氧化铝负载的铑金属、Wilkinson 催化剂、钌膦络合物等。长期以来,因为反应中的金属不能溶解在溶液中,所以人们认为非均相氢化反应是非常神秘的,但随着均相催化剂(如 Wilkinson 催化剂)的使用,详细研究其机理成为可能。

思考 Pd/C 催化的 2,3-二甲基-2-丁烯与 H_2 的反应机理,形成两个新的 C—H 键,C=C π 键断裂。事实上,立体专一的顺式加成说明发生了插入反应,如图 6.33 所示,Pd 金属是(0)氧化态(即 d^{10}),它可以与 H_2 发生氧化加成反应,得到具有两个 Pd—H 键的新化合物,此时 Pd 是(Ⅱ)氧化态。烯烃与一个 Pd—H 键发生缔合和插入,得到 Pd—C 和 C—H 键,最后还原消除得到产物,再生 Pd^0,重新开始催化循环。

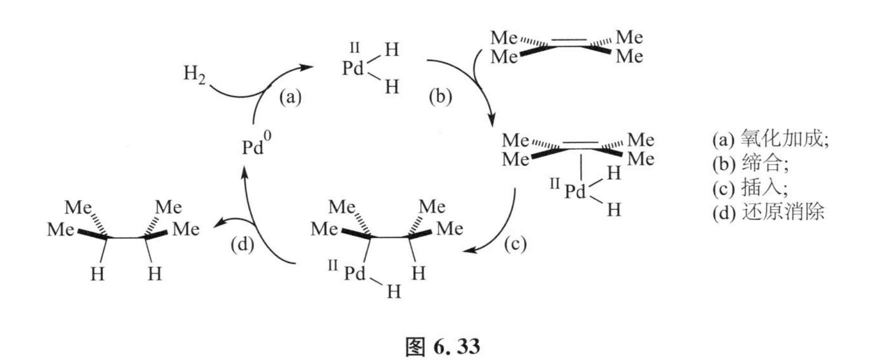

图 6.33

注意:电子转移箭头通常不用于显示每个机理步骤中的电子流动。明确书写催化循环,每步都是金属的典型反应。

每种后过渡金属氢化催化剂,无论是均相或非均相的,都可以用于相同的催化循环,尽管有些催化剂,特别是空间位阻大的如 Wilkinson 催化剂,需要在催化循环之前发生配体解离或取代。对于负载在固体(如活性炭、硅胶和氧化铝)上的金属,你无须关注载体是否参加反应。

在不对称 π 键如 $R_2C=O$(或 $R_2C=NR$)氢化时,可以插入 M—H 键得到 H—M—O—CHR_2 或 H—M—CR_2—OH。两种络合物都可以发生还原消除反应,得到产物醇。乍一看,具有金属—氧键的 H—M—O—CHR_2 似乎更有利,但是碳和氧与后过渡金属(如 Ru 和 Pd)成键的强度大致相同。任何一种机理都可以在任一特定反应中起作用。

甲酸和 1,4-环己二烯有时用作氢化和氢解反应的替代氢源。如图 6.34 所示,Pd(0)用甲酸质子化,与甲酸根负离子缔合,得到氧化加成产物 H—Pd(Ⅱ)—O_2CH,然后发生 β-H 消除得到 H—Pd(Ⅱ)—H 和 CO_2。同样,如图 6.35 所示,Pd(0)与 1,4-环己二烯的 π 键络合,钯与烯丙基 C—H 键发生氧化加成得到环己二烯基-Pd(Ⅱ)—H,在烯丙基迁移后,发生 β-H 消除得到苯和 H—Pd(Ⅱ)—H。在这两种情况下,β-H 消除原则上可以在烯烃插入 Pd—H 键之前或之后发生。使用这些氢源可以更好地进行某些氢化反应。

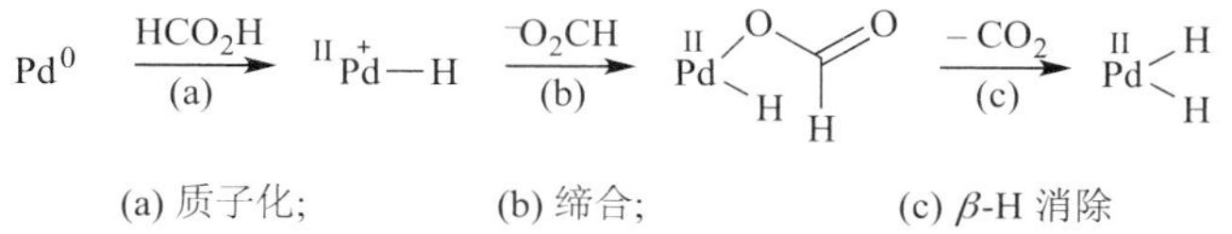

(a) 质子化; (b) 缔合; (c) β-H 消除

图 6.34

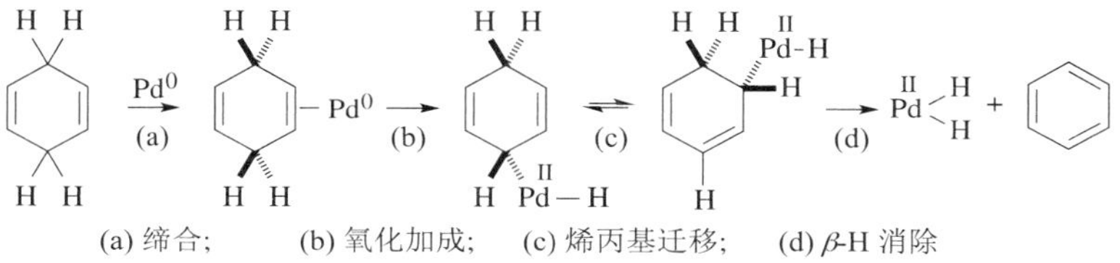

(a) 缔合; (b) 氧化加成; (c) 烯丙基迁移; (d) β-H 消除

图 6.35

Pd、Pt 和 Rh 的后过渡金属络合物也能催化 π 键的硅氢化、锡氢化、硼氢化和双硼化反应。C=C 键和 C=O 键都可以发生硼氢化或硅氢化,而锡氢化通常只在 C=C 键发生。(有些硼烷在无催化剂时可以与 C=O 键和 C=C 键加成,但有些反应性低的(如儿茶酚硼烷[$(C_6H_4O_2)BH$])需要催化剂。此外,金属催化的反应与无金属催化的反应相比,有时会显示不同的选择性。)除了 H—H 氧化加成被 R_3Si—H(R_3Sn—H、R_2B—H、R_2B—BR_2)键氧化加成替代以外,所有这些反应的机理与氢化都相同。

习题 6.1 书写图 6.36 中双硼化反应机理。

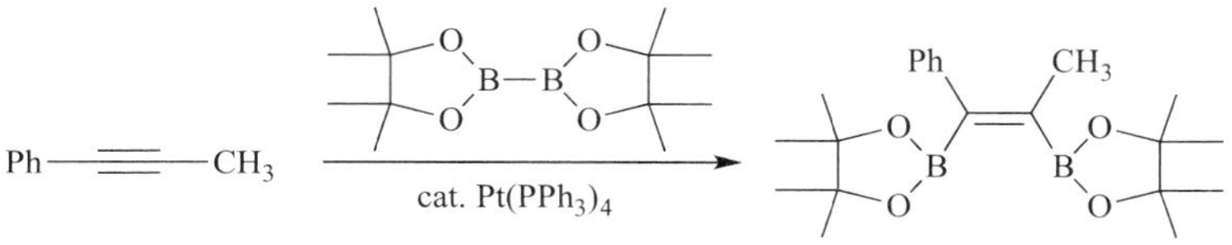

图 6.36

不对称 σ 键(E—H)与金属氧化加成反应后,不饱和化合物可以插入 M—E 或 M—H 键。在有些情况下,如羰基化合物氢硅化反应,如图 6.37 所示,底物的 π 键插入 M—E 键,而在其他情况下，底物π键插入M—H键的速度更快。无论如何，任一途径在还原消除后都得到相同产物。

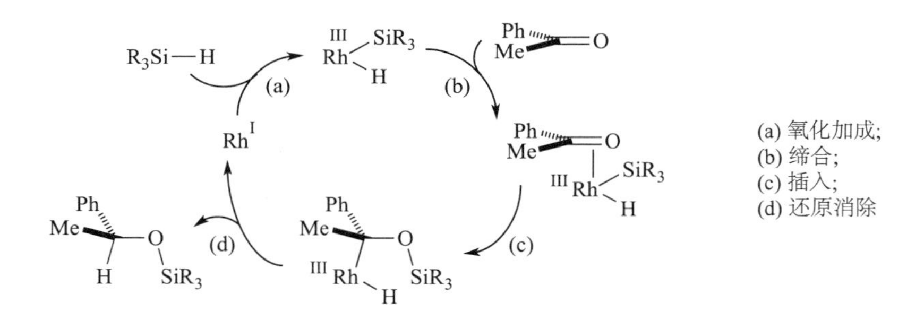

图 6.37

习题 6.2 书写苯乙酮氢硅化反应机理，反应中C=O π键插入Rh—H σ键（代替Rh—Si键），你书写的机理应该得到上述相同产物。

许多具有手性配体（如膦、亚磷酸酯或亚氨酸酯）的金属络合物催化不对称氢化、氢硅化等反应，可以得到高对映选择性，具有广泛的底物范围。

催化循环中所有步骤都是可逆的。原则上M—H物质可以经过一系列插入和β-H消除，得到π键异构到不同位置的产物，事实上这是钯催化氢化反应中偶尔发生的副反应。

6.2.2 氢甲酰化反应（钴、铑）

铑和钴络合物催化氢甲酰化反应，H_2和CO与C=C π键加成得到醛（H—C—C—CHO），氢甲酰化是最早工业化应用的有机金属反应之一。丙烯的氢甲酰化用于制备丁醛，丁醛氢化得到广泛使用的溶剂丁醇。最初的反应用Co催化剂在熔融的Ph_3P中进行，但现在反应条件温和很多。氢甲酰化的反应机理与前面讨论的氢化反应机理几乎相同，如图6.38所示，H_2与金属（Ⅰ）络合物发生氧化加成反应得到金属（Ⅲ）二氢化物，烯烃插入得到烷基金属（Ⅲ）络合物，然后进行氢化反应机理中没有的步骤：CO与金属络合，然后插入M—C键，得到酰基金属（Ⅲ）化合物；最后，还原消除得到产物，再生金属（Ⅰ）络合物。

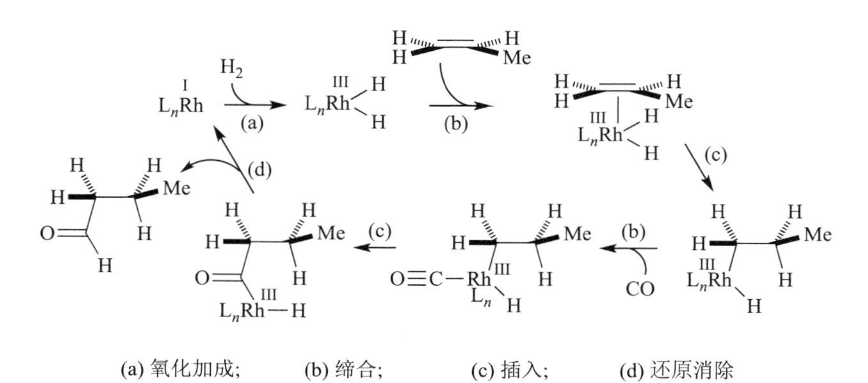

图 6.38

丙烯插入 M—H 键可以得到两个异构体：一个具有 1°烷基—金属键(图 6.38)，另一个具有 2°烷基—金属键。第一个异构体生成正丁醛，而第二个异构体生成异丁醛。第一种异构体在所有条件下都占优势，但异构体的比例取决于金属、温度和配体。随着工艺的进步，正丁醛的比例越来越高。

硅烷(R_3Si—H)取代 H_2 的硅甲酰化反应机理与氢甲酰化反应机理完全相同。

习题 6.3　书写图 6.39 中硅甲酰化的反应机理。

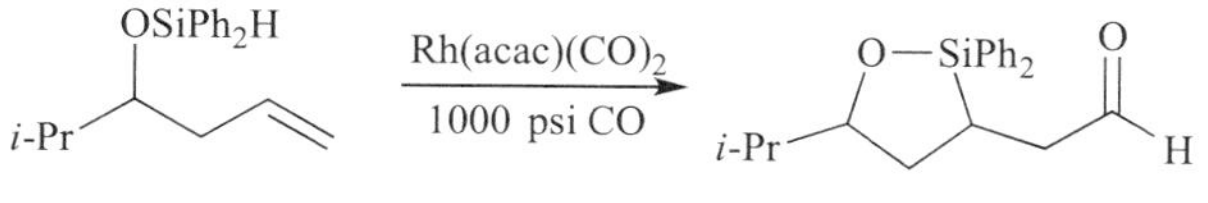

图 6.39

6.2.3　锆氢化反应(锆)

在硼氢化反应中，硼氢化物(R_2BH)与烯烃($R'CH=CH_2$)加成得到 $R'CH_2CH_2BR_2$。16 电子 d^0 Zr(Ⅳ)络合物 $Cp_2Zr(H)Cl$，俗称 Schwartz 试剂，也发生类似反应。如图 6.40 所示，机理包括烯烃与亲电的锆中心缔合，然后烯烃迁移插入 Zr—H 键。炔烃也通过相同的机理反应。

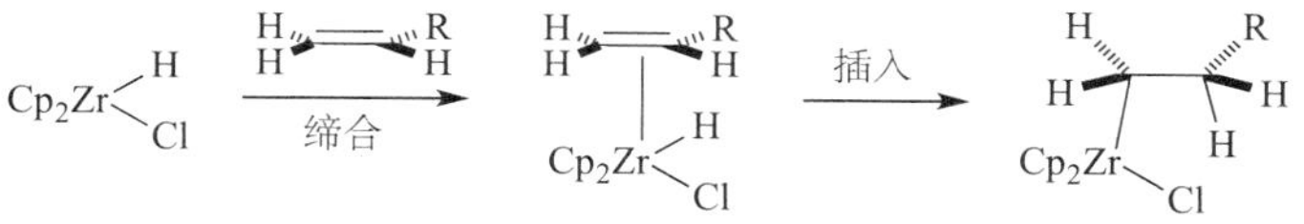

图 6.40

锆氢化反应生成的烷基锆(Ⅳ)络合物通常用作进一步转变的试剂。如图 6.41 所示，C—Zr 键的碳中等亲核，水解断裂 C—Zr 键得到烷烃，与亲电的卤素(如 NBS 或 I_2)反应得到卤代烃。与 CO 或异腈(RNC)加成可将一个碳单元插入 Zr—C 键，然后水解得到相应的醛或亚胺，卤化得到酰卤或腈；也可以发生 C—Zr 键对另一种金属(如铜、锌、钯等金属)交换反应，这些烷基或烯基金属化合物可以与有机卤化物(参见下文)等进行钯催化交叉偶联反应。所有这些反应(除了 CO 插入)通常经历 σ 键复分解过程，虽然目前没有进行太多的机理研究。

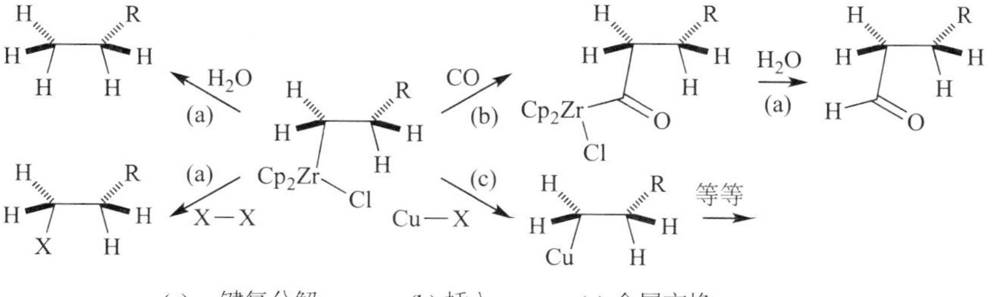

(a) σ 键复分解;　(b) 插入;　(c) 金属交换

图 6.41

如前所述，非端烯的氢锆化反应生成末端的烷基锆化合物(图 6.42)。异构化很快发生，以至于没有观察到中间体，反应机理是一系列插入和 β-H 消除。

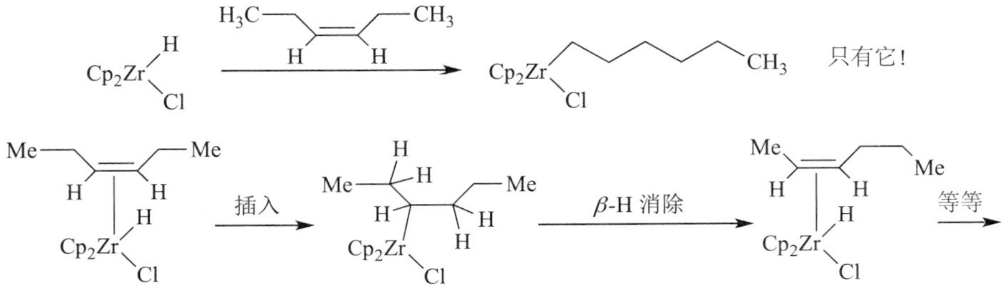

只有它!

插入

β-H 消除

等等

图 6.42

习题 6.4 当非端炔发生氢锆化反应时，Cp_2ZrCl 基团没有迁移到链的末端。为什么呢?

6.2.4 烯烃聚合反应(钛、锆、钪和其他金属)

乙烯聚合制备聚乙烯是世界上最重要的工业反应之一。乙烯聚合常经历自由基历程，自由基历程也可用于高级烯烃的聚合，但产率不高，存在立体选择性和区域选择性的问题。丙烯、苯乙烯和丁二烯等高级烯烃的聚合通常采用前过渡金属催化剂(Ziegler-Natta 催化剂)进行。早期的 Ziegler-Natta 催化剂是由 Ti、Zr 或其他前过渡金属表面负载的非均相催化剂，后来开发了均相催化剂，使化学家能够研究聚合反应机理。近年来，均相催化剂的效率已经提高到与非均相催化剂在成本上竞争的程度，至少对于高价值的聚合物而言是如此。

研究最广泛的均相 Ziegler-Natta 催化剂是第ⅣB 族的茂金属，特别是锆茂金属。Cp_2ZrCl_2 是一种对空气和水稳定的 16 电子 d^0 络合物，其衍生物 Cp_2ZrMe_2 是一种用于烯烃聚合的催化剂前体，加入 Lewis 酸使催化剂前体激活，常使用甲基铝氧烷$(MeAlO)_n$，可由 1 当量水与 Me_3Al 加成制备，$B(C_6F_5)_3$ 也是如此。Lewis 酸从 Cp_2ZrMe_2 夺取 Me^- 得到 14 电子 d^0 络合物 Cp_2ZrMe^+，这是一种活性催化剂。

烯烃聚合的催化循环反应机理(Cossee 机理)非常简单，如图 6.43 所示，烯烃与 Cp_2ZrR^+ 缔合，然后插入得到新 $Cp_2ZrR'^+$ 络合物。在这两步中，锆的氧化态没有变化。

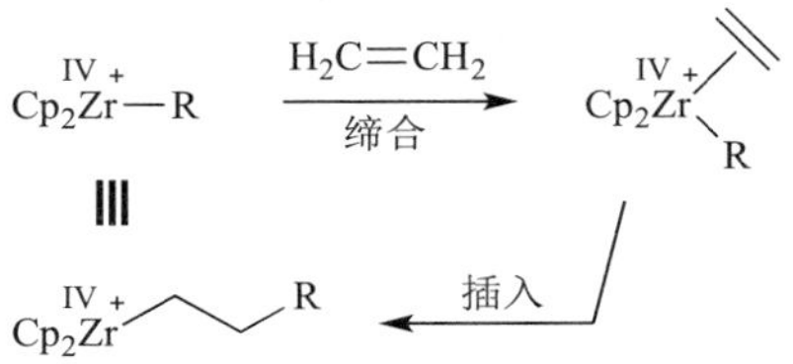

缔合

插入

图 6.43

如图 6.44 所示，聚合物链终止生长有几种机理。其中，一种常见的链终止步骤是 β-H 消除，得到 Cp_2ZrH^+ 和具有末端双键的聚合物。当聚合发生在氢气中时，可以发生 σ 键复分解得到饱和聚合物和 Cp_2ZrH^+。

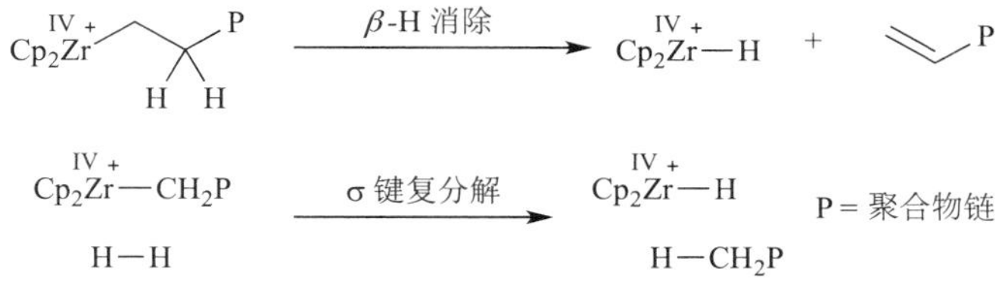

$\overset{IV\ +}{Cp_2Zr}-CH_2-CH(P)$ (H H) $\xrightarrow{\beta\text{-H 消除}}$ $\overset{IV\ +}{Cp_2Zr}-H$ + $CH_2=CH-P$

$\overset{IV\ +}{Cp_2Zr}-CH_2P$ / $H-H$ $\xrightarrow{\sigma\text{键复分解}}$ $\overset{IV\ +}{Cp_2Zr}-H$ / $H-CH_2P$　　P = 聚合物链

图 6.44

环戊二烯基(Cp—)被烷基或其他基团取代的第ⅣB族茂金属络合物也能有效进行反应,Cp—甚至可以被其他五电子给体(如 RO 基)(使用两对孤对电子与金属形成 π 键)和三电子给体(如 R_2N—)取代。第ⅢB族金属络合物被广泛用于研究和进行烯烃聚合反应。使用这些 d^0 金属的聚合反应通过 Cp_2ZrMe^+ 显示的机理进行反应。

如图 6.45 所示,烯烃聚合的替代机理(Green 机理)已被证明含有 12 电子 d^2Ta(Ⅲ)络合物$(Me_3P)_2I_2TaCH_2R$。α-H 消除得到 Ta(Ⅴ)络合物(H—Ta=CHR),烯烃与亚烷基络合物[2+2]环加成得到钽(Ⅴ)杂环丁烷,还原消除得到增加两个碳原子链的起始催化剂,链终止步骤与 Cossee 机理相同。Green 机理需要金属氧化态增加,因此,d^0 金属不能通过 Green 机理催化烯烃聚合。

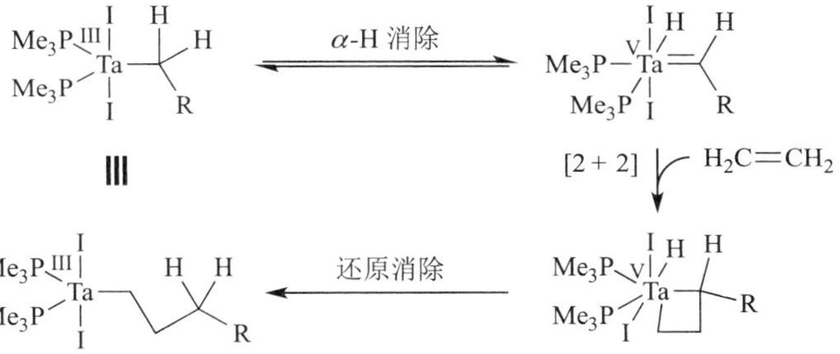

$(Me_3P)_2I_2\overset{III}{Ta}-CH_2R$ (Ⅲ) $\underset{}{\overset{\alpha\text{-H 消除}}{\rightleftharpoons}}$ $(Me_3P)_2I_2(H)\overset{V}{Ta}=CHR$ $\xrightarrow[{[2+2]}]{H_2C=CH_2}$ 钽(Ⅴ)杂环丁烷 $(Me_3P)_2I_2(H)\overset{V}{Ta}$ $\xrightarrow{\text{还原消除}}$ $(Me_3P)_2I_2\overset{III}{Ta}-CH_2CH_2CH_2R$

图 6.45

高级烯烃聚合时,出现区域和立体化学问题。烯烃 $H_2C=CHR$ 插入 M—R′键,出现区域化学问题,可以形成 1°烷基金属络合物(M—CH_2CHRR')或 2°烷基金属络合物(M—$CHRCH_2R'$)。1°烷基络合物通常热力学有利,通常能被观察到。为了了解立体化学问题,以聚合物聚丙烯为例。如图 6.46 所示,在延伸聚合物主链上的甲基可以指向相同方向(isotactic)、交替方向(syndiotactic)或随机方向(atactic)。不同的立体异构体具有不同的物理性质,全同聚合物(isotactic)的需求量最大。具有特殊立体化学特征的催化剂可用于生产一种或另一种聚合物。

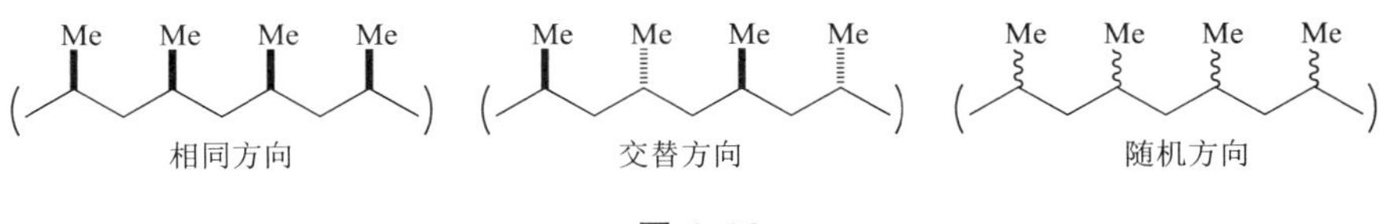

图 6.46

习题 6.5　当烯烃在足够高浓度的 H_2 存在下进行聚合反应时,烯烃的氢化反应代替聚合反应。书写这种转化的合理机理。

6.2.5 烯烃环丙烷化、环氧化和氮杂环丙烷化反应(铜、铑、锰、钛)

你可能还记得,Cu(Ⅱ)和 Rh(Ⅱ)络合物催化重氮化合物(如 EtO_2CCHN_2)形成卡宾的反应,如果卡宾是单线态的,它们与烯烃发生[2+1]环加成反应,现在可以写出 Rh 和 Cu 卡宾与烯烃反应更加完整的机理。如图 6.47 所示,亲核的重氮碳与 Rh(Ⅱ)络合,失去 N_2 得到 Rh(Ⅳ)亚烷基络合物($Rh{=}CHCO_2Et$)。具有 M=E π 键的络合物一般发生[2+2]环加成反应,这种络合物也不例外,它与烯烃发生[2+2]环加成反应得到铑杂环丁烷,再还原消除得到产物环丙烷,最后生成 Rh(Ⅱ)。注意,在[2+2]环加成和还原消除步骤中保留烯烃的立体化学特征。

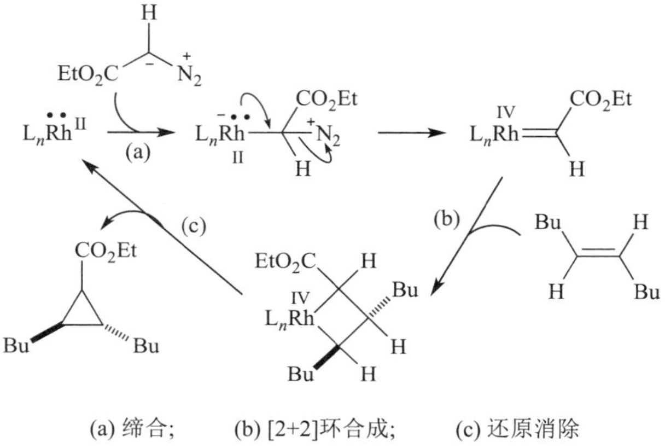

(a) 缔合;　(b) [2+2]环合成;　(c) 还原消除

图 6.47

许多其他单原子转移反应机理与铑催化和铜催化的环丙烷化反应类似。例如图 6.48 中,手性 Mn(Ⅱ)Salen 络合物广泛用于催化烯烃的 Jacobsen 或 Jacobsen-Katsuki 环氧化反应中。氧化剂可以是 NaOCl(漂白剂)、PhI=O 或其他的亲电氧源,Salen(水杨醛乙二胺)是一种类似血红素或卟啉的双负离子、八电子、四齿配体。Jacobsen 环氧化反应机理与环丙烷

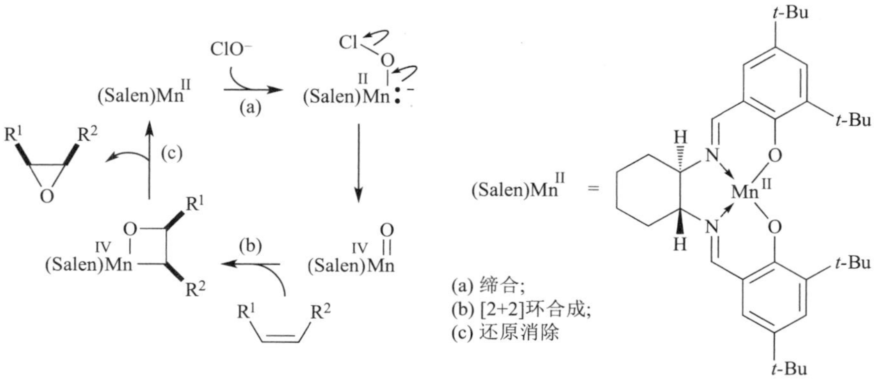

(a) 缔合;
(b) [2+2]环合成;
(c) 还原消除

图 6.48

化反应机理非常相似。例如 ClO^- 与 Mn(Ⅱ)Salen 络合物加成，得到负离子 Mn(Ⅱ)络合物（其中金属具有形式负电荷），Cl^- 被 Mn 的孤对电子取代，得到 Mn(Ⅳ)氧代络合物（Mn=O）。已知金属氧化物与烯烃发生[2+2]环加成反应，所以接下来可能发生烯烃对 Mn(Ⅳ)氧代络合物的[2+2]环加成反应，得到 Mn(Ⅳ)金属杂环丁烷，还原消除得到环氧化合物，生成催化剂。

不幸的是，残酷的事实有时会使一个漂亮的机理失效。Jacobsen 环氧化有时会使链烯烃失去构型。此反应特征可以通过自由基反应来解释，如图 6.49 所示，锰氧杂环丁烷中间体的 Mn—C 键均裂，得到 Mn(Ⅲ)1,4-双自由基络合物，烷基自由基进攻氧，取代 Mn(Ⅱ)得到环氧化合物，再生催化剂。

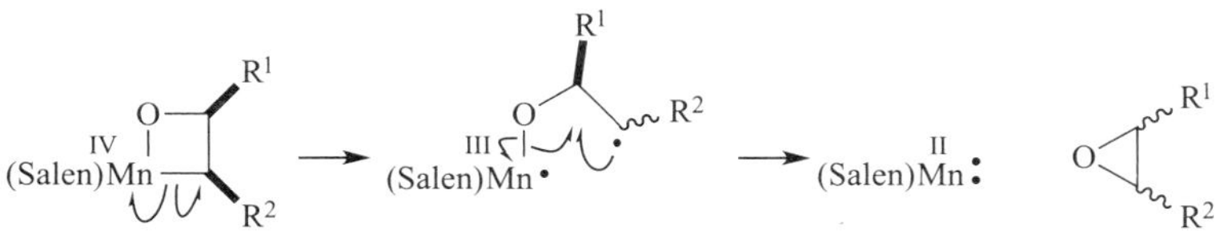

图 6.49

这一机理仍然存在问题：Salen 配体的方形平面在几何上不允许 Mn—O 和 Mn—C 键处于络合物的同面。一种不含 Mn—C 键的替代机理被提出，如图 6.50 所示，电子从烯烃向 Mn(Ⅳ)氧络合物转移，可以得到 Mn(Ⅲ)自由基负离子和有机自由基正离子。氧化物对正离子加成得到如前所见相同的 Mn(Ⅲ)1,4-双自由基。但锰催化烯烃环氧化反应中是否存在锰氧杂环丁烷中间体尚不清楚。

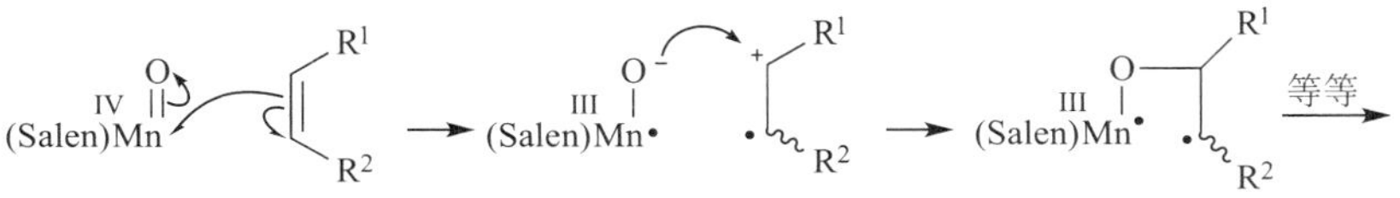

图 6.50

氧源可以被氮源（例如 PhI=NTs）替代，在这种情况下，发生催化氮杂环丙烷反应。催化剂通常是 Cu(Ⅱ)络合物。当络合物具有手性时，可以发生不对称氮杂环丙烷化反应。

习题 6.6　为图 6.51 中的反应书写合理的机理。你会发现用另一种共振结构书写 PhI=NTs 很有用。

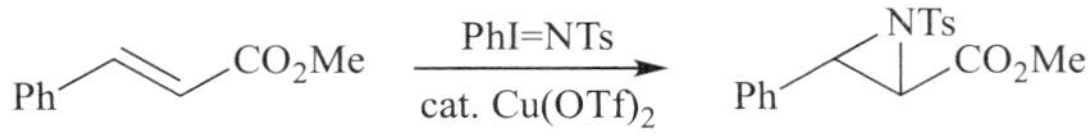

图 6.51

Sharpless 环氧化反应机理与这些反应完全不同，如图 6.52 所示，这种不对称 O-转移反应使用催化量的 $Ti(O\text{-}i\text{-}Pr)_4$ 和二乙基(+)-或(−)-酒石酸，催化 *t*-BuOOH 环氧化烯丙醇的反应，对映选择性通常很好。

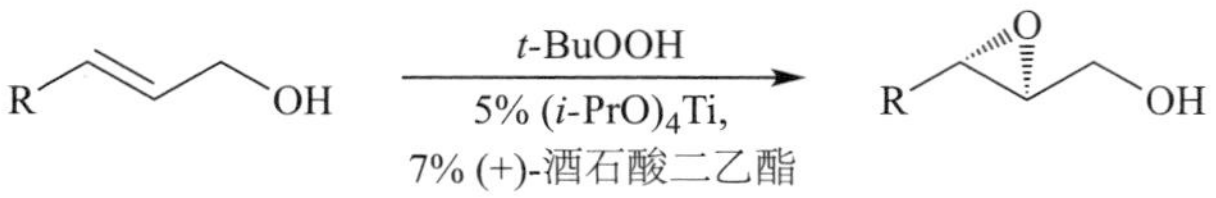

图 6.52

如图 6.53 所示,该反应中金属本质上作为 Lewis 酸。*t*-BuOOH 的两个氧原子与酒石酸-烯丙醇-钛络合物络合,导致 *t*-BuOOH 末端氧原子更加亲电,然后末端氧原子选择性转移到亲核 C═C π 键的对映面。钛的氧化态或配体数不变。氧原子转移后,一系列配体取代再生活性物质。

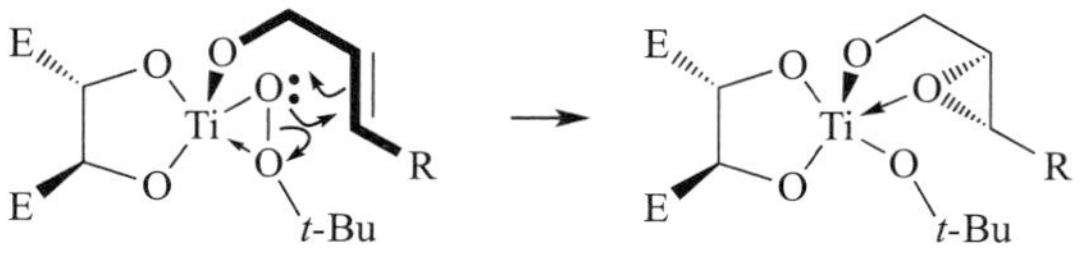

图 6.53

6.2.6 烯烃的双羟基化和氨羟基化反应(锇)

如图 6.54 所示,烯烃与 OsO_4 反应,形成含两个新 C—O 键的锇酸酯,锇酸酯通常用亚硫酸氢钠水溶液水解,得到邻二醇。总的双羟基化反应是立体专一的顺式反应。

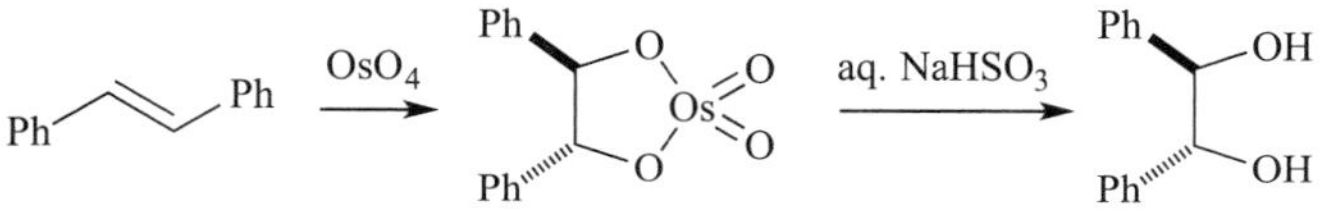

图 6.54

锇酸酯的形成主要有两种竞争机理:如图 6.55 所示,一种是烯烃和 OsO_4 经历一步[3+2]环加成反应得到锇酸酯;另一种是两步反应机理,烯烃和 OsO_4 经历[2+2]环加成反应得到锇氧杂环丁烷,然后锇氧杂环丁烷进行 α-插入得到锇酸酯。哪种是实际有效的机理仍存在争议。两种情况下,金属锇都从 Os(Ⅷ)还原到 Os(Ⅵ)。锇酸酯通过简单的配体取代进行水解,一种温和的还原剂 $NaHSO_3$ 通过进一步还原锇促进配体取代。

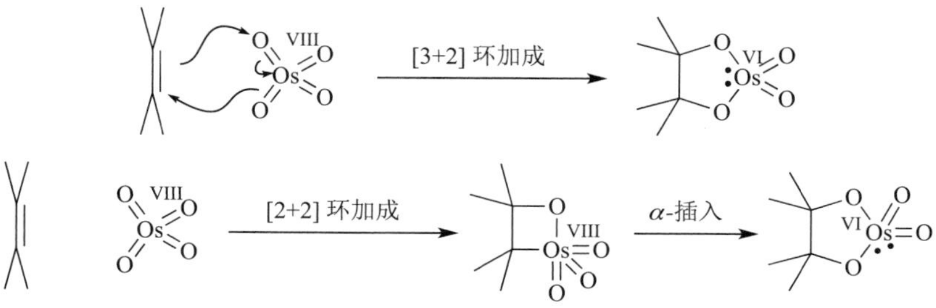

图 6.55

在化学当量氧化剂和水存在下，OsO_4 可以催化烯烃的双羟基化反应，该催化反应很有用，因为 OsO_4 价格昂贵且有剧毒。如图6.56所示，催化反应也可以使用非挥发性Os(Ⅵ)盐 $K_2OsO_2(OH)_4$ 代替挥发性Os(Ⅷ)络合物 OsO_4。

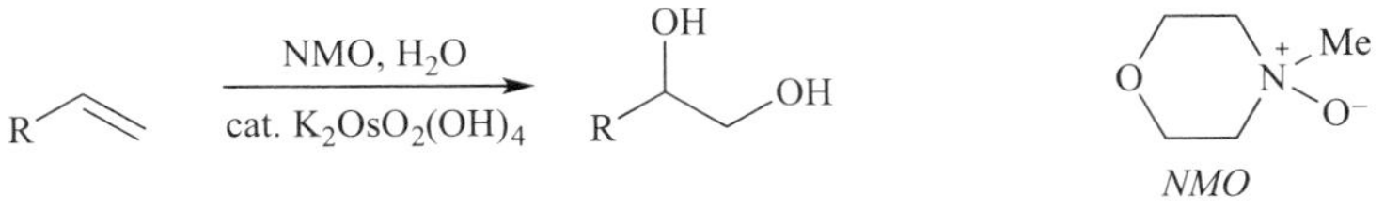

图6.56

如图6.57所示，锇催化反应机理如下：$K_2OsO_2(OH)_4$ 与 $OsO_2(OH)_2$ 处于平衡状态，后者的络合物被化学计量的氧化剂转化为 OsO_4。烯烃与 OsO_4 通过上面讨论的一种机理加成得到锇(Ⅵ)酸酯，锇酸酯在配体取代过程中水解，再生 $OsO_2(OH)_2$。化学当量氧化剂包括氮氧化物 R_3NO（如N-甲基吗啉-N-氧化物NMO）和过渡金属盐（如铁氰化钾 $K_3Fe(CN)_6$）。当化学当量氧化剂是 $NaIO_4$ 时，二醇被分解成两个羰基化合物，这是臭氧分解的替代方法。

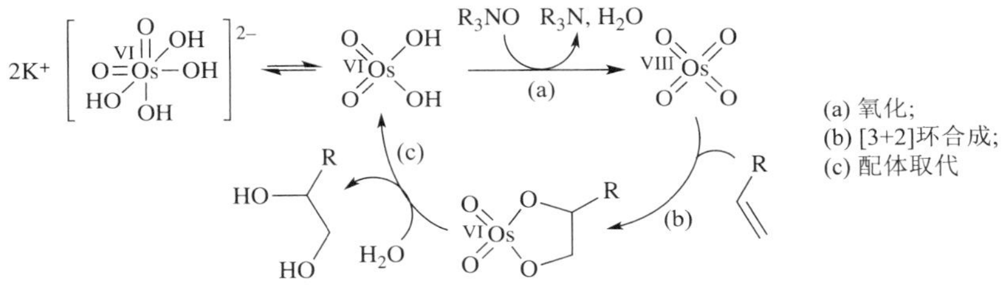

图6.57

习题6.7　提出 R_3NO 氧化 $OsO_2(OH)_2$ 成为 OsO_4 的反应机理。提示：OsO_4 产物含有来自氮氧化物的氧原子。

胺可以大大加速 OsO_4 参与的双羟基化反应，当烯烃结合催化量的手性胺、催化量的 OsO_4 或 $K_2OsO_2(OH)_4$、化学计量的氧化剂（通常为NMO或 $K_3Fe(CN)_6$）和 H_2O 时，就可以发生不对称催化Sharpless双羟基化反应，手性胺—OsO_4 络合物优先与烯烃的同侧加成，但双羟基化反应机理从根本上没有改变。如图6.58所示，胺通常是二氢奎宁(DHQ)或二氢奎尼丁(DHQD)衍生物，这些化合物通常用外来缩写如 $(DHQD)_2PHAL$ 描述。Sharpless双羟基化所需试剂的混合物（AD-mix-α 或 AD-mix-β）可以在市场上买到。

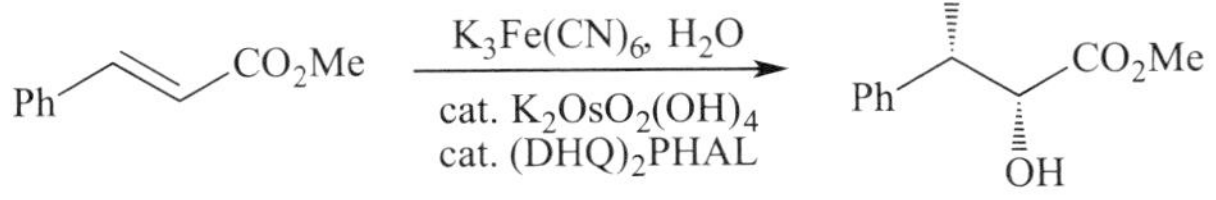

图6.58

手性胺和 $K_2OsO_2(OH)_4$ 也可以催化Sharpless不对称氨羟基化反应。在氨羟基化反应中化学计量的氧化剂是脱质子的N-卤代酰胺，其机理与NMO的机理很类似，通过与Sharpless双羟基化反应完全相同的机理发生反应。

习题 6.8 书写图 6.59 中 Sharpless 氨羟基化反应的机理。

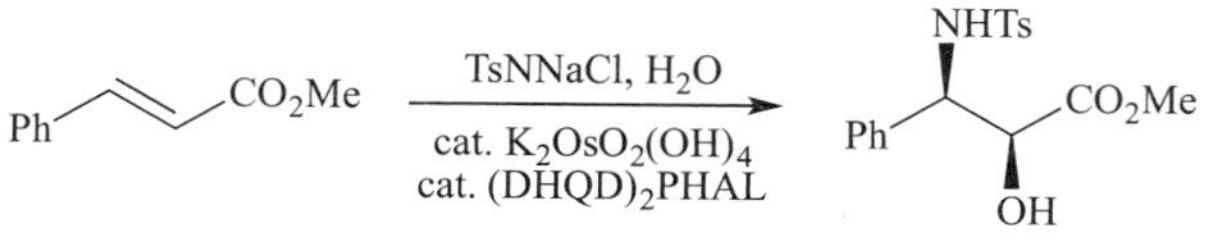

图 6.59

高锰酸钾也可以使烯烃双羟基化，特别是缺电子烯烃，富电子烯烃可进一步被氧化为双羰基化合物。高锰酸钾也可以将烷基苯氧化成为苯甲酸，但反应机理尚不十分清楚。

6.2.7 烯烃和炔烃的亲核加成反应(汞、钯)

你可能还记得酸催化烯烃加水通常很困难，因为在反应所需的强酸条件下可能发生副反应，但是 Hg(Ⅱ)盐(如 $HgCl_2$)存在时，亲核试剂(如 H_2O)容易与烯烃加成得到有机汞化合物，如图 6.60 所示，加入硼氢化钠，C—Hg 键很容易转化为 C—H 键。

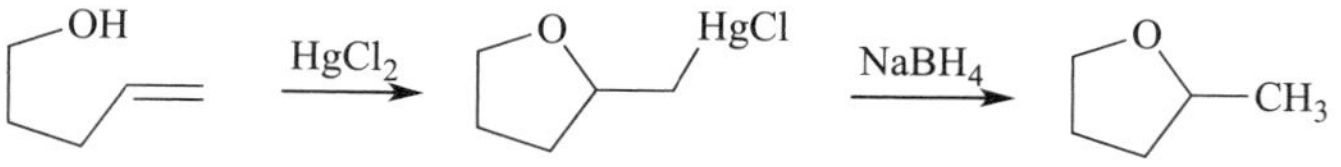

图 6.60

醇是亲核的，所以烯烃必须是亲电的。如图 6.61 所示，氯化汞首先与烯烃络合形成 π 络合物，Hg(Ⅱ)的络合使烯烃亲电，使电子远离碳原子。(原则上，可以写出 π 络合物的金属环丙烷共振结构，但在这种共振结构中，汞将处于(Ⅳ)氧化态，Hg(Ⅳ)是一种高能氧化态。)络合削弱 C=C π 键，使碳原子亲电，然后亲核试剂进攻 π 络合物的碳，C=C π 键电子转移形成 Hg(Ⅱ)与另一碳原子之间的新 σ 键，得到稳定、可分离的有机汞化合物。

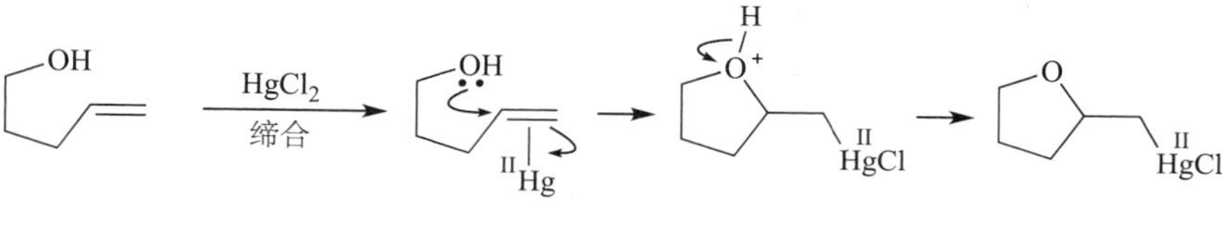

图 6.61

另一种机理从 O—Hg 键的形成开始，然后 C=C π 键插入 O—Hg 键。

反应的第二部分通过自由基链机理进行，如图 6.62 所示，首先 $NaBH_4$ 通过亲核取代，将 RHgCl 转变为 RHgH。

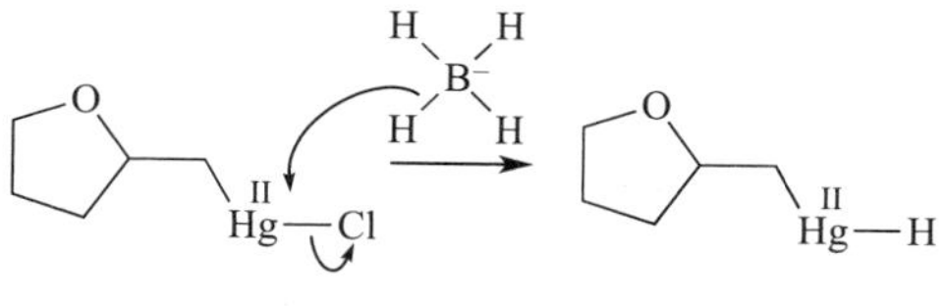

图 6.62

如图 6.63 所示，然后 RHgH 发生自由基分解，得到 RH 和 Hg(0)。（反应结束时，烧瓶底部出现小的水银球！）RHgH 分解由 R—Hg σ 键均裂引发，得到的烷基自由基（R·）从 H—Hg—R 夺取 H·得到 R—Hg(Ⅰ)，R—Hg(Ⅰ)键均裂得到 Hg(0)和烷基自由基。虽然在所示的特定示例中，烷基自由基仅仅从 H—Hg 键夺取氢自由基，但在其他底物中，R·可以发生其他典型的自由基反应，如 π 键的分子内加成反应。

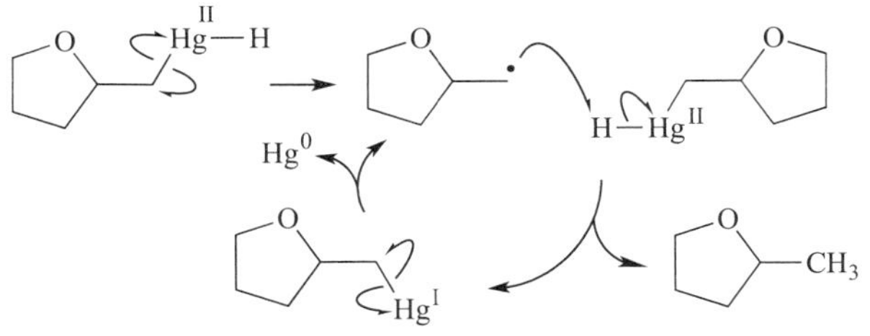

图 6.63

Hg 参与的烯烃反应很多已经被其他更有效、毒性更小的方法替代。

习题 6.9　为图 6.64 中反应书写合理的机理。

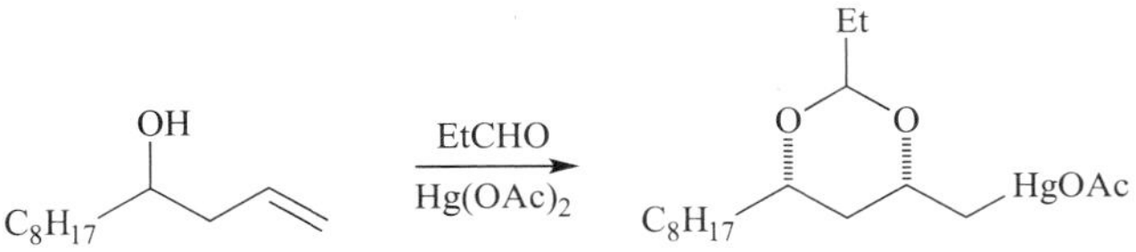

图 6.64

炔烃与水的加成在酸性条件下被 Hg(Ⅱ)催化，如图 6.65 所示。（非催化反应因为烯基正离子不稳定，很难进行。）

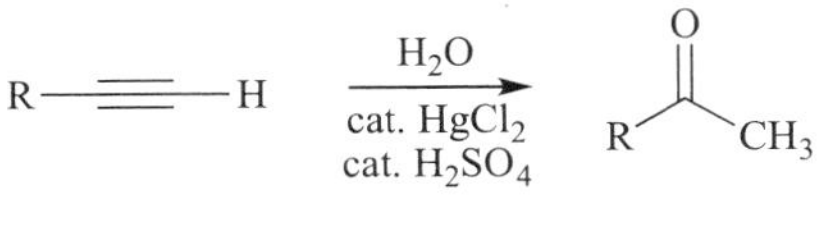

图 6.65

该机理以与汞参与的烯烃亲核加成相同的方式开始反应。如图 6.66 所示，第一步，炔烃和汞(Ⅱ)形成亲电 π 络合物，按照马氏规则，水进攻 π 络合物的一个碳原子，得到 2-羟基-

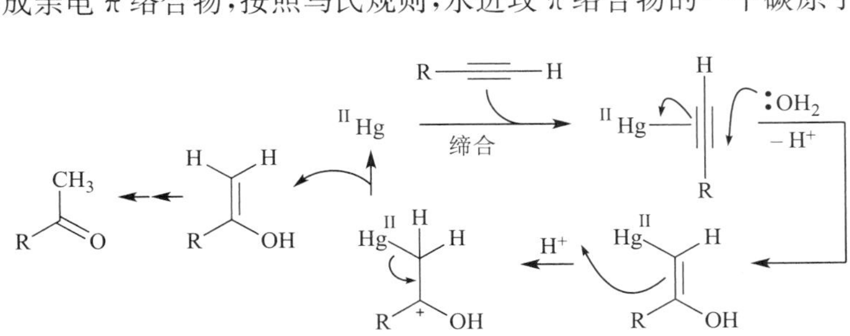

图 6.66

1-烯基汞(Ⅱ)化合物,一种含汞的烯醇,烯醇在含汞的碳上质子化,在相邻的碳原子上产生一个碳正离子,然后失去汞(Ⅱ)得到无金属烯醇,烯醇异构化得到产物酮。

钯盐也可以加速烯烃和炔烃与亲核试剂的加成反应。钯催化炔烃与亲核试剂的加成,其机理与汞催化反应机理完全一样,该反应对分子内环化反应有用,如 2-炔基苯酚异构化为苯并呋喃。但是,因为烷基钯络合物对于 β-H 消除不稳定,钯催化的烯烃与亲核试剂发生取代反应,并非加成反应。本章后面会讨论钯催化烯烃的亲核取代反应。

习题 6.10 书写图 6.67 中钯催化环化的反应机理。

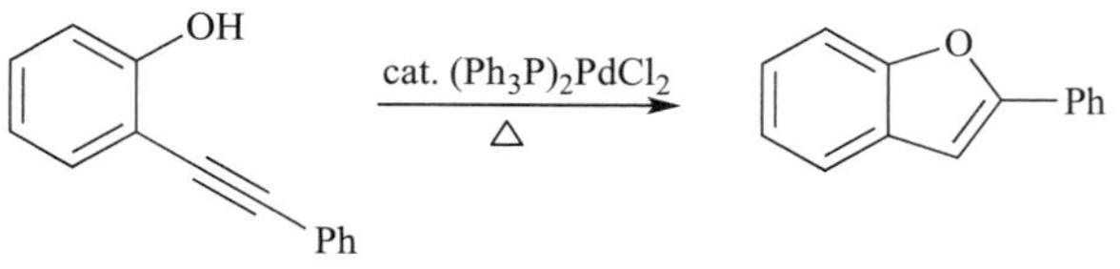

cat. $(Ph_3P)_2PdCl_2$, △

图 6.67

6.2.8 共轭加成反应(铜)

含 C—Cu 键的化合物与 α,β-不饱和羰基化合物(尤其是酮)发生共轭加成反应,许多含铜试剂可以反应,包括 RCu、R_2CuLi、$R_2Cu(CN)Li_2$ 和其他试剂。不同类型试剂可用于不同的反应,通常需要仔细优化条件。

铜化合物进行共轭加成的反应机理一直备受争议,几乎可以肯定的是,根据含铜化合物的化学计量、其他与铜结合配体的存在、反离子、溶剂、添加剂和底物的不同,机理会随这些因素的变化而变化,涉及电子转移步骤。由于缺乏含铜化合物真实性质的信息,化学家对这一机理的解释非常复杂。一个很简单的 Me_2CuLi 与烯酮的共轭加成反应如图 6.68 所示,16 电子含铜化合物与双键络合,得到 18 电子络合物。双键对 Me—Cu 键迁移插入,然后中性 MeCu 解离得到产物烯醇负离子。烯醇负离子有时被 Me_3SiCl(可能参与反应机理)或卤代烃原位捕获。副产物 MeCu 通常不参与进一步的反应。

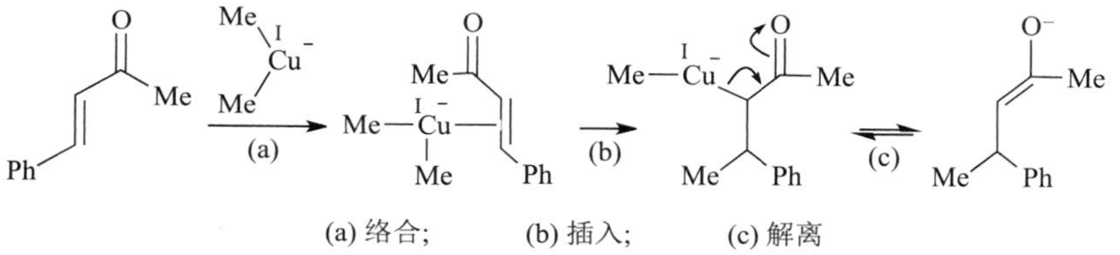

(a) 络合; (b) 插入; (c) 解离

图 6.68

催化量铜(Ⅰ)盐存在时,格氏试剂专一性地与 α,β-不饱和羰基化合物的 β-碳加成。格氏试剂(RMgX)与 CuX 发生金属置换反应,得到 RCu 或 R_2Cu^-。烷基铜化合物与烯酮发生如前所述的共轭加成反应,烯醇铜盐与 RMgX 进行金属置换得到烯醇镁盐,完成催化循环。

习题 6.11 书写图 6.69 中铜催化共轭加成反应的机理。

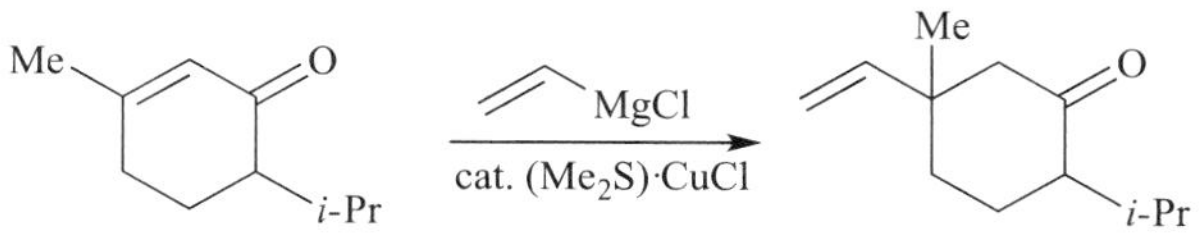

图 6.69

6.2.9　还原偶联反应(钛、锆)

第ⅣB族金属，特别是 Ti 和 Zr，其(Ⅳ)氧化态最稳定，它们在(Ⅱ)氧化态下，以非常特殊的方式作为还原剂使用。它们利用两个多余的电子，在两个 C═X 或 C≡X 之间形成新的 C—C 键，从而得到新的 X—C—C—X 或 X═C—C═X 化合物(X 可以是 N、O 或 C)。

如图 6.70 所示，利用还原钛试剂发生两个羰基化合物的还原偶联反应叫作 McMurry 偶联反应，产物是 1,2-二醇或烯烃。

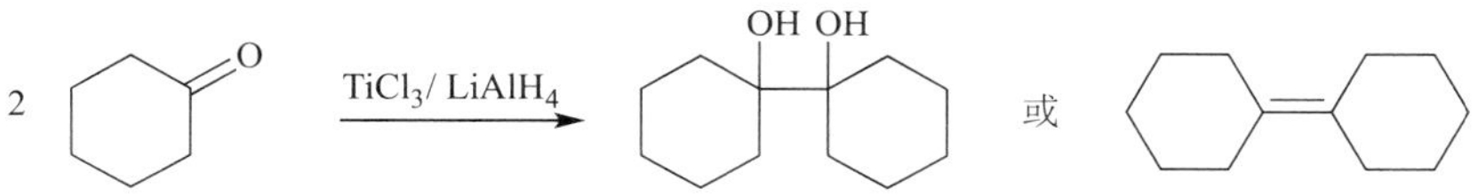

图 6.70

许多钛试剂(如 $TiCl_3/LiAlH_4$、$TiCl_3/Zn$ 等)已经用于这类反应。McMurry 偶联反应中活性物质的性质尚不清楚，但一定涉及低氧化态的钛，至少是 Ti(Ⅱ)或更低的钛。机理也不清楚。如图 6.71 所示，你可以将其想象为：还原态 Ti(Ⅱ)与一个羰基形成 π 络合物，得到 Ti(Ⅳ)氧杂环丙烷。第二个羰基络合和插入得到 1,2-二醇的钛络合物。如果第二个 Ti(Ⅱ)物质与其中一个氧原子络合，1,2-二醇可以进一步还原，得到烯烃和两个 Ti(Ⅳ)物质。

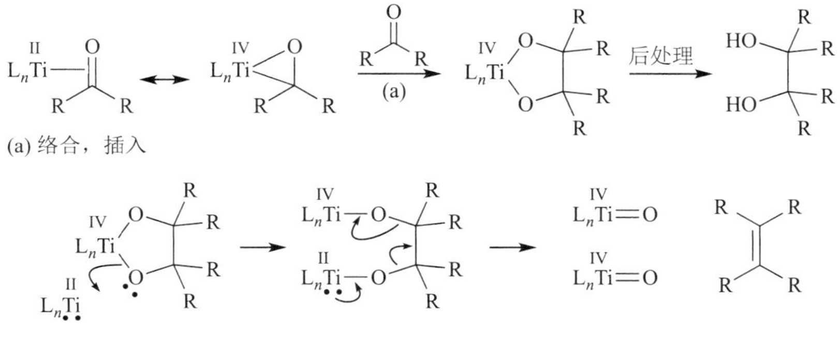

图 6.71

McMurry 偶联反应的另一种机理：Ti(Ⅲ)和羰基形成 Ti(Ⅳ)羰基自由基，然后进行频哪醇偶联反应(第 5 章)，自由基-自由基结合得到 1,2-二醇。

炔烃或烯烃的还原偶联反应可用 Cp_2ZrCl_2、$Ti(O\text{-}i\text{-}Pr)_4$ 或其他 Ti(Ⅳ)和 Zr(Ⅳ)络合物进行反应，反应常在分子内进行以实现更好的区域选择性。如图 6.72 所示，二炔或其他多不饱和键化合物加入到Zr(Ⅳ)(或Ti(Ⅳ))络合物和还原剂(如BuLi)的混合物中,中间体金属环状化合物形成后,用亲电试剂(如H^+或I_2)处理,C—M键裂解得到有机产物。

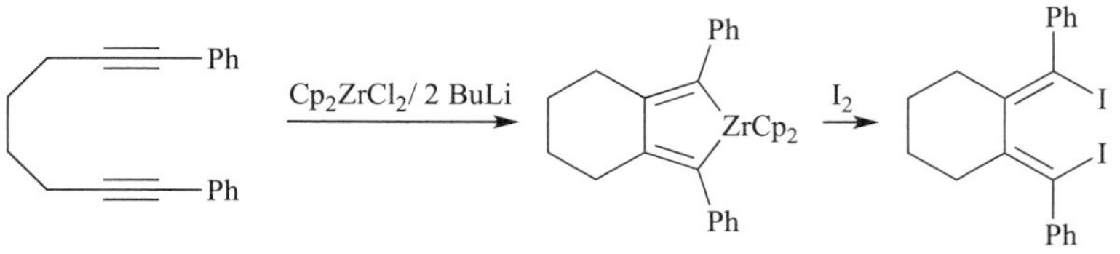

图 6.72

还原偶联需要将锆(Ⅳ)还原成锆(Ⅱ)。通过电子转移,金属(如镁)将Zr(Ⅳ)还原到Zr(Ⅱ),但目前应用最广泛的方法涉及2当量BuLi与Cp_2ZrCl_2的加成,如图6.73所示,金属置换得到Cp_2ZrBu_2,然后发生β-H夺取得到Zr(Ⅳ)金属环丙烷(也可以写为锆(Ⅱ)-丁烯络合物)。

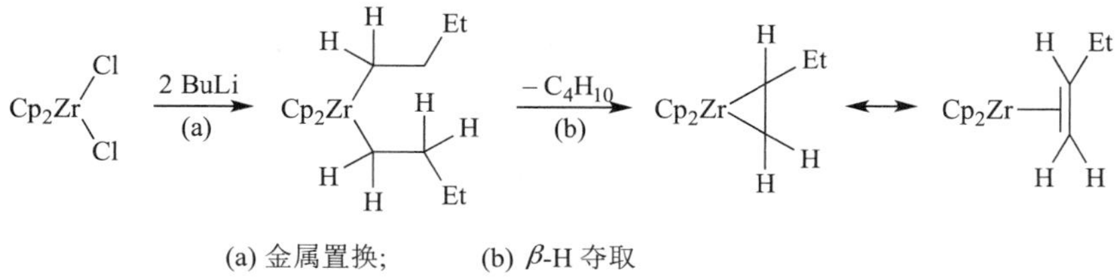

(a) 金属置换; (b) β-H 夺取

图 6.73

接下来,如图6.74所示,络合物中的1-丁烯被炔烃取代得到新π络合物,然后另一炔烃与Zr(Ⅳ)金属环丙烷络合,插入C—Zr键,得到Zr(Ⅳ)金属环戊二烯。

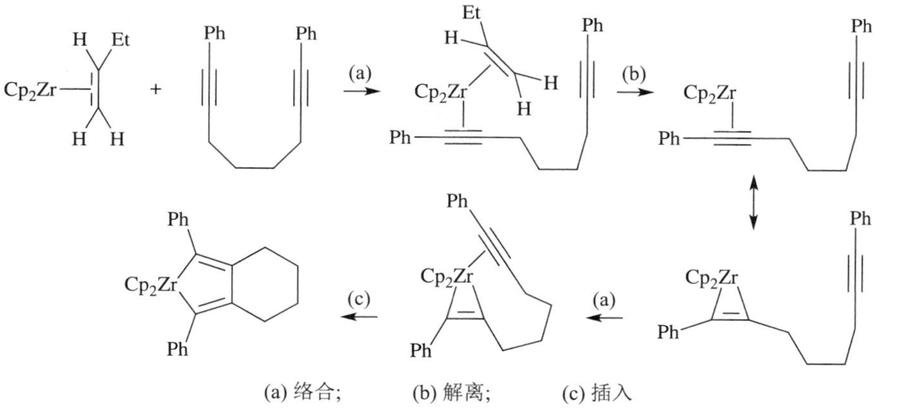

(a) 络合; (b) 解离; (c) 插入

图 6.74

如图6.75所示,当烯炔在分子内用Zr(Ⅱ)或Ti(Ⅱ)还原偶联时,最初得到的金属环戊烯与CO发生羰基化反应得到相应的双环环戊烯酮,通过插入CO和还原消除反应进行。对于钛促进的环化反应,在一定条件下,还原消除产生的Ti(Ⅱ)片段可以促进另一烯炔的还原偶联反应,为该反应在钛催化反应的变化提供了依据。

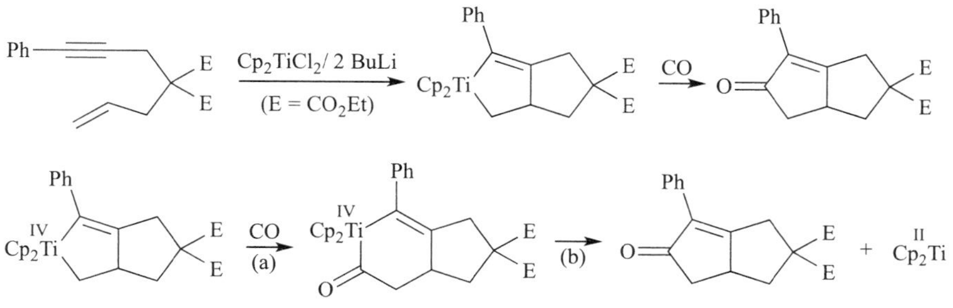

(a) 络合，插入;　　(b) 还原消除

图 6.75

所有这些反应中常见中间体 π 络合物可以用其他方式产生。如图 6.76 所示，Cp_2ZrPh_2 加热发生 β-H 夺取，生成苯炔 Cp_2Zr(Ⅱ)络合物。该络合物具有高活性，可被 π 化合物(如炔烃、烯烃、腈或羰基)捕获，得到五元金属环状化合物。

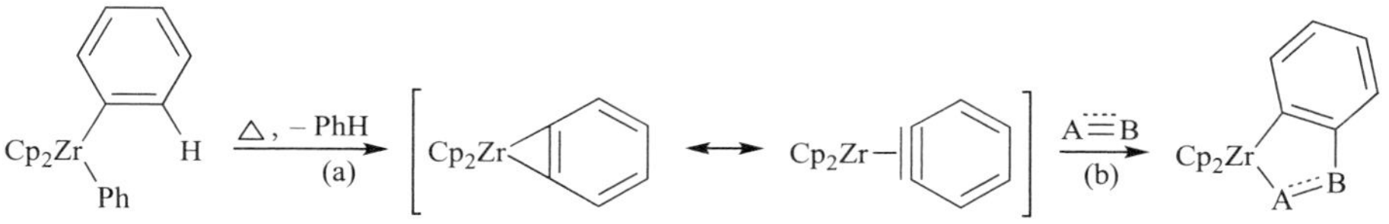

(a) β-H 夺取;　(b) 络合，插入

图 6.76

事实上，许多 π 络合物 Cp_2Zr(X=Y)，包括炔烃、环炔烃、芳炔、环丙烯、亚胺和硫醛的络合物，进行 β-H 夺取可以产生 Cp_2Zr(Me)X—Y—H 型络合物。如图 6.77 所示，这些络合物可以通过 X=Y 与 Cp_2Zr(H)Cl 氢锆化，再与 MeLi 加成形成，或由 X—YH 与 Cp_2Zr(Me)Cl 加成形成。

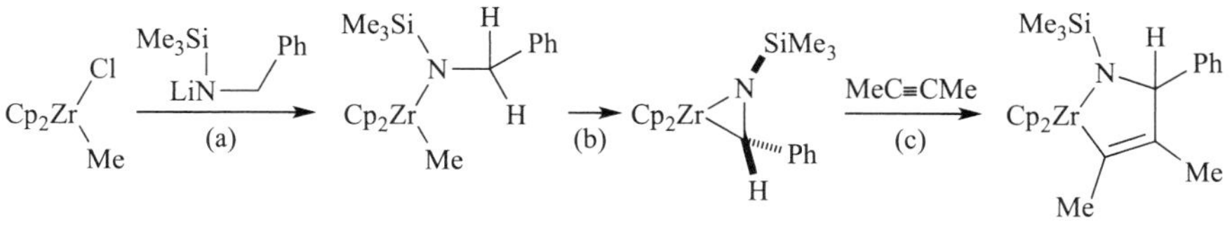

(a) 金属置换;　(b) β-H 夺取;　(c) 络合，插入

图 6.77

Kulinkovich 环丙烷化反应是一种还原偶联反应，在催化量的 Cp_2TiCl_2 存在下，酯与 2 当量的格氏试剂反应形成取代环丙醇如图 6.78 所示。如果三级酰胺代替酯，可以得到环丙胺。

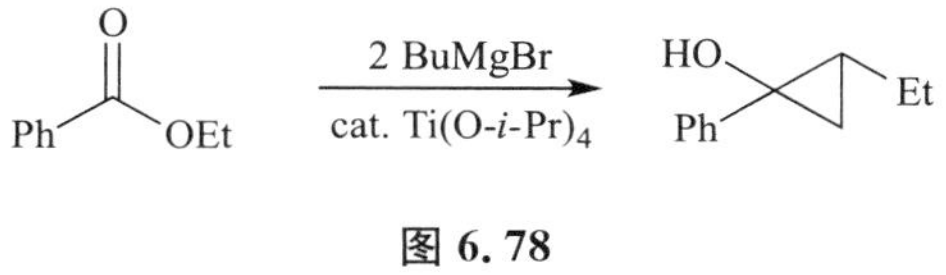

图 6.78

如图 6.79 所示，该反应通过 2 当量格氏试剂与钛催化剂加成来引发反应，形成二烷基钛化合物，这是催化循环的第一种化合物，它经过 β-H 夺取得到钛杂环丙烷，酯的 C=O π 键插入得到钛氧杂环戊烷，钛氧杂环戊烷本质上也是一个半缩醛。然后发生 β-烷氧基消除反应得到中间体，其亲核的 Ti—C 键与酮保持平衡。C=O π 键插入 Ti—C 键形成环丙醇，配体取代完成催化循环。整个反应中，钛的氧化态保持在(Ⅳ)。注意，格氏试剂与 Ti 络合物的反应比格氏试剂对酯的加成反应快。

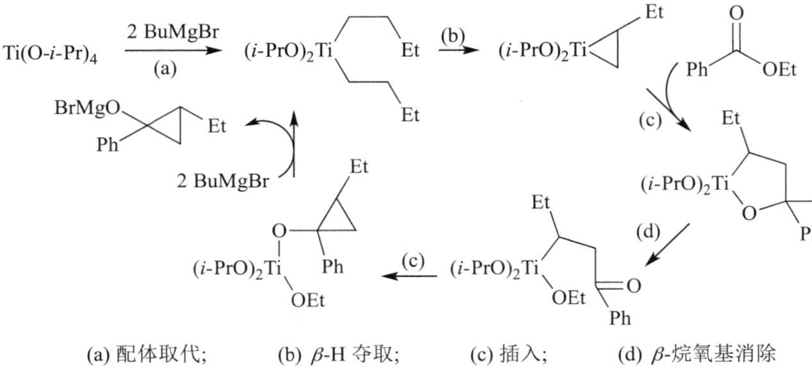

图 6.79

传统的 Kulinkovich 环丙烷化反应使用 2 当量格氏试剂，但只有 1 当量进入产物，另 1 当量损失成为烷烃。当格氏试剂便宜时，这不是问题；但当格氏试剂比较贵时，应该避免浪费。Kulinkovich 反应的一个中间体是钛环丙烷，可以写为烯烃-钛络合物。如图 6.80 所示，当端烯加入反应混合物中，配体交换可以生成新的烯烃-钛络合物，酯可插入其中。因此，可以牺牲便宜的 2 当量格氏试剂与贵的烯烃偶联得到酯或酰胺。这种反应也可以在分子内发生。

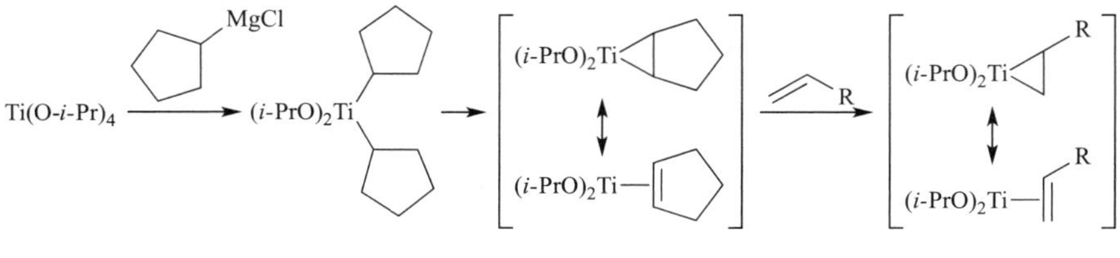

图 6.80

习题 6.12 书写图 6.81 中 Kulinkovich 环丙烷化反应的合理机理。

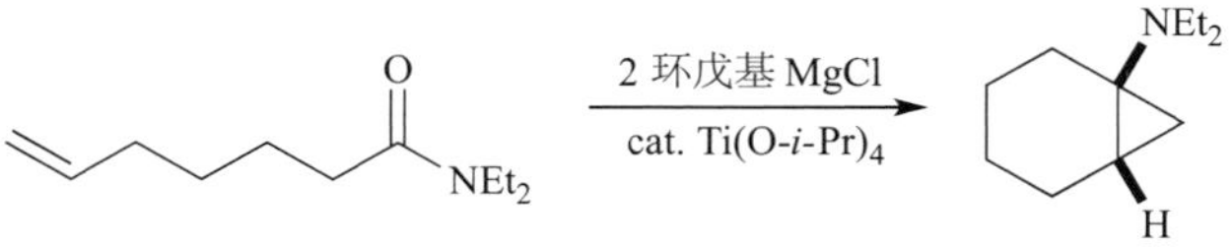

图 6.81

6.2.10 Pauson-Khand 反应(钴)

如图 6.82 所示,Pauson-Khand 反应将炔烃、烯烃和 CO 结合得到环戊烯酮,这种高度收敛的反应由络合物 $Co_2(CO)_8$($(CO)_4Co—Co(CO)_4$)参与,该络合物中包含一个不常见的金属—金属键。$Co_2(CO)_8$ 中每个钴原子都满足 18 个电子,每个钴原子都处于 Co(0)氧化态。

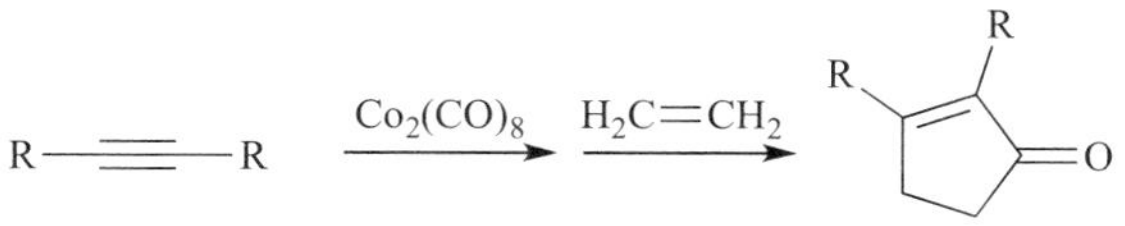

图 6.82

当第ⅣB 族金属参与还原偶联、羰基化反应时,Pauson-Khand 反应得到相同的产物,如图 6.83 所示,两种反应机理基本相同:形成炔-金属 π 络合物,烯烃插入,CO 插入和还原消除。但有些细节不同,当炔烃与 $Co_2(CO)_8$ 加成时,放出 CO,得到可色谱分离的炔-$Co_2(CO)_6$ 络合物。这种蝴蝶型络合物含有四个 Co(Ⅱ)—C 键,保留 Co—Co 键。炔-$Co_2(CO)_6$ 络合物的形成涉及炔烃与一个 Co(0)中心普通 π 络合物的形成和 CO 取代,π 络合物可以写成Co(Ⅱ)钴杂环丙烯共振结构,然后钴杂环丙烯的 π 键与另一个钴中心形成 π 络合物,取代另一当量的 CO,第二个 π 络合物也可以写成钴杂环丙烯共振结构。炔-$Co_2(CO)_6$ 络合物有两个 18 电子的 Co(Ⅱ)中心。

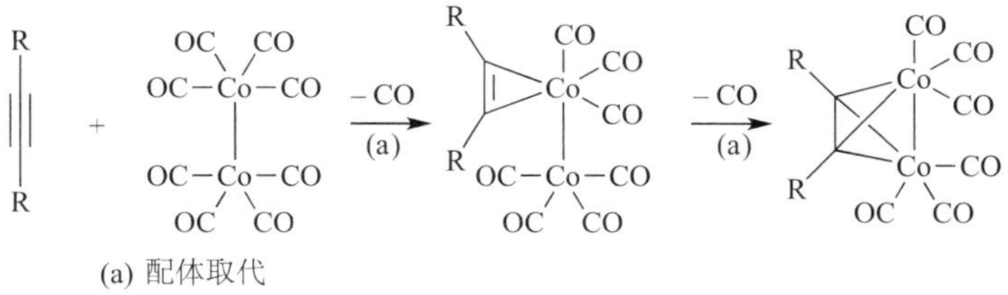

图 6.83

如图 6.84 所示,炔-$Co_2(CO)_6$ 络合物现在与烯烃(如 $CH_2═CH_2$)结合,刚开始不反应,

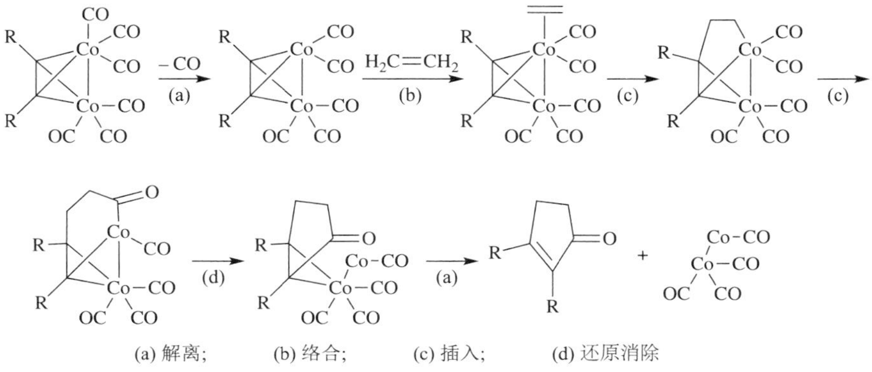

图 6.84

因为炔-$Co_2(CO)_6$ 络合物是相对惰性的 18 电子络合物。加热、光照或加入 N-甲基吗啉-N-氧化物(NMO)可使一个 CO 配体离开，生成 16 电子钴络合物。然后烯烃与钴络合，烯烃迁移插入到一个 Co—C 键，CO 迁移插入，还原消除得到环戊烯酮与 $Co_2(CO)_4$ 的 π 络合物，烯酮解离得到产物环戊烯酮。

习题 6.13 NMO 氧化炔-$Co_2(CO)_8$ 络合物的一个 CO 配体成为 CO_2，得到炔-$Co_2(CO)_5$络合物。书写这种转变的反应机理。

如图 6.85 所示，Pauson-Khand 反应特别适用于 1,6-烯炔的分子内环化反应生成双环[3.3.0]辛烯酮。当使用不对称炔烃或烯烃时，分子间反应存在区域选择性的问题，尽管因为各种原因，有些底物得到特别好的选择性。

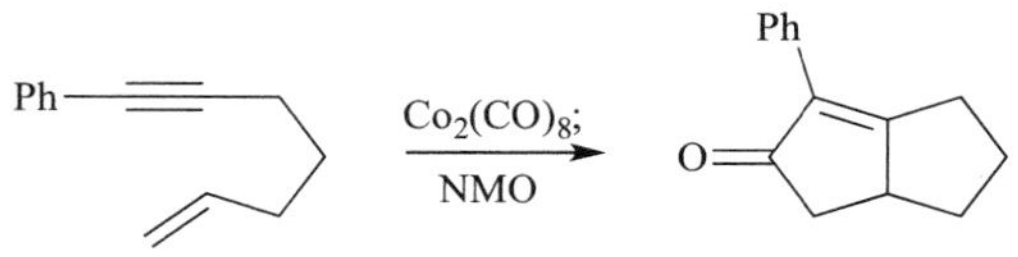

Ph $Co_2(CO)_8$; NMO O Ph

图 6.85

已发现其他金属络合物可以加速 Pauson-Khand 反应，包括 $Mo(CO)_6$、$Fe(CO)_5$、$W(CO)_6$和 $Cp_2Ti(CO)_2$，并且还开发出使用催化量金属($[Rh(CO)_2Cl]_2$ 催化反应)的 Pauson-Khand 反应的变体，但化学计量的 $Co_2(CO)_8$ 仍然是实现该转化广泛使用的方法。

6.2.11 Dötz 反应(铬)

如图 6.86 所示，在 Dötz 反应中，不饱和铬卡宾络合物与炔烃结合生成取代苯酚，不饱和基团可以是烯基、环烯基或芳基，几乎总有甲氧基或其他烷氧基与卡宾相连。

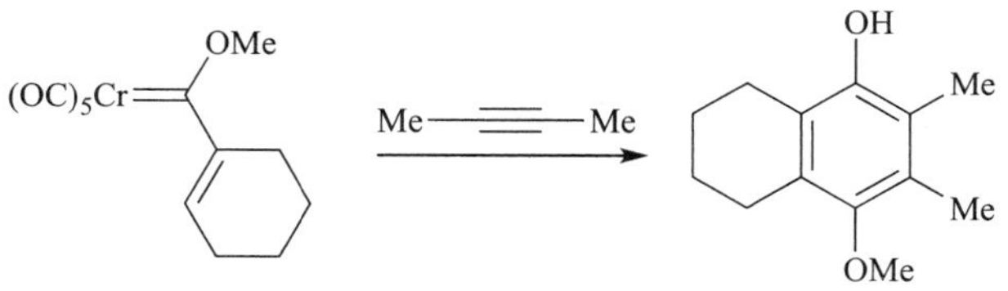

$(OC)_5Cr$ OMe Me—≡—Me OH Me Me OMe

图 6.86

如图 6.87 所示，通过给原子编号，我们发现铬络合物的亚烷基部分为新的芳香环提供了三个碳原子，炔烃提供了两个，与氧相连的第六个碳原子一定来自 CO 配体。成键：C2—C7、C4—C5、C5—C8；断键：Cr—C2、Cr—C5。

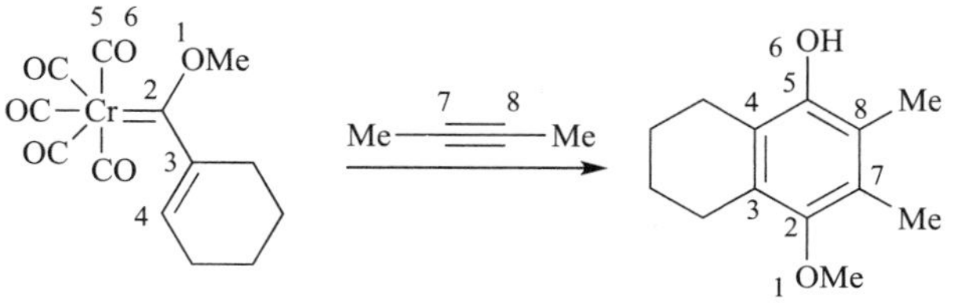

5 6 CO OC OC—Cr OC CO 1 OMe 2 3 4 Me—≡—Me 7 8 6 OH 5 4 8 Me 7 Me 3 2 1 OMe

图 6.87

如图 6.88 所示，具有金属-碳双键或三键的化合物很容易进行[2+2]环加成反应，在该体系中反应形成 C2—C7 键，生成金属环丁烯。该反应中 18 电子卡宾络合物首先失去 CO，与炔烃配位，然后发生[2+2]环加成反应。

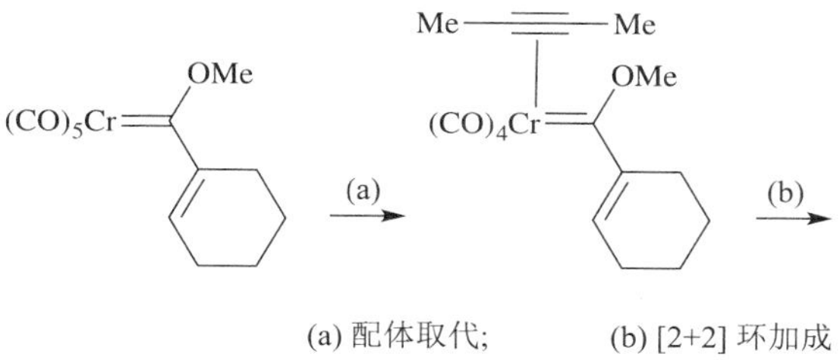

(a) 配体取代；　(b) [2+2] 环加成

图 6.88

CO 插入环内，两个剩余的 C—C 键形成，我们可以提出三个合理的可能性。第一种如图 6.89 所示，金属环丁烯络合物可以进行连续的电环化开环和关环反应，得到金属环己二烯络合物，CO 插入，还原消除，异构化，然后得到产物。

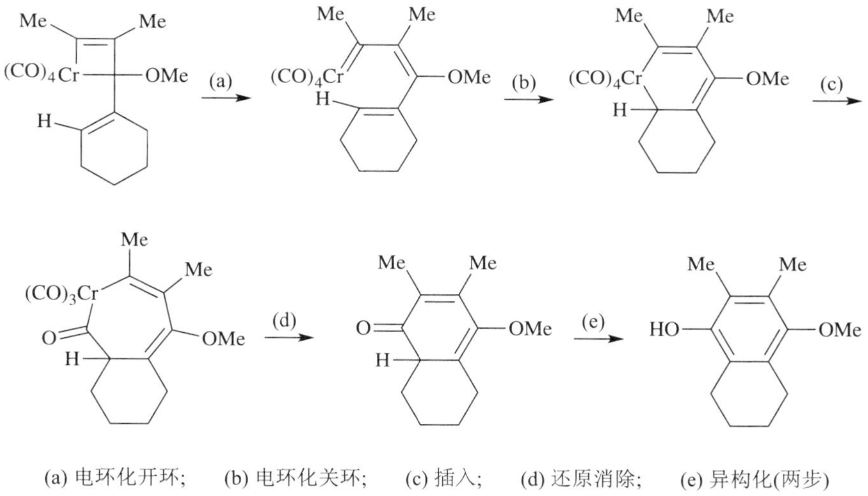

(a) 电环化开环；　(b) 电环化关环；　(c) 插入；　(d) 还原消除；　(e) 异构化(两步)

图 6.89

第二种如图 6.90 所示，金属环丁烯的 CO 迁移插入 Cr—C(sp^3)键，得到金属环戊烯酮，发生还原消除得到环丁烯酮，然后发生电环化开环和关环反应，互变异构得到产物。

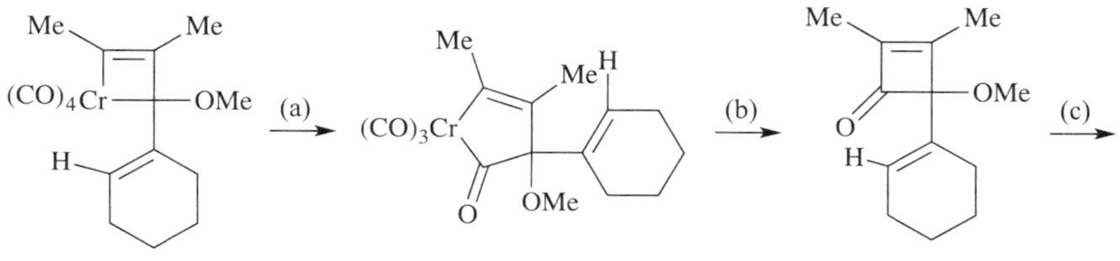

图 6.90

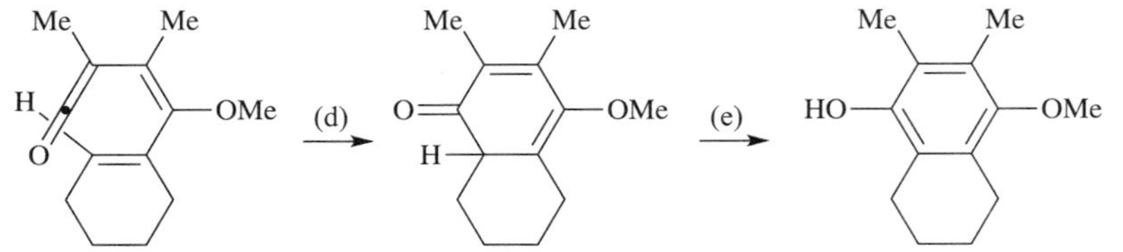

(a) 插入;　(b) 还原消除;　(c) 电环化开环;　(d) 电环化关环;　(e) 异构化(两步)

图 6.90(续)

第三种如图 6.91 所示,金属环丁烯电环化开环反应得到二烯卡宾络合物,CO 迁移插入到 Cr=C π 键(留下 Cr—C σ 键),得到铬环丙酮,写出其烯酮—$Cr(CO)_3$ 共振结构。脱去 $Cr(CO)_3$,电环化关环,互变异构得到苯酚。

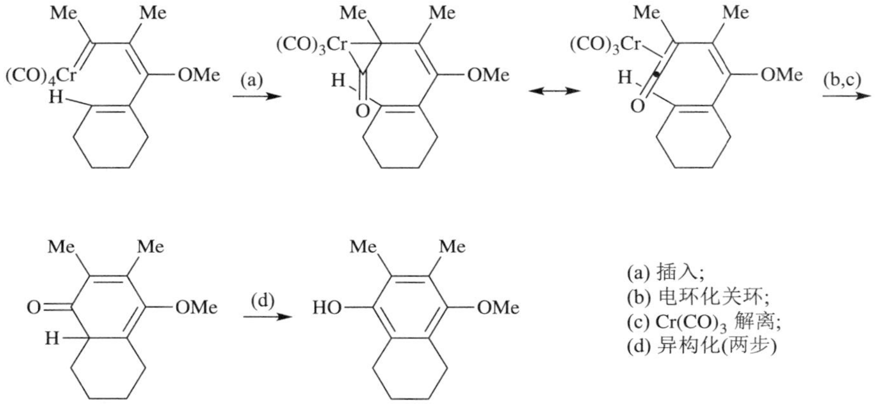

(a) 插入;
(b) 电环化关环;
(c) $Cr(CO)_3$ 解离;
(d) 异构化(两步)

图 6.91

当在乙醇中进行 Dötz 反应时,由乙醇与烯酮加成得到产物,表明后两种机理中的任一种是正确的。

Dötz 反应中的含铬原料通常由 $Cr(CO)_6$ 制备,$Cr(CO)_6$ 中的碳原子是亲电的,该化合物的金属烯酮共振结构可以很好地说明这一点。如图 6.92 所示,不饱和有机锂试剂与 $Cr(CO)_6$加成得到烯醇盐,再进行 O-甲基化(常用 Meerwein 试剂,$Me_3O^+BF_4^-$)得到卡宾络合物。

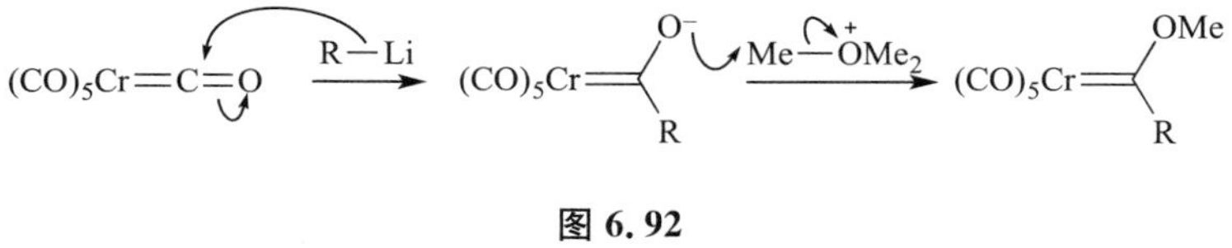

图 6.92

由 $Cr(CO)_6$ 和 MeLi 制备的卡宾络合物 $(CO)_5Cr=C(CH_3)OMe$ 也可用于制备其他的铬卡宾络合物,该化合物中与铬相连的五个 CO 对 Cr=C π 键产生强吸电子效应,Cr=C π 键向铬极化,事实上,$Cr(CO)_5$ 具有强吸电子效应,以至于甲基像甲基酮一样有酸性!如图

6.93 所示，加入醛和路易斯酸发生羟醛缩合反应，从而得到不饱和铬卡宾络合物。

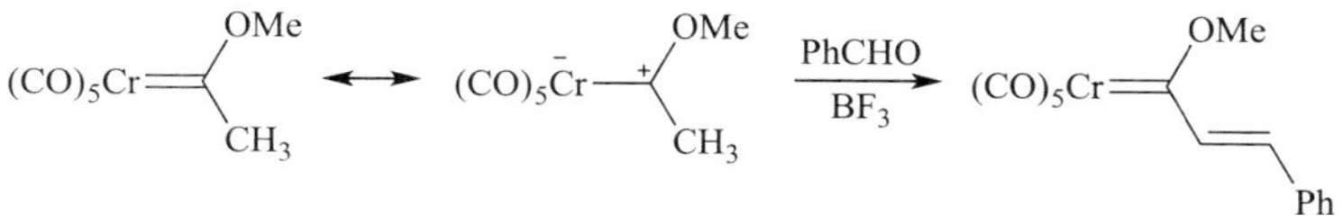

图 6.93

习题 6.14　书写 BF_3 促进的 $(CO)_5Cr=C(CH_3)OMe$ 和 PhCHO 的羟醛缩合反应机理。

铬卡宾络合物也可以发生其他反应，这些反应机理包含一些类似于 Dötz 反应机理的步骤(如[2+2]环加成反应、电环化反应)。

习题 6.15　书写图 6.94 中的反应机理。

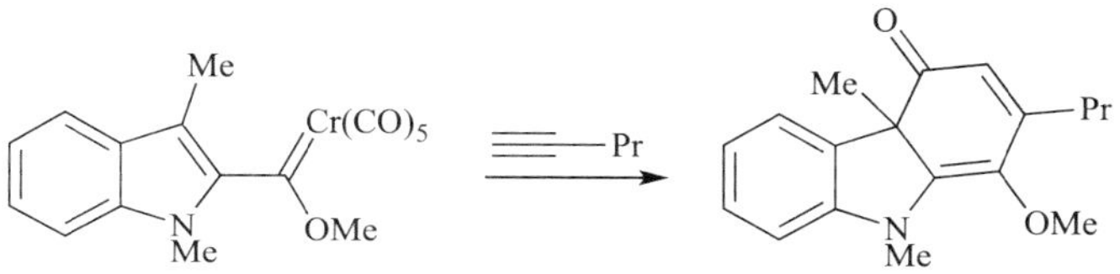

图 6.94

6.2.12　金属催化的环加成反应和环三聚反应(钴、镍、铑)

有些后过渡金属络合物具有催化[4+2]、[4+4]和[5+2]环加成反应的能力，尽管表面上这些反应不是协同环加成反应。例如图 6.95 中 Ni(0)催化分子内[4+4]环加成反应。

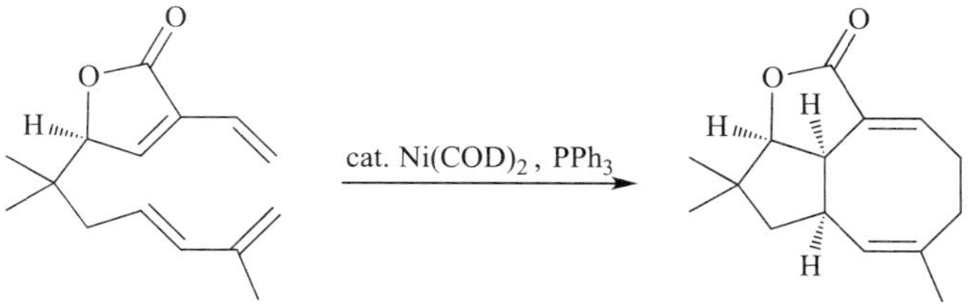

图 6.95

如图 6.96 所示，该机理可能由 Ni(0)与二烯络合反应开始，得到 Ni(0)-二烯络合物，也可以书写为 Ni(Ⅱ)环戊烯。C=C π 键插入 Ni—C 键，Ni—C 键发生烯丙基重排和还原消除反应。镍催化、铑催化[4+2]环加成反应可以写出类似的机理。

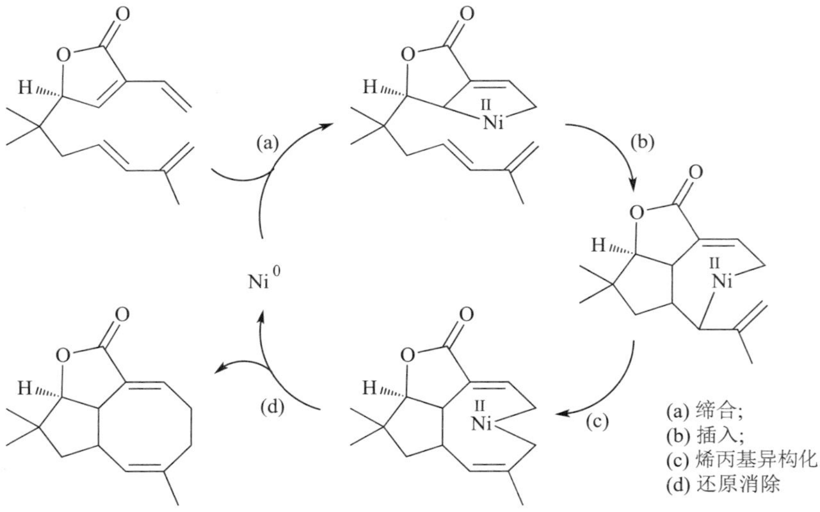

(a) 缔合;
(b) 插入;
(c) 烯丙基异构化;
(d) 还原消除

图 6.96

习题 6.16 书写图 6.97 中镍催化[4+2]环加成反应的合理机理。

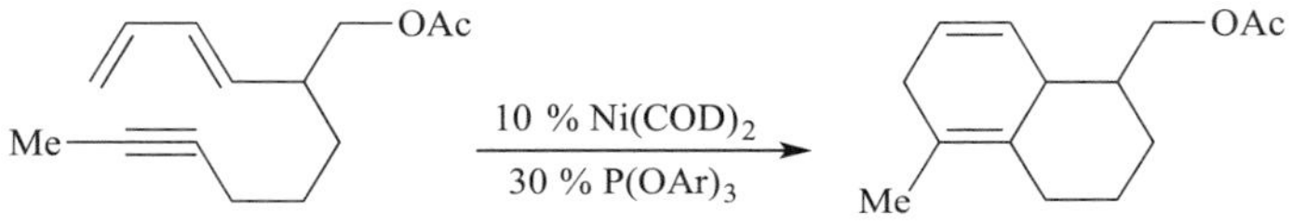

10 % $Ni(COD)_2$
30 % $P(OAr)_3$

图 6.97

如图 6.98 所示,铑催化[5+2]环加成反应将烯基环丙烷和炔烃(或烯烃、丙二烯)结合得到环庚二烯。

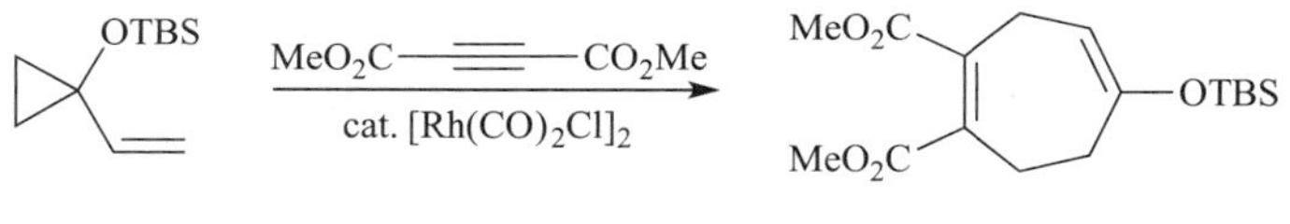

MeO_2C—≡—CO_2Me
cat. $[Rh(CO)_2Cl]_2$

图 6.98

如图 6.99 所示,该反应一个合理的机理由 Rh(Ⅰ)与炔烃络合开始,得到铑(Ⅲ)杂环丙烯。乙烯基环丙烷的 π 键与炔烃还原偶联得到铑环戊烯,但该化合物也是环丙基亚甲基铑络合物,环张力驱动迅速发生高烯丙基重排,然后还原消除得到环庚二烯。

习题 6.17 [5+2]环加成反应的一种替代机理由 Rh(Ⅰ)与乙烯基络合开始,驱动高烯丙基重排,再与炔烃偶联。书写此机理。

铑催化[5+2]和[4+2]环加成反应可以串联进行,串联反应就是上一步的产物是下一步反应的原料。

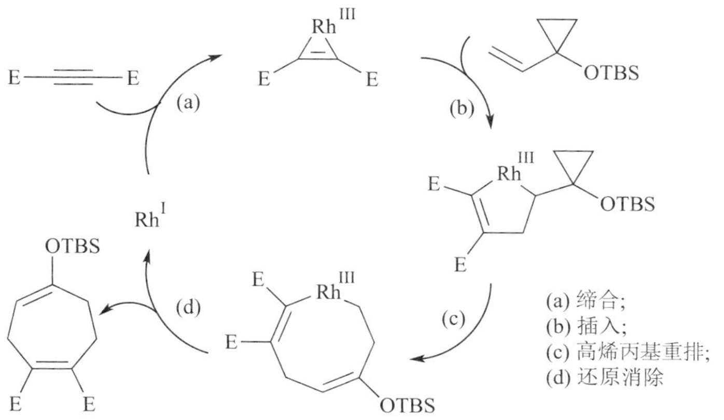

(a) 缔合;
(b) 插入;
(c) 高烯丙基重排;
(d) 还原消除

图 6.99

习题 6.18　书写图 6.100 中反应合理的机理。

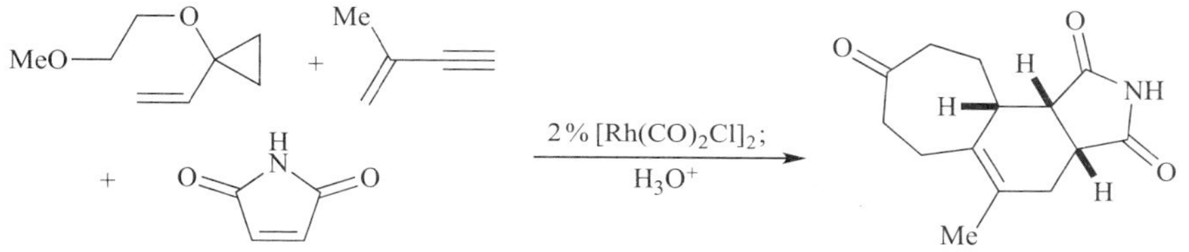

$2\%\ [Rh(CO)_2Cl]_2$; H_3O^+

图 6.100

各种镍络合物和钴络合物催化炔烃的环三聚反应得到芳香烃,这些反应形式上是[2+2+2]环加成反应,如图 6.101 所示,用 $CpCo(CO)_2$ 作催化剂,催化 PhC≡CPh 的环三聚反应。

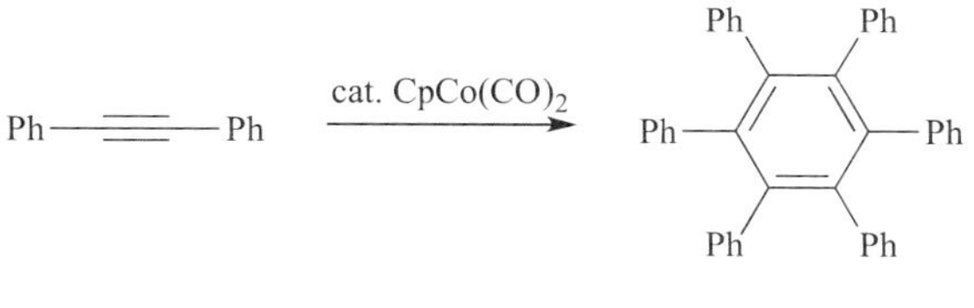

cat. $CpCo(CO)_2$

图 6.101

18 电子络合物 $CpCo(CO)_2$ 必须至少失去一个 CO 配体,才能与另一个两电子给体 PhC≡CPh 络合,我们可以写出该络合物的两个共振结构,其中一个是钴(Ⅲ)环丙烯。如图 6.102 所示,失去第二个 CO 配体(与 PhC≡CPh 络合之前或之后),与第二当量的 PhC≡CPh 络合,然后发生插入反应得到钴环戊二烯。第三当量的 PhC≡CPh 络合、插入得到钴环庚三烯,还原消除得到产物和 14 电子络合物 CpCo(Ⅰ),它与 PhC≡CPh 再次络合,重新进入催化循环。

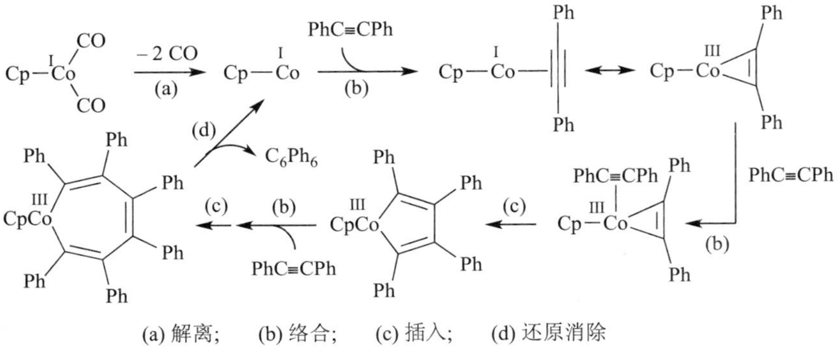

(a) 解离；　(b) 络合；　(c) 插入；　(d) 还原消除

图 6.102

催化循环的结尾可以用不同的方式书写，如图 6.103 所示，钴环戊二烯特别适合与另一当量的 PhC≡CPh 发生 Diels-Alder 反应，然后发生[4+1]逆环加成反应得到产物 C_6Ph_6，再生成催化剂 CpCo(Ⅰ)。

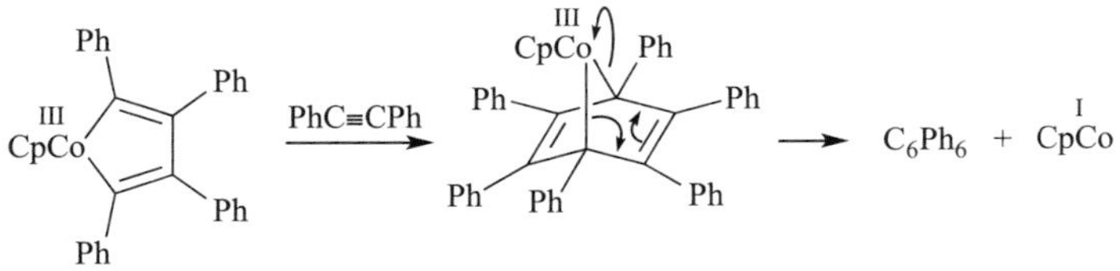

图 6.103

环三聚反应可以用来制备一些重要的化合物，二(三甲基硅基)乙炔($Me_3SiC{\equiv}CSiMe_3$)由于空间位阻的原因，不与自身发生环三聚反应，但它可与其他炔烃发生环三聚反应。如图 6.104 所示，六乙炔基苯缓慢加入到 $Me_3SiC{\equiv}CSiMe_3$ 和 $CpCo(CO)_2$ 中，得到三次环三聚产物。产物在中心环上显示出 π 键的交替，因为期望避免在其外围生成反芳香性的环丁二烯。

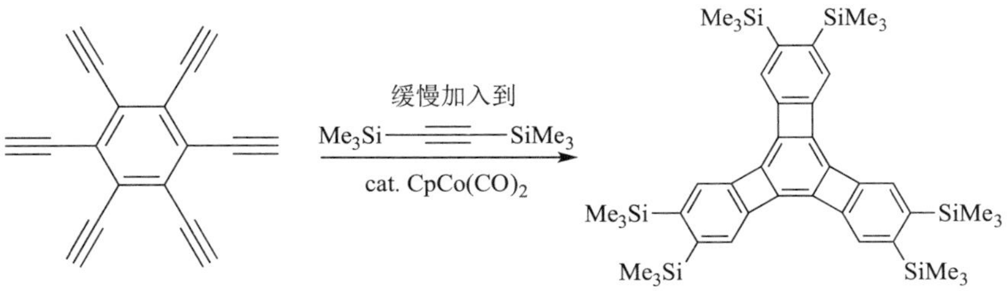

图 6.104

6.3 取代反应

6.3.1 氢解反应(钯)

Pd/C 催化氢解反应广泛用于将苄醚 $ArCH_2$—OR 转变为 $ArCH_3$ 和 ROH，酸常常可以加速该反应。如图 6.105 所示，最简单的催化循环可能是 H_2 和 Bn—OR 与 Pd(0)氧化加成得到 Pd(Ⅳ)络合物，然后 Bn—H 和 H—OR 还原消除，再生 Pd(0)，但该机理似乎不太可能，因为 Pd(Ⅳ)氧化态能量很高。

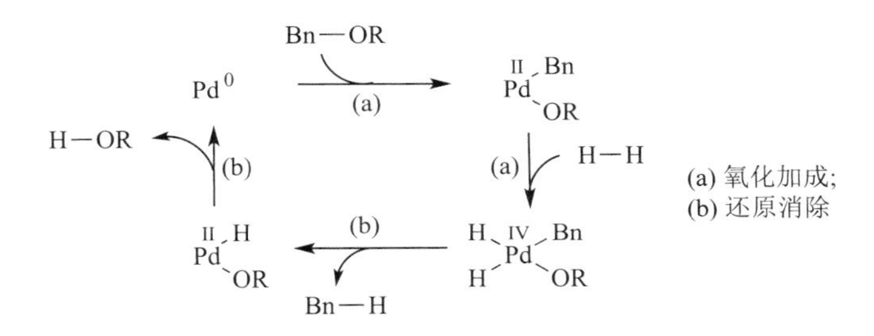

图 6.105

尽管如此，氧化加成似乎必须是第一步，如图 6.106 所示，Pd(0)对 Bn—OR 键氧化加成得到 Bn—Pd(Ⅱ)—OR，然后发生 σ 键复分解反应，得到 Bn—H(甲苯)和 H—Pd(Ⅱ)—OR，后者还原消除得到 ROH，再生 Pd(0)。

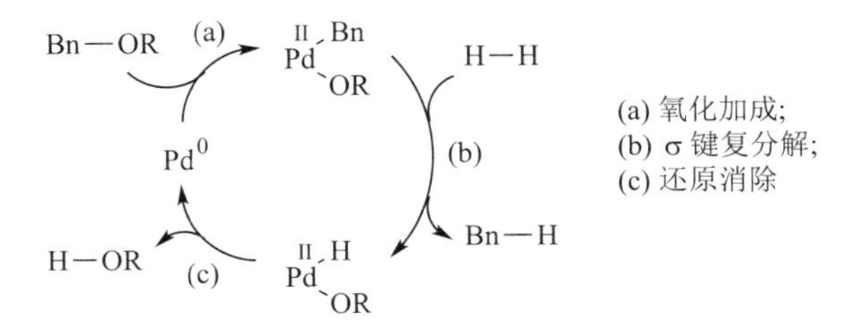

图 6.106

我们可以写出第二种催化循环反应机理：如图 6.107 所示，第一步与之前机理相同，Pd(0)与 Bn—OR 氧化加成，然后 Bn—Pd(Ⅱ)—OR 络合物与 H_2 形成 σ 键络合物，H—H σ 键作为两电子给体，氢原子在配位时亲电。RO^- 分子内脱去 σ 络合物的质子，得到 ROH 和 Bn—Pd(Ⅱ)—H，后者发生还原消除完成催化循环。

如图 6.108 所示，第三种可能性从 H_2 与 Pd(0)氧化加成开始，得到 H—Pd(Ⅱ)—H 络合物，失去质子得到负离子$[Pd(0)—H]^-$ 络合物，用负离子$[Pd(0)—H]^-$ 络合物与 $Bn\overset{+}{O}(H)R$ 发生简单的 S_N2 取代反应，得到 Bn—Pd(Ⅱ)—H 和 ROH，最后，还原消除脱去甲

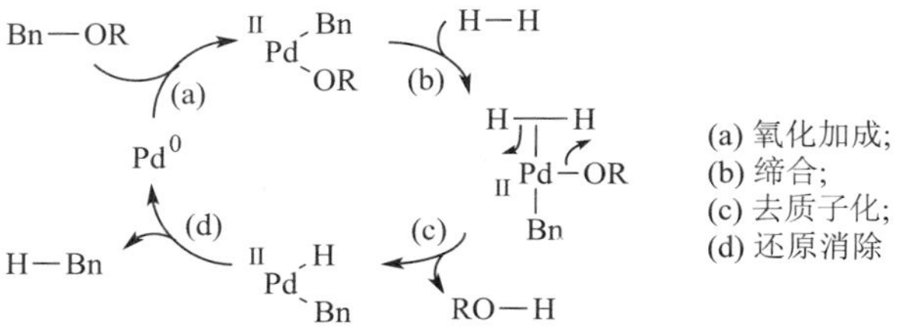

(a) 氧化加成;
(b) 缔合;
(c) 去质子化;
(d) 还原消除

图 6.107

苯,再生成 Pd(0)。虽然酸加速氢解与负离子钯中间体不一致,但可能决速步骤是 S_N2 步骤,不是钯的去质子化步骤,S_N2 步骤可能是酸促进的。

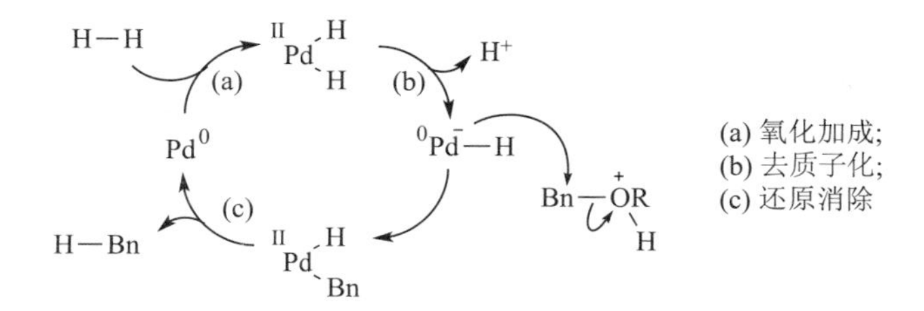

图 6.108

第四种不同的催化循环如图 6.109 所示,H_2 与 Pd 氧化加成得到 H—Pd(Ⅱ)—H 络合物,苄基醚的一个 π 键插入 Pd(Ⅱ)—H 键,得到环己二烯基—Pd(Ⅱ)—H 络合物。然后 β-烷氧消除,得到异甲苯和 H—Pd(Ⅱ)—OR,异构化钯留在原位碳上,然后发生 β-H 消除,脱去甲苯,得到 H—Pd(Ⅱ)—OR 络合物,发生还原消除得到 ROH,再生成催化剂。异甲苯在反应条件下发生异构化得到甲苯,可能是在 Pd(0)催化下,经过一系列的插入和 β-H 消除反应。如果这种机理是正确的,我们可以预期钯在氢解所需反应条件下会还原芳环,但它没有,尽管如此,这种机理还是被一些人所接受。

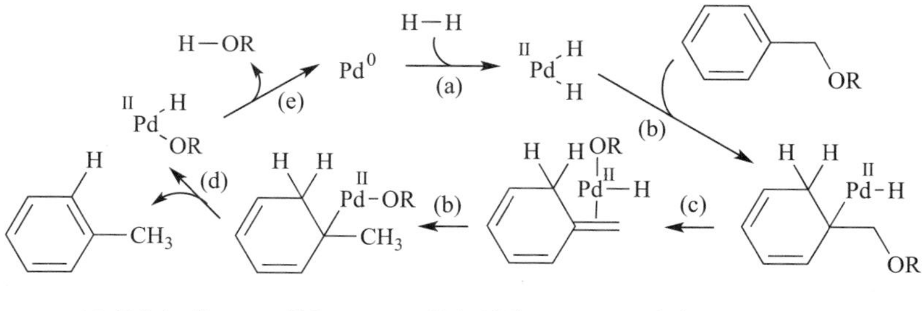

(a) 氧化加成; (b) 插入; (c) β-烷氧消除; (d) β-H消除; (e) 还原消除

图 6.109

6.3.2 卤代烃的羰基化反应(钯、铑)

如图 6.110 所示,Pd(0)催化剂(如$(Ph_3P)_4Pd$)在 CO 气氛下的碱性甲醇中,催化卤代烃(RX)的烷氧羰基化反应得到酯(RCO_2Me),可以使用任何醇。任何后过渡金属催化碳卤键取代反应的第一步几乎总是氧化加成反应，R—X与Pd(0)氧化加成得到R—Pd(Ⅱ)—X，CO络合、插入得到RCO—Pd(Ⅱ)—X，酰基钯络合物可视为复杂的酰"卤"。Pd—C键可被MeO—C键通过加成-消除反应所取代，从Pd(0)络合物中失去X^-再生催化剂。活性催化物质经常表述为L_nPd，因为配体在整个反应过程中可以与催化剂络合和解离。活性物质可能是$(Ph_3P)_2Pd$，由$(Ph_3P)_4Pd$失去两分子Ph_3P得到，但也可能是$(Ph_3P)_3Pd$。

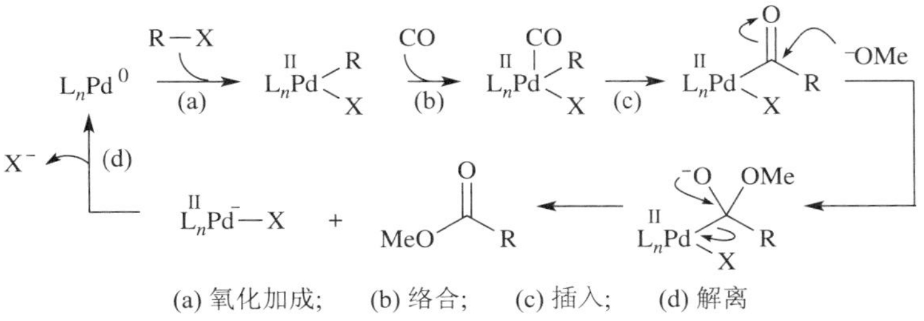

(a) 氧化加成；　(b) 络合；　(c) 插入；　(d) 解离

图 6.110

除了Ph_3P，也可以使用其他钯配体(通常是二芳基或三芳基膦)，如$Ph_2PCH_2CH_2PPh_2$(二膦烷或dppe)、1,1′-双(二苯膦基)二茂铁(dppf)、三邻甲苯基膦和三呋喃基膦等，有时也使用Ph_3As。配体有助于使Pd(0)处于溶液中，它们还可以调节某些步骤在催化循环中的速率，需要实验来确定对于某种特殊转化哪种配体最适合。

有时Pd(Ⅱ)化合物(如$(Ph_3P)_2PdCl_2$或$Pd(OAc)_2$)作为催化剂加到反应混合物中，在进行催化循环之前，Pd(Ⅱ)必须还原到Pd(0)。如图6.111所示，Et_3N可以作为还原剂，与Pd(Ⅱ)缔合、β-H消除得到Pd(Ⅱ)氢化物，其去质子化得到Pd(0)。三芳基膦也可以通过电子转移还原Pd(Ⅱ)到Pd(0)。

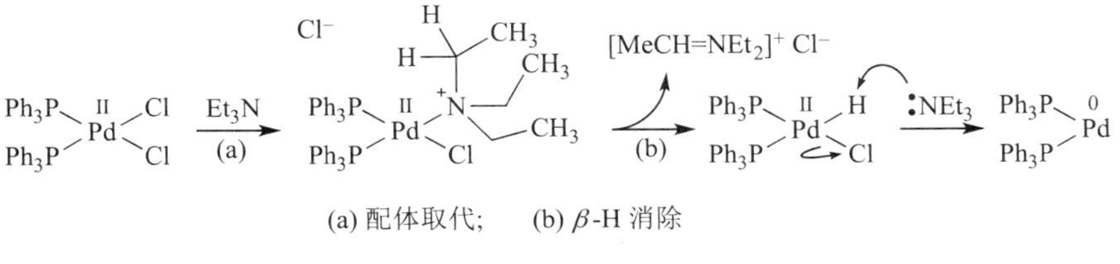

(a) 配体取代；　(b) β-H 消除

图 6.111

钯催化卤代烃的羰基化反应非常有用，完成这一转变的"经典"办法是将卤代烃转变为格氏试剂，加入CO_2，酯化羧酸。许多官能团在强还原剂和碱性格氏试剂条件下不能存在。钯催化反应在室温或稍高温度下进行时，只需要弱碱(如Et_3N)。X=I或X=Br反应最好，尽管t-Bu_3P等是体积较大的膦配体，甚至允许芳基氯化物在室温下进行偶联。类卤代烃反应也很好，X=OTf广泛使用，因为它很容易从相应的酮中制备。但是该反应有一个重要限制：R几乎总是C(sp^2)。唯一可以发生反应的C(sp^3)卤化物是那些缺乏β-H的卤化物，如甲基、苄基和新戊基卤代物(Me_3CCH_2X)。具有β-H的烷基卤代烷在氧化加成步骤之后发生β-H消除，只得到HX消除的产物。

习题 6.19　书写图6.112中烷氧基羰基化反应的合理机理。

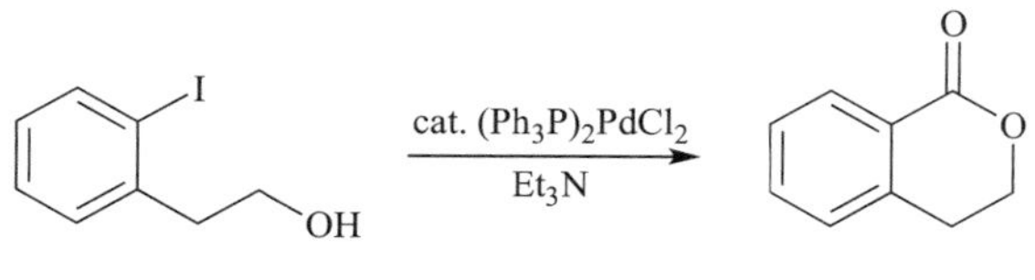

cat. $(Ph_3P)_2PdCl_2$, Et_3N

图 6.112

Monsanto 工艺是成功的工业均相催化过程之一，采用铑络合物和催化量的 HI 将甲醇羰基化生成 $MeCO_2H$。在反应条件下，铑催化剂前体（几乎任何铑络合物都可以）转变为活性催化剂 $Rh(CO)_2I_2^-$。如图 6.113 所示，反应机理包括三步：第一步，MeOH 和 HI 通过 S_N2 取代反应机理转变为 MeI 和 H_2O；第二步，在铑催化下 MeI 和 CO 转变为 MeCOI；第三步，H_2O（第一步生成的）水解 MeCOI 得到 $MeCO_2H$，再生成 HI。

$$MeOH + HI \longrightarrow MeI + H_2O$$

$$MeI + CO \xrightarrow{\text{cat. Rh}} MeCOI$$

$$MeCOI + H_2O \longrightarrow MeCO_2H + HI$$

图 6.113

第二步的催化循环通过 MeI 与 Rh(Ⅰ)氧化加成得到 MeRh(Ⅲ)络合物，CO 插入得到 (MeCO)Rh(Ⅲ)络合物，另一分子 CO 络合，还原消除产生 MeCOI，再生 Rh(Ⅰ)络合物，如图 6.114 所示。

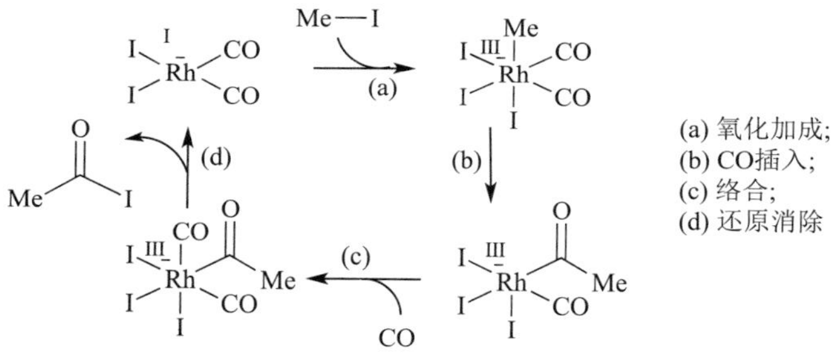

(a) 氧化加成；
(b) CO插入；
(c) 络合；
(d) 还原消除

图 6.114

6.3.3 Heck 反应（钯）

如图 6.115 所示，在 Heck 反应中，芳基或乙烯基卤化物（R—X）和烯烃（$H_2C=CHR'$）在钯催化下转变为更多取代的烯烃（$R-CH=CHR'$），碱用于中和副产物（HX）。Heck 反应可以在分子内或分子间发生，分子间反应中烯烃亲电，反应效果最好，分子内反应中可以使用多取代烯烃。

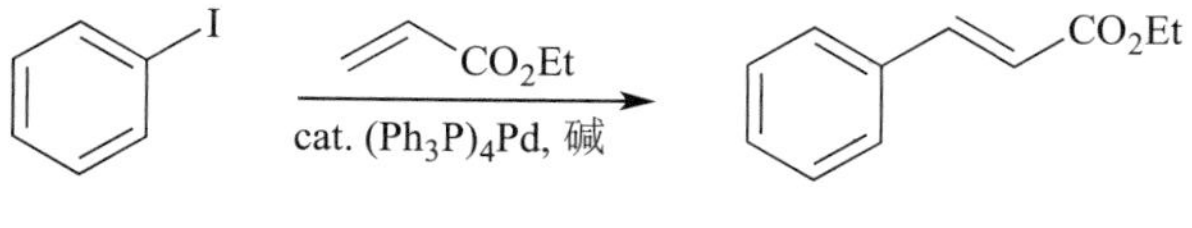

CO_2Et; cat. $(Ph_3P)_4Pd$, 碱

图 6.115

在示例反应中，C—I键断裂，形成新的C—C键。如图6.116所示，第一步，像之前一样，Pd(0)对C—I键氧化加成，得到Pd(Ⅱ)—Ph络合物，烯烃π键与钯络合，π键插入Pd(Ⅱ)—Ph键得到新C—C键。β-H消除得到产物和H—Pd(Ⅱ)—I，碱脱去其质子再生成Pd(0)。

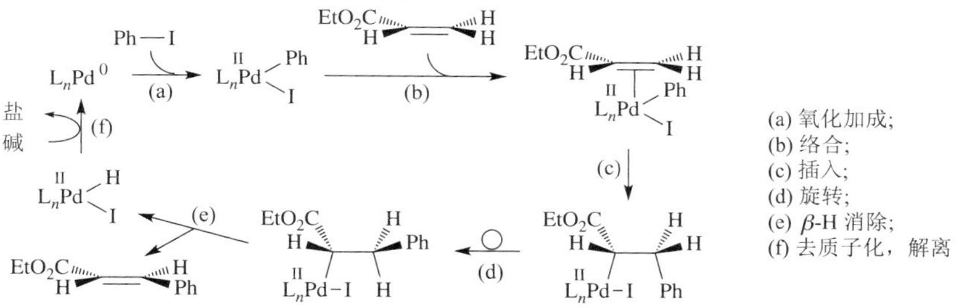

(a) 氧化加成;
(b) 络合;
(c) 插入;
(d) 旋转;
(e) β-H 消除;
(f) 去质子化，解离

图 6.116

Heck反应与钯催化羰基化反应具有相同的范围和局限性。Pd(Ⅱ)络合物常被加入反应混合物中，并原位还原。由于β-H消除旋转时的构象选择性，大多获得反式烯烃。有时β-H消除发生在远离新C—C键的地方，这时形成新的手性中心。如果原料是潜手性的，则可以通过使用手性膦配体(如BINAP，2，2′-二(二苯膦基)-1，1′-联萘)发生不对称反应。

习题6.20　为图6.117中Heck反应书写合理的机理。

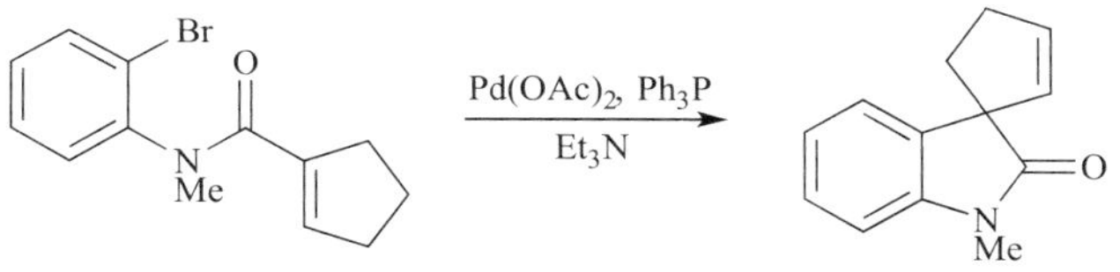

图 6.117

6.3.4　金属催化的亲核取代反应：Kumada、Stille、Suzuki、Negishi、Buchwald-Hartwig、Sonogashira和Ullmann反应(镍、钯、铜)

芳基和乙烯基卤化物通过三种机理之一发生亲核取代反应：加成-消除反应、$S_{RN}1$反应、消除-加成反应。加成-消除反应机理要求碳是亲电的，芳基卤化物的芳环上需要连有强吸电子基(如硝基)。$S_{RN}1$反应需要光或能够稳定自由基的亲核试剂，离去基团必须是Br、I或芳基。消除-加成反应需要强碱条件。许多芳卤-亲核试剂的搭配不满足这些条件，因此这种转变是长期以来最难完成的反应之一。

在20世纪70年代中期，人们发现镍络合物在室温催化芳卤与格氏试剂的取代反应，如图6.118所示，镍催化剂主要是氯化镍的膦络合物(如$(Ph_3P)_2NiCl_2$)，尽管其他的膦络合物有时根据格氏试剂的性质可以得到更好的结果。反应可以使用烷基(1°、2°或3°)、芳基或烯基格氏试剂。

早期提出的Kumada偶联反应机理如图6.119所示，起始的Ni(Ⅱ)络合物与BuMgBr经过两次金属交换反应得到L_2NiBu_2，还原消除(或β-H消除，再还原消除)反应得到

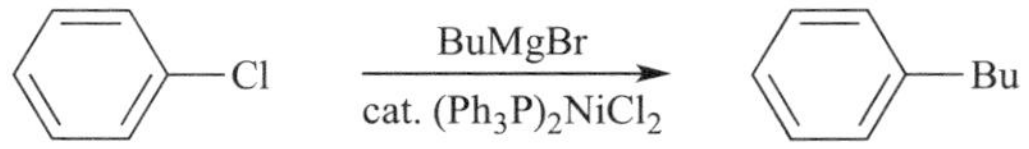

图 6.118

$L_2Ni(0)$络合物(活性催化物质)。催化循环包含 Ar—Cl 对 Ni(0)氧化加成得到 Ni(Ⅱ)络合物,金属交换得到 Ar—Ni(Ⅱ)—Bu,还原消除得到 Ar—Bu,再生 Ni(0)络合物。

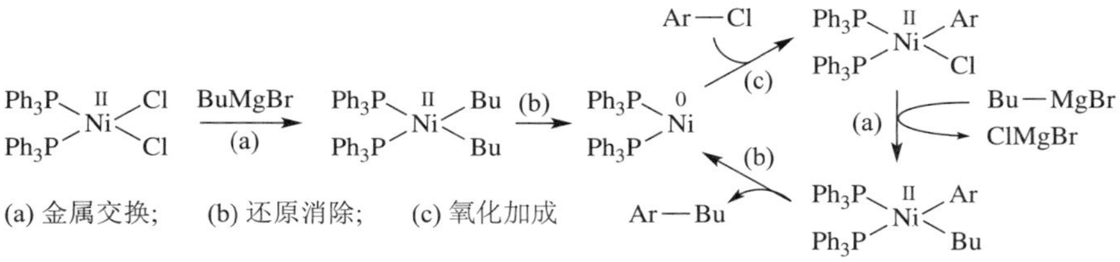

(a) 金属交换; (b) 还原消除; (c) 氧化加成

图 6.119

该机理是完全合理的,但是很快实验证据表明另一种机理也是可行的,该反应对氧气和自由基抑制剂敏感,发现反应有诱导期,这些结果表明该反应涉及奇电子物质,并提出该反应实际上涉及 Ni(Ⅰ)—Ni(Ⅲ),而非最初提出的 Ni(0)—Ni(Ⅱ)。活性 Ni(Ⅰ)催化剂可用 L_2NiCl_2 为原料,通过格氏试剂电子转移形成,如图 6.120 所示。

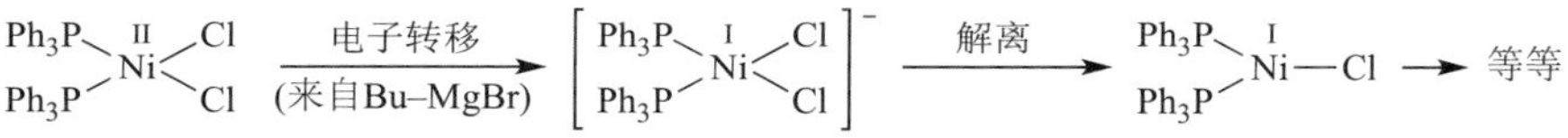

图 6.120

发现 Kumada 反应后,人们付出大量的努力发现了其他第 10 族金属催化的反应。这些努力回报丰厚,在有机合成方法学中开发了一些广泛应用 C—C 键形成的反应,包括 Stille(发音"still-ee")偶联反应、Suzuki 或 Suzuki-Miyaura 偶联反应、Negishi 偶联反应和相关反应。在这些反应中,芳基或乙烯基卤化物或类卤化物与"亲核"烷基金属化合物进行钯催化取代反应,如 $R—SnR'_3$(Stille 偶联)、$R—B(OH)_2$ 或其他硼烷(Suzuki 偶联)、R—ZnCl(Negishi 偶联)等。如图 6.121 所示的 Stille 偶联催化循环涉及 Ar—X 键的氧化加成、金属交换和还原消除。Negishi 偶联和许多其他烷基金属偶联的催化循环完全相同。Suzuki 偶联的催化循环也几乎相同,但反应需要 NaOH 水溶液,其作用是与硼酸或硼烷亲核试剂的六电子硼加成,使与硼相连的 R 基团更亲核,更容易发生向 Pd 的金属交换。

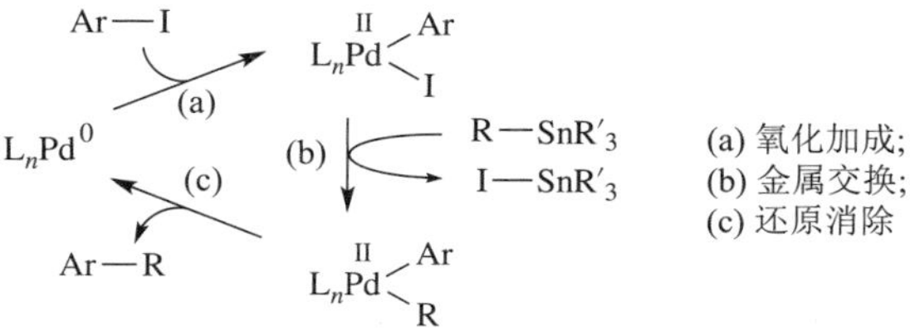

(a) 氧化加成;
(b) 金属交换;
(c) 还原消除

图 6.121

加到反应混合物中的催化剂可以是Pd(0)物质(如$(Ph_3P)_4Pd$或$Pd_2(dba)_3$(dba是二亚苄基丙酮))或Pd(Ⅱ)物质(如$(Ph_3P)_2PdCl_2$或$Pd(OAc)_2/2AsPh_3$)。当加入的催化剂是Pd(Ⅱ)时,在催化循环开始之前,它被还原为Pd(0)。还原可能通过亲核试剂两次金属交换和还原消除进行。

习题6.21　书写图6.122中Stille偶联反应机理。

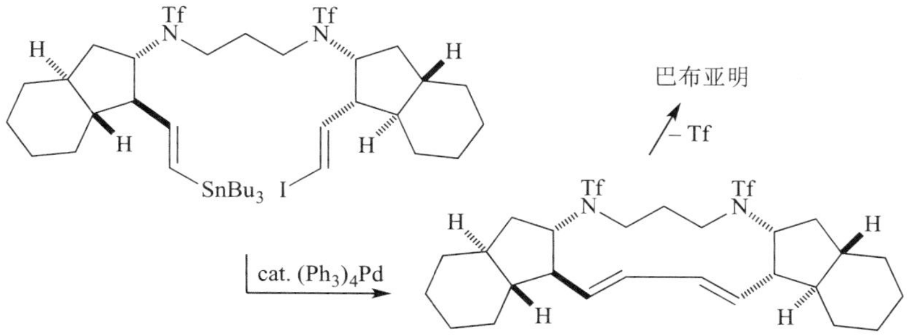

图6.122

这些反应范围很广,亲核试剂可以是C(sp)、C(sp^2)或C(sp^3)。与钯催化的羰基化反应一样,X=I反应最快,X=Cl反应缓慢,尽管体积大的膦配体(如t-Bu_3P)甚至允许芳基氯化物在室温下进行偶联。同样三氟甲磺酸酯也广泛使用,尤其是三氟甲磺酸烯基酯,它很容易从酮制备。大多数情况下,亲电试剂是C(sp^2)—X化合物,如芳基、烯基和酰基卤化物。除$PhCH_2X$和CH_3X外,C(sp^3)—X亲电试剂通常是较差的底物,因为它们在与C—X键发生金属氧化加成后,快速进行β-H消除。然而,某些体积大的膦配体可以抑制β-H消除,甚至允许C(sp^3)—X亲电试剂参与反应,如图6.123所示。

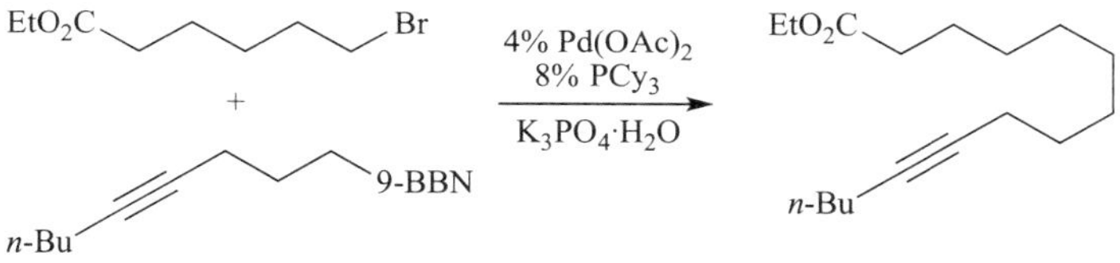

图6.123

如图6.124所示,在Buchwald-Hartwig胺化或醚化反应中,金属酰胺和醇盐也可以在钯催化下与C(sp^2)—X亲电试剂发生偶联反应。钯催化偶联反应中胺或醇的使用似乎是碳亲核试剂的明显延伸,但事实上,Buchwald-Hartwig反应发现得很晚,尤其是这些反应需要体积大的膦配体如t-Bu_3P。人们认为这些配体能降低钯催化剂的配位数,使催化剂更加活泼。

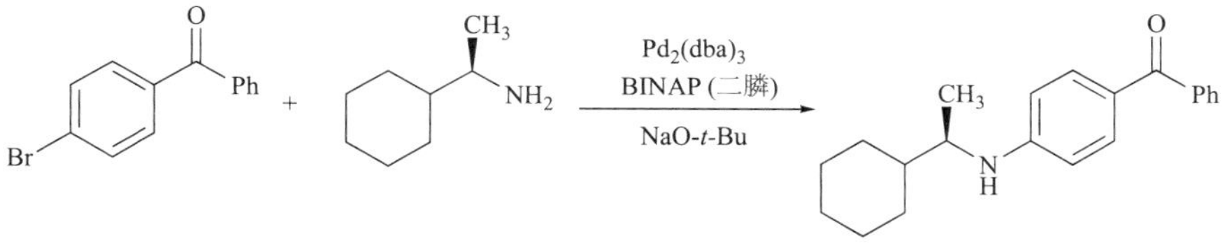

图6.124

如图 6.125 所示，Buchwald-Hartwig 反应通常使用中性胺和 1 当量中等强度的碱（如 *t*-BuONa）。由于 *t*-BuONa 的碱性不足以使胺脱质子，该机理不太可能通过氧化加成、胺脱质子、金属交换和还原消除来进行。相反，氧化加成后，胺与 Pd(Ⅱ)络合，这一步骤使胺的酸性更强，*t*-BuONa 使其脱质子，进而引发还原消除反应。Buchwald-Hartwig 胺化反应的总体机理是氧化加成、胺络合、胺脱质子和还原消除反应，与我们已经讨论过的催化循环非常相似。

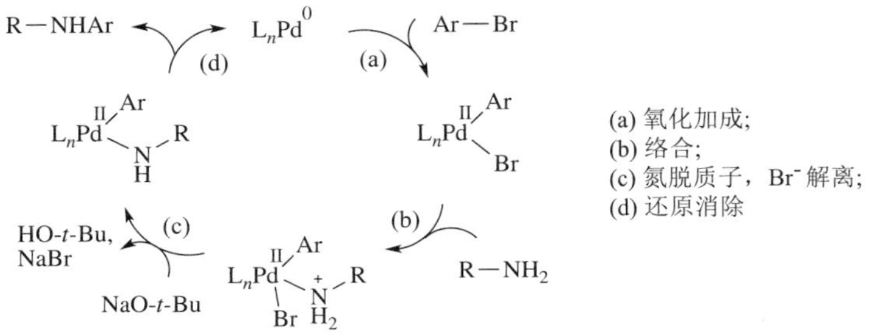

R—NHAr　L_nPd^0　Ar—Br

(a) 氧化加成；
(b) 络合；
(c) 氮脱质子，Br^-解离；
(d) 还原消除

HO-*t*-Bu, NaBr　NaO-*t*-Bu　$R—NH_2$

图 6.125

许多含金属—金属键的化合物也发生“Stille”和“Suzuki”偶联反应，最常用的两种试剂是六甲基二锡（$Me_3Sn—SnMe_3$）和频哪醇二硼烷（(pin)B—B(pin)，其中 pin＝1,1,2,2-四甲基乙基-1,2-二氧基）。事实上，当用胺中和副产物 HX 时，(pin)BH 将芳卤转变成为芳基硼酸酯。在这种情况下，B—H 键转换成 B—Pd 键的机理有些模糊，如图 6.126 所示。

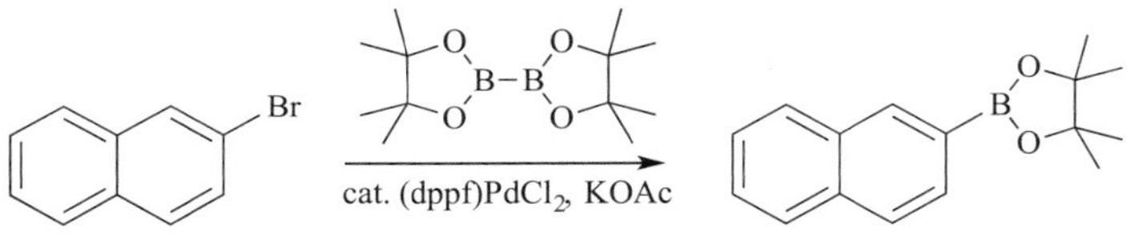

cat. (dppf)$PdCl_2$, KOAc

图 6.126

羰基化 Stille 偶联反应是另一个非常有用的反应，如图 6.127 所示，当 Ar—X 和 $R—SnR'_3$ 在 CO 气氛中进行 Stille 偶联时，产物是酮（ArCOR），在氧化加成和还原消除步骤之间插入 CO。

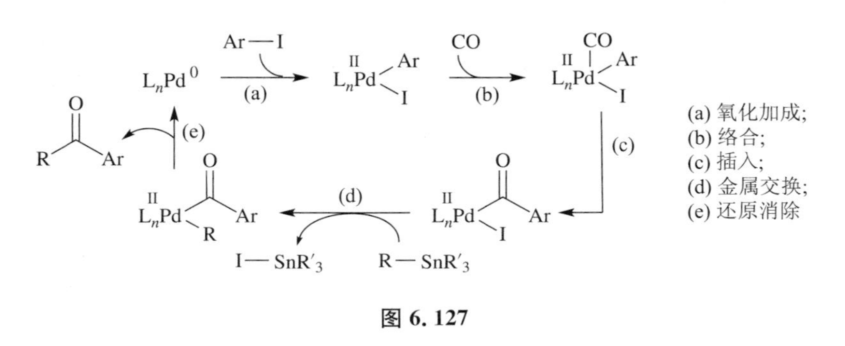

图 6.127

习题 6.22　书写图 6.128 中羰基化 Stille 偶联反应机理。

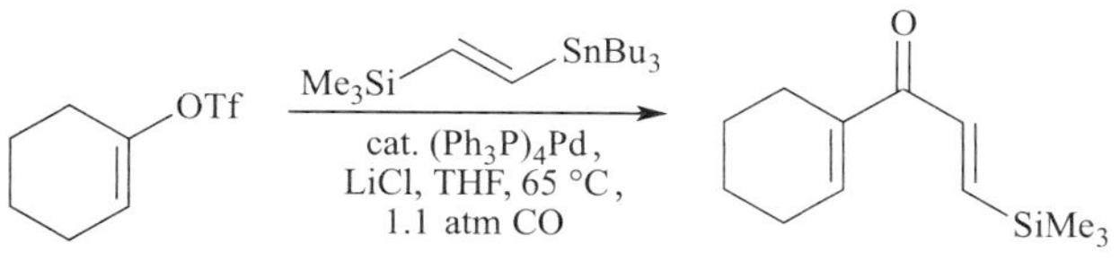

图 6.128

末端炔烃(RC≡CH)也可以与卤代烃(R′X)在碱和亚催化量 CuI 存在下，发生钯催化 Sonogashira 偶联反应，得到非末端炔烃(RC≡CR′)，如图 6.129 所示。

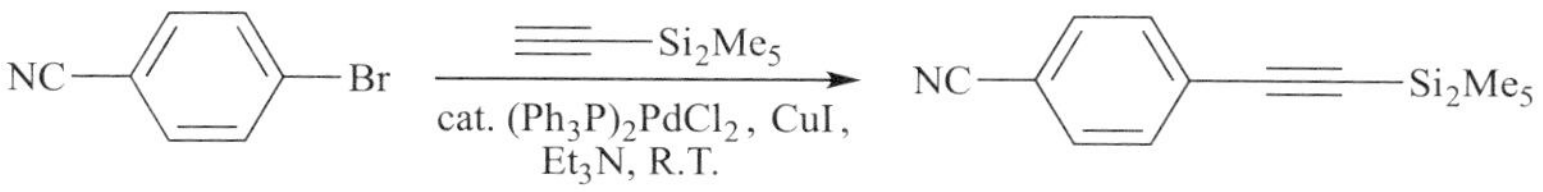

图 6.129

你可以想象，Sonogashira 偶联反应的催化循环与 Stille 偶联反应的催化循环非常相似，如图 6.130 所示，用配体取代反应替代 Stille 偶联的金属交换步骤，其中脱质子炔烃取代 Pd(Ⅱ)络合物中的 X^-，反应混合物中的 Et_3N 可以脱去炔烃的质子。

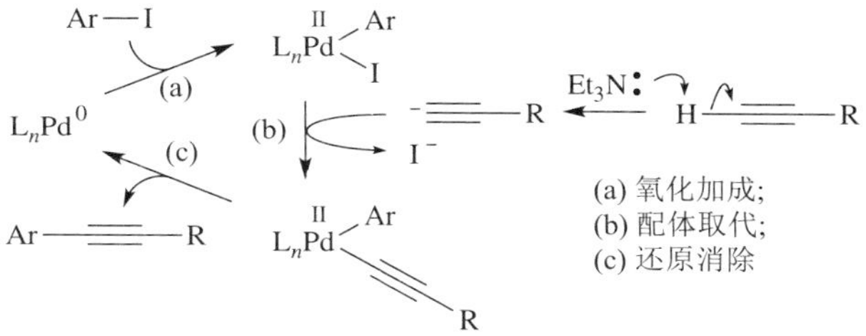

图 6.130

该反应的问题是炔烃的酸性($pK_a \approx 25$)虽然比大多数烃的酸性更强，但它们的酸性不足以被胺($pK_b \approx 10$)脱去质子，该问题的解决办法可以在共催化反应的 CuI 中找到。CuI 将 Sonogashira 偶联反应的温度从超过 100 ℃降低到室温，CuI 可以将炔烃(RC≡CH)转变为炔基铜(RC≡CCu)，它可以与 Pd(Ⅱ)进行金属置换反应。当然，现在的问题是 RC≡CH 如何转变为 RC≡CCu? 如图 6.131 所示，炔烃可以与 Cu 形成 π 络合物，该络合物可以脱质子(像 E2 消除)得到炔基铜，也可以与钯进行金属转换。

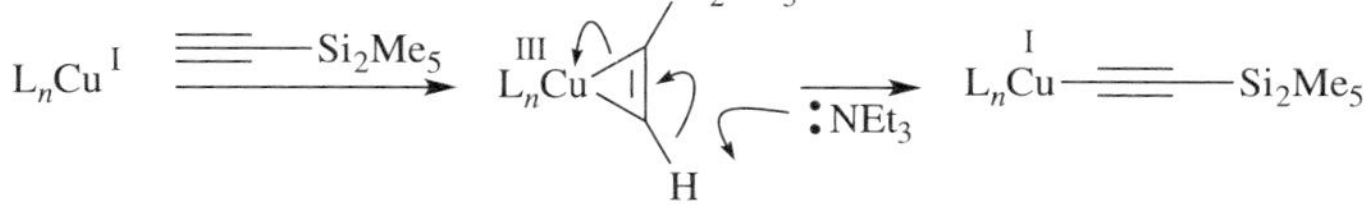

图 6.131

铜(Ⅰ)盐(如 CuCN 和 ROCu)很容易与普通的芳卤和芳基重氮离子发生芳香取代反应，如图 6.132 所示，该机理尚未确定，一种合理的可能性是 $S_{RN}1$ 取代反应机理，另一种合理的可能性是 Ar—X 对 N≡C—Cu(Ⅰ)氧化加成得到铜(Ⅲ)络合物，然后还原消除Ar—CN

得到 CuX。

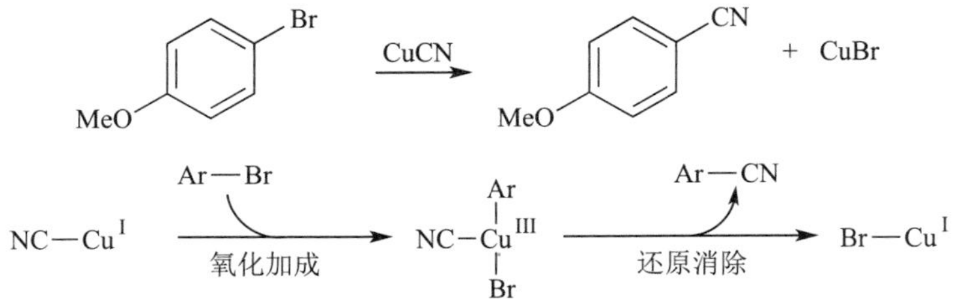

MeO–C₆H₄–Br →(CuCN) MeO–C₆H₄–CN + CuBr

$NC—Cu^{I}$ →(Ar—Br, 氧化加成) NC—Cu^{III}(Ar)(Br) →(还原消除, Ar—CN) $Br—Cu^{I}$

图 6.132

氧化加成-还原消除反应机理的唯一问题是 Cu(Ⅲ)是一种相对高能的物质,如果铜在 Cu(0)和 Cu(Ⅱ)之间循环,而非 Cu(Ⅰ)和 Cu(Ⅲ)之间循环,机理将更合理。如图 6.133 所示,如果假定起始电子从 CuCN 转移到另一 CuCN,得到[N≡C—Cu(0)]⁻。Ar—Br 对 Cu(0)⁻氧化加成,Ar—CN 从 Cu(Ⅱ)⁻还原消除,得到有机产物和[Br—Cu(0)]⁻,最后配体与另一当量 N≡C—Cu(Ⅰ)发生配体交换,再生[N≡C—Cu(0)]⁻。

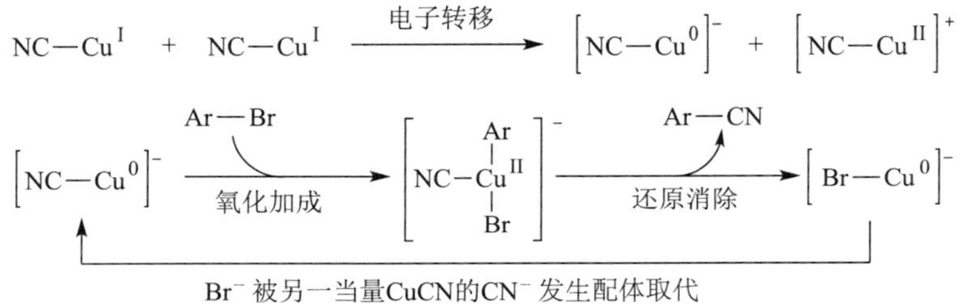

$NC—Cu^{I}$ + $NC—Cu^{I}$ →(电子转移) $[NC—Cu^{0}]^{-}$ + $[NC—Cu^{II}]^{+}$

$[NC—Cu^{0}]^{-}$ →(Ar—Br, 氧化加成) $[NC—Cu^{II}(Ar)(Br)]^{-}$ →(还原消除, Ar—CN) $[Br—Cu^{0}]^{-}$

Br^{-} 被另一当量CuCN的CN^{-} 发生配体取代

图 6.133

其他铜亲核试剂(如 R_2CuLi 和 $R_2Cu(CN)Li_2$)也与芳基和烯基卤化物发生取代反应,观察到烯基卤化物的双键保留几何构型,这些其他 Cu(Ⅰ)亲核试剂反应机理可能与 CuCN 和 ArBr 反应的机理非常相似。

在 Ullmann 反应中,铜金属促进了 Ar—I 的偶联得到 Ar—Ar,反应机理涉及 Cu(0)与 Ar—I 的氧化加成得到 Ar—Cu(Ⅱ),再由另一当量的 Cu(0)还原得到 Ar—Cu(Ⅰ),然后该物质通过与其他 Cu(Ⅰ)盐相同的机理和 ArI 反应。

6.3.5 烯丙基取代反应(钯、铱)

亲核试剂(如$(EtO_2C)_2\bar{C}Me$)可以通过 S_N2 取代反应机理与烯丙基卤化物发生取代反应。碳酸烯丙基酯和乙酸烯丙基酯通常不发生这种反应,因为 $ROCO_2^-$ 和 AcO^- 不是足够好的离去基团。尽管在钯催化剂存在下,碳酸烯丙基酯和乙酸烯丙基酯可以作为取代反应的底物。值得注意的是,如图 6.134 所示,钯催化的反应构型保留,不像在 S_N2 取代反应中构型反转。

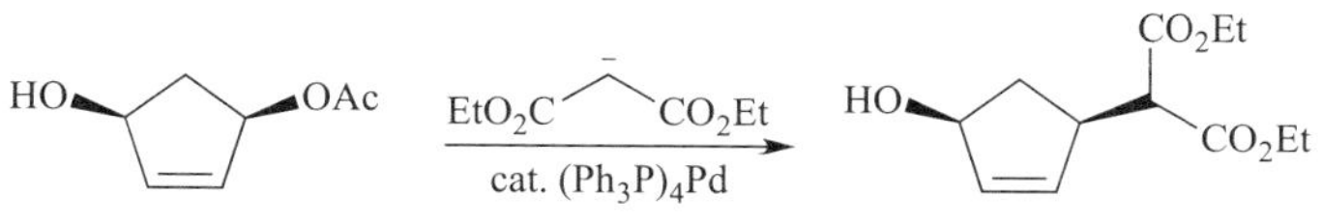

图 6.134

每当看到构型保留时，你应该想到"两次反转"，事实上这个反应中发生了两次反转。如图 6.135 所示，Pd(0)络合物作为亲核试剂与碳酸烯丙基酯或乙酸烯丙基酯反应，背面进攻取代 $MeOCO_2^-$ 或 AcO^-，得到烯丙基钯络合物。然后亲核试剂进攻烯丙基钯(Ⅱ)络合物，从背面进攻取代钯得到产物，再生 Pd(0)。进攻的区域选择性(S_N2 或 S_N2')取决于底物的结构。

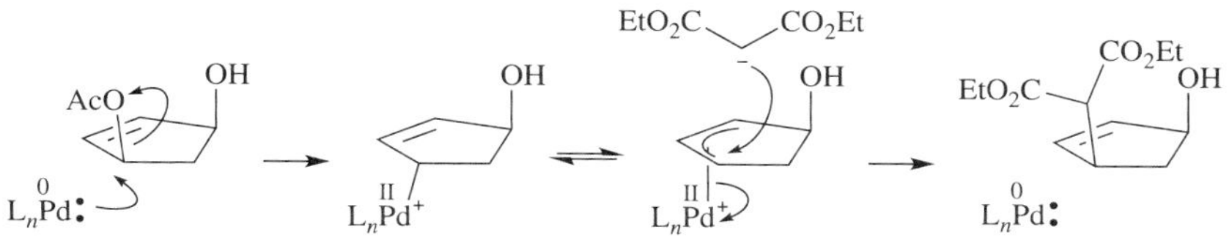

图 6.135

钯催化剂可以是常用的 Pd(0)或 Pd(Ⅱ)，如 $(Ph_3P)_4Pd$ 或 $(Ph_3P)_2PdCl_2$。具有手性膦配体的钯配合物可以影响不对称烯丙基化反应，该反应也适用于烯丙基环氧化合物。

习题 6.23　书写图 6.136 中钯催化烯丙基取代反应的机理。

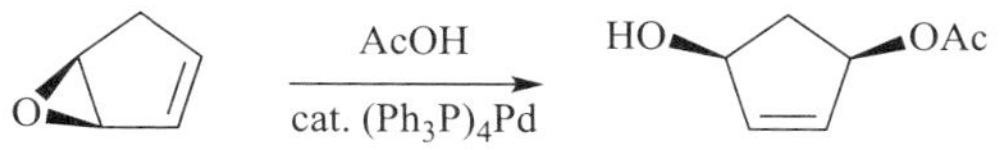

图 6.136

铱催化剂也用于催化碳酸烯丙基酯的烯丙基化反应。加到反应混合物中的二聚铱络合物与磷配体反应时分解为单体膦-铱络合物(图 6.137)。

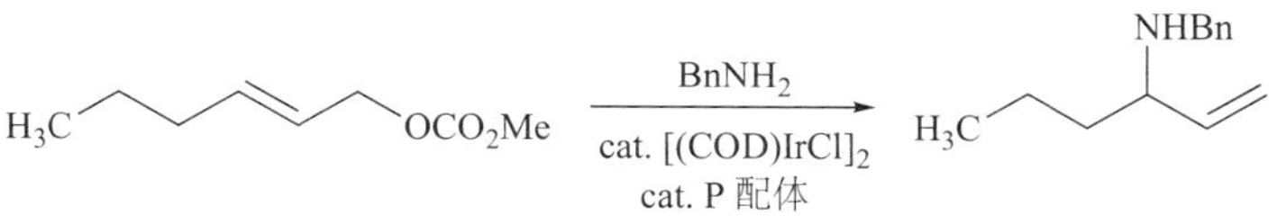

图 6.137

在某些情况下，该反应也会与烯丙醇底物起作用。在这些情况下，醇可以在原位转化为更好的离去基团，或者 Lewis 酸可以促进其离开。

习题 6.24　书写图 6.138 中铱催化烯丙基取代反应的机理。

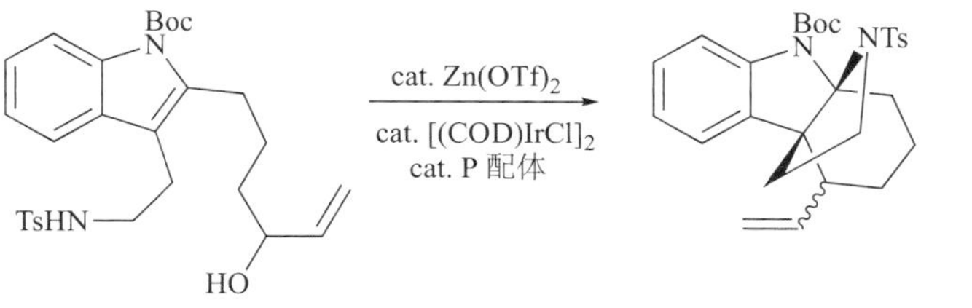

图 6.138

6.3.6 钯催化烯烃的亲核取代反应和 Wacker 氧化反应

Pd(Ⅱ)催化亲核试剂(如醇和胺)与烯烃反应得到更多取代的烯烃。如图 6.139 所示,在钯催化的反应中需要化学计量的氧化剂,如苯醌、CuCl 或 O_2(有或无催化的铜盐)。

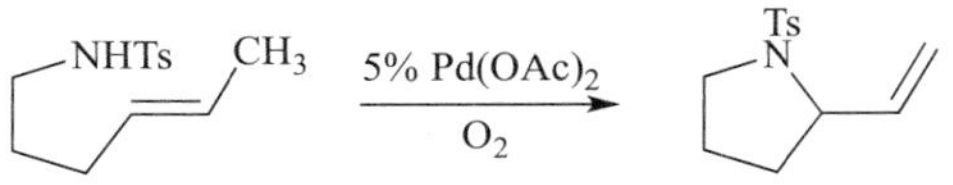

图 6.139

这些反应的机理与汞参与的烯烃亲核加成反应机理以相同方式开始。如图 6.140 所示,烯烃直接与 Pd(Ⅱ)络合形成亲电 π 络合物。亲核试剂进攻 π 络合物的一个碳,C═C π 键电子转移,在 Pd(Ⅱ)和另一个碳之间形成 σ 键,得到烷基 Pd(Ⅱ)络合物,然后该络合物发生 β-H 消除得到产物和 Pd(Ⅱ)氢化物,Pd(Ⅱ)氢化物失去 H^+ 得到 Pd(0),Pd(0)被化学计量氧化剂氧化为 Pd(Ⅱ)。Pd(Ⅱ)—H 有时通过一系列插入和 β-H 消除催化 π 键迁移。

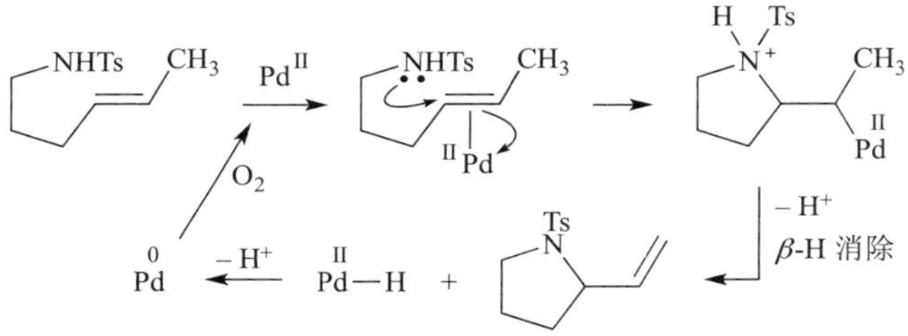

图 6.140

亲核试剂与烯烃的加成是由 Hg(Ⅱ)盐参与、Pd(Ⅱ)盐催化的,两种反应的差异在于亲核试剂与 π 络合物加成后得到的烷基金属中间体的命运,烷基 Hg(Ⅱ)中间体是稳定可分离的,而烷基 Pd(Ⅱ)中间体发生快速的 β-H 消除反应。

亲核试剂与炔烃的加成是由 Hg(Ⅱ)盐和 Pd(Ⅱ)盐共同催化的,中间体烯基金属(Ⅱ)络合物对于 β-H 消除是稳定的,但碳—金属键可以通过质子化-裂解反应机理用 C—H 键取代。

Wacker(发音为“vocker”)氧化反应工业上用于将乙烯和氧气转化为乙醛。如图 6.141 所示,Wacker 氧化反应由 $PdCl_2$ 催化和 $CuCl_2$ 催化,需要水作为溶剂。产物中的氧来自水,而不是氧气。

$$H_2C{=}CH_2 + \frac{1}{2}O_2 \xrightarrow[H_2O]{\text{cat. }PdCl_2,CuCl_2} CH_3CHO$$

图 6.141

Wacker 氧化机理只是另一个以水为亲核试剂的钯催化烯烃亲核取代反应。如图6.142

所示，H_2O 与乙烯 Pd(Ⅱ)络合物加成，发生 β-H 消除，得到乙醛烯醇 π 络合物，Pd(Ⅱ)—烯烃 σ 键旋转后，烯烃再次插入到 Pd(Ⅱ)—H 键得到新的 Pd(Ⅱ)—烷基键，该络合物再次发生 β-H 消除反应得到乙醛和 Pd(Ⅱ)—H，Pd(Ⅱ)络合物脱去质子转变为 Pd(0)，Pd(0)被空气氧化回到 Pd(Ⅱ)。

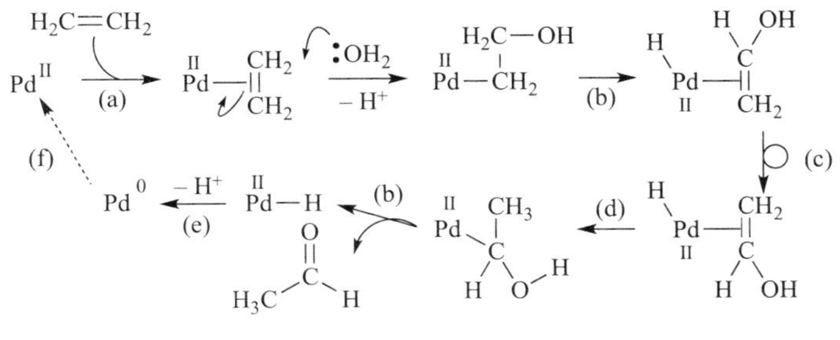

(a) 络合；　(b) β-H 消除；　(c) 旋转；　(d) 插入；　(e) 去质子化；　(f) 氧化

图 6.142

第一次 β-H 消除后，简单地允许烯醇与钯解离，然后发生酸催化的互变异构是合理的。

对于钯催化的反应，如图 6.143 所示，Pd(0)必须再氧化回到 Pd(Ⅱ)，2 当量的 $CuCl_2$ 将 Pd(0)转变为 Pd(Ⅱ)，产生 2 当量的 CuCl，然后用 O_2 将 Cu(Ⅰ)氧化再回到 Cu(Ⅱ)。

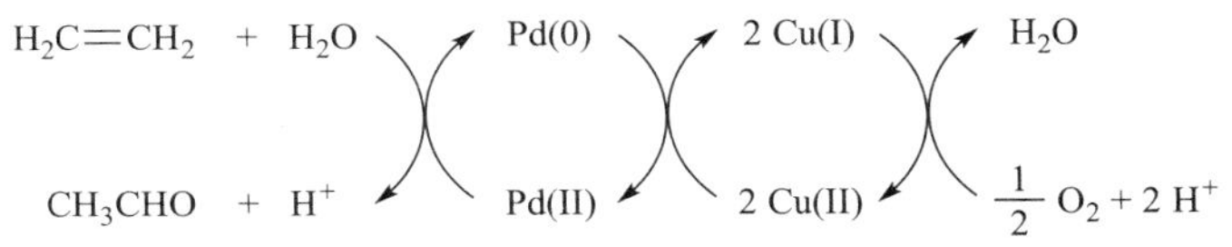

图 6.143

Wacker 氧化反应也适用于端烯，产物是甲基酮，不是醛，正如 Markovnikov 对钯—烯烃 π 络合物的水进攻所预期的那样。

习题 6.25　书写图 6.144 和图 6.145 中钯催化氧化的反应机理。

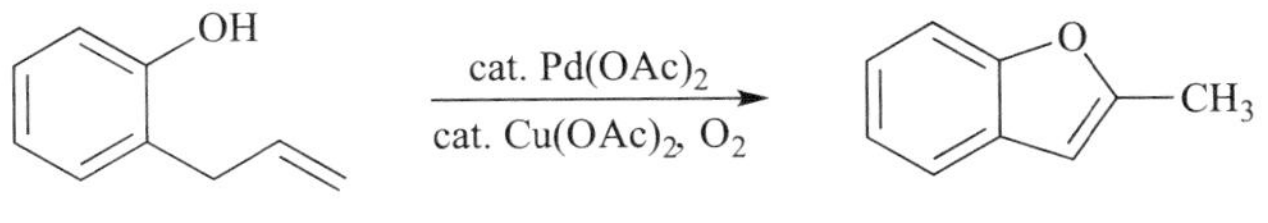

6.144

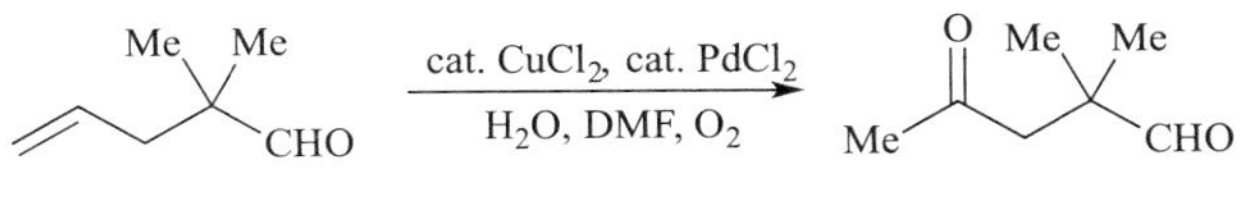

图 6.145

6.3.7 C—H 活化反应(钯、钌、铑)

在C—H活化反应中,C—H键的氢原子被另一个基团取代,通常是一个电负性原子,有时是碳,该术语通常用于极性条件下C—H键不反应的情况。该反应通常由Pd(Ⅱ)或Ru(Ⅱ)化合物催化,底物通常含一个弱配体,如杂芳基或羧基,其同时充当反应的活化剂和导向剂(图6.146)。

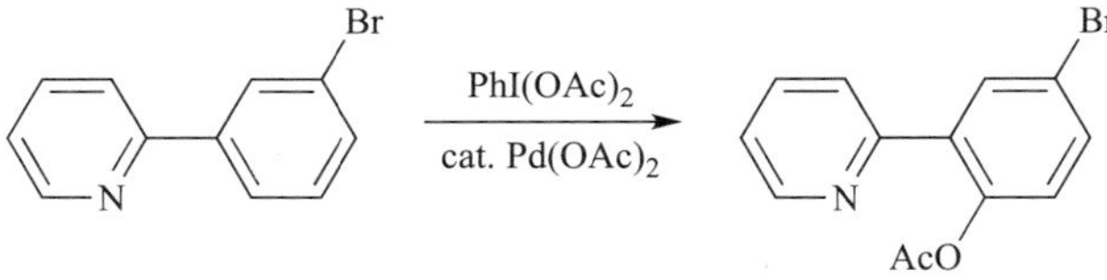

图 6.146

这个特殊的反应开始于吡啶氮与金属的配位,如图6.147所示,Pd(Ⅱ)与附近的C—H键发生协同金属化-脱质子反应,形成Pd(Ⅱ)金属环,化学计量氧化剂 $PhI(OAc)_2$ 与环状Pd(Ⅱ)络合物发生不常见的氧化加成反应生成Pd(Ⅳ)中间体。然后发生还原消除反应形成新的C—O键,吡啶氮与Pd解离得到产物并再生Pd(Ⅱ)。注意,该机理涉及Pd(Ⅳ)中间体;C—H活化反应是合理使用Pd(Ⅳ)中间体的少数反应之一。但也可以避免使用Pd(Ⅳ)中间体。例如,环状Pd(Ⅱ)络合物中C—Pd键的碳原子可以利用C—Pd键的电子直接进攻亲电试剂。

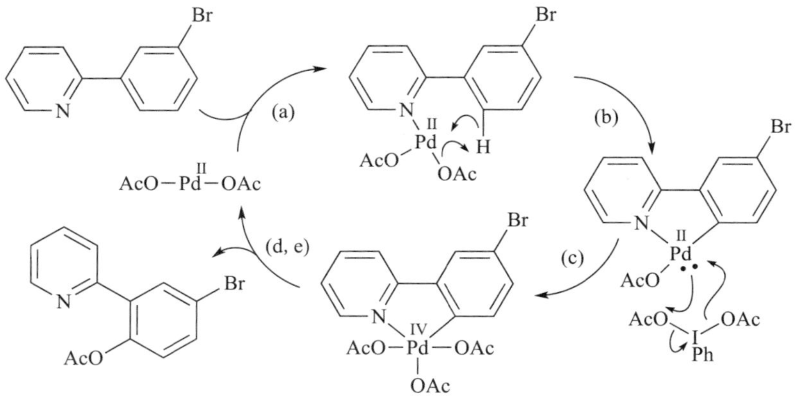

(a) 络合; (b) 协同金属化-脱质子; (c) 氧化加成; (d) 还原消除; (e) 解离

图 6.147

C—H活化反应的一个共同主题是,底物中存在一个弱配体,该配体能够络合金属并诱导金属与附近的C—H键发生协同金属化-脱质子反应。含 N(sp^2)的化合物,如吡啶和亚胺,通常用作配体,但羧酸负离子也能起作用。

习题 6.26 书写图6.148中C—H活化反应的机理。

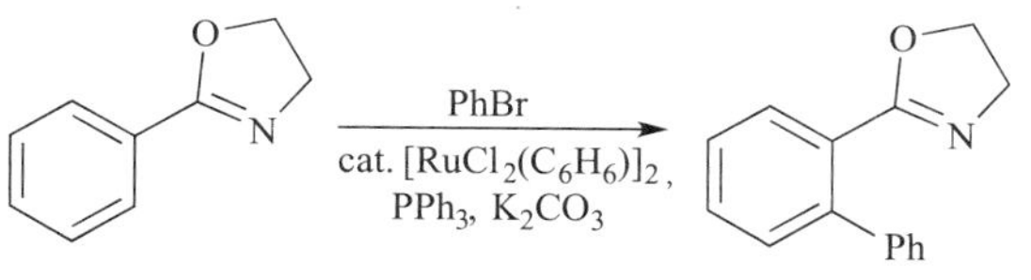

(a)

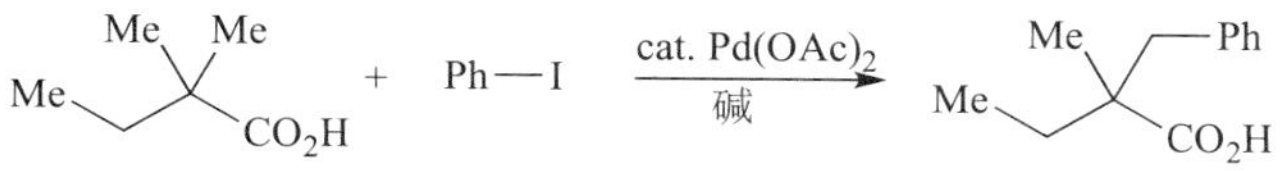

(b)

图 6.148

Rh(Ⅱ)化合物催化通过 C—H 活化进行的分子内胺化反应。虽然铑催化的 C—H 活化反应也使用 $PhI(OAc)_2$作为氧化剂，但铑催化的反应机理与钯催化的反应机理不同。如图 6.149 所示，在铑催化反应中，底物中的氨基首先与 $PhI(OAc)_2$中亲电的碘原子反应，MgO 作为温和的碱，形成具有 N=I π 键的新化合物，它是铑催化反应的底物。在催化循环的第一步中，Rh(Ⅱ)取代氮上的 IPh 基团，生成 Rh(Ⅳ)氮烯（你可能还记得第 2 章中对氮烯的讨论）。然后，氮烯发生典型反应，插入附近的 C—H 键，得到环胺，N=Rh 键的一对 π 电子返回铑，将其还原为 Rh(Ⅱ)。Rh(Ⅱ)与氮解离得到环状产物，并再生 Rh(Ⅱ)催化剂。

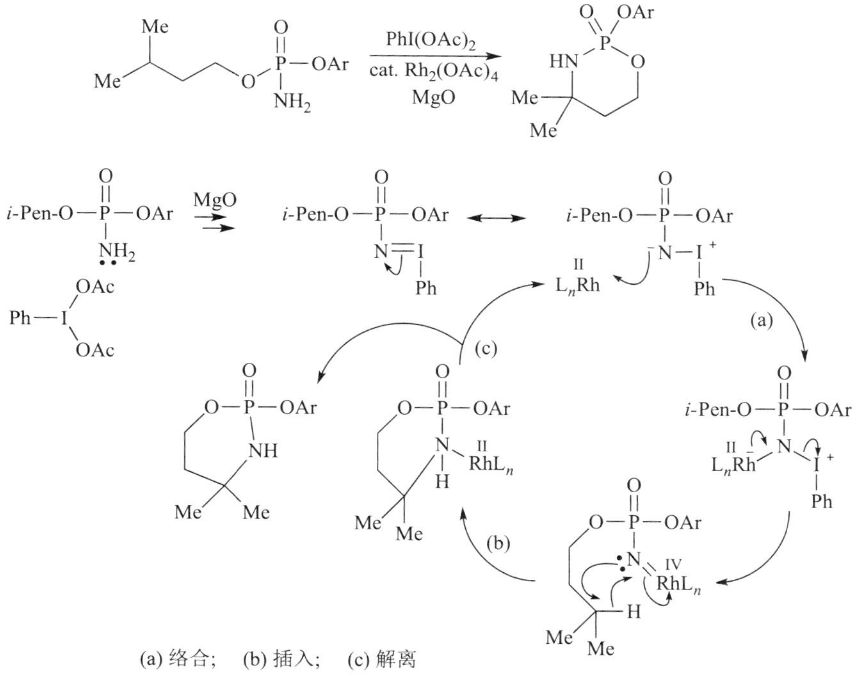

(a) 络合；　(b) 插入；　(c) 解离

图 6.149

6.3.8 Tebbe 反应(钛)

Tebbe 反应是 Wittig 反应前过渡金属的有机金属反应(见第 4 章)。用 Tebbe 试剂将羰基化合物转化为相应的亚甲基化合物，Tebbe 试剂是 $Cp_2Ti{=}CH_2$ 和 Me_2AlCl 的络合物。Tebbe 试剂由 Cp_2TiCl_2 和 2 当量的 Me_3Al 制备，如图 6.150 所示，两次金属交换得到 Cp_2TiMe_2，发生 α-H 夺取得到 $Cp_2Ti{=}CH_2$，再与金属交换步骤中产生的 $ClAlMe_2$ 络合得到 Tebbe 试剂。

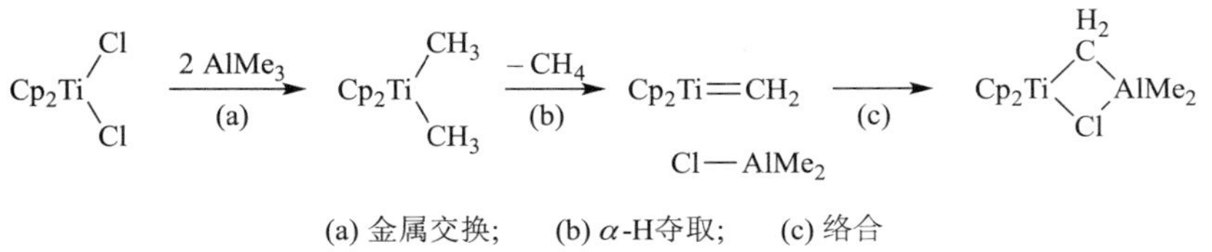

$$Cp_2TiCl_2 \xrightarrow[(a)]{2\ AlMe_3} Cp_2Ti(CH_3)_2 \xrightarrow[(b)]{-CH_4} Cp_2Ti{=}CH_2 + Cl{-}AlMe_2 \xrightarrow{(c)} Cp_2Ti(\mu\text{-}CH_2)(\mu\text{-}Cl)AlMe_2$$

(a) 金属交换; (b) α-H夺取; (c) 络合

图 6.150

Tebbe 试剂反应推测的机理很简单，如图 6.151 所示，解离失去 Me_2AlCl 后，$Cp_2Ti{=}CH_2$ 和 $R_2C{=}O$ 发生[2+2]环加成反应，然后发生逆[2+2]环加成反应得到产物。与传统的 Wittig 反应不同，Tebbe 反应用酯作底物反应效果良好。

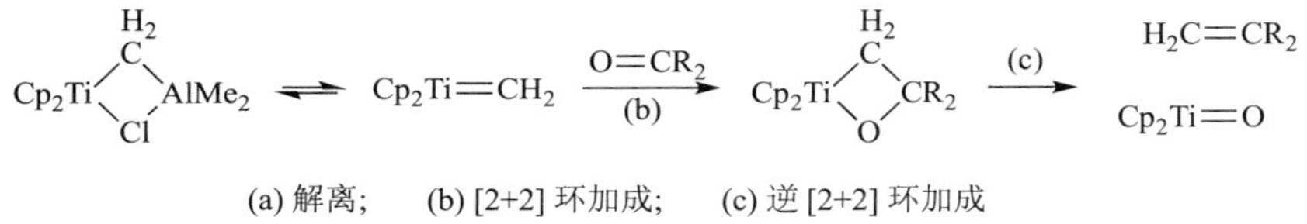

$$Cp_2Ti(\mu\text{-}CH_2)(\mu\text{-}Cl)AlMe_2 \rightleftharpoons Cp_2Ti{=}CH_2 \xrightarrow[(b)]{O{=}CR_2} Cp_2Ti(CH_2)(O)CR_2 \xrightarrow{(c)} H_2C{=}CR_2 + Cp_2Ti{=}O$$

(a) 解离; (b) [2+2] 环加成; (c) 逆 [2+2] 环加成

图 6.151

Petasis 试剂 Cp_2TiMe_2 本身用于进行 Tebbe 反应。与 Tebbe 试剂相比，Cp_2TiMe_2 更容易制备(从 Cp_2TiCl_2 和 MeLi 制备)和处理，它加热发生 α-H 夺取得到 $Cp_2Ti{=}CH_2$。多取代 $Cp_2Ti(CH_2R)_2$ 络合物也可以将羰基化合物转变为相应的烯烃，但与 Wittig 试剂不同，Petasis 试剂主要限于转变无 β-H 的亚烷基，例如亚甲基和苄亚甲基。具有 β-H 烷基的 Cp_2TiR_2(如 Cp_2TiBu_2)发生 β-H 夺取比 α-H 夺取更容易。

习题 6.27 书写图 6.152 中 Petasis 烯化反应合理的机理。

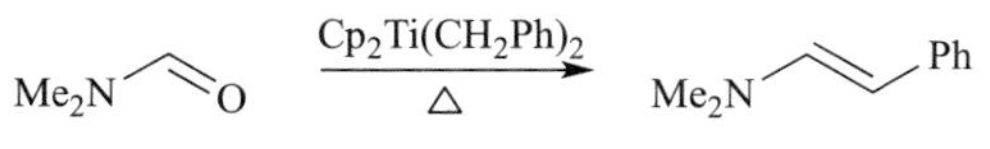

$$Me_2N{-}CH{=}O \xrightarrow[\triangle]{Cp_2Ti(CH_2Ph)_2} Me_2N{-}CH{=}CH{-}Ph$$

图 6.152

6.3.9 钴-炔烃络合物的炔丙基取代反应

炔烃-$Co_2(CO)_6$ 络合物在有机化学中除了 Pauson-Khand 反应以外还有其他用处。如图 6.153 所示，当络合物由炔丙醇或醚形成时，C—O 键特别容易发生 S_N1 取代反应，因为正离子可以与邻位高能 Co—C 键超共轭而稳定。亲核试剂仅与炔丙碳结合，无钴络合的炔丙基碳取代反应常会得到亲核试剂进攻远端炔碳的丙二烯副产物。

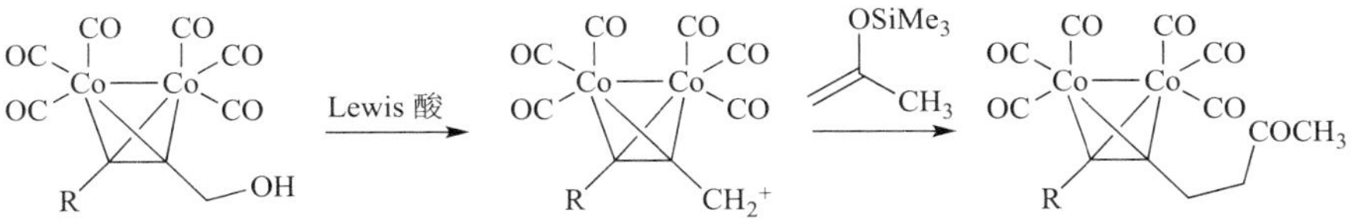

图 6.153

如图 6.154 所示，炔烃与 $Co_2(CO)_6$ 络合物也可以用于在双键存在下保护三键（如氢硼化反应），然后用 Fe(Ⅲ)离子氧化从炔烃中除去 $Co_2(CO)_6$。

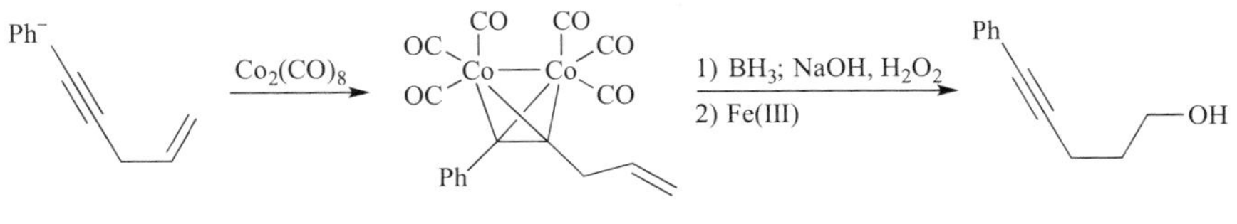

图 6.154

6.4 重排反应

6.4.1 烯烃异构化反应（铑）

Wilkinson 催化剂催化烯烃异构化为低能异构体，如图 6.155 所示，烯丙基醚以这种方式异构化得到烯醇醚，烯醇醚水解得到游离醇和羰基化合物。

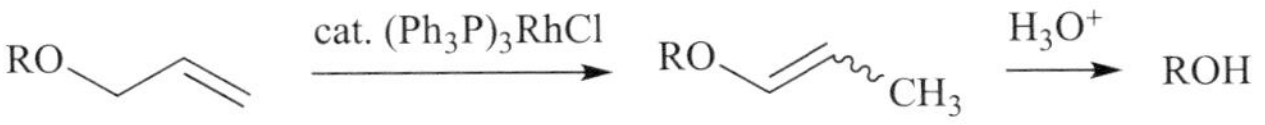

图 6.155

其他双键异构化反应（如在钯催化氢解或氢化反应中发生的异构化反应）通过将烯烃插入 M—H 键，然后发生 β-H 消除来进行。不过，Wilkinson 催化剂缺少烯烃能插入的 Rh—H 键，如图 6.156 所示，该反应可以通过烯丙基 C—H 键的氧化加成，然后在烯丙基体系的另一端还原消除来进行。

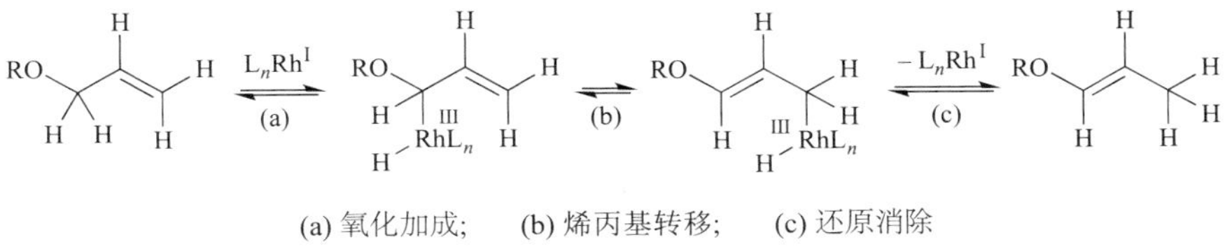

(a) 氧化加成；　(b) 烯丙基转移；　(c) 还原消除

图 6.156

6.4.2 烯烃和炔烃复分解反应(钌、钨、钼、钛)

如图 6.157 所示,在烯烃复分解反应中,两个烯烃($R_1R_2C=CR_3R_4$)的亚烷基片段互换得到 $R_1R_2C=CR_1R_2$ 和 $R_3R_4C=CR_3R_4$。

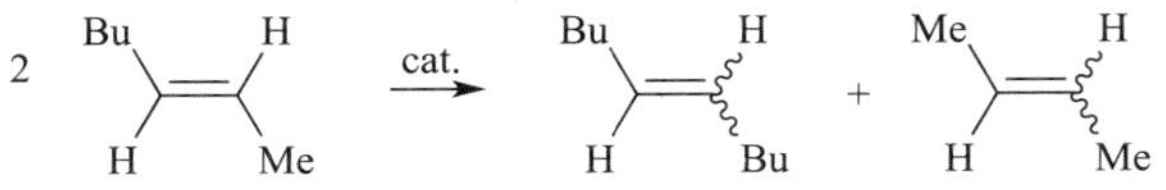

图 6.157

这种知名反应主要由过渡金属钛、钼、钨和钌的络合物催化。所有烯烃复分解反应的催化剂在反应条件下要么具有 M=C π 键,要么转变成具有 M=C π 键的化合物。一些使用最广泛的均相催化剂如图 6.158 所示,许多其他化合物也已被证明可催化这些反应。

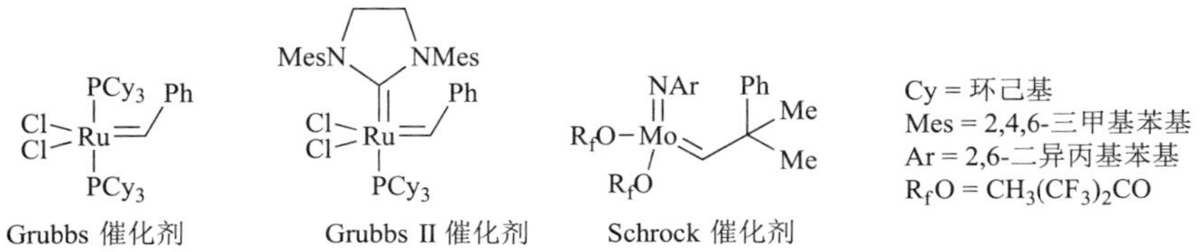

Grubbs 催化剂　Grubbs II 催化剂　Schrock 催化剂

Cy = 环己基
Mes = 2,4,6-三甲基苯基
Ar = 2,6-二异丙基苯基
$R_fO = CH_3(CF_3)_2CO$

图 6.158

如图 6.159 所示,烯烃复分解反应通过一系列[2+2]环加成和逆环加成反应进行,反应过程中金属氧化态不变,该反应在所有可能的烯烃之间建立平衡,但可能将平衡推向一个方向或另一个方向,例如通过去除气态乙烯。两种 Grubbs 催化剂在催化循环开始之前发生 Cy_3P 配体解离,使得烯烃与金属的络合可以在每次[2+2]环加成反应之前进行。在第一轮催化循环中,R 来自催化剂的亚烷基取代基(通常是苯基);随后,R=Me(来自底物)。

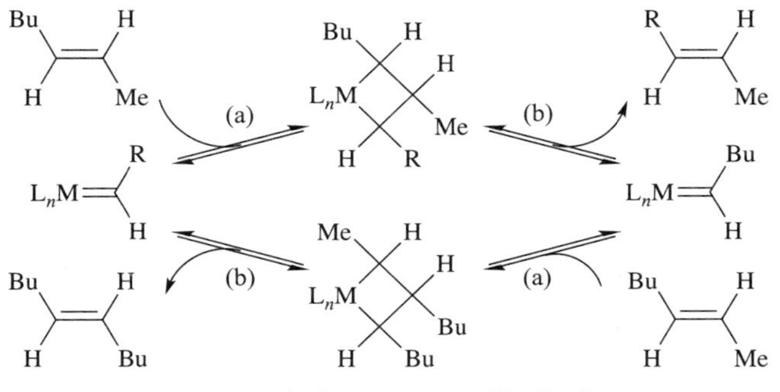

(a) [2+2] 环加成;　(b) [2+2] 逆环加成

图 6.159

烯烃复分解反应早已为人们所知,但最初的催化剂具有多相性、表征差、官能团不相容等特点,因此该反应最初只用于制备工业上非常简单的烯烃。近来人们已经开发出温和条件下均相、官能团耐受的催化剂,使其在复杂分子合成中的应用日益广泛。烯烃复分解反应应用最广泛的一个变化是关环复分解反应(RCM)，如图6.160所示，其中二烯烃发生分子内烯烃复分解反应，得到环状烯烃和乙烯。气态乙烯的蒸发，推动平衡向前进行。

图6.160

RCM已迅速成为制备大环化合物的主要方法，相比之下，当使用复分解催化剂时，易生成张力环的底物优先进行环化聚合。

习题6.28　书写图6.161中关环复分解反应的机理。

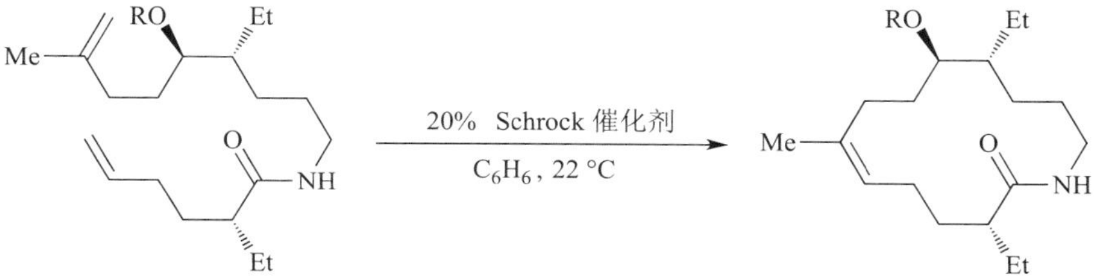

图6.161

烯烃复分解反应还有其他变化，如图6.162所示，在交叉复分解反应(CM)中，两个不同烯烃偶联。如果两个烯烃具有不同的电子特性，则该反应具有良好的产率和非统计学意义的混合物。

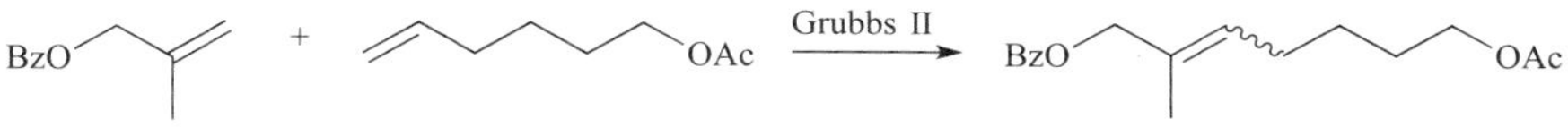

图6.162

在开环复分解聚合反应(ROMP)中，如降冰片烯这样的张力烯烃与自身发生复分解反应得到聚合物。产物中的每个环戊烷都是顺式二取代的，但两个相邻环戊烷的取向是随机的。

习题6.29　书写图6.163中开环复分解反应的聚合机理。

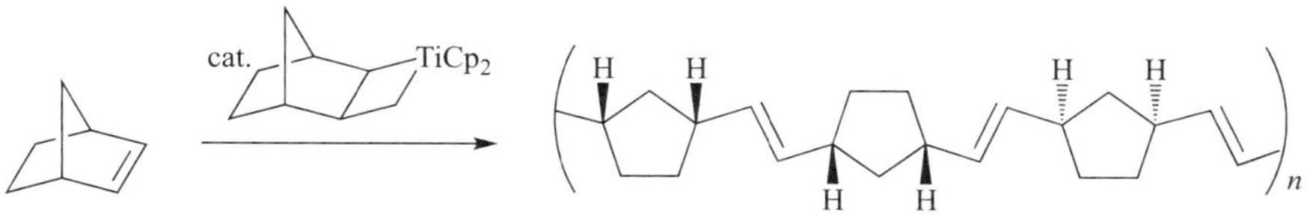

图6.163

炔烃复分解催化剂也已开发并应用于有机合成，如图6.164所示，这些反应的催化剂要么具有 M≡C 三键(通常 M 为钼或钨),要么在反应条件下被转换成具有 M≡C 三键的化合物。

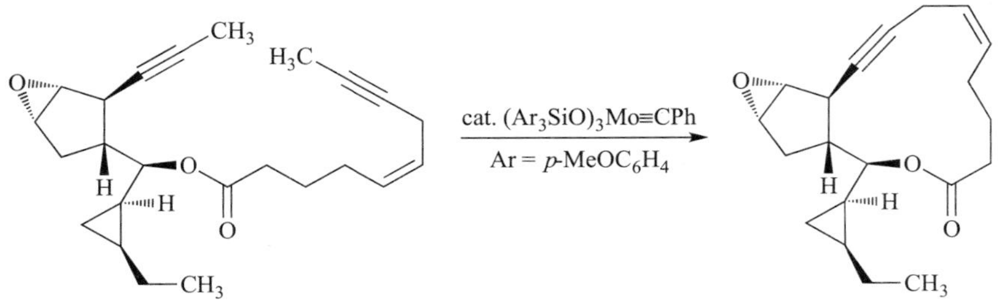

图 6.164

炔烃复分解反应机理也包括一系列[2+2]环加成反应和逆[2+2]环加成反应,如图 6.165 所示,关键中间体金属环丁二烯看起来是反芳香性的,但显然金属使用 d 轨道形成 M=C π 键,所以环是芳香性的。在第一轮复分解中,R=Ph(来自催化剂);随后,$R=CH_3$(来自底物)。

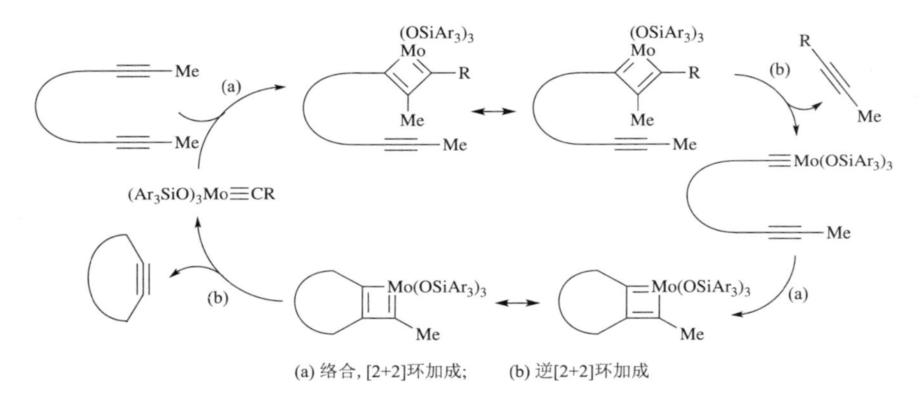

图 6.165

6.5 消除反应

6.5.1 醇的氧化反应(铬、钌)

Gr(Ⅵ)试剂广泛用于将醇氧化到醛/酮或羧酸,常用试剂包括 CrO_3、Jones 试剂、PDC(重铬酸吡啶盐)和 PCC(氯铬酸吡啶盐)。如图 6.166 所示,醇与 Cr(Ⅵ)试剂络合,发生β-H 消除得到羰基化合物和 Cr(Ⅵ)—H,Cr(Ⅵ)—H 失去质子得到 Cr(Ⅳ),可以进一步发生氧化还原反应。如果氧化反应发生在水溶液中,醛可以形成水合物,然后进一步氧化为羧酸。

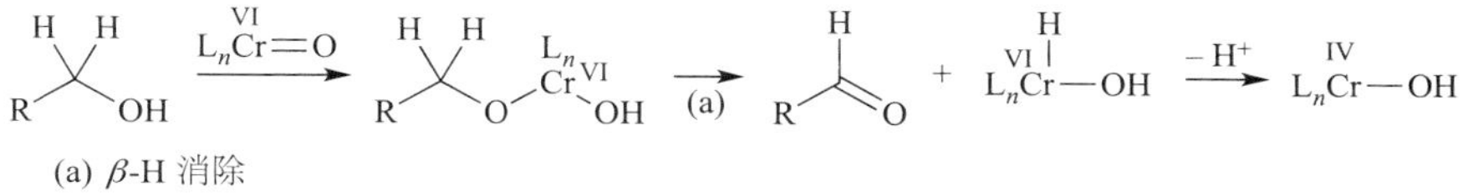

(a) β-H 消除

图 6.166

实用的铬催化醇的氧化尚未开发出来，但 $Pr_4N^+RuO_4^-$（TPAP，四丙基铵过钌酸盐）可以通过化学当量的氧化剂（如 NMO、H_2O_2 或 O_2）催化氧化醇得到醛。Ru（Ⅶ）络合物通过化学当量的铬所述的相同机理氧化醇，然后化学当量氧化剂再次氧化副产物Ru（Ⅴ）回到 Ru（Ⅶ）。

6.5.2　醛的脱羰基化反应（铑）

Wilkinson 催化剂（$(Ph_3P)_3RhCl$）参与醛的脱羰基化反应（RCHO ⟶ RH＋CO），这是一个知名的反应，但反应机理很简单。如图 6.167 所示，Rh（Ⅰ）对醛亲核加成，然后从碳到 Rh 进行 1，2-氢迁移得到酰基 Rh（Ⅲ）络合物，它是对醛 C—H 键进行总氧化加成的产物，接着消除 CO 得到烷基-铑（Ⅲ）-氢络合物，该络合物进行还原消除得到烷烃和 Rh（Ⅰ）。不幸的是，由于产物络合物 $(Ph_3P)_2Rh(CO)Cl$ 对氧化加成是惰性的，该反应需要化学当量（不是催化量）的铑。吸电子 CO 基团使铑络合物非常缺电子，因为铑价格昂贵，反应只有当产物高价值或者少量的物质进行时才有用。

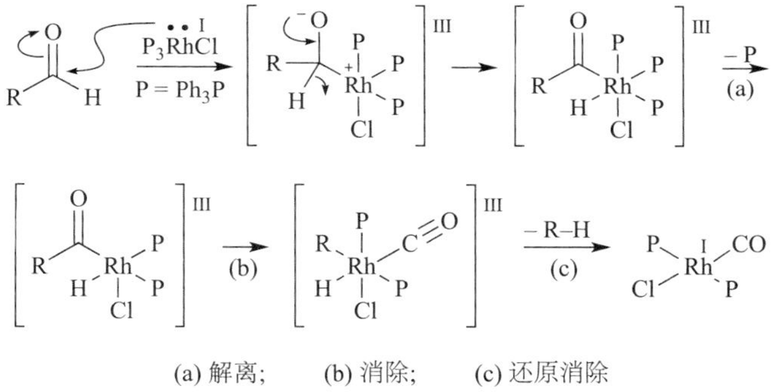

(a) 解离；　(b) 消除；　(c) 还原消除

图 6.167

6.6　总　　结

金属催化一系列不同的反应，很难做出概括，但可以记住一些基本原则：

· 涉及金属的任何反应都应该是前面讨论过的典型反应之一。

· 配体络合、解离和取代过程是容易的，因此当书写涉及过渡金属的机理和催化循环时，金属中心配体的确切数目通常不是主要关注的问题。

• 涉及 X—Y 对 π 键加成反应的关键步骤是 π 键插入 M—X 键。M—X 键通常通过 M 对 X—Y 键的氧化加成得到。

• 有机卤化物的取代反应通过对 C—X 键的氧化加成进行。

• d^0 金属很容易进行 σ 键复分解反应。

• 具有 M=X 键的化合物倾向于发生[2+2]环加成反应，金属环丁烷倾向于发生[2+2]逆环加成反应。

• 第四周期过渡金属倾向于进行 α-插入和 α-消除反应。

• 钯被广泛用于各种不同机理途径的常见反应中，对于钯催化的反应，你怎么知道如何开始？

• 当离去基团(通常与 C(sp^2)或 C(sp)、烯丙基或苄基相连)被亲核试剂取代时，催化循环的第一步通常是 Pd(0)对 C—X 键的氧化加成。(虽然在氢解反应中，氧化加成步骤发生在 H—Pd(0)$^-$中间体产生的催化循环之前。)

• 当非极性 X—Y 键与 π 键加成时，催化循环的第一步通常是 Pd(0)对 X—Y σ 键的氧化加成，但是当亲核试剂与 π 键加成时，Pd(Ⅱ)π 键络合物可能是第一个中间体。

• 除了烯烃亲核取代和 C—H 活化反应以外，所有钯催化反应的催化循环都从 Pd(0)开始，即使在反应混合物中加入 Pd(Ⅱ)络合物。

不管是什么金属，什么转变，记得给原子编号，对成键和断键列表，遵守 Grossman 规则！

6.7 习　　题

1. 钯络合物是一种用途广泛的催化剂，在温和条件下催化多种转化，产率高。书写下列钯催化反应的机理。

(a)

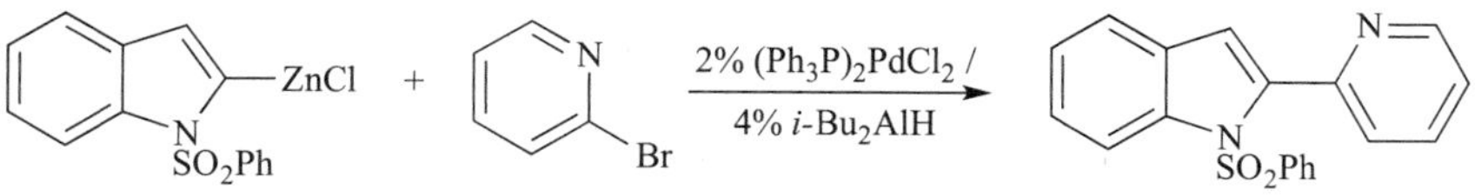

ZnCl　+　N　Br　2% $(Ph_3P)_2PdCl_2$ / 4% i-Bu_2AlH

N SO_2Ph　　N　N SO_2Ph

(b)

OCH_3　OCH_3　OCO_2Me　NHTs　2.8% Pd_2dba_3 手性二膦　OCH_3　OCH_3　N Ts

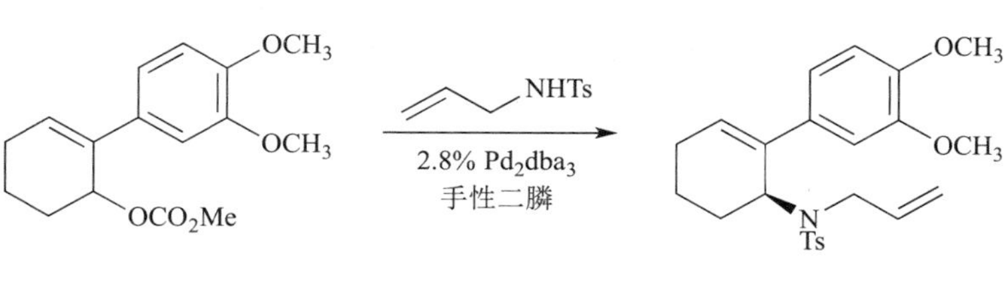

(手性二膦=(S)-2,2′-二(二苯膦氧基)-1,1′-联萘基。)

(c)

S, $SiMe_3$, I → Ph—≡—H; cat. $Pd(PPh_3)_4$, cat. CuI, Et_3N → S, $SiMe_3$, Ph

(d)

S, $SiMe_3$, I → $PhB(OH)_2$; cat. $Pd(PPh_3)_4$, Na_2CO_3 → S, $SiMe_3$, Ph

(e)

S, Ph, I → CO_2Et; cat. $Pd(OAc)_2$, K_2CO_3, $Bu_4N^+ I^-$ → S, Ph, CO_2Et

(f)

R, H, H, N, SO_2Ar ⇌ 5% $Pd(PPh_3)_4$ ⇌ R, H, H, N, SO_2Ar

(g)

CH_3 + CO_2Et, H, CN, Ph → 1% $Pd_2dba_3 \cdot CHCl_3$; 5% dppf → CH_3, CO_2Et, CN, Ph

(dppf＝1,1′-二(二苯膦基)二茂铁,钯的配体。)

(h)

OAc → O_2; cat. $PdCl_2$, cat. $CuCl_2$, H_2O, H^+ → H_3C, O, OAc

(i)

O, N, Br → 2% $(Ph_3P)_2PdCl_2$, 8% PPh_3; CO, 1.3 Et_3N, EtOH → EtO, O, N, O

(j)

I → OH; Et_3N, cat. $Pd(OAc)_2$ → CHO

(k)

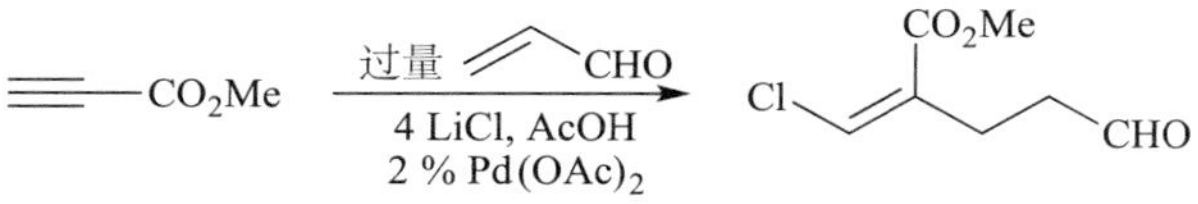

(我们可以给该反应书写一个无需钯的反应机理,但事实上两个成键步骤都是钯催化的。)

(l)

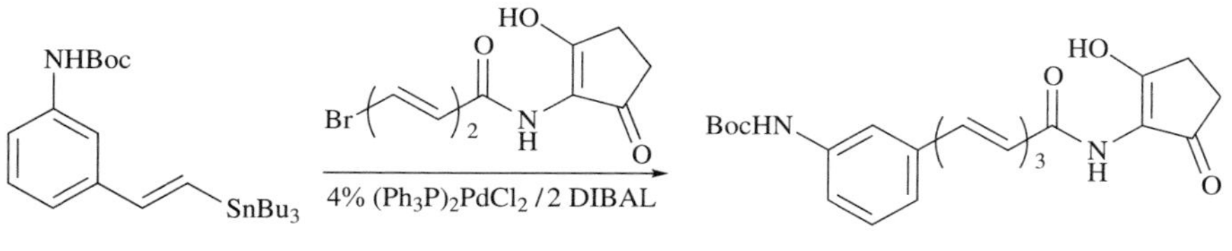

(DIBAL=i-Bu_2AlH)

(m)

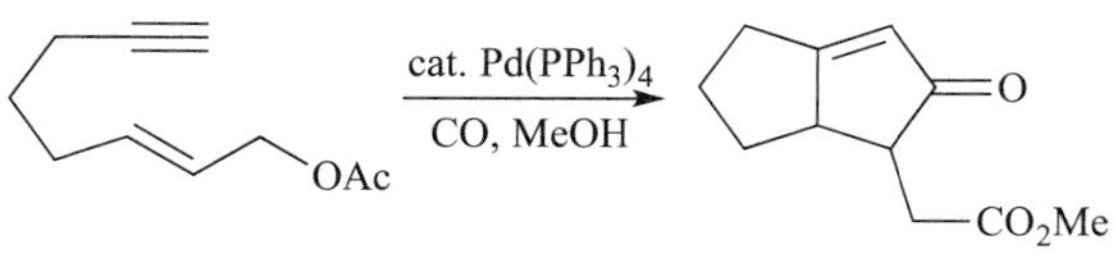

(n)

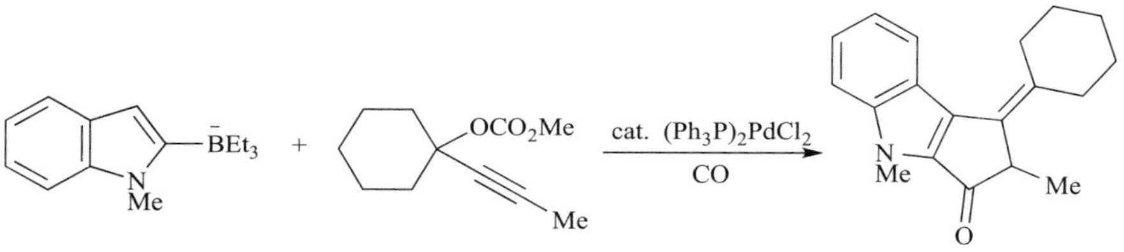

(o)

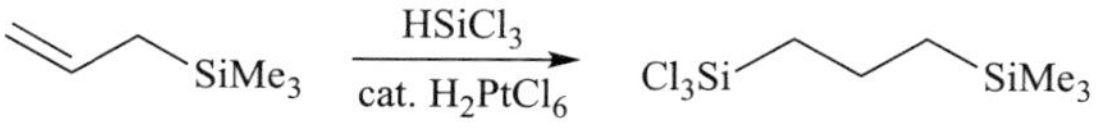

(该反应是铂催化的,但其机理与许多钯催化反应非常相似。注意:活性催化剂是 Pt(Ⅱ),而 H_2PtCl_6 是 Pt(Ⅳ)($PtCl_4 \cdot 2HCl$)。)

(p)

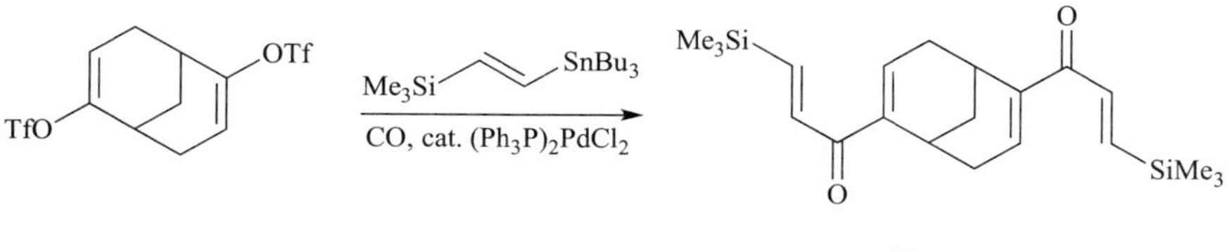

(q)

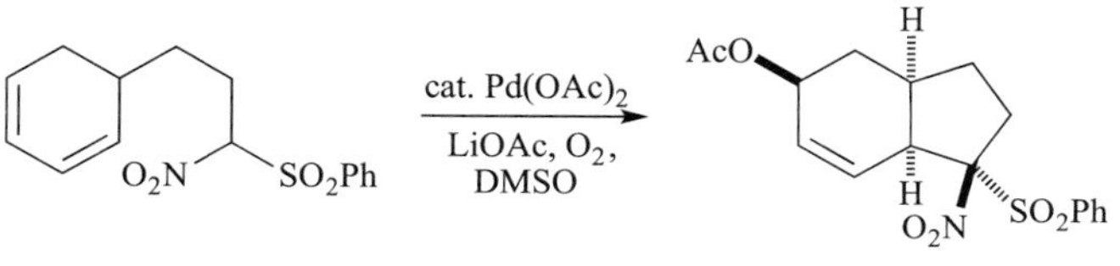

（r）

cat. $PdCl_2$
MeOH, CO, $CuCl_2$

（s）

CO, MeOH
cat. $(Ph_3P)_2PdCl_2$

（t）

Cs_2CO_3
cat. $Pd(OAc)_2$,
cat. $ArP(t\text{-}Bu)_2$

（u）

$PhC\equiv CCO_2Et$
LiCl, KOAc,
cat. $Pd(OAc)_2$, PPh_3

（v）

cat. $Pd(OAc)_2$
NIS, AcOH

（w）

cat. $Pd(OAc)_2$
cat. $PCy_3\cdot HBF_4$
cat. $t\text{-}BuCO_2Cs$
Cs_2CO_3

2. 除钯之外，许多过渡金属都可以催化有机反应。书写下列金属催化的反应机理。

（a）

Ph_2SiH_2
cat. $Cp_2Ti(PMe_3)_2$

（b）

cat. $t\text{-}BuO-Mo(=NAr)(=CH\text{-}t\text{-}Bu)(O\text{-}t\text{-}Bu)$

（Ar＝2，6-二甲苯基）

(c)

t-Bu / CHO $\xrightarrow{5\%\ (BINAP)Rh(丙酮)_2^+\ PF_6^-}$ t-Bu-环戊酮 (=O)

(BINAP=2,2′-二(二苯膦基)-1,1′-联萘基)

(d)

BnO, BnO, BnO, OBn, O, CH_3 $\xrightarrow[7.5\%\ n\text{-}BuLi]{5\%\ (Ph_3P)_3RhCl\ /}$ BnO, BnO, BnO, OBn, O, CH_3, CH_3

(丁基锂加入铑络合物中,然后加入底物。)

(e)

Fcm, N, Bn, O $\xrightarrow{5\%\ (Cy_3P)_2Cl_2Ru{=}CH{-}CH{=}CPh_2}$ Fcm, N, Bn, O

(Fcm=二茂铁甲基,氮的保护基,Cy=环己基。)

(f)

Ph, CO_2Me $\xrightarrow[cat.\ CuOTf]{PhI{=}NTs}$ Ph, NTs, CO_2Me

(g)

Ph, N, O, O $\xrightarrow[5\ \%\ Ni(cod)_2/\ 2\ PPh_3]{R{-}{\equiv}{-}R}$ PhN, NPh, O, O, O, O, R, R, R, R

(R=正己基,cod=1,5-环辛二烯(一种弱的四电子给体配体)。)

(h)

$OSiR_3$ $\xrightarrow[5\%\ Cp_2^*YMe]{PhSiH_3}$ SiH_2Ph, $OSiR_3$

(Cp*=五甲基环戊二烯基,$C_5Me_5^-$。)

(i)

Me, O, Me $\xrightarrow[cat.\ Rh(acac)(CO)_2,\ Ph_2P(CH_2)_4PPh_2,\ MeOH,\ H_2O]{Bu{-}CH{=}CH{-}B(OH)_2}$ Bu, Me, O, Me

(acac=MeC(O)CH=C(O^-)Me)

(j)

Grubbs 催化剂

(k)

10 % $RhCl(PPh_3)_3$

10 % AgOTf

(AgOTf 的作用就是电离 Rh—Cl 键,使 Rh 成为更活泼的催化剂。)

(l)

H_2, CO

cat. $Rh(acac)(CO)_2$,
cat. $P(OAr)_3$

(acac＝MeC(O)CH＝C(O^-)Me)

3. 金属参与的反应不像金属催化反应那样常见,但它们对于某些转化来说是必不可少的。书写下列金属参与的反应机理。

(a)

$MeAl(O_2CCF_3)(OAr)$

(b)

1) $Co_2(CO)_8$
2) Et_2AlCl

(c)

△

(d)

$Ti(O\text{-}i\text{-}Pr)_4$/ 2 i-PrMgCl;
EtCHO

(格氏试剂首先与钛络合物反应。)

(e)

n-BuLi; $Cp_2Zr(Me)Cl$ → CH_3CN, △ → I_2

(f)

$Ti(O\text{-}i\text{-}Pr)_4$/ 2 i-PrMgCl; → I_2

(g)

$Cp_2Zr(H)Cl$ → $CuBr{\cdot}SMe_2$ →

($CuBr \cdot SMe_2$ 只是 CuBr 更易溶解的形式。)

(h)

1) $Hg(O_2CCF_3)_2$
2) $NaBH_4$, O_2

(i)

(j)

Cp_2TiMe_2
△

4. 钯催化交叉偶联反应中，芳基或烯基卤化物的反应活性顺序是 I＞Br＞Cl，而 Sonogashira 偶联反应中，制备烯二炔通常用顺-二氯乙烯作为底物；当使用顺-二溴乙烯时产率较低，为什么？（提示：当使用二溴化物或二碘化物时，关键中间体可能更容易发生什么副反应？）

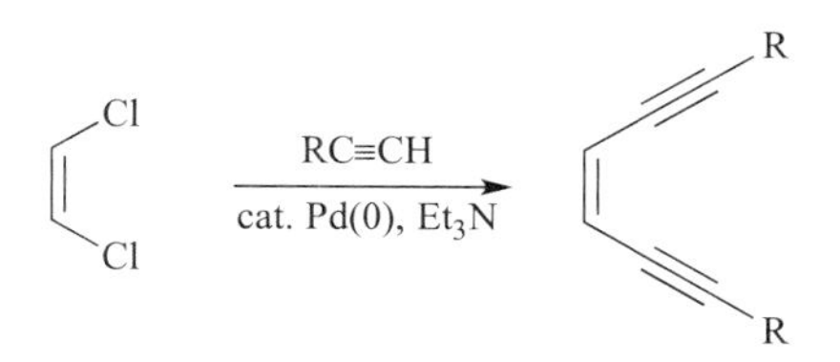

第 7 章　混合机理问题

在第 2 章到第 6 章，你学会了如何书写极性碱性、极性酸性、周环、自由基和过渡金属参与和催化的反应机理。下列问题中的反应可以通过这些机理中的任何一种来进行，在你解决每一个问题之前，你需要辨别它的机理类型。如果你已经忘记怎么去做，请见第 1 章。

1. 解决第 1 章习题中的机理问题(第 3 题和第 4 题)。

2. 图 7.1 是天然产物青蒿素的部分合成路径。青蒿素是许多中药的活性成分。青蒿素是一种抗疟药，由于新出现的疟疾菌株对迄今为止使用的药物具有抗药性，所以它的重要性日益增强。

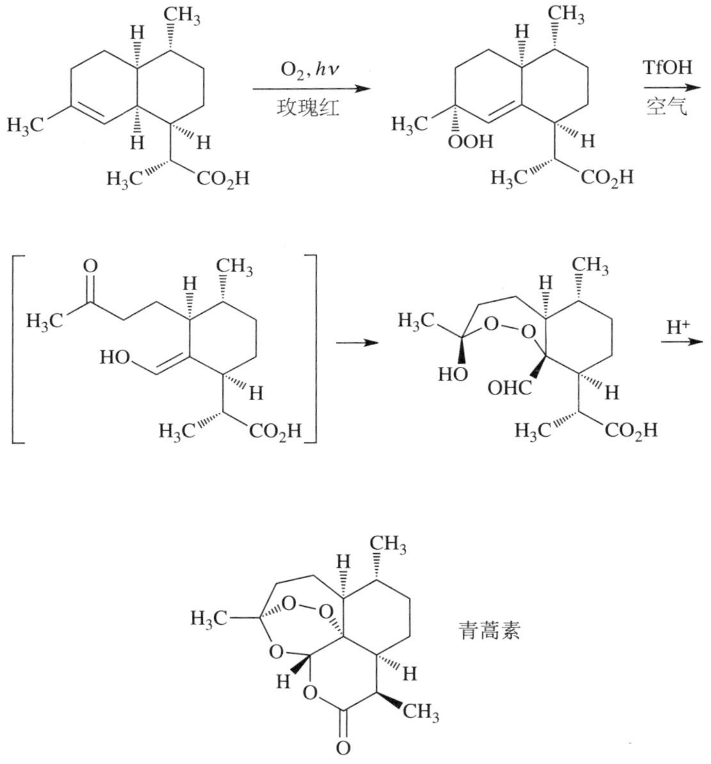

O_2, $h\nu$ 玫瑰红

TfOH 空气

H^+

青蒿素

图 7.1

括号内的化合物是过氧化氢转化为内过氧化物的中间体，它的形成不需要空气。事实上，排除空气时，它可在低温(−20 ℃)下分离。如果暴露在空气中，那么它转化为内过氧化物。

书写该过程中每一步的反应机理，你书写的机理中应该考虑前面的信息。

3. 下列问题基于 isocomene 的全合成，它是一种有棱角的三并五元环天然产物。

(a) (i) 书写 1 形成的机理(图 7.2)。

(ii) 命名机理中的周环反应，尽可能具体。

(iii) 解释为什么得到非对映选择性的 1。

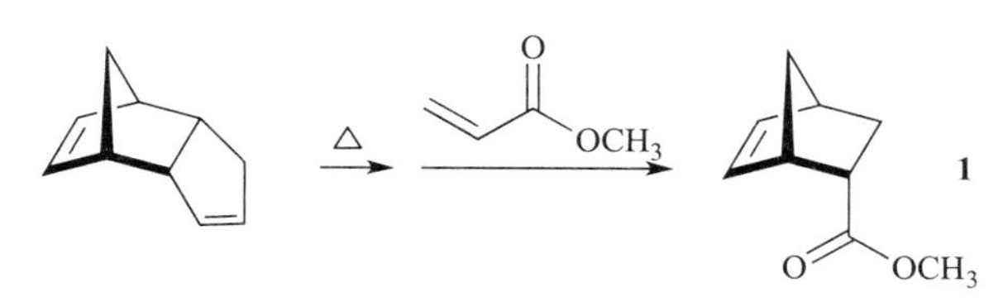

图 7.2

(b) 书写从 1 到 2 转变和从 2 到 3 转变的机理(图 7.3)。

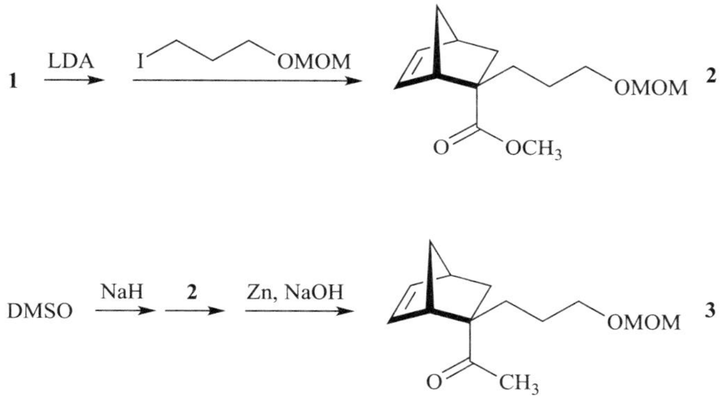

1 LDA I OMOM 2 OMOM O OCH$_3$

DMSO NaH 2 Zn, NaOH 3 OMOM O CH$_3$

图 7.3

(c) (i) 从 3 到 4 的转变通过周环反应机理进行，给它命名(图 7.4)。

(ii) 该反应是通过加热还是光照进行的？

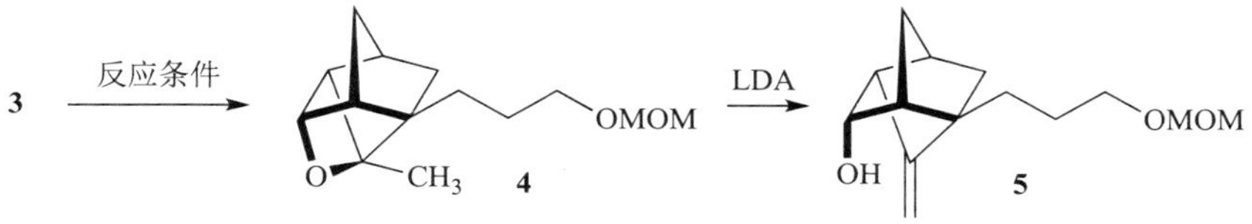

3 反应条件 OMOM O CH$_3$ 4 LDA OMOM OH 5

图 7.4

(d) 书写从 5 到 11(isocomene)每步转变的机理图(7.5)。

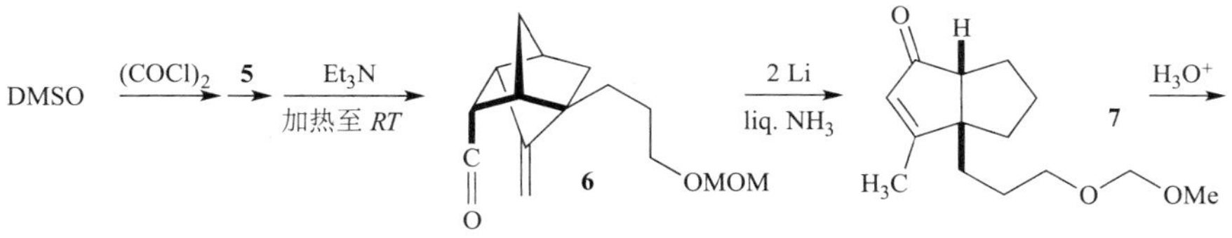

DMSO (COCl)$_2$ 5 Et$_3$N 加热至 *RT* C O 6 OMOM 2 Li liq. NH$_3$ O H H$_3$C 7 O OMe H$_3$O$^+$

图 7.5

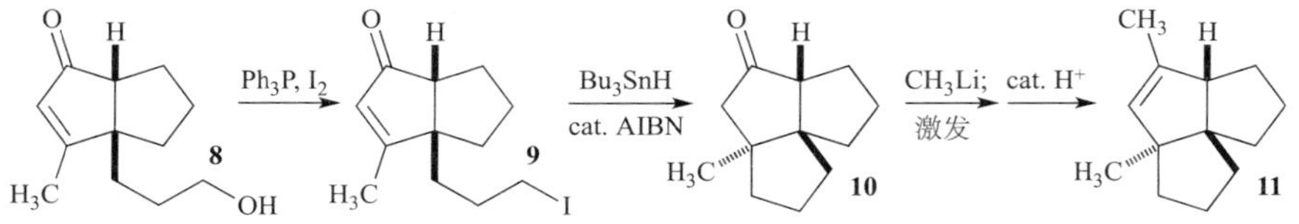

图 7.5(续)

4. 制备 isocomene 中使用的技术经过修改可用于进行其他一些有趣的转变。

(a) 书写从 1 到 4 每步转变的机理(图 7.6)。

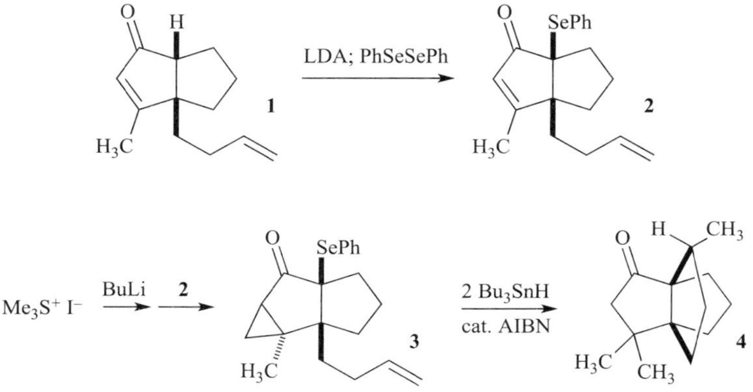

图 7.6

(b) 当 5 用 $LiAlH_4$ 处理时,得到保留羟基的中间体,$Al(O\text{-}i\text{-}Pr)_3$ 和丙酮将醇氧化为相应的酮,然后自发转变成 6。书写将 5 转化为中间体醇,并将衍生的酮转化为 6 的机理(图 7.7)。

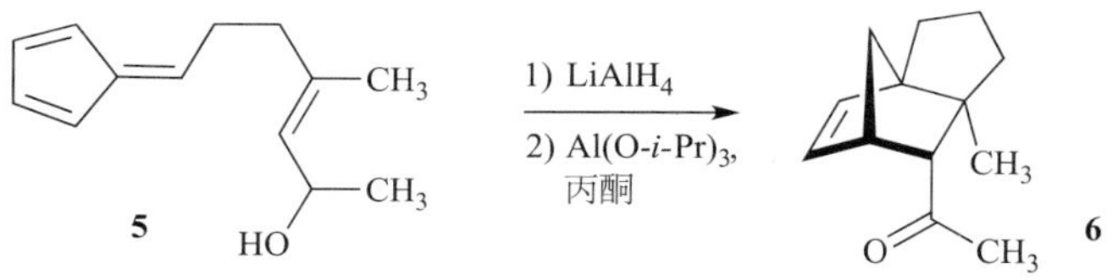

图 7.7

(c) 书写从 7 转变到 8 的机理。LiDBB(4,4′-二叔丁基二苯基锂)是溶于 THF 中锂金属的来源,你可以把它看作金属锂(图 7.8)。

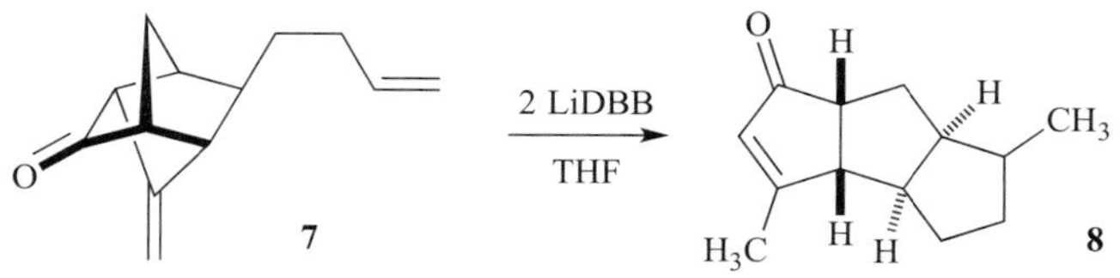

图 7.8

5. 书写图 7.9 合成过程中每步反应的合理机理。

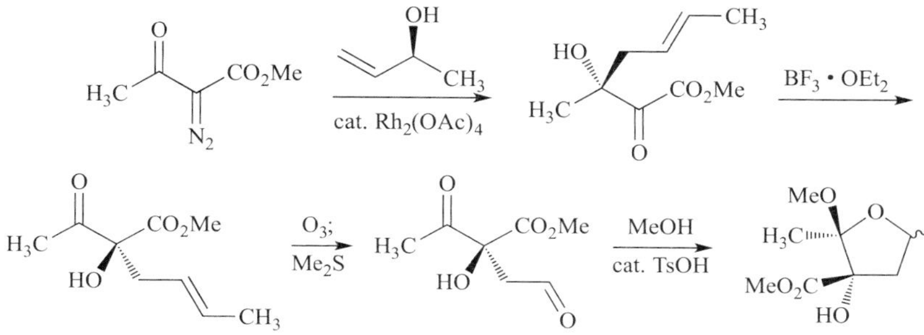

图 7.9

6. 为图 7.10 中反应书写两种多步的机理，两种机理在成键顺序和某些步骤的性质上不同。书写一种或两种机理。

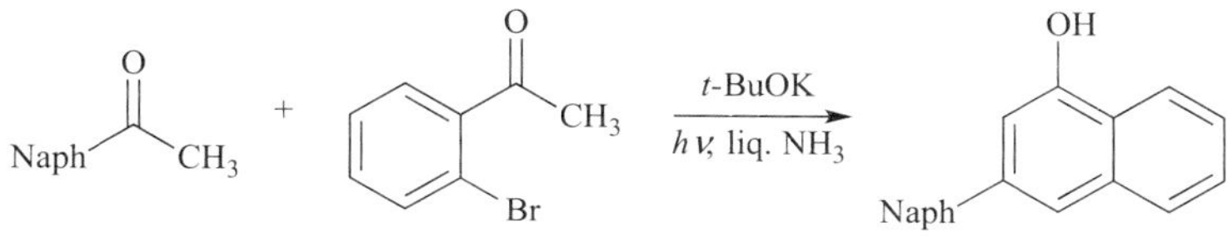

图 7.10

7. 书写图 7.11 中反应合理的机理。

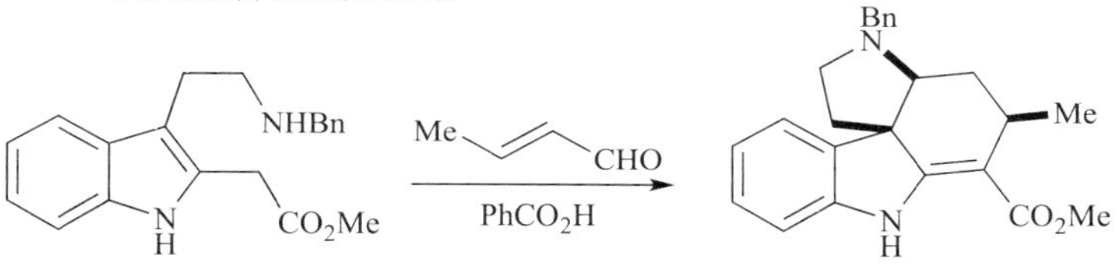

图 7.11

提示：

(i) 成键的顺序很重要。

(ii) 产物中的一个新键形成，接着断裂，接着再重新形成。

8. 图 7.12 合成过程最近成为合成吗啡类似物的关键步骤，为每步反应书写合理的机理。DBS＝2,6-二苯并环庚基，氮的保护基。

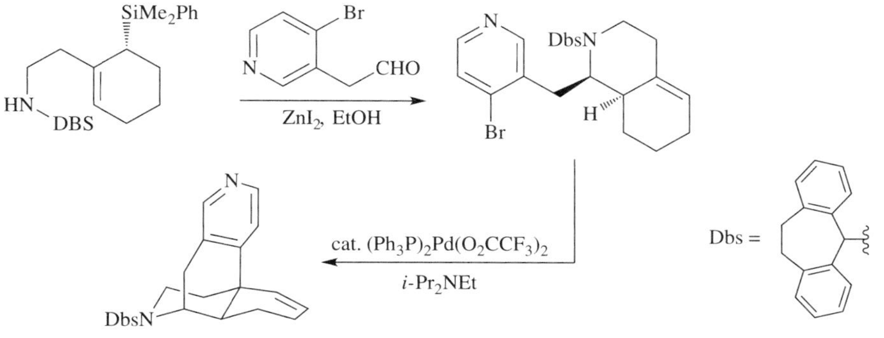

图 7.12

后　　记

本书的目的是教授你如何为你遇到的几乎所有有机反应书写合理的有机机理。不过有时你可能不确定你书写的机理是否合理，有时可能写出多个合理的机理，有时收集到进一步的信息时，最初看似合理的机理似乎不太合理了。在这些情况下，你可能想去查阅文献看看关于该反应机理的已知信息。

许多资源比本书更详细地讨论了特定的有机反应机理。March 的《高等有机化学》(第 7 版)(Wiley，2013)是有机合成化学家不可缺少的参考资料，包括合成过程的概要、许多反应机理详细的讨论，并有大量的初级和次级参考文献。"有机反应"系列图书讨论了许多广泛使用的反应机理。《综合有机合成》(第 2 版)(Elsevier，2014)、《综合有机金属化学Ⅱ》(Pergamon，1995)和《综合有机官能团转化》(Pergamon，1997)也是寻找常见反应机理的好书。科学出版商 Thieme 编辑了约 12000 篇令有机合成化学家感兴趣的英文综述文章的数据库，你可以从 https://www.thieme.de/en/thieme-chemistry/journals-synthesis-reviews-54851.htm 免费下载。这个数据库几乎包含了所有可以想到的有机合成主题的综述，综述有时是期刊文献中唯一详细讨论反应机理的地方。

最后，本书和前面的文献中呈现的知识规范已经经过长期的发展，对浓度、溶剂、同位素取代、底物结构和其他变量对反应速率和产率的影响都进行了困难而详细的实验研究。事实上，依据个人知识书写一个合理的机理与实验验证它所需的工作相比是小菜一碟。有几本教材详细地讨论了用于确定反应机理的实验方法，包括 Carey 和 Sundberg 的《高等有机化学 A》(第 5 版)(Springer，2007)、Carroll 的《有机化学结构和机理展望》(第 2 版)(Wiley，2014)、Anslyn 和 Dougherty 的《现代有机化学》(University Science Publishers，2005)，这些书和其他书籍对复杂有机反应机理领域进行了更深入的研究。